APPLICATION

DE

L'ALGÈBRE A LA GÉOMÉTRIE,

COMPRENANT LA

GÉOMÉTRIE ANALYTIQUE A DEUX ET A TROIS DIMENSIONS,

Par M. BOURDON,

ANCIEN EXAMINATEUR D'ADMISSION A L'ÉCOLE POLYTECHNIQUE.

———

OUVRAGE ADOPTÉ PAR L'UNIVERSITÉ.

———

SEPTIÈME ÉDITION, REVUE ET ANNOTÉE

Par M. G. DARBOUX,

Docteur ès Sciences de l'Université, Professeur de Mathématiques spéciales
au Lycée Descartes.

———

PARIS,

GAUTHIER-VILLARS, IMPRIMEUR-LIBRAIRE
BUREAU DES LONGITUDES, DE L'ÉCOLE POLYTECHNIQUE,
SUCCESSEUR DE MALLET-BACHELIER,
Quai des Augustins, 55.

1872

APPLICATION

DE

L'ALGÈBRE A LA GÉOMÉTRIE.

PARIS. — IMPRIMERIE DE GAUTHIER-VILLARS,
Quai des Grands-Augustins, 55.

APPLICATION

DE

L'ALGÈBRE A LA GÉOMÉTRIE,

COMPRENANT LA

GÉOMÉTRIE ANALYTIQUE A DEUX ET A TROIS DIMENSIONS,

Par M. BOURDON,

ANCIEN EXAMINATEUR D'ADMISSION A L'ÉCOLE POLYTECHNIQUE.

OUVRAGE ADOPTÉ PAR L'UNIVERSITÉ.

SEPTIÈME ÉDITION, REVUE ET ANNOTÉE

Par M. G. DARBOUX,

Agrégé de l'Université, Docteur ès-sciences, Professeur de mathématiques spéciales
au Lycée Louis le Grand.

PARIS,

GAUTHIER-VILLARS, IMPRIMEUR-LIBRAIRE

DU BUREAU DES LONGITUDES, DE L'ÉCOLE POLYTECHNIQUE,

SUCCESSEUR DE MALLET-BACHELIER,

Quai des Augustins, 55.

1872

TABLE DES MATIÈRES.

INTRODUCTION.

PREMIÈRE MÉTHODE DE TRAITER DES QUESTIONS DE GÉOMÉTRIE PAR LE SECOURS
DE L'ALGÈBRE.

PREMIÈRE SECTION.

GÉOMÉTRIE ANALYTIQUE A DEUX DIMENSIONS.

CHAPITRE PREMIER.

DU POINT ET DE LA LIGNE DROITE. — DU CERCLE. — DES LIEUX GÉOMÉTRIQUES. —
RÉSOLUTION DE DIVERSES QUESTIONS, ET PROBLÈME DES TANGENTES.

CHAPITRE II.

TRANSFORMATION DES COORDONNÉES. — NOTIONS SUR LES COURBES DU SECOND DEGRÉ.
— RÉDUCTION DE L'ÉQUATION GÉNÉRALE DU SECOND DEGRÉ.

§ Iᵉʳ. — *Transformation des coordonnées.*

§ II. — *Notions préliminaires sur les courbes du second degré.*

CHAPITRE III.

DE L'ELLIPSE.

Propositions préliminaires.

CHAPITRE IV.

DE L'HYPERBOLE.

Propositions préliminaires.

CHAPITRE V.

DE LA PARABOLE.

CHAPITRE VI.

DES COORDONNÉES POLAIRES.

CHAPITRE VII.

QUESTIONS SE RAPPORTANT AUX COURBES DU SECOND DEGRÉ.

288. Étant donnée, dans le cas d'axes rectangulaires, l'équation
     commune aux trois courbes du second degré, rechercher

CHAPITRE VIII.

DISCUSSION DE L'ÉQUATION GÉNÉRALE DU SECOND DEGRÉ PAR LA SÉPARATION DES VARIABLES. — APPLICATION DE CETTE MÉTHODE DE DISCUSSION A DES ÉQUATIONS DE DEGRÉ SUPÉRIEUR, ET DISCUSSION DE QUELQUES ÉQUATIONS POLAIRES.

§ 1er. — *Discussion de l'équation générale du second degré par la séparation des variables.*

CHAPITRE IX.

COMPLÉMENT ET APPLICATIONS DE LA THÉORIE GÉNÉRALE DES COURBES DU SECOND
DEGRÉ.

§ Iᵉʳ. — *Nombre et nature des conditions servant à la détermination des courbes
du second degré. — Solutions géométriques pour la construction de ces courbes
d'après des conditions données. — Propriété commune aux trois courbes.*

§ II. — *Construction des racines des équations du deuxième, troisième et quatrième degré à une seule inconnue; trisection de l'angle et duplication du cube.
— Détermination, par des intersections de courbes, du nombre des racines
réelles dans les équations numériques à une inconnue. — Problèmes sur les
lieux géométriques, se rapportant aux courbes du second degré. — De quelques courbes remarquables : cissoïde de* DIOCLÈS, *conchoïde de* NICOMÈDE.

§ III. — *Des courbes du second degré semblables. — Identité des courbes du second degré avec les sections planes d'un cône droit ou d'un cône oblique à base circulaire. — Des sections coniques semblables. — De la section plane dans un cylindre droit ou oblique à base circulaire.*

SECONDE SECTION.

GÉOMÉTRIE ANALYTIQUE A TROIS DIMENSIONS.

CHAPITRE X.

DU POINT, DE LA LIGNE DROITE ET DU PLAN DANS L'ESPACE.

§ Iᵉʳ. — *Du point et de la ligne droite.*

CHAPITRE XI.

DES SURFACES COURBES, ET EN PARTICULIER DES SURFACES DU SECOND DEGRÉ.

§ Ier. — *Transformation des coordonnées dans l'espace.*

§ II. — *Des différents genres de surfaces.*

§ III. — *Discussion des surfaces du second degré.*

Ap. de l'Al. à la G.   *b*

NOTES DE M. DARBOUX.

FIN DE LA TABLE DES MATIÈRES.

AVERTISSEMENT DE L'ÉDITEUR.

Cette nouvelle édition de l'*Application de l'Algèbre à la Géométrie* de Bourdon est entièrement conforme aux 5ᵉ et 6ᵉ éditions, publiées en 1854 et 1871 ; elle en diffère seulement par les Notes, qui ont été rédigées par M. Darboux. Ces Notes traitent de différents sujets de Géométrie analytique à deux et à trois dimensions, parmi lesquels nous citerons particulièrement les théories des lieux géométriques, des tangentes, des pôles et polaires, l'étude de l'intersection de deux courbes du second degré, la théorie des invariants pour les coniques et pour les surfaces du second degré, etc. Elles ont été ajoutées à la fin du Volume et elles portent l'indication des points de l'Ouvrage où doit venir se placer, dans une seconde lecture, une étude profitable des matières qu'elles contiennent.   G. V.

APPLICATION

DE

L'ALGÈBRE A LA GÉOMÉTRIE.

INTRODUCTION.

PREMIÈRE MÉTHODE DE TRAITER DES QUESTIONS DE GÉOMÉTRIE PAR LE SECOURS DE L'ALGÈBRE.

§ Ier. — NOTIONS PRÉLIMINAIRES.

1. On a vu, en Géométrie, que les *lignes*, les *surfaces* et les *solides* peuvent, aussi bien que toutes les autres grandeurs, être exprimés par des *nombres;* il suffit, en effet, pour cela, de prendre pour *unité* l'une de ces grandeurs géométriques.

C'est ainsi que $\sqrt{2}$ exprime la *diagonale* d'un carré dont le côté est égal à 1. De même, si 4 et 3 représentent les nombres d'unités *linéaires* contenues dans les deux côtés d'un rectangle, 4×3 ou 12 exprime le *nombre* d'unités de *superficie* contenues dans ce rectangle. De même encore, $4 \times 3 \times 5$, ou 60, exprime le *volume* d'un parallélépipède dont les *trois arêtes contiguës* sont représentées par 4, 3 et 5.

Généralement, si l'on désigne par a, b, c les *nombres* d'*unités linéaires* contenues dans les *arêtes contiguës* d'un parallélépipède, ab, ac, bc exprimeront les *aires* de trois de ses six faces, et abc son *volume*.

On voit donc que l'ALGÈBRE, dont les méthodes sont applicables à toutes les questions numériques possibles, peut aussi servir à résoudre les questions relatives aux grandeurs que l'on considère en GÉOMÉTRIE.

2. Qu'il s'agisse, par exemple, de déterminer la *longueur* d'une ligne d'après la connaissance d'une ou de plusieurs autres lignes comprises avec la première dans une même figure : *On suppose le* PROBLÈME RÉSOLU, *et l'on tâche, à l'aide de quelques propositions de Géométrie, dont l'existence est déjà établie, et qui ont quelque rapport avec l'énoncé du problème, on tâche,* dis-je, *d'exprimer par des équations les relations qui*

existent entre les données (représentées, soit par des lettres, soit par des chiffres) *et les inconnues, toujours représentées par des lettres.* On RÉSOUT *ces équations, et l'on obtient ainsi les expressions des lignes cherchées au moyen des lignes connues, expressions qu'il faut ensuite* TRADUIRE *en Géométrie.*

Si la question proposée est un *théorème* à démontrer, *on* TRADUIT *algébriquement les relations qui existent entre les différentes parties de la figure, ce qui conduit à des équations auxquelles on fait subir diverses transformations, dont la dernière donne lieu au théorème énoncé.*

En un mot, *traduire en Algèbre les questions de Géométrie,* et, réciproquement, *traduire en Géométrie les résultats obtenus par l'Algèbre,* tel est le but que l'on se propose en appliquant L'ALGÈBRE A LA GÉOMÉTRIE.

Développons ces notions générales sur quelques exemples.

3. Proposons-nous d'abord de *rechercher les propriétés principales du triangle* RECTANGLE *et du triangle* OBLIQUANGLE, en partant de ce seul principe, que *deux triangles équiangles ont leurs côtés homologues proportionnels, et sont par conséquent semblables.*

Soit (*Pl. I, fig.* 1) un triangle BAC RECTANGLE en A; du point A abaissons AD perpendiculaire sur BC, et posons

$$BC = a, \quad AC = b, \quad AB = c, \quad AD = h, \quad BD = m, \quad \text{et} \quad DC = n.$$

Les deux triangles BAC, ADC sont *rectangles,* l'un en A, l'autre en D; de plus, ils ont l'angle C commun; donc le troisième angle ABC du premier est égal au troisième angle DAC du second, et les deux triangles sont *semblables.* Il en est de même des triangles BAC, ADB.

Ainsi, comparant les côtés homologues et employant les notations qui viennent d'être établies, on obtient les trois proportions

$$a : b :: b : n,$$
$$a : c :: c : m,$$
$$a : c :: b : h;$$

d'où l'on déduit

$$(1) \qquad b^2 = an,$$
$$(2) \qquad c^2 = am,$$
$$(3) \qquad bc = ah,$$

égalités auxquelles on peut réunir celle-ci :

$$(4) \qquad a = m + n,$$

qui existe nécessairement entre les deux segments BD et DC.

Ces *quatre* équations renferment *implicitement* toutes les propriétés des triangles *rectangles*; et il ne s'agit que de les faire ressortir par des transformations convenablement exécutées.

1° Les égalités (1) et (2), ou plutôt les proportions qui y ont conduit, nous apprennent que *chaque côté de l'angle droit est moyen proportionnel entre l'hypoténuse entière et le segment adjacent.*

C'est une des propriétés principales du triangle rectangle.

2° Ajoutons membre à membre les égalités (1) et (2), il vient

$$b^2 + c^2 = am + an = a\,(m + n),$$

ou, à cause de l'égalité (4),

$$b^2 + c^2 = a^2.$$

Ce qui démontre que, *dans tout triangle rectangle, le carré de l'hypoténuse est égal à la somme des carrés construits sur les deux côtés de l'angle droit.*

C'est la propriété caractéristique du triangle rectangle.

3° Multiplions les mêmes égalités (1) et (2) membre à membre; on obtient

$$b^2 c^2 = a^2\,mn;$$

mais l'égalité (3) donne aussi

$$b^2 c^2 = a^2 h^2;$$

donc

$$a^2 mn = a^2 h^2,$$

et, par conséquent,

$$h^2 = mn,$$

ou bien

$$m : h :: h : n.$$

Ainsi, *la perpendiculaire abaissée du sommet de l'angle droit sur l'hypoténuse est moyenne proportionnelle entre les deux segments de l'hypoténuse.*

4° Divisons membre à membre les égalités (1) et (2); il vient

$$\frac{b^2}{c^2} = \frac{an}{am}, \quad \text{d'où} \quad b^2 : c^2 :: n : m;$$

c'est-à-dire que *les carrés construits sur les côtés de l'angle droit sont entre eux comme les segments de l'hypoténuse.*

En un mot, toute transformation exécutée sur les égalités (1), (2), (3) et (4) conduirait à un résultat qui, *traduit géométriquement*, ne serait autre chose qu'un théorème ou une vérité plus ou moins remarquable.

4. Observons d'ailleurs, en passant, que, comme ces *quatre* équations renferment *six* quantités a, b, c, h, m et n, il s'ensuit que, *deux quelcon-*

ques d'entre elles étant données, on peut se proposer de déterminer les quatre autres à l'aide de ces équations.

Supposons, par exemple, que *connaissant l'hypoténuse* BC *et la perpendiculaire* AD, *il s'agisse de déterminer les deux côtés de l'angle droit et les deux segments.*

Les équations (1), (2) et (3) donnent d'abord, comme on l'a déjà vu,

$$b^2 + c^2 = a^2;$$

mais si l'on double l'égalité (3), on a

$$2bc = 2ah,$$

d'où, en faisant successivement la somme et la différence de ces deux dernières, on déduit

$$(b + c)^2 = a^2 + 2ah,$$
$$(b - c)^2 = a^2 - 2ah,$$

et, par conséquent,

$$b + c = \sqrt{a^2 + 2ah}, \quad b - c = \sqrt{a^2 - 2ah}.$$

Connaissant la somme $b + c$ et la différence $b - c$ des deux côtés b et c, il est facile d'obtenir chacun d'eux en particulier.

On a, d'après un théorème connu, pour le plus grand côté (qu'on peut toujours supposer exprimé par b),

$$b = \frac{1}{2}\sqrt{a^2 + 2ah} + \frac{1}{2}\sqrt{a^2 - 2ah}.$$

et pour le plus petit, c.

$$c = \frac{1}{2}\sqrt{a^2 + 2ah} - \frac{1}{2}\sqrt{a^2 - 2ah}.$$

Quant aux deux segments m et n, ils sont donnés immédiatement par les équations (1) et (2), puisque b, c et a sont maintenant connus.

5. *Remarque.* — La seconde partie des valeurs de b et de c nous apprend que, pour que le triangle puisse exister avec les données établies, il faut que l'on ait

$$a^2 > 2ah, \quad \text{ou au moins} \quad a^2 = 2ah;$$

d'où l'on tire

$$h < \frac{a}{2}, \quad \text{ou tout au plus} \quad h = \frac{a}{2};$$

car autrement les valeurs de b et de c seraient imaginaires.

En effet, pour construire un triangle *rectangle*, connaissant *l'hypoténuse et la perpendiculaire abaissée du sommet de l'angle droit*, on peut employer le moyen suivant :

Décrivez sur l'hypoténuse BC (*fig.* 2) *comme diamètre une demi-circonférence; élevez au point* B *une perpendiculaire* BH *égale à la perpendiculaire donnée; menez* HL *parallèle à* BC; et les deux triangles égaux, ABC, A'BC, satisfont à la question.

Or, pour que le problème soit possible, il faut évidemment que BH soit *inférieur*, ou tout au plus *égal* à $\frac{1}{2}$ BC.

Lorsque l'on a BH $= \frac{1}{2}$ BC, ou $h = \frac{1}{2} a$, le triangle rectangle devient *isoscèle*, et les valeurs de b, c se réduisent à

$$b = \frac{1}{2} a \sqrt{2}, \quad c = \frac{1}{2} a \sqrt{2};$$

ce que l'on peut aussi reconnaître d'après la figure.

6. Considérons, en second lieu, un triangle OBLIQUANGLE ABC (*fig.* 3), et proposons-nous d'exprimer l'un des côtés, AB par exemple, au moyen des deux autres, en nous fondant sur la propriété caractéristique du triangle rectangle (3, 2°).

Abaissons du sommet A la perpendiculaire AD (qui peut tomber en dedans ou au dehors du triangle, selon que l'angle C est aigu ou obtus), et conservons d'ailleurs les mêmes notations que précédemment, savoir :

$$BC = a, \quad AC = b, \quad AB = c, \quad AD = h, \quad BD = m, \quad DC = n.$$

Les deux triangles rectangles ADB, ADC donnent les égalités

$$(1) \qquad c^2 = h^2 + m^2.$$

$$(2) \qquad b^2 = h^2 + n^2.$$

auxquelles il faut joindre celle-ci :

$$(3) \qquad a = m \pm n$$

(le signe *supérieur* de l'égalité (3) correspond au cas où l'angle C est *aigu*, et le signe *inférieur*, à celui où il est *obtus*).

Cela posé, retranchons l'égalité (2) de l'égalité (1); il vient

$$c^2 - b^2 = m^2 - n^2,$$

d'où

$$(4) \qquad c^2 - b^2 + m^2 - n^2;$$

mais l'égalité (3) donne

$$m = a \mp n,$$

et, par conséquent,

$$m^2 = a^2 \mp 2\,an + n^2.$$

Substituant cette valeur dans l'équation (4), on obtient enfin

$$(5) \qquad c^2 = b^2 + a^2 \mp 2\,an.$$

Donc, *dans tout triangle obliquangle, le carré d'un côté quelconque est égal à la somme des carrés des deux autres côtés,* MOINS *ou* PLUS *le double produit de l'un de ces deux côtés par la projection de l'autre sur celui-ci.*

L'égalité (5) comprend, sous une forme très-concise, les deux théorèmes principaux sur les triangles obliquangles.

7. Le problème suivant est très-propre à faire ressortir l'utilité de l'Algèbre dans la résolution des questions de Géométrie.

On propose de diviser une ligne donnée AB (*fig.* 4) *en* MOYENNE ET EXTRÊME RAISON, *c'est-à-dire en deux parties, dont l'une soit moyenne proportionnelle entre la droite entière et l'autre partie.*

Supposons le problème résolu, et soit E un point de AB, déterminé de manière que l'on ait la proportion

$$AB : AE :: AE : EB.$$

Posons

$$AB = a, \quad AE = x; \quad \text{d'où} \quad EB = a - x.$$

La proportion devient

$$a : x :: x : a - x;$$

d'où l'on déduit l'équation

$$x^2 = a^2 - ax,$$

qui, étant résolue, donne

$$x = -\frac{a}{2} \pm \sqrt{a^2 + \frac{a^2}{4}}.$$

De ces *deux* valeurs fournies par la résolution de l'équation, la *première* est la seule susceptible de satisfaire à l'énoncé du problème tel qu'il a été établi, car la seconde (qui est négative) a une valeur numérique *plus grande* que a; d'où il suit qu'elle ne peut exprimer *une partie* de la droite donnée a. Nous verrons plus loin (25) pour quelle raison cette valeur se rattache à la première, et comment on doit l'interpréter;

occupons-nous donc seulement de la valeur

$$x = -\frac{a}{2} + \sqrt{a^2 + \frac{a^2}{4}},$$

et voyons ce qu'elle signifie en Géométrie.

Ce résultat indique évidemment que, pour obtenir la valeur de x en *ligne*, il faut retrancher la *moitié* de a de l'expression $\sqrt{a^2 + \frac{a^2}{4}}$. Mais, en vertu de la propriété principale du triangle rectangle, $\sqrt{a^2 + \frac{a^2}{4}}$ représente l'hypoténuse d'un triangle rectangle dont les deux côtés de l'angle droit sont a et $\frac{a}{2}$.

On est ainsi amené à la construction suivante :

De l'extrémité (*fig.* 4) *de la ligne* AB $= a$, *élevez une perpendiculaire* BC *égale à* $\frac{1}{2} a$, *et tirez* AC ; il en résulte

$$AC = \sqrt{a^2 + \frac{a^2}{4}}.$$

Du point C *comme centre, avec le rayon* CB $= \frac{a}{2}$, *décrivez un arc de cercle,* BD, *qui coupe* AC *au point* D ; vous aurez

$$AD = AC - CD = \sqrt{a^2 + \frac{a^2}{4}} - \frac{a}{2}.$$

Enfin, rabattez par un arc de cercle AD *de* A *en* E ; et le point E sera LE POINT DEMANDÉ.

En effet, on a

$$AE = AD = \sqrt{a^2 + \frac{a^2}{4}} - \frac{a}{2} = x.$$

Il est à remarquer que cette construction à laquelle on est parvenu, est précisément celle qu'on donne dans les *Éléments de Géométrie*.

Pour l'obtenir par des considérations purement géométriques, il faut une analyse assez délicate ; tandis qu'on la trouve facilement à l'aide des symboles de l'Algèbre.

C'est ainsi que souvent, en appelant l'Algèbre au secours de la Géométrie, on parvient à résoudre des questions qui, autrement, exigeraient des raisonnements difficiles et compliqués.

8. En réfléchissant sur la manière dont la dernière question vient d'être traitée, on voit que la résolution d'un problème de Géométrie par le secours de l'Algèbre se compose de *trois* parties principales :

1° *Traduire algébriquement l'énoncé du problème*, ou *le mettre en équation*.

2° *Résoudre l'équation* ou *les équations*, suivant que l'énoncé renferme une ou plusieurs inconnues.

3° *Construire* ou *évaluer en lignes* les *expressions algébriques* auxquelles on est parvenu.

Généralement, on doit y joindre une *quatrième* partie qui a pour objet *la discussion du problème*, ou l'examen de toutes les circonstances qui y sont relatives (*voyez* le n° 5).

Or, il en est des problèmes de Géométrie comme des problèmes d'Algèbre, c'est-à-dire qu'il n'existe pas de règles bien fixes *pour mettre un problème en équation*. Le précepte établi en Algèbre est également applicable (*voyez* n° 2) aux problèmes de Géométrie; mais la manière de le mettre en pratique varie suivant les différents problèmes que l'on peut avoir à résoudre. Cependant, nous développerons ultérieurement, à ce sujet, une *méthode générale* constituant, à proprement parler, la GÉOMÉTRIE ANALYTIQUE.

Les *équations* une fois obtenues, on peut les *résoudre* d'après les moyens que fournit l'Algèbre, en s'attachant à combiner ces équations de la manière la plus convenable pour en tirer le résultat cherché.

Quant à la *troisième* partie, qui a pour objet de *construire les expressions algébriques* auxquelles on est parvenu, les règles à suivre sont faciles et en petit nombre.

C'est donc par le développement de cette troisième partie qu'il convient de commencer.

§ II. — CONSTRUCTION DES EXPRESSIONS ALGÉBRIQUES.

9. Nous ne considérerons, dans tout ce qui va suivre, que des expressions *rationnelles* ou *irrationnelles du second degré*, c'est-à-dire des résultats provenant d'équations du *premier* ou du *second* degré.

Les expressions élémentaires, c'est-à-dire les expressions à la construction desquelles on peut ramener toutes les autres, sont au nombre de *six*, savoir :

$$x = a - b + c - d + e - \ldots, \quad x = \frac{ab}{c}, \quad x = \frac{a^2}{c},$$

$$x = \sqrt{ab}, \quad x = \sqrt{a^2 + b^2}, \quad x = \sqrt{a^2 - b^2}$$

(*a, b, c, d*,... exprimant les *nombres* d'unités *linéaires* contenues dans des lignes données).

Nous renvoyons, pour la construction de ces expressions, aux *Éléments de Géométric* (*).

Les expressions

$$x = 2a, \quad x = 3a, \quad x = 4a, \ldots$$

ne sont que des cas particuliers de

$$x = a + b + c + d + \ldots.$$

Quant aux lignes représentées par les expressions

$$x = \frac{a}{3}, \quad x = \frac{2a}{3}, \quad x = \frac{3a}{7}, \cdots,$$

leur construction se déduit facilement du mode de division d'une droite en 2, 3, 7,... parties égales.

Ainsi, pour construire la ligne $x = \dfrac{3a}{7}$, il suffit de *diviser a en 7 parties égales, et de prendre 3 de ces parties*, ou bien *de prendre une ligne égale à 3a, que l'on divise ensuite en 7 parties égales.*

10. La construction de l'expression

$$x = \sqrt{a^2 - b^2 + c^2 - d^2 - e^2 + f^2 - \ldots}$$

se ramène à celle des deux expressions *élémentaires*

$$x = \sqrt{a^2 + b^2} \quad \text{et} \quad x = \sqrt{a^2 - b^2}.$$

En effet, si l'on pose

$$m^2 = a^2 + c^2 + f^2 + \ldots \quad \text{et} \quad n^2 = b^2 + d^2 + e^2 + \ldots,$$

il en résulte

$$x = \sqrt{m^2 - n^2},$$

m étant nécessairement *plus grand* que n, pour que l'expression de x soit *réelle*.

Or, on obtient la ligne représentée par

$$m = \sqrt{a^2 + c^2 + f^2 + \ldots}$$

en construisant d'abord $\sqrt{a^2 + c^2}$, *ligne* que l'on peut désigner par p, puis $\sqrt{p^2 + f^2}$, que l'on désigne par q, et ainsi de suite.

(*) *Voyez* le Cours de *Géométric élémentaire* et *l'Abrégé de Géométric* de M. Vincent. (Paris, Gauthier-Villars.)

On obtient de la même manière

$$n = \sqrt{b^2 + d^2 + e^2 + \ldots};$$

en sorte qu'il ne s'agit plus que de construire

$$x = \sqrt{m^2 - n^2}.$$

Donc, etc.

11. Ce mode de construction peut servir à évaluer en *ligne* les radicaux *numériques* du second degré

$$x = \sqrt{15}.$$

Cette valeur de x peut être mise sous la forme

$$x = \sqrt{16 - 1} \quad \text{ou} \quad x = \sqrt{4^2 - 1},$$

et représente, en conséquence, l'un des côtés, b, de l'angle droit d'un triangle rectangle dont l'hypoténuse est $a = 4$, et l'autre côté, $c = 1$.

On trouverait de même

$$\sqrt{7} = \sqrt{4 + 4 - 1} = \sqrt{2^2 + 2^2 - 1},$$
$$\sqrt{11} = \sqrt{9 + 1 + 1} = \sqrt{3^2 + 1 + 1},$$
$$\sqrt{43} = \sqrt{36 + 9 - 1 - 1} = \sqrt{6^2 + 3^2 - 1 - 1}.$$

L'artifice consiste à décomposer le nombre soumis au radical en la *somme algébrique* de plusieurs *carrés*; ce qui est toujours possible.

12. Nous sommes actuellement en état de construire toute expression algébrique *rationnelle* ou *irrationnelle du second degré*, provenant de la *mise en équation* d'un problème de Géométrie, *chacune* des lignes qui font partie de l'énoncé ayant été représentée par une lettre.

Commençons par les *monômes rationnels*.

Soit proposée l'expression

$$x = \frac{2\,abc}{de}.$$

On peut la mettre sous la forme

$$x = \frac{2\,ab}{d} \times \frac{c}{e}.$$

Or, $\dfrac{2\,ab}{d}$ exprime évidemment une *quatrième proportionnelle* aux trois lignes d, $2a$ et b.

Cette ligne étant construite, posons

$$\frac{2\,ab}{d} = m;$$

il en résulte

$$x = m \times \frac{c}{c},$$

qui exprime également une *quatrième proportionnelle* aux trois lignes c, m, c.

Soit encore à construire

$$x = \frac{2\,a^3 b^2 c}{3\,d^2 f^2 g}.$$

Cette expression revient à

$$x = \frac{2\,a^2}{3\,d} \times \frac{a}{d} \times \frac{b}{f} \times \frac{b}{f} \times \frac{c}{g}.$$

D'abord, $\dfrac{2\,a^2}{3\,d}$, ou $\dfrac{2\,a \times a}{3\,d}$ exprime une *quatrième proportionnelle* aux lignes $3\,d$, $2\,a$ et a.

Posant

$$\frac{2\,a^2}{3\,d} = m,$$

on a

$$x = m \times \frac{a}{d} \times \frac{b}{f} \times \frac{b}{f} \times \frac{c}{g}.$$

Or $m \times \dfrac{a}{d}$ représente une *quatrième proportionnelle* aux lignes d, m et a.

Soit

$$m \times \frac{a}{d} = n;$$

il en résulte

$$x = n \times \frac{b}{f} \times \frac{b}{f} \times \frac{c}{g}.$$

En continuant ainsi, l'on parviendra, à l'aide de *cinq* quatrièmes proportionnelles, à une *dernière ligne* qui représentera la valeur proposée.

N. B. — *Le nombre des quatrièmes proportionnelles est toujours marqué par le degré, ou par la* SOMME *des exposants du* DÉNOMINATEUR.

13. Passons aux expressions fractionnaires *polynômes*.

Soit à construire

$$x = \frac{2\,a^3 - 3\,a^2 b + b^2 c}{a^2 - 2\,ab + b^2}.$$

On peut d'abord l'écrire ainsi :

$$x = \frac{a^2\left(2a - 3b + \dfrac{b^2 c}{a^2}\right)}{a\left(a - 2b + \dfrac{b^2}{a}\right)}.$$

Si, après avoir supprimé le facteur a, commun aux deux termes, on pose

$$\frac{b^2 c}{a^2} = m, \qquad \frac{b^2}{a} = n,$$

il en résulte

$$x = \frac{a(2a - 3b + m)}{a - 2b + n};$$

et cette expression représente alors une *quatrième proportionnelle* aux *trois* lignes $a - 2b + n$, a et $2a - 3b + m$.

Quant aux deux lignes m et n, on peut les construire facilement, d'après ce qui a été dit plus haut.

L'artifice de ces transformations consiste à décomposer l'un des termes, tant du numérateur que du dénominateur, en deux facteurs, l'un du premier degré, l'autre du degré $n - 1$, n étant le degré de ce terme, et à mettre ce dernier facteur en évidence.

On a soin d'ailleurs, pour restreindre autant que possible les *constructions partielles*, de faire en sorte que ce facteur mis en évidence comprenne les lettres qui entrent le plus de fois comme facteurs dans les deux termes de la fraction.

On trouvera ainsi que l'expression

$$x = \frac{a^4 - 2a^3 b + 2ab^2 c - b^2 cd}{2ab^2 - 3b^3 - 4bc^2 + c^2 d}$$

revient à

$$x = \frac{a(m - n + 2c - p)}{2a - 3b - q + r},$$

en mettant le facteur ab^2 en évidence au *numérateur*, et le facteur b^2 en évidence au *dénominateur*, puis posant

$$m = \frac{a^3}{b^2}, \quad n = \frac{2a^2}{b}, \quad p = \frac{cd}{a}, \quad q = \frac{4c^2}{b}, \quad r = \frac{c^2 d}{b^2}.$$

Ces dernières expressions étant construites, on en déduit la valeur de x, qui est une *quatrième proportionnelle* aux *trois* lignes $2a - 3b - q + r$, a, et $m - n + 2c - p$.

On peut remarquer qu'il y a beaucoup d'analogie entre ces transformations et celles que l'on exécute pour rendre les expressions algébriques calculables par logarithmes.

14. Considérons maintenant *les expressions radicales du second degré.*
Soit, premièrement, l'expression

$$x = \sqrt{a^2 - bd}.$$

On peut la mettre sous la forme

$$x = \sqrt{a\left(a - \frac{bd}{a}\right)};$$

et si l'on pose

$$\frac{bd}{a} = m,$$

ligne facile à construire, il en résulte

$$x = \sqrt{a(a - m)},$$

expression qui représente *une moyenne proportionnelle* entre les deux lignes a et $a - m$.

Autrement. — Soit fait

$$n^2 = bd,$$

il vient

$$x = \sqrt{a^2 - n^2};$$

d'où l'on voit qu'après avoir construit une *moyenne* proportionnelle n entre b et d, il suffit de déterminer l'un des côtés de l'angle droit d'un triangle rectangle ayant a pour hypoténuse, et n pour autre côté.

Soit, en second lieu,

$$x = \sqrt{\frac{a^3 - 2b^2c + 3b^3}{a - b}}.$$

Cette expression revient à celle-ci

$$x = \sqrt{b \times \frac{a^3 - 2b^2c + 3b^3}{b(a - b)}}.$$

Or on a

$$\frac{a^3 - 2b^2c + 3b^3}{b(a - b)} = \frac{b\left(\dfrac{a^3}{b^2} - 2c + 3b\right)}{a - b},$$

quantité que l'on peut construire aisément, comme on l'a vu au n° 13.

Désignant donc cette quantité ou cette ligne par m, on obtient

$$x = \sqrt{b \times m}.$$

expression facile à construire.

En général, pour toute expression radicale du second degré, il suffit de *mettre en évidence, sous le radical, un des facteurs littéraux qui entrent dans les termes du numérateur*, a par exemple, le second facteur sous le radical est alors *une expression rationnelle que l'on sait construire*.

Désignant cette expression par une lettre m, on est amené finalement *à construire la valeur*

$$x = \sqrt{a \times m}.$$

N. B. — Si l'on avait une expression telle que

$$x = a \sqrt{\frac{b}{c}},$$

il faudrait commencer par faire passer le coefficient a sous le radical; ce qui donnerait

$$x = \sqrt{\frac{a^2 b}{c}} = \sqrt{a \times m},$$

en posant et construisant

$$m = \frac{a \times b}{c}.$$

Remarque importante sur l' HOMOGÉNÉITÉ.

15. Dans chacune des expressions algébriques que nous venons de considérer, tous les termes sont de *même degré* si elles sont *entières*; et si elles sont *fractionnaires* : 1° tous les termes du numérateur sont *de même degré entre eux*, ainsi que tous les termes du dénominateur; 2° le degré du numérateur *surpasse* celui du dénominateur d'*une unité* pour les quantités *rationnelles*, et de *deux unités* pour les quantités *irrationnelles* du *second degré*.

Une expression qui doit représenter *une ligne* est dite *homogène* lorsque ces conditions sont remplies; et *elles le sont* toutes les fois que, dans la traduction algébrique de l'énoncé d'un problème, *on a désigné par une lettre chacune des lignes qu'on a dû faire entrer dans le calcul*.

Pour comprendre qu'il en doit être ainsi, il suffit d'observer que, *d'une part*, les relations employées pour la mise d'un problème en équation se réduisent toutes à des égalités telles que

$$\frac{a}{b} = \frac{c}{d}, \quad \text{ou} \quad a.d = b.c,$$

$$\frac{a^2}{b^2} = \frac{m}{n}, \quad \text{ou} \quad a^2.n = b^2.m,$$

$$a^2 = b^2 \pm c^2, \qquad a^2 = b^2 + c^2 \pm 2b.m,$$

qui se déduisent, soit de la théorie des triangles *semblables*, soit des pro-priétés relatives aux triangles *rectangles* ou *obliquangles*; et que, *d'autre part*, les opérations ou transformations (*) que l'on peut avoir à exécuter sur ces égalités pour arriver au résultat demandé conduisent toujours né-cessairement à des égalités *homogènes*, dans le sens attribué, en Algèbre, à cette dénomination.

D'après ce qui vient d'être dit, soit, par exemple,

$$x = \frac{B}{A}, \quad \text{d'où} \quad A.x = B,$$

le résultat auquel on est parvenu pour l'une des inconnues, x devant ex-primer *une ligne*.

1° B et A doivent être séparément *homogènes*;

2° Comme x exprime une *ligne*, il faut que le degré de B *surpasse d'une unité* celui de A; autrement la seconde égalité ne serait pas *homogène*.

Ainsi, dans le résultat $x = \frac{B}{A}$, les deux conditions énoncées ci-dessus seront *satisfaites*.

Quant aux *radicaux du second degré*, qui peuvent être généralement représentés par l'expression

$$x = \sqrt{A}$$

(A étant *entier* et *fractionnaire*), comme on en déduit

$$x^2 = A,$$

et que le premier membre, x^2, exprime une *surface*, le second membre A doit exprimer une *surface*.

(*) Quand il s'agit d'*addition* ou de *soustraction*, les égalités sur lesquelles on opère doivent être non-seulement *homogènes*, étant considérées séparément, mais encore elles doivent être de MÊME DEGRÉ ENTRE ELLES; autrement le résultat de l'addition ou de la soustraction de ces égalités, membre à membre, n'offri-rait *aucun sens raisonnable*. Ainsi, l'on ne pourrait additionner des égalités telles que $a = b + c$, $a^2 = b^2 + c^2$; pas plus qu'en Arithmétique on ne saurait ajouter des quantités d'*espèce différente*.

D'où il suit que si A est *fractionnaire*, le degré du numérateur doit surpasser de *deux* unités celui du dénominateur.

Mais si, afin de rendre les calculs plus simples, *on convient* de prendre pour *unité* l'une des *lignes* que l'énoncé du problème prescrit de faire entrer dans le calcul, comme les diverses puissances de 1 sont égales à 1. le *degré* de chacun des termes où cette ligne se trouvait élevée à diverses puissances doit nécessairement diminuer d'*une* ou de *plusieurs* unités; et, dans le résultat obtenu pour la valeur de l'inconnue. les conditions de l'*homogénéité* doivent, en général. cesser d'exister.

Par exemple, lorsque, dans les expressions

$$x = \frac{ab}{c}, \quad x = \frac{2\,a^3\,b^2\,c}{3\,d^2 f^2 g}, \quad x = \frac{a^2 - bd}{c},$$

$$x = \sqrt{\frac{a^3 - 2\,b^2\,c + 3\,\overline{b}^3}{a - b}},$$

on suppose $b = 1$, elles se réduisent à

$$x = \frac{a}{c}, \quad x = \frac{2\,a^3\,c}{3\,d^2 f^2 g}, \quad x = \frac{a^2 - d}{c}, \quad x = \sqrt{\frac{a^3 - 2\,c + 3}{a - 1}}.$$

Cependant, comme la construction de la *ligne cherchée* dépend de la longueur de chacune des lignes données, et en particulier *de la ligne prise pour unité*, il faut préalablement rétablir cette dernière dans l'expression de x; ce qui n'offre aucune difficulté, car, en désignant cette ligne par une lettre, *m* par exemple, il suffit *de l'introduire dans les différents termes*, comme facteur, *à une puissance d'un degré tel, que les deux conditions d'homogénéité soient remplies*.

Ainsi, soit l'expression

$$x = \frac{a^3 - 2\,a + 3\,bc}{1 - 2\,b^2 + a},$$

qui n'est pas homogène, parce que l'on a supposé l'une des lignes de la question égale à 1.

Puisque l'un des termes du numérateur est du *troisième* degré, et qu'un de ceux du dénominateur est du *deuxième* degré, tous les autres termes doivent être *respectivement* ramenés à ces *mêmes* degrés.

Donc. en désignant par *m* la ligne prise pour unité. on a

$$x = \frac{a^3 - 2\,a\,m^2 + 3\,bcm}{am - 2\,b^2 + m^2},$$

expression qui peut se construire d'après les règles établies précédemment.

De même,

$$x = \frac{a - b^2 + c^3}{a^3 - b + d^2} \quad \text{devient} \quad \frac{a\,m^3 - b^2\,m^2 + c^3\,m}{a^3 - b\,m^2 + d^2\,m}.$$

Soit encore

$$x = \sqrt{\frac{aef}{bd} + \frac{ce}{fg} - \frac{a^4 f}{d}}.$$

Chacun des termes, sous le radical, *devant* être du *deuxième* degré, on transformera $\frac{aef}{bd}$ en $\frac{aefm}{bd}$, $\frac{ce}{fg}$ en $\frac{cem^2}{fg}$, $\frac{a^4 f}{d}$ en $\frac{a^4 f}{dm^2}$; et l'expression deviendra

$$x = \sqrt{\frac{aefm}{bd} + \frac{cem^2}{fg} - \frac{a^4 f}{dm^2}}.$$

Posant alors

$$p^2 = \frac{aefm}{bd} = \frac{ae}{b} \times \frac{fm}{d}, \quad \text{d'où} \quad p = \sqrt{\frac{ae}{b} \times \frac{fm}{d}},$$

$$q^2 = \frac{cem^2}{fg} = \frac{ce}{f} \times \frac{m^2}{g}, \quad \text{d'où} \quad q = \sqrt{\frac{ce}{f} \times \frac{m^2}{g}},$$

$$r^2 = \frac{a^4 f}{dm^2} = a \times \frac{a^3 f}{dm^2}, \quad \text{d'où} \quad r = \sqrt{a \times \frac{a^3 f}{dm^2}},$$

et construisant p, q, r, d'après les principes connus, on obtiendra pour x la valeur

$$x = \sqrt{p^2 + q^2 - r^2},$$

expression qui rentre dans celle du n° 10.

16. *Conséquence.* — Dès qu'on applique l'Algèbre à une question de Géométrie, la représentation des *lignes* par des *lettres* suppose toujours (1) que l'on ait pris une *certaine* ligne pour *unité;* mais il faut distinguer deux cas :

Ou le résultat auquel on parvient, pour l'expression de l'inconnue, est *homogène,* ou bien il ne l'est pas.

Dans le premier cas, la connaissance de la ligne *prise pour unité* est indifférente à la construction du résultat.

Dans le second, cette ligne est nécessairement *une des lignes de l'énoncé,* et son introduction dans le résultat est indispensable pour la construction.

On est ainsi conduit, en quelque sorte, à considérer deux espèces d'*unités linéaires :* l'UNE que l'on peut appeler l'*unité implicite,* c'est celle que comportent en elles-mêmes les expressions HOMOGÈNES; l'AUTRE, qui serait alors l'*unité explicite*, c'est une des *lignes données* de la question, et que, pour simplifier le calcul, on a jugé à propos de faire égale à 1. Son rétablissement dans le résultat final est toujours facile, au moyen des conditions d'homogénéité.

La *Trigonométrie*, où, soit en vue de simplifier les calculs, soit afin d'obtenir des formules plus faciles à graver dans la mémoire, on suppose généralement le *rayon égal à l'unité*, offre des applications nombreuses de ces principes sur l'*homogénéité*.

17. Scolie général. — Les diverses propositions que nous avons développées dans ce paragraphe et dans le précédent sont suffisantes pour la construction de tous les problèmes dont les équations conduisent à des résultats *rationnels*, ou à des expressions *irrationnelles du second degré*.

Nous ajouterons que, dans chaque problème, il faut tâcher de faire servir la figure de l'énoncé à la construction des résultats ; car c'est ordinairement dans la liaison plus ou moins directe entre la construction et la figure, que consiste le plus ou moins d'élégance de la solution du problème par le secours de l'Algèbre. Les problèmes suivants feront ressortir l'importance de cette observation.

Nous les proposons comme moyen d'initier les commençants aux méthodes de l'application de l'algèbre a la géométrie ; nous aurons soin, à cet effet, de faire quelques réflexions sur la manière dont ils auront été résolus.

§ III. — Résolution de diverses questions relatives a la ligne droite et au cercle.

18. Premier problème. — *Inscrire un carré dans un triangle donné* ABC (*fig.* 5) ; c'est-à-dire, trouver sur le côté AB un point E tel, que si l'on mène EF parallèle à BC, et EG, FH perpendiculaires sur BC, la figure GEFH soit un carré.

Supposons le problème résolu, et abaissons du sommet A la hauteur AD du triangle.

Il est évident que, si le point I où AD rencontre EF était déterminé de position, il en serait de même de EF, et par conséquent du *carré cherché*.

Posons donc

$$DI = EG = EF = x,$$

et tâchons d'obtenir une équation entre cette ligne x et les lignes *connues* de la figure *qui peuvent nous être utiles*.

Or, les deux triangles ABC, AEF étant semblables, leurs bases BC, EF sont entre elles comme leurs hauteurs AD, AI ; c'est-à-dire que l'on a la proportion

$$BC : EF :: AD : AI.$$

Cela posé, soit

$$BC = a. \quad AD = h;$$

comme on a d'ailleurs

$$DI = EF = x,$$

il en résulte

$$AI = h - x;$$

d'où, en substituant ces notations dans la proportion ci-dessus,

$$a : x :: h : h - x;$$

ce qui donne

$$ah - ax = hx,$$

et, par suite,

$$x = \frac{ah}{a + h}.$$

Cette expression représente *une quatrième proportionnelle* aux trois lignes $a + h$, a et h.

Pour la construire, nous ferons usage de l'angle ADX, puisque l'on a déjà

$$AD = h,$$

et que le point I *cherché* doit être situé sur AD.

Portons d'abord BC, *ou* a, *de* D *en* K, *et* AD, *ou* h, *de* K *en* L; il en résulte

$$DL = a + h, \quad DK = a;$$

et comme on a déjà

$$DA = h,$$

il s'ensuit que *si l'on joint le point* L *au point* A, *et que l'on mène* KI *parallèle à* LA, *le point* I *sera le point cherché.*

En effet, on a la proportion

$$DL : DK :: DA : DI, \quad \text{d'où} \quad a + h : a :: h : DI;$$

donc

$$DI = \frac{ah}{a + h} = x.$$

Le point I étant déterminé, on mène, par ce point, EF *parallèle à* BC, *et* EG, FH *perpendiculaires à* BC; ce qui donne GEFH pour le CARRÉ DE-MANDÉ.

19. *Remarque.* — Dans l'analyse de ce problème, nous avons eu le soin de n'établir les notations algébriques qu'après avoir reconnu quelles étaient les données *absolument nécessaires*. Ainsi, il nous a suffi de faire

entrer en considération la *base* et la *hauteur* du triangle, quoique les deux autres côtés fussent également connus. C'est une attention que l'on doit toujours avoir pour éviter les notations inutiles.

20. **Deuxième problème.** — *Étant donnés de position et de grandeur un cercle* X (*fig.* 6) *et une droite* AB, *trouver sur la circonférence un point* M *tel, que, si on le joint aux extrémités de la droite* AB, *et que l'on tire la corde* DE, *cette corde soit parallèle à* AB.

(Nous considérons particulièrement ici le cas où la droite AB est *extérieure* au cercle.)

Solution. — Remarquons d'abord que, si le point D était fixé de position sur le cercle, il en serait de même des deux lignes AM, BM, et, par conséquent, de la droite DE.

La question est donc ramenée à chercher le point D.

Or ce point serait connu, si l'on pouvait déterminer la distance AG du point A au pied de la perpendiculaire DG abaissée sur AB.

A cet effet, du point C, centre du cercle, abaissons la perpendiculaire CF, et posons

$$AB = a, \quad AF = b, \quad CF = c, \quad CD = r, \quad AG = x, \quad DG = y;$$

il en résulte

$$GF = DI = b - x, \quad CI = c - y.$$

(L'introduction d'une seconde inconnue, DG ou y, sert ici pour la commodité du calcul.)

Ces notations étant convenues, observons d'abord que le triangle rectangle CDI donne

$$\overline{CD}^2 = \overline{DI}^2 + \overline{CI}^2,$$

ou bien

$$(1) \qquad r^2 = (b - x)^2 + (c - y)^2,$$

première équation entre les inconnues x, y, et les lignes connues b, c, r.

Pour en obtenir une *seconde,* nous considérerons les deux triangles MAB et MDE; ils sont semblables et donnent la proportion

$$MA : MD :: AB : DE :$$

d'où l'on déduit

$$MA : AD :: AB : AB - DE.$$

ou, multipliant les deux premiers termes par AD,

$$MA \times AD : \overline{AD}^2 :: AB : AB - DE.$$

Or le rectangle MA $\times$ AD est connu; car si du point A, qui est déterminé de position, nous menons la tangente AL, nous avons, d'après un théorème de Géométrie,

$$MA \times AD = \overline{AL}^2 = m^2$$

(en désignant par m la nouvelle ligne connue AL).

On a d'ailleurs

$$\overline{AD}^2 = x^2 + y^2, \quad AB = a, \quad DE = 2DI = 2(b - x);$$

d'où

$$AB - DE = a - 2b + 2x.$$

Ainsi, la proportion ci-dessus devient

$$m^2 : x^2 + y^2 :: a : a - 2b + 2x;$$

d'où l'on tire

$$(2) \qquad m^2(a - 2b + 2x) = a(x^2 + y^2);$$

telle est la *seconde* équation du problème.

Les équations (1) et (2), dont la première, développée, devient

$$x^2 + y^2 = 2bx + 2cy - (b^2 + c^2 - r^2),$$

et dont l'autre peut se mettre sous la forme

$$x^2 + y^2 = \frac{m^2}{a}(2x + a - 2b),$$

sont susceptibles de simplification.

D'abord, les triangles ACF et ACL donnent

$$\overline{AC}^2 = b^2 + c^2,$$

$$\overline{AL}^2 \quad \text{ou} \quad m^2 = \overline{AC}^2 - \overline{LC}^2 = b^2 + c^2 - r^2.$$

En second lieu, la quantité $\dfrac{m^2}{a}$ est *une troisième proportionnelle* qu'on peut supposer construite, et en la désignant par n, on obtient

$$m^2 = an.$$

Par suite, les deux équations du problème deviennent

$$(3) \qquad x^2 + y^2 = 2bx + 2cy - an.$$

$$(4) \qquad x^2 + y^2 = n(2x + a - 2b).$$

Égalant entre elles ces deux valeurs de $x^2 + y^2$, on trouve, toute réduction faite,

$$(5) \qquad (b - n)x + cy = n(a - b).$$

équation qui n'est que du *premier* degré en x, y, et qui peut remplacer l'équation (3); en sorte que la question est ramenée à éliminer y entre les deux équations (4) et (5).

L'équation en x que l'on obtiendra ainsi, étant résolue, fera connaître la distance AG, et, par suite, la position du point D qui donne celle du *point demandé* M.

Si l'on effectue cette élimination, on trouvera pour équation finale en x,

$$\left[c^2 + (n - b)^2\right]x^2 + 2n\left[(n - b)(a - b) - c^2\right]x$$
$$= n\left[(a - 2b)c^2 - n(a - b)^2\right].$$

Nous n'entrerons pas dans le détail de la résolution de cette équation, parce que le résultat que l'on obtiendrait serait très-compliqué, et que la construction que l'on déduirait des principes établis précédemment n'offrirait aucun intérêt (*).

21. *Second moyen de résolution* du problème proposé.

Supposons toujours le problème résolu, et soit D (*fig.* 7) le point à déterminer.

Menons en ce point la tangente DK, et par le point A la tangente AL, comme dans l'analyse précédente.

Les deux triangles ABM, ADK sont semblables, car ils ont l'angle A commun; de plus, AKD = KDE, par la propriété des angles alternes internes; mais KDE et DME sont égaux comme ayant même mesure : ainsi

$$AKD = DME \quad \text{ou} \quad AMB.$$

On a donc la proportion

$$AB : AD :: AM : AK,$$

d'où l'on tire

$$AB \times AK = AD \times AM = \overline{AL}^2.$$

Soient

$$AB = a, \quad AL = m, \quad AK = x,$$

il en résulte

$$a \times x = m^2, \quad \text{d'où} \quad x = \frac{m^2}{a}.$$

(*) Nous renvoyons au Chapitre premier pour la construction géométrique des équations (1) et (2).

Après avoir *construit* séparément (ou si l'on veut, sur la figure même) cette *troisième proportionnelle*, par l'une des méthodes connues, on la portera de A en K sur AB; puis, du point K on *mènera la tangente* KD au cercle donné.

Le point D sera le point qui servira à *fixer* le POINT M CHERCHÉ.

N. B. — Comme du point K il est toujours possible de mener deux tangentes KD, KD', il s'ensuit que l'on a deux points M et M' qui satisfont à la question. Ainsi, le problème admet, en général. *deux* solutions.

Ce résultat s'accorde avec celui de la première méthode employée pour résoudre le problème, puisque l'on est parvenu à une équation du *second degré.*

22. *Remarque.* — La construction de la tangente DK. qui a conduit d'une manière si simple à la résolution du problème, est une de ces idées qui s'offrent rarement à l'esprit de ceux qui n'ont pas déjà une grande habitude.

Quel que soit le problème proposé, il est toujours facile de trouver dans la figure que prescrit l'énoncé. et à l'aide de quelques constructions qui se présentent naturellement. un premier mode de résolution, en faisant usage des relations principales de la Géométrie. telles que les propriétés des triangles rectangles. des triangles semblables ou des lignes considérées dans le cercle. Mais la difficulté est de découvrir les constructions susceptibles de conduire à des équations simples et à des résultats élégants.

Nous observerons. a ce sujet. qu'un problème de Géométrie est en général moins facile à mettre en équation qu'un problème ordinaire d'Algèbre. Dans celui-ci, il suffit, le plus communément, de traduire. à l'aide des signes algébriques, les conditions *explicites* de l'énoncé, ou du moins des conditions *implicites* que l'on déduit aisément des premières. Les données et les inconnues y sont d'ailleurs en évidence: tandis que dans un problème de Géométrie, qui se réduit presque toujours à fixer la position d'un ou de plusieurs points, il faut beaucoup d'attention et de sagacité pour déterminer la nature des relations qui. *exprimées algébriquement,* peuvent conduire à une construction simple et élégante du problème. Or, de la nature des relations qu'on emploie. dépend celle des données et des inconnues que l'on doit faire entrer en considération. L'habitude et le discernement peuvent seuls apprendre à surmonter ces difficultés.

Interprétation des résultats négatifs.

Nous allons maintenant nous proposer des problèmes qui donnent lieu à des *résultats négatifs* pour les expressions des inconnues.

23. Troisième problème. — *Étant donné un triangle* ACB (*fig.* 8), *trouver sur le côté* AC *un point* D *tel, que, si l'on mène la droite* DE *parallèle à* AB, *cette parallèle soit égale à une ligne donnée m.*

D'abord, les deux triangles semblables ACB, DCE donnent la proportion

$$AC : AB :: DC : DE.$$

Prenons pour *inconnue* la distance du point fixe A au point D, et posons

$$AB = a, \quad AC = b, \quad AD = x, \quad \text{d'où} \quad DC = b - x.$$

La proportion ci-dessus deviendra

$$b : a :: b - x : m, \quad \text{d'où} \quad mb = ab - ax;$$

donc

$$x = \frac{b(a - m)}{a}.$$

On obtiendra facilement cette *quatrième proportionnelle* en prenant BAC pour l'angle de construction, puisque l'on a déjà

$$AB = a, \quad AC = b.$$

A partir du point B *sur* BA, *prenez une partie* BG *égale à m*; il en résulte

$$AG = a - m;$$

menez ensuite GD *parallèle à* BC; le point D sera le point demandé.

En effet, on a la proportion

$$AB : AC :: AG : AD,$$

d'où

$$a : b :: a - m : AD; \quad \text{donc} \quad AD = \frac{b(a - m)}{a} = x.$$

Il est visible d'ailleurs que, si l'on mène DE parallèle à AB, on a

$$DE = GB = m.$$

Discussion du résultat. — Tant que l'on aura $m < a$ ou AB, la valeur de x sera positive, et pourra être construite comme précédemment.

Si l'on suppose $m = a$, la valeur de x se réduit à o, et le point D se confond avec le point A; ce qui doit être, puisque la ligne AB satisfait à la question.

Soit maintenant $m > a$; la valeur de x devient *négative*, et, le signe étant mis en évidence, elle prend la forme

$$x = -\frac{b(m - a)}{a}.$$

Afin d'interpréter ce résultat, il faut, en vertu des principes établis en Algèbre, remonter à l'équation du problème, ou à la proportion

$$b : a :: b - x : m,$$

et y changer x en $-x$; ce qui donne

$$b : a :: b + x : m.$$

Or $b - x$, qui exprimait la distance CD, devenant $b + x$, représente maintenant la somme de deux lignes : ce qui ne peut avoir lieu qu'autant que le point cherché se trouve en D′ sur le prolongement de CA, c'est-à-dire *en sens contraire* de celui où il était d'abord placé.

Cette modification une fois établie dans la proportion, l'on en déduit

$$ab + ax = bm. \quad \text{d'où} \quad x = \frac{b(m-a)}{a}.$$

Pour construire cette expression, il suffit de porter, à partir du point B, la ligne donnée m de B en G′, ce qui donne

$$AG' = m - a,$$

puis de mener G′D′ parallèle à BC. Le point D′ est le point demandé : c'est-à-dire que D′E′, parallèle à AB, est égale à m. Cela est d'ailleurs évident.

24. *Remarque*. — La solution *négative* que l'on a obtenue dans le cas de $m > a$ indique, non pas une rectification à faire dans l'énoncé de la question (car, quelle que soit la grandeur de m, il est toujours possible de placer cette ligne dans l'angle ACB, parallèlement à AB, en prolongeant les deux côtés, si cela est nécessaire), mais bien une *différence de position* du point D par rapport au point fixe A, suivant la grandeur de m.

Ainsi, lorsque, pour résoudre le problème, on suppose le point D *au-dessus* du point A, cette position est *exacte* tant que l'on a $m < a$; mais elle devient *fausse* dès qu'on a $m > a$; et le signe — obtenu dans ce cas sert à rectifier cette position, en indiquant que *la distance du point donné au point inconnu doit être portée en sens contraire de celui où elle avait été d'abord portée.*

Cela est si vrai, que l'on peut éviter tout résultat *négatif* en fixant convenablement *un autre point de départ*, par exemple en prenant CD au lieu de AD pour *inconnue*.

En effet, soit CD $= x'$; les autres notations restant les mêmes, on a

$$b : a :: x' : m. \quad \text{d'où} \quad x = \frac{mb}{a}.$$

résultat qui est *essentiellement positif,* quelles que soient les grandeurs relatives de a, b, m.

Tant que l'on aura $m < a$, la valeur de x' sera *plus petite* que b; et après l'avoir construite, si on la porte sur CA, à partir du point C, l'extrémité D tombera *au-dessus* de A ; mais si l'on a $m > a$, la valeur de x' est *plus grande* que b, et le point cherché tombe en D', *au-dessous* du point A.

Observons d'ailleurs que l'expression

$$x' = \frac{mb}{a}$$

peut se mettre sous l'une des deux formes

$$x' = b - \frac{b(a - m)}{a}, \quad \text{ou} \quad x' = b + \frac{b(m - a)}{a},$$

la première correspondant au cas où l'on a $m < a$, et la deuxième à celui où l'on a $m > a$.

Mais comme, par la première manière de résoudre la question, on a trouvé

$$x = \frac{b(a - m)}{a} = - \frac{b(m - a)}{a},$$

il s'ensuit que les deux inconnues x et x' sont liées entre elles par la relation

$$x' = b - x,$$

x étant *positif* dans le cas de $m < a$, et *négatif* lorsque l'on a $m > a$.

25. Reprenons maintenant le problème du n° 7, et tâchons d'en interpréter la *solution négative.*

Il est clair, d'abord, que la première des deux valeurs obtenues est la seule qui puisse satisfaire à la question telle qu'elle a été énoncée, puisque l'on demande de diviser a en deux parties, etc., et que la valeur absolue de la seconde solution est *plus grande* que a.

Mais on peut modifier l'énoncé ainsi qu'il suit :

Étant donnés deux points fixes A *et* B (*fig.* 9), *trouver sur la ligne* AB *ou sur son prolongement un troisième point tel, que sa distance au point* A *soit moyenne proportionnelle entre sa distance au point* B *et la distance des deux points* A *et* B.

D'après ce nouvel énoncé, comme il n'y a pas de raison pour supposer le point cherché à gauche plutôt qu'à droite du point A, on commence par le supposer *à droite,* c'est-à-dire entre A et B. (Il ne peut être en E".

car AE″ étant *plus grand* à la fois que AB et BE″, ne saurait être moyen proportionnel entre ces deux lignes.)

Soit donc E le point cherché, et posons

$$AE = x, \quad AB = a, \quad \text{d'où} \quad BE = a - x;$$

on a la proportion

$$a : x :: x : a - x,$$

d'où

$$x^2 = a^2 - ax,$$

et

$$x = -\frac{a}{2} \pm \sqrt{a^2 + \frac{a^2}{4}}.$$

La première valeur est *positive* et se construit comme il a été dit n° 7.

La seconde est *négative;* et pour la construire, il faut, *après avoir déterminé la ligne* AC *égale à* $\sqrt{a^2 + \frac{a^2}{4}}$, *prolonger* AC *jusqu'à sa rencontre en* D′ *avec la circonférence déjà décrite,* ce qui donne AD′ égal à $\frac{a}{2} + \sqrt{a^2 + \frac{a^2}{4}}$, puis *rabattre par un arc de cercle,* AD′ *de* A *en* E′ *à la gauche du point* A (conformément à la remarque du n° 24); et la distance AE′ devra satisfaire également à la question.

En effet, à cause de

$$AE' = \frac{a}{2} + \sqrt{a^2 + \frac{a^2}{4}},$$

on a

$$BE' = a + \frac{a}{2} + \sqrt{a^2 + \frac{a^2}{4}} = \frac{3a}{2} + \sqrt{a^2 + \frac{a^2}{4}},$$

Or

$$\overline{AE'}^2 = \left(\frac{a}{2} + \sqrt{a^2 + \frac{a^2}{4}}\right)^2 = \frac{3a^2}{2} + a\sqrt{a^2 + \frac{a^2}{4}},$$

et

$$AB \times BE' = \frac{3a^2}{2} + a\sqrt{a^2 + \frac{a^2}{4}}.$$

Donc

$$\overline{AE'}^2 = AB \times BE', \quad \text{ou bien} \quad AB : AE' :: AE' : BE'.$$

Ainsi le nouveau problème admet *deux solutions.*

Si l'on demande comment il se fait que ces deux solutions soient comprises dans la *même formule,* quoiqu'en mettant le problème en équation l'on ait supposé le point cherché à droite du point A, et *non à gauche,* voici l'explication que l'on peut en donner.

Soit d'abord le point cherché entre A et B; on a la proportion

$$a : x :: x : a - x,$$

d'où

(1)
$$x^2 + ax = a^2.$$

Puis, supposons-le sur le prolongement, en E' par exemple; comme on a

$$AE' = x,$$

il en résulte

$$BE' = a + x,$$

et la proportion devient

$$a : x :: x : a + x;$$

d'où

(2)
$$x^2 - ax = a^2.$$

Cela posé, si l'on résout l'équation (1) en ne tenant compte que de la valeur qui correspond au signe + du radical, on obtient

$$x = -\frac{a}{2} + \sqrt{a^2 + \frac{a^2}{4}};$$

de même, si l'on résout l'équation (2) en ne tenant compte que de la valeur qui correspond au signe + du radical, il vient

$$x = \frac{a}{2} + \sqrt{a^2 + \frac{a^2}{4}}.$$

Or cette valeur est précisément, au *signe près,* la seconde valeur que donne l'équation (1) par sa résolution complète.

Le signe —, que l'on obtient pour cette seconde valeur, correspond (24) à une rectification, non dans l'énoncé du problème, mais dans *la position* qui avait été primitivement attribuée au *point demandé.*

On éviterait, comme dans le problème précédent, toute solution négative, en prenant pour *inconnue* la distance du point cherché à un autre point A' tel, que l'on eût

$$AA' > \frac{a}{2} + \sqrt{a^2 + \frac{a^2}{4}}.$$

Ainsi soit, par exemple,

$$AA' = 2a,$$

et posons

$$A'E = x',$$

d'où

$$AE = x' - 2a, \quad BE = 3a - x',$$

la proportion indiquée par l'énoncé devient

$$a : x' - 2a :: x' - 2a : 3a - x';$$

ce qui donne

$$(x' - 2a)^2 = 3a^2 - ax',$$

et, par suite,

$$x' = \frac{3a}{2} \pm \sqrt{\frac{9a^2}{4} - a^2}.$$

Ces deux valeurs sont essentiellement positives, puisque le radical est *numériquement moindre* que $\dfrac{3a}{2}$.

On peut d'ailleurs les mettre sous la forme

$$x' = 2a - \frac{a}{2} \pm \sqrt{a^2 + \frac{a^2}{4}},$$

d'où

$$x' - 2a = -\frac{a}{2} \pm \sqrt{a^2 + \frac{a^2}{4}};$$

et, comme on avait trouvé

$$x = -\frac{a}{2} \pm \sqrt{a^2 + \frac{a^2}{4}},$$

il s'ensuit que x et x' sont liées par la relation

$$x' - 2a = x, \quad \text{ou} \quad x' = 2a + x.$$

Seulement, x est *positif* pour le point E, et *négatif* pour le point E'.

26. *N. B.* — L'erreur que l'on commettrait en attribuant au point cherché une position *impossible* se manifeste par une expression *imaginaire*.

Supposons (*fig.* 9), en effet, que dans ce même problème, au lieu de prendre le point cherché en E on en E', on le prenne en E", c'est-à-dire *à droite* des deux points A et B.

En posant

$$AE'' = x, \quad \text{d'où} \quad BE'' = x - a,$$

on trouve, par la substitution de ces valeurs dans la proportion AB : AE'' :: AE'' : BE'',

$$a : x :: x : x - a, \quad \text{d'où} \quad x^2 - ax = -a^2,$$

et, par suite,

$$x = \frac{a}{2} \pm \sqrt{-\frac{3a^2}{4}}.$$

Ce résultat *imaginaire* tient uniquement à ce que l'on a attribué au point cherché une position *absolument impossible;* car AE" ne saurait, comme nous l'avons déjà dit, être *moyen proportionnel* entre AB et BE".

27. Les principes établis (23, 24 et 25) peuvent être résumés de la manière suivante :

1° Toutes les fois que, dans la résolution d'un problème de Géométrie par le secours de l'Algèbre, l'*inconnue* représente la *distance d'un point fixe à un autre point, comptée sur une droite fixe,* et que l'on obtient, pour expression de cette inconnue, des résultats, les uns *positifs* et les autres *négatifs,*

Si l'on est convenu de porter les *valeurs positives dans un sens quelconque à partir du point fixe, les valeurs négatives doivent être portées en sens contraire du précédent.*

2.° Le moyen de faire disparaître les solutions négatives, est *de rapporter le point cherché à un autre point fixe, dont la distance au premier point fixe soit assez grande pour que l'on soit assuré que tous les points susceptibles de satisfaire à l'énoncé se trouvent d'un même côté par rapport à ce second point;* et cela est toujours possible, en général, puisque la ligne sur laquelle se comptent ces distances peut être prolongée autant que l'on veut.

Les résultats *négatifs* proviennent uniquement de ce que l'*origine des distances* a été d'abord choisie dans une position intermédiaire entre les points cherchés; et le signe — indique *la différence de position de ces points par rapport au premier point fixe.*

3° Si dans la résolution d'une question (d'un *problème* ou d'un *théorème*), on veut faire entrer en considération les distances entre un premier point fixe et d'autres points situés avec celui-ci sur la même ligne, mais dans des sens différents, et qu'*on regarde comme positives les distances comptées dans un sens, on doit regarder comme négatives celles qui sont comptées en sens contraire du précédent.*

Nous ne donnons point ici de démonstration générale de ces principes; mais dans la suite, nous les verrons se confirmer de plus en plus, et nous en sentirons mieux l'usage et l'importance.

Le problème suivant mérite beaucoup d'attention, non-seulement sous le rapport des constructions auxquelles il donne lieu, mais encore et surtout sous le rapport de la *discussion.*

28. QUATRIÈME PROBLÈME. — *Étant donnés un angle* YAX (*fig.* 10) *et un point* D *dans l'intérieur de cet angle, on propose de mener par ce point une droite* LDN, *de telle manière que le triangle intercepté* ALN *soit égal à un carré donné* m^2.

Abaissons des points N et D les perpendiculaires NP, DC, et menons DB parallèle à AY.

Prenons AL pour inconnue, et posons

$$AL = x, \quad DC = h, \quad AB = a, \quad \text{d'où} \quad BL = x - a.$$

Les deux triangles semblables ALN, BLD donnent

$$BL : DC :: AL : NP, \quad \text{ou} \quad x - a : h :: x : NP;$$

donc

$$NP = \frac{hx}{x - a};$$

mais, d'après l'énoncé, on doit avoir

$$ALN \quad \text{ou} \quad \frac{AL \times NP}{2} = m^2 :$$

ainsi l'on a pour l'équation du problème.

$$x \times \frac{hx}{2(x - a)} = m^2,$$

ou, effectuant les calculs et ordonnant,

$$(\text{I}) \qquad x^2 - 2\,\frac{m^2}{h}\,x = \frac{-2\,am^2}{h}.$$

Cette équation étant résolue donne

$$x = \frac{m^2}{h} \pm \frac{m}{h}\sqrt{m^2 - 2ah}.$$

Pour que ces valeurs soient réelles, il faut que l'on ait

$$m^2 > 2\,ah, \quad \text{ou au moins} \quad m^2 = 2\,ah.$$

Arrêtons-nous à l'hypothèse $m^2 = 2\,ah$, d'où $x = 2\,a$.

Prenons AG double de AB ou égal à $2\,a$ et tirons la droite GDH, qui se trouve divisée, au point D, en deux parties égales.

Nous formons ainsi un triangle AGH dont la surface est égale à $2\,ah$ comme étant *quadruple* de celle du triangle DBG qui a pour mesure $a \times \dfrac{h}{2}$.

D'où l'on peut conclure que le triangle AGH correspondant à la valeur de $x = 2\,a$, est le *minimum* de tous ceux qui peuvent satisfaire à la question.

Supposons maintenant $m^2 > 2\,ah$, et tâchons de construire le problème sur la figure elle-même.

Les deux valeurs de x étant mises, à cet effet, sous la forme

$$x = \frac{m^2}{h} \pm \sqrt{\frac{m^2}{h}\left(\frac{m^2}{h} - 2a\right)},$$

prenons sur AX (*fig.* 11)

$$AG = 2AB = 2a \quad \text{et} \quad AK = \frac{m^2}{h},$$

troisième proportionnelle que l'on peut supposer construite séparément ; il en résulte

$$GK = AK - AG = \frac{m^2}{h} - 2a ;$$

décrivons sur AK une demi-circonférence, *élevons* du point G la perpendiculaire GI, et *tirons* la corde KI ; nous avons

$$KI = \sqrt{\overline{AK \times KG}} = \sqrt{\frac{m^2}{h}\left(\frac{m^2}{h} - 2a\right)} ;$$

rabattons par un arc de cercle KI de K en L, et de K en L′ ; les distances

$$AL = AK - KL \quad \text{et} \quad AL' = AK - KL'$$

sont évidemment les deux valeurs de x.

Enfin *tirons* les droites LDN, L′DN′, et nous avons ainsi ALN, A L′N′ pour les deux solutions du problème proposé.

29. *Première remarque.* — Le point L′, quic orrespond à la seconde solution, tombe nécessairement entre B et G ; car on a d'abord

$$KL' \quad \text{ou} \quad KI > KG ;$$

d'un autre côté, l'expression $\frac{m^4}{h^2} - \frac{2am^2}{h}$ formant les deux premiers termes du carré de $\frac{m^2}{h} - a$, il en résulte

$$\frac{m^4}{h^2} - \frac{2am^2}{h} < \left(\frac{m^2}{h} - a\right)^2,$$

d'où

$$\sqrt{\frac{m^4}{h^2} - \frac{2am^2}{h}}, \quad \text{ou} \quad KL' < \frac{m^2}{h} - a, \quad \text{ou} \quad KB.$$

Dans l'hypothèse de $\frac{m^2}{h} = 2a$, les triangles ALN, A L′N′ se réduisent au triangle unique AHG, puisque alors les deux valeurs de x deviennent égales à $\frac{m^2}{h}$.

30. *Seconde remarque.* — La question proposée étant considérée sous le point de vue le plus général, présente *quatre* solutions, quoique la méthode employée pour la résoudre n'en ait fourni que *deux*.

En effet, outre les deux solutions déjà obtenues ALN, AL'N' (*fig.* 12), il est visible que l'on peut toujours mener par le point D deux autres droites DL″, DL‴, de manière que les triangles AL″N″, AL‴N‴ soient égaux au carré donné m^2.

De plus, pour ces deux solutions, le carré peut être aussi petit ou aussi grand que l'on veut.

Comment se fait-il que ces deux solutions ne soient pas comprises dans le résultat obtenu? — Nous allons répondre à cette question.

En cherchant à mettre le problème en équation, nous avons supposé le point L *à la droite* du point A; et les triangles ALN, BLD nous ont donné

$$\text{NP} : \text{DC} :: \text{AL} : \text{BL}, \quad \text{ou} \quad \text{NP} : h :: x : x - a;$$

d'où

$$\text{NP} = \frac{hx}{x - a},$$

et, par suite,

$$\frac{hx}{x - a} \times \frac{x}{2} = m^2,$$

ou, en simplifiant,

$$(1) \qquad x^2 - 2\frac{m^2}{h}x = -\frac{2am^2}{h}.$$

Maintenant, si nous considérons le point L *à la gauche* du point A, en L″ par exemple, les deux triangles AL″N″, BL″D donnent encore

$$\text{N}''\text{P}'' : \text{DC} :: \text{AL}'' : \text{BL}''.$$

Mais, comme en général une proportion ne doit être établie qu'entre des nombres *absolus*, et que x est, par sa position, *négatif*, il s'ensuit que la valeur absolue de AL″ doit être exprimée par $-x$, et celle de BL″ par $-x + a$; ainsi la proportion devient

$$\text{N}''\text{P}'' : h :: -x : -x + a; \quad \text{donc} \quad \text{N}''\text{P}'' = \frac{-hx}{-x + a};$$

ce qui donne l'équation

$$\frac{-hx}{-x + a} \times \frac{-x}{2} = m^2,$$

ou, réduisant,

$$(2) \qquad x^2 + \frac{2m^2}{h}x = \frac{2am^2}{h},$$

équation qui diffère de (1) par le signe de $\dfrac{m^2}{h}$.

L'équation (2) étant résolue donne

$$x = -\frac{m^2}{h} \pm \frac{m}{h}\sqrt{m^2 + 2ah}.$$

De ces deux valeurs, qui sont essentiellement réelles, la première est *positive* et la seconde est *négative*. Or, je dis que la valeur positive correspond au triangle $AL'''N'''$.

En effet, les deux triangles $AL'''N'''$, $BL'''D$ donnent

$$N'''P''' : DC :: AL''' : BL''',$$

ou

$$N'''P''' : h :: x : a - x ; \quad \text{d'où} \quad N'''P''' = \frac{hx}{a-x},$$

et, par conséquent,

$$\frac{hx}{a-x} \times \frac{x}{2} = m^2,$$

équation qui revient à celle-ci,

$$\frac{-hx}{-x+a} \times \frac{-x}{2} = m^2 ;$$

ce qui fait voir que les solutions $AL''N''$, $AL'''N'''$ sont comprises dans la même équation.

Voici d'ailleurs la construction du résultat

$$x = -\frac{m^2}{h} \pm \sqrt{\frac{m^2}{h}\left(\frac{m^2}{h} + 2a\right)}.$$

Prenez à GAUCHE *du point* A *une distance* AK' (*fig.* 12) *égale à* $\dfrac{m^2}{h}$, *et* à DROITE *du même point, une distance* $AG = 2a$, *ce qui donne*

$$GK' = \frac{m^2}{h} + 2a.$$

Décrivez sur GK' *une demi-circonférence; au point* A *élevez la perpendiculaire* AI', *et tirez la corde* $K'I'$; *vous avez*

$$K'I' = \sqrt{AK' \times GK'} = \sqrt{\frac{m^2}{h}\left(\frac{m^2}{h} + 2a\right)}.$$

Rabattez ensuite $K'I'$ *de* K' *en* L'' *et de* K' *en* L'''; *il en résulte*

$$AL'' = -AK' - K'L'' = -\frac{m^2}{h} - \sqrt{\frac{m^2}{h}\left(\frac{m^2}{h} + 2a\right)},$$

$$AL''' = -AK' + K'L''' = -\frac{m^2}{h} + \sqrt{\frac{m^2}{h}\left(\frac{m^2}{h} + 2a\right)}.$$

N. B. — Il serait aisé de reconnaître que le point L''' doit tomber entre A et B (29).

On peut comprendre les *quatre* solutions dans une même formule, en posant l'équation

$$x^2 - 2\left(\pm \frac{m^2}{h}\right) x = -2a\left(\pm \frac{m^2}{h}\right),$$

d'où l'on déduit

$$x = \pm \frac{m^2}{h} \pm \sqrt{\pm \frac{m^2}{h}\left(\pm \frac{m^2}{h} - 2a\right)}.$$

Le signe supérieur de $\pm \frac{m^2}{h}$ correspondrait alors aux deux solutions ALN, $AL'N'$; et le signe inférieur, aux solutions $AL''N''$, $AL'''N'''$.

Ou bien encore, on pourrait multiplier entre eux les deux facteurs

$$x^2 - \frac{2m^2}{h} x + \frac{2am^2}{h} \quad \text{et} \quad x^2 + \frac{2m^2}{h} x - \frac{2am^2}{h}:$$

il en résulterait l'équation du *quatrième* degré

$$x^4 - \frac{4m^4}{h^2} x^2 + \frac{8am^4}{h^2} x - \frac{4a^2m^4}{h} = 0.$$

qui comprendrait les *quatre* solutions.

La remarque qui a fait l'objet de ce numéro est une nouvelle confirmation du principe (27) sur *les changements de signe des distances comptées en sens contraire les unes des autres.*

31. Examinons maintenant les circonstances relatives aux diverses positions que le point D est susceptible de prendre par rapport aux deux lignes AX, AY, en nous bornant à faire connaître les résultats, avec la manière d'y parvenir.

Premier cas. — Supposons le point D (*fig.* 13) placé au-dessous de AX et à la droite de AY, en D'.

Cette condition s'exprime en introduisant (27), dans le résultat primitif, — h à la place de h, puisque les distances des points D et D' à la ligne AX sont comptées en *sens contraire* l'une de l'autre; et il vient

$$x = -\frac{m^2}{h} \pm \sqrt{\frac{-m^2}{h}\left(\frac{-m^2}{h} - 2a\right)},$$

ou bien

$$x = -\frac{m^2}{h} \pm \sqrt{\frac{m^2}{h}\left(\frac{m^2}{h} + 2a\right)}.$$

La nature de ce résultat, dont les valeurs sont toujours *réelles,* prouve que les triangles qui lui correspondent sont placés dans les deux angles YAX, Y'AX'.

3.

Deuxième cas. — Le point D (*fig.* 14) peut être placé à la gauche de AY, et au-dessus de AX, comme en D″.

Dans ce cas, il est clair que la distance AB″ est comptée en sens contraire de AB; ainsi, il suffit de changer a en $-a$ dans la formule primitive, ce qui donne

$$x = \frac{m^2}{h} \pm \sqrt{\frac{m^2}{h}\left(\frac{m^2}{h} + 2a\right)}.$$

Les solutions correspondantes se trouvent encore placées dans les angles YAX, Y′AX′.

Troisième cas. — Le point D peut être situé en D‴ (*fig.* 15) dans l'angle X′AY′, opposé par le sommet à l'angle XAY.

Il faut alors changer à la fois a et h en $-a$ et $-h$ dans le résultat, qui devient

$$x = -\frac{m^2}{h} \pm \sqrt{-\frac{m^2}{h}\left(-\frac{m^2}{h} + 2a\right)},$$

ou bien

$$x = -\frac{m^2}{h} \pm \sqrt{\frac{m^2}{h}\left(\frac{m^2}{h} - 2a\right)};$$

et comme ces deux solutions peuvent être imaginaires, elles doivent être toutes les deux placées dans l'angle X′AY′.

On pourrait, par des raisonnements analogues à ceux du n° 30, expliquer pourquoi, dans chacun de ces trois cas, on n'obtient que *deux* solutions, tandis qu'il doit y en avoir *quatre* quand on considère la question d'une manière générale.

32. Nous terminerons cette discussion par l'examen de deux cas particuliers.

1° Soit le point D placé sur la ligne AX (*fig.* 16).

Dans ce cas, on a

$$h = 0,$$

et l'expression

$$x = \frac{m^2}{h} \pm \frac{m}{h}\sqrt{m^2 - 2ah}$$

devient

$$x = \frac{m^2 \pm m^2}{0}, \quad \text{ou} \quad x = \frac{A}{0} \quad \text{et} \quad x = \frac{0}{0}.$$

De ces deux valeurs, la première est *infinie*, et l'autre se présente sous la forme $\frac{0}{0}$.

Mais si l'on remonte à l'équation

$$h x^2 - 2 m^2 x = - 2 a m^2,$$

elle se réduit, dans l'hypothèse de $h = 0$, à

$$- 2 m^2 x = - 2 a m^2, \quad \text{d'où} \quad x = a = \text{AD}.$$

Connaissant la base AD du triangle cherché, on obtiendra sa hauteur y, d'après la condition

$$y \times \frac{x}{2} = m^2, \quad \text{d'où} \quad y = \frac{2 m^2}{x} = \frac{2 m^2}{a};$$

cette hauteur étant trouvée et construite, on la portera sur AH perpendiculaire à AX; puis on mènera HN′ parallèle à AX, et l'on aura enfin le triangle ADN′ pour réponse à la question.

Quant à la solution *infinie*, elle signifie que l'un des triangles de la question a une base *infinie* et une hauteur *nulle*, puisque $y \times \dfrac{x}{2} = m^2$ donne

$$y = \frac{2 m^2}{\infty} = 0;$$

c'est ce que devient la solution ALN de la *fig.* 11 lorsque le point D, se rapprochant de plus en plus de AX, finit par tomber sur AX.

2° Soit le point D placé sur AY (*fig.* 17).

Dans ce cas, on a

$$a = 0,$$

et l'expression de x se réduit à

$$x = \frac{m^2}{h} \pm \frac{m^2}{h}, \quad \text{d'où} \quad x = \frac{2 m^2}{h} \quad \text{et} \quad x = 0.$$

D'ailleurs, l'égalité $y \times \dfrac{x}{2} = m^2$ donne

$$y = \frac{2 m^2}{x},$$

et, par conséquent,

$$y = h, \quad y = \frac{2 m^2}{0} = \infty;$$

c'est-à-dire qu'en prenant sur AX une distance AL égale à $\dfrac{m^2}{h}$, et tirant DL, on aura ALD pour *première solution*.

Quant à la seconde, elle se réduit encore à un triangle dont la base est *nulle* et la hauteur *infinie*; et c'est ce que devient la solution AL′N′ de la *fig.* 11 quand le point D, se rapprochant de plus en plus de la ligne AY, finit par se trouver sur AY.

Nous n'en dirons pas davantage, pour le moment, sur la construction et la discussion des problèmes; celui que nous venons de traiter renfermant dans ses détails tout ce qui constitue la résolution complète d'un problème de Géométrie par le secours de l'Algèbre.

Les problèmes suivants ont principalement pour objet la recherche de quelques *formules* qui nous seront utiles.

33. CINQUIÈME PROBLÈME. — *Étant donnés les trois côtés d'un triangle* ABC (*fig.* 18), *on propose de déterminer l'expression de sa surface.*

Désignons par a, b, c les côtés respectivement opposés aux angles A, B, C. Nous aurons, d'après ces notations.

$$BC = a, \quad AC = b, \quad AB = c:$$

posons d'ailleurs

$$AD = y, \quad BD = x;$$

d'où

$$DC = a - x \quad \text{ou} \quad x - a,$$

suivant que la perpendiculaire AD tombe en dedans ou au dehors du triangle.

On a, pour la surface du triangle,

$$ABC = \frac{BC \times AD}{2} = \frac{a \times y}{2};$$

en sorte que tout se réduit à déterminer y en fonction des trois côtés a, b, c.

Or les deux triangles rectangles ADB, ADC donnent

$$(1) \qquad\qquad y^2 + x^2 = c^2,$$
$$(2) \qquad\qquad y^2 + (a - x)^2 = b^2.$$

Cette seconde équation restant la même quand on substitue $x - a$ à la place de $a - x$, convient également au cas où le triangle serait *obtusangle* en CD.

Retranchons l'équation (2) de l'équation (1); il vient

$$- a^2 + 2ax = c^2 - b^2, \quad \text{d'où} \quad x = \frac{a^2 + c^2 - b^2}{2a}.$$

Remplaçant x par sa valeur dans l'équation (1), on trouve

$$y^2 = c^2 - \left(\frac{a^2 + c^2 - b^2}{2a}\right)^2,$$

et, par suite.

$$y = \frac{1}{2a} \sqrt{4a^2 c^2 - (a^2 + c^2 - b^2)^2}.$$

(On ne met point ici le double signe devant le radical, puisque, d'après la nature de la question, l'on n'a besoin que de la valeur absolue de y.)

Rapportant enfin cette valeur de y dans l'expression du triangle ABC, et désignant la surface de ce triangle par S, on obtient, toute réduction faite,

$$(3) \qquad S = \frac{1}{4} \sqrt{4a^2 c^2 - (a^2 + c^2 - b^2)^2},$$

ou

$$S = \frac{1}{4} \sqrt{2a^2 b^2 + 2a^2 c^2 + 2b^2 c^2 - a^4 - b^4 - c^4}.$$

Telle est l'expression de la surface du triangle, évaluée au moyen des trois côtés a, b, c.

34. On peut donner à l'expression (3) une autre forme, qui soit propre *au calcul logarithmique*.

Remarquons que la quantité sous le radical, étant la différence des deux carrés, peut se décomposer en

$$(2ac + a^2 + c^2 - b^2) (2ac - a^2 - c^2 + b^2).$$

D'ailleurs, chacun de ces deux facteurs est lui-même la différence de deux autres carrés, savoir :

$$(a + c)^2 - b^2 \quad \text{et} \quad b^2 - (a - c)^2,$$

lesquels se décomposent en

$$(a + c + b)(a + c - b) \quad \text{et} \quad (b + a - c)(b - a + c).$$

Donc

$$S = \frac{1}{4} \sqrt{(a + b + c)(a + c - b)(b + a - c)(b + c - a)};$$

et si l'on fait, pour plus de simplicité,

$$a + b + c = 2p,$$

d'où

$$a + b - c = 2p - 2c,$$
$$a + c - b = 2p - 2b,$$
$$b + c - a = 2p - 2a,$$

il vient

$$S = \frac{1}{4} \sqrt{2p (2p - 2a)(2p - 2b)(2p - 2c)},$$

ou, toute réduction faite,

$$(4) \qquad S = \sqrt{p(p - a)(p - b)(p - c)};$$

ce qui fournit la règle suivante :

Pour obtenir la valeur numérique de la surface d'un triangle, connaissant les trois côtés,

Faites d'abord la somme des trois côtés, et prenez la moitié de cette somme; retranchez alternativement de cette moitié, chacun des trois côtés; cela vous donne trois différences. Formez ensuite le produit de la demi-somme et des trois différences, puis extrayez la racine carrée de ce produit.

Vous avez ainsi *en nombre* l'expression demandée.

35. Soit pour application,

$$a = 15, \quad b = 12, \quad c = 7;$$

il en résulte

$$a + b + c, \quad \text{ou} \quad 2p = 34,$$

d'où

$$p = 17;$$

donc

$$p - a = 2, \quad p - b = 5, \quad p - c = 10.$$

Ainsi

$$\text{ABC} = \sqrt{17 \times 2 \times 5 \times 10}.$$

Appliquons les logarithmes.
On a, d'après les Tables de Callet :

$$\log 17 = 1,23044892$$
$$\log 2 = 0,30103000$$
$$\log 5 = 0,69897000$$
$$\log 10 = 1,00000000$$

Somme $3,23044892$

Donc

$$\log S = 1,6152245,$$

et, par conséquent,

$$S = 41,231;$$

c'est-à-dire que, si l'on a pris le mètre pour unité linéaire, la SURFACE renferme 41 *mètres carrés* plus 231 *millièmes* de *mètre carré*.

36. *Discussion.* — Pour que la formule (4) donne une valeur réelle, il faut (comme p est essentiellement *positif*) que les *trois* autres facteurs soient *positifs* à la fois, ou bien qu'il y en ait *deux* négatifs et *un* positif.

Or on ne peut avoir en même temps

$$p - a < 0, \quad p - b < 0.$$

car l'addition de ces deux inégalités donnerait

$$2p - (a + b) < 0, \quad \text{ou} \quad 2p < a + b,$$

c'est-à-dire le périmètre du triangle moindre que la somme de deux côtés ; ce qui est absurde.

On doit avoir les trois inégalités

$$p - a > 0, \quad p - b > 0, \quad p - c > 0 ;$$

d'où l'on déduit, en remplaçant p par sa valeur, et réduisant,

$$b + c > a, \quad a + c > b, \quad a + b > c ;$$

c'est-à-dire *un quelconque des côtés moindre que la somme des deux autres.*

C'est, en effet, la condition nécessaire pour qu'un triangle soit *possible* quand on donne ses côtés.

Si l'une des inégalités précédentes avait lieu dans un ordre *inverse*, l'expression serait *imaginaire*.

37. Nous proposerons encore comme application, de *déterminer la surface d'un trapèze ABDC (fig. 19) en fonction des quatre côtés.*

En posant $AB = a$, $CD = b$, $AC = c$, $BD = d$, on doit trouver

$$S = \frac{b + a}{b - a} \sqrt{(p - a)(p - b)(p - a - c)(p - a - d)}.$$

Soit $a = 0$, auquel cas le trapèze se réduit à un triangle, il vient

$$S = \sqrt{p(p - b)(p - c)(p - d)},$$

comme au n° 34.

38. SIXIÈME PROBLÈME. — *Déterminer la relation qui existe entre les trois côtés d'un triangle quelconque et le rayon du cercle circonscrit à ce triangle.*

Avant de passer à la résolution de cette question, nous rappellerons la démonstration du théorème suivant de Géométrie :

Dans tout quadrilatère inscrit ABCD (fig. 20), le rectangle des diagonales est égal à la somme des rectangles des côtés opposés ; c'est-à-dire que l'on a

$$BD \times AC = AB \times DC + AD \times BC.$$

Soit menée du point B sur AC la droite BE, de manière que l'on ait l'angle CBE égal à l'angle ABD ; il en résulte nécessairement l'angle DBC égal à l'angle ABE.

Cela fait, les deux triangles BCE, ABD sont semblables, comme ayant deux angles égaux, savoir : CBE = ABD par construction, et BCE = ADB, puisqu'ils sont inscrits et appuyés sur le même arc AB.

On a donc la proportion

$$CE : BC :: AD : BD :$$

d'où l'on déduit

$$(1) \qquad CE \times BD = BC \times AD.$$

Pareillement, les deux triangles ABE, BDC sont semblables, puisque ABE = DBC d'après la construction, et que BAE = BDC comme appuyés sur le même arc BC.

On a donc la proportion

$$AE : AB :: DC : BD :$$

d'où l'on tire

$$(2) \qquad AE \times BD = AB \times DC.$$

Ajoutant l'une à l'autre les égalités (1) et (2), on obtient

$$(CE + AE) BD \quad \text{ou} \quad AC \times BD = BC \times AD + AB \times DC.$$

C. Q. F. D.

Appliquons ce théorème à la question proposée.

Soient ABC (*fig.* 21) le triangle donné, et O le centre du cercle circonscrit.

Tirons le diamètre COD et les cordes AD, BD; puis faisons, d'après les notations du n° 33,

$$BC = a, \quad AC = b, \quad AB = c \quad \text{et} \quad OC = r;$$

il en résulte

$$AD = \sqrt{4\,r^2 - b^2}, \quad BD = \sqrt{4\,r^2 - a^2},$$

puisque les angles CAD, CBD sont droits.

Cela posé, on a, en vertu du théorème précédent,

$$AB \times CD = CB \times AD + AC \times BD,$$

ou

$$(A) \qquad 2\,cr = a\sqrt{4\,r^2 - b^2} + b\sqrt{4\,r^2 - a^2}.$$

Telle est la relation générale qui existe entre les côtés d'un triangle et le rayon du cercle circonscrit.

Cette formule renfermant *quatre* quantités a, b, c, r, on peut se proposer d'en déterminer *une* quelconque au moyen des *trois* autres; et cela conduit à différentes questions que nous allons résoudre et discuter.

39. 1° *Étant données, dans un cercle dont le rayon est connu, les cordes de deux arcs, on demande la corde de la somme de ces deux arcs.*

Soient X (*fig.* 21) le cercle donné, AC, CB les cordes aussi données; AB sera la corde de la somme des deux arcs.

On connaît donc dans la formule (A) les quantités a, b, r, et il ne s'agit que d'obtenir c.

Or cette formule donne immédiatement

$$(B) \qquad c = \frac{a}{2r} \sqrt{4r^2 - b^2} + \frac{b}{2r} \sqrt{4r^2 - a^2}.$$

2° *Déterminer la corde du double d'un arc, connaissant la corde de cet arc.*

Soit fait dans la formule (B), $b = a$; alors c exprime évidemment la corde du double de l'arc sous-tendu par a ou par b (*fig.* 22); et il vient

$$(C) \qquad c = \frac{a}{r} \sqrt{4r^2 - a^2}.$$

3° *Réciproquement, déterminer la corde de la moitié d'un arc, connaissant la corde de cet arc.*

Dans la formule (C), les quantités c et a étant liées entre elles de manière que l'une est la corde du double de l'arc sous-tendu par l'autre, il s'ensuit que, réciproquement, la seconde a est la corde de la moitié de l'arc sous-tendu par la première c. Ainsi, tout se réduit à déterminer a en fonction de c, d'après la formule (C).

Or, si l'on chasse le dénominateur, et que l'on élève les deux membres au carré, il vient

$$c^2 r^2 = 4a^2 r^2 - a^4,$$

ou, ordonnant,

$$a^4 - 4a^2 r^2 = -c^2 r^2.$$

Donc

$$a^2 = 2r^2 \pm \sqrt{4r^4 - c^2 r^2},$$

ou bien

$$a^2 = r\left(2r \pm \sqrt{4r^2 - c^2}\right),$$

et, par conséquent,

$$(D) \qquad a = \sqrt{r\left(2r \pm \sqrt{4r^2 - c^2}\right)}$$

(nous ne mettons point ici le double signe devant le premier radical, parce que nous n'avons besoin que de la valeur numérique de a).

L'expression de a que l'on vient d'obtenir présente deux valeurs essentiellement différentes, et cela doit être.

En effet, la corde AB appartient non-seulement à l'arc ACB, mais encore à l'arc ADB; ainsi, lorsque l'on demande la corde de la moitié de l'arc sous-tendu par la corde AB, il n'y a pas plus de raison pour trouver AC, corde de la moitié de ACB, que AD, corde de la moitié de ADB.

Toutefois, si l'on suppose d'avance que l'arc sous-tendu par la corde donnée AB est moindre qu'une demi-circonférence, il faudra prendre pour a la plus petite des deux valeurs ci-dessus, c'est-à-dire celle qui correspond au signe inférieur du radical, et l'on aura

$$a = \sqrt{r\left(2r - \sqrt{4r^2 - c^2}\right)}.$$

Le contraire aurait lieu si l'arc donné était plus grand qu'une demi-circonférence, et il faudrait prendre pour a

$$a = \sqrt{r\left(2r + \sqrt{4r^2 - c^2}\right)}.$$

Il est d'ailleurs facile de se convaincre que si AC est exprimé par la première de ces valeurs, AD est représenté par la seconde.

En effet, le triangle rectangle CAD donne

$$AD = \sqrt{4r^2 - \overline{AC}^2};$$

mais, par hypothèse,

$$\overline{AC}^2 = 2r^2 - r\sqrt{4r^2 - c^2};$$

donc

$$AD = \sqrt{2r^2 + r\sqrt{4r^2 - c^2}}.$$

4° *Étant données les cordes de deux arcs, trouver la corde de leur différence.*

Soient (*fig.* 21) AB $= c$, AC $= b$ les deux cordes données, et proposons-nous de déterminer CB ou a, qui n'est autre chose que la différence des arcs sous-tendus par c et b.

La question est donc ramenée à traiter a comme une inconnue, dans la formule (A), et à tâcher de l'en dégager.

Reprenons cette formule

$$2cr = a\sqrt{4r^2 - b^2} + b\sqrt{4r^2 - a^2};$$

et observons que a se trouvant sous le second radical, il faut commencer par faire disparaitre ce radical. Or de cette formule on tire, par la transposition,

$$2cr - a\sqrt{4r^2 - b^2} = b\sqrt{4r^2 - a^2};$$

d'où, élevant au carré,

$$4c^2r^2 - 4acr\sqrt{4r^2 - b^2} + 4a^2r^2 - a^2b^2 = 4b^2r^2 - a^2b^2;$$

ou, réduisant et ordonnant par rapport à a,

$$a^2 - \frac{c}{r}\sqrt{4r^2 - b^2}\, a = b^2 - c^2.$$

Cette équation étant résolue donne

$$(\text{E}) \qquad a = \frac{2}{2r}\sqrt{4r^2 - b^2} \pm \frac{b}{2r}\sqrt{4r^2 - c^2}.$$

Pour interpréter ce résultat qui comprend *deux* solutions, nous remarquerons que les cordes données AB, AC appartiennent chacune à deux arcs, savoir :

$$\text{ACB}, \quad \text{ADB}, \qquad \text{pour la corde} \quad \text{AB},$$

et

$$\text{AMC}, \quad \text{ADBC}, \quad \text{pour la corde} \quad \text{AC}.$$

Ainsi, lorsque l'on demande la corde de la différence des arcs sous-tendus par AB et par AC, le même calcul doit donner la corde de la différence entre l'un quelconque des arcs ACB, ADB, et l'un quelconque des arcs AMC, ADBC.

Or, si sur l'arc ADB on prend une partie AC′ égale à AC, et que l'on tire la corde BC′, on aura

1°   ACB — AMC = CNB, qui correspond à la corde...... CB ;

2°   ADB — AMC   ou   ADB — AM′C′ = C′DB.......... C′B ;

3°   ADBC — ACB   ou   ADBC — AM′C′ — CNB = C′DB.... C′B :

4°   ADBC — ADB = CNB.............................. CB ;

d'où l'on voit que les *quatre différences* sont *égales deux à deux* et correspondent aux deux cordes CB, C′B.

On voit encore (*fig.* 21) que, si les arcs sous-tendus par les cordes données sont supposés plus petits à la fois, ou plus grands à la fois qu'une demi-circonférence, comme le sont les arcs ACB et AMC, ou ADBC et ADB, la réponse à la question est nécessairement

$$\text{CB} \quad \text{ou} \quad a = \frac{c}{2r}\sqrt{4r^2 - b^2} - \frac{b}{2r}\sqrt{4r^2 - c^2} ;$$

mais si les deux arcs sous-tendus sont supposés l'un plus petit et l'autre plus grand qu'une demi-circonférence, on a pour réponse

$$\text{C′B} \quad \text{ou} \quad a = \frac{c}{2r}\sqrt{4r^2 - b^2} + \frac{b}{2r}\sqrt{4r^2 - c^2}.$$

Il est à remarquer que cette dernière formule est identique avec la formule (B) qui donne la corde de la somme de deux arcs ; et cela doit être, car C′B peut être regardée comme la corde de la somme des arcs sous-tendus par AB et AC′.

40. 5° *Étant donnés les trois côtés a, b, c, d'un triangle, on demande l'expression du rayon du cercle circonscrit à ce triangle.*

La difficulté consiste à dégager r de la formule (A).

Or, dans le numéro précédent, on a déjà obtenu, par une première transformation exécutée sur cette formule, l'équation

$$a^2 - \frac{c}{r}\sqrt{4r^2 - b^2}\,a = b^2 - c^2.$$

qui revient à

$$r(a^2 + c^2 - b^2) = ac\sqrt{4r^2 - b^2}.$$

Élevant de nouveau les deux membres de cette équation au carré, on a

$$r^2(a^2 + c^2 - b^2)^2 = 4a^2c^2r^2 - a^2b^2c^2;$$

d'où l'on déduit

$$r^2 = \frac{a^2b^2c^2}{4a^2c^2 - (a^2 + c^2 - b^2)^2},$$

et, par conséquent,

$$r = \frac{abc}{\sqrt{4a^2c^2 - (a^2 + c^2 - b^2)^2}}.$$

(Le double signe devant le radical serait inutile, puisque l'on ne demande que la valeur numérique du rayon.)

Autre expression — La formule (3) du n° 33 donne

$$\sqrt{4a^2c^2 - (a^2 + c^2 - b^2)^2} = 4S;$$

on a donc encore

$$r = \frac{abc}{4S},$$

c'est-à-dire que *le rayon du cercle circonscrit a pour expression le produit des trois côtés du triangle, divisé par le quadruple de sa surface.*

41. On peut encore, à cette occasion, se proposer de *trouver le rayon du cercle inscrit à un triangle.*

Soient (*fig.* 23) un triangle donné ABC et O le centre du cercle inscrit à ce triangle.

Tirons les lignes OA, OB, OC, et les rayons OP, OQ, OR, que nous désignerons par r'.

On a évidemment. d'après la figure.

$$\text{ABC} \quad \text{ou} \quad S = \text{ABO} + \text{ACO} + \text{BCO} = \frac{(a + b + c)r'}{2};$$

d'où l'on déduit

$$r' = \frac{2S}{a + b + c}.$$

Ainsi, *le rayon du cercle inscrit à un triangle a pour expression le double de la surface du triangle, divisé par son périmètre.*

Remarque. — On a vu, en Géométrie, qu'il existe *quatre* cercles tangents aux trois côtés d'un triangle, supposés prolongés indéfiniment.

En désignant par r'_1, r'_2, r'_3 les rayons des *trois* cercles *autres* que celui qui vient d'être considéré, on a pour les expressions de ces rayons.

$$r'_1 = \frac{2S}{a - c - b}, \quad r'_2 = \frac{2S}{a + b - c}, \quad r'_3 = \frac{2S}{b + c - a}.$$

En effet, considérons, par exemple. le cercle dont le centre est en O' ; nous trouvons

$$\text{ABC} \quad \text{ou} \quad S = \text{AO'B} + \text{BO'C} - \text{AO'C} = \frac{(a + c - b)r'_1}{2};$$

d'où

$$r'_1 = \frac{2S}{a + c - b}.$$

42. Scolie général. — On a pu remarquer que, dans toutes les questions qui ont été traitées à partir du n° 28, les expressions *algébriques* ont été constamment *homogènes,* parce qu'aucune des lignes que l'on a fait entrer dans le calcul n'a été *explicitement* prise pour *unité; ce* qui confirme le principe général établi au n° 15, sur L'HOMOGÉNÉITÉ.

Les formules où l'on introduit la lettre S pour désigner la *surface* d'un triangle ne font pas exception sous ce rapport; car, pour les rendre *homogènes,* il suffirait d'y remplacer S, qui n'est qu'une simple *notation,* par un *carré tel* que m^2.

EXERCICES.

Nous croyons devoir terminer cette INTRODUCTION en proposant quelques *Exercices,* comme moyen de familiariser les commençants avec la manière d'*appliquer l'Algèbre à la Géométrie.*

Plusieurs questions sont susceptibles d'une solution *graphique ;* d'autres n'admettent, par leur nature, que des solutions purement *numériques ;* quelques-unes nécessitent l'emploi des principes de la *Trigonométrie.*

I. Étant donnés dans un triangle RECTANGLE la *somme* des deux côtés de l'angle droit ainsi que la *somme* de l'hypoténuse et de la perpendiculaire abaissée du sommet de l'angle droit sur l'hypoténuse : 1° *calculer* les côtés et les angles ; 2° *construire* le triangle ; 3° *discuter*.

II. Étant donnés dans un triangle RECTANGLE le périmètre et la perpendiculaire abaissée du sommet de l'angle droit sur l'hypoténuse, *construire* ce triangle. — *Discussion.*

III. On donne, dans un triangle quelconque, l'un des côtés, l'angle opposé et la *somme* ou la *différence* des deux autres côtés : 1° *résoudre* le triangle ; 2° le *construire*.

IV. Sur une base donnée, *construire* un triangle dans lequel la somme des côtés soit double de la base, et dont le sommet soit sur une droite donnée de position.

V. Déterminer la *surface* et les *côtés* d'un triangle, en fonction des trois hauteurs.

VI. Diviser un *trapèze* en deux parties qui soient entre elles dans le rapport de deux lignes m et n, par une droite menée parallèlement aux bases.

VII. Partager de même un *tronc de cône* par un plan parallèle aux bases.

VIII. Inscrire dans un triangle quelconque un *rectangle* d'une *surface donnée*. — Parmi tous les rectangles inscrits dans un triangle, quel est celui dont la *surface* est un *maximum ?*

IX. Étant données trois circonférences concentriques, trouver le côté du triangle équilatéral dont les sommets seraient sur ces trois circonférences.

X. Par un point donné dans l'intérieur d'un *angle droit*, mener une *droite* telle, que le *rectangle* de ses deux parties comprises entre le point et les côtés de l'angle soit égal à un *carré donné*.

Généraliser cette question en supposant *quelconque* l'angle que forment les deux droites qui comprennent le point donné.

XI. Étant donné, dans l'intérieur d'un *angle droit*, un point à *égale distance* des côtés de cet angle, mener par ce point une *droite* telle, que la partie comprise entre les deux côtés soit égale à une ligne donnée $2.m$.

[Ce problème est susceptible d'une solution assez simple quand on prend pour *inconnue auxiliaire* la distance du point donné au point *milieu* de la droite demandée.]

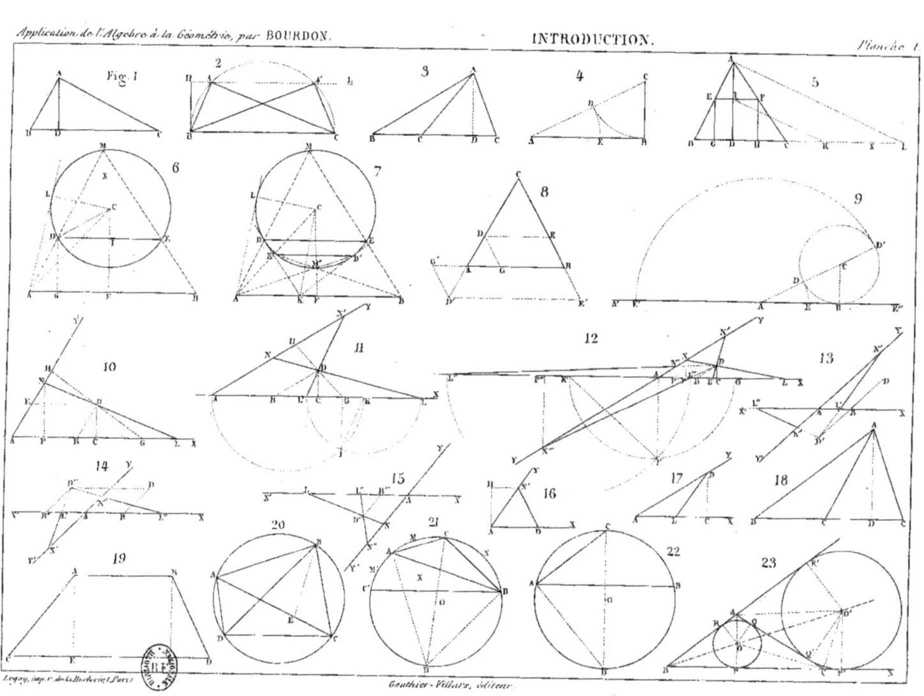

GÉOMÉTRIE ANALYTIQUE.

PREMIÈRE SECTION.
GÉOMÉTRIE ANALYTIQUE A DEUX DIMENSIONS.

CHAPITRE PREMIER.

§ I. Du point et de la ligne droite. — § II. Du cercle. — § III. Des lieux géométriques. — § IV. Application des théories précédentes à la résolution de diverses questions et au problème des tangentes.

43. DÉFINITION. — La méthode que nous avons développée dans l'INTRODUCTION, pour résoudre toute espèce de questions (*théorèmes* ou *problèmes*) par le secours de l'Algèbre, n'est, à proprement parler, qu'une méthode *indirecte,* puisque les moyens employés sont particuliers à chaque question, et varient avec l'énoncé de chacune d'elles.

Il existe une *méthode générale,* appelée ANALYSE DE DESCARTES, du nom de l'illustre philosophe qui en a donné la première idée ; elle consiste à *exprimer par des équations la position respective des points et des lignes droites ou courbes faisant partie de la figure d'une question proposée, puis à combiner ces équations de manière à atteindre le but indiqué par l'énoncé de la question.*

A proprement parler, c'est le développement des principes de cette méthode qui constitue la GÉOMÉTRIE ANALYTIQUE telle qu'on l'envisage maintenant.

Elle se divise en deux parties distinctes que nous traiterons successivement : Géométrie analytique *à deux dimensions,* et Géométrie analytique *à trois dimensions,* suivant que les objets que l'on considère sont situés *sur un même plan* ou d'une manière quelconque *dans l'espace.*

§ I. — Du point et de la ligne droite.

Manière de fixer la position d'un point sur un plan.

44. Pour peu que l'on réfléchisse sur la nature des problèmes de Géométrie, on voit que la plupart reviennent, en dernière analyse, à trouver la *distance* d'un ou de plusieurs points *inconnus*, à d'autres points ou à des droites *fixes* et déjà *déterminées de position*. Si donc on avait un moyen de fixer *analytiquement* la position d'un point par rapport à des points ou à des lignes *connues de position*, on serait en état de résoudre toute espèce de questions géométriques.

Soient deux droites RECTANGULAIRES, AX, AY (*Pl. II, fig.* 24), fixes et *données de position* sur un plan ; et soit M un point quelconque dont il s'agit de *déterminer la position sur ce plan*.

Si, de ce point, on abaisse les perpendiculaires MP, MQ, il est visible que le point M sera *fixé* dès que l'on connaîtra les *longueurs* des deux côtés contigus AP, AQ du rectangle APMQ, puisque ces côtés sont les *distances* du point X aux deux lignes fixes AX et AY.

Donc, si l'on mène, à ces distances, deux droites PM et QM, respectivement *parallèles* aux lignes AX et AY, le *point d'intersection* de ces deux parallèles sera le POINT DEMANDÉ.

On est convenu de donner le nom d'AXES aux deux lignes fixes AX et AY.

La distance AP ou QM du point M à l'axe AY s'appelle l'*abscisse* de ce point, et se désigne algébriquement par x.

La distance AQ ou PM du même point M à l'axe AX est dite l'*ordonnée* de ce point, et s'exprime par y.

Ces deux distances portent conjointement le nom de *coordonnées du point*.

Les deux axes se distinguent l'un de l'autre par les dénominations d'axe des *abscisses* ou des x, donnée à la ligne AX sur laquelle se comptent les abscisses, et d'axe des *ordonnées* ou des y, donnée à la ligne AY sur laquelle se comptent les ordonnées.

Enfin, le point A est ce que l'on appelle l'ORIGINE *des coordonnées*, parce que c'est à partir de ce point que se comptent ces distances.

45. *Équations du point.* — Le *caractère analytique* de tout point considéré sur l'axe des y est $x = o$, puisque cette équation exprime que la distance du point à cet axe est *nulle*.

De même, le *caractère* de tout point placé sur l'axe des x est $y = o$.

Donc le système des deux équations

$$x = 0, \quad y = 0$$

caractérise *l'origine* A des coordonnées; car elles n'ont lieu en même temps que pour ce point.

En général, les deux équations

$$x = a, \quad y = b,$$

considérées simultanément, caractérisent un point situé à une distance a de l'axe des y, et à une distance b de l'axe des x.

En effet, la première appartient à tous les points d'une *parallèle* à AY, menée à une distance AP $= a$; la seconde, à tous les points d'une *parallèle* à AX, menée à une distance AQ $= b$. Donc le système des deux équations appartient au point d'intersection M, et n'appartient qu'à lui. Elles en sont, pour ainsi dire, la REPRÉSENTATION ANALYTIQUE.

On les nomme, pour cette raison, les *équations du point*.

46. *Remarque.* — On doit toutefois considérer, dans les expressions a et b, non-seulement les valeurs absolues ou numériques des distances du point aux deux axes, mais encore les signes dont elles peuvent être affectées, eu égard à la position du point dans le plan des axes AX et AY.

Car, d'après le principe établi (27), si l'on convient de regarder comme *positives* les distances telles que AP, comptées sur AX et à la *droite* du point A, on doit regarder comme *négatives* les distances telles que AP', comptées à la *gauche* de ce point. De même, si l'on regarde comme *positives* les distances AQ comptées *au-dessus* du point A sur AY, on doit regarder comme *négatives* les distances comptées *au-dessous* de ce même point.

A la vérité, le principe que nous venons de rappeler a été établi pour les distances de points situés de côté et d'autre sur une même droite, par rapport à un point fixe; mais il a lieu également pour des distances de points à *des droites fixes*.

Il suffirait, pour s'en convaincre, de prendre une nouvelle origine et de nouveaux axes parallèles aux premiers, et par rapport auxquels tous les points considérés fussent situés du même côté.

D'après cela, si nous mettons en évidence les *signes* dont a et b peuvent être affectés, nous aurons les *quatre* systèmes d'équations

$$x = +a, \quad x = -a, \quad x = +a, \quad x = -a,$$
$$y = +b, \quad y = -b, \quad y = -b, \quad y = -b,$$

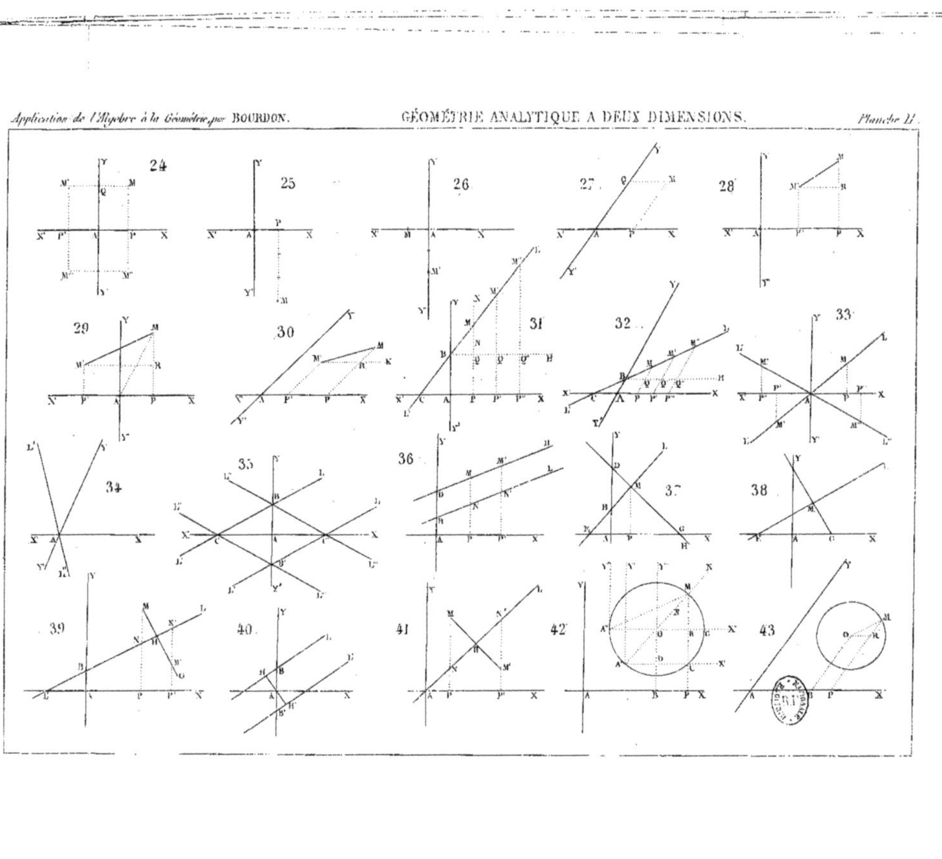

pour *caractériser* les *quatre* positions essentiellement différentes du point, savoir : M, M', M″, M‴.

On trouvera ainsi :

1° Que le point dont les équations sont (*fig.* 25)

$$x = +1, \quad y = -3$$

est situé dans l'angle Y'AX à une distance AP = 1 de l'axe des y, et à une distance PM = 3 de l'axe des x ;

2° Que le point exprimé par (*fig.* 26)

$$x = 0, \quad y = -2$$

est situé sur l'axe AY (45) à une distance AM' = 2 ;

3° Que le point

$$x = -1, \quad y = 0$$

est situé sur l'axe AX vers la gauche de A, à une distance AM = 1.

47. Nous avons supposé jusqu'à présent les axes PERPENDICULAIRES ENTRE EUX, parce que c'est la position la plus simple et la plus usitée. Cependant il y a des questions dont la résolution exige que l'on considère des axes faisant entre eux un *angle* quelconque.

Dans ce cas, les *coordonnées* (*fig.* 27) ne sont plus des perpendiculaires abaissées sur les axes, mais bien des *parallèles* à ces axes ; c'est-à-dire que les distances AP ou QM, AQ ou PM, se comptent *parallèlement* aux axes AX, AY.

Du reste, tout ce qui a été dit dans l'hypothèse où les axes sont RECTANGULAIRES s'applique également au cas où ils sont OBLIQUES.

Expression analytique de la distance entre deux points
donnés sur un plan.

48. Pour trouver cette *expression* qui est d'un usage continuel, prenons d'abord les axes RECTANGULAIRES.

Soient x', y' (*fig.* 28) les coordonnées d'un premier point M, et x'', y'' les coordonnées d'un second point M' ; en sorte que l'on ait

$$\begin{bmatrix} x = x' \\ y = y' \end{bmatrix} \quad \text{et} \quad \begin{bmatrix} x = x'' \\ y = y'' \end{bmatrix},$$

pour les équations respectives de ces points que l'on suppose connus de position.

Il s'agit d'exprimer la distance MM', que nous appellerons D, en fonction des coordonnées x', y', x'', y''.

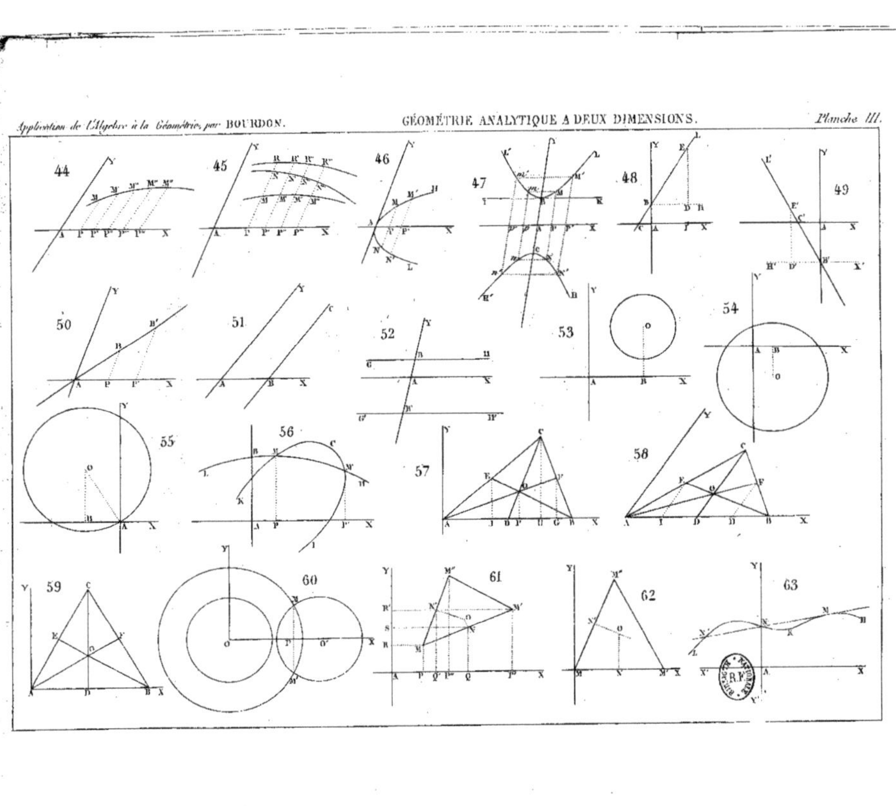

Pour cela, menons les ordonnées MP, M'P' de ces deux points, et ti-rons M'R parallèle à AX.

Le triangle rectangle MRM' donne

$$\overline{MM'}^2 = \overline{MR}^2 + \overline{M'R}^2\,;$$

mais

$$MR = MP - RP = y' - y'', \quad M'R = PP' = x' - x''\,;$$

donc

$$\overline{MM'}^2 \quad \text{ou} \quad D^2 = (y' - y'')^2 + (x' - x'')^2\,;$$

par suite

$$D = \sqrt{(y' - y'')^2 + (x' - x'')^2}.$$

Cette formule est *générale*, et convient même au cas où les deux points sont *dans une position contraire* par rapport à l'un des axes. Il suffit d'y introduire, pour les applications, les *changements de signe* qui corres-pondent aux *changements de position*.

Ainsi, par exemple, pour obtenir la *distance* de deux points dont l'un, M (*fig.* 29), est placé dans l'angle YAX, et a pour coordonnées

$$x' = + a', \quad y' = + b',$$

a et b étant deux nombres positifs, et dont l'autre M' est placé dans l'angle YAX' et a pour coordonnées

$$x'' = - a'', \quad y'' = + b'',$$

on aura

$$x' - x'' = a' + a'', \quad y' - y'' = b' - b'',$$

d'où

$$D = \sqrt{(a' + a'')^2 + (b' - b'')^2}\,;$$

et, en effet, la figure donne, dans ce cas, abstraction faite des signes,

$$\overline{MM'}^2 = \overline{MR}^2 + \overline{M'R}^2,$$

puis

$$M'R = AP + AP' = a' + a''.$$
$$MR = b' - b''\,;$$

donc

$$D = \sqrt{(a' + a'')^2 + (b' - b'')^2}.$$

Si l'un des points donnés, M' par exemple, est l'*origine* des coordonnées, comme on a alors $x'' = 0$, et $y'' = 0$, la formule devient

$$D = \sqrt{y'^2 + x'^2}\,;$$

ce qui est conforme au résultat que donne le triangle rectangle AMP dans lequel on a

$$\overline{AM}^2 = \overline{MP}^2 + \overline{AP}^2.$$

49. Lorsque les axes sont OBLIQUES, la formule est différente.

En effet, le triangle MM'R (*fig.* 3o) est *obliquangle* et donne, en vertu d'une formule trigonométrique connue.

$$\overline{MM'}^2 = \overline{MR}^2 + \overline{M'R}^2 - 2\,MR \times M'R \cos MRM'.$$

Or on a

$$MR = y' - y'', \quad M'R = x' - x'';$$

d'ailleurs

$$\cos MRM' = -\cos MRK = -\cos\theta$$

(θ désignant l'angle MRK, qui n'est autre chose que celui des deux axes); donc

$$D^2 = (y' - y'')^2 + (x' - x'')^2 + 2\,(y' - y'')\,(x' - x'')\cos\theta,$$

d'où

$$D = \sqrt{(y' - y'')^2 + (x' - x'')^2 + 2\,(y' - y'')(x' - x'')\cos\theta}.$$

Ce résultat, plus compliqué que le précédent, fait sentir *l'avantage* de supposer les axes RECTANGULAIRES lorsque l'on doit faire entrer dans les calculs la *distance* entre deux points donnés, et que le choix des axes est arbitraire.

Manière de fixer analytiquement la position d'une droite sur un plan.

50. Soit une droite LBL' (*fig.* 3ı et 32) indéfinie et située à volonté dans un plan. Prenons dans ce plan deux axes *rectangulaires* ou *obliques*, AX, AY, par rapport auxquels la droite soit placée d'une manière quelconque.

Menons d'ailleurs de différents points M, M', M'',...., pris sur cette droite, les ordonnées MP, M'P', M''P'',..., et par le point B où la droite rencontre l'axe des y, tirons BH *parallèle* à AX.

Les triangles semblables BQM, BQ'M', BQ''M'',...., donnent la suite de rapports égaux

$$\frac{MQ}{BQ} = \frac{M'Q'}{BQ'} = \frac{M''Q''}{BQ''},\cdots,$$

ou bien

$$\frac{MP - AB}{AP} = \frac{M'P' - AB}{AP'} = \frac{M''P'' - AB}{AP''},\cdots;$$

ce qui prouve que *la différence entre l'ordonnée d'un point quelconque de la droite et l'ordonnée qui passe par l'origine, est à l'abscisse du même point, dans un* RAPPORT CONSTANT.

Désignons donc par x et y les coordonnées d'un point pris au hasard sur la droite, par b la distance AB (appelée *l'ordonnée à l'origine*), et

par a le *rapport constant* dont nous venons de parler; nous aurons la
relation

$$\frac{y - b}{x} = a.$$

d'où

(1) $$y = ax + b.$$

laquelle sera satisfaite pour *tous* les points de la droite L′BL, à l'*exclusion*
de tout autre point.

Car soit N (*fig.* 31) un point situé au-dessus ou au-dessous de cette
droite.

Comme l'ordonnée NP de ce point est plus grande ou plus petite que
l'ordonnée MP correspondante à la même abscisse, et que, par hypothèse,
on a pour le point M

$$MP = a.AP + b,$$

il s'ensuit que NP est *plus grand* ou *plus petit* que $a.AP + b$.

Ainsi l'on a, pour les coordonnées de ce point.

$$y \gtrless ax + b.$$

On voit donc que la relation (1) *caractérise* tous les points de la droite,
et qu'elle en est, pour ainsi dire, *la représentation analytique,* en ce
sens, que si, au moyen de cette équation, l'on veut retrouver les différents points de la droite, il suffit de donner à x une série de valeurs que
l'on porte de A en P, P′, P″,.... Menant ensuite par les points P, P′,
P″,..., des parallèles à AY, et prenant sur ces parallèles des parties PM,
P′M′, P″M″,.... égales aux valeurs de y correspondantes et tirées de
l'équation (1), on aura M, M′, M″,..., pour autant de points de la droite.

On appelle, pour cette raison. la relation (1) l'ÉQUATION DE LA DROITE
L′BL.

Les quantités x et y, qui expriment les coordonnées des différents points
de la droite, sont des VARIABLES; et les quantités a et b, qui, pour la
même droite, ne changent pas, sont appelées les CONSTANTES de cette
équation.

51. Le RAPPORT a est susceptible de deux acceptions différentes. suivant
que les axes sont *rectangulaires* ou *obliques*.

1° Si les axes sont *rectangulaires,* le triangle rectangle MBQ (*fig.* 31).
donne

$$\frac{MQ}{BQ} \quad \text{ou} \quad a = \frac{\tan MBQ}{r};$$

appelons α l'angle MBQ égal à LCX. et supposons. pour plus de simplicité, le rayon des tables égal à 1; il en résulte

$$a = \tang \alpha;$$

ainsi, le RAPPORT CONSTANT est égal à *la tangente trigonométrique de l'angle que forme la droite avec l'axe des x.*

$2°$ Lorsque les axes sont *obliques* (*fig.* 32), on a

$$\frac{MQ}{BQ} \quad \text{ou} \quad a = \frac{\sin MBQ}{\sin BMQ} = \frac{\sin MBQ}{\sin LBY},$$

ou bien, désignant par θ l'angle YAX, d'où $LBY = \theta - a$,

$$a = \frac{\sin \alpha}{\sin(\theta - \alpha)};$$

c'est-à-dire que, dans ce cas, le RAPPORT CONSTANT est *égal au rapport des sinus des deux angles que la droite forme avec les axes des x et des y.*

Cette dernière valeur rentre dans la précédente, lorsque l'on suppose $\theta = 90°$; car on a

$$\frac{\sin \alpha}{\sin(90° - \alpha)} = \frac{\sin \alpha}{\cos \alpha} = \tang \alpha.$$

Discussion de l'équation $y = ax + b$.

52. Nous considérerons particulièrement, dans cette discussion, les axes à ANGLE DROIT, parce que c'est le cas le plus ordinaire.

Les *constantes* a et b, qui sont fixes et déterminées pour tous les points d'une même droite, peuvent, d'après leur nature, passer par tous les états de grandeur, soit *positifs,* soit *négatifs,* puisque la première est une *tangente trigonométrique,* et que la seconde exprime la *distance* du point fixe A à un point placé sur la ligne AY.

Ces divers états de grandeur dépendent de la position que peut avoir la droite donnée, par rapport aux axes; nous allons examiner ces différentes circonstances.

Traitons, d'abord, le cas où la droite passe *par l'origine.*

Dans ce cas, on a $b = 0$ (*fig.* 33), et l'équation devient

$$y = ax, \quad \text{d'où} \quad \frac{y}{x} = a;$$

ce qui montre que *l'ordonnée d'un point quelconque de la droite est à son abscisse dans un rapport constant.*

Cette propriété *caractérise* toutes les droites qui passent par *l'origine;*

car ce point se trouvant sur chacune d'elles, ses coordonnées $[x = 0, y = 0]$ doivent vérifier leur équation ; ce qui exige que le terme indépendant de x et de y manque dans cette équation.

Faisons actuellement tourner la droite autour de l'origine, et voyons ce que devient a dans ce mouvement.

D'abord, si la droite est couchée sur AX, l'angle α est *nul*, et l'on a

$$\tang\alpha \quad \text{ou} \quad a = 0,$$

ce qui réduit l'équation à

$$y = 0 ;$$

qui n'est autre chose que l'équation de l'axe des x, puisque (45) elle est le *caractère* de tout point placé sur cet axe.

Tant que la droite, en tournant *au-dessus* de l'axe des x, sera placée dans l'angle YAX, l'angle α sera plus petit que 90 degrés, et $\tang\alpha$ ou a sera *positif*, mais augmentera de plus en plus.

Il est d'ailleurs évident, d'après l'équation $y = ax$, qu'à des abscisses *positives* AP, ou *négatives* AP', correspondront des ordonnées MP, M'P' respectivement de *même signe* qu'elles.

Si la droite vient à se confondre avec AY, comme on a alors

$$\alpha = 90°, \quad \text{il en résulte} \quad a = \infty \quad \text{et} \quad \frac{1}{a} = 0 ;$$

d'où l'on peut conclure que l'équation, mise sous la forme

$$x = \frac{1}{a}y, \quad \text{se réduit à} \quad x = 0,$$

qui est en effet l'équation de l'axe des y (45).

Supposons maintenant que la droite soit placée dans l'intérieur de l'angle YAX', comme L"AL'".

L'angle α est *obtus;* donc $\tang\alpha$ ou a devient *négatif*, et diminue de plus en plus, *numériquement*, à mesure que la droite se rapproche de AX' ; et si l'on met le signe de a en évidence, on a pour l'équation de la droite L"AL",

$$y = - ax ;$$

d'où l'on voit qu'à des abscisses *positives* AP'" correspondent des ordonnées *négatives* P'"M'" ; et à des abscisses *négatives* AP" correspondent des ordonnées *positives* P"M".

Ce résultat s'accorde avec la figure.

N. B. — Lorsque les axes sont OBLIQUES (*fig.* 34), le *changement de signe* de a correspond au cas où l'angle α ou L'AX devient plus grand que l'angle θ des deux axes.

En effet, dans l'expression $a = \dfrac{\sin\alpha}{\sin(\theta - \alpha)}$, le dénominateur $\sin(\theta - \alpha)$ pour $\alpha > \theta$ se change en $-\sin(\alpha - \theta)$, et l'on trouve

$$y = -\frac{\sin\alpha}{\sin(\alpha - \theta)} x.$$

Revenons aux axes RECTANGULAIRES. Si la droite, continuant de tourner, se place sur AX' (*fig.* 33), $\tan\alpha$ redevient *nul*, et l'équation se réduit de nouveau à $y = 0$, ou à l'équation de l'axe des x.

La droite passant dans l'angle X'AY', α est $> 180°$, mais $< 270°$; donc $\tan\alpha$ ou a est *positif*, et l'équation redevient

$$y = ax.$$

Et, en effet, la droite étant prolongée au-dessus de l'axe des x, reprend les positions qu'elle avait prises d'abord dans l'angle YAX.

Enfin, lorsque la droite passe dans l'angle Y'AX, auquel cas on a $\alpha > 270°$, mais $< 360°$, $\tan\alpha$ ou a redevient *négatif*, et l'on retombe sur l'équation

$$y = -ax.$$

53. Considérons maintenant le cas où la droite passe par un point B (*fig.* 35) de l'axe des y situé *au-dessus de l'origine*.

Dans ce cas, l'*ordonnée à l'origine*, ou b, *est positive*; et l'on a, pour l'équation de la droite,

$$y = ax + b.$$

La quantité b est essentiellement *positive*; mais il n'en est pas de même de a.

Car, si l'on conçoit que la droite tourne autour du point B, comme dans ce mouvement elle prendra nécessairement des positions *parallèles* à toutes celles qu'elle avait prises autour de l'origine, a sera *positif* ou *négatif* dans les mêmes circonstances.

Il suit de là :

1° Que l'équation $y = ax + b$ convient à toutes les droites, telles que LBL', qui forment, avec l'axe des x, un angle *moindre que* 90 degrés, ou *plus grand que* 180 degrés, *mais moindre que* 270 degrés;

2° Et que l'équation $y = -ax + b$ convient à toutes les droites, telles que L″BL‴, formant avec l'axe des x un angle *plus grand que* 90 degrés et *moindre que* 180 degrés, ou *plus grand que* 270 degrés, mais *moindre que* 360 degrés.

Enfin, lorsque la droite est assujettie à passer par un point B' situé *au-*

dessous de l'origine, b est *négatif,* et l'équation devient

$$y = + ax - b$$

pour toutes les droites telles que L'B'L. et

$$y = - ax - b$$

pour toutes les droites telles que L"B'L'".

54. Examinons, comme cas particuliers, ceux où la droite est *parallèle* à l'un des axes.

1° Lorsqu'elle est parallèle à l'axe des x, on a évidemment tang$z$ ou $a = $ o ; d'ailleurs, b est *positif* ou *négatif*; ainsi l'équation se réduit à

$$y = \pm b.$$

résultat qui s'accorde avec ce qui a été dit n°s 45 et 46.

2° Si la droite est parallèle à l'axe des y, tang$z$ doit être *infini*. Il en est de même de b, qui, exprimant la distance de l'origine au point où la droite rencontre l'axe des y, devient nécessairement, dans le cas dont il s'agit, *plus grand qu'aucune quantité donnée.*

Ces deux conditions, introduites dans

$$y = ax + b.$$

que l'on peut mettre sous la forme

$$x = \frac{1}{a} y - \frac{b}{a},$$

la réduisent à

$$x = - \frac{\infty}{\infty}.$$

Pour interpréter ce résultat, observons qu'afin d'obtenir la droite dans toutes les situations possibles, par rapport aux axes, nous avons supposé (53) que la droite tourne autour du point B regardé comme fixe. Dans cette hypothèse, b a une valeur *finie* et déterminée, et il est impossible d'en déduire le cas où la droite devient parallèle à AY.

(On trouve seulement, dans la supposition de $a = \infty$,

$$x = \text{o}$$

ou l'équation de l'axe des y.)

Pour ce cas particulier, il est nécessaire de changer *le centre de mouvement* de la droite, et de prendre, par exemple, le point C où la droite rencontre l'axe des x.

Or, si l'on désigne la distance AC par c, ou plutôt par $-c$, attendu que cette ligne est comptée dans le sens des *abscisses négatives,* on a évidemment

$$\frac{AB}{AC} = \tang\alpha \quad \text{ou} \quad \frac{b}{-c} = a; \quad \text{d'où} \quad c = -\frac{b}{a};$$

et l'équation devient

$$x = \frac{1}{a} y + c.$$

Supposons maintenant que la droite, tournant autour du point C, devienne *parallèle* à **AY** ; $\tang\alpha$ ou a devient *infini,* et c ne change pas.

Donc l'équation se réduit à

$$x = c,$$

équation qui représente en effet (45) une parallèle à l'axe des y.

Le *signe* de c dépend de la position du point C par rapport à l'origine A ; le point peut être en C ou C'.

L'expression de c, ou $-\dfrac{b}{a}$, offre l'exemple d'une fraction qui reste *constante,* bien que ses deux termes deviennent *infinis.* C'est ainsi qu'une fraction $\dfrac{b}{a}$, qui se réduit à $\dfrac{0}{0}$ lorsque l'on suppose $a = 0$, $b = 0$, acquiert dans certains cas une valeur *finie et déterminée.*

55. Nous ferons observer, en passant, que la relation $a = -\dfrac{b}{c}$, introduite dans l'équation

$$y = ax + b,$$

la ramène à la forme

$$y = -\frac{b}{c} x + b,$$

d'où

$$cy + bx = bc,$$

équation qui renferme comme *constantes* les distances de l'origine A aux points où la droite rencontre les axes.

En y faisant $x = 0$, on trouve $y = b$; ce sont les coordonnées du point où la droite rencontre l'axe des x.

Soit $y = 0$, on obtient $x = c$; ce sont les coordonnées du point où la même droite rencontre l'axe des x.

Il y a quelquefois de l'avantage à employer l'équation de la droite sous la forme

$$cy + bx = bc \quad \text{ou} \quad \frac{y}{b} + \frac{x}{c} = 1,$$

à cause de l'*homogénéité* des termes de celle-ci.

Cette forme convient encore au cas où les axes sont OBLIQUES; car le triangle BAC (*fig.* 32) donne

$$\frac{\sin BCA}{\sin CBA} \quad \text{ou} \quad a = \frac{AB}{AC} = \frac{b}{-c} = -\frac{b}{c}.$$

CONCLUSION. — Il résulte de la discussion précédente, que l'équation

$$y = ax + b$$

comprend implicitement les équations de la droite considérée *dans toutes les situations* qu'elle peut avoir par rapport aux axes. Il suffit d'y substituer pour a et b les valeurs correspondantes à ces diverses situations.

Questions préliminaires relatives à la ligne droite.

56. Toutes les fois que la position d'une droite sera donnée par celle du point B où la droite rencontre l'axe des y, et par l'angle qu'elle forme avec l'axe des x, les constantes a et b auront une *valeur déterminée*. Mais on peut imposer à une droite d'autres conditions, telles, par exemple, que celles de *passer par deux points* pris à volonté sur un plan; de *passer par un point donné* et d'être *parallèle* ou *perpendiculaire* à une droite déjà connue de position; de *passer par un point* et de *faire avec une autre droite un angle donné*, etc.

Dans ces différents cas, a et b doivent être regardées comme des *constantes indéterminées*, dont les valeurs dépendent des conditions imposées à la droite.

La recherche de ces valeurs donne lieu à une série de questions qui servent de base à la GÉOMÉTRIE ANALYTIQUE, et que nous allons développer successivement.

57. PREMIÈRE QUESTION. — *Trouver l'équation d'une droite assujettie à passer par deux points donnés sur un plan.*

(Dans cette question, les axes peuvent être pris indifféremment *rectangulaires* ou *obliques*.)

Soient M et M' (*fig.* 28 *et* 30) deux points fixés sur un plan par leurs coordonnées x', y' et x'', y''.

L'équation cherchée sera de la forme

$$(1) \qquad\qquad y = ax + b;$$

a et b étant deux constantes (*inconnues pour le moment*) qu'il s'agit d'exprimer en fonction de x', y', x'', y'', qui sont supposées *connues*.

Or, puisque chacun des deux points M et M' se trouve sur la droite, leurs coordonnées mises à la place de x et y dans l'équation (1) doivent la vérifier. Ainsi, l'on doit avoir les deux relations

$$(2) \qquad\qquad y' = ax' + b,$$
$$(3) \qquad\qquad y'' = ax'' + b.$$

Comme ces équations ne contiennent a et b qu'au premier degré, on en tire facilement les valeurs de *ces inconnues*.

D'abord, si l'on soustrait (3) de (2), il vient

$$y' - y'' = a(x' - x''), \quad \text{d'où} \quad a = \frac{y' - y''}{x' - x''}.$$

Portant cette valeur dans l'équation (2), on trouve

$$b = y' - \frac{y' - y''}{x' - x''} x' = \frac{x' y'' - y' x''}{x' - x''};$$

et substituant ces valeurs de a et b dans l'équation (1), on obtient

$$(4) \qquad\qquad y = \frac{y' - y''}{x' - x''} x + \frac{x' y'' - y' x''}{x' - x''}$$

pour l'ÉQUATION DEMANDÉE.

Autre méthode. — Retranchons d'abord l'équation (2) de l'équation (1); il vient

$$y - y' = a(x - x'),$$

équation qui contient encore l'*inconnue* a; mais en soustrayant (3) de (2), on obtient

$$y' - y'' = a(x' - x''), \quad \text{d'où} \quad a = \frac{y' - y''}{x' - x''}.$$

Portant cette valeur de a dans l'équation précédente, on a

$$(5) \qquad\qquad y - y' = \frac{y' - y''}{x' - x''}(x - x').$$

équation qui, ne renfermant plus que les *variables nécessaires* x, y, et les *données* x', y', x'', y'', convient encore A LA DROITE CHERCHÉE.

L'identité des équations (4) et (5) peut être établie facilement. En effet, on tire de l'équation (5)

$$y = y' + \frac{y' - y''}{x' - x''} x - \frac{y' - y''}{x' - x''} x'.$$

ou, réduisant,

$$y = \frac{y' - y''}{x' - x''} x + \frac{x' y'' - y' x''}{x' - x''}.$$

La seconde méthode, plus simple et plus élégante que la première, donne lieu à un résultat dont l'emploi dans les calculs est, en général. plus commode.

Toutefois, l'équation (4) a l'avantage de laisser en évidence la quantité b, ou *l'ordonnée à l'origine*.

58. *Remarque.* — L'équation

$$y - y' = a (x - x').$$

que l'on a d'abord trouvée en employant la seconde méthode, joue un grand rôle dans la Géométrie analytique. Elle offre un caractère particulier : c'est de représenter toutes les droites qui passent par le point particulier (x', y').

En effet, on y est parvenu par la combinaison de l'équation générale

$$y = ax + b.$$

avec la relation particulière

$$y' = ax' + b,$$

qui exprime que le point (x', y') se trouve sur la droite.

D'ailleurs, si l'on y fait à la fois $y = y'$, $x = x'$, elle se réduit à $o = o$; ce qui prouve évidemment que la droite passe par le point (x', y').

Quant à la quantité a qui subsiste encore dans l'équation, c'est une *constante indéterminée* dont la valeur dépend d'une *seconde condition* qui peut être imposée à la droite. Dans la question précédente, cette condition consiste à faire passer la droite *par un second point* (x'', y''), ce qui détermine complétement la position de cette droite; et l'on trouve, en effet,

$$a = \frac{y' - y''}{x' - x''}.$$

59. Seconde question. — *Mener par un point donné une droite parallèle à une autre déjà connue de position.*

Commençons par établir *analytiquement* la condition de *parallélisme* des deux droites.

Soient (*fig.* 36)

$$y = ax + b, \quad y = a'x + b'$$

les équations des deux droites BL et DH.

Puisque ces droites sont parallèles. les angles α et α' qu'elles forment avec l'axe des x sont égaux.

Ainsi, dans le cas d'axes *rectangulaires*, on a

$$\operatorname{tang}\alpha' = \operatorname{tang}\alpha, \quad \text{ou bien} \quad a' = a.$$

Quand les axes sont *obliques*, on a de même

$$\frac{\sin\alpha'}{\sin(\theta - \alpha')} = \frac{\sin\alpha}{\sin(\theta - \alpha)},$$

et, par conséquent encore,

$$a' = a.$$

Réciproquement, si l'on a la relation $a = a'$, on peut conclure que les droites sont *parallèles*.

Il suffit, pour le prouver, de considérer le cas où les axes sont *obliques,* puisqu'il comprend celui d'axes *rectangulaires* comme cas particulier.

Or la relation $\dfrac{\sin\alpha}{\sin(\theta - \alpha)} = a$, étant développée, donne

$$a \sin\theta \cos\alpha - a \sin\alpha \cos\theta = \sin\alpha :$$

d'où

$$(1 + a\cos\theta)\operatorname{tang}\alpha = a\sin\theta,$$

et, par suite,

$$\operatorname{tang}\alpha = \frac{a\sin\theta}{1 + a\cos\theta}.$$

On obtiendrait de même

$$\operatorname{tang}\alpha' = \frac{a'\sin\theta}{1 + a'\cos\theta}.$$

Mais comme on a, par hypothèse, $a = a'$, il vient

$$\operatorname{tang}\alpha = \operatorname{tang}\alpha',$$

et, par conséquent,

$$\alpha = \alpha'$$

(car il ne peut être ici question que d'angles $< 180^{\circ}$).

Ainsi, les deux droites sont *parallèles*.

La relation $a' = a$ est donc une condition *caractéristique* du PARALLÉLISME de deux droites.

60. Reprenons maintenant le problème proposé.

Soient x', y' les coordonnées du point M par lequel on veut mener une *parallèle* DH à une droite donnée BL.

L'équation de la droite *donnée* étant

$$(1) \qquad\qquad y = ax + b,$$

celle de la droite *cherchée* sera de la forme

$$(2) \qquad y = a'x + b',$$

a' et b' étant deux *constantes* qu'il s'agit de *déterminer*.

Or, la droite DH devant, par hypothèse, passer par le point M, on a l'équation particulière

$$(3) \qquad y' = a'x' + b'.$$

Retranchons les équations (2) et (3) l'une de l'autre, il vient

$$y - y' = a'(x - x') \quad (voir \text{ le n}^\circ 58).$$

D'ailleurs, à cause du *parallélisme* des deux droites, on a

$$a' = a\,;$$

donc, enfin,

$$y - y' = a(x - x').$$

Telle est l'ÉQUATION DE LA DROITE CHERCHÉE.

Cette équation pouvant s'écrire

$$y = ax + y' - ax'$$

ne diffère de l'équation (1) de la droite *donnée* que par l'*ordonnée à l'origine*, qui est ici $y' - ax'$.

61. TROISIÈME QUESTION. — *Deux droites étant données, trouver les coordonnées de leur point d'intersection.*

Soient (*fig.* 37)

$$y = ax + b, \quad y = a'x + b'$$

les équations des deux droites données BL et DH.

Pour *fixer* la *position* de leur *point de concours*, remarquons que, ce point se trouvant à la fois sur les deux droites, ses coordonnées AP, MP doivent vérifier leurs équations, et ne sont, par conséquent, autre chose que les valeurs de x et de y susceptibles de satisfaire *simultanément* à ces deux équations.

Donc, si l'on *élimine* x et y entre les équations proposées, on aura les *coordonnées cherchées*.

Retranchant d'abord ces deux équations l'une de l'autre, on trouve

$$0 = (a - a')x + b - b',$$

d'où l'on déduit

$$x = \frac{b' - b}{a - a'},$$

et si l'on porte cette valeur dans la première équation, il vient, toute ré-

Ap. de l'Al. à la G.   5

duction faite,

$$y = \frac{ab' - ba'}{a - a'}.$$

Telles sont les expressions des coordonnées du point M.

DISCUSSION. — Soit, comme cas particulier,

$$a' = a;$$

on trouve pour les expressions des coordonnées

$$x = \frac{b' - b}{o}, \quad y = \frac{a(b' - b)}{o},$$

c'est-à-dire qu'elles deviennent *infinies*; ce qui doit être, puisque les deux droites sont alors *parallèles* (59).

Si l'on a, en même temps,

$$a' = a, \quad b' = b,$$

il vient

$$x = \frac{o}{o}, \quad y = \frac{o}{o},$$

valeurs *indéterminées*; et, en effet, dans ce cas, les deux droites, se confondant, se rencontrent en une *infinité* de points.

62. QUATRIÈME QUESTION. — *Calculer l'angle de deux droites données par leurs équations*

$$y = ax + b, \quad y = a'x + b'.$$

Les résultats obtenus dans les trois questions précédentes sont *indépendants* de l'inclinaison des axes; il n'en est pas de même dans celle-ci, et il y a lieu de distinguer deux cas : ou les axes sont RECTANGULAIRES, ou ils sont OBLIQUES.

Premier cas. — Pour déterminer l'angle EMG des deux droites, angle que nous appellerons V, remarquons que le triangle MEG donne

$$EMG = MGX - MEG,$$

ou, si l'on désigne par α, α' les angles que les droites BL et DH forment respectivement avec l'axe des x,

$$V = \alpha' - \alpha,$$

d'où

$$(1) \qquad \tang V = \tang(\alpha' - \alpha) = \frac{\tang \alpha' - \tang \alpha}{1 + \tang \alpha' \tang \alpha}.$$

Cette formule est vraie, *quelle que soit l'inclinaison des axes.*

Mais comme nous avons supposé les axes *rectangulaires*, on a

$$\tang\alpha = a, \quad \tang\alpha' = a';$$

et la formule (1) devient

$$(2) \qquad \tang V = \frac{a' - a}{1 + aa'}.$$

Second cas. — Les axes étant *obliques*, on a (59)

$$\tang\alpha = \frac{a\sin\theta}{1 + a\cos\theta}, \quad \tang\alpha' = \frac{a'\sin\theta}{1 + a'\cos\theta};$$

d'où, substituant dans la formule (1),

$$\tang V = \frac{\dfrac{a'\sin\theta}{1 + a'\cos\theta} - \dfrac{a\sin\theta}{1 + a\cos\theta}}{1 + \dfrac{aa'\sin^2\theta}{(1 + a\cos\theta)(1 + a'\cos\theta)}},$$

ou, réduisant au même dénominateur, et ayant égard à la relation $\sin^2\theta + \cos^2\theta = 1$,

$$(3) \qquad \tang V = \frac{(a' - a)\sin\theta}{1 + aa' + (a + a')\cos\theta}.$$

Ce résultat rentre évidemment dans l'expression (2), quand on fait

$$\theta = 90°,$$

63. *N. B.* — Si, au lieu de l'angle EMG, on voulait obtenir son *supplément* EMD, il suffirait de changer $a' - a$ en $a - a'$, dans les résultats (2) et (3), puisque les tangentes de ces deux angles sont liées par la relation

$$\tang\,EMD = -\,\tang\,EMG.$$

En général, toutes les fois que l'on a à calculer l'angle de deux droites, il faut préciser quel est celui des deux angles, *supplémentaires l'un de l'autre,* que l'on veut obtenir.

64. Considérons le cas particulier où les deux droites sont *perpendiculaires entre elles.*

Dans ce cas, on doit avoir

$$V = 90°, \quad \text{d'où} \quad \tang V = \infty;$$

ce qui donne, les axes étant *rectangulaires,*

$$\frac{a' - a}{1 + aa'} = \infty; \quad \text{d'où} \quad 1 + aa' = 0,$$

et les axes étant *obliques*,

$$1 + aa' + (a + a')\cos\theta = 0.$$

La relation $1 + aa' = 0$, que nous aurons souvent occasion de rappeler, peut être démontrée *directement* au moyen de la figure.

En effet, puisque le triangle EMG est rectangle en M (*fig.* 38), les deux angles MEG, MGE sont *compléments* l'un de l'autre ; et l'on a

$$\operatorname{tang} MGE = \operatorname{cot} MEG = \frac{1}{\operatorname{tang} MEG}.$$

Mais

$$\operatorname{tang} MGX \quad \text{ou} \quad a' = -\operatorname{tang} MGE, \quad \text{et} \quad \operatorname{tang} MEG = a;$$

donc

$$a' = -\frac{1}{a}, \quad \text{ou bien} \quad aa' + 1 = 0.$$

65. Cinquième question. — *D'un point donné hors d'une droite*, on propose : 1° *d'abaisser une perpendiculaire sur cette droite* ; 2° *de trouver la longueur de cette perpendiculaire*, c'est-à-dire *la distance du point donné à la première droite.*

(Les axes sont supposés RECTANGULAIRES.)

Soient BL la droite *donnée* (*fig.* 39), MG la droite *cherchée*, perpendiculaire à BL et assujettie à passer par le point M dont nous désignerons les coordonnées par x' et y'.

Supposons que l'équation de la droite BL soit

$$(1) \qquad y = ax + b.$$

Puisque la droite MG passe par le point (x', y'), son équation sera (58) de la forme

$$y - y' = a'(x - x'),$$

a' étant une *constante* qu'il s'agit de *déterminer.*

Or, puisque les deux droites doivent être *perpendiculaires* l'une à l'autre, on a (64) la relation

$$1 + aa' = 0 ; \quad \text{d'où} \quad a' = -\frac{1}{a}.$$

Donc l'équation précédente devient

$$(2) \qquad y - y' = -\frac{1}{a}(x - x').$$

Telle est l'ÉQUATION DE LA PERPENDICULAIRE MG ; et cette droite est ainsi déterminée de *position.*

Pour résoudre la seconde partie de la question, il s'agit d'obtenir l'ex-

pression de la distance du point M *au point* H *où les deux lignes se rencontrent.*

On connaît déjà les coordonnées x', y' du point M; si l'on pouvait déterminer celles du point H, il suffirait de substituer ces quatre coordonnées
dans l'expression de la *distance entre deux points donnés*, formule trouvée n° 48, et l'on aurait la valeur de MH.

Comme le point H est le *point d'intersection* de BL et de MG, il faudrait
(61) éliminer x et y entre les équations (1) et (2); mais observons que,
d'après la formule déjà citée, ce sont moins les coordonnées des deux
points M et H, que leurs *différences*, qu'il est important d'obtenir; ainsi
la question est ramenée à éliminer entre (1) et (2) les quantités $x - x'$,
$y - y'$, considérées comme *inconnues*; et les valeurs de ces quantités étant
substituées dans l'expression

$$D = \sqrt{(x' - x'')^2 + (y' - y'')^2},$$

à la place de $x' - x''$, $y' - y''$, donneront la *distance demandée*.

Afin de mettre en évidence les deux inconnues $x - x'$, $y - y'$, dans
l'équation (1), comme elles le sont dans l'équation (2), nous écrirons la
première équation sous la forme

$$(3) \qquad y - y' = a(x - x') - y' + ax' + b,$$

que l'on obtient en ajoutant $- y'$ aux deux membres, puis en retranchant
et ajoutant ax' dans le second membre.

Cela fait, retranchons l'équation (2) de l'équation (3); il vient

$$0 = \left(a + \frac{1}{a}\right)(x - x') - y' + ax' + b;$$

d'où

$$x - x' = \frac{y' - ax' - b}{a + \dfrac{1}{a}},$$

ou réduisant,

$$x - x' = \frac{a(y' - ax' - b)}{a^2 + 1}.$$

Cette valeur, portée dans l'équation (2), donne

$$y - y' = - \frac{1}{a} \frac{a(y' - ax' - b)}{a^2 + 1} = \frac{-(y' - ax' - b)}{a^2 + 1}.$$

Substituant ces valeurs de $x - x'$, $y - y'$, dans celle de D, et désignant
par P la *perpendiculaire*, on trouve

$$P = \sqrt{\frac{a^2(y' - ax' - b)^2 + (y' - ax' - b)^2}{(a^2 + 1)^2}}.$$

Enfin, mettant en évidence au numérateur le facteur $(y' - ax' - b)^2$, et supprimant le facteur $a^2 + 1$, commun aux deux termes, on obtient pour la LONGUEUR CHERCHÉE de la distance MH,

$$P = \frac{\pm (y' - ax' - b)}{\sqrt{a^2 + 1}}.$$

Discussion. — Le double signe $\pm$ dont ce résultat est affecté a besoin d'être interprété.

Si l'on cherche à traduire *géométriquement* la valeur de la quantité $y' - ax' - b$, on voit que y' désignant l'ordonnée MP, $ax' + b$ exprime l'ordonnée NP de BL, qui correspond à l'abscisse x' ou AP ; car si l'on fait $x = x'$ dans $y = ax + b$, on a y ou $AP = ax' + b$.

Donc $y' - ax' - b$ représente la distance MN.

Or cette distance peut être (**27**) *positive ou négative,* c'est-à-dire $\gtrless 0$, suivant que le point M est placé *au-dessus* ou *au-dessous* de BL.

Par exemple, si le point était en **M'**, on aurait

$$M'N' = N'P' - M'P', \quad \text{ou} \quad M'N' = ax' + b - y'.$$

D'un autre côté, demander la *distance* du point M à la droite BL, c'est en demander la *valeur absolue ;* d'où il suit que, *si le point* M *est placé au-dessus de la droite* BL, auquel cas $y' - ax' - b$ est > 0, on doit avoir

$$P = \frac{y' - ax' - b}{\sqrt{a^2 + 1}} ;$$

et *si le point* M *est placé au-dessous,* ce qui entraîne la condition $y' - ax' - b < 0$, on aura

$$P = \frac{ax' + b - y'}{\sqrt{a^2 + 1}}.$$

Chacun de ces deux résultats peut être vérifié par la GÉOMÉTRIE.

En effet, MP, MH étant respectivement perpendiculaires à AP, BL, on a

$$\text{angle NMH} = \text{angle BL'X} = \alpha.$$

Or le triangle rectangle NMH donne

$$MH = MN \cos \alpha = \frac{MN}{\sec \alpha} = \frac{MN}{\sqrt{1 + \tan^2 \alpha}} ;$$

d'ailleurs

$$MN = MP - NP = y' - ax' - b \quad \text{et} \quad \tan \alpha = a ;$$

donc

$$MH \quad \text{ou} \quad P = \frac{y' - ax' - b}{\sqrt{a^2 + 1}}.$$

Si le point M était placé en M' *au-dessous* de BL, on aurait

$$M'N' = ax' + b - y', \quad \text{d'où} \quad P = \frac{ax' + b - y'}{\sqrt{a^2 + 1}}.$$

66. Examinons quelques cas particuliers :

1° Supposons que le point duquel on veut abaisser la perpendiculaire (*fig.* 40) soit l'ORIGINE des coordonnées.

On a, dans ce cas,

$$x' = 0, \quad y' = 0,$$

et l'expression devient

$$P = \frac{\mp b}{\sqrt{a^2 + 1}},$$

résultat *positif* ou *négatif*, suivant que le point B est placé *au-dessus* ou *au-dessous* de l'origine.

2° Supposons que la droite donnée (*fig.* 41) passe par l'origine.

On a alors

$$b = 0;$$

et l'expression se réduit à

$$P = \frac{y' - ax'}{\sqrt{a^2 + 1}} \quad \text{ou} \quad P = \frac{ax' - y'}{\sqrt{a^2 + 1}}.$$

67. *N. B.* — Dans la question que nous venons de traiter, nous avons supposé les axes RECTANGULAIRES ; s'ils étaient OBLIQUES, il faudrait, pour la *première partie*, faire usage (64) de la relation

$$1 + aa' + (a + a') \cos\theta = 0,$$

qui donnerait

$$a' = -\frac{(1 + a \cos\theta)}{a + \cos\theta},$$

et substituer cette valeur dans l'équation

$$y - y' = a'(x - x').$$

Quant à la *seconde partie*, après avoir effectué l'élimination de $x - x'$, $y - y'$ entre les équations des deux droites, on porterait ces valeurs dans l'expression générale de D (49) ; et l'on trouverait, tout calcul fait,

$$P = \frac{(y' - ax' - b) \sin\theta}{\sqrt{a^2 + 2a \cos\theta + 1}}.$$

68. SIXIÈME QUESTION. — *Par un point donné hors d'une droite, en mener une seconde qui forme avec la première un angle donné.*

Les axes étant supposés RECTANGULAIRES, appelons x', y' les coordonnées du point, et m la tangente de l'angle donné.

L'équation de la droite donnée étant

$$y = ax + b,$$

celle de la *droite cherchée* sera de la forme

$$y - y' = a'(x - x');$$

et puisque ces droites doivent former un angle dont la tangente est m, on doit avoir (62)

$$\frac{a' - a}{1 + aa'} = m, \quad \text{ou bien} \quad \frac{a - a'}{1 + aa'} = m.$$

Ces deux relations peuvent être comprises dans une seule,

$$\frac{a' - a}{1 + aa'} = \pm m; \quad \text{d'où} \quad a' = \frac{a \pm m}{1 \mp am};$$

ce qui donne, pour l'ÉQUATION DE LA DROITE CHERCHÉE,

$$y - y' = \frac{a \pm m}{1 \mp am}(x - x').$$

La question admet donc généralement *deux* solutions; et cela est évident, car, de chaque côté de la perpendiculaire abaissée du point donné sur la droite $y = ax + b$, on peut mener une droite qui fasse avec celle-ci l'angle donné.

Soit cet angle égal à 90 degrés, auquel cas on a

$$m = \infty;$$

il en résulte

$$\frac{a \pm m}{1 \mp am}, \quad \text{ou} \quad \frac{\dfrac{a}{m} \pm 1}{\dfrac{1}{m} \mp a} = -\frac{1}{a};$$

d'où

$$y - y' = -\frac{1}{a}(x - x'),$$

équation obtenue (65).

Nous ne considérons pas le cas où les axes sont *obliques*, parce que les résultats n'en sont pas assez simples.

69. SCOLIE GÉNÉRAL. — Les différentes questions que nous venons de résoudre se reproduiront presque à chaque instant dans tout le cours de la GÉOMÉTRIE ANALYTIQUE. En réfléchissant sur les résultats auxquels on a

été conduit par leur résolution, on doit sentir la nécessité d'éviter, autant que possible, le système des *axes obliques*, pour que les calculs soient plus simples. Il faut toutefois excepter les cas où l'on n'a à faire entrer en considération que l'équation d'une droite *passant par deux points donnés*, et la condition de *parallélisme de deux droites*, les résultats étant alors *indépendants de l'inclinaison des axes*.

§ II. — Du cercle.

Manière de fixer analytiquement la position d'un cercle sur un plan.

70. Soit un cercle de rayon quelconque r (*fig.* 42), dont le centre est en O.

Traçons dans son plan deux axes RECTANGULAIRES AX, AY, et proposons-nous d'en fixer la position par rapport à ces axes.

Si l'on désigne par p, q, les coordonnées AB, OB *du centre*, et par x, y les coordonnées AP, MP d'un point quelconque M de la *circonférence*, on aura, en vertu de la formule du n° 48,

$$(1) \qquad (x - p)^2 + (y - q)^2 = r^2.$$

Cette relation caractérise *tous les points de la circonférence*, en ce qu'elle est évidemment satisfaite par les coordonnées de chacun d'eux, et qu'elle ne peut l'être que par ces coordonnées.

En effet, soit N un point quelconque pris à l'*extérieur* ou à l'*intérieur* du cercle; on a, en désignant toujours par x et y les coordonnées de ce point,

$$(x - p)^2 + (y - q)^2$$

pour le carré de la distance ON; mais il est évident que ON est $>$ ou $<$ OM, suivant que le point est *extérieur* ou *intérieur* au cercle, d'où résulte nécessairement

$$(x - p)^2 + (y - q)^2 > \text{ ou } < r^2.$$

Ainsi, l'équation (1) ne saurait être vérifiée pour un point qui ne se trouve pas sur la circonférence.

Cette équation est donc l'ÉQUATION DU CERCLE, en ce sens qu'elle fixe complétement *la position de chacun des points de la circonférence*.

Les *constantes* qui y entrent sont les *coordonnées du centre* et le *rayon*; et, en effet, un cercle est complétement déterminé avec ces données.

71. L'équation est plus compliquée lorsque les axes sont OBLIQUES

(*fig.* 43); car, d'après la formule du n° 49, on a

$$(x-p)^2 + (y-q)^2 + 2(x-p)(y-q)\cos\theta = r^2,$$

θ désignant l'angle des deux axes.

72. L'équation (1) (**70**) prend une forme plus ou moins simple, suivant les diverses positions du cercle par rapport aux axes.

1° L'*origine des coordonnées* peut être placée en un point A′ de la *circonférence* (*fig.* 42).

Dans ce cas, on a évidemment entre p, q et r la relation

$$p^2 + q^2 = r^2;$$

mais si l'on développe l'équation (1), elle devient

$$x^2 - 2px + p^2 + y^2 - 2qy + q^2 = r^2,$$

ou, supprimant les deux quantités égales $p^2 + q^2$ et r^2,

$$(2) \qquad\qquad x^2 - 2px + y^2 - 2qy = 0.$$

Telle est, dans ce cas, la forme de l'*équation du cercle*.

Si l'on pose $y = 0$ dans cette nouvelle équation, il en résulte

$$x^2 - 2px = 0, \quad \text{ou} \quad x(x - 2p) = 0;$$

d'où

$$x = 0, \quad x = 2p;$$

ce qui prouve qu'en effet le point $[x = 0,\ y = 0]$ ou l'*origine,* se trouve placé *sur la circonférence*.

Remarque. — Comme, à l'hypothèse $y = 0$, correspond encore l'abscisse $x = 2p$, il s'ensuit que la circonférence coupe l'axe des x en un second point C tel, que A′C est double de A′D ou p; ce qui démontre que *la corde* A′C *est divisée en deux parties égales par la perpendiculaire abaissée du centre sur cette corde*.

Cette propriété est connue en Géométrie; mais on voit comment on la met en évidence à l'aide de l'équation du cercle.

La démonstration s'applique d'ailleurs à une corde quelconque, puisque l'on peut faire varier à volonté la direction de l'axe A′X′, pourvu que le second axe A′Y′ lui soit mené *perpendiculairement*.

73. 2° L'*origine* peut être placée à l'*extrémité* A″ d'un *diamètre* A″G qui serait lui-même l'axe des x.

Dans cette nouvelle position des axes, on a

$$p = r \quad \text{et} \quad q = 0;$$

ainsi, l'équation (1) devient

$$(x - r)^2 + y^2 = r^2,$$

ou, réduisant,

(3) $$y^2 = 2rx - x^2.$$

On pourrait déduire celle-ci de l'équation (2) en y faisant

$$p = r \quad \text{et} \quad q = 0.$$

L'équation (3) peut servir à démontrer deux autres propriétés du cercle.

En effet, d'abord, cette équation peut se mettre sous la forme

$$y^2 = x(2r - x);$$

mais, d'après la figure, on a

$$y = \mathrm{MR}, \quad x = \mathrm{A''R};$$

d'où

$$2r - x = \mathrm{A''G} - \mathrm{A''R} = \mathrm{GR};$$

donc

$$\overline{\mathrm{MR}}^2 = \mathrm{A''R} \times \mathrm{GR},$$

ou bien

$$\mathrm{A''R} : \mathrm{MR} :: \mathrm{MR} : \mathrm{GR};$$

c'est-à-dire que *la perpendiculaire abaissée d'un point de la circonférence sur un diamètre est moyenne proportionnelle entre les deux segments de ce diamètre.*

La même équation revient encore à

$$y^2 + x^2 = 2rx;$$

or, si l'on tire la corde A''M, on a évidemment

$$y^2 + x^2 \quad \text{ou} \quad \overline{\mathrm{MR}}^2 + \overline{\mathrm{A''R}}^2 = \overline{\mathrm{A''M}}^2, \quad 2r = \mathrm{A''G}, \quad x = \mathrm{A''R};$$

donc

$$\overline{\mathrm{A''M}}^2 = \mathrm{A''G} \times \mathrm{A''R}, \quad \text{ou bien} \quad \mathrm{A''G} : \mathrm{A''M} :: \mathrm{A''M} : \mathrm{A''R};$$

ce qui prouve que *la corde menée par l'une des extrémités d'un diamètre est moyenne proportionnelle entre ce diamètre et le segment adjacent formé par la perpendiculaire abaissée de l'extrémité de la corde sur ce diamètre.*

74. 3° Enfin, *l'origine des coordonnées* peut être placée au *centre*.

Dans ce cas, qui est celui que nous aurons à considérer le plus fréquemment, les coordonnées p et q sont nulles.

Alors l'équation (1) se réduit à

$$(4) \qquad\qquad x^2 + y^2 = r^2.$$

C'est l'équation du cercle *rapporté à son centre comme origine,* les coordonnées étant RECTANGULAIRES.

Si les axes étaient OBLIQUES, l'équation du cercle serait (71)

$$(5) \qquad\qquad x^2 + y^2 + 2\,xy\cos\theta = r^2.$$

N. B. — On parviendrait directement aux équations (4) et (5) par la considération du triangle *rectangle* OMR de la *fig.* 42, et du triangle *obli-quangle* GMR de la *fig.* 43, l'origine des coordonnées étant supposée en O.

§ III. — DES LIEUX GÉOMÉTRIQUES.

75. Avant de pousser plus loin l'étude de la ligne droite et du cercle, il est utile d'entrer dans quelques considérations sur les *équations des lignes en général,* et sur le parti que l'on peut en tirer.

Nous avons déjà vu que la *position* d'une droite ou d'un cercle est *fixée* sur un plan par le moyen d'une *équation* entre les *coordonnées x* et *y* de *chacun de ses points* et un certain nombre de *constantes* dont la connaissance suffit pour déterminer cette position géométriquement.

Supposons actuellement que, x et y désignant toujours les distances d'un point à deux axes *rectangulaires* ou *obliques,* la résolution d'une question ait conduit à une équation générale entre x et y, que nous représenterons par

$$F(x, y) = 0.$$

(Le caractère F s'énonce : *fonction de.*)

Je dis que, quand on voudra fixer la position du point qui satisfait à l'énoncé de la question ou dont les coordonnées vérifient l'équation, au lieu d'un point, on en obtiendra une *infinité;* et la série de ces points formera une ligne qui sera *droite* ou *courbe,* suivant la *nature* et le *degré* de l'équation.

En effet, puisque l'on n'a qu'*une seule* équation entre les *deux* quantités x et y, on peut disposer arbitrairement de l'une d'elles (ces quantités sont, pour cette raison, appelées VARIABLES), et l'équation donnera les valeurs correspondantes de l'autre variable.

Donnons, par exemple, à l'abscisse x la suite des valeurs

$$x = a,\ a',\ a'',\ a''',\ a^{IV},\ a^{V}, \ldots.$$

Si l'équation n'est que du *premier degré en y,* on en déduira successivement, pour les valeurs correspondantes de cette variable,

$$y = b, \ b', \ b'', \ b''', \ b^{\mathrm{iv}}, \ b^{\mathrm{v}}, \ldots$$

En portant sur AX les valeurs de x (*Pl. III, fig.* 44), et en menant par les points P, P', P'', P''',... des parallèles à AY, égales aux valeurs de y, on aura différents points M, M', M'', M''',... qui satisferont également à la question.

Comme rien n'empêche de donner à x des valeurs *extrémement peu différentes* les unes des autres, et qu'alors les valeurs de y seront elles-mêmes, en général, *très-peu différentes* les unes des autres, on doit en conclure que les points M, M', M'',... seront *très-voisins*; et l'on pourra ensuite lier ces points entre eux par une ligne continue MM'M''M'''..., dont tous les points seront autant de SOLUTIONS de la question, parce que les points intermédiaires sont censés correspondre aux valeurs de x, y, tirées de l'équation du problème, et comprises entre celles qui ont déjà été construites.

Cette ligne sera d'ailleurs d'autant plus rigoureusement déterminée, que les points M, M', M'',... seront plus rapprochés les uns des autres.

Supposons maintenant que l'équation soit, par rapport à y, d'*un degré supérieur au premier*.

Comme, dans ce cas, à chaque valeur de x doivent correspondre *plusieurs* valeurs de y (*fig* 45), la ligne est composée de plusieurs branches MM'M''..., NN'N''..., RR'R''....

76. Soit, par exemple (*fig.* 46), à construire l'équation

$$y^2 = 2x.$$

On en déduit

$$y = \pm \sqrt{2x};$$

ce qui prouve : 1° qu'à une même valeur de x correspondent *deux* valeurs de y *égales* et de *signes contraires*; 2° qu'à des valeurs *négatives* de x ne correspondent que des valeurs *imaginaires* de y, c'est-à-dire que *la ligne demandée*, qui est ici une courbe, *ne peut avoir aucun point situé à la gauche de l'origine*, ou de AY.

Cela posé, faisons d'abord

$$x = 0, \quad \text{il vient} \quad y = 0;$$

d'où l'on peut conclure que l'origine des coordonnées appartient à la courbe, ou que *la courbe passe par l'origine*.

Soit

$$x = 1;$$

il en résulte

$$y = \pm \sqrt{2} = \pm 1,4 \quad \text{à moins de} \quad 0,1 \text{ près.}$$

Après avoir pris sur AX une distance AP égale à *l'unité linéaire*, si l'on mène par le point P une parallèle à AY, et que l'on prenne *au-dessus* et *au-dessous* de AX deux distances PM, PN. égales à 1,4....., M et N seront *deux points de la courbe demandée*.

Faisons encore $x = 2$: d'ou

$$y = \pm\, 2.$$

Ces valeurs, étant construites comme les précédentes, donnent M′ et N′ pour deux nouveaux points.

En continuant ainsi de donner à x différentes valeurs, et construisant les valeurs correspondantes de y, on obtiendra une courbe de la forme LAH qui s'étend *indéfiniment à la droite de l'axe des y*, puisque, tant que x est *positif*, les valeurs de y sont *réelles*.

77. Prenons, pour *second exemple* (*fig.* 47), l'équation

$$y^2 - x^2 = 4,$$

de laquelle on tire

$$y = \pm\, \sqrt{x^2 + 4}.$$

On voit, *premièrement*, qu'à *une même* valeur de x correspondent *deux* valeurs de y *égales* et de *signes contraires; secondement*, que, quelque valeur *positive* ou *négative* que l'on donne à x, on a toujours pour y des valeurs *réelles*. Ainsi l'on est déjà certain que la *ligne demandée*, qui est encore ici une courbe, s'étend *indéfiniment au-dessus et au-dessous de l'axe des x, à droite et à gauche de l'axe des y.*

Faisons quelques hypothèses :

Soit d'abord

$$x = 0\, ;$$

on tire de l'équation proposée,

$$y = \pm\, \sqrt{4} = \pm\, 2.$$

Prenons sur AY *deux* distances AB, AC, égales à 2 ; les points B et C *appartiennent à la courbe*.

Soit, en second lieu,

$$x = 1\, ;$$

d'où

$$y = \pm\, \sqrt{5} = \pm\, 2,2, \quad \text{à moins de} \quad 0,1 \text{ près.}$$

Si l'on prend sur AX, AP $= 1$, et que l'on porte sur une parallèle à AY, menée par le point P, deux parties PM, PN égales à 2 $\frac{1}{4}$. M et N seront *deux nouveaux points de la courbe*.

Soit encore

$$x = 2,$$

ce qui donne

$$y = \pm \sqrt{8} = \pm 2,8, \quad \text{à moins de} \quad 0,1 \text{ près.}$$

En construisant ces valeurs comme les précédentes, on obtiendra les deux points M′ et N′;

Et ainsi de suite, dans le sens *positif* de l'axe des x.

Actuellement, pour obtenir les points situés *à la gauche* de AY, observons que, puisqu'à des valeurs de x *positives* ou *négatives*, mais NUMÉRIQUEMENT *les mêmes*, correspondent *les mêmes valeurs* de y, il suffit, après avoir pris des distances Ap, A$p′$,... égales à AP, AP′,..., de mener par les points p, $p′$,... des parallèles à AY, et par les points M, M′,..., N, N′,... des parallèles à AX. Les points m, $m′$,..., n, $n′$,... seront aussi des *points de la courbe*, qui sera évidemment composée de DEUX BRANCHES distinctes et opposées LBL′, HCH′.

Ces exemples suffisent pour donner une idée de ces sortes de constructions, sur lesquelles nous reviendrons plus tard avec détail.

78. La ligne représentée par l'équation

$$F(x, y) = 0$$

est appelée le *lieu géométrique* de cette équation.

Réciproquement, une ligne étant tracée sur un plan, si, par un moyen quelconque, fondé sur la définition ou sur une propriété caractéristique de cette ligne, on parvient à une équation qui existe entre les coordonnées x et y de tous ses points, et n'existe pas pour d'autres points, la relation ainsi obtenue est dite l'ÉQUATION DE LA LIGNE. (*Voyez* 50, 70.)

Nous terminerons les notions générales sur les *lieux géométriques* par deux propositions qui seront d'un usage continuel, par la suite.

79. PREMIÈRE PROPOSITION. — On a vu précédemment que l'équation générale d'une ligne droite est de la forme

$$(1) \qquad y = ax + b,$$

les quantités a et b pouvant passer par tous les états de grandeur.

Je dis que, réciproquement, *toute équation du* PREMIER DEGRÉ *entre deux variables x et y, en tant que ces variables expriment des distances à deux droites fixes, a pour lieu géométrique une* LIGNE DROITE.

En effet, quelle que soit l'équation proposée, on peut toujours la ramener à la forme

$$(2) \qquad y = mx + n.$$

Comparons entre elles les équations (1) et (2).

1° Si les axes sont RECTANGULAIRES, on peut poser

$$a \quad \text{ou} \quad \tang\alpha = m \quad \text{et} \quad b = n.$$

Prenant alors sur AY (*fig.* 31) une distance AB $= n$, et menant par le point B une droite CBL qui forme avec AX un angle α dont m soit la *tangente trigonométrique*, on aura (51) pour l'équation de cette droite ainsi fixée de position,

$$y = x \tang\alpha + n, \quad \text{ou bien} \quad y = mx + n.$$

Donc cette dernière équation a pour *lieu géométrique* une LIGNE DROITE.

2° Si les axes sont OBLIQUES, on pose

$$a \quad \text{ou} \quad \frac{\sin\alpha}{\sin(\theta - \alpha)} = m \quad \text{et} \quad b = n.$$

Prenant sur AY (*fig.* 32) une partie AB égale à n, et menant par le point B une droite CBL qui forme avec AX un angle α tel que l'on ait

$$\frac{\sin\alpha}{\sin(\theta - \alpha)} = m,$$

on aura (51) pour son équation

$$y = x \frac{\sin\alpha}{\sin(\theta - \alpha)} + n, \quad \text{ou bien} \quad y = mx + n.$$

Donc, etc.

Il reste, toutefois, à savoir si l'angle α peut toujours être déterminé d'après la relation

$$\frac{\sin\alpha}{\sin(\theta - \alpha)} = m.$$

Or on a reconnu (59) que cette relation donne

$$\tang\alpha = \frac{m\sin\theta}{1 + m\cos\theta},$$

et l'on sait qu'une tangente peut passer par tous les états de grandeur; ainsi l'angle α est toujours susceptible de détermination.

80. Comme deux points déterminent la position d'une droite, il s'ensuit qu'une équation du *premier degré* en x et y étant donnée, il suffira, pour en construire le *lieu géométrique*, de fixer la position de *deux de ses points*.

Les plus remarquables sont ceux où la droite rencontre les axes; et, pour les obtenir, on fait successivement, dans l'équation,

$$y = 0, \quad \text{puis} \quad x = 0:$$

les valeurs obtenues, pour x dans la première hypothèse, et pour y dans la deuxième, représentent, l'une, l'abscisse du point de rencontre avec l'axe des x, l'autre, l'ordonnée du point de rencontre avec l'axe des y.

[On a déjà vu (55) que l'introduction de ces deux quantités dans l'équation de la droite, lui donne une forme *symétrique*.]

81. Lorsque l'équation est de la forme

$$y = mx,$$

comme, en faisant,

$$y = 0, \quad \text{on obtient} \quad x = 0,$$

et *réciproquement,*

La droite passe par l'origine ; et pour avoir un *second* point, il suffit de donner à x une valeur particulière, et de construire la valeur de y correspondante.

82. *Applications numériques.* — [Les axes sont supposés RECTANGULAIRES.]

1° $2y - 3x = 1$ (*fig.* 48).

Pour $y = 0$, on trouve

$$x = -\frac{1}{3},$$

et pour $x = 0$,

$$y = +\frac{1}{2}.$$

Soit $AI = 1$, et prenons sur AX une distance $AC = -\frac{1}{3}$, puis sur AY,

$AB = \frac{1}{2}$, nous obtenons CBL pour le LIEU GÉOMÉTRIQUE DEMANDÉ.

On peut, à l'une de ces constructions, substituer celle de la tangente de l'angle α.

Or on a

$$\tan \alpha = \frac{3}{2}.$$

Soit prise sur AY la distance $AB = \frac{1}{2}$, comme ci-dessus, et soit tirée la droite BH parallèle à AX ; prenant sur cette droite $BD = 1$, et élevant au point D, DE perpendiculaire à BH, et égale à $\frac{3}{2}$; on aura

$$\tan EBD = \frac{3}{2},$$

et le point E appartiendra à la droite CBL.

Veut-on connaître, en degrés, la valeur numérique de l'angle α lui-même ? Voici comment il faut opérer.

On a
$$1.\,\mathrm{tang}\,\alpha = 10 + 1.\,3 - 1.\,2 = 10.1760912\mathrm{5};$$

d'où, cherchant dans les Tables sexagésimales la valeur correspondante de l'angle α,
$$\alpha = 56°18'35'',8.$$

2°
$$3y + 5x + 4 = 0\ (\textit{fig. } 49).$$

Pour $y = 0$, $x = -\dfrac{4}{5}$, et pour $x = 0$, $y = -\dfrac{4}{3}$; $\mathrm{tang}\,\alpha = -\dfrac{5}{3}$.

Après avoir pris sur AX une partie $AC' = -\dfrac{4}{5}$, et sur AY, $AB' = -\dfrac{4}{3}$, on tire $C'B'$; et l'on obtient ainsi la DROITE DEMANDÉE.

Ou bien, en menant $B'X'$ parallèle à AX, et prenant $B'D' = -1$, puis élevant $D'E'$ perpendiculaire à $B'X'$ et égale à $\dfrac{5}{3}$, on obtient le point E' pour un autre point de la droite cherchée.

Pour calculer l'angle α qui est nécessairement *obtus*, puisque la tangente est *négative*, on pose
$$\alpha' = 180° - \alpha;$$
d'où
$$\mathrm{tang}\,\alpha' = -\mathrm{tang}\,\alpha = \dfrac{5}{3},$$
et
$$1.\,\mathrm{tang}\,\alpha' = 10 + 1.\,5 - 1.\,3.$$
ou
$$1.\,\mathrm{tang}\,\alpha' = 10,2218488.$$
Les Tables donnent
$$\alpha' = 59°2'10'',5,$$
et, par suite,
$$\alpha = 120°57'49'',5.$$

N. B. — Les constructions précédentes sont toutes applicables au cas où les axes sont OBLIQUES.

Mais alors les quantités $\dfrac{3}{2}$ et $-\dfrac{5}{3}$, expriment les valeurs du rapport $\dfrac{\sin\alpha}{\sin(\theta - \alpha)}$; et, pour déterminer l'angle α, il faut faire usage de la formule du n° 59,
$$\mathrm{tang}\,\alpha = \frac{m\sin\theta}{1 + m\cos\theta},$$

dans laquelle on remplace m par $\dfrac{3}{2}$ ou $-\dfrac{5}{3}$, et $\sin\theta$, $\cos\theta$ par les *sinus* et *cosinus* de l'angle θ des deux axes, angle supposé connu.

3°
$$y = x\ (\textit{fig. } 50),$$

les axes étant supposés quelconques.

En faisant successivement

$$x = 0.\ 1.\ 2.\ 3.\ 4,\ldots$$

on trouve, pour y.

$$y = 0.\ 1.\ 2.\ 3.\ 4\ldots :$$

ce qui démontre, d'abord, que la droite ABB' *passe par l'origine,* et ensuite qu'elle divise l'angle YAX en *deux parties égales.*

Lorsque les axes sont RECTANGULAIRES, l'angle α est égal à 45 degrés, c'est-à-dire est la *moitié* de l'angle droit.

83. REMARQUE IMPORTANTE. — L'équation proposée pourrait être en x ou en y seulement, c'est-à-dire ne renfermer qu'*une seule variable.*

On peut avoir, par exemple (*fig.* 51), l'équation

$$2x - 3 = 0,\quad \text{d'où}\quad x = \frac{3}{2}.$$

Prenant sur AX, AB $= \dfrac{3}{2}$, et menant par le point B, BC *parallèle* à AY, on obtient une droite dont tous les points jouissent exclusivement (45) de la propriété d'avoir $\dfrac{3}{2}$ pour abscisse, quel que soit d'ailleurs y.

Soit encore (*fig.* 52)

$$y^2 + y - 2 = 0.$$

Cette équation étant résolue, donne

$$y = 1\quad \text{et}\quad y = -2.$$

Si l'on prend sur AY, deux distances, AB $= 1$, AB' $= -2$, et que l'on mène GH, G'H', parallèles à AX, *l'ensemble de ces droites* constitue le *lieu géométrique* de l'équation.

GÉNÉRALEMENT, toute équation à *une seule* variable a pour *lieu géométrique* UNE DROITE OU UN SYSTÈME de plusieurs droites *parallèles,* soit à AX, soit à AY, suivant qu'elle est du *premier* degré ou d'un degré *supérieur* en y ou en x.

84. La question suivante, qui se rattache aux *lieux géométriques* du premier degré, peut avoir son utilité dans les applications.

Trouver l'équation d'une droite assujettie à passer par le point de concours de deux droites données.

Soient

$$y = ax + b,\quad y = a'x + b'$$

les équations de ces deux droites. On peut les mettre sous la forme

$$(1)\qquad y - ax - b = 0,\quad y - a'x - b' = 0 :$$

et si l'on pose la nouvelle équation

$$(2) \qquad (y - ax - b)\,m + y - a'x - b' = 0,$$

m étant une *indéterminée* quelconque, on obtiendra l'équation demandée.

D'abord le *lieu géométrique* de cette équation est une *ligne droite*, puisqu'elle est du *premier degré* en x et en y.

De plus, elle est satisfaite lorsque l'on pose simultanément

$$y - ax - b = 0, \quad y - a'x - b' = 0,$$

ou

$$y = ax + b, \quad y = a'x + b';$$

d'où l'on voit (61) que les coordonnées du point de concours *des* deux droites données, la *vérifient*.

D'ailleurs la quantité m est, par hypothèse, une *indéterminée* qui peut recevoir toutes les valeurs réelles possibles.

Ainsi l'équation (2) peut être considérée comme *l'équation générale de toutes les droites passant par le point d'intersection des deux droites données*.

Remarque. — Nous avons vu plus haut que toute équation de la forme

$$Ax + By + C = 0,$$

qui est du premier degré, représente une ligne droite. Alors, si l'on prend les équations des deux lignes droites sous les formes plus générales

$$(3) \qquad Ax + By + C = 0, \quad A'x + B'y + C' = 0,$$

l'équation générale d'une droite passant par leur point d'intersection sera de même

$$(Ax + By + C)\,m + A'x + B'y + C' = 0.$$

85. Seconde proposition. — On a trouvé (70) pour l'équation générale du cercle rapporté à des axes RECTANGULAIRES,

$$(x - p)^2 + (y - q)^2 = r^2;$$

ou développant,

$$(1) \qquad x^2 + y^2 - 2px - 2qy + p^2 + q^2 - r^2 = 0.$$

Réciproquement, *toute équation du second degré*, de la forme

$$(2) \qquad x^2 + y^2 + Ax + By + C = 0,$$

c'est-à-dire *qui ne renferme pas le rectangle xy des variables, et dans laquelle les coefficients des carrés sont égaux à l'unité ou égaux entre eux* (parce qu'on peut toujours diviser l'équation par ce coefficient commun), *appartient* (dans le cas d'axes RECTANGULAIRES) *à une circonférence de cercle*.

En effet, comparons l'une à l'autre les équations (1) et (2), et posons

$$-2p = A, \quad -2q = B, \quad p^2 + q^2 - r^2 = C;$$

on en déduit

$$p = -\frac{A}{2}, \quad q = -\frac{B}{2},$$

$$r = \sqrt{p^2 + q^2 - C} = \sqrt{\frac{A^2 + B^2}{4} - C}.$$

Cela posé, traçons deux axes rectangulaires AX, AY (*fig.* 53), et construisons le point O dont les coordonnées soient $-\frac{A}{2}$ et $-\frac{B}{2}$, quantités que nous supposons ici positives. Puis, du point O comme centre, et avec un rayon égal à $\sqrt{\frac{A^2 + B^2}{4} - C}$, décrivons une circonférence de cercle; elle aura nécessairement pour équation

$$(x - p)^2 + (y - q)^2 = r^2;$$

ou, si l'on remplace p, q, r par leurs valeurs,

$$\left(x + \frac{A}{2}\right)^2 + \left(y + \frac{B}{2}\right)^2 = \frac{A^2 + B^2}{4} - C.$$

ou, développant et réduisant,

$$x^2 + Ax + y^2 + By + C = 0,$$

résultat identique avec l'équation (2). Donc, etc.

Autre démonstration. — Ajoutons aux deux membres de l'équation (2) la quantité $\frac{A^2}{4} + \frac{B^2}{4}$, afin de compléter les carrés $x^2 + Ax$ et $y^2 + By$: il vient

$$x^2 + Ax + \frac{A^2}{4} + y^2 + By + \frac{B^2}{4} = \frac{A^2 + B^2}{4} - C,$$

ou bien

$$(3) \qquad \left(x + \frac{A}{2}\right)^2 + \left(y + \frac{B}{2}\right)^2 = \frac{A^2 + B^2}{4} - C;$$

équation que l'on peut comparer immédiatement avec

$$(x - p)^2 + (y - q)^2 = r^2,$$

en posant

$$p = -\frac{A}{2}, \quad q = -\frac{B}{2}, \quad r = \sqrt{\frac{A^2 - B^2}{4} - C};$$

d'où il suit que l'équation (3), et par conséquent l'équation (2) dont (3) n'est qu'une transformée, représente une *circonférence du cercle* qui a pour *centre* le point déterminé par les coordonnées $-\dfrac{A}{2}$, $-\dfrac{B}{2}$, et pour

rayon $\sqrt{\dfrac{A^2+B^2}{4}-C}$.

Cette démonstration, plus simple que la première, est *moins analytique*.

Remarque. — Les quantités A, B, C étant quelconques, il peut arriver que l'on ait

$$\frac{A^2+B^2}{4}-C=0 \quad \text{ou} \quad <0.$$

Dans le premier cas, le rayon r est *nul*, et la courbe se réduit à *son centre*, c'est-à-dire à *un point*.

Dans le deuxième, le rayon r est *imaginaire*, ce qui veut dire qu'il n'y a pas de courbe; et l'on dit alors que le *cercle est imaginaire*.

86. *Applications numériques.* — Axes RECTANGULAIRES.

Soit à construire l'équation

$$2x^2 + 2y^2 - 3x + 4y - 1 = 0:$$

elle peut d'abord être mise sous la forme

$$x^2 + y^2 - \frac{3}{2}x + 2y = \frac{1}{2},$$

ou, en ajoutant aux deux membres les carrés de la moitié du coefficient $-\dfrac{3}{2}$ et de la moitié du coefficient 2, c'est-à-dire $\dfrac{9}{16}+1$, ou $\dfrac{25}{16}$,

$$\left(x-\frac{3}{4}\right)^2 + (y+1)^2 = \frac{25}{16}+\frac{1}{2}=\frac{33}{16}.$$

Cela posé, déterminons d'abord le point O qui a $\dfrac{3}{4}$ pour abscisse et -1 pour ordonnée.

Ensuite, du point O comme centre (*fig.* 54), et avec un rayon égal à $\dfrac{1}{4}\sqrt{33}$ (ou 1,4 à 0,1 près), décrivons une circonférence; cette courbe sera le LIEU GÉOMÉTRIQUE DEMANDÉ.

Soit, maintenant, l'équation

$$x^2 + y^2 - 3y + 2x = 0,$$

qui peut se mettre sous la forme

$$(x+1)^2 + \left(y-\frac{3}{2}\right)^2 = 1 + \frac{9}{4} = \frac{13}{4}.$$

Après avoir fixé la position du point qui a -1 pour abscisse et $\dfrac{3}{2}$ pour ordonnée, si de ce point O comme centre ($fig.$ 55), avec un rayon égal à $\dfrac{1}{2}\sqrt{13}$ ou 1,8, on décrit une *circonférence,* elle sera le LIEU GÉOMÉTRIQUE de l'équation proposée.

Il faut observer toutefois que, dans cet exemple, comme l'équation est satisfaite simultanément par $x = 0$, $y = 0$, la courbe passe nécessairement par *l'origine;* d'où il suit que le rayon se trouve tout construit et est représenté par OA.

En effet, on a

$$\text{OA} = \sqrt{\overline{\text{AB}}^2 + \overline{\text{BO}}^2}, \quad \text{ou bien} \quad \text{OA} = \sqrt{\dfrac{9}{4} + 1} = r.$$

On reconnaîtrait pareillement :

1° Que l'équation

$$x^2 + y^2 - 3x + 1 = 0$$

représente un CERCLE dont le *centre* a pour coordonnées $\dfrac{3}{2}$ et 0, et qui a pour *rayon* $\dfrac{1}{2}\sqrt{5}$;

2° Que l'équation

$$4x^2 + 4y^2 - 12x - 8y + 13 = 0$$

représente un point ayant pour coordonnées $\dfrac{3}{2}$ et 1.

Car on peut la transformer en

$$\left(x - \dfrac{3}{2}\right)^2 + (y - 1)^2 = 0;$$

et cette équation, dont le premier membre est *la somme de deux carrés,* ne peut être satisfaite qu'en posant

$$\left(x - \dfrac{3}{2}\right)^2 = 0, \quad (y - 1)^2 = 0,$$

ce qui donne

$$x = \dfrac{3}{2} \quad \text{et} \quad y = 1 ;$$

3° Que l'équation

$$x^2 + y^2 + 4x - 2y + 7 = 0$$

ne représente RIEN.

On peut, en effet, lui donner la forme

$$(x + 2)^2 + (y - 1)^2 = -2,$$

équation dont le premier membre, étant *la somme de deux carrés,* ne peut être égal à une quantité *négative.*

87. La proposition que nous avons établie et démontrée au n° 85, suppose que les axes sont RECTANGULAIRES.

Cherchons maintenant, dans le cas d'*axes* OBLIQUES, les conditions nécessaires et suffisantes pour que l'équation complète du second degré à deux variables

$$(1) \qquad Ay^2 + Bxy + Cx^2 + Dy + Ex + F = 0$$

représente une *circonférence de cercle.*

On a trouvé (71) pour l'équation la plus générale du cercle

$$(2) \qquad (x - p)^2 + (y - q)^2 + 2(x - p)(y - q)\cos\theta = r^2.$$

Il ne s'agit donc, pour résoudre la question proposée, que de comparer terme à terme les équations (1) et (2).

En développant la dernière, et égalant entre eux les coefficients des termes analogues de cette équation et de la première, *divisée* d'abord par A, on obtient les relations suivantes :

$$\frac{B}{A} = 2\cos\theta, \quad \frac{C}{A} = 1,$$

$$\frac{D}{A} = -2(q + p\cos\theta), \quad \frac{E}{A} = -2(p + q\cos\theta),$$

$$\frac{F}{A} = p^2 + q^2 + 2pq\cos\theta - r^2.$$

Des *deux premières* relations on déduit

$$\cos\theta = \frac{B}{2A}, \quad C = A;$$

ce qui prouve déjà que l'équation (1) ne peut représenter un *cercle* qu'autant que les coefficients de x^2 et y^2 sont égaux, et que la courbe est rapportée à un système d'axes dont l'angle θ a pour cosinus $\dfrac{B}{2A}$.

Ces deux conditions étant supposées remplies, reste à savoir si les quantités p, q, r sont toujours *réelles.*

Or les deux quantités p et q sont liées entre elles par les *troisième* et *quatrième* relations, qui, considérées comme deux équations du *premier* *degré* à deux inconnues, donnent

$$p = \frac{D\cos\theta - E}{2A\sin^2\theta}, \qquad q = \frac{E\cos\theta - D}{2A\sin^2\theta},$$

valeurs essentiellement *réelles.*

Quant à la quantité r, elle est formée par la *dernière* relation, d'où l'on tire

$$ r = \sqrt{p^2 + q^2 + 2pq \cos\theta - \frac{F}{A}}, $$

expression *radicale du second degré* qui montre, sans qu'il soit besoin d'y substituer les valeurs trouvées pour p et q, que r peut être une quantité *réelle, nulle* ou *imaginaire*.

D'où l'on conclut que, sous *la double condition*

$$ A = C, \quad \cos\theta = \frac{B}{2A}, $$

l'équation (1) représentera toujours un *cercle*, à moins que la courbe ne se réduise à *un point*, ou qu'elle ne représente *rien*.

Soit, pour exemple, l'équation numérique

$$ 3y^2 - 2xy + 3x^2 - y + x - 2 = 0: $$

et supposons la courbe rapportée à un système d'*axes obliques*, pour lesquels on ait

$$ \cos\theta = -\frac{1}{3}, \quad \text{d'où} \quad \sin\theta = \frac{2}{3}\sqrt{2}, $$

système qu'il faudrait préalablement construire.

Il en résulte

$$ p = \frac{-1 \times -\frac{1}{3} - 1}{6 \times \frac{8}{9}} = -\frac{1}{8}, \quad q = \frac{-1 \times -\frac{1}{3} + 1}{6 \times \frac{8}{9}} = \frac{1}{8}, $$

$$ r = \sqrt{\frac{1}{64} + \frac{1}{64} - \frac{1}{32} \times -\frac{1}{3} + \frac{2}{3}} = \frac{1}{12}\sqrt{102} = \frac{5}{6} \text{ à } \frac{1}{6} \text{ près.} $$

Ainsi, dans le système particulier d'axes qui vient d'être défini, l'équation proposée représente un CERCLE dont le centre a pour coordonnées $-\frac{1}{8}$, $+\frac{1}{8}$, et dont le rayon est $\frac{5}{6}$, à moins de $\frac{1}{6}$ près.

N. B. — Dans le cas d'axes *rectangulaires* ou d'un système d'axes OBLIQUES, qui ne satisferait pas à la condition exprimée par $\cos\theta = -\frac{1}{3}$, l'équation proposée représenterait une courbe offrant de l'analogie avec le cercle, ainsi que nous le verrons plus loin.

Usage des lieux géométriques.

88. Les notions générales que nous venons d'exposer sur les LIEUX GÉO-

MÉTRIQUES étant bien entendues, voyons le parti que l'on peut en tirer dans la résolution des problèmes de Géométrie *déterminés* ou *indéterminés*.

Considérons d'abord le cas où la question est *indéterminée*, et supposons que cette question revienne à *fixer la position d'un certain point sur le plan d'une figure*.

En rapportant le point cherché et les autres parties de la figure à deux axes, et désignant les coordonnées de ce point par x et y, on obtiendra, par la traduction algébrique de l'énoncé, une certaine relation, $F(x, y) = 0$, entre ces coordonnées et les quantités connues, laquelle sera dite l'ÉQUATION DU PROBLÈME ; puis, si, conformément aux principes établis précédemment, on construit le *lieu géométrique* de cette équation, la série des points faisant partie de ce lieu géométrique satisfera à l'énoncé de la question ; et les coordonnées de ces points représenteront *géométriquement* tous les systèmes des valeurs de x et de y propres à vérifier l'équation

$$F(x, y) = 0.$$

89. Non-seulement les LIEUX GÉOMÉTRIQUES servent à résoudre les questions *indéterminées*, mais on peut encore en faire usage dans les problèmes *déterminés à deux inconnues*.

Admettons, en effet, que l'énoncé d'une question ait conduit aux deux équations

$$F(x, y) = 0, \quad F'(x, y) = 0.$$

x et y représentant les *coordonnées* d'un certain point rapporté à deux axes quelconques.

On pourrait, d'abord, éliminer x et y entre ces équations, puis construire tous les systèmes de valeurs que l'on obtiendrait ; chacun des points ainsi déterminés satisferait à l'énoncé.

Mais, sans effectuer l'élimination qui, le plus souvent, conduit à des résultats compliqués, et n'est d'ailleurs pas toujours facile, on peut fixer la position de ces mêmes points.

En effet, l'équation $F(x, y) = 0$ (*fig.* 56), considérée seule, représente une certaine ligne, LIEU de tous les points dont les coordonnées vérifient cette équation. Supposons-la construite, et soit LBH ce lieu géométrique.

De même l'équation $F'(x, y) = 0$ est celle d'une SECONDE LIGNE dont tous les points sont tels, que leurs coordonnées vérifient cette équation ; supposons cette ligne construite par rapport aux mêmes axes que la précédente, et représentée par KCI.

Il est évident que les points M, M'...., où ces lignes *se rencontrent*, sont ceux qui satisfont à l'énoncé, puisque leurs coordonnées forment des systèmes de valeurs de x et de y qui vérifient en même temps les deux équations. Ainsi, les points M, M',... sont autant de SOLUTIONS de la question dont ces équations sont la traduction algébrique, si toutefois on a eu pour objet de *fixer*, sur un plan, la *position d'un point* d'après certaines conditions.

Lorsque les inconnues x et y, au lieu d'exprimer des *distances de points* à des axes fixes, expriment des *lignes*, les coordonnées des points M. M',... représentent les valeurs géométriques de ces lignes.

En substituant ainsi les *intersections des deux lieux géométriques* à l'élimination entre leurs équations, on parvient souvent à des constructions simples et élégantes du problème. La suite de ce Chapitre nous en fournira plusieurs exemples.

90. Nous nous bornerons, pour le moment, à faire l'application de ces principes à un problème traité dans l'INTRODUCTION, et qui a fait l'objet des n°s 20 et 21.

Reprenons, à cet effet, les deux équations obtenues par la *première méthode* d'application de l'Algèbre à la Géométrie, savoir :

$$(1) \qquad (b - x)^2 + (c - y)^2 = r^2,$$

$$(2) \qquad a(x^2 + y^2) = m^2(a - 2b + 2x);$$

et observons d'abord que ces équations seraient celles qu'on trouverait en rapportant le point inconnu D (*fig.* 6) à deux axes rectangulaires dont l'un serait AB pris pour axe des x, et l'autre une perpendiculaire élevée au point A.

Cela posé, au lieu d'éliminer x et y entre ces équations qui conduisent, ainsi que nous l'avons vu, à des résultats très-compliqués, tâchons de construire les *lieux géométriques* qu'elles représentent.

LA PREMIÈRE est évidemment celle du *cercle donné*; car CD ou r étant le rayon, b et c ou AF et CF sont les coordonnées du centre.

Quant à LA SECONDE, qui peut se transformer ainsi,

$$x^2 + y^2 - 2\frac{m^2}{a}x = m^2 - 2b\frac{m^2}{a},$$

ou bien encore

$$\left(x - \frac{m^2}{a}\right)^2 + y^2 = \frac{m^4}{a^2} + m^2 - 2b\frac{m^2}{a},$$

elle représente (85) un *cercle* dont le centre est sur l'axe des x, AB (*fig.* 7), en un point K pour lequel on a

$$AK = \frac{m^2}{a}.$$

et qui a pour rayon

$$r' = \sqrt{\frac{m^4}{a^2} + m^2 - 2\,b\,\frac{m^2}{a}}\cdot$$

Or le triangle rectangle ACL donne

$$\overline{AL}^2 \quad \text{ou} \quad m^2 = \overline{AC}^2 - \overline{CL}^2,$$

ou bien

$$m^2 = b^2 + c^2 - r^2;$$

ainsi l'on a

$$r' = \sqrt{\frac{m^4}{a^2} - 2\,b\,\frac{m^2}{a} + b^2 + c^2 - r^2} = \sqrt{\left(b - \frac{m^2}{a}\right)^2 + c^2 - r^2}.$$

D'ailleurs, $b - \dfrac{m^2}{a}$ est égal à KF; ce qui donne

$$\overline{KC}^2 = c^2 + \left(b - \frac{m^2}{a}\right)^2\cdot$$

Donc enfin

$$r' = \sqrt{\overline{KC}^2 - r^2}.$$

Mais si l'on mène du point K les tangentes KD et KD' au cercle donné, on a évidemment

$$\overline{KD}^2 = \overline{KD'}^2 = \overline{KC}^2 - r^2.$$

D'où l'on voit que ces deux tangentes donnent, non-seulement le rayon du second cercle, mais encore *les points où les deux circonférences se coupent*, c'est-à-dire ceux dont on demandait de fixer la position.

Il est remarquable que la *première méthode* employée pour résoudre la question, méthode que nous avons appelée *indirecte* (43), conduise, par le secours des *lieux géométriques*, à la même construction que la *méthode générale*. Mais il faut un peu de réflexion et d'habitude pour découvrir ce rapprochement.

§ IV. — APPLICATION DES THÉORIES PRÉCÉDENTES A LA RÉSOLUTION DE DIVERSES QUESTIONS ET AU PROBLÈME DES TANGENTES.

Question sur la ligne droite.

91. PREMIÈRE QUESTION. — Rechercher *par l'analyse* les points d'intersection *deux à deux* des droites menées par les *sommets* A, B, C (*fig.* 57) d'un triangle, et par les *milieux* F, E, D des côtés opposés. Prouver que ces trois médianes se coupent en un même point.

Prenons deux axes RECTANGULAIRES AX, AY, dont l'un, celui des x, se confonde avec l'un des côtés AB du triangle, l'*origine* étant d'ailleurs placée au sommet A.

La question consiste à former les équations des droites AF, BE, CD, puis (61) à éliminer x et y entre ces équations combinées deux à deux. Mais, auparavant, il est nécessaire d'établir les coordonnées des points A, B, C, D, E, F.

On a d'abord pour les coordonnées de A,

$$(y = 0, \quad x = 0);$$

soit $AB = c$; il en résulte pour celles de B,

$$(y = 0, \quad x = c);$$

posons d'ailleurs pour le point C,

$$(y = y', \quad x = x').$$

Maintenant, comme D, E, F sont les *milieux* de AB, AC, CB, on en déduit

$$AD = \frac{AB}{2} = \frac{c}{2}, \quad EI = \frac{CH}{2} = \frac{y'}{2}, \quad AI = \frac{AH}{2} = \frac{x'}{2},$$

$$FG = \frac{CH}{2} = \frac{y'}{2}, \quad GH = \frac{BH}{2} = \frac{c - x'}{2};$$

$$AG = x' + \frac{c - x'}{2} = \frac{c + x'}{2};$$

ce qui donne pour les coordonnées des points

$$D \ldots\ldots\ldots\ldots \left(y = 0, \quad x = \frac{c}{2} \right),$$

$$E \ldots\ldots\ldots\ldots \left(y = \frac{y'}{2}; \quad x = \frac{x'}{2} \right),$$

$$F \ldots\ldots\ldots\ldots \left(y = \frac{y'}{2}, \quad x = \frac{c + x'}{2} \right).$$

Connaissant pour chacune des droites AF, BE, CD, les coordonnées de deux de ses points, nous pourrions obtenir son ÉQUATION en substituant, dans la formule (5) du n° 57,

$$y - y' = \frac{y' - y''}{x' - x''} (x - x'),$$

à la place de x', y', x'', y'', les valeurs correspondantes : mais il est plus convenable d'opérer de la manière suivante.

Comme AF passe par l'origine, son équation est de la forme

$$y = ax;$$

et puisque cette droite passe par le point F, ou $\left(\dfrac{y'}{2}, \dfrac{c - x'}{2} \right)$, on a la relation particulière

$$\frac{y'}{2} = a\left(\frac{c + x'}{2} \right), \quad \text{d'où} \quad a = \frac{y'}{c + x'};$$

ainsi l'équation de AF est

$$(1) \qquad y = \frac{y'}{c + x'}\, x.$$

La droite BE passant par le point B, ou $(0, c)$, son équation est (58) de la forme

$$y = a'(x - c).$$

Mais, comme cette même droite passe par le point E, ou $\left(\dfrac{y'}{2}, \dfrac{x'}{2} \right)$, on a la relation

$$\frac{y'}{2} = a'\left(\frac{x'}{2} - c \right), \quad \text{d'où} \quad a' = \frac{y'}{x' - 2c};$$

donc l'équation de BE est

$$(2) \qquad y = \frac{y'}{x' - 2c}\, (x - c).$$

On trouverait de même pour CD,

$$(3) \qquad y = \frac{y'}{2x' - c}\, (2x - c).$$

Il reste actuellement à combiner les équations (1), (2) et (3).

D'abord, on déduit des deux premières,

$$\frac{y'}{c + x'}\, x = \frac{y'}{x' - 2c}\, (x - c),$$

équation qui étant résolue donne

$$x = \frac{c + x'}{3}.$$

Portant cette valeur dans l'équation (1), on trouve

$$y = \frac{y'}{3}.$$

Puis les équations (1) et (3) donnent

$$\frac{y'}{c+x'}x = \frac{y'}{2x'-c}(2x-c);$$

ou, résolvant,

$$x = \frac{c+x'}{3}, \quad \text{et par conséquent} \quad y = \frac{y'}{3}.$$

D'où l'on voit que les coordonnées du point d'intersection des deux droites AF, BE sont *identiques* avec celles du point d'intersection de AF et CD

Ainsi, CES TROIS DROITES SE COUPENT EN UN MÊME POINT.

Si du point O commun à ces trois droites, on abaisse l'ordonnée OP, les deux triangles semblables DCH, DOP donnent

$$OP : CH :: DO : DC; \quad \text{mais on a} \quad OP = \frac{1}{3}y' = \frac{CH}{3};$$

donc aussi

$$DO = \frac{DC}{3}.$$

Le point O se nomme, en STATIQUE, le *centre de gravité* du triangle.

92. En réfléchissant sur l'analyse précédente (*fig.* 58), on reconnaît aisément que les calculs sont les mêmes, quelle que soit l'inclinaison des axes. Ils deviennent beaucoup plus simples lorsqu'en conservant AB pour axe des x, on prend pour celui des ordonnées une droite AY *parallèle* à CD, ce qui est permis, puisque la droite CD est connue de position.

Dans ce cas, il est évident que l'abscisse x' du point C est égale à AD ou $\frac{c}{2}$, d'où $c = 2x'$; et les équations (1), (2), (3) deviennent, savoir :

L'équation de la droite AF,

$$y = \frac{y'}{3x'}x;$$

celle de la droite BE,

$$y = -\frac{y'}{3x'}(x - 2x');$$

et celle de la droite CD,

$$x = x'.$$

Cela posé, combinons cette dernière équation avec la première: il en résulte

$$y = \frac{y'}{3}.$$

En la combinant avec la seconde, on trouve encore

$$y = \frac{y'}{3}.$$

Ainsi, les coordonnées des *points d'intersection* de CD et de AF, comme de CD et de BE, sont

$$x = x', \qquad y = \frac{y'}{3} = \frac{DC}{3}.$$

On voit par là combien le choix des axes peut influer sur la simplicité des calculs.

93. SECONDE QUESTION. — *Déterminer les points d'intersection deux à deux des perpendiculaires abaissées des trois sommets du triangle* ABC (*fig.* 59), *sur les côtés opposés.* — Démontrer que *ces perpendiculaires se coupent en un même point* O.

On conçoit qu'ici il doit y avoir de l'avantage à supposer les axes REC-TANGULAIRES, puisqu'il faut faire entrer en considération la relation de perpendicularité de deux droites (*voir* le n° 64).

Prenons encore pour axe des *abscisses* la ligne AB, et pour axe des *or-données* la perpendiculaire élevée au sommet A.

En désignant toujours par c la distance AB ou l'abscisse du point B, et par x', y' les coordonnées du point C, on a d'abord pour l'équation de CD parallèle à l'axe des y,

$$(1) \qquad\qquad x = x'.$$

Avant de rechercher les équations de AF et de BE, nous commencerons par déterminer celle des droites CB, AC, auxquelles elles sont perpendiculaires.

Or, la droite CB passant par les deux points (y', x') et (o, c), son équation est (57)

$$y - y' = \frac{y'}{x' - c}(x - x').$$

Celle de la droite AC qui passe par l'origine et par le point (x', y') est

$$y = \frac{y'}{x'}x.$$

Cela posé, AF passant par l'origine a une équation de la forme

$$y = a'x;$$

et comme elle est perpendiculaire à CB, on a (64) la relation

$$aa' + 1 = o \qquad \left(a \text{ ayant pour valeur } \frac{y'}{x' - c}\right);$$

d'où l'on déduit

$$a' = -\frac{1}{a} = \frac{c - y'}{y'}.$$

Ainsi l'équation de AF est

$$(2) \qquad y = \frac{c - x'}{y'}\, x.$$

La droite BE étant assujettie à passer par le point B ou $(0, c)$, on a pour son équation,

$$y = m'(x - c);$$

et puisqu'elle est perpendiculaire à AC, on doit avoir la relation

$$mm' + 1 = 0 \qquad \left(m \text{ ayant pour valeur } \frac{y'}{x'} \right);$$

d'où l'on déduit

$$m' = -\frac{1}{m} = -\frac{x'}{y'}.$$

Donc enfin l'équation de BE est

$$(3) \qquad y = -\frac{x'}{y'}(x - c).$$

Maintenant, si l'on combine les équations (1) et (2), on trouve

$$x = x', \quad y = \frac{c - x'}{y'}\, x'.$$

Combinant de même les équations (1) et (3), on obtient

$$x = x', \quad y = -\frac{x'}{y'}(x' - c) = \frac{c - x'}{y'}\, x'.$$

Donc les coordonnées du point d'intersection des droites CD, AF sont les mêmes que celles du point d'intersection des droites CD, BE; ainsi CES TROIS DROITES SE COUPENT EN UN MÊME POINT.

94. Nous indiquerons comme exercice se rattachant aux questions qui viennent d'être traitées, les trois suivantes :

Démontrer par l'analyse :

1° Que *les perpendiculaires élevées sur les milieux des côtés d'un triangle concourent en un même point;*

2° Que *ce point et les points de rencontre qui se rapportent aux deux premières questions sont tous les trois placés sur une même droite;*

3° Que *les trois bissectrices des angles d'un triangle concourent en un même point.*

Ap. de l'Al. à la G. 7

La *première* et la *troisième* de ces questions offrent un rapprochement remarquable avec celles du cercle *circonscrit* et du cercle *inscrit* au triangle donné.

Questions sur le cercle.

95. PREMIÈRE QUESTION. — Rechercher par l'analyse les conditions qui expriment que deux circonférences de cercle *se coupent, se touchent,* ou *n'ont aucun point commun.*

Soient O, O' (*fig.* 60) les centres de deux circonférences de cercle, r, r' leurs rayons, et $OO' = d$ la distance des centres.

Prenons pour axe des x la ligne des centres, et pour axe des y la perpendiculaire OY élevée par le point O.

Le cercle dont le rayon est r étant rapporté à son *centre* et à deux axes RECTANGULAIRES, on a (**74**) pour l'équation de ce cercle,

$$(1) \qquad y^2 + x^2 = r^2.$$

Celle du second cercle, dont le centre a pour coordonnées $p = d$, $q = 0$, est (**70**)

$$(2) \qquad y^2 + (x - d)^2 = r'^2.$$

Cela posé, pour exprimer que les deux circonférences de cercle *se coupent,* et obtenir leurs points d'intersertion, il faut (**64**) établir que leurs équations ont lieu en même temps, et éliminer x, y entre ces équations.

A cet effet, retranchons l'équation (2) de l'équation (1); il vient

$$2dx - d^2 = r^2 - r'^2 ;$$

d'où l'on tire

$$x = \frac{r^2 - r'^2 + d^2}{2d}.$$

Cette valeur, portée dans l'équation (1), donne

$$y = \pm \frac{1}{2d} \sqrt{4 d^2 r^2 - (r^2 - r'^2 + d^2)^2}.$$

Discussion. — L'inspection seule de ces valeurs prouve d'abord que, dans l'hypothèse où la quantité sous le radical de la valeur de y étant *positive*, les valeurs de x, y sont *réelles*, et où par conséquent *les circonférences ont deux points communs*, dans cette hypothèse, dis-je, les deux points d'intersection ont *une même abscisse* OP, mais *deux ordonnées égales et de signes contraires.*

Donc, toutes les fois que deux circonférences se coupent, *la ligne des centres est perpendiculaire à la corde commune, et la divise en deux parties égales.*

Maintenant, afin de savoir quand y sera *réel* ou *imaginaire*, nous ferons subir à l'expression ci-dessus une transformation.

La quantité sous le radical, étant la *différence de deux carrés*, peut être décomposée dans le produit

$$(2\,dr + r^2 + d^2 - r'^2)\,(2\,dr - r^2 - d^2 + r'^2)\,;$$

mais chacun des deux facteurs entre parenthèses étant lui-même la *diffé-rence* de deux carrés

$$(r + d)^2 - r'^2 \quad \text{et} \quad r'^2 - (r - d)^2,$$

on a pour le premier,

$$(r + d + r')\,(r + d - r'),$$

et pour le second,

$$(r' + r - d)\,(r' - r + d).$$

Donc, enfin, la valeur y devient

$$y = \pm \frac{1}{2d} \sqrt{(r + r' + d)\,(r + d - r')\,(r + r' - d)\,(r' + d - r)}.$$

Sous cette forme, comme le premier facteur soumis au radical est essentiel-lement *positif*, on voit que y sera *réel* tant que les trois autres seront po-sitifs, ou l'un deux positif et les deux autres négatifs.

Mais cette dernière circonstance ne peut jamais exister, car dès qu'un de ces trois facteurs est *négatif*, les deux autres sont évidemment *positifs*.

Par exemple,

$$r + d - r' < 0 \quad \text{revient à} \quad r + d < r',$$

et donne nécessairement

$$r < r' \quad \text{et} \quad d < r';$$

· donc

$$r' - r + d \quad \text{et} \quad r' - d + r$$

sont *positifs*.

Même raisonnement pour le cas où l'on aurait

$$r + r' - d < 0 \quad \text{ou} \quad r' + d - r < 0.$$

A plus forte raison, les trois facteurs ne sauraient être *négatifs à la fois*.

Ainsi, il ne peut se présenter que *deux* cas :

Ou les trois facteurs sont *positifs* à la fois, et dans ce cas, y est *réel*; donc *deux circonférences se coupent toutes les fois que l'on a*

$$r + d > r', \quad r + r' > d, \quad r' + d > r :$$

c'est-à-dire *chacune des trois quantités*, les rayons et la distance des centres, *moindre que la somme des deux autres*;

Ou bien, l'un des trois facteurs est *négatif* et les deux autres *positifs*; dans ce cas, y est *imaginaire* et il n'y a pas de point d'intersection : ainsi *deux circonférences n'ont aucun point commun*, lorsque l'une des inégalités ci-dessus a lieu dans un ordre *inverse*.

Il peut arriver que l'on ait

$$r + d - r' = 0, \quad \text{ou} \quad r + r' - d = 0, \quad \text{ou} \quad r' + d - r = 0;$$

c'est-à-dire

$$r + d = r', \quad \text{ou} \quad r + r' = d, \quad \text{ou} \quad r' + d = r.$$

Dans ces différents cas, les deux valeurs de y se réduisent à 0, et les deux circonférences n'ont plus qu'*un point commun*, lequel est nécessairement placé sur la ligne des centres, puisque son ordonnée est *nulle*.

Donc, *deux circonférences de cercle se touchent toutes les fois que la distance des cercles est égale à la somme ou à la différence des rayons.*

Ces résultats sont conformes aux théorèmes établis en Géométrie sur les intersections et les contacts de deux circonférences.

Cas particuliers. — Soit $d = 0$, auquel cas les deux circonférences sont *concentriques;* les valeurs de x et de y deviennent

$$x = \frac{r^2 - r'^2}{0} \quad \text{et} \quad y = \sqrt{\frac{-(r^2 - r'^2)^2}{0}},$$

expressions de *forme infinie*.

Ce résultat, qui exprime que les deux circonférences *ne peuvent alors avoir aucun point commun,* offre quelque analogie avec celui qu'on a obtenu au n° 61, dans le cas où deux droites sont *parallèles*.

Si l'on avait en même temps

$$d = 0 \quad \text{et} \quad r = r',$$

les valeurs de x et de y se réduiraient à

$$x = \frac{0}{0}, \quad y = \frac{0}{0},$$

signes ordinaires de l'*indétermination*.

En effet, dans ce cas, les deux circonférences *se confondent* et ont une *infinité* de *points communs*.

96. **Seconde question**. — *Faire passer une circonférence de cercle par trois points donnés.*

Toutes les fois que l'on connaît la position du *centre* d'un cercle sur un plan, et la *longueur de son rayon*, les quantités *constantes* p, q, r, qui entrent dans l'équation

$$(x - p)^2 + (y - q)^2 = r^2,$$

doivent être regardées comme données *à priori*; et le cercle est complétement déterminé par cette équation.

Mais on peut, comme pour la *ligne droite*, se proposer de déterminer une circonférence de cercle qui satisfasse à certaines conditions, comme celles de *passer par des points donnés*, d'être *tangente* à une ou plusieurs droites, à une ou plusieurs circonférences, etc. : dans ce cas, p, q, r sont des *constantes indéterminées* dont les valeurs dépendent de ces diverses conditions; et comme les indéterminées sont au nombre de *trois*, il s'ensuit que l'on peut imposer à une circonférence *trois* conditions différentes, celles, par exemple, de PASSER PAR TROIS POINTS DONNÉS.

Soient en général (x', y'), (x'', y''), (x''', y''') trois points donnés sur un plan par rapport à deux axes rectangulaires, et appelons p, q, r les coordonnées du centre et le rayon; son équation sera de la forme

$$(1) \qquad (x - p)^2 + (y - q)^2 = r^2,$$

p, q, r étant des quantités *qu'il s'agit de déterminer*.

Or, puisque chacun des trois points donnés se trouve sur la circonférence, on doit avoir les relations

$$(x' - p)^2 + (y' - q)^2 = r^2.$$
$$(x'' - p)^2 + (y'' - q)^2 = r^2.$$
$$(x''' - p)^2 + (y''' - q)^2 = r^2;$$

et la question est ramenée à éliminer p, q, r entre ces relations, pour les reporter ensuite dans l'équation (1).

En développant, puis soustrayant successivement la seconde et la troisième relation de la première, on trouve

$$(2) \qquad x'^2 - x''^2 + y'^2 - y''^2 - 2p(x' - x'') - 2q(y' - y'') = 0.$$
$$(3) \qquad x'^2 - x'''^2 + y'^2 - y'''^2 - 2p(x' - x''') - 2q(y' - y''') = 0,$$

équations du premier degré en p, q, d'où l'on peut tirer facilement les valeurs de ces inconnues; après quoi, en les substituant dans la *première* des relations ci-dessus, on obtiendra la valeur correspondante de r.

Nous n'entrerons pas dans les détails de ces calculs qui n'offrent aucune difficulté réelle, et qui présenteraient d'ailleurs peu d'intérêt à cause de leur complication; mais nous allons tâcher de traduire en Géométrie les équations (2) et (3).

Chacune de ces équations, considérée seule, étant du *premier degré* par rapport aux quantités p et q qui expriment les coordonnées d'un point, représente (79) une *ligne droite*; et si on les construit successivement par rapport aux mêmes axes, le *point d'intersection* (61) de ces lignes sera le *centre du cercle demandé*.

Occupons-nous d'abord de l'équation (2); elle peut être mise sous la forme

$$q = -\frac{x' - x''}{y' - y''} p + \frac{y'^2 - y''^2 + x'^2 - x''^2}{2(y' - y'')},$$

ou bien encore

$$(4) \qquad q - \frac{y' + y''}{2} = -\frac{x' - x''}{y' - y''}\left(p - \frac{x' + x''}{2}\right).$$

Cela posé, soient M, M', M'' (*fig*. 61) les points dont les coordonnées sont (x', y'), (x'', y''), (x''', y''').

L'équation de la droite MM' est (57)

$$(5) \qquad y - y' = \frac{y' - y''}{x' - x''}(x - x').$$

D'un autre côté, les trapèzes MM'P'P, MM'R'R donnent, pous les coordonnées NQ, NS, du point N, *milieu* de MM',

$$NS = \frac{x' + x''}{2}, \quad NQ = \frac{y' + y''}{2};$$

ainsi déjà, l'équation (4) est celle d'une droite passant par le point N.

En outre, si l'on compare les deux coefficients $\frac{y' - y''}{x' - x''}$ et $-\frac{x' - x''}{y' - y''}$ des équations (5) et (4), on voit qu'ils satisfont à la relation $aa' + 1 = 0$ qui exprime (64) que deux droites sont *perpendiculaires* entre elles.

D'où l'on peut conclure que l'équation (4), qui n'est autre chose que l'équation (2) transformée, représente la droite élevée par le point N *milieu* de MM', *perpendiculairement* à cette dernière ligne. Ainsi, sa construction est facile.

On reconnaîtra de même que l'équation (3) représente la *perpendiculaire* élevée au *milieu* N' de MM'' dont l'équation est

$$y - y' = \frac{y' - y'''}{x' - x'''}(x - x').$$

Le centre du *cercle cherché* se trouve donc *déterminé de position*; et la construction que nous venons d'en donner est précisément celle des éléments de Géométrie.

97. On parviendrait à des résultats plus simples en prenant pour *origine* des coordonnées le point M (*fig.* 62), et pour *axe des abscisses* la droite MM', le point M" ayant d'ailleurs une position quelconque.

Soient α la distance MM' ou l'abscisse du point M', α', $6'$ les coordonnées du point M".

On a encore pour l'équation du cercle,

$$(1) \qquad (x - p)^2 + (y - q)^2 = r^2.$$

Or, puisque le point M doit se trouver sur la circonférence, ses coordonnées $x = 0$, $y = 0$, doivent vérifier l'équation (1), et l'on a

$$p^2 + q^2 = r^2,$$

pour première relation entre les inconnues p, q, r.

D'un autre côté, le point M' ayant pour coordonnées α et o, l'on doit avoir

$$(\alpha - p)^2 + q^2 = r^2,$$

ou, à cause de la relation précédente,

$$(2) \qquad \alpha^2 - 2p\alpha = 0.$$

Enfin, les coordonnées α', $6'$ du point M" devant aussi vérifier l'équation (1), on obtient

$$(\alpha' - p)^2 + (6' - q)^2 = r^2,$$

ou, d'après la même relation $p^2 + q^2 = r^2$,

$$(3) \qquad \alpha'^2 - 2p\alpha' + 6'^2 - 26'q = 0.$$

Si, maintenant, on construit les *lieux géométriques* des équations (2) et (3), leur point d'intersection sera le *centre du cercle cherché*.

L'équation (2) donnant

$$p = \frac{\alpha^2}{2\alpha}, \quad \text{ou} \quad p = \frac{\alpha}{2},$$

représente évidemment la *perpendiculaire* à MX, élevée par le *milieu* N de MM'.

Quant à l'équation (3), elle peut être mise sous la forme

$$q = -\frac{\alpha'}{6'} p + \frac{\alpha'^2 + 6'^2}{26'},$$

ou bien encore sous celle-ci :

$$q - \frac{6'}{2} = -\frac{\alpha'}{6'}\left(p - \frac{\alpha'}{2}\right),$$

et représente la droite élevée par le point N′, dont les coordonnées sont $\frac{x'}{2}$, $\frac{y'}{2}$, *perpendiculairement* à la droite MM″, dont l'équation est

$$y = \frac{y'}{x'}\, x.$$

On reconnaît encore ici l'importance du choix des axes.

PROBLÈME DES TANGENTES.

Définition générale de la tangente à une courbe. Moyen analytique de fixer sa position en un point donné d'une courbe quelconque.

98. Commençons par fixer le véritable sens que l'on doit attacher au mot TANGENTE.

On définit, en Géométrie, la *tangente au cercle*, une droite qui n'a qu'*un point commun* avec la circonférence; mais il est aisé de voir que cette définition ne convient pas à toutes les courbes.

Soit, en effet, une ligne telle que LN′NKMH (*fig.* 63). Si, en un point quelconque M, on mène une droite MNN′, qui semble se trouver, par rapport à la partie KMH, dans la situation d'une *tangente* telle qu'elle vient d'être définie, cette droite peut être supposée n'avoir qu'*un point commun* avec cette partie de la courbe; mais prolongée indéfiniment, elle passera par *d'autres points* N, N′,... de la courbe. Donc il ne serait pas exact de dire qu'elle n'a qu'un seul point commun avec LN′NKMH.

Il y a plus : une droite située dans le plan d'une courbe peut avoir un *seul* point commun avec cette courbe sans lui être *tangente* dans le sens attribué à ce mot.

Par exemple, la courbe $y^2 = 2x$, dont nous avons indiqué la construction au n° 76, est telle que l'axe Ay est bien, par rapport à cette courbe, *dans la position d'une tangente*; mais il n'en est pas de même de l'axe des x qui n'a que le point A *commun avec elle*. La même chose aurait évidemment lieu pour toutes les droites menées parallèlement à AX par les différents points M, M′, N, N′,....

Pour avoir une définition qui puisse s'appliquer à toutes les courbes, il faut imaginer qu'une droite Ss (*Pl. IV*, *fig.* 64) ayant deux points M, m, communs avec la courbe, tourne autour de l'un de ces points, M par exemple, de manière à prendre les diverses positions SMms, S′M$m's'$, S″m''Ms''; on voit que, dans ce mouvement, le second point commun avec la courbe, qui était placé d'un côté du point M, en m. m'. se trouve maintenant du côté opposé. en m''. Or. dans le passage de la *première* position m à la *troisième m''*, il doit nécessairement en exister une, *intermédiaire*, où le point *m* vient à *se confondre* avec le point M ; et c'est dans cette position, représentée par TM*t*, que la droite est dite une *tangente*.

On doit donc regarder *une tangente à la courbe comme une sécante dont deux des points d'intersection viennent à se réunir en un seul.*

99. Il n'est pas toujours nécessaire que le mouvement de la droite se fasse autour de l'un des points d'intersection ; il peut souvent se faire *autour d'un point quelconque.* La droite peut même, dans certaines circonstances, se mouvoir *parallélement* à elle-même.

Reprenons encore la courbe

$$y^2 = 2x, \quad \text{d'où} \quad y = \pm \sqrt{2x}.$$

Comme, à chaque valeur de x positive, correspondent *deux* valeurs de y *égales* et de *signes contraires*, il s'ensuit que toute parallèle à AY, menée à droite de cet axe, est une *sécante* qui a deux points communs avec la courbe ; mais à mesure que x diminue, les distances M'N', MN,..., entre ces points d'intersection, *diminuent ;* et lorsqu'enfin on suppose $x = 0$, auquel cas la valeur de y devient $y = \pm 0$, les deux points d'intersection se *réunissent* au point A, et la droite AY est dite *tangente* à la courbe.

On reconnaîtrait de même que, dans la courbe discutée au n° 77 et ayant pour équation

$$y^2 - x^2 = 4,$$

d'où, résolvant par rapport à x, on tire

$$x = \pm \sqrt{y^2 - 4},$$

la droite IK, parallèle à AX, et située à la distance $y = 2$, est une sécante dont les deux points d'intersection sont venus se réunir au point B.

Une courbe étant ordinairement regardée comme un *polygone* d'une *infinité* de côtés *infiniment petits* que l'on nomme LES ÉLÉMENTS de la courbe, ou comme la *trace* d'un point qui change à chaque instant de direction, on peut encore dire que la *tangente à une courbe est un des éléments de cette courbe, prolongé indéfiniment.* C'est ainsi qu'on l'envisage dans la haute analyse ; mais ici nous la considérerons comme UNE SÉCANTE DONT DEUX POINTS D'INTERSECTION AVEC LA COURBE SE RÉUNISSENT EN UN SEUL ; et c'est ce caractère que nous allons traduire en analyse.

100. Prenons une sécante quelconque SM*ms* (*fig.* 64) à la courbe M'M M'' rapportée à des axes RECTANGULAIRES OU OBLIQUES AX. AY ; et

désignons par x', y', les coordonnées du point M, par x'', y'', ou $x'+h$, $y'+k$, celles du point m.

L'équation de la droite Mm rapportée aux mêmes axes sera

$$y - y' = \frac{y'' - y'}{x'' - x'}(x - x'), \quad \text{ou} \quad y - y' = \frac{k}{h}(x - x');$$

le rapport $\frac{y'' - y'}{x'' - x'}$ ou $\frac{k}{h}$, que l'on appelle le COEFFICIENT D'INCLINAISON, ou COEFFICIENT ANGULAIRE, est la quantité qui doit fixer complétement la position de la sécante.

Concevons maintenant que la droite SMms *tourne* autour du point M de manière que le point m se *rapproche continuellement* du point M; il est clair que, dans le mouvement, h et k *diminueront simultanément*, et que le *rapport* $\frac{k}{h}$ passera d'une manière *continue* par différents états de grandeur jusqu'à ce que le point m vienne tomber en M avant que la sécante prenne une position telle que Mm''. Lorsque la coïncidence aura lieu, la *sécante* prendra la POSITION-LIMITE MT; et, à ce moment, le *rapport* atteindra lui-même la LIMITE vers laquelle il aura sans cesse convergé.

D'où l'on peut conclure que l'équation de la tangente sera

$$y - y' = \lim \frac{k}{h}(x - x');$$

c'est-à-dire que le *coefficient d'inclinaison dans l'équation de la tangente* est $\lim \frac{k}{h}$; limite que l'on obtiendra d'ailleurs en faisant $x'' = x'$, $y'' = y'$ dans l'équation de la sécante, après que l'on aura exprimé toutefois que les points (x', y'), (x'', y'') appartiennent à la courbe donnée.

C'est dans la détermination de cette LIMITE, pour chaque courbe, que consiste la solution du problème des tangentes.

De la tangente au cercle. — Propriétés qui s'y rattachent.

101. Soit d'abord un cercle rapporté à des axes RECTANGULAIRES, et à son *centre* comme *origine* des coordonnées.

On a pour son équation

$$x^2 - y^2 = r^2.$$

Une sécante quelconque sera représentée par l'ensemble des trois relations

$$(1) \qquad y - y' = \frac{y'' - y'}{x'' - x'}(x - x');$$

$$(2) \qquad x'^2 + y'^2 = r^2,$$

$$(3) \qquad x''^2 + y''^2 = r^2 ;$$

mais si l'on retranche la seconde de la troisième, on a

$$x''^2 - x'^2 + y''^2 - y'^2 = 0$$

ou bien

$$(x'' + x')(x'' - x') + (y'' + y')(y'' - y') = 0,$$

d'où l'on déduit

$$\frac{y'' - y'}{x'' - x'} = - \frac{x'' + x'}{y'' + y'} ;$$

et, par suite, le système des trois relations (1), (2) et (3) peut être remplacé par celui des deux suivantes :

$$y - y' = - \frac{x'' + x'}{y'' + y'}(x - x'),$$

$$x'^2 + y'^2 = r^2.$$

Si, maintenant, on veut que x', y' soient les coordonnées du point de *contact* d'une tangente à la courbe, il suffit (98) d'exprimer que le point (x'', y'') vient à *se confondre* avec le point (x', y'), c'est-à-dire de poser

$$x'' = x', \quad y'' = y' ;$$

ce qui donne

$$\lim \frac{y'' - y'}{x'' - x'}, \quad \text{ou} \quad \lim \frac{k}{h} = - \frac{x'}{y'} ;$$

et l'équation de la sécante devient alors

$$(4) \qquad y - y' = - \frac{x'}{y'}(x - x').$$

Telle est l'équation de la TANGENTE AU CERCLE, pourvu que l'on y joigne la relation (2) qui exprime que le point (x', y') se trouve *sur la courbe*.

Il est aisé de reconnaître *à posteriori* que l'équation (4) caractérise la *tangente au cercle* en un point M (*fig.* 65) dont les coordonnées sont x' et y'.

En effet, tirons le rayon OM dont l'équation, par rapport aux mêmes axes, est

$$y = \frac{y'}{x'} x ;$$

on voit que les deux *coefficients angulaires* $\frac{y'}{x'}$ et $- \frac{x'}{y'}$ sont liés par la relation $aa' + 1 = 0$.

Ainsi, la droite SMT représentée par l'équation (4) est *perpendiculaire* à l'extrémité du rayon OM ; donc elle est TANGENTE en ce point.

Lorsque les axes sont OBLIQUES, les calculs nécessaires pour la détermination du *coefficient angulaire* de la tangente sont un peu plus compliqués.

L'équation du cercle est alors (74), *l'origine* étant toujours placée au *centre*,

$$x^2 + y^2 + 2xy\cos\theta = 0,$$

celle de la sécante conservant la forme

$$y - y' = \frac{y'' - y'}{x'' - x'}(x - x').$$

On a d'ailleurs pour les deux relations qui expriment que les points (x', y'), (x'', y'') sont sur la courbe,

$$y'^2 + x'^2 + 2x'y'\cos\theta = 0$$

et

$$y''^2 + x''^2 + 2x''y''\cos\theta = 0.$$

Retranchant ces deux égalités l'une de l'autre, on trouve

$$y''^2 - y'^2 + x''^2 - x'^2 + 2\cos\theta(x''y'' - x'y') = 0.$$

Mais, pour en déduire le *rapport* $\dfrac{y'' - y'}{x'' - x'}$ et, par suite, la LIMITE de ce *rapport*, il est nécessaire de *transformer* le facteur $x''y'' - x'y'$; ce qui se fait en lui ajoutant les deux termes, $-x''y' + x''y'$, qui se détruisent. Il vient ainsi

$$x''y'' - x'y' = x''(y'' - y') + y'(x'' - x'),$$

et l'égalité précédente se change en celle-ci,

$$y''^2 - y'^2 + x''^2 - x'^2 + 2\cos\theta[x''(y'' - y') + y'(x'' - x')] = 0,$$

d'où, en divisant par $x'' - x'$,

$$(y'' + y')\frac{y'' - y'}{x'' - x'} + (x'' + x') + 2\cos\theta\left(x''\frac{y'' - y'}{x'' - x'} + y'\right) = 0,$$

équation qui donne

$$\frac{y'' - y'}{x'' - x'} = -\frac{x'' - x' + 2y'\cos\theta}{y'' + y' + 2x''\cos\theta}.$$

et passant à la LIMITE, ce qui revient à poser $x'' = x'$ et $y'' = y'$,

$$\lim \frac{y'' - y'}{x'' - x'}, \quad \text{ou} \quad \lim \frac{k}{h} = - \frac{x' + y' \cos\theta}{y' + x' \cos\theta}.$$

Donc enfin, on a pour l'équation de la tangente,

$$y - y' = - \frac{x' + y' \cos\theta}{y' + x' \cos\theta} (x - x'),$$

en y joignant la relation nécessaire

$$x'^2 + y'^2 + 2x'y' \cos\theta = 0.$$

102. REMARQUE IMPORTANTE. — En se reportant aux principes de l'Analyse algébrique, on reconnaît que les *coefficients angulaires*, $- \dfrac{x'}{y'}$, $- \dfrac{x' + y' \cos\theta}{y' + x' \cos\theta}$, ne sont autre chose que les *quotients de la division de la* DÉRIVÉE *prise par rapport à* x et en *signe contraire*, *par la* DÉRIVÉE *prise par rapport à* y, du premier membre de l'équation du cercle, mise préalablement sous la forme

$$x^2 + y^2 - r^2 = 0, \quad \text{ou} \quad x^2 + y^2 + 2xy \cos\theta - r^2 = 0,$$

après qu'on y a remplacé les coordonnées *courantes* x et y par les coordonnées x' et y' *du point de contact*.

On peut se rendre compte de ce fait d'une manière générale en observant :

Que, toutes les fois que l'équation de la courbe est de la forme

$$y = f(x),$$

y étant au premier degré, et $f(x)$ exprimant une *fonction entière* de x, qui, par conséquent, ne peut jamais devenir *infinie* pour des valeurs *finies* de x, *la limite du rapport* $\dfrac{k}{h}$ (h et k désignant les accroissements des deux variables x et y), a *pour valeur* $f'(x)$ ou la DÉRIVÉE de $f(x)$.

Et si l'équation de la courbe est de la forme

$$f(x, y) = 0,$$

$f(x, y)$ représentant encore une expression *rationnelle* et *entière* en x et en y, *la limite du rapport* $\dfrac{k}{h}$ est égale à

$$- \frac{f'_x(x, y)}{f'_y(x, y)};$$

$f'_x(x, y)$ désignant la FONCTION DÉRIVÉE de $f(x, y)$, prise par rapport à x, et $f'_y(x, y)$ la fonction dérivée de $f(x, y)$, prise par rapport à y.

Comme l'équation de chacune des courbes dont nous nous occuperons dans les Chapitres suivants, rentrera dans l'une des deux *catégories* précédentes, nous pourrons, pour obtenir *l'équation de la tangente*, ou appliquer les raisonnements qui ont été faits pour le cercle, ou faire usage des règles de l'Analyse algébrique, relatives aux *dérivées*.

103. *Autre forme de l'équation de la tangente.* — Reprenons l'équation du cercle rapportée à son *centre* comme ORIGINE et à des axes RECTANGULAIRES, ainsi que l'équation de sa tangente,

$$(1) \qquad x^2 + y^2 = r^2$$

et

$$(2) \qquad y - y' = -\frac{y'}{x'}(x - x').$$

On peut, au moyen de la relation

$$(3) \qquad x'^2 + y'^2 = r^2,$$

qui est intimement liée avec celle de la tangente, faire subir à cette dernière une simplification.

Chassant le dénominateur y' et transposant, on a

$$yy' + xx' = y'^2 + x'^2,$$

ou, à cause de la relation (3),

$$(4) \qquad xx' + yy' = r^2,$$

équation qui ne diffère de l'équation (1) qu'en ce que les carrés x^2 et y^2 sont remplacés par les rectangles xx' et yy'; ce qui rend l'équation de la tangente facile à retenir.

Si l'on fait successivement $y = o$ et $x = o$, dans l'équation (4) (*fig* 66), on obtient

$$x = \frac{r^2}{x'} \quad \text{et} \quad y = \frac{r^2}{y'}.$$

Ce sont évidemment l'*abscisse* OR du point de rencontre de la tangente avec l'axe des x, et l'*ordonnée* OR′ de son point de rencontre avec l'axe des y.

104. On nomme SOUS-TANGENTE dans une courbe, *la partie de l'axe des abscisses, comprise entre le pied de l'ordonnée du point de contact, et le point où la tangente rencontre cet axe.*

La sous-tangente est *géométriquement* représentée par PR ; et si l'on veut obtenir son expression *analytique,* comme on a, d'après la figure,

$$PR = OR - OP,$$

il en résulte

$$PR = \frac{r^2}{x'} - x' = \frac{r^2 - x'^2}{x'} = \frac{y'^2}{x'},$$

à cause de la relation (3).

On obtient encore *l'expression de la sous-tangente* en faisant $y = 0$ dans l'équation (2), *non simplifiée,* de la tangente.

Il vient en effet, pour $y = 0,$

$$x - x' = \frac{y'^2}{x'},$$

expression dans laquelle $x - x'$ représente nécessairement *l'abscisse* OR du point où la tangente rencontre l'axe des x, *diminuée* de l'abscisse du point de contact, et, par conséquent, la distance PR.

C'est même le moyen général d'obtenir la *sous-tangente* dans toutes les courbes :

Tirez de l'équation non simplifiée de la tangente la valeur de $x - x'$, qui correspond à $y = 0$; vous avez ainsi *la valeur de la sous-tangente* avec le signe qui convient à la *position* du point R par rapport au pied P de l'ordonnée du point de contact, c'est-à-dire *positive* ou *négative* suivant que le point R est situé à *droite* ou à *gauche* du point P.

105. De la normale. — On appelle normale à une courbe la *perpendiculaire menée à la tangente par le point de contact, et* sous-normale *la distance du pied de l'ordonnée du point de contact, au point où la normale rencontre l'axe des x.*

Pour le *cercle* dont l'équation la plus simple est

$$x^2 + y^2 = r^2,$$

l'équation de la tangente étant

$$y - y' = -\frac{x'}{y'}(x - x'),$$

on a nécessairement pour l'équation de la *normale,* à raison de la relation $aa' + 1 = 0,$

$$y - y' = \frac{y'}{x'}(x - x'),$$

ou, chassant le dénominateur et réduisant,

$$y x' = y' x,$$

équation d'*une droite passant par l'origine* (52).

Quant à la *sous-normale,* il faut, pour obtenir son expression, chercher la valeur de $x - x'$ correspondante à $y = o$ dans l'équation *non simplifiée* de la normale; ce qui donne

$$x - x' = -\frac{x'y'}{y'} = -x'.$$

expression *négative,* parce que la *distance* est, d'après la définition, comme pour la *sous-tangente,* comptée *à partir du pied de l'ordonnée du point de contact.*

Sa valeur *absolue* étant la même que celle de l'abscisse du point de contact, il en résulte bien, comme on l'a déjà reconnu, que *la normale au cercle passe par l'origine.*

Tangente au cercle menée par un point pris hors de la circonférence.

106. Proposons-nous maintenant de mener une *tangente au cercle* par un point N *situé hors de la circonférence;* et désignons par α, ε les coordonnées du point donné N, en conservant x', y' pour les coordonnées *inconnues* du point de contact.

Puisque la tangente est assujettie à passer par le point (α, ε), son équation est (58) de la forme

$$(1) \qquad y - \varepsilon = a(x - \alpha),$$

a, ou le *coefficient angulaire,* ayant pour expression $-\dfrac{x'}{y'}$, et il s'agit de déterminer x' et y' pour reporter leurs valeurs dans l'expression de a.

Or l'équation simplifiée de la tangente étant (103)

$$xx' + yy' = r^2,$$

on a nécessairement la relation

$$(2) \qquad \alpha x' + \varepsilon y' = r^2,$$

puisque cette droite doit passer par le point (α, ε).

D'ailleurs, le point (x', y') se trouve sur la courbe $(x^2 + y^2 = r^2)$; ce qui donne une seconde relation

$$(3) \qquad x'^2 + y'^2 = r^2;$$

les équations (2) et (3) peuvent donc servir à déterminer les inconnues x' et y'.

On tire de la relation (2)

$$y' = \frac{r^2 - \alpha x'}{\varepsilon};$$

d'où, substituant dans la relation (3) et ordonnant par rapport à x',

$$(\alpha^2 + \theta^2) x'^2 - 2 r^2 \alpha x' = r^2 \theta^2 - r^4,$$

ou, résolvant et simplifiant,

$$x' = \frac{r \left(r\alpha \pm \theta \sqrt{\alpha^2 + \theta^2 - r^2} \right)}{\alpha^2 + \theta^2}.$$

Si l'on remplace x' par sa valeur dans l'expression de y' en x', il vient, toute réduction faite,

$$y' = \frac{r \left(r\theta \mp \alpha \sqrt{\alpha^2 + \theta^2 - r^2} \right)}{\alpha^2 + \theta^2}.$$

Donc

$$a = -\frac{r\alpha \pm \theta \sqrt{\alpha^2 + \theta^2 - r^2}}{r\theta \mp \alpha \sqrt{\alpha^2 + \theta^2 - r^2}}$$

(les deux signes *supérieurs* se correspondant ainsi que les signes *inférieurs*).

Ce résultat prouve : 1° que par le point N on peut, en général, mener *deux tangentes*; 2° que le problème serait *impossible* si l'on avait

$$\alpha^2 + \theta^2 < r^2,$$

c'est-à-dire

$$ON^2 < r^2, \quad \text{ou} \quad ON < r;$$

donc le point *donné ne peut pas être pris à l'intérieur du cercle*.

L'hypothèse $\alpha^2 + \theta^2 - r^2 = 0$ réduirait la valeur de a à

$$a = -\frac{\alpha}{\theta};$$

et le point *donné* serait le *point de contact* lui-même.

Pour fixer *géométriquement* la position du point (x', y'), il faudrait construire les valeurs obtenues pour ces coordonnées; mais comme elles sont assez compliquées, on peut avoir recours aux *lieux géométriques* (89).

107. PREMIER MODE de construction. — Reprenons les équations (*fig.* 67)

$$(2) \qquad \alpha x' + \theta y' = r^2,$$

$$(3) \qquad x'^2 + y'^2 = r^2,$$

qui ont servi à déterminer x' et y'.

En retranchant la première de la seconde, on obtient

$$(4) \qquad x'^2 - \alpha x' + y'^2 - \theta y' = 0,$$

équation qui peut être substituée à la première; et si l'on construit par rapport aux mêmes axes chacune des équations (3) et (4) considérées comme renfermant deux variables x', y', *les points d'intersection des deux lieux géométriques* seront les POINTS DE CONTACT demandés.

D'abord, l'équation (3), en tant que x' et y' sont ici des variables, représente le *cercle déjà construit*.

Quant à l'équation (4), qui est évidemment comprise dans l'équation générale du n° 85, comme elle peut être mise sous la forme

$$\left(x' - \frac{\alpha}{2}\right)^2 + \left(y' - \frac{6}{2}\right)^2 = \frac{\alpha^2 + 6^2}{4},$$

elle représente *une circonférence de cercle* dont le *centre* a pour *coordonnées* $\dfrac{\alpha}{2}$, $\dfrac{6}{2}$, et qui a pour *rayon* $\dfrac{1}{2}\sqrt{\alpha^2 + 6^2}$.

Or, si l'on joint le point O au point *donné* N, on a

$$\text{OL} \quad \text{ou} \quad \frac{\text{OP}}{2} = \frac{\alpha}{2}, \quad \text{IL} = \frac{\text{NP}}{2} = \frac{6}{2},$$

d'où

$$\text{OI} = \frac{1}{2}\sqrt{\alpha^2 + 6^2}.$$

Donc la *circonférence décrite sur* ON *comme diamètre* est le *lieu géométrique de l'équation* (4).

Ainsi les points M, M', *où les deux circonférences se coupent*, sont les POINTS DE CONTACT, qu'on joint au point N pour obtenir les *tangentes demandées*.

Il est à remarquer que cette construction est précisément celle que l'on donne dans les *Éléments* de Géométrie.

108. SECOND MODE de construction. — En opérant directement sur les équations (2) et (3), on est conduit à une propriété très-remarquable.

L'équation (3) représente toujours le *cercle donné*.

L'équation (2), étant du premier degré en x', y', représente une *ligne droite;* et comme les points où elle doit rencontrer la circonférence ne sont autre chose que les *points de contact*, il s'ensuit que cette droite peut être considérée comme la LIGNE DE JONCTION DES POINTS DE CONTACT.

Afin d'en fixer la position, faisons successivement, dans l'équation (2),

$$y' = 0, \quad x' = 0 ;$$

il vient

$$\text{pour} \quad y' = 0, \quad x' = \frac{r^2}{\alpha} ;$$

$$\text{pour} \quad x' = 0, \quad y' = \frac{r^2}{6}.$$

Le premier point $y' = 0$, $x' = \dfrac{r^2}{\alpha}$ est le point B (*fig.* 68) où la droite rencontre l'axe des x, et il s'obtient par la construction d'une troisième *proportionnelle*.

Le second point $x' = 0$, $y' = \dfrac{r^2}{6}$ est le point C où la droite coupe l'axe des y, et s'obtient par une construction analogue.

La *droite de jonction des points de contact* est donc la ligne BC.

Or c'est ici que se présente la propriété que nous avons annoncée :

La valeur $x' = \dfrac{r^2}{\alpha}$, qui correspond à $y' = 0$, est *indépendante* de l'ordonnée 6 du point N par lequel on veut mener les deux tangentes.

D'où il suit que si, par un autre point quelconque N' de la ligne indéfinie LNL' parallèle à OY, on mène des tangentes au cercle donné, la droite qui joint les *deux points de contact* rencontre l'axe des x au même point B.

Et, en effet, en appelant 6 et 6' les coordonnées du point N', on aurait pour l'équation de la droite M''M''',

$$\alpha x' + 6'y' = r^2,$$

qui, pour $y' = 0$, donnerait encore

$$x' - \frac{r^2}{\alpha} = \text{OB}.$$

Observons d'ailleurs que, l'axe OX étant une droite menée à volonté dans le plan du cercle donné, la droite LL', qui lui est *perpendiculaire*, peut elle-même être regardée comme tracée d'une manière quelconque dans ce plan, puisque l'on pourrait toujours, après avoir tracé cette dernière ligne *arbitrairement*, prendre pour axe des x la perpendiculaire abaissée du *centre* sur cette ligne.

On arrive ainsi au THÉORÈME SUIVANT :

Si, des différents points d'une droite quelconque et indéfinie LL', *on mene des tangentes à un cercle, toutes les droites qui joignent les points de contact des deux tangentes partant d'un même point, se réunissent en* UN MÊME POINT B, *qui se trouve placé sur la perpendiculaire abaissée du centre* O *sur la droite* LL'.

Le point B est ce que l'on nomme le POLE de la droite LL', qui, à son tour, est appelée la POLAIRE du point B (*).

(*) On trouve, dans le Traité de *Géométrie élémentaire* de M. Vincent, un grand nombre de propriétés fort curieuses du *pôle* et de la *polaire* d'un cercle donné.

N. B. — Il résulte de l'expression $x' = \dfrac{r^2}{\alpha} = r\,\dfrac{r}{\alpha}$, que toutes les fois que la droite LL' est *extérieure* au cercle, auquel cas on a $\alpha > r$, le point B est *intérieur*.

Si, au contraire, la droite est *sécante* à la courbe, comme on a alors $\alpha < r$, d'où $\dfrac{r^2}{\alpha} > r$, le point de concours des lignes qui joignent les points de contact est *extérieur*.

Problème sur les lieux géométriques.

109. Nous terminons ce Chapitre par la résolution d'un problème sur les lieux géométriques.

Étant donnés deux points A *et* B (*fig.* 69), *trouver un autre point* M *tel, que, si on le joint aux points* A *et* B, *l'angle* AMB *formé par ces deux lignes de jonction soit égal à un angle donné* V.

Prenons pour axes la ligne AB et la perpendiculaire élevée par le point K, milieu de AB.

Nommons d'ailleurs $2x'$ la distance AB.

La droite BM, assujettie à passer par le point B, dont les coordonnées sont $y = 0$, $x = x'$, a pour équation

$$(1) \qquad y = a\,(x - x').$$

On a de même pour l'équation de la droite AM, assujettie à passer par le point $(y = 0,\ x = -x')$,

$$(2) \qquad y = a'(x + x');$$

et comme, d'après l'énoncé, ces deux droites doivent former un angle donné V, les quantités a et a' sont (62) liées entre elles par la relation

$$(3) \qquad \frac{a - a'}{1 + aa'} = \tang V.$$

En donnant à a une valeur *arbitraire,* ce qui fixerait la position de la droite BM, on tirerait de l'équation (3) une valeur correspondante pour a', qui déterminerait aussi la position de la droite AM ; et le point d'intersection de ces deux droites serait une réponse à la question, qui, par sa nature, est *indéterminée,* puisque l'on n'a que *trois* relations entre *quatre* inconnues x, y, a et a'.

Mais si, entre les équations (1), (2) et (3), qui existent en même temps pour un point quelconque M du *lieu géométrique,* on ÉLIMINE a et a'.

l'équation résultante en x et y sera nécessairement l'ÉQUATION DU LIEU GÉOMÉTRIQUE, puisqu'elle exprimera une relation entre les coordonnées de chacun de ses points.

Or, pour effectuer cette élimination, il suffit de remplacer dans l'équation (3) les quantités a et a' par leurs valeurs tirées des équations (1) et (2). Il vient, par la substitution,

$$\frac{\dfrac{y}{x-x'} - \dfrac{y}{x+x'}}{1 + \dfrac{y^2}{x^2 - x'^2}} = \tang V\,;$$

d'où, chassant les dénominateurs et réduisant,

$$(4) \qquad x^2 + y^2 - \frac{2x'}{\tang V}\, y - x'^2 = 0,$$

équation d'une circonférence du cercle (85), dont le *centre* (p, q), a pour coordonnées $\left(p = 0,\ q = \dfrac{x'}{\tang V} \right)$, et qui a pour rayon

$$r = \frac{x'}{\tang V}\, \sqrt{1 + \tang^2 V}.$$

Mais, comme l'hypothèse $y = 0$ donne

$$x^2 - x'^2 = 0,$$

d'où

$$x = \pm x',$$

et qu'ainsi la circonférence se trouve assujettie à passer par les points A et B, il est clair que le cercle sera déterminé dès que l'on aura construit sur OY l'expression

$$q = \frac{x'}{\tang V},$$

qui fixe la position du centre.

Pour construire cette expression, *faites au point* B *un angle* ABL *égal à l'angle donné* V; *puis, élevez en ce même point,* BO *perpendiculaire à* BL. Le point O d'intersection avec KY sera le centre du cercle cherché.

Car le triangle rectangle OBK donne

$$OK = BK \times \tang OBK = BK \times \cot KBL = \frac{x'}{\tang V}.$$

Cette construction est précisément celle que l'on donne dans les *Éléments* de Géométrie, pour *décrire sur une droite un segment de cercle capable d'un angle donné.*

DISCUSSION. — Tant que l'angle V sera aigu, $\dfrac{x'}{\tang V}$ sera *positif*; et le centre du cercle sera situé au-dessus de AB. Mais si l'angle V est obtus (*fig.* 69), tang V est *négatif*; par suite, $\dfrac{x'}{\tang V}$ est aussi *négatif*, et le centre se trouve placé au-dessous de AB.

Soit
$$V = 90°,$$
d'où
$$\tang V = \infty \quad \text{et} \quad \frac{x'}{\tang V} = 0.$$

L'équation (4) se réduit alors à
$$x^2 + y^2 = x'^2$$

et représente une circonférence décrite sur AB comme diamètre.

Soit encore
$$V = 0,$$
d'où
$$\tang V = 0,$$
les expressions
$$q = \frac{x'}{\tang V}, \quad r = \frac{x'}{\tang V}\sqrt{1 + \tang^2 V}$$

deviennent *infinies*; et le cercle lui-même, d'une *grandeur infinie*.

On doit d'ailleurs observer, dans le cas général, que tous les points de la partie *supérieure* AMB de la circonférence donnée par l'équation (4), satisfont à l'énoncé, et que, pour la partie *inférieure* AM'B, ce n'est pas l'angle AM'B, mais son *supplément* AM'H qui est égal à l'angle donné.

On a, en effet, pour cet angle,
$$A M'H = M'AB + ABM',$$
d'où
$$\tang A M'H = \frac{\tang M'AB + \tang ABM'}{1 - \tang M'AB \, \tang ABM'}.$$

Mais
$$\tang M'AB = -\tang GAX = -a', \quad \tang ABM' = a;$$
donc
$$\tang A M'H = \frac{-a' + a}{1 + aa'} = \frac{a - a'}{1 + aa'}.$$

Ainsi, c'est bien pour cet angle AM'H que l'équation (3) est satisfaite.

110. REMARQUE GÉNÉRALE sur les *problèmes indéterminés*.

En réfléchissant sur la manière dont la question précédente a été résolue, on voit que, pour obtenir *l'équation d'un lieu géométrique*, il faut commencer par établir des équations entre les coordonnées x et y d'un quelconque de ses points, et d'autres quantités qui varient aussi avec la position de ce point.

Le nombre de ces équations doit être *moindre d'une unité* que le nombre des variables, y compris x et y; et ces équations une fois formées, on élimine les variables autres que x et y. L'équation résultante est *l'équation demandée*, puisqu'elle exprime une relation entre les coordonnées d'un point quelconque du *lieu géométrique*, et des *quantités connues*.

Mais il importe de choisir convenablement les axes auxquels le LIEU GÉOMÉTRIQUE doit être rapporté, afin d'obtenir des constructions simples et faciles.

En général, les équations se réduisent : 1° à celles de deux *lignes droites* ou de deux *circonférences* dont les points d'intersection appartiennent au *lieu géométrique* cherché, ces équations renfermant, outre les coordonnées x et y, deux autres quantités qui varient avec la position du point; 2° et à une relation entre ces deux dernières variables, immédiatement fournie par l'énoncé.

S'il arrive qu'il y ait *trois* ou *quatre* variables à éliminer, on doit avoir alors *une* ou *deux* relations de plus.

Ces observations trouvent leur application dans la résolution des questions suivantes que nous proposons comme *exercices :*

1° Étant donnés deux points, trouver le *lieu géométrique* des points tels, que la SOMME ou la DIFFÉRENCE des carrés des distances de chaque point de ce lieu aux deux points donnés soit égale à un carré donné;

2° Un cercle et un point étant donnés sur un plan, si par ce point on tire autant de droites que l'on voudra, et que par les deux points d'intersection de chaque droite avec la circonférence on mène des tangentes, on demande le *lieu géométrique* des points de rencontre de ces tangentes considérées deux à deux.

CHAPITRE II.

§ I. Transformation des coordonnées. — § II. Notions préliminaires sur les courbes du second degré. — § III. Réduction, par la transformation des coordonnées, de l'équation générale du second degré à deux variables.

§ I. — TRANSFORMATION DES COORDONNÉES.

111. L'une des questions les plus importantes de la Géométrie analytique est celle de la TRANSFORMATION DES COORDONNÉES.

Si l'on jette les yeux sur les équations de la ligne droite et du cercle, et que l'on considère ces lignes dans les diverses situations qu'elles peuvent avoir par rapport à deux axes, on reconnaît qu'une même ligne peut être représentée par une équation *plus ou moins simple,* selon sa position à l'égard des axes, et suivant que les axes eux-mêmes sont *rectangulaires* ou *obliques.*

Ainsi, l'équation la plus générale de la ligne droite étant

$$y = ax + b,$$

celle d'une droite passant par l'origine est

$$y = ax,$$

a ayant, dans l'une et l'autre de ces équations, une acception *différente,* selon que les axes sont *rectangulaires* ou *obliques;*

Et l'équation d'une parallèle à l'un des axes est

$$x = a \quad \text{ou} \quad y = b.$$

De même, l'équation la plus générale du cercle étant

$$(x - p)^2 + (y - q)^2 + 2(x - p)(y - q)\cos\theta = r^2,$$

celle du cercle rapporté à deux axes *rectangulaires* menés par son *centre* est

$$x^2 + y^2 = r^2.$$

On conçoit donc que, lorsqu'une courbe est déjà *fixée de position* sur un plan par le moyen d'une équation, si l'on s'aperçoit que cette courbe est dans une situation *plus simple* par rapport à deux nouvelles droites que par rapport aux axes primitifs, il est bon, pour faciliter la recherche de ses propriétés, de chercher à déduire l'équation de la courbe rapportée aux *nouveaux* axes, de l'équation de la même courbe rapportée aux *premiers*.

Tel est le but que l'on se propose dans le problème de la transformation des coordonnées, lequel peut s'énoncer ainsi :

Étant donnée l'équation d'une courbe rapportée à deux axes quelconques, trouver l'équation de la même courbe rapportée à deux nouveaux axes.

112. La transformation la plus simple est celle qui a pour objet de passer de l'équation d'une courbe rapportée à un système d'axes *rectangulaires* ou *obliques*, à l'équation de la même courbe rapportée à un système d'axes *parallèles* aux anciens.

Soient AX, AY (*fig.* 70) deux droites par rapport auxquelles une courbe M'MM″ est fixée de position par le moyen de l'équation

$$(1) \qquad f(x, y) = 0,$$

et A′X′, A′Y′ deux autres droites respectivement *parallèles* aux premières.

Appelons x', y' les nouvelles coordonnées d'un point quelconque M de la courbe; a, b les coordonnées de la nouvelle origine A′ rapportée aux anciens axes, coordonnées que l'on doit supposer *connues*.

On a évidemment, d'après la figure, les relations

$$AP = AB + BP = AB + A'P' \quad \text{ou} \quad x = a + x',$$
$$PM = PP' + P'M = A'B + MP' \quad \text{ou} \quad y = b + y';$$

et si l'on substitue ces valeurs de x et de y dans l'équation (1), on aura une nouvelle équation

$$(2) \qquad f(a + x', \ b + y') = 0,$$

qui fixera *la position de la courbe* par rapport aux nouveaux axes.

Comme application de cette première transformation de coordonnées, prenons l'équation du cercle rapportée à des axes *rectangulaires* quelconques, savoir (70)

$$(x - p)^2 + (y - q)^2 = r^2,$$

et posons

$$x = x' + p, \quad y = y' + q;$$

il vient

$$x'^2 + y'^2 = r^2.$$

Telle est (74) l'équation du cercle rapportée *à son centre et à des axes rectangulaires.*

De même, si l'on pose

$$x = x' + p - r, \quad y = y' + q,$$

l'équation

$$(x - p)^2 + (y - q)^2 = r^2$$

devient

$$(x' - r)^2 + y'^2 = r^2,$$

ou, réduisant,

$$y'^2 = 2rx' - x'^2 \ (73).$$

C'est l'équation du cercle, *quand l'origine est placée à l'extrémité d'un diamètre.*

113. Traitons maintenant la question générale, savoir :

Passer d'un système de coordonnées obliques à un autre système de même espèce et d'origine différente.

Soient AX, AY (*fig.* 71) les anciens axes, et A'X', A'Y' les nouveaux ; AP et MP sont les coordonnées x, y d'un point quelconque M de la courbe rapportée aux premiers axes ; A'P' et MP' sont les nouvelles coordonnées x', y' de ce même point.

Menons A'X″ et P'H parallèles à AX, puis A'Y″ et P'K parallèles à AY, en prolongeant A'Y″ jusqu'à sa rencontre en B avec AX.

Faisons d'ailleurs

$$AB = a, \quad A'B = b, \quad X'A'X'' = \alpha, \quad Y'A'X'' = \alpha'$$

et

$$Y''A'X'' \quad \text{ou} \quad YAX = \theta ;$$

a, b sont des quantités *connues,* puisqu'elles ne sont autre chose que les coordonnées de la nouvelle origine, que l'on suppose donnée de position par rapport aux anciens axes ; il en est de même des angles α, α', que chacun des nouveaux axes forme avec l'ancien axe des x, et de l'angle θ, qui est égal à l'angle YAX des anciens axes.

Cela posé, la figure donne évidemment

$$AP \quad \text{ou} \quad x = AB + BP = a + A'K + P'H,$$
$$MP \quad \text{ou} \quad y = A'B + ML = b + P'K + MH ;$$

ainsi, tout se réduit à déterminer A'K, P'K, P'H et MH.

Or, on a dans les triangles A'P'K, MP'H, en vertu d'un principe connu de Trigonométrie,

$$1° \qquad A'K : A'P' :: \sin A'P'K : \sin A'KP' ;$$

ou, à cause de

$$A'P'K = P'A'Y'' = \theta - \alpha.$$

et à cause de $A'KP' = A'LM = 180° - MLX'' = 180° - \theta,$

$$A'K : x' :: \sin(\theta - \alpha) : \sin\theta,$$

d'où

$$A'K = \frac{x'\sin(\theta - \alpha)}{\sin\theta};$$

2°
$$P'K : A'P' :: \sin P'A'K : \sin A'KP'.$$

d'où

$$P'K = \frac{x'\sin\alpha}{\sin\theta};$$

3°
$$P'H : MP' :: \sin P'MH : \sin P'HM;$$

ou, à cause de $P'MH = Y'A'Y'' = \theta - \alpha'$, et à cause de
$$P'HM = A'LM = 180° - \theta,$$

$$P'H : y' :: \sin(\theta - \alpha') : \sin\theta,$$

d'où

$$P'H = \frac{y'\sin(\theta - \alpha')}{\sin\theta};$$

4°
$$MH : MP' :: \sin MP'H : \sin P'HM,$$

d'où

$$MH = \frac{y'\sin\alpha'}{\sin\theta}.$$

Donc, en portant ces valeurs dans les expressions de x, y, on obtient

(1)
$$\begin{cases} x = \dfrac{x'\sin(\theta - \alpha) + y'\sin(\theta - \alpha')}{\sin\theta} + a, \\[2mm] y = \dfrac{x'\sin\alpha + y'\sin\alpha'}{\sin\theta} + b. \end{cases}$$

Telles sont les formules les plus générales de la transformation des coordonnées, dont il est facile de déduire les formules particulières correspondant à toutes les *positions* de la nouvelle origine, et aux différentes *directions* des nouveaux axes par rapport aux anciens, en donnant à a, b des valeurs convenables, *positives* ou *négatives*, et aux angles α, α' toutes les valeurs depuis o jusqu'à 180 degrés, sans que α et α' puissent recevoir *simultanément* la même valeur.

Quant à l'angle θ, il est toujours donné *à priori*, puisque c'est l'angle des anciens axes.

Nous nous contenterons d'indiquer ici les cas principaux.

114. Premier cas. — *Les deux nouveaux axes sont parallèles aux anciens* (*fig.* 70); c'est le cas déjà considéré au n° 112.

On a alors

$$\alpha = o \quad \text{et} \quad \alpha' = 0,$$

ce qui donne

$$\sin(\theta - \alpha) = \sin\theta, \quad \sin(\theta - \alpha') = o, \quad \sin\alpha = o, \quad \sin\alpha' = \sin\theta;$$

ainsi les formules se réduisent à

$$x = x' + a, \quad y = y' + b,$$

résultats conformes à ceux trouvés précédemment.

115. Deuxième cas. — On propose (*fig.* 72) de *passer d'un système rectangulaire à un système oblique.*

Dans cette hypothèse, il suffit de faire

$$\theta = 90°,$$

d'où

$$\sin\theta = 1, \quad \sin(\theta - \alpha) = \cos\alpha \quad \text{et} \quad \sin(\theta - \alpha') = \cos\alpha';$$

et les formules deviennent

$$(3) \quad x = x'\cos\alpha + y'\cos\alpha' + a, \quad y = x'\sin\alpha + y'\sin\alpha' + b.$$

116. Troisième cas. — *Passer d'un système rectangulaire à un système aussi rectangulaire* (*fig.* 73) : c'est un des cas les plus usités.

On a

$$\theta = 90°,$$
$$\alpha' \quad \text{ou} \quad Y'A'X'' = Y'A'X' + X'A'X'' = 90° + \alpha,$$

d'où

$$\sin\theta = 1, \quad \sin(\theta - \alpha) = \cos\alpha,$$
$$\sin(\theta - \alpha') = \sin(90° - 90° - \alpha) = -\sin\alpha,$$
$$\sin\alpha' = \sin(90° + \alpha) = \cos\alpha;$$

et l'on obtient pour formules correspondantes,

$$(4) \quad \begin{cases} x = x'\cos\alpha - y'\sin\alpha + a, \\ y = x'\sin\alpha + y'\cos\alpha + b. \end{cases}$$

N. B. — On déduit ce dernier cas du deuxième, en y faisant simplement $\alpha' = 90° + \alpha$, ce qui donne

$$\cos\alpha' = -\sin\alpha \quad \text{et} \quad \sin\alpha' = \cos\alpha.$$

117. Quatrième cas. — *Passer d'un système oblique à un système rectangulaire* (*fig.* 74).

Il suffit de faire dans les formules générales

$$\alpha' \quad \text{ou} \quad Y'A'X'' = 90° + \alpha;$$

d'où
$$\sin\alpha' = \cos\alpha,$$
$$\sin(\theta - \alpha') = \sin(\theta - 90° - \alpha) = -\sin[90° - (\theta - \alpha)] = -\cos(\theta - \alpha).$$

Ces formules deviennent alors

$$(5) \quad \begin{cases} x = \dfrac{x'\sin(\theta - \alpha) - y'\cos(\theta - \alpha)}{\sin\theta} + a, \\[2mm] y = \dfrac{x'\sin\alpha + y'\cos\alpha}{\sin\theta} + b. \end{cases}$$

118. Chacun des trois systèmes précédents peut être obtenu directement au moyen de la figure; mais nous nous contenterons de rechercher celui qui correspond au dernier cas.

Soient toujours menées par les points A' et P', A'X" et P'H parallèles à AX, puis A'Y" et P'K parallèles à AY.

Il résulte de cette construction

$$AP \quad \text{ou} \quad x = AB + A'K - P'H,$$
$$MP \quad \text{ou} \quad y = A'B + P'K + MH.$$

On trouve d'abord, comme dans le problème général,

$$A'K = \frac{x'\sin(\theta - \alpha)}{\sin\theta} \quad \text{et} \quad P'K = \frac{x'\sin\alpha}{\sin\theta}.$$

D'un autre côté, le triangle MP'H donne

$$1° \qquad P'H : MP' :: \sin HMP' : \sin MHP';$$

ou, comme $HMP' = Y'A'Y'' = Y'A'X' - Y''A'X' = 90° - (\theta - \alpha)$,

$$P'H : y' :: \cos(\theta - \alpha) : \sin\theta; \quad \text{d'où} \quad P'H = \frac{y'\cos(\theta - \alpha)}{\sin\theta};$$

$$2° \qquad MH : MP' :: \sin MP'H : \sin MHP';$$

mais
$$MP'H = MP'A' - HP'A' = 90° - XA'X'' = 90° - \alpha;$$
ainsi
$$MH : y' :: \cos\alpha : \sin\theta; \quad \text{d'où} \quad MH = \frac{y'\cos\alpha}{\sin\theta}.$$

Donc enfin
$$x = \frac{x'\sin(\theta - \alpha) - y'\cos(\theta - \alpha)}{\sin\theta} + a,$$
$$y = \frac{x'\sin\alpha + y'\cos\alpha}{\sin\theta} + b.$$

Dans le second et le troisième cas, les triangles A'P'K, MHP' sont rectangles, et la détermination des lignes A'K, P'K, P'H et MH, n'en est que plus facile.

119. Enfin, si, dans les formules générales et dans celles qui en ont été déduites, on suppose $a = 0$ et $b = 0$, on obtiendra de nouvelles formules qui correspondront au cas où *l'on veut changer seulement la direction des axes, sans déplacer l'origine.*

Ainsi,

$$\begin{cases} x = x'\cos\alpha + y'\cos\alpha' \\ y = x'\sin\alpha + y'\sin\alpha' \end{cases} \quad \text{et} \quad \begin{cases} x = x'\cos\alpha - y'\sin\alpha \\ y = x'\sin\alpha + y'\cos\alpha \end{cases}$$

sont les formules propres à faire passer d'un système *rectangulaire* à un autre système *oblique* ou *rectangulaire* de *même origine*.

En général, on distingue deux espèces principales de transformation de coordonnées, *le déplacement de l'origine* et *le changement de direction des axes*. Lorsque la question exige cette double transformation, il y a souvent de l'avantage à ne les exécuter que successivement; nous en verrons bientôt des exemples.

120. Nous terminerons cette théorie générale par l'examen de deux cas particuliers :

1° On peut demander de *passer d'un système oblique YAX à un système rectangulaire XAY'* (*fig.* 75), *l'origine restant la même, et l'axe des x restant aussi le même.*

Dans ce cas, on a

$$a = 0, \quad b = 0, \quad \alpha = 0, \quad \alpha' = 90°;$$

d'où l'on tire

$$\sin\alpha = 0, \quad \sin\alpha' = 1, \quad \sin(\theta - \alpha) = \sin\theta, \quad \sin(\theta - \alpha') = -\cos\theta;$$

et les formules (1) se réduisent à

$$x = x' - y'\cot\theta, \quad \text{et} \quad y = \frac{y'}{\sin\theta} = y'\operatorname{cosec}\theta.$$

On fait usage de celles-ci lorsqu'une courbe étant rapportée à un système d'axes obliques, on veut rendre le système rectangulaire.

2° On peut, *en conservant le même système d'axes* (*fig.* 76), *exiger que l'axe des y' se confonde avec celui des x, et réciproquement.*

Dans ce cas, on doit avoir

$$\alpha' = 0 \quad \text{et} \quad \alpha = \theta;$$

d'où

$$\sin\alpha = \sin\theta, \quad \sin\alpha' = 0. \quad \sin(\theta - \alpha) = 0, \quad \sin(\theta - \alpha') = \sin\theta.$$

On a, en outre,

$$a = 0, \quad b = 0;$$

ainsi, les formules (1) se réduisent à

$$x = y' \quad \text{et} \quad y = x';$$

ce qui est d'ailleurs évident, car on ne fait ici que changer les dénominations des axes.

121. On tire de là cette conséquence : *Lorsque les équations de deux courbes sont telles, que la seconde est composé en y et x comme la première l'est en x et y, les deux courbes sont* IDENTIQUES.

Car on passe de l'une à l'autre équation en changeant x en y, et, réciproquement, y en x. Il n'y a réellement, dans ce cas, que la *position* de la courbe par rapport aux axes qui soit renversée.

122. *Première remarque.* — Comme, pour une même question, on a souvent besoin d'effectuer successivement plusieurs transformations de coordonnées, nous conviendrons de *supprimer les accents* dans les seconds membres des formules relatives à ces diverses transformations; c'est-à-dire que nous désignerons toujours par x et y les anciennes et les nouvelles coordonnées, quoique leurs valeurs et leurs positions soient différentes; mais l'emploi successif des formules suffira pour indiquer que la courbe, étant rapportée à un premier système, se trouve ensuite rapportée à un second, à un troisième,... système.

Ainsi, pour passer d'un système oblique ou rectangulaire à un système de coordonnées parallèles, nous ferons, dans l'équation de la courbe,

$$x = x + a \quad \text{et} \quad y = y + b,$$

les x et y du second membre désignant les coordonnées rapportées aux nouveaux axes, dont l'origine a d'ailleurs a et b pour ses coordonnées rapportées aux anciens axes.

De même, pour passer d'un système *rectangulaire* à un système *oblique* de *même* origine, nous poserons

$$x = x \cos\alpha + y \cos\alpha' \quad \text{et} \quad y = x \sin\alpha + y \sin\alpha'.$$

Cette convention a pour but de simplifier l'écriture des calculs en évitant la multiplicité des accents.

123. *Seconde remarque.* — Les quantités a, b, α, α', qui entrent dans les formules, sont des *constantes* dont les valeurs fixent *la position* de la nouvelle origine et les *directions* des nouveaux axes par rapport aux anciens dont l'angle est exprimé par θ. Elles doivent être re gardées comme *connues*

et données *à priori*, toutes les fois que l'on veut rapporter la courbe à de nouvelles lignes dont la position par rapport à cette courbe a été reconnue plus simple que celle des anciens axes.

Mais il arrive souvent que l'on exécute une transformation de coordonnées, avec le dessein d'introduire un changement déterminé dans *l'équation de la courbe*, par exemple pour faire disparaître certains termes. Dans ce cas, a, b, α, α' sont des CONSTANTES, *indéterminées pour le moment*, que l'on tâche ensuite de calculer de manière qu'il en résulte les simplifications exigées. Quant à l'angle θ, on ne peut pas en disposer, puisque c'est l'angle des deux axes primitifs, lequel est toujours donné *à priori*.

Le *nombre des termes* à faire disparaître de l'équation indique le *nombre des indéterminées* à introduire dans le calcul, et, par suite, le *système des formules* dont il faut faire usage.

Ces remarques s'éclairciront par les applications nombreuses que nous aurons à faire des formules précédentes.

§ II. — NOTIONS PRÉLIMINAIRES SUR LES COURBES DU SECOND DEGRÉ.

Afin de présenter la théorie des courbes du second degré d'une manière simple et tout à fait élémentaire, nous commencerons par rechercher les équations de *trois* courbes dont chacune jouit d'une propriété qui lui est particulière. Nous ferons voir ensuite que ces courbes sont *les seules* que puisse représenter une équation quelconque du second degré à deux variables.

De l'ellipse.

124. *On demande l'équation d'une courbe telle, que, si l'on joint chacun de ses points* M *(fig. 77) à deux points fixes* F *et* F', *la somme des distances* FM, F'M *soit égale à une ligne donnée* 2A.

Cette courbe est ce qu'on nomme une ELLIPSE; les points F, F' en sont dits les *foyers*, et l'on appelle *rayons vecteurs* les distances FM, F'M.

Nous verrons plus loin la raison de ces dénominations.

Pour construire cette courbe d'après sa définition, *prenons d'abord le milieu* O *de la distance* FF', *et, à partir de ce point, portons la moitié de* 2A, *de* O *en* B, *et de* O *en* A; les points A et B appartiendront à la courbe.

Il résulte, en effet, de cette construction,

$$OB - OF \quad ou \quad FB = OA - OF' \quad ou \quad F'A,$$

c'est-à-dire

$$FB = F'A :$$

donc

$$1° \qquad FB + F'B = F'A + F'B = 2A,$$

$$2° \qquad F'A + FA = FB + FA = 2A.$$

Ensuite, si *des points* F, F' comme centres, *avec un rayon égal à* A, *l'on décrit deux circonférences qui se coupent* en C, D, ces deux points d'intersection appartiendront encore à la courbe; car on aura évidemment

$$FC + F'C = 2A \quad et \quad FD + F'D = 2A.$$

Ces points se trouvent d'ailleurs sur la perpendiculaire à la droite AB, élevée du point O.

Pour obtenir des points intermédiaires, *marquez sur* AB *et entre les points* F, F', *un point quelconque* L; *puis des points* F' *et* F *comme centres, et avec des rayons respectivement égaux à* AL, LB, *décrivez deux circonférences qui se coupent en* M, *m*; vous aurez deux nouveaux points de la courbe.

En effet, la construction donne

$$1° \qquad F'M + FM = AL + LB = 2A,$$

$$2° \qquad F'm + Fm = 2A.$$

Ces points sont *symétriquement* placés par rapport à AB.

De même, *des points* F, F' *comme centres, et avec les mêmes rayons* AL, LB, *décrivez deux circonférences;* vous obtiendrez *encore deux nouveaux points* M', *m'*, qui seront avec les points M, *m* dans une position *symétrique* par rapport à la ligne CD. Cela est évident.

Après avoir ainsi déterminé une série de points suffisamment rapprochés les uns des autres, on pourra les joindre par une ligne continue ACBDA qui sera la COURBE DEMANDÉE.

N. B. — Pour que la construction puisse s'effectuer, il faut que la *distance des centres* FF' soit *moindre que la somme des rayons* ou 2A, et en même temps *plus grande que leur différence.*

Cette dernière condition exige que le point L soit entre F et F'.

Car, prenons, par exemple, un point L' qui soit placé entre F et B; on aurait

$$AL' > AF \quad et \quad L'B < FB;$$

d'où l'on déduirait

$$AL' - L'B > AF - FB \quad ou \quad > AF - F'A \quad ou \quad > FF';$$

donc la distance FF' serait moindre que la différence des rayons AL', L'B; et, par suite, les deux circonférences décrites seraient intérieures l'une à l'autre, sans se couper.

Ap. de l'Al. à la G.

9

125. On peut construire l'ellipse d'un mouvement continu, ainsi qu'il suit :

Fixez aux points F *et* F′, *par le moyen de deux épingles, un fil dont la longueur soit égale à* 2A. *Faites ensuite glisser un style ou un crayon qui tienne ce fil toujours tendu; et la courbe se trouve tracée quand l'instrument mobile a fait deux demi-révolutions, l'une au-dessus de* FF′, *et l'autre au-dessous.*

Si l'ellipse doit être tracée sur le terrain, on se sert d'un *cordeau* d'une longueur égale à 2A et de *trois* piquets, dont *deux* fixent les extrémités du cordeau aux points F, F′, et le *troisième* sert à tracer la courbe, en tenant le cordeau toujours tendu.

126. L'ellipse étant ainsi déterminée de forme et de position, recherchons son ÉQUATION, c'est-à-dire *une relation* entre les coordonnées de chacun de ses points rapportés à deux axes fixes.

Comme, d'après la construction précédente, la courbe se compose de points *symétriquement* placés par rapport aux lignes AB, CD, il convient de *prendre celles-ci pour axes.*

Soient

$$OP = x, \quad MP = y, \quad FM = z, \quad F'M = z', \quad FF' = 2c,$$

d'où

$$OF = OF' = c.$$

On a d'abord, pour les *équations* des deux circonférences qui ont leurs centres en F, F′, et dont la rencontre détermine le point M,

$$(1) \qquad y^2 + (x - c)^2 = z^2,$$

$$(2) \qquad y^2 + (x + c)^2 = z'^2.$$

En outre, la définition même de la courbe donne l'*équation de condition*

$$(3) \qquad z + z' = 2A;$$

et si, entre ces trois équations, on élimine z et z', l'équation résultant en x, y sera (**110**) l'équation cherchée.

Pour y parvenir facilement, ajoutons entre elles et retranchons l'une de l'autre les équations (1) et (2), il vient

$$(4) \qquad 2y^2 + 2x^2 + 2c^2 = z'^2 + z^2,$$

$$(5) \qquad 4cx = z'^2 - z^2;$$

mais celle-ci revient à

$$(z' + z)(z' - z) = 4cx \quad \text{ou} \quad 2A(z' - z) = 4cx;$$

d'où l'on tire

$$z' - z = \frac{2cx}{A}.$$

Or on a déjà

$$z' + z = 2A ;$$

donc

$$z' = A + \frac{cx}{A} \quad \text{et} \quad z = A - \frac{cx}{A}.$$

Substituant ces valeurs dans l'équation (4), on trouve

$$y^2 + x^2 + c^2 = A^2 + \frac{c^2 x^2}{A^2},$$

ou, chassant le dénominateur et ordonnant.

$$A^2 y^2 + (A^2 - c^2) x^2 = A^2 (A^2 - c^2).$$

D'après ce qui a été dit précédemment, on doit avoir

$$FF' \quad \text{ou} \quad 2c < 2A ;$$

donc $A^2 - c^2$ est essentiellement *positif;* et si l'on pose

$$A^2 - c^2 = B^2,$$

l'équation prend la forme

$$(6) \qquad A^2 y^2 + B^2 x^2 = A^2 B^2.$$

Telle est l'ÉQUATION LA PLUS SIMPLE DE L'ELLIPSE.

127. Cette équation étant résolue par rapport à y, puis par rapport à x, ce qui donne

$$y = \pm \frac{B}{A} \sqrt{A^2 - x^2}, \quad x = \pm \frac{A}{B} \sqrt{B^2 - y^2} :$$

1° On reconnaît que la courbe est *symétrique* par rapport aux axes OX, OY, puisque chacun d'eux divise en *deux parties égales* toutes les cordes telles que Mm, MM', menées *parallèlement* à l'autre ;

2° Comme pour $y = 0$ on trouve

$$x = \pm A,$$

et pour $x = 0$

$$y = \pm B,$$

il s'ensuit que la courbe rencontre l'axe des x aux points A, B, et l'axe des y aux points C, D, pour lesquels on a évidemment

$$OC = OD = B = \sqrt{A^2 - c^2} :$$

3° L'hypothèse $x = A$ ou $x = -A$, réduisant la double valeur de y à une seule, $y = \pm o$, on peut (99) en conclure que la courbe est *tangente* en A et B aux deux droites RS, R'S', menées parallèlement à l'axe des y;

De même, $y = B$ ou $y = -B$ donnant $x = \pm o$, la courbe est *tangente* en C et D aux deux droites RR', SS', parallèles à l'axe des x.

Comme, d'ailleurs, il est visible que, dès que l'on suppose $x > A$ ou $y > B$, la valeur correspondante de y ou de x est *imaginaire*, il s'ensuit que la courbe tangente aux quatre côtés du rectangle RSS'R' est entièrement comprise dans ce rectangle.

128. Si l'on évalue la distance du point O à un point quelconque (x, y) de la courbe, on a, pour expression de cette distance,

$$D = \sqrt{x^2 + y^2};$$

ou, mettant pour y^2 sa valeur $\dfrac{B^2}{A^2}(A^2 - x^2)$,

$$D = \sqrt{B^2 + \frac{A^2 - B^2}{A^2}\, x^2}.$$

En faisant $x = o$, on trouve d'abord $D = B$ ou OC.

A mesure que x augmente, la quantité D augmente; et elle acquiert son *maximum* lorsque l'on donne à x la plus grande valeur possible, qui est $x = A$; d'où l'on tire

$$D = \sqrt{B^2 + \frac{A^2 - B^2}{A^2} A^2} = A \quad \text{ou} \quad OB.$$

Ainsi, *la plus petite distance du point O à la courbe est* OC, *et la plus grande,* OB; en d'autres termes, CD est *la plus petite* corde qu'on puisse mener par le point O, et AB *la plus grande.*

Cette ligne AB ou $2A$ est non-seulement la plus grande corde passant par le point O, mais encore *la plus grande de toutes les cordes de l'ellipse.*

Car, soit IK une corde quelconque; si l'on joint le point O aux points I et K, le triangle OIK donne

$$IK < OI + OK;$$

mais on vient de voir que chacune des distances OI, OK est moindre que OA ou OB; donc, à plus forte raison, l'on a

$$IK < OB + OA \quad \text{ou} \quad < AB.$$

129. Le point O jouit de la propriété de *diviser en deux parties égales toutes les cordes qui y passent.*

En effet, soit MOm' une quelconque de ces cordes, représentée par l'équation

$$y = ax.$$

Combinons cette équation avec celle de la courbe

$$A^2 y^2 + B^2 x^2 = A^2 B^2 ;$$

en remplaçant dans celle-ci y par sa valeur, ce qui donne

$$(A^2 a^2 + B^2)\, x^2 = A^2 B^2,$$

il vient

$$x = \frac{\pm AB}{\sqrt{A^2 a^2 + B^2}}, \quad y = \frac{\pm AB\,a}{\sqrt{A^2 a^2 + B^2}}.$$

Ces valeurs de x et de y qui expriment les coordonnées des points d'intersection, M, m', de la droite avec la courbe étant *respectivement égales* et de *signes contraires*, les distances OP, OP' et MP, m'P' sont égales.

Donc les deux triangles OPM, O P'm' sont égaux et donnent

$$OM = O\,m'.$$

130. On nomme, en général, CENTRE d'une courbe, *un point situé dans le plan de cette courbe, et tel, que toutes les cordes menées par ce point y sont divisées en deux parties égales.*

De cette définition et de la propriété qui vient d'être démontrée, il résulte que le point O est le *centre* de l'ellipse.

Son caractère analytique est que, si des valeurs x', y' satisfont à l'équation de la courbe rapportée à *son centre* comme *origine*, les valeurs $-x'$, $-y'$, satisfont également, ou, en d'autres termes, que cette équation ne change pas lorsque l'on y change x en $-x$, et y en $-y$.

Les deux lignes 2A, 2B, ou AB, CD, ont reçu le nom d'*axes principaux*.

On les appelle encore *premier axe* et *second axe*, ou bien *grand axe* et *petit axe*.

Les points A, B sont dits les *sommets* du premier axe, et les points C, D les *sommets* du second axe.

L'équation $A^2 y^2 + B^2 x^2 = A^2 B^2$ est l'équation de l'ellipse rapportée à *son centre* comme *origine* et à *ses axes principaux* comme *axes des coordonnées*.

131. Supposons que, dans la recherche d'un lieu GÉOMÉTRIQUE rapporté à des axes *rectangulaires*, on soit parvenu à l'équation

$$M y^2 + N x^2 = P,$$

M, N, P étant des quantités essentiellement *positives*.

Faisons successivement, dans cette équation,

$$y = 0 \quad \text{et} \quad x = 0;$$

il en résulte, pour $y = 0$,

$$x = \pm \sqrt{\frac{P}{N}},$$

et pour $x = 0$

$$y = \pm \sqrt{\frac{P}{M}}.$$

Cela posé, soient

$$\sqrt{\frac{P}{N}} = A, \quad \sqrt{\frac{P}{M}} = B; \quad \text{d'où} \quad N = \frac{P}{A^2}, \quad M = \frac{P}{B^2};$$

l'équation ci-dessus devient, par la substitution,

$$\frac{P}{B^2} y^2 + \frac{P}{A^2} x^2 = P,$$

ou, réduisant,

$$A^2 y^2 + B^2 x^2 = A^2 B^2.$$

D'où l'on voit que l'équation proposée est celle d'une ELLIPSE dont les *axes principaux* sont $2\sqrt{\frac{P}{N}}$ et $2\sqrt{\frac{P}{M}}$, ou, en d'autres termes, sont le *double* de la valeur de x correspondant à $y = 0$, et le *double* de la valeur de y correspondant à $x = 0$.

Connaissant les deux axes $2A$, $2B$ ou $2\sqrt{\frac{P}{N}}$, $2\sqrt{\frac{P}{M}}$, pour obtenir les *foyers,* on a recours à la relation

$$B^2 = A^2 - c^2,$$

qui donne

$$c = \pm \sqrt{A^2 - B^2}.$$

Soient pris (*fig.* 78) sur deux lignes indéfinies à angle droit,

$$OB = OA = A \quad \text{et} \quad OC = OD = B;$$

puis du point C comme *centre,* avec un rayon égal à A, décrivons un arc de cercle qui coupe AB en *deux* points F, F'; ce seront les *foyers.*

Car on a

$$OF' = OF = \sqrt{\overline{CF}^2 - \overline{OC}^2} = \sqrt{A^2 - B^2}.$$

Comme, par rapport à l'équation

$$M y^2 + N x^2 = P.$$

on a

$$A^2 = \frac{P}{N} \quad \text{et} \quad B^2 = \frac{P}{M},$$

il s'ensuit que

$$c = \sqrt{\frac{P}{N} - \frac{P}{M}} = \sqrt{\frac{P(M-N)}{MN}}.$$

N. B. — Puisque, dans toute ellipse, on doit avoir $2A > 2B$, il faut supposer

$$\frac{P}{N} > \frac{P}{M}, \quad \text{d'où} \quad M > N.$$

S'il en était autrement, c'est-à-dire si l'on avait $M < N$, on changerait (121) y en x et x en y. Par là, l'équation deviendrait

$$N y^2 + M x^2 = P,$$

et représenterait encore une ELLIPSE, qui aurait, pour *premier axe*, $2\sqrt{\dfrac{P}{M}}$, et pour *second axe* $2\sqrt{\dfrac{P}{N}}$.

Avant la transformation des coordonnées, la courbe est dans la position indiquée par la *fig.* 79 ; mais après, elle prend, par rapport aux nouveaux axes, la position qu'on lui donne ordinairement (*fig.* 77).

132. Soit, comme cas particulier, $M = N$; l'équation se réduit alors à

$$y^2 + x^2 = \frac{P}{M},$$

c'est-à-dire à l'équation d'un CERCLE ayant $\sqrt{\dfrac{P}{M}}$ pour *rayon* ; la quantité c, ou $\sqrt{\dfrac{P(M-N)}{MN}}$, devient *nulle* ; ainsi les *deux foyers* se réunissent au centre.

Le CERCLE peut donc être regardé comme une ELLIPSE dont *les deux axes* $2A$, $2B$ *sont égaux*, et dont les deux *foyers* viennent à se *confondre*.

133. Enfin, comme nous aurons souvent besoin de ramener une équation telle que

$$M y^2 + N x^2 = P$$

à la forme

$$A^2 y^2 + B^2 x^2 = A^2 B^2,$$

nous indiquerons un procédé simple et facile pour y parvenir.

Soient multipliés les deux membres de la première équation par un facteur indéterminé h, il vient

$$M h y^2 + N h x^2 = P h.$$

Mais, pour que cette équation ait la forme demandée, il faut que l'on ait

$$Ph = Mh \times Nh = MN.h^2;$$

d'où l'on déduit

$$h = \frac{P}{MN}.$$

Donc il suffit de *multiplier les deux membres de la proposée par le quotient du second membre divisé par le produit des coefficients de y^2 et de x^2.*

Cette multiplication donne

$$\frac{P}{N}y^2 + \frac{P}{M}x^2 = \frac{P^2}{MN};$$

et, par suite,

$$A^2 = \frac{P}{N}, \quad B^2 = \frac{P}{M}, \quad c^2 = A^2 - B^2 = \frac{P(M-N)}{MN}.$$

Prenons pour exemple l'équation

$$5y^2 + 3x^2 = 6.$$

On trouve, en multipliant par $\frac{6}{5 \times 3}$ ou $\frac{2}{5}$,

$$2y^2 + \frac{6}{5}x^2 = \frac{12}{5};$$

donc

$$A = \sqrt{2}, \quad B = \frac{1}{5}\sqrt{30}, \quad c = \frac{2}{5}\sqrt{5}.$$

Soit encore l'équation

$$3y^2 + 4x^2 = 5.$$

Multipliant par $\frac{5}{3 \times 4}$ ou $\frac{5}{12}$, on obtient

$$\frac{5}{4}y^2 + \frac{5}{3}x^2 = \frac{25}{12};$$

ou (131, *N. B.*), changeant y en x et réciproquement.

$$\frac{5}{3}y^2 + \frac{5}{4}x^2 = \frac{25}{12};$$

donc

$$A = \frac{1}{3}\sqrt{15}, \quad B = \frac{1}{2}\sqrt{5}, \quad c = \frac{1}{6}\sqrt{15}.$$

De l'hyperbole.

134. *On demande l'équation d'une courbe telle, que, si l'on joint chacun de ses points M à deux points fixes* F, F' (*fig.* 80), *la différence des distances* F'M, FM *soit égale à une ligne donnée* 2A.

Cette courbe est ce que l'on appelle une HYPERBOLE; les points F, F' en sont les *foyers,* et l'on nomme *rayons vecteurs* les lignes FM, F'M.

Commençons par indiquer un moyen de construire cette courbe.

Prenez à partir du point O, *milieu de* FF', *deux distances* OA, OB *égales à* A; les deux points A et B appartiennent à la courbe.

En effet, il résulte de cette construction,

$$BF = AF',$$

d'où

$$AF - AF' = AF - BF = 2A,$$

et

$$BF' - BF = BF' - AF' = 2A.$$

Les points A, B sont nécessairement situés entre F et F'; car autrement, ce serait la somme des distances de chacun de ces points aux points F et F', et non leur différence, qui serait égale à 2A. Ainsi 2A doit être donné *moindre que* FF'.

Pour obtenir d'autres points de la courbe, *marquez sur la ligne* OF, *et à droite du point* F, *un point quelconque* L; *puis des points* F', F *comme centres, avec les rayons* AL, BL, *décrivez successivement deux circonférences qui se coupent en* M, *m*; vous obtiendrez ainsi deux points de la courbe; car, en joignant le point M, par exemple, aux points F', F, vous avez

$$F'M - MF = AL - BL = 2A.$$

De même, *des points* F, F' *comme centres, et avec les mêmes rayons, décrivez encore successivement deux circonférences;* vous aurez *deux nouveaux points* M', *m'*, qui seront, avec les points M, *m, symétriquement* placés par rapport à la droite OC perpendiculaire sur AB.

Cette construction exige que le point L soit situé *à la droite* du point F; car s'il était en L', comme on aurait BL' < BF, il s'ensuivrait

$$AL' + BL' \quad \text{ou} \quad AB + 2BL' < AB + 2BF, \quad \text{ou} \quad < FF';$$

et alors les deux circonférences seraient telles, que la distance des centres, FF', serait plus grande que la somme des rayons, en sorte qu'elles seraient tout à fait extérieures l'une à l'autre et ne se couperaient pas.

Mais le point L peut être pris vers la droite du point F, à *une distance aussi grande qu'on veut.*

D'où l'on voit que la courbe se compose *de deux branches égales et opposées,* m BM, m'A M', *qui s'étendent indéfiniment à droite du point* B *et à gauche du point* A, *tant au-dessus qu'au-dessous de la ligne* AB.

Il existe bien un procédé pour tracer l'hyberbole d'un mouvement continu ; mais nous nous abstenons de l'indiquer, parce que la pratique en est peu commode.

135. Nous allons maintenant nous occuper de la recherche de l'ÉQUATION de cette courbe.

L'hyperbole étant, ainsi que l'ellipse, *symétrique* par rapport à AB et OC (*fig.* 80), nous prendrons ces deux lignes pour les *axes des coordonnées.*

Soient donc

$$OP = x, \quad MP = y, \quad OF = OF' = c, \quad FM = z, \quad F'M = z'.$$

On a d'abord, comme pour l'ellipse, les deux équations

$$(1) \qquad y^2 + (x - c)^2 = z^2,$$

$$(2) \qquad y^2 + (x + c)^2 = z'^2,$$

auxquelles on doit joindre, d'après l'énoncé, *l'équation de condition*

$$(3) \qquad z' - z = 2A.$$

Pour éliminer z et z', combinons alternativement par addition et soustraction les équations (1) et (2) ; nous obtenons les suivantes :

$$(4) \qquad 2y^2 + 2x^2 + 2c^2 = z'^2 + z^2,$$

$$(5) \qquad 4cx = z'^2 - z^2 ;$$

mais celle-ci donne

$$(z' - z)(z' + z) \quad \text{ou} \quad 2A(z' + z) = 4cx,$$

d'où l'on déduit

$$z' + z = \frac{2cx}{A}.$$

Or on a déjà

$$z' - z = 2A :$$

donc

$$z' = \frac{cx}{A} + A \quad \text{et} \quad z = \frac{cx}{A} - A.$$

Portant ces valeurs dans l'équation (4), on obtient

$$y^2 + x^2 + c^2 = \frac{c^2 x^2}{A^2} + A^2,$$

ou, chassant le dénominateur et transposant,

$$A^2 y^2 + (A^2 - c^2) x^2 = A^2 (A^2 - c^2).$$

Mais, comme il a été reconnu précédemment que la distance FF' ou $2c$, doit toujours être plus grande que $2A$, il s'ensuit que $A^2 - c^2$ est essentiellement *négatif*.

Donc, en posant

$$c^2 - A^2 = B^2,$$

on trouve, pour l'équation de l'hyperbole,

$$(6) \qquad A^2 y^2 - B^2 x^2 = - A^2 B^2.$$

Cette équation ne diffère de celle de l'ellipse, qu'en ce que B^2 est remplacé par $- B^2$. Aussi les deux courbes, quoique étant de forme très-différente, puisque l'une est *limitée* en tous sens, tandis que l'autre est *illimitée*, jouissent-elles de propriétés analogues.

Soit fait $y = 0$ dans l'équation ; il en résulte $x = \pm A$, ce qui prouve que la courbe passe par les points A et B, circonstance que nous avons déjà reconnue (134).

Soit encore

$$x = 0 \,;$$

on trouve

$$y^2 = - B^2 \,; \quad \text{d'où} \quad y = \pm B \sqrt{-1} \,;$$

ce qui fait voir que la courbe *ne rencontre pas* l'axe des y.

Cependant on peut convenir de marquer sur cet axe *deux* points C et D dont la distance au point O soit exprimée par B ou $\sqrt{c^2 - A^2}$.

Pour fixer la position de ces points, il suffit de décrire du point B comme centre, et d'un rayon égal à c ou OF, un arc de cercle qui coupe OY aux deux points demandés ; car on a

$$OC = OD = \sqrt{\overline{OF}^2 - \overline{OB}^2} = \sqrt{c^2 - A^2}.$$

Comme, en faisant $x = + A$ ou $x = - A$ dans l'équation résolue par rapport à y,

$$y = \pm \frac{B}{A} \sqrt{x^2 - A^2},$$

on trouve

$$y = \pm 0.$$

et qu'en donnant à x des valeurs *positives* ou *négatives, numériquement* plus petites que A, on obtient des valeurs *imaginaires* pour y, on peut en conclure : 1° que la courbe est *tangente* en A et B aux deux droites R'S', RS, parallèles à l'axe des y; 2° qu'elle s'étend *indéfiniment* à la gauche du point A et à la droite du point B.

On voit enfin que la courbe est composée de deux branches *égales et opposées,* dont chacune est divisée en *deux parties égales* par la ligne AB; en sorte que si l'on pliait la figure, soit suivant la ligne CD, soit suivant la ligne AB, les *quatre* parties de la courbe se couvriraient parfaitement deux à deux.

Presque toutes ces circonstances avaient déjà (134) été reconnues par la Géométrie.

136. Les quantités $2A$, $2B$ sont, comme dans l'ellipse, appelées *les axes principaux* de l'hyperbole, ou *le premier axe* et *le second axe.* Mais l'un quelconque des deux axes pouvant, d'après la relation $B^2 = c^2 - A^2$, être plus grand que l'autre, les dénominations de *grand axe* et de *petit axe* seraient impropres.

On désigne encore le premier axe sous le nom d'*axe transverse*, et le second, sous celui d'axe *non transverse*, parce que l'un rencontre la courbe, et l'autre ne la rencontre pas.

On peut avoir A = B, auquel cas l'équation se réduit à

$$y^2 - x^2 = - A^2.$$

On dit alors que l'hyperbole est *équilatère,* comme ayant ses deux axes *égaux entre eux.*

L'*hyperbole équilatère* est à l'hyperbole quelconque ce que le *cercle* est à l'ellipse.

Les points A et B sont dits *les sommets* de la courbe.

137. De même que pour l'ellipse, le point O est le CENTRE de l'hyperbole, ou, en d'autres termes, *toutes les droites passant par le point O et terminées à la courbe sont divisées par ce point en deux parties égales.*

Soit, en effet, $m'M$ une droite quelconque menée par le point O, et rencontrant la courbe; si l'on combine entre elles les deux équations

$$A^2 y^2 - B^2 x^2 = - A^2 B^2, \quad y = ax,$$

on trouve, en mettant pour y sa valeur ax dans la première,

$$(A^2 a^2 - B^2) x^2 = - A^2 B^2;$$

d'où l'on déduit

$$x = \frac{\pm AB}{\sqrt{B^2 - A^2 a^2}};$$

et, par conséquent,

$$y = \frac{\pm\, AB\, a}{\sqrt{B^2 - A^2 a^2}}.$$

Il résulte de là que OP = OP', et MP = m'P'; par suite, les deux triangles OPM, O P'm' sont égaux, et l'on a

$$OM = O\,m'.$$

Ainsi l'équation

$$A^2 y^2 - B^2 x^2 = -A^2 B^2$$

représente une hyperbole rapportée à son *centre* comme *origine* et à ses *axes principaux* comme *axes des coordonnées*.

138. *Remarque importante.* — On voit que les valeurs précédentes de x et de y ne sont *réelles*, c'est-à-dire qu'une droite *menée par le centre* ne rencontre la courbe qu'autant que l'on a

$$B^2 - A^2 a^2 > 0, \quad \text{ou} \quad a^2 < \frac{B^2}{A^2}.$$

Si l'on fait

$$B^2 - A^2 a^2 = 0, \quad \text{d'où} \quad a = \pm\frac{B}{A},$$

les valeurs de x et de y deviennent *infinies*; ce qui prouve que les deux droites correspondantes, dont l'une est située au-dessus de l'axe des x, l'autre au-dessous, *rencontrent* l'hyperbole à *une distance infinie.*

Construisons les deux droites

$$y = +\frac{B}{A}x, \quad y = -\frac{B}{A}x,$$

qui méritent une attention particulière.

Pour cela, soit achevé, sur les deux axes AB ou 2A et CD ou 2B, le *rectangle* R'RSS'; on a évidemment

$$BR = BS = B;$$

d'où

$$\tan BOR = \frac{B}{A}, \quad \tan BOS = -\frac{B}{A}.$$

Donc les droites OR, OS, menées par le point O et par les points R, S, sont *les deux droites demandées*.

Nous verrons dans les Chapitres suivants quel parti l'on tire de ces droites dans la théorie de l'hyperbole; nous nous bornons, pour le moment, à les considérer comme deux *lignes de séparation* des droites passant par le centre qui *rencontrent* la courbe d'avec celles qui *ne la ren-*

contrent pas, propriété résultant de ce que nous avons dit en commençant ce *numéro.*

Lorsque l'hyperbole est *équilatère* (136), c'est-à-dire lorsque l'on a $B = A$, les tangentes trigonométriques des angles BOR, BOS, ou $\frac{B}{A}$ et $-\frac{B}{A}$, se réduisent à $+1$ et -1; donc ces angles sont chacun de 45 degrés, et les deux droites OR, OS sont *perpendiculaires entre elles.*

139. Supposons maintenant qu'on ait obtenu pour l'équation d'un *lieu géométrique*

$$M y^2 - N x^2 = - P,$$

et multiplions (133) les deux membres par $\frac{P}{MN}$, il vient

$$\frac{P}{N} y^2 - \frac{P}{M} x^2 = - \frac{P^2}{MN} \cdot$$

Cette nouvelle équation comparée à celle de l'hyperbole,

$$A^2 y^2 - B^2 x^2 = - A^2 B^2,$$

donne

$$A^2 = \frac{P}{N} \quad \text{et} \quad B^2 = \frac{P}{M}; \quad \text{d'où} \quad A = \pm \sqrt{\frac{P}{N}}, \quad B = \pm \sqrt{\frac{P}{M}};$$

donc la proposée représente une HYPERBOLE dont le *premier axe est* $2 \sqrt{\frac{P}{N}}$, et *le second axe* $2 \sqrt{\frac{P}{M}} \cdot$

La relation $B^2 = c^2 - A^2$ donne

$$c = \pm \sqrt{A^2 + B^2};$$

d'où, mettant pour A et B leurs valeurs,

$$c = \pm \sqrt{\frac{P(M + N)}{MN}} \cdot$$

Pour fixer la *position des foyers* (*fig.* 81), connaissant les axes, *prenez sur deux droites rectangulaires,*

$$OB = OA = A = \sqrt{\frac{P}{N}}, \quad OC = OC' = B = \sqrt{\frac{P}{M}};$$

puis élevez au point B *une perpendiculaire* BD *égale à* B, *et tirez* OD.

La circonférence décrite du point O comme centre, avec le rayon OD, coupera AB en deux points. F, F', qui seront *les points demandés.*

Car on a

$$OF = OF' = OD = \sqrt{\overline{OB}^2 + \overline{BD}^2} = \sqrt{A^2 + B^2}.$$

N. B. — Il est remarquable que cette construction donne en même temps la direction OD de l'une des *droites limites* (138); quant à la seconde, on l'obtient en prolongeant DB d'une quantité BD' = BD, et tirant OD'.

140. Si l'équation était de la forme $M y^2 - N x^2 = + P$, on changerait y en x et x en y, ce qui donnerait

$$N y^2 - M x^2 = - P ;$$

et l'équation n'en serait pas moins celle d'une HYPERBOLE, qui aurait pour *premier axe* $2\sqrt{\dfrac{P}{M}}$, et pour *second axe* $2\sqrt{\dfrac{P}{N}}$·

Avant la transformation, la courbe a la position indiquée par la *fig.* 82 ; mais après, elle reprend la position de la *fig.* 80.

Multiplions les deux membres de l'équation proposée par $\dfrac{P}{MN}$; il vient

$$\frac{P}{N} y^2 - \frac{P}{M} x^2 = \frac{P^2}{MN},$$

d'où, en posant $\dfrac{P}{N} = B^2$, $\dfrac{P}{M} = A^2$,

$$B^2 y^2 - A^2 x^2 = A^2 B^2.$$

Telle est la forme que prend l'équation de l'hyperbole rapportée à son *centre* et à ses *axes principaux* lorsque son axe *non transverse* est pris pour axe des x.

On en déduit

$$y = \pm \frac{A}{B} \sqrt{x^2 + B^2} ;$$

ce qui prouve qu'à toute valeur de x correspondent des valeurs *réelles* de y.

Pour $x = 0$, l'on a

$$y = \pm A ;$$

et cette valeur est le MINIMUM de toutes celles que peut recevoir y.

De la parabole.

141. *Trouver l'équation d'une courbe telle, que la distance de chacun*

de ses points M *à un point* F (appelé *foyer*) *soit égale à la distance de ce même point* M *à une droite fixe* DD' appelée *directrice* (*fig.* 83).

Voici d'abord le moyen de construire *par points* cette courbe connue sous le nom de PARABOLE.

Après avoir abaissé du point F *une perpendiculaire sur* DD', *prenez le milieu* A *de la distance* FG ; *et le point* A appartient à la courbe, puisque les deux distances AF et AG sont égales.

Ce point est dit *le sommet* de la parabole.

Pour obtenir d'autres points, *élevez, en un point quelconque* P *pris vers la droite de* A, *une perpendiculaire à* GF ; *puis du point* F *comme centre, avec le rayon* GP, *décrivez un arc de cercle qui coupe la perpendiculaire en deux points* M, *m* ; vous aurez ainsi *deux* points de la courbe ; car il résulte de cette construction

$$\text{FM} = \text{F}m = \text{GP} = \text{MQ} = m\text{R}.$$

D'où l'on voit que la parabole se compose de deux parties, AM'M, A*m'm*, *symétriques* par rapport à GX.

Elle peut être aussi décrite d'un mouvement continu.

Prenez une équerre dont l'un des côtés de l'angle droit QR (*Pl. V*, *fig.* 84) *soit assujetti à glisser suivant la direction* DD' ; *fixez aux points* F *et* V *les deux extrémités d'un fil dont la longueur soit égale au second côté* QV *de l'équerre* ; *faites ensuite mouvoir cette équerre le long de* DD', *en ayant soin de tenir le fil tendu au moyen d'un style ou crayon qui s'appuie constamment sur* QV.

La trace de ce style sera nécessairement *une parabole*.

En effet, pour une position quelconque QRV de l'équerre, on a

$$\text{FM} + \text{MV} = \text{MQ} + \text{MV}; \quad \text{d'où} \quad \text{FM} = \text{MQ}.$$

Lorsque l'équerre est arrivée dans une position Q'R'V' telle, que Q'V' passe par le point F, le fil se *replie sur lui-même* de F en A, et le point A est le *sommet* de la courbe ; car on a

$$\text{FA} + \text{AV}' = \text{AQ}' + \text{AV}'; \quad \text{d'où} \quad \text{FA} = \text{AQ}'.$$

Pour tracer la partie *inférieure de la courbe*, il suffit de *renverser* la position de l'équerre.

N. B. — Ce procédé ne donne qu'une portion de la courbe ; cette portion qui se termine au point V'', pour lequel on a

$$\text{FV}'' = \text{V}''\text{Q}'' = \text{VQ}.$$

est d'autant plus grande que le côté QV de l'équerre a plus de longueur.

C'est probablement ce moyen de description qui a fait donner à la droite DD' le nom de *directrice*.

142. Recherchons actuellement l'ÉQUATION DE LA PARABOLE.

Nous prendrons pour *axe des x* la ligne GF (*fig.* 83), qui divise la courbe en deux parties égales, et pour *origine* le point A qui appartient à la courbe.

Soient x, y les coordonnées AP, MP du point M; z la distance FM, et p la distance FG; d'où

$$AF = AG = \frac{p}{2} \quad \text{et} \quad GP = \frac{p}{2} + x.$$

La circonférence décrite du point F comme centre, avec le rayon FM, a pour équation

$$(1) \qquad y^2 + \left(x - \frac{p}{2} \right)^2 = z^2;$$

mais on a l'équation de condition FM $=$ PG, ou

$$(2) \qquad z = x + \frac{p}{2}.$$

Éliminant z entre ces deux équations, on trouve pour l'équation de la courbe,

$$y^2 + \left(x - \frac{p}{2} \right)^2 = \left(x + \frac{p}{2} \right)^2,$$

ou, réduisant,

$$(3) \qquad y^2 = 2px.$$

Telle est l'équation de la parabole *rapportée à ses axes principaux*.

AX est dit le *premier* axe principal, et AY le *second*, ou la *tangente au sommet*.

On déduit de cette équation,

$$y = \pm \sqrt{2px};$$

d'où il suit que la courbe *s'étend indéfiniment à la droite de l'axe des y*, *tant au-dessus qu'au-dessous de l'axe des x*.

Et comme, pour $x = 0$, on a

$$y = \pm 0,$$

cette courbe est *tangente* en A à l'axe des y.

143. On nomme *paramètre* le coefficient de x, $2p$, c'est-à-dire *le double de la distance du foyer à la directrice*.

Ce paramètre est encore égal *à la double ordonnée qui passe par le foyer*.

Ap. de l'Al. à la G.

Car, d'après la définition de la courbe, on a

$$FN = NH = FG;$$

ce que l'on vérifie, d'ailleurs, au moyen de l'équation (3), qui, pour $x = \dfrac{p}{2}$, donne

$$y^2 = p^2, \quad \text{d'où} \quad y = \pm p.$$

Liaison des trois courbes.

144. Quoique la *parabole* semble, d'après sa définition, n'avoir aucune analogie avec l'*ellipse* et l'*hyperbole*, on peut établir un rapprochement entre la première courbe et les deux autres, au moyen d'une transformation de coordonnées exécutée sur les équations de ces deux dernières.

Rapprochement entre l'ellipse et la parabole. — Reprenons (*fig.* 77) l'équation de *l'ellipse*

$$(1) \qquad\qquad A^2 y^2 + B^2 x^2 = A^2 B^2,$$

et proposons-nous de rapporter cette courbe au *sommet* A comme *origine*, en conservant la *même direction* pour les axes.

Pour cela, il faut faire usage des formules (114)

$$x = x' + a, \quad y = y' + b$$

en y faisant $b = 0$, $a = -A$; ce qui les réduit à

$$x = x' - A, \quad y = y',$$

c'est-à-dire qu'il suffit de remplacer x par $x - A$ dans l'équation ci-dessus, en laissant y tel qu'il est.

Il vient, par cette substitution,

$$A^2 y^2 + B^2 x^2 - 2 A B^2 x = 0:$$

d'où l'on déduit

$$(2) \qquad\qquad y^2 = \frac{B^2}{A^2}(2 A x - x^2).$$

C'est l'équation de l'ellipse *rapportée à son sommet de gauche, pris pour origine.*

Cela posé, cette équation peut être mise sous la forme

$$y^2 = 2\,\frac{B^2}{A}\,x - \frac{B^2}{A^2}\,x^2.$$

ou bien, en faisant $\dfrac{B^2}{A} = p$,

$$(3) \qquad y^2 = 2px - \dfrac{p}{A}x^2.$$

Or, si l'on suppose que les deux quantités A et B croissent *indéfiniment*, de manière cependant que la quantité p ou $\dfrac{B^2}{A}$ reste *constante* $\left(\text{cela est permis d'après la relation } \dfrac{B^2}{A} = p, \text{ dans laquelle, après avoir}\right.$ pris pour p une valeur *fixe* et *indéterminée*, on peut donner à A différentes valeurs, et calculer ensuite une valeur correspondante pour $\left.B\right)$, il est clair que, dans cette hypothèse, plus A *augmente*, plus le terme $\dfrac{p}{A}$ *diminue*; et lorsque l'on suppose A $= \infty$, il en résulte $\dfrac{p}{A} = 0$.

Donc l'équation (3) se réduit alors à

$$y^2 = 2px,$$

qui n'est autre chose que l'équation d'une parabole.

D'où l'on peut conclure que la *parabole* est une *ellipse* dont le *grand axe* est *infini*, ou dont le *centre* est situé *à l'infini*.

145. *Rapprochement entre la parabole et l'hyperbole.* — Il faut rapporter cette dernière courbe à son sommet *de droite* B (*fig.* 80), ce qui revient (114) à porter $x + A$ à la place de x dans l'équation

$$A^2y^2 - B^2x^2 = -A^2B^2.$$

Elle devient ainsi

$$A^2y^2 - B^2x^2 - 2AB^2x = 0;$$

d'où

$$y^2 = \dfrac{B^2}{A^2}(2Ax + x^2),$$

ou, en posant, comme pour l'ellipse, $\dfrac{B}{A} = p$,

$$(4) \qquad y^2 = 2px + \dfrac{p}{A}x^2.$$

Actuellement, faisons augmenter A et B de manière que p reste *constant*; il vient, pour A $= \infty$,

$$\dfrac{p}{A} = 0,$$

et l'équation (4) se réduit à

$$y^2 = 2px.$$

Dans ce cas, la *seconde branche*, le *centre* et le *second sommet*, disparaissent, ou sont situés à l'*infini*.

146. *Conclusion importante.* — Il résulte de ce qui vient d'être dit, que les *trois courbes* peuvent être, en général, représentées par l'équation

$$y^2 = 2px + qx^2.$$

Lorsque la courbe est une *parabole*, on a

$$q = 0 ;$$

et l'équation se réduit à

$$y^2 = 2px.$$

Si c'est une *ellipse*, on a

$$2p = \frac{2B^2}{A}, \quad q = -\frac{B^2}{A^2},$$

l'origine des coordonnées étant supposée au sommet *de gauche*.

Enfin, dans le cas de l'*hyperbole*, on a

$$2p = \frac{2B^2}{A}, \quad q = +\frac{B^2}{A^2}.$$

Par analogie avec la parabole, on nomme PARAMÈTRE de l'ellipse ou de l'hyperbole, la quantité $2p$ ou $\dfrac{2B^2}{A}$ qui forme le coefficient de x dans l'équation de la courbe rapportée à l'un de ses sommets.

Cette quantité, qui peut être mise sous la forme $\dfrac{4B^2}{2A}$, ou $\dfrac{2B \cdot 2B}{2A}$, n'est autre chose qu'*une troisième proportionnelle au premier et au second axe*.

C'est aussi, comme dans la parabole, *le double de l'ordonnée qui passe par le foyer*.

Car si, dans l'équation de l'*ellipse* (144)

$$y^2 = \frac{B^2}{A^2}(2Ax - x^2),$$

on fait $x = A \pm c$ (ce qui est l'abscisse de l'un ou de l'autre des foyers), on trouve

$$y^2 = \frac{B^2}{A^2}(A^2 - c^2) = \frac{B^4}{A^2}; \quad \text{d'où} \quad y = \pm \frac{B^2}{A}.$$

Même résultat pour l'*hyperbole*.

N. B. — Cette dernière propriété peut servir à faire reconnaître la position des *foyers*.

147. Autre manière d'établir la liaison qui existe entre les trois courbes. — On demande l'équation d'*une courbe telle, que la distance de chacun de ses points*, M (*fig.* 85), *à un point fixe*, F, *soit avec la distance de ce même point* M *à une droite* DD' *aussi donnée de position, dans un rapport connu*, m : 1 ; en sorte que l'on ait

$$\mathrm{MF : MQ :: } m : 1,$$

m désignant un nombre absolu quelconque, $<$, $=$, ou >1.

Construction *de la courbe d'après cette définition.* — Du point F *abaissons* FG perpendiculaire sur DD', et *divisons* la distance FG dans le rapport $m : 1$, à partir du point F ; le point A ainsi obtenu appartient nécessairement à la courbe.

Pour en obtenir d'autres, *marquons* un point quelconque P sur la droite indéfinie GFX, et *élevons* en ce point une perpendiculaire ; puis du point F comme centre, avec un rayon égal à m.GP, *décrivons* un arc de cercle qui coupe la perpendiculaire en M et M' ; ces points appartiendront à la courbe, puisque l'on a par construction

$$\mathrm{FM = GP.} m = \mathrm{MQ.} m ;$$

d'où l'on tire

$$\mathrm{MF : MQ :: } m : 1 ;$$

et ainsi de suite.

Équation *de la courbe.* — Prenons pour axe des x la droite GFX, par rapport à laquelle la courbe est *symétrique*, et pour axe des y la perpendiculaire élevée au point A qui, comme nous l'avons vu, est un point de la courbe.

Soient

$$\mathrm{AP} = x, \quad \mathrm{MP} = y, \quad \mathrm{FM} = z, \quad \mathrm{AF} = \alpha ;$$

d'où

$$\mathrm{AG} = \frac{\alpha}{m},$$

puisque l'on a

$$\mathrm{AF : AG :: } m : 1.$$

Cela posé, l'équation de la *circonférence* qui a son centre en F, et pour rayon, FM ou z, est

$$(1) \qquad y^2 + (x - \alpha)^2 = z^2 :$$

de plus, on doit avoir

$$\mathrm{FM : MQ} \quad \text{ou} \quad \mathrm{GP :: } m : 1, \quad \text{ou} \quad z : x + \frac{\alpha}{m} :: m : 1 ;$$

d'où

$$(2) \qquad z = mx + \alpha.$$

Ainsi, en éliminant z entre ces équations, on obtiendra (110) l'équation demandée.

Il vient, toute réduction faite,

$$(3) \qquad y^2 + (1 - m^2)x^2 + 2\alpha(1 + m)x = 0.$$

148. Discussion. — L'équation (3) est privée du terme indépendant de x et de y; et cela doit être, puisque, la courbe passant par l'origine A, il faut que l'équation soit vérifiée par le système $(x = 0, y = 0)$.

Examinons successivement les circonstances qui correspondent aux trois hypothèses $m < 1$, $m = 1$, $m > 1$, en commençant par le cas le plus simple.

Soit $m = 1$.

L'équation (3) se réduit à

$$y^2 = 4\alpha x,$$

et est immédiatement comparable avec

$$y^2 = 2px.$$

Il suffit de poser

$$4\alpha = 2p; \quad \text{d'où} \quad p = 2\alpha = 2\text{AF};$$

d'où l'on voit que la courbe est une PARABOLE dont le *foyer* est en F, et qui a pour *directrice* DD'.

Le point A en est d'ailleurs le *sommet*, puisque l'on a alors

$$\text{AF} : \text{AG} :: 1 : 1, \quad \text{ou} \quad \text{AF} = \text{AG}.$$

149. Soit $m < 1$.

Le coefficient de x^2 est essentiellement *positif*.

L'équation peut être mise sous la forme

$$y^2 = (1 - m^2)\left(\frac{2a}{1 - m}x - x^2\right);$$

et en la comparant à l'équation de l'ellipse rapportée à son *sommet de gauche* (144), savoir :

$$y^2 = \frac{B^2}{A^2}(2Ax - x^2).$$

on trouve

$$A = \frac{2a}{1 - m}, \quad \frac{B^2}{A^2} = 1 - m^2.$$

d'où

$$B^2 = A^2(1 - m^2).$$

et, par suite,

$$B = \frac{\alpha}{1 - m} \sqrt{1 - m^2}.$$

Ainsi, la courbe est une ELLIPSE dont les *axes principaux* sont

$$\frac{2\alpha}{1 - m}, \quad \frac{2\alpha}{1 - m} \sqrt{1 - m^2}.$$

et le *paramètre*,

$$2\alpha(1 + m).$$

Soit posé $x = \alpha$ (ou AF) dans l'équation

$$y^2 = (1 - m^2)\left(\frac{2\alpha}{1 - m} x - x^2\right),$$

il vient

$$y^2 = (1 - m^2)\frac{\alpha^2(1 + m)}{1 - m} = \alpha^2(1 + m)^2;$$

d'où

$$y = \pm \alpha(1 + m) = \pm \frac{B^2}{A};$$

ce qui prouve (146) que le point F est un des *foyers* de la courbe.

Afin d'obtenir sur la figure le *premier axe*, remarquons que, le point A étant déjà l'*un des sommets*, il suffit de porter sur AX, et de A en B, une distance égale à $\frac{2}{1 - m}\,\alpha$; le point B est alors le *second sommet de* la courbe.

Quant au *second* axe, comme on connaît déjà le foyer F, il n'y a qu'à décrire de ce point comme centre, avec un rayon OA, moitié de AB, un arc de cercle qui coupe en deux points C, C′, la perpendiculaire élevée du point O, *centre* de l'ellipse.

Enfin, l'autre *foyer* F′ s'obtient en prenant OF′ = OF.

150. Soit $m > 1$.

Le coefficient de x^2 étant *négatif* dans l'équation (3), on peut mettre celle-ci sous la forme

$$y^2 = (m^2 - 1)\left(\frac{2\alpha}{m - 1} x + x^2\right);$$

et en la comparant à l'équation obtenue n° 143

$$y^2 = \frac{B^2}{A^2}(2 A x + x^2),$$

on trouve

$$A = \frac{\alpha}{m - 1}; \quad \frac{B^2}{A^2} = m^2 - 1.$$

d'où

$$\frac{B^2}{A} = \alpha(m+1),$$

et, par suite,

$$B = \frac{\alpha}{m-1}\sqrt{m^2-1};$$

donc la courbe est une HYPERBOLE dont le *premier axe* est $\dfrac{2\alpha}{m-1}$, le *second*, $\dfrac{2\alpha}{m-1}\sqrt{m^2-1}$, et le *paramètre*, $2\alpha(m-1)$.

L'hypothèse $x = \alpha$ (ou AF), donne d'ailleurs

$$y = \pm\,\alpha(m+1) = \pm\frac{B^2}{A};$$

ce qui prouve que, comme pour la *parabole* et *l'ellipse*, le point F est *un foyer* de la courbe.

La construction des *axes* et du *second foyer* s'exécuterait comme pour *l'ellipse*. Toutefois, il faut observer qu'elle doit s'opérer de *droite* à *gauche* par rapport au point F; car si l'on fait $y = o$ dans l'équation, il vient

$$\frac{2\alpha}{m-1}x + x^2 = o, \quad \text{ou} \quad x\left(\frac{2\alpha}{m-1} + x\right) = o,$$

ce qui donne

$$x = o \quad \text{et} \quad x = -\frac{2\alpha}{m-1}.$$

On trouve ainsi le *centre* O', le *second sommet* B' et le *second foyer* F".

151. La droite DD' porte dans chacune des trois courbes le nom de DIRECTRICE.

PARABOLE. $y^2 = 2px.$

Il suffit, pour obtenir cette directrice, de prendre à *la gauche* du point A (*fig.* 83), une distance $AG = AF = \dfrac{p}{2}$, puis d'*élever* au point G une perpendiculaire à l'axe des x.

ELLIPSE. $y^2 = \dfrac{B^2}{A^2}(2Ax - x^2),$

l'origine étant supposée (144) en A (*fig.* 77), et le point fixe en F'.

Comme on a trouvé (149)

$$\frac{B^2}{A^2} = 1 - m^2, \quad \text{d'où} \quad m^2 = \frac{A^2 - B^2}{A^2} = \frac{c^2}{A^2}, \quad \text{et} \quad m = \frac{c}{A},$$

on voit que le *rapport constant* $m : 1$ est représenté *géométriquement* par celui de OF′ à OA.

D'où il suit (147) que la distance du point A à la directrice est une *quatrième proportionnelle* aux trois lignes

$$\text{OF′ ou } c, \quad \text{OA ou A}, \quad \text{AF′ ou A} - c.$$

Construisant cette ligne exprimée par la quantité

$$\frac{A(A - c)}{c},$$

et la portant de A en G′ vers la *gauche* du point A, on obtiendra le *pied de la directrice* (que l'on s'est dispensé de tracer sur la figure).

On a d'ailleurs, pour la distance OG′ du *centre* à la *directrice*,

$$\text{OG′} = \text{OA} + \text{AG′} = A + \frac{A(A - c)}{c} = \frac{A^2}{c},$$

qui, n'étant autre chose qu'une *troisième proportionnelle* à c et A, peut être facilement construite.

Il est en outre évident, à cause de la *symétrie* de l'ellipse par rapport aux axes principaux, qu'il doit exister *deux* directrices de part et d'autre du centre, aux distances AG′, AG, exprimées par $-\dfrac{A^2}{c}$ et $+\dfrac{A^2}{c}$.

HYPERBOLE. — On parviendrait à des résultats analogues (*fig.* 80) pour cette courbe.

Mais il faut remarquer que *les pieds des deux directrices* doivent être situés *entre les deux sommets de l'hyperbole*, tandis que, pour l'*ellipse*, ils sont situés sur les *prolongements* de AB.

152. *Remarque.* — On trouve dans les caractères

$$m < 1, \quad m = 1, \quad m > 1,$$

la raison des *dénominations* attribuées aux trois courbes :

L'hypothèse $m < 1$ donne l'*ellipse*, ou la courbe par *défaut* ;
L'hypothèse $m = 1$ donne la *parabole*, ou la courbe *par égalité* ;
L'hypothèse $m > 1$ donne l'*hyperbole*, ou la courbe *par excès*.
Ces dénominations peuvent encore se déduire de l'équation

$$y^2 = 2px + qx^2,$$

suivant que l'on a

$$q < 0, \quad q = 0. \quad q > 0,$$

p étant constant pour les trois hypothèses.

§ III. — RÉDUCTION, PAR LA TRANSFORMATION DES COORDONNÉES, DE L'ÉQUATION GÉNÉRALE DU SECOND DEGRÉ A DEUX VARIABLES.

133. Nous allons faire voir maintenant que l'ELLIPSE, l'HYPERBOLE, et la PARABOLE, telles que nous les avons définies précédemment, sont les SEULES courbes qui puissent être représentées par l'équation générale du *second degré à deux variables*

$$A y^2 + B xy + C x^2 + D y + E x + F = 0.$$

Il semble, au premier abord, difficile de concevoir qu'il puisse y avoir *identité* entre toutes les courbes comprises dans cette équation et les courbes dont les équations sont de la forme

$$M y^2 + N x^2 = P, \quad \text{ou} \quad y^2 = Q x,$$

la PREMIÈRE désignant une *ellipse* ou une *hyperbole,* suivant que M, N, P sont positifs à la fois (131), ou bien, que M est positif, N négatif, et P négatif ou positif (159, 140); la *seconde* étant immédiatement comparable à l'équation, $y^2 = 2 p x$, de la *parabole.*

Mais observons que, si dans les deux équations précédentes, on met à la place de x et de y les valeurs

$$x = x \cos \alpha - y \cos \alpha' + a,$$
$$y = x \sin \alpha - y \sin \alpha' + b,$$

au moyen desquelles (115) on passe d'un système *rectangulaire* à un système *oblique* d'origine différente, l'équation qui en résulte est de même forme que l'équation complète. Or, il est évident que cette transformation de coordonnées n'a pas changé la *nature* de la courbe; seulement, comme les nouveaux axes se trouvent dans une situation quelconque à l'égard de la courbe, l'équation qui la représente est plus compliquée que lorsque cette courbe est rapportée à ses *axes principaux.*

Voyons donc si, par des transformations de coordonnées, on ne pourrait pas simplifier l'équation la plus générale et la ramener à l'une ou l'autre des deux formes ci-dessus.

Telle est la question qu'il s'agit d'examiner.

134. Remarquons, avant tout, que rien n'empêche de supposer que la courbe soit primitivement rapportée à des axes *rectangulaires;* car s'il en était autrement, on pourrait (120), en conservant la *même origine* et le *même axe* des x, les rendre rectangulaires, et l'équation résultante étant de même forme que la proposée serait celle sur laquelle on aurait à opérer.

Cela posé, reprenons l'équation

$$(1) \qquad A y^2 + B xy + C x^2 + D y + E x + F = 0,$$

et tâchons d'abord de faire disparaître le terme en xy.

Pour cela, nous aurons recours aux formules

$$x = x \cos\alpha - y \sin\alpha,$$
$$y = x \sin\alpha + x \cos\alpha,$$

au moyen desquelles (119) on passe d'un système *rectangulaire* à un système de même espèce, l'*origine* restant la *même*. L'angle α est ici une *indéterminée* (123) qu'il s'agit de calculer d'après la condition que l'équation *transformée* soit privée du rectangle xy, c'est-à-dire que le coefficient de ce terme soit *nul*.

En substituant ces valeurs de x et de y dans l'équation (1), ordonnant, et égalant à zéro le coefficient de xy, on obtient, pour l'*équation de condition*,

$$2 A \sin\alpha \cos\alpha + B \cos^2\alpha - B \sin^2\alpha - 2 C \sin\alpha \cos\alpha = 0,$$

et, pour l'*équation transformée*,

$$(2) \qquad M y^2 + N x^2 + R y + S x + F = 0,$$

dans laquelle on a fait, pour plus de simplicité,

$$M = A \cos^2\alpha - B \sin\alpha \cos\alpha + C \sin^2\alpha,$$
$$N = A \sin^2\alpha + B \sin\alpha \cos\alpha + C \cos^2\alpha,$$
$$R = D \cos\alpha - E \sin\alpha,$$
$$S = D \sin\alpha + E \cos\alpha.$$

[La quantité F est la même dans l'équation (2) que dans l'équation (1)].

Mais l'*équation de condition* pouvant s'écrire

$$(A - C) 2 \sin\alpha \cos\alpha + B (\cos^2\alpha - \sin^2\alpha) = 0,$$

devient, en vertu de relations trigonométriques connues,

$$(A - C) \sin 2\alpha + B \cos 2\alpha = 0;$$

d'où l'on déduit

$$\tang 2\alpha = - \frac{B}{A - C}.$$

Or, une tangente pouvant passer par tous les états de grandeur, et même être *infinie*, il s'ensuit que l'angle α est susceptible de détermination, quels que soient les coefficients A, B, C.

Donc, *il est toujours possible de faire disparaître le terme en xy, tant que* A, B, C, D, E, F *ont des valeurs réelles.*

Soient AX, AY (*fig.* 86) les axes primitifs; pour obtenir les nouveaux axes, *menons* par le point A une droite AL qui forme avec l'axe des x un angle ayant pour tangente $\dfrac{-B}{A-C}$; ce qui revient à prendre une partie AG $= 1$, puis à élever une perpendiculaire GH $= \dfrac{-B}{A-C}$, expression que nous supposons, pour fixer les idées, avoir une valeur *positive* (*).

Divisons ensuite cet angle LAX en *deux parties égales* par la ligne AX′; cette dernière droite sera le *nouvel axe* des x, et AY″, perpendiculaire à AX′, le nouvel axe des y.

N. B. — La relation

$$\operatorname{tang} 2\alpha = -\frac{B}{A-C},$$

correspondant à deux angles différents, 2α, $180° + 2\alpha$, il semble que l'on puisse prendre à volonté pour nouvel axe des x, la *bissectrice* de l'angle LAX, ou celle de l'angle $180° +$ LAX. Mais observons que les angles $\frac{1}{2}$LAX et $90° + \frac{1}{2}$LAX ont pour différence 90 degrés; en sorte que, si l'une de ces droites est prise pour le nouvel axe des x, l'autre doit être prise pour le nouvel axe des y, et réciproquement.

Ainsi, il n'y a réellement qu'UN SEUL SYSTÈME d'axes *rectangulaires* par rapport auxquels l'équation de la courbe peut être débarrassée du terme en xy.

On convient, d'ailleurs, de prendre pour l'angle 2α le plus petit des deux angles donnés par l'expression de tang 2α.

155. Cette première simplification de l'équation générale étant opérée, calculons les valeurs de M et de N au moyen de la valeur obtenue pour tang 2α.

On a, d'après des formules trigonométriques connues,

$$\cos 2\alpha = \frac{1}{\sqrt{1 + \operatorname{tang}^2 2\alpha}}, \qquad \sin 2\alpha = \frac{\operatorname{tang} 2\alpha}{\sqrt{1 + \operatorname{tang}^2 2\alpha}},$$

(*) Tant que les coefficients A, B, C, D,... ne reçoivent aucune valeur particulière, il est impossible de déterminer le *signe* dont telle ou telle fonction de ces quantités qu'on suppose réelles et de *signes quelconques*, doit être affectée; mais alors il est d'usage de considérer ces fonctions comme *positives*.

Ainsi, qu'il s'agisse de construire l'expression d'une *distance* à porter sur l'un des axes, ou sur une *parallèle* à ces axes, on la porte dans le sens que l'on est convenu de regarder comme *positif*. De même, s'il s'agit d'un angle, on le compte de *droite* à *gauche*; et les lignes *trigonométriques* sont elles-mêmes considérées comme *positives*.

d'où l'on déduit, en remplaçant $\tang 2\alpha$ par sa valeur,

$$\cos 2\alpha = \frac{A - C}{\sqrt{(A - C)^2 + B^2}}, \quad \sin 2\alpha = \frac{- B}{\sqrt{(A - C)^2 + B^2}}.$$

D'un autre côté, les équations

$$M = A \cos^2\alpha - B \sin\alpha \cos\alpha + C \sin^2\alpha.$$

$$N = A \sin^2\alpha + B \sin\alpha \cos\alpha - C \cos^2\alpha,$$

étant d'abord ajoutées entre elles, donnent, d'après la relation

$$\cos^2\alpha + \sin^2\alpha = 1,$$
$$M + N = A + C.$$

On trouve également, en les soustrayant l'une de l'autre,

$$M - N = (A - C)(\cos^2\alpha - \sin^2\alpha) - B \, 2 \sin\alpha \cos\alpha,$$

ou, à cause de $\cos 2\alpha = \cos^2\alpha - \sin^2\alpha$, $\sin 2\alpha = 2 \sin\alpha \cos\alpha$,

$$M - N = (A - C) \cos 2\alpha - B \sin 2\alpha;$$

et, si l'on remplace $\cos 2\alpha$, $\sin 2\alpha$ par leurs valeurs,

$$M - N = \frac{(A - C)^2 + B^2}{\sqrt{(A - C)^2 + B^2}};$$

ou, en supprimant le facteur $\sqrt{(A - C)^2 + B^2}$,

$$M - N = \sqrt{(A - C)^2 + B^2}.$$

Connaissant les valeurs de $M + N$ et de $M - N$, on en déduit successivement

$$M = \frac{A + C}{2} + \frac{1}{2} \sqrt{(A - C)^2 + B^2},$$

$$N = \frac{A + C}{2} - \frac{1}{2} \sqrt{(A - C)^2 + B^2} \; (^*).$$

d'où, multipliant ces deux équations membre à membre et réduisant,

$$MN = \frac{4 AC - B^2}{4} = - \frac{B^2 - 4 AC}{4}.$$

Ce dernier résultat prouve : $1°$ que les deux coefficients M et N sont *de*

(*) Ces expressions de M et de N, à cause du radical qui y entre, comportent chacune *deux* valeurs qu'il sera nécessaire d'interpréter quand nous en viendrons à des applications numériques.

même signe ou *de signes contraires*, suivant que la quantité $B^2 - 4AC$ est *négative* ou *positive*; 2° que l'un de ces coefficients est *nul* toutes les fois que l'on a $B^2 - 4AC = o$, et ne peut être nul que sous cette condition.

N. B. — On ne saurait avoir en même temps $M = o$, $N = o$; car il en résulterait

$$M + N = o, \quad M - N = o,$$

et, par conséquent,

$$A + C = o, \quad (A - C)^2 + B^2 = o.$$

Or, cette dernière condition entraîne les deux suivantes :

$$B = o, \quad A - C = o :$$

et celle-ci, combinée avec $A + C = o$, donne

$$A = o, \quad C = o.$$

Ce serait donc supposer que l'équation primitive ne renfermerait aucun des trois termes en y^2, xy, et x^2; ce qui n'est pas admissible, puisque alors l'équation ne serait que du premier degré.

156. Complétons maintenant la *réduction de l'équation générale du second degré.*

L'équation étant déjà débarrassée du terme en xy, essayons, par une translation d'origine, de faire évanouir les termes du premier degré en x et y.

Pour cela, faisons (114), dans l'équation (2) du n° 154,

$$x = x + a,$$
$$y = y + b;$$

et égalons séparément à zéro les deux coefficients de x et de y qui résultent de cette substitution.

On obtient d'abord, pour les *deux équations de condition*,

$$2Mb + R = o, \quad 2Na + S = o,$$

M, N, R et S étant des quantités essentiellement *réelles*, et pour l'équation *transformée*,

$$My^2 + Nx^2 + F' = o$$

(en posant $F' = Mb^2 + Na^2 + Rb + Sa + F$).

On déduit, des deux équations de condition,

$$a = -\frac{S}{2N}, \quad b = -\frac{R}{2M}.$$

Or, ces valeurs de a et de b seront toujours *réelles et finies* tant que M et N seront différents de zéro, c'est-à-dire (155), tant que l'on aura

$$B^2 - 4AC \lessgtr o.$$

On pourra donc, dans ce cas, transporter l'origine en un nouveau point A' ayant pour coordonnées

$$AC = -\frac{S}{2N}, \quad CA' = -\frac{R}{2M},$$

et pour lequel l'équation de la courbe, rapportée aux axes A'X", A'Y", parallèles à AX', AY' sera de la forme

$$My^2 + Nx^2 = P$$

(P désignant ce que devient $- F'$ lorsque l'on y a remplacé a et b par leurs valeurs).

On pourrait avoir soit $R = o$, soit $S = o$, auquel cas b ou a serait *nul*, et la nouvelle origine serait située sur AX' ou AY'.

Aucun de ces coefficients R, S ne saurait d'ailleurs être *infini*, d'après leur composition (154).

Ainsi, toutes les fois que, dans l'équation complète du second degré, la quantité $B^2 - 4AC$ est *différente* de zéro, *il est possible de faire disparaître les deux termes en x et en y*, et, par conséquent, *de ramener l'équation primitive à la forme*

$$(3) \qquad\qquad My^2 + Nx^2 = P.$$

157. Supposons actuellement que l'un des deux coefficients M ou N soit *nul*, ce qui exige (155) que l'on ait entre les coefficients A, B, C, de la proposée, la relation

$$B^2 - 4AC = o.$$

Dans ce cas, l'une des valeurs

$$a = -\frac{S}{2N}, \quad b = -\frac{R}{2M},$$

se présente sous la forme de l'*infini*; et comme on ne saurait transporter l'origine à une distance infinie, il est impossible d'exécuter la transformation proposée.

Et, en effet, admettons, pour fixer les idées, que l'on ait

$$N = o.$$

L'équation (2) du n° 154 se réduit à

$$My^2 + Ry + Sx + F = o;$$

et si l'on substitue dans cette équation les valeurs $x = x' + a$, $y = y' + b$, il vient

$$M y'^2 + (2 M b + R) y' + S x' + M b^2 + R b + S a + F = o.$$

Or, le coefficient de x, dans cette équation, étant indépendant des indéterminées a et b, on ne peut disposer de celles-ci de manière à faire disparaître ce terme.

Mais voyons si, dans ce cas, il est possible de faire évanouir le terme en y et la quantité indépendante de x et de y.

Il suffit, pour cela, de poser les équations de condition,

$$2 M b + R = o, \quad M b^2 + R b + S a + F = o;$$

d'où l'on déduit

$$b = - \frac{R}{2 m}, \quad a = - \frac{M b^2 + R b + F}{S},$$

ou, mettant dans l'expression de a la valeur trouvée pour b,

$$b = - \frac{R}{2 M}, \quad a = \frac{R^2 - 4 M F}{4 M S}.$$

De ces deux valeurs, celle de b est nécessairement *réelle* et *finie*, puisque (155, *N. B.*) on ne peut avoir $M = o$ en même temps que $N = o$.

Quant à la valeur de a, si le coefficient S n'est pas *nul* en même temps que N, elle est aussi *réelle et finie*.

Ainsi, lorsque la disparition du terme en xy aura donné lieu à celle du terme en x^2, en laissant subsister le terme en x, la transformation précédente pourra s'exécuter, et l'équation de la courbe rapportée aux nouveaux axes sera ramenée à la forme

$$M y'^2 + S x = o,$$

ou plutôt à celle-ci

$$(4) \qquad\qquad y^2 = Q x,$$

Q étant égal à $- \dfrac{S}{M}$.

N. B. — Si au lieu de $N = o$, on supposait $M = o$, R étant *différent de zéro*, on reconnaîtrait de même que l'équation peut être ramenée à la forme

$$N x^2 + R y = o;$$

mais en y changeant y en x et x en y, ce qui reviendrait (121) à *renverser la position* de la courbe par rapport aux axes, on retomberait sur

l'équation

$$N y^2 + R x = 0, \quad \text{ou} \quad y^2 = Q x \left(\text{en posant } Q = -\frac{R}{N}\right).$$

158. Les deux cas particuliers de $N = 0$, $S = 0$, ou de $M = 0$, $R = 0$, font exception à la transformation précédente, puisque alors la valeur de l'une des coordonnées a, b, de la nouvelle origine, se présente sous *forme infinie*.

Mais remarquons que l'équation (2) du n° **154** reçoit alors l'une des deux formes

$$M y^2 + R y + F = 0, \quad N x^2 + S x + F = 0;$$

et comme chacune de ces équations ne renferme qu'une seule variable, elle représente (83) *un système de deux droites parallèles* soit à l'axe AX', soit à l'axe AY'.

159. En résumant tout ce qui a été dit n°^s 153 et suivants, on doit regarder comme rigoureusement démontré que *toute équation du second degré à deux variables peut, par une double transformation de coordonnées, être ramenée à l'une des deux formes*

$$M y^2 + N x^2 = P, \quad y^2 = Q x,$$

excepté dans un cas tout particulier, celui où, par la disparition du terme en xy, le carré et la première puissance d'une même variable disparaissent également. Mais alors l'équation représente, ainsi que nous venons de le voir, *un système de deux droites parallèles*.

On parvient à la *première* forme d'équation toutes les fois que M et N sont *différents* de zéro, c'est-à-dire (155) lorsque, dans l'équation primitive, on a

$$B^2 - 4AC < \text{ou} > 0;$$

et à la *seconde* forme, toutes les fois que les coefficients A, B, C sont liés entre eux par la relation

$$B^2 - 4AC = 0.$$

On a vu, d'ailleurs (131, 139 et 140), que la courbe est une *ellipse* ou une *hyperbole* suivant que M et N sont de *même* signe ou de *signes contraires*, c'est-à-dire (155) suivant que $B^2 - 4AC$ est *négatif* ou *positif*.

D'où l'on peut conclure enfin que, dans l'équation générale

$$A y^2 + B x y + C x^2 + D y + E x + F = 0.$$

la condition

$$B^2 - 4AC < 0 \text{ caractérise les ELLIPSES,}$$
$$B^2 - 4AC > 0 \qquad \text{»} \qquad \text{les HYPERBOLES,}$$
$$B^2 - 4AC = 0 \qquad \text{»} \qquad \text{les PARABOLES.}$$

160. *N. B.* — La dernière de ces relations donnant

$$B = 2\sqrt{A}.\sqrt{C},$$

les trois premiers termes

$$A y^2 + B xy + C x^2$$

de l'équation générale peuvent, dans le cas qui s'y rapporte, se mettre sous la forme

$$\left(y\sqrt{A} + x\sqrt{C} \right)^2$$

et constituent ainsi un *carré parfait*.

Ce caractère, qui équivaut à la condition $B^2 - 4AC = 0$, est généralement plus commode dans les applications numériques pour distinguer la *parabole* des deux autres courbes.

161. **Variétés des trois courbes.** — Les trois courbes du second degré que nous venons de reconnaître sont susceptibles de certaines *variétés* qui ressortent de la discussion de leurs équations respectives.

Considérons d'abord l'équation

$$M y^2 + N x^2 = P,$$

dans laquelle on peut toujours supposer M *positif*, puisque, s'il était *négatif*, il suffirait de changer les signes des deux membres.

Il peut se présenter différents cas, par rapport aux *signes* et aux *valeurs numériques* des autres coefficients.

$$\text{Ellipses} \dots\dots \quad \text{M } et \text{ N } positifs.$$

Soit P *positif* en même temps que M et N.

L'équation $M y^2 + N x^2 = P$ représente (131) une ellipse qui, dans le cas particulier de $M = N$, devient *un cercle* (132).

Le cercle est donc *une première variété* de l'ellipse.

Si l'on a M et N positifs et P négatif, l'équation est évidemment *impossible ;* c'est-à-dire qu'à des valeurs de x *réelles* il ne peut correspondre que des valeurs *imaginaires* pour y, et réciproquement.

Donc *la courbe est imaginaire*, ou, en d'autres termes, l'équation n'a pas de lieu *géométrique*, ou ne représente *rien*.

Soit $P = 0$. L'équation, se réduisant à

$$M y^2 + N x^2 = 0,$$

ne peut être satisfaite que par le système $(x = 0, y = 0)$. Donc la courbe se réduit à *un point*.

Ainsi, les *variétés* de l'ELLIPSE sont :
Le cercle, une courbe imaginaire et *un point.*

HYPERBOLES....... M *positif,* N *négatif.*

P peut être *négatif* ou *positif.*

Dans le premier cas, l'équation $My^2 - Nx^2 = P$ représente (139) une hyperbole *rapportée à son axe transverse* comme axe des x ; et dans le second (140) une hyperbole *rapportée à son axe non transverse.*

Le cas particulier de N négatif et numériquement égal à M donne l'*hyperbole équilatère.*

Si l'on fait P = o, l'équation se réduit à

$$My^2 - Nx^2 = o\,;$$

et l'on en tire

$$y = \pm x\sqrt{\frac{N}{M}}.$$

Donc, dans ce cas la courbe dégénère en *un système de deux droites qui se coupent.*

Ainsi, les *variétés* de l'HYPERBOLE sont : *l'hyperbole équilatère,* et *un système de deux droites qui se coupent.*

PARABOLES....... $y^2 = Qx.$

Il peut arriver que Q soit *positif* ou *négatif.*

Dans le premier cas, l'équation représente évidemment une *parabole* dont le paramètre, $2p$, est égal au coefficient Q.

Dans le second, comme en changeant x en $-x$, l'équation $y^2 = -Qx$ devient $y^2 = Qx$, il s'ensuit que la courbe est encore une *parabole ;* seulement elle est dirigée dans le sens des x négatifs. Mais en pliant la figure suivant l'axe des y, on remet la courbe dans la situation ordinaire.

Le cas dans lequel on suppose (158) N = o, S = o, ou bien M = o, R = o, est regardé comme donnant *une variété* de la parabole, par la raison que M = o, ou N = o, est le caractère général de cette courbe.

Les équations

$$My^2 + Ry + F = o \quad \text{ou} \quad Nx^2 + Sx + F = o,$$

qui correspondent à ces hypothèses particulières, donnant par leur résolution

$$y = -\frac{R}{2M} \pm \frac{1}{2M}\sqrt{R^2 - 4MF},$$

ou bien

$$x = -\frac{S}{2N} \pm \frac{1}{2N}\sqrt{S^2 - 4NF},$$

il en résulte que, suivant que l'on a

$$R^2 - 4MF > o, \quad = o \quad ou \quad < o,$$

ou bien

$$S^2 - 4NF > o, \quad = o \quad ou \quad < o.$$

l'équation représente *deux droites parallèles, une seule droite,* ou *deux droites imaginaires.*

Telles sont les *variétés* de la PARABOLE.

162. *Mode de réduction de l'équation du second degré, qui convient au cas de* $B^2 - 4AC <$ *ou* $> o$. — Nous avons vu (154 à 156) comment, par une *double transformation de coordonnées,* on peut ramener toute équation du second degré à deux variables, à la forme

$$M y^2 + N x^2 = P,$$

en tant que, dans l'équation primitive,

$$A y^2 + B xy + C x^2 + D y + E x - F \quad o,$$

on a

$$B^2 - 4AC \lesseqgtr o.$$

ce qui caractérise l'*ellipse* ou l'*hyperbole*.

Mais, la méthode que nous avons exposée ayant, en général, l'inconvénient d'introduire des quantités *irrationnelles* dans les coefficients de l'équation *transformée* (154), et, par suite aussi, dans les valeurs des coordonnées a et b de la nouvelle origine, nous allons montrer qu'on peut, avec avantage, dans ce cas, *intervertir l'ordre* des deux transformations.

Reprenons, à cet effet, l'équation

$$(\text{1}) \qquad A y^2 + B xy + C x^2 + D y + E x + F = o:$$

et tâchons de faire disparaître, *d'abord,* les termes (dits *linéaires*) en x et y, savoir :

$$D y \quad et \quad E x.$$

Pour cela, remplaçons x, y, respectivement par $x + a$, $y + b$: il vient

$$A y^2 + B xy + C x^2 + (2Ab + Ba + D) y + (2Ca + Bb + E) x$$
$$+ A b^2 + B ab + C a^2 + D b + E a + F = o;$$

et puisqu'on veut que la nouvelle équation soit privée des termes *linéaires,* il suffit de poser

$$2Ab + Ba + D = o, \quad 2Ca + Bb + E = o,$$

et de déterminer (123) a et b de manière que ces deux *équations de condition* soient satisfaites.

Or, on obtient, par l'élimination de a, b, entre ces équations,

$$a = \frac{2\,AE - BD}{B^2 - 4\,AC}, \quad b = \frac{2\,CD - BE}{B^2 - 4\,AC},$$

valeurs essentiellement *réelles* et *finies*, puisque, par hypothèse, $B^2 - 4\,AC$ est *différent* de o.

D'où l'on peut conclure que cette PREMIÈRE transformation est *toujours* possible, tant que l'on a

$$B^2 - 4\,AC < \quad \text{ou} \quad > o.$$

L'équation *transformée* devient alors

$$(2) \qquad A y^2 + B xy + C x^2 + F' = o,$$

F' ayant pour valeur

$$A b^2 + B ab + C a^2 + D b + E a + F.$$

Cette dernière expression, qui n'est que le *résultat de la substitution* de a, b, à la place de x, y, dans le premier membre de la proposée, peut recevoir une forme plus simple, à l'aide des deux équations de condition.

En effet, si, après avoir multiplié la première de ces équations par b et la seconde par a, on les ajoute l'une à l'autre, il vient

$$2\,A b^2 + 2\,B ab + 2\,C a^2 + D b + E a = o;$$

d'où l'on déduit

$$A b^2 + B ab + C a^2 = - \frac{D b + E a}{2},$$

ce qui donne

$$F' = F + \frac{D b + E a}{2}.$$

163. L'équation (2) mérite une attention toute particulière.

En y posant $y = mx$, on obtient

$$(A m^2 + B m + C)\, x^2 + F' = o,$$

d'où

$$x = \pm \sqrt{\frac{- F'}{A m^2 + B m + C}},$$

par suite,

$$y = \pm m \sqrt{\frac{- F'}{A m^2 + B m + C}}.$$

Ce qui prouve, comme au n° 129, que *toute droite* menée par la *nouvelle origine* des coordonnées, et terminée de part et d'autre à la courbe, est *divisée par ce point en deux parties égales.*

Donc (130) ce point est le CENTRE de la courbe ; et l'on dit alors qu'elle est *rapportée à son centre* comme origine.

N. B. — Dans le cas de $B^2 - 4AC = 0$, les valeurs des coordonnées a et b de la *nouvelle origine* sont *infinies ;* et le *centre* est alors situé à *l'infini*, résultat conforme à ce que l'on a établi au n° 144.

164. La *première transformation* étant opérée, la *seconde*, qui a pour but de faire disparaître le terme en xy de l'équation (2), et qui (154) est *toujours possible*, s'exécute de la manière indiquée dans ce numéro.

Les opérations auxquelles donne lieu la *double transformation* sont donc, suivant la *deuxième méthode*, qui convient au cas de $B^2 - 4AC \lessgtr 0$, représentées dans le tableau suivant :

$$Ay^2 + Bxy + Cx^2 + Dy + Ex + F = 0.$$

$$1° \qquad a = \frac{2AE - BD}{B^2 - 4AC}; \qquad b = \frac{2CD - BE}{B^2 - 4AC}; \qquad F' = F + \frac{Db + Ea}{2};$$

Première transformée :

$$Ay^2 + Bxy + Cx^2 + F' = 0.$$

$$2° \qquad \tang 2\alpha = -\frac{B}{A - C},$$

$$M = \frac{A + C}{2} \pm \frac{1}{2}\sqrt{(A - C)^2 + B^2},$$

$$N = \frac{A + C}{2} \mp \frac{1}{2}\sqrt{(A - C)^2 + B^2};$$

Résultat final :

$$My^2 + Nx^2 + P = 0,$$

P désignant ce que devient F' ou $F + \dfrac{Db + Ea}{2}$ après qu'on y a remplacé a et b par les valeurs ci-dessus.

La courbe se trouve ainsi rapportée à *son centre* et à *ses axes principaux*.

165. *Remarque.* — La *seconde* transformation devient inutile lorsque la *première*, qui correspond au *déplacement d'origine*, conduit à un résultat de la forme

$$Ay^2 + Bxy + Cx^2 = 0.$$

Car cette équation résolue par rapport à y donne

$$y = x\left(\frac{-B \pm \sqrt{B^2 - 4AC}}{2A}\right).$$

expression qui montre : 1° que, dans le cas de

$$B^2 - 4AC < 0,$$

la courbe se réduit à un POINT qui n'est autre que la *seconde origine*, puisque alors l'équation n'est satisfaite que par $x = 0$, $y = 0$; 2° et que dans le cas de

$$B^2 - 4AC > 0,$$

la courbe dégénère en un *système de deux droites qui se coupent à cette nouvelle origine*.

166. *Interprétation du double signe des valeurs de* M *et de* N. — Nous avons fait remarquer (155, note au bas de la page), que les expressions de M et de N comportent chacune *deux* valeurs.

Pour interpréter ces *doubles valeurs*, rappelons-nous qu'elles ont été déduites de celles-ci :

$$\cos 2\alpha = - \frac{A - C}{\sqrt{(A - C)^2 + B^2}}, \quad \sin 2\alpha = \frac{- B}{\sqrt{(A - C)^2 + B^2}}.$$

Or, comme nous sommes convenus (154, *N. B.*) de prendre pour l'angle 2α le plus petit des angles fournis par la valeur $\tang 2\alpha = - \dfrac{B}{A - C}$, il s'ensuit que $\sin 2\alpha$ est essentiellement *positif*; et dès lors il peut se présenter *deux cas* :

Ou B est *négatif* dans l'équation particulière proposée, ou bien B est *positif*.

Dans le PREMIER cas, le signe $+$ doit accompagner le radical dans la valeur de $\sin 2\alpha$; et, par suite, on a pour les *vraies* valeurs de M et de N,

$$M = \frac{A + C}{2} + \frac{1}{2}\sqrt{(A - C)^2 + B^2},$$

$$N = \frac{A + C}{2} - \frac{1}{2}\sqrt{(A - C)^2 + B^2}.$$

Dans le SECOND, au contraire, pour que $\sin 2\alpha$ conserve le signe $+$, il faut que le radical soit affecté du signe $-$; et les *vraies* valeurs de M et de N doivent être

$$M = \frac{A + C}{2} - \frac{1}{2}\sqrt{(A - C)^2 + B^2},$$

$$N = \frac{A + C}{2} + \frac{1}{2}\sqrt{(A - C)^2 + B^2}.$$

167. Lorsque l'équation est aux *paraboles*, c'est-à-dire dans le cas de $B^2 - 4AC = 0$, il convient de conserver l'ordre primitif des deux trans-

formations, et l'on peut résumer de la manière suivante les résultats auxquels on parvient :

1°
$$\tang 2\alpha = -\frac{B}{A-C},$$

$$
\left.
\begin{aligned}
M &= \frac{A+C}{2} + \frac{1}{2}\sqrt{(A-C)^2 + B^2} \\
N &= \frac{A+C}{2} - \frac{1}{2}\sqrt{(A-C)^2 + B^2}
\end{aligned}
\right\} \quad \text{si B est } \textit{négatif,}
$$

ou bien

$$
\left.
\begin{aligned}
M &= \frac{A+C}{2} - \frac{1}{2}\sqrt{(A-C)^2 + B^2} \\
N &= \frac{A+C}{2} + \frac{1}{2}\sqrt{(A-C)^2 + B^2}
\end{aligned}
\right\} \quad \text{si B est } \textit{positif,}
$$

l'une des deux quantités M *ou* N *étant nécessairement nulle;* d'où, en supposant, par exemple N $= 0$,

$$My^2 + Ry + Sx + F = 0, \quad \textit{première transformée.}$$

[Les coefficients R et S sont exprimés (154) au moyen des valeurs de $\cos\alpha$ et de $\sin\alpha$, déduites de celles de $\tang 2\alpha$.]

2°
$$b = -\frac{R}{2M}; \quad a = \frac{R^2 - 4MF}{4MS},$$

$$My^2 + Sx = 0, \quad \text{ou} \quad y^2 = Qx, \quad \textit{résultat final.}$$

N. B. — Si l'on a $S = 0$, la seconde transformation est impossible; mais alors la *première transformée* représente généralement *deux droites parallèles au nouvel axe* des x; ces droites pourraient d'ailleurs se réduire à *une seule,* ou même être *imaginaires.*

Applications numériques.

168. *Mode de transformation correspondant à* $B^2 - 4AC \lessgtr 0$.
Soit, pour *premier exemple,*

$$y^2 - 2xy + 3x^2 + 2y - 4x - 3 = 0;$$

on a

$$A = 1, \quad B = -2, \quad C = 3, \quad D = 2, \quad E = -4, \quad F = -3;$$

d'où

$$B^2 - 4AC = 4 - 12 = -8. \quad \text{ELLIPSE.}$$

Appliquons les formules du n° 164 :

$$1° \qquad a = \frac{2\,AE - BD}{B^2 - 4AC} = \frac{1}{2}, \qquad b = \frac{2\,CD - BE}{B^2 - 4AC} = -\frac{1}{2},$$

et

$$F' = F + \frac{Db + Ea}{2} = -3 + \frac{(-1-2)}{2} = -\frac{9}{2};$$

d'où

Première transformée : $\qquad y^2 - 2xy + 3x^2 - \frac{9}{2} = 0.$

Soit pris sur AX, $AC = \frac{1}{2}$, et soit élevé au point C (*fig.* 87) une per-pendiculaire $CO = -\frac{1}{2}$; si l'on mène, par le point O, les deux droites OX', OY' parallèles à AX, AY, la courbe se trouve rapportée à deux nou-veaux axes *parallèles* aux anciens.

$$2° \qquad \tang 2\alpha = -\frac{B}{A - C} = \frac{2}{-2} = -1.$$

Comme on a

$$AC = \frac{1}{2}, \qquad CO = -\frac{1}{2};$$

il s'ensuit que

$$\tang AOX' = -1;$$

il suffit donc, après avoir tiré la droite OAL, de diviser l'angle LOX' en *deux parties égales* par la droite OX″, puis d'élever OY″ perpendiculaire à OX″; et la courbe se trouve alors rapportée au *troisième* système d'axes OX″, OY″.

On a d'ailleurs (166)

$$M = \frac{A + C}{2} + \frac{1}{2}\sqrt{(A - C)^2 + B^2} = 2 + \sqrt{2},$$

$$N = \frac{A + C}{2} - \frac{1}{2}\sqrt{(A - C)^2 + B^2} = 2 - \sqrt{2};$$

ce qui donne la *transformée finale*,

$$\left(2 + \sqrt{2}\right) y^2 + \left(2 - \sqrt{2}\right) x''^2 = \frac{9}{2}.$$

Pour comparer cette équation à celle-ci,

$$A^2 y^2 + B^2 x^2 = A^2 B^2,$$

et en déduire les valeurs numériques des *axes principaux*, 2A, 2B, il faut (133) la multiplier par

$$\frac{P}{MN} \quad \text{ou} \quad \frac{9}{2(2+\sqrt{2})(2-\sqrt{2})} = \frac{9}{4}.$$

On obtient ainsi

$$\frac{9(2+\sqrt{2})}{4} y^2 + \frac{9(2-\sqrt{2})}{4} x^2 = \frac{81}{8};$$

donc

$$A = \frac{3}{2}\sqrt{2+\sqrt{2}}, \quad B = \frac{3}{2}\sqrt{2-\sqrt{2}},$$

ou, calculant ces valeurs à o,1 près, et doublant,

$$2A = 5,5, \quad 2B = 2,2.$$

La courbe est une ELLIPSE telle que DED'E' dont le *grand axe* est dans le sens de OX''.

Deuxième exemple.

$$y^2 + 2xy + 2x^2 - 2x - 1 = 0,$$
$$A = 1, \quad B = -2, \quad C = 2, \quad D = 0, \quad E = -2, \quad F = -1 :$$

d'où

$$B^2 - 4AC = -4, \quad \text{ELLIPSE.}$$

$1°$
$$a = \frac{2AE - BD}{B^2 - 4AC} = \frac{-4}{-4} = 1,$$

$$b = \frac{2CD - BE}{B^2 - 4AC} = \frac{+4}{-4} = -1,$$

$$F' = F + \frac{Db + Ea}{2} = -1 + \frac{2}{2} = 0 :$$

Première transformée : $\quad y^2 + 2xy + 2x^2 = 0.$

La courbe se trouve ainsi rapportée au point ($a = 1$, $b = -1$) comme *nouvelle origine*, et à des axes *parallèles* aux premiers.

$2°$
$$\tan 2\alpha = -\frac{B}{A-C} = \frac{-2}{-1} = 2 :$$

et puisque B est *positif* dans l'équation

$$M = \frac{A+C}{2} - \frac{1}{2}\sqrt{(A-C)^2 + B^2} = \frac{3}{2} - \frac{1}{2}\sqrt{5},$$

$$N = \frac{A+C}{2} - \frac{1}{2}\sqrt{(A-C)^2 + B^2} = \frac{3}{2} + \frac{1}{2}\sqrt{5} :$$

ce qui donne, pour la *transformée finale*,

$$\left(\frac{3}{2} - \frac{1}{2}\sqrt{5}\right) y^2 + \left(\frac{3}{2} + \frac{1}{2}\sqrt{5}\right) x^2 = 0.$$

Comme dans cette équation les coefficients M et N sont tous les deux *positifs*, elle ne peut être satisfaite que par $x = 0$, $y = 0$.

Donc, l'*ellipse* se réduit à un point qui n'est autre que la *seconde origine* à laquelle on avait rapporté la courbe.

Ce résultat est conforme à la *remarque* du n° 165, et l'on aurait pu se dispenser d'opérer la *seconde transformation*.

Troisième exemple.

$$y^2 + 2xy - 2x^2 - 4y - x + 10 = 0,$$

$$A = 1, \quad B = +2, \quad C = -2, \quad D = -4, \quad E = -1, \quad F = 10,$$

$$B^2 - 4AC = 4 + 8 = +12. \qquad \text{HYPERBOLE.}$$

$$1° \qquad a = \frac{2AE - BD}{B^2 - 4AC} = \frac{1}{2}, \qquad b = \frac{2CD - BE}{B^2 - 4AC} = \frac{3}{2};$$

$$F' = F + \frac{Db + Ea}{2} = 10 - \frac{13}{4} = \frac{27}{4}.$$

Prenant, sur AX (*fig.* 88), $AN = \frac{1}{2}$, et élevant NO perpendiculaire à AX et égale à $\frac{3}{2}$, on a le point O pour *nouvelle origine*, et OX', OY' pour les *nouveaux axes*.

La *première transformée* est d'ailleurs

$$y^2 + 2xy - 2x^2 + \frac{27}{4} = 0.$$

$$2° \qquad \tang 2\alpha = -\frac{B}{A - C} = -\frac{2}{3},$$

Prenons, sur OX', $OR = 1$, puis *élevons*, au point R, RS perpendiculaire à OX' et égale à $-\frac{2}{3}$, et *tirons* la droite SOL; il en résulte

$$\tang LOX' = -\frac{2}{3}.$$

Donc, si l'on divise l'angle LOX' en deux parties égales, par la droite OX", on a OX", OY" pour le *troisième* système d'axes.

Les quantités M et N sont d'ailleurs, à cause de B *positif*,

$$M = \frac{A + C}{2} - \frac{1}{2}\sqrt{(A - C)^2 + B^2} = -\frac{1}{2} - \frac{1}{2}\sqrt{13},$$

$$N = \frac{A + C}{2} + \frac{1}{2}\sqrt{(A - C)^2 + B^2} = -\frac{1}{2} + \frac{1}{2}\sqrt{13};$$

ce qui donne, pour la *transformée finale*, après un changement de signe,

$$\frac{\sqrt{13} + 1}{2}\, y^2 - \frac{\sqrt{13} - 1}{2}\, x^2 = \frac{27}{4}.$$

Ici, l'*axe transverse* est (140) sur OY'', c'est-à-dire que le *premier axe principal* est figuré par BB'.

On obtiendrait d'ailleurs les valeurs numériques des deux axes principaux, en opérant comme il a été dit au n° 139.

Quatrième exemple.

$$y^2 + xy - 2x^2 - y + x = 0,$$

$$A = 1, \quad B = +1, \quad C = -2, \quad D = -1, \quad E = 1, \quad F = 0,$$

$$B^2 - 4AC = +9, \quad \text{HYPERBOLE.}$$

1°
$$a = \frac{2AE - BD}{B^2 - 4AC} = \frac{1}{3}, \quad b = \frac{2CD - BE}{B^2 - 4AC} = \frac{1}{3},$$

$$F' = F + \frac{Db + Ea}{2} = 0 + \frac{\left(-\frac{1}{3} + \frac{1}{3}\right)}{2} = 0;$$

ce qui donne, pour *première transformée*,

$$y^2 + xy - 2x^2 = 0.$$

2°
$$\tan 2\alpha = -\frac{B}{A - C} = -\frac{1}{3},$$

et comme B est *positif*,

$$M = \frac{A + C}{2} - \frac{1}{2}\sqrt{(A - C)^2 + B^2} = -\frac{1}{2} - \frac{1}{2}\sqrt{2},$$

$$N = \frac{A + C}{2} + \frac{1}{2}\sqrt{(A - C)^2 + B^2} = -\frac{1}{2} + \frac{1}{2}\sqrt{2}.$$

On obtient ainsi pour *seconde transformée*, en changeant les signes, et multipliant par 2,

$$\left(\sqrt{2} - 1\right) y^2 - \left(\sqrt{2} - 1\right) x^2 = 0.$$

équation qui, résolue par rapport à y, devient

$$y = \pm x \sqrt{\frac{\sqrt{2} - 1}{\sqrt{2} + 1}},$$

ou, transformant et réduisant,

$$y = \pm x \left(\sqrt{2} - 1 \right),$$

et représente, par conséquent, *un système de deux droites* qui se coupent à la *nouvelle origine* dont les coordonnées sont

$$a = \frac{1}{3}, \quad b = \frac{1}{3}.$$

On voit encore ici se vérifier la *remarque* du n° 165 ; et l'on serait parvenu au même résultat en traitant directement la *première transformée*.

169. *Mode de transformation pour le cas de* $B^2 - 4AC = 0$.

Soit, pour *cinquième exemple*,

$$y^2 - 4xy + 4x^2 + 2y - 7x - 1 = 0,$$

$$A = 1, \quad B = -4, \quad C = 4, \quad D = 2, \quad E = -7, \quad F = -1,$$

$$B^2 - 4AC = 16 - 16 = 0, \quad \text{PARABOLE.}$$

Il y a lieu ici d'appliquer les formules du n° 167.

$$1° \qquad \tan 2\alpha = -\frac{B}{A - C} = -\frac{4}{3},$$

d'où

$$\cos 2\alpha = -\frac{3}{5}, \quad \sin 2\alpha = +\frac{4}{5};$$

et, par suite,

$$\sin\alpha = \sqrt{\frac{1 - \cos 2\alpha}{2}} = \frac{2}{5}\sqrt{5}, \quad \cos\alpha = \sqrt{\frac{1 + \cos 2\alpha}{2}} = \frac{1}{5}\sqrt{5},$$

$$M = \frac{A + C}{2} + \frac{1}{2}\sqrt{(A - C)^2 + B^2} = \frac{5}{2} + \frac{5}{2} = 5,$$

$$N = \frac{A + C}{2} - \frac{1}{2}\sqrt{(A - C)^2 + B^2} = \frac{5}{2} - \frac{5}{2} = 0,$$

$$R = D\cos\alpha - E\sin\alpha = \frac{16}{5}\sqrt{5},$$

$$S = D\sin\alpha + E\cos\alpha = -\frac{3}{5}\sqrt{5};$$

ce qui donne, pour *première transformée,*

$$5y^2 + \frac{16}{5}\sqrt{5}\,y = \frac{3}{5}\sqrt{5}\,x - 1 = 0.$$

Pour construire les deux nouveaux axes, *prenez* sur AX une distance AC égale à 1 (*fig.* 89); *élevez* au point C une perpendiculaire CD égale à $-\frac{4}{3}$, puis *tracez* la droite DAB; vous avez ainsi

$$\text{tang} \, \text{BAX} = -\frac{4}{3}.$$

Divisez l'angle BAX en deux parties égales, et vous obtenez les axes AX', AY' pour *second* système de coordonnées.

$$2° \qquad b = -\frac{R}{2M} = -\frac{8}{25}\sqrt{5}, \quad a = \frac{R^2 - 4MF}{4MS} = -\frac{89}{75}\sqrt{5}.$$

D'où l'on déduit la *seconde transformée*

$$5y^2 - \frac{3}{5}\sqrt{5}\,x = 0.$$

Les quantités

$$b = -\frac{8}{25}\sqrt{5}, \quad a = -\frac{89}{75}\sqrt{5}, \quad S = -\frac{3}{5}\sqrt{5}.$$

étant évaluées en décimales à 0,1 *près* par exemple, deviennent respectivement

$$b = -0,7, \quad a = -2,7, \quad S = -1,3.$$

Prenons sur AX' une distance AE = $-2,7$; élevant en E, EA' perpendiculaire à AX' et égal à $-0,7$, puis, menant A'X", A'Y" parallèles à AX', AY', on aura le système d'axes auxquels est rapportée la PARABOLE,

$$5y^2 - 1,3.x = 0.$$

dont le *paramètre* a pour expression 1,3, et qui, par conséquent, peut être facilement construite au moyen des procédés indiqués au n° 141.

On obtient ainsi une courbe telle que M A'N, tangente en A' à l'axe A'Y".

Sixième exemple.

$$y^2 - 2xy - x^2 - 2y - 2x - 3 = 0,$$

$$A = 1, \quad B = -2, \quad C = 1, \quad D = 2, \quad E = -2, \quad F = -3.$$

$$B^2 - 4AC = 4 - 4 = 0 \qquad \text{PARABOLE.}$$

$$\tan 2\alpha = -\frac{B}{A-C} = \frac{2}{0}, \quad \cos 2\alpha = 0, \quad \sin 2\alpha = 1,$$

$$\sin \alpha = \frac{1}{2}\sqrt{2}, \quad \cos \alpha = \frac{1}{2}\sqrt{2},$$

$$M = \frac{A+C}{2} + \frac{1}{2}\sqrt{(A-C)^2 + B^2} = 1 + 1 = 2,$$

$$N = \frac{A+C}{2} - \frac{1}{2}\sqrt{(A-C)^2 + B^2} = 1 - 1 = 0,$$

$$R = D\cos\alpha - E\sin\alpha = 2\sqrt{2}, \quad S = D\sin\alpha + E\cos\alpha = 0;$$

ce qui donne la *première transformée,*

$$2y^2 + 2\sqrt{2}\,y - 3 = 0.$$

La valeur obtenue pour $\tan 2\alpha$, étant *infinie* (*fig.* 90), indique que le nouvel *axe* des x, AX', est la *bissectrice* de l'angle YAX.

Quant à la *seconde* transformation de coordonnées, il n'y a pas lieu (167, *N. B.*) de l'effectuer, puisque l'équation de la première transformée ne renferme plus que la *seule variable* y.

Cette équation représente un *système de deux droites parallèles au nouvel axe des x*, système que l'on peut *construire* facilement en résolvant cette équation ; il vient, toute réduction faite,

$$y = \frac{1}{2}\sqrt{2} \quad \text{et} \quad y = -\frac{3}{2}\sqrt{2},$$

ou

$$y = 0,7 \quad \text{et} \quad y = -2,1, \quad \text{à } 0,1 \text{ près.}$$

Prenant sur AY' deux distances AB $= 0,7$ et AB' $= -2,1$, puis, tirant les droites BC, B'C', parallèles à AX', on obtient le système demandé.

Les différents exemples que nous venons de traiter suffisent pour montrer comment *une courbe du second degré* exprimée par une équation numérique quelconque, peut, par *une double* transformation de coordonnées, être rapportée à son *centre* et à ses *axes principaux*, si c'est une ELLIPSE ou une HYPERBOLE, et à son *axe principal*, si c'est une PARABOLE.

170. REMARQUE GÉNÉRALE sur toutes les courbes exprimées par une équation du *second degré* en x et en y, ces lettres représentant les *distances* d'un point à des axes *fixes* et donnés de position sur un plan.

Dans la *double* transformation de coordonnées que nous avons exécutée pour ramener l'équation générale du second degré à deux variables, à l'une ou à l'autre des deux formes

$$My^2 - Nx^2 - P, \quad y^2 - Qx,$$

nous sommes partis de la supposition que la courbe était d'abord rapportée à des axes *rectangulaires*; et que le *troisième* système d'axes était lui-même rectangulaire.

Les *trois classes* de courbes du second degré ont été ensuite déterminées d'après des hypothèses faites sur les coefficients M, N, P, Q.

Mais si nous supposons qu'une courbe rapportée à des axes OBLIQUES soit exprimée par l'une de ces équations, *peut-on affirmer que,* pour les mêmes hypothèses faites sur les coefficients, *la courbe,* sous le rapport de la forme, *est la même que dans le cas d'axes* RECTANGULAIRES?

Pour répondre à cette question, il faut remarquer que chacune des *trois* courbes obtenues dans la supposition d'axes *rectangulaires* offre, dans son cours, un caractère qui lui est propre, et qui peut servir à la distinguer des *deux autres.*

Ainsi, l'*ellipse,* telle que nous l'avons définie au n° **124**, est une courbe RENTRANTE ET FERMÉE ou une courbe *limitée dans tous les sens.*

L'*hyperbole* (**134**) est une courbe composée *de deux branches distinctes, égales* et *opposées,* qui s'étendent *l'une et l'autre indéfiniment.*

Enfin, la *parabole* (**141**) s'étend *indéfiniment dans un seul sens,* et elle n'a qu'*une seule branche.*

Or ces *trois caractères géométriques* se reproduisent également par la discussion des deux équations précédentes, considérées par rapport à des axes *obliques.*

En effet, prenons l'équation

$$My^2 + Nx^2 = P,$$

et supposons d'abord M, N, *positifs* (on doit aussi regarder P comme *positif,* autrement l'équation ne pourrait donner lieu à des valeurs réelles pour x et y).

Cette équation, étant résolue par rapport à y, donne

$$y = \pm \sqrt{\frac{M}{N}\left(\frac{P}{N} - x^2\right)};$$

et l'inspection seule de ce résultat démontre qu'à des valeurs de x, soit

positives, soit *négatives,* numériquement *plus grandes* que $\sqrt{\dfrac{P}{N}}$, correspondent des valeurs *imaginaires* pour y.

Donc, la courbe est *limitée* dans le sens des x positifs, et dans celui des x négatifs, par deux parallèles à l'axe des y, SS′, RR′ (*fig.* 91), menées aux distances

$$OB = +\sqrt{\frac{P}{N}}, \quad OB' = -\sqrt{\frac{P}{N}}.$$

En résolvant l'équation par rapport à x, on reconnaîtrait de même qu'elle est *limitée* dans les deux sens de l'axe des y, par deux parallèles à l'axe des x, RS, R'S', menées aux distances

$$OC = + \sqrt{\frac{P}{M}}, \quad OC' = - \sqrt{\frac{P}{M}}.$$

La courbe est alors entièrement comprise en dedans du parallélogramme RSS'R', aux côtés duquel elle est tangente en B', C, B, C'.

Soient actuellement M *positif*, N *négatif*, et P négatif *ou* positif; ce qui donne, les signes étant mis en évidence,

$$M y^2 - N x^2 = \mp P.$$

L'équation résolue par rapport à y devient

$$y = \pm \sqrt{\frac{N}{M}\left(x^2 - \frac{P}{N}\right)}, \quad \text{ou} \quad y = \pm \sqrt{\frac{N}{M}\left(x^2 + \frac{P}{N}\right)}.$$

Dans le premier cas, on voit que, pour des valeurs de x, soit positives, soit négatives, numériquement *moindres que* $\sqrt{\frac{P}{N}}$, les valeurs correspondantes de y sont *imaginaires*. Mais en donnant à x des valeurs plus grandes que $\sqrt{\frac{P}{N}}$, on obtient pour y des valeurs *toujours réelles*, quelque grande que soit d'ailleurs la valeur de x dans les deux sens.

Donc, la courbe n'a *aucun point* situé entre les parallèles à l'axe des y, BL, B'L' (*fig.* 92), menées aux distances

$$OB = + \sqrt{\frac{P}{N}}, \quad OB' = - \sqrt{\frac{P}{N}}.$$

Mais elle s'étend *indéfiniment à droite* et à *gauche* de ces deux parallèles, au-*dessus* et au-*dessous* de l'axe des x.

Dans le second cas, il est évident que toute valeur donnée à x produira pour y des valeurs *toujours réelles*.

D'ailleurs, si l'on fait $x = 0$, ce qui donne

$$y = \pm \sqrt{\frac{P}{M}},$$

on doit regarder ces valeurs comme *les plus petites* de celles que peut recevoir y.

Donc la courbe n'a *aucun point* compris entre les parallèles à l'axe des x, LBK, L'B'K' (*fig.* 93), menées aux distances

$$OB = + \sqrt{\frac{P}{M}}, \quad OB' = - \sqrt{\frac{P}{M}}.$$

Mais elle s'étend *indéfiniment* au-*dessus* et au-*dessous* de ces parallèles, à *droite* et à *gauche* de l'axe des y.

Quant à l'équation (*fig.* 94)

$$y^2 = Qx, \quad \text{d'où} \quad y = \pm \sqrt{Qx},$$

il est clair qu'elle représente une courbe *indéfinie* dans le sens des x positifs, si Q est *positif*, et dans le sens des x négatifs, si Q est *négatif*.

De là on conclut que les équations

$$My^2 + Nx^2 = + P, \quad My^2 - Nx^2 = \mp P, \quad y^2 = \pm Qx,$$

représentant des courbes rapportées à des axes OBLIQUES, ont, la *première*, le caractère géométrique d'une *ellipse*, la seconde, celui d'une *hyperbole*, et la *troisième*, celui d'une *parabole*.

Si, maintenant, pour avoir des axes *rectangulaires*, on change d'abord (**120**)

$$x \quad \text{en} \quad x - y \cot\theta, \quad \text{et} \quad y \quad \text{en} \quad \frac{y}{\sin\theta},$$

on aura des équations en y^2, xy, x^2 et P ou Q'x, qui pourront ensuite, par une autre transformation de *coordonnées* ayant pour objet de faire disparaître le terme en xy, être ramenées aux formes tout à fait *caractéristiques*

$$A^2 y^2 + B^2 x^2 = A^2 B^2, \quad A^2 y^2 - B^2 x^2 = \mp A^2 B^2, \quad y^2 = 2px.$$

Donc enfin, *toute équation du second degré à deux variables,* rapportée à des axes rectangulaires ou obliques, représente, lorsqu'elle donne lieu à des valeurs *réelles,* une ELLIPSE ou une HYPERBOLE ou une PARABOLE, telles que nous les avons définies aux n⁰ˢ 124, 134 et 141, ou bien une de leurs VARIÉTÉS, savoir : *un cercle, un point, un système de deux droites qui se coupent, un système de deux droites parallèles, ou une seule ligne droite.*

CHAPITRE III.

DE L'ELLIPSE.

PROPOSITIONS PRÉLIMINAIRES.

171. *Caractères analytiques des points pris sur la courbe, au dedans ou au dehors.* — L'équation de l'ellipse (*fig.* 95) rapportée à son centre et à ses axes principaux étant (130)

$$A^2 y^2 + B^2 x^2 = A^2 B^2,$$

on a d'abord, pour chacun de ses points M, la relation

$$A^2 y^2 - B^2 x^2 - A^2 B^2 = 0.$$

Maintenant, si l'on considère un point N *intérieur* à la courbe, comme l'ordonnée NP de ce point est *moindre* que l'ordonnée MP correspondante à la même abscisse OP, il s'ensuit que $A^2 \overline{NP}^2$ est *moindre* que $A^2 \overline{MP}^2$: ainsi l'on a pour le point N, ou tout point *intérieur*,

$$A^2 y^2 + B^2 x^2 - A^2 B^2 < 0.$$

Pour un point *extérieur* N', l'ordonnée N'P est *plus grande* que NP, et l'on a nécessairement

$$A^2 y^2 + B^2 x^2 - A^2 B^2 > 0.$$

N. B. — Si le point extérieur avait la position N", pour laquelle il n'y a pas d'ordonnée correspondante de la courbe, la même relation n'en subsisterait pas moins ; car l'*abscisse* de ce point N" étant plus grande que OB, il en résulte $B^2 x^2 > A^2 B^2$, d'où *à fortiori*, etc.

172. La définition de l'ellipse (124) fournit d'autres caractères qu'il importe d'établir.

Pour tout point M, *sur* la courbe, on a

$$F'M + FM = 2A.$$

Pour un point *intérieur* R, comme F'R — RF est plus petit que F'M + MF, il en résulte

$$F'R + FR < 2A.$$

Pour un point *extérieur* R', on a, au contraire, F'R' + R'F plus grand que F'M + MF; et, par suite,

$$F'R' + FR' > 2A.$$

173. On déduit de l'équation $A^2 y^2 + B^2 x^2 = A^2 B^2$:

$$\frac{y^2}{(A + x)(A - x)} = \frac{B^2}{A^2}.$$

Or, x et y étant les coordonnées d'un point quelconque M de la courbe, il est évident que $A + x$, $A - x$ expriment les distances AP, BP des sommets A, B au pied de l'ordonnée MP; ainsi, l'on a

$$\frac{\overline{MP}^2}{AP \times PB} = \frac{B^2}{A^2}, \quad \text{ou} \quad \overline{MP}^2 : AP \times PB :: B^2 : A^2;$$

d'où l'on voit que

Le carré d'une ordonnée quelconque de l'ellipse est avec le produit des distances du pied de cette ordonnée aux deux sommets, dans un rapport constant;

En d'autres termes, *les carrés des ordonnées sont respectivement proportionnels aux rectangles des distances des pieds de ces ordonnées aux sommets de la courbe.*

Si l'on suppose $B = A$, la relation se réduit à

$$y^2 = A^2 - x^2 = (A + x)(A - x);$$

ce qui exprime que *l'ordonnée d'un cercle à un diamètre est moyenne proportionnelle entre les segments correspondants du diamètre,* propriété connue en Géométrie.

La propriété qui vient d'être établie pour l'ellipse n'est, du reste, qu'un cas particulier d'une autre proposition sur les courbes du second degré rapportées à des axes quelconques, et qui sera démontrée plus tard.

174. Décrivons sur le *grand axe* d'une ellipse (*fig.* 96), comme diamètre, une circonférence de cercle; on a, pour son équation,

$$y^2 = A^2 - x^2;$$

celle de l'ellipse rapportée aux mêmes axes étant

$$y^2 = \frac{B^2}{A^2}(A^2 - x^2),$$

il s'ensuit que, si l'on désigne par y l'ordonnée d'un point quelconque de cette courbe, et par Y l'ordonnée du *cercle* correspondant *à la même abscisse*, on a la relation

$$y = \frac{B}{A} Y;$$

c'est-à-dire que *l'ordonnée de l'ellipse est à celle du cercle décrit sur son grand axe, dans le rapport du petit axe au grand axe;*

D'où résulte un moyen assez simple de *construire* l'ellipse par points :

Sur les axes AB, CD, *décrivez* deux circonférences; *tirez* le rayon OM, et par le point L, où ce rayon coupe la petite circonférence, *menez* LN parallèle à AB.

Le point N où cette parallèle rencontre l'ordonnée du point M appartient à l'ellipse.

En effet, on a, d'après la construction,

$$OM : OL :: PM : PN, \quad ou \quad A : B :: Y : PN;$$

donc

$$PN = \frac{B}{A} Y = y.$$

Prolongeant ensuite MP d'une quantité Pn égale à PN, on obtient un second point de la courbe; les points n', n'', *symétriques* des deux premiers, peuvent être ensuite déterminés comme l'indique la figure.

175. Il existe un autre moyen, fondé sur la même propriété, pour construire l'ellipse.

AB, CD étant les deux axes (*fig.* 97), *marquez* sur CD un point K tel, qu'on ait

$$OK = A - B;$$

prenez ensuite un point quelconque I situé entre O et K; puis, de ce point I comme centre, avec un rayon OK, *décrivez* un arc de cercle qui coupe AB en L et en L'; *tirez* IL, IL', et *prenez*, sur ces deux lignes prolongées,

$$IM = IM' = A;$$

les points M, M' appartiennent à la courbe.

Car, si l'on mène IH parallèle à AB, et MQ perpendiculaire à IH, les triangles IQM, LPM sont semblables et donnent

$$MI : ML :: MQ : MP; \quad d'où \quad MP = \frac{ML}{MI} MQ = \frac{B}{A} MQ.$$

Mais on a

$$MQ = \sqrt{\overline{MI}^2 - \overline{IQ}^2} = \sqrt{\overline{MI}^2 - \overline{OP}^2};$$

donc, en posant $OP = x$, on trouve

$$y = MP = \frac{B}{A}\sqrt{A^2 - x^2} = \frac{B}{A}\,Y.$$

Même raisonnement à l'égard du point M' *symétrique* du point M.

Pour obtenir les deux points m, m' *symétriques* de M, M', il suffirait de prendre, sur OC, $OI' = OI$ et d'opérer comme précédemment.

Il est évident, d'ailleurs, que, pour que la construction soit *possible*, le point I doit être placé entre O et K.

176. *Mesure de la surface* ou QUADRATURE de *l'ellipse*.

Le rapport *constant* $\dfrac{B}{A}$, qui existe entre l'ordonnée de l'ellipse et celle du cercle décrit sur son grand axe, conduit très-simplement à l'expression, soit de la *surface entière* de l'ellipse, soit de l'*aire* d'un *segment* compris entre *deux ordonnées parallèles*.

En premier lieu, concevons que l'on ait inscrit au *cercle* un polygone quelconque dont MM' soit un côté.

Des sommets M, M',... (*fig.* 96) de ce polygone, abaissons des perpendiculaires sur le grand axe, et joignons par des cordes les points N, N',... où ces perpendiculaires coupent l'*ellipse*; nous formons ainsi un polygone inscrit à cette courbe, et qui a NN' pour un de ses côtés.

Cela posé, soient Y, Y' les ordonnées des deux points M, M', et y, y', celles des points N, N' correspondant aux mêmes abscisses x, x'.

Les trapèzes MM'P'P, NN'P'P donnent

$$MM'P'P = \frac{Y - Y'}{2}(x' - x), \qquad NN'P'P = \frac{y + y'}{2}(x' - x);$$

d'où

$$\frac{NN'P'P}{MM'P'P} = \frac{y - y'}{Y - Y'}.$$

Or on a

$$y = \frac{B}{A}\,Y, \quad y' = \frac{B}{A}\,Y'; \quad \text{par suite,} \quad \frac{y - y'}{Y - Y'} = \frac{B}{A};$$

donc

$$\frac{NN'P'P}{MM'P'P} = \frac{B}{A}.$$

On reconnaîtrait, de la même manière, que chacun des trapèzes dont se compose le polygone inscrit à l'*ellipse* est au trapèze correspondant du *cercle*, dans le rapport B : A.

D'où l'on conclut, en vertu d'un principe connu, que la *somme de tous les premiers trapèzes est à celle des seconds, dans ce même rapport*.

Ainsi, soient p, P les deux polygones; on a

$$\frac{p}{P} = \frac{B}{A}.$$

Cette relation, devant subsister quel que soit le *nombre des côtés des deux polygones*, est encore vraie pour les *polygones limites* qui ne sont autres que l'*ellipse* et le *cercle*.

Donc, si l'on désigne par s, S, leurs SURFACES, il vient

$$\frac{s}{S} = \frac{B}{A}, \quad \text{ou} \quad s = \frac{B}{A}S;$$

et comme l'aire du cercle a pour expression, πA^2, il en résulte

$$s = \pi A^2 \frac{B}{A},$$

ou bien enfin

$$s = \pi AB,$$

pour l'expression de la SURFACE d'une *ellipse* dont les *axes principaux* sont $2A$, $2B$.

En second lieu, quant à l'*aire* d'un *segment compris entre deux ordonnées parallèles*, il suffirait, pour l'obtenir, d'appliquer à *ce segment*, et à celui qui lui *correspond* dans le cercle, le même raisonnement que celui qui a conduit à l'expression du rapport des deux *surfaces entières*; de sorte qu'en appelant s', S' ces *segments*, on arriverait à l'égalité

$$s' = \frac{B}{A}S';$$

d'où l'on déduirait l'*aire cherchée* au moyen de celle de S' qu'on sait déterminer *géométriquement*.

§ I. — DIAMÈTRES DANS L'ELLIPSE. — DIAMÈTRES CONJUGUÉS. — CORDES SUPPLÉMENTAIRES : LEURS RELATIONS AVEC LES DIAMÈTRES CONJUGUÉS.

177. On appelle, en général, DIAMÈTRE d'une courbe, *une ligne* (droite ou courbe) *qui passe par les milieux de toutes les cordes parallèles menées sous une direction quelconque*.

De cette définition il résulte nécessairement que toute courbe a une *infinité* de diamètres dont la nature dépend de la nature de la courbe elle-même.

Nous allons démontrer que, dans l'*ellipse* (et nous ferons voir plus tard qu'il en est de même pour les deux autres courbes du second degré), *tous les diamètres sont des lignes droites*.

Soient, en effet,

$$(1) \qquad A^2 y^2 + B^2 x^2 = A^2 B^2$$

l'équation de l'ellipse rapportée à son centre et à ses axes, et

$$(2) \qquad y = ax + b$$

celle d'une droite qui doit rencontrer la courbe.

En éliminant x et y entre ces équations, on obtiendra les coordonnées des points d'intersection de la droite avec la courbe.

L'élimination de y, par exemple, donne

$$(3) \qquad (A^2 a^2 + B^2) x^2 + 2 A^2 ab x + A^2 (b^2 - B^2) = 0.$$

Cela posé, désignons par (x', y'), (x'', y'') les coordonnées des points M, M' (*fig.* 98), et par X, Y celles du *point milieu* N.

On a (96)

$$X = \frac{x' + x''}{2}, \quad Y = \frac{y' + y''}{2}.$$

D'un autre côté, l'équation (3), étant du *second degré*, donne entre ses racines la relation

$$\frac{x' + x''}{2} = - \frac{A^2 ab}{A^2 a^2 + B^2};$$

en sorte que l'on a, pour les coordonnées du point N,

$$(4) \qquad X = - \frac{A^2 ab}{A^2 a^2 + B^2},$$

$$(5) \qquad Y = aX + b.$$

Mais des deux quantités a, b, qui *fixent* la position de la droite MM', l'une, a, est *constante* pour toutes les positions que peut prendre cette droite *parallèlement* à elle-même; l'autre, b, varie d'une position à l'autre; d'où il suit que si, pour une valeur *déterminée* de a, on donne à b une série de valeurs auxquelles correspondent *autant* de valeurs de X déduites de l'équation (4) et de Y tirées de l'équation (5), on obtiendra les coordonnées de la série des *points milieux* de la corde MM' et de toutes les cordes qui lui sont parallèles.

Par conséquent, en éliminant b entre (4) et (5), on parviendra à une équation qui, convenant *exclusivement* à tous ces *points milieux*, sera l'équation de leur *lieu géométrique*.

Or, l'équation (5) donne $b = Y - aX$; d'où, substituant dans l'équation (4) et chassant le dénominateur,

$$(A^2 a^2 + B^2) X = - A^2 a (Y - aX),$$

ou, réduisant et résolvant par rapport à Y,

$$Y = - \frac{B^2}{A^2 a} X,$$

équation d'une *droite* passant par l'*origine*.

Comme d'ailleurs on est arrivé à cette équation *sans donner à la constante a aucune valeur particulière,* on peut conclure :

1° Que, *dans l'ellipse, tous les diamètres sont des lignes droites;*

2° Que *les diamètres de l'ellipse passent tous par le centre.*

Ce dernier résultat s'accorde avec la définition du *centre* (130).

178. Diamètres conjugués. — Considérons, avec le diamètre LL' qui, passant par les *milieux* de la corde MM' (*fig.* 98) et des cordes *parallèles* à celles-ci, a pour équation

$$(1) \qquad y = - \frac{B^2}{A^2 a} x,$$

le diamètre II' *parallèle* à ces cordes; l'équation de ce dernier est

$$(2) \qquad y = ax.$$

Réciproquement, si l'on considère les cordes *parallèles* au premier diamètre LL', et que l'on appelle a' la quantité $- \frac{B^2}{A^2 a}$, l'équation du diamètre, *lieu géométrique* des *points milieux* de ces nouvelles cordes, sera (177)

$$y = - \frac{B^2}{A^2 a'} x,$$

expression qui, après que l'on a remplacé a' par sa valeur, se réduit à

$$y = ax,$$

c'est-à-dire à l'équation même du diamètre II'.

D'où résulte nécessairement cette conséquence :

Si un diamètre LL' passe par les *points milieux* d'un système de cordes *parallèles* à un autre diamètre II', *réciproquement,* celui-ci passe par les *points milieux* de toutes les cordes *parallèles* au premier.

Ces deux diamètres, dont *chacun* divise *en deux parties égales* les cordes *parallèles* à l'autre, sont dits **diamètres conjugués**.

L'ellipse a évidemment *une infinité de systèmes de diamètres conjugués,* puisqu'il y a *une infinité de systèmes de cordes parallèles.*

179. Autres conséquences immédiates :

1° La quantité $- \frac{B^2}{A^2 a}$ ayant été représentée par a', le produit de a par a'

est égal à $-\dfrac{B^2}{A^2}$; en sorte que, si l'on désigne par α, α' les angles que forment respectivement avec le *grand axe* les deux *diamètres conjugués* d'un système quelconque, on a, entre les *coefficients d'inclinaison* de ces diamètres, la relation

$$\operatorname{tang}\alpha\,\operatorname{tang}\alpha' = -\frac{B^2}{A^2}.$$

2° Le *caractère analytique* d'un pareil système est qu'en y rapportant la courbe, on a une équation de la forme

$$My^2 + Nx^2 = P.$$

Car cette équation, donnant, *pour une même* valeur de x, *deux* valeurs de y égales et de *signes contraires*, ou *réciproquement*, satisfait à la double condition que *chacun* des nouveaux axes *divise en deux parties égales* toutes les cordes de la courbe *parallèles* à *l'autre axe*.

3° Par suite, les *axes principaux* forment un système de *diamètres conjugués*.

180. Le système de diamètres conjugués formé par les axes principaux est le *seul* qui puisse être *rectangulaire*, tant qu'il s'agit d'une ellipse proprement dite.

Car, pour que les deux diamètres soient *perpendiculaires* l'un à l'autre, il faut (64) qu'entre les angles α, α' qu'ils font avec l'axe des x, on ait la relation

$$\operatorname{tang}\alpha\,\operatorname{tang}\alpha' = -1;$$

et pour que ces diamètres soient *conjugués*, on doit avoir, en vertu de la première conséquence (179),

$$\operatorname{tang}\alpha\,\operatorname{tang}\alpha' = -\frac{B^2}{A^2}.$$

Or les demi-axes, A et B, d'une ellipse étant *inégaux*, ces deux relations ne peuvent exister ensemble qu'autant que l'on a à la fois

$$\operatorname{tang}\alpha = 0, \quad \operatorname{tang}\alpha' = \infty,$$

ou réciproquement : c'est-à-dire qu'autant que le système des diamètres conjugués est précisément celui des *axes principaux*.

Donc, etc.

N. B. — Dans le cas de B = A, qui est celui où l'ellipse devient un CERCLE, les deux relations n'en font plus qu'*une seule*; d'où l'on conclut que, *dans le cercle, il existe une infinité de systèmes de diamètres conjugués perpendiculaires entre eux.*

Cela est, du reste, évident ; car un diamètre étant tracé à volonté dans le plan du cercle, si l'on élève par le centre une *perpendiculaire* à ce diamètre, l'équation de la courbe rapportée à ce système d'axes est toujours

$$y^2 + x^2 = r^2.$$

181. CORDES SUPPLÉMENTAIRES. — On nomme ainsi deux *droites qui, partant des extrémités d'un diamètre quelconque, se rencontrent sur la courbe.*

Les *angles* que ces droites, prises *deux à deux*, forment avec le *grand axe* ont entre eux une *relation particulière* que nous allons établir.

Considérons, à cet effet, en *premier lieu*, les deux cordes AM et BM (*fig.* 99), menées d'un point quelconque M de la courbe aux extrémités A et B du *grand axe*.

La droite BM passant par le point B, dont les coordonnées sont $(y = 0, x = A)$, a pour équation

$$y = a(x - A);$$

on a de même pour la droite AM, passant par le point A ou $(y = 0, x = -A)$,

$$y = a'(x + A).$$

Si l'on désigne par x', y' les coordonnées du point M, comme elles doivent vérifier les deux équations précédentes, il en résulte

$$y' = a(x' - A); \quad \text{d'où} \quad a = \frac{y'}{x' - A}.$$

$$y' = a'(x' + A); \quad \text{d'où} \quad a' = \frac{y'}{x' + A};$$

et, par suite,

$$aa' = \frac{y'^2}{x'^2 - A^2}.$$

D'un autre côté, le point (x', y') se trouve aussi sur la courbe ; ce qui donne

$$A^2 y'^2 + B^2 x'^2 = A^2 B^2,$$

d'où l'on déduit

$$\frac{y'^2}{x'^2 - A^2} = -\frac{B^2}{A^2}.$$

Égalant entre elles les deux valeurs de $\dfrac{y'^2}{x'^2 - A^2}$, on obtient la relation

$$aa' = -\frac{B^2}{A^2}.$$

182. Soient, *en second lieu,* deux *cordes supplémentaires,* EM′, E′M′ aboutissant aux extrémités d'un *diamètre quelconque* EE′.

Appelons x'', y'', les coordonnées du point E; celles du point E′ seront (129) $-x''$, $-y''$; et les équations de deux droites menées des points E, E′ à un point quelconque M′ de la courbe seront de la forme

$$y - y'' = a(x - x''),$$
$$y + y'' = a'(x + x'').$$

Comme le point M′ ou (x', y') appartient à la fois aux deux droites, on a les relations

$$y' - y'' = a(x' - x''), \quad y' + y'' = a'(x' + x''),$$

d'où

$$aa' = \frac{y'^2 - y''^2}{x'^2 - x''^2}.$$

Mais les points M′, E, E′ se trouvant aussi sur la courbe, on a également

$$A^2 y'^2 + B^2 x'^2 = A^2 B^2, \quad A^2 y''^2 + B^2 x''^2 = A^2 B^2,$$

d'où

$$\frac{y'^2 - y''^2}{x'^2 - x''^2} = -\frac{B^2}{A^2};$$

et, en égalant les deux valeurs de $\frac{y'^2 - y''^2}{x'^2 - x''^2}$, on arrive à la même relation que ci-dessus :

$$aa' = -\frac{B^2}{A^2}.$$

N. B. — Dans le cas de $B = A$, cette relation devient

$$aa' = -1;$$

ce qui prouve que, DANS LE CERCLE, *les cordes supplémentaires sont à angle droit.*

183. Les deux relations

$$\tan \alpha \, \tan \alpha' = -\frac{B^2}{A^2}, \quad aa' = -\frac{B^2}{A^2},$$

obtenues aux n°ˢ 179 et 182, donnent lieu à un rapprochement utile entre les *diamètres conjugués* et les *cordes supplémentaires.*

Appelons γ, γ' les angles que forment, avec le *grand axe* de l'ellipse, les *cordes supplémentaires* (*fig.* 98) MM′, Mm partant des extrémités d'un diamètre quelconque M′m; on a

$$\tan \gamma \, \tan \gamma' = -\frac{B^2}{A^2};$$

et comme, pour un système *de diamètres conjugués,* on a pareillement

$$\tan g\,\alpha\,\tan g\,\alpha' = -\frac{B^2}{A^2},$$

il en résulte la nouvelle relation

$$\tan g\,\gamma\,\tan g\,\gamma' = \tan g\,\alpha\,\tan g\,\alpha',$$

qui démontre que l'hypothèse $\gamma = \alpha$ entraîne la condition $\gamma' = \alpha'$.

Cela signifie, en langage ordinaire, que la corde MM' étant supposée *parallèle* au *diamètre* II', par exemple, le CONJUGUÉ de celui-ci est nécessairement *parallèle* à la corde *supplémentaire* Mm, et n'est autre que le *diamètre* LL', passant par les POINTS MILIEUX de toutes les cordes *parallèles* à MM'.

Cette propriété fournit un moyen simple de construire le *diamètre conjugué* d'un diamètre donné tel que LL' :

Tirez un diamètre quelconque M'm, et, par le point m, la corde mM *parallèle* au diamètre donné LL'; *tracez* ensuite la *corde supplémentaire* M'M, puis le diamètre II' *parallèle* à cette corde. Vous obtenez ainsi le CONJUGUÉ du diamètre LL'.

N. B. — Il est plus commode, en général, de faire usage, dans cette construction, des cordes supplémentaires qui partent des extrémités du *grand axe.*

184. Proposons-nous maintenant de calculer *l'angle que forment entre elles deux cordes supplémentaires menées par les extrémités du grand axe.*

Soient AM, BM (*fig.* 99) les deux cordes données.

Pour résoudre la question proposée, il suffit (62) de calculer l'expression

$$\tan g\,\text{AMB} = \frac{a - a'}{1 + aa'},$$

a désignant la tangente de l'angle MBX, a' celle de MAX.

Or on a trouvé (181)

$$a = \frac{y'}{x' - A}, \quad a' = \frac{y'}{x' + A};$$

ce qui donne

$$\frac{a - a'}{1 + aa'} = \frac{\dfrac{y'}{x' - A} - \dfrac{y'}{x' + A}}{1 + \dfrac{y'^2}{x'^2 - A^2}} = \frac{2\,A\,y'}{x'^2 - A^2 + y'^2}.$$

Mais, de la relation $A^2 y'^2 + B^2 x'^2 = A^2 B^2$, on déduit

$$x'^2 - A^2 = -\frac{A^2 y'^2}{B^2};$$

d'où, substituant,

$$\frac{a - a'}{1 + aa'} = \frac{2\,A\,y'}{\dfrac{-\,A^2 y'^2}{B^2} + y'^2} - \frac{2\,AB^2}{(A^2 - B^2)y'};$$

donc enfin

(1) $$\tang AMB = -\frac{2\,AB^2}{(A^2 - B^2)y'}.$$

L'inspection seule de ce résultat prouve d'abord que, si l'on considère un point quelconque M de la courbe, situé *au-dessus* du grand axe, auquel cas y' est *positif*, la tangente de l'angle AMB est *négative* (car on a toujours $A > B$); donc cet angle est nécessairement *obtus*, ce qui doit être, puisque tous les points de l'ellipse sont *intérieurs* à la *demi-circonférence* décrite sur AB comme diamètre.

On voit, en outre, que, plus y' est *grand*, plus la valeur *numérique* de l'expression (1) est *petite*; par suite, plus l'angle est grand. (On sait qu'un angle *obtus* est d'autant plus grand que sa tangente est *numériquement* plus petite.)

Le *maximum* de cet angle correspond au *minimum* de y, c'est-à-dire à $y' = B$.

Ce qui donne alors, pour l'expression (1),

(2) $$\tang ACB = -\frac{2\,AB}{A^2 - B^2}.$$

Les valeurs de a et de a' deviennent d'ailleurs, pour $y' = B$, d'où $x' = 0$,

$$a = -\frac{B}{A}, \quad a' = +\frac{B}{A}.$$

On peut vérifier facilement le résultat (2) sur la figure.

En effet, on a
$$ACB = 2\,ACO;$$

d'où
$$\tang ACB = \tang 2\,ACO = \frac{2\,\tang ACO}{1 - \tang^2 ACO}$$

(d'après une formule connue de Trigonométrie): mais la figure donne

$$\tang ACO = \frac{A}{B};$$

donc

$$\tang ACB = \frac{2\,\dfrac{A}{B}}{1 - \dfrac{A^2}{B^2}} = -\frac{2\,AB}{A^2 - B^2}.$$

185. **Conséquence importante** pour les *diamètres conjugués*.

Le *maximum* de l'angle de *deux cordes supplémentaires partant des extrémités du grand axe* est, en même temps, le *maximum* de l'angle que peuvent former entre eux *deux diamètres conjugués d'un même système*.

Car *tout système de diamètres conjugués*, tel que GG', HH' (*fig.* 100), étant (183) *parallèle* à un système de *cordes supplémentaires* AM et BM, l'angle LOI est égal à l'angle AMB.

D'ailleurs, l'angle *maximum* ACB a pour *supplément*, soit l'angle A'CB, soit l'angle CBD formé par les deux *cordes supplémentaires* qui, partant des extrémités du *petit axe*, aboutissent à l'une des extrémités du *grand axe*, puisque BD est parallèle à AC, à cause de la symétrie de l'ellipse.

Donc, dans une ellipse donnée, *l'angle de deux diamètres conjugués*, s'il est OBTUS, *ne saurait surpasser celui que forment entre elles les cordes supplémentaires menées des extrémités du grand axe à l'une des extrémités du petit axe ;* et s'il est AIGU, *il ne saurait être moindre que celui qui est formé par les cordes supplémentaires partant des extrémités du petit axe, et aboutissant à l'une des extrémités du grand axe.*

N. B. — Le même *maximum* et le même *minimum* conviennent également à l'angle de deux *cordes supplémentaires* menées des extrémités d'un *diamètre quelconque*, puisque l'on a démontré (183) que ces cordes peuvent être regardées comme respectivement *parallèles* à deux *diamètres conjugués*.

§ II. — DE LA TANGENTE A L'ELLIPSE ET DE SES PROPRIÉTÉS PAR RAPPORT AUX DIAMÈTRES ET AUX RAYONS VECTEURS.

Tangente menée par un point de la courbe.

186. Afin d'obtenir l'équation de la *tangente* menée par un point pris *sur* l'ellipse, nous emploierons la même méthode que pour le cercle (*voyez* le n° 101).

Soient (x', y') le point M (*fig.* 101) par lequel on veut mener une *tangente*, (x'', y'') un second point d'une droite passant par le point M, et considérée d'abord comme *sécante*.

L'équation de cette droite est de la forme

$$y - y' = \frac{y'' - y'}{x'' - x'}(x - x'),$$

et il s'agit de déterminer

$$\lim \frac{y'' - y'}{x'' - x'}.$$

Or, puisque les deux points (x', y'), (x'', y'') se trouvent sur la courbe, on a les relations

$$A^2 y'^2 + B^2 x'^2 = A^2 B^2,$$
$$A^2 y''^2 + B^2 x''^2 = A^2 B^2;$$

d'où l'on déduit, en retranchant la première de la deuxième,

$$A^2 (y'' + y')(y'' - y') + B^2 (x'' + x')(x'' - x') = 0,$$

et, par suite,

$$\frac{y'' - y'}{x'' - x'} = - \frac{B^2 (x'' + x')}{A^2 (y'' + y')}.$$

Maintenant, pour passer à la *limite*, il faut supposer $x'' = x'$, $y'' = y'$; ce qui donne

$$\lim \frac{y'' - y'}{x'' - x'} = - \frac{B^2 x'}{A^2 y'}.$$

Il vient alors, pour l'équation de la *tangente* MR,

$$(1) \qquad y - y' = - \frac{B^2 x'}{A^2 y'}(x - x'),$$

pourvu que l'on y joigne la relation

$$(2) \qquad A^2 y'^2 + B^2 x'^2 = A^2 B^2,$$

qui exprime que le point M ou (x', y') appartient à l'ellipse.

N. B. — Le *coefficient d'inclinaison* $- \dfrac{B^2 x'}{A^2 y'}$ n'est autre chose (*voir* le n° 102) que la *dérivée* du premier membre de l'équation de la courbe, prise par rapport à x avec un signe contraire, et divisée par la *dérivée* de ce même premier membre, prise par rapport à y, après que l'on a remplacé x et y par les coordonnées x' et y' du *point de contact*.

187. On peut donner à l'équation (1) une forme plus simple, à l'aide de la relation (2).

En effet, si l'on chasse le dénominateur, et que l'on transpose, on a

$$A^2 yy' + B^2 xx' = A^2 y'^2 + B^2 x'^2,$$

ou, à cause de la relation (2),

$$(3) \qquad A^2 yy' + B^2 xx' = A^2 B^2,$$

résultat remarquable et facile à rappeler au besoin, en ce qu'il suffit, pour l'obtenir de remplacer, dans l'équation de la courbe, les carrés x^2, y^2, par les rectangles xx', yy'.

188. EXPRESSION DE LA SOUS-TANGENTE. — Faisons, dans l'équation (1), $y = 0$; il vient

$$x - x' = \frac{A^2 y'^2}{B^2 x'}.$$

C'est la différence entre l'abscisse OR correspondante à $y = 0$, et l'abscisse OP *du point de contact*; et, par conséquent, c'est (104) la valeur de la *sous-tangente* PR.

On arriverait au même résultat en faisant $y = 0$ dans l'équation (3), ce qui donnerait

$$x = \frac{A^2}{x'} = OR;$$

et en retranchant de cette valeur de x l'abscisse OP ou x' du *point de contact*, il viendrait

$$PR = \frac{A^2}{x'} - x' = \frac{A^2 - x'^2}{x'},$$

ou, à cause de la relation (2),

$$PR = \frac{A^2 y'^2}{B^2 x'}.$$

189. L'*expression* $\dfrac{A^2 - x'^2}{x'}$, obtenue pour la *sous-tangente*, fournit un moyen simple de *construire la tangente à l'ellipse* en un point M de la courbe.

En effet, comme elle est *indépendante du second axe* $2B$, il s'ensuit que, pour toutes les ellipses ayant même *premier axe* $2A$, les *sous-tangentes* qui correspondent à la *même* abscisse *sont égales*; ou, en d'autres termes, si, d'un point P de l'axe des x, on élève une perpendiculaire à cet axe, et que, par les points où cette perpendiculaire rencontre les ellipses supposées décrites sur le grand axe AB, on mène des tangentes à ces courbes, *elles viendront aboutir au même point de l'axe des x*.

Or le *cercle* décrit sur AB comme diamètre peut être considéré comme une de ces ellipses.

Donc, pour obtenir la *tangente à l'ellipse* en un point M, il suffit de décrire sur AB comme diamètre une demi-circonférence, de mener ensuite au point M', où l'ordonnée PM, prolongée, va rencontrer la demi-circonférence, une tangente à cette courbe, et de joindre au point M le point d'intersection R de cette tangente avec l'axe des x.

La droite MR est la *tangente demandée*.

190. ÉQUATION DE LA NORMALE et EXPRESSION DE LA SOUS-NORMALE. — La NORMALE étant (105) une droite MS menée par le *point de contact*

(x', y'), *perpendiculairement* à la tangente, on a (65), pour son équation,

$$(4) \qquad y - y' = \frac{A^2 y'}{B^2 x'} (x - x').$$

Soit fait, dans cette équation, $y = o$, il en résulte

$$x - x' = - \frac{B^2 x'}{A^2};$$

c'est (105) la valeur de la *sous-normale* PS.

Il est à remarquer que, pour x' *positif*, les deux *expressions* de la sous-tangente et de la sous-normale, savoir :

$$PR = \frac{A^2 y'^2}{B^2 x'}, \quad PS = - \frac{B^2 x'}{A^2},$$

sont, la première, *positive*, et la seconde, *négative*; ce qui doit être, puisque les points R et S sont de côtés *opposés* par rapport au pied P de l'ordonnée du point de contact, et que c'est à partir du point P que l'on compte les *distances* PR et PS.

N. B. — On suppose ici que le point M est situé à la *droite* de OY; s'il en était autrement, les conséquences précédentes auraient lieu en *sens contraire*.

191. La *discussion* des valeurs de PR et de PS correspondant aux *diverses positions* que peut prendre le *point de contact* offre quelque intérêt.

Considérons d'abord l'expression

$$PR = \frac{A^2 y'^2}{B^2 x'}, \quad \text{ou plutôt} \quad PR = \frac{A^2 - x'^2}{x'},$$

afin de n'avoir que la seule variable x'.

Pour $x' = o$, on obtient

$$PR = \frac{A^2}{o} = \infty;$$

et cela doit être, puisque la tangente au point C est évidemment *parallèle* à l'axe des x.

Quand x' *augmente* depuis o jusqu'à A qui est la *plus grande* valeur que x' puisse recevoir, l'expression de PR va sans cesse en *diminuant*; et le point R se *rapproche* de *plus en plus* du point P.

Lorsqu'enfin on suppose

$$x' = A,$$

il en résulte

$$PR = o;$$

ce qui doit être encore, puisque alors la tangente est *perpendiculaire* à l'axe des x.

Passons à l'expression

$$PS = -\frac{B^2 x'}{A^2};$$

qui, comme on le voit, est de *signe contraire* à celui de x'.

Pour $x' = 0$, on a

$$PS = 0;$$

ce qui prouve que le point S tombe au *centre* O de l'ellipse; et, en effet, la *normale*, au point C, se confond avec le *petit axe* CO.

A mesure que x' augmente, la valeur de PS, toujours *négative*, augmente *numériquement* jusqu'à ce qu'enfin on ait

$$x' = A,$$

auquel cas, on trouve

$$PS = -\frac{B^2}{A}.$$

Cette valeur, abstraction faite du signe, n'est autre que la *moitié du paramètre* (146), et a, pour représentation géométrique, l'*ordonnée passant par le foyer.*

Elle est remarquable en ce que, tandis que les *sous-tangentes* passent par tous les états de grandeur depuis l'*infini* jusqu'à *zéro*, les *sous-normales* croissent *numériquement* depuis *zéro* jusqu'à une *certaine limite, maximum,* qu'elles ne peuvent dépasser.

192. *Discussion* du COEFFICIENT ANGULAIRE de *la tangente.* — Reprenons maintenant le *coefficient d'inclinaison*

$$a = -\frac{B^2 x'}{A^2 y'},$$

et recherchons *par quels états de grandeur* il est susceptible de passer suivant les *diverses positions* attribuées au *point de contact.*

En faisant d'abord $x' = 0$, auquel cas le point de contact se trouve en C ou en D, on a, en se reportant à la relation $A^2 y'^2 + B^2 x'^2 = A^2 B^2$,

$$y' = \pm B, \quad \text{et} \quad a = 0;$$

c'est-à-dire que la tangente aux points C et D est PARALLÈLE au *grand axe;* ce qui est conforme aux résultats établis au n° 191.

A mesure que x' *augmente,* y' *diminue,* et la valeur de a *augmente* de plus en plus *numériquement.*

Lorsque enfin on suppose $x' = A$, ce qui donne $y' = 0$, la valeur de a *devient infinie.*

Donc, au point B, la tangente est PERPENDICULAIRE au *grand axe*.

L'abscisse x' passant par tous les états de grandeur depuis zéro jusqu'à A, on reconnaît facilement que le *coefficient d'inclinaison* a passe *par tous les états de grandeur* depuis zéro jusqu'à $-\infty$, pour tous les points de la courbe situés *au-dessus* du *premier* axe, et à *la droite du second*; qu'au contraire, a passe *par tous les états de grandeur* depuis zéro jusqu'à $+\infty$, pour tous les points placés *au-dessous* du *premier* axe, et *à la droite* du second; en sorte que, pour tous les points situés entre B et D, les angles sont *aigus*, tandis qu'ils sont *obtus* pour tous les points situés entre B et C.

La *symétrie* de l'ellipse, par rapport à ses *axes principaux*, prouve d'ailleurs que *les mêmes circonstances* se reproduiraient pour tous les points situés à la *gauche* de OY ; seulement les angles seraient *aigus* pour la *partie supérieure* AC de la courbe, et ils seraient *obtus* pour la *partie inférieure* AD.

On peut conclure de là que la *tangente à l'ellipse prend toutes les inclinaisons possibles* par rapport *au premier axe*.

Tangente menée par un point pris hors de la courbe.

193. Soit N (*Pl. VI, fig.* 102) un point quelconque par lequel on se propose de mener une *tangente* à l'ellipse; désignons par α, β les coordonnées de ce point, et conservons x', y' pour celles du *point de contact*.

L'équation de la tangente peut être présentée sous la forme

$$y - \beta = a(x - \alpha).$$

a, ou le *coefficient angulaire*, ayant pour valeur

$$-\frac{B^2 x'}{A^2 y'};$$

et il suffit, pour *fixer sa position*, d'obtenir les valeurs des inconnues x' et y'.

Or, si l'on considère l'équation *simplifiée* de la tangente, savoir (187) :

$$A^2 y y' + B^2 x x' = A^2 B^2,$$

comme le point (α, β) appartient à cette droite, on a nécessairement

$$(1) \qquad A^2 \beta y' + B^2 \alpha x' = A^2 B^2.$$

D'ailleurs, le point (x', y') se trouvant *sur la courbe*, on doit avoir en même temps

$$(2) \qquad A^2 y'^2 + B^2 x'^2 = A^2 B^2 ;$$

ce qui donne *deux équations* en x', y', pour déterminer ces *deux inconnues*.

On trouve, pour résultat de l'élimination, en opérant comme pour le cercle (106),

$$x' = \frac{A^2 \left(B^2 \alpha \pm 6 \sqrt{A^2 6^2 + B^2 \alpha^2 - A^2 B^2} \right)}{A^2 6^2 + B^2 \alpha^2},$$

$$y' = \frac{B^2 \left(A^2 6 \mp \alpha \sqrt{A^2 6^2 + B^2 \alpha^2 - A^2 B^2} \right)}{A^2 6^2 + B^2 \alpha^2},$$

les signes *supérieurs* se correspondant, ainsi que les signes *inférieurs*.

Ces valeurs, qui montrent que, généralement, il y a *deux* droites satisfaisant à la question, donnent, par leur substitution dans l'expression $a = -\dfrac{B^2 x'}{A^2 y'}$,

$$a = \frac{- \left(B^2 \alpha \pm 6 \sqrt{A^2 6^2 + B^2 \alpha^2 - A^2 B^2} \right)}{A^2 6 \mp \alpha \sqrt{A^2 6^2 + B^2 \alpha^2 - A^2 B^2}},$$

ou, après que l'on a multiplié haut et bas par

$$A^2 6 \pm \alpha \sqrt{A^2 6^2 + B^2 \alpha^2 - A^2 B^2},$$

afin de rendre le dénominateur rationnel, et qu'on a exécuté toutes les simplifications,

$$a = \frac{- \left(\alpha 6 \pm \sqrt{A^2 6^2 + B^2 \alpha^2 - A^2 B^2} \right)}{A^2 - \alpha^2}.$$

L'expression de a, pour être *réelle*, exige que l'on ait

$$A^2 6^2 + B^2 \alpha^2 - A^2 B^2 > 0, \quad \text{ou} \quad = 0,$$

ce qui prouve (171) que le *point donné* $(\alpha, 6)$ doit être ou *extérieur* à la courbe ou *sur* la courbe.

Dans le cas où l'on a

$$A^2 6^2 + B^2 \alpha^2 - A^2 B^2 = 0,$$

les valeurs de x', y' se réduisent au *système unique*

$$x' = \frac{A^2 B^2 \alpha}{A^2 B^2} = \alpha,$$

$$y' = \frac{B^2 A^2 6}{A^2 B^2} = 6 ;$$

c'est-à-dire que les *deux* points de contact sont réduits à *un seul* qui *se confond avec le point donné.*

La valeur de a devient, dans ce cas,

$$a = -\frac{B^2 \alpha}{A^2 \mathfrak{e}}.$$

194. Au lieu d'effectuer l'élimination de x', y' entre les équations (1) et (2), on peut construire les *lieux géométriques* qu'elles expriment, et l'on est alors conduit à des conséquences analogues à celles qui ont été déduites pour le *cercle* (108).

D'*abord*, l'équation (2), en tant que l'on considère x', y' comme des *variables*, n'est autre que celle de l'*ellipse déjà construite.*

En *second lieu*, pour obtenir la *droite* exprimée par l'équation (1), il suffit de chercher les points où elle *rencontre les deux axes.*

Pour $y' = 0$, on trouve

$$x' = \frac{A^2}{\alpha};$$

et, pour $x' = 0$,

$$y' = \frac{B^2}{\mathfrak{e}}.$$

On a donc à construire deux *troisièmes proportionnelles*, et à les porter successivement de O en I, et de O en H. Tirant ensuite la droite IH, qui va rencontrer la courbe en M, m, on obtient les *points de contact des deux tangentes partant du point* N.

Comme la valeur de x', $x' = \frac{A^2}{\alpha}$ est *indépendante de l'ordonnée* $\mathfrak{e}$ du point donné, il s'ensuit que, pour *tout autre* point N′ pris sur la perpendiculaire NQ abaissée du point N sur OX, la droite m'M′H′, qui doit joindre les *deux points de contact* correspondants, passera nécessairement par le même point I du *grand axe* que la droite IH.

D'où l'on peut conclure cette propriété remarquable :

Si, des différents points d'une droite perpendiculaire au grand axe d'une ellipse, on mène des tangentes à cette courbe, et que l'on trace les droites qui joignent les deux points de contact des tangentes partant d'un même point, toutes ces droites passent par un même point *sur le grand axe.*

On donne le nom de *pôle* au point de concours I, et celui de *polaire* à la droite donnée LL′.

Il résulte d'ailleurs de l'inspection de la valeur $x' = \frac{A^2}{\alpha}$, que, si l'abscisse α de la *polaire* est *plus grande* que A, c'est-à-dire si la polaire est *extérieure* à la courbe, le *pôle* lui est *intérieur*; et *vice versâ.*

N. B. — La relation $y' = \dfrac{B^2}{6}$ conduit à la *même propriété* par rapport à l'*axe des y*, pour toute droite menée *perpendiculairement à cet axe*.

Tangente menée parallèlement à une droite donnée.

195. Soit

$$y = m x$$

l'équation de la droite donnée, que rien n'empêche de considérer comme passant par l'*origine*.

La tangente demandée devant être *parallèle* à cette droite, son *coefficient d'inclinaison* est m.

Appelons toujours x', y' les coordonnées *inconnues* du *point de contact*.

Pour déterminer x', y', on a (186) les deux relations

$$-\frac{B^2 x'}{A^2 y'} = m, \quad A^2 y'^2 + B^2 x'^2 = A^2 B^2,$$

d'où l'on déduit

$$x' = \frac{A^2 m}{\pm \sqrt{A^2 m^2 + B^2}}, \quad y' = -\frac{B^2}{\pm \sqrt{A^2 m^2 + B^2}}$$

(le double signe montre qu'il y a deux solutions).

Substituant ces valeurs dans l'équation *simplifiée* de la tangente

$$A^2 y y' + B^2 x x' = A^2 B^2,$$

on obtient, toute réduction faite,

$$y = m x \pm \sqrt{A^2 m^2 + B^2},$$

pour les équations des *deux* tangentes *parallèles* à la droite donnée.

Les deux valeurs de y sont toujours *réelles*; ce qui s'accorde avec la discussion établie au n° 192.

De la tangente considérée par rapport aux diamètres conjugués.

196. Soient MR (*fig.* 103) une *tangente* en un point quelconque de l'ellipse, et MM' le *diamètre* qui passe par le *point de contact* M.

On a trouvé (186), pour le *coefficient angulaire* de la tangente,

$$a = -\frac{B^2 x'}{A^2 y'}.$$

D'un autre côté, puisque le *diamètre* MM', dont l'équation peut être exprimée par $y = a'x$, passe par le point (x', y'), on a la relation

$$a' = \frac{y'}{x'}.$$

Si l'on multiplie les deux expressions de a et de a' l'une par l'autre, il vient

$$aa' = -\frac{B^2}{A^2}.$$

Mais, en désignant par a'' la tangente trigonométrique de l'angle que forme avec l'axe des x le diamètre mm' CONJUGUÉ du diamètre MM', on a également (179)

$$a'a'' = -\frac{B^2}{A^2}.$$

Les deux égalités précédentes, comparées entre elles, donnent nécessairement

$$a = a'';$$

ce qui veut dire que *la tangente en un point quelconque de l'ellipse est* PARALLÈLE *au conjugué du diamètre qui passe par le point de contact.*

CONSÉQUENCE. — Si par les extrémités M, M', m, m', de deux *diamètres conjugués,* on mène *quatre tangentes,* ces droites forment un PARALLÉLOGRAMME CIRCONSCRIT à l'ellipse, puisque les tangentes menées aux extrémités du diamètre MM', par exemple, sont *parallèles* au diamètre mm', et réciproquement.

On déduit de là un procédé assez simple pour mener : 1° une tangente par un point donné *sur* la courbe; 2° deux tangentes *parallèlement* à une droite donnée de position.

Pour la PREMIÈRE CONSTRUCTION, *déterminez* (183) le *diamètre conjugué de celui qui passe par le point donné; puis menez par ce point une parallèle au diamètre ainsi déterminé.*

Vous obtenez la *tangente demandée.*

Pour la SECONDE CONSTRUCTION, *tracez un diamètre parallèle à la droite donnée,* puis, le *conjugué de celui-ci; et, par les deux extrémités de ce conjugué, menez deux parallèles au premier.*

Ces deux parallèles satisfont à la question.

*Angles que la tangente forme avec les rayons vecteurs
menés au point de contact.*

197. Soient R'MR (*fig.* 104) la *tangente* en un point M ou (x', y'), FM, F'M les *rayons vecteurs* menés à ce point.

Désignons par a le *coefficient d'inclinaison* de la tangente par rapport à l'axe OX, par a', a'' ceux des deux rayons vecteurs FM, F'M par rapport au même axe, et par V, V' les angles FMR, F'MR.

La figure donnant évidemment

$$\text{FMR ou } V = \text{MRX} - \text{MFX}, \quad \text{F'MR ou } V' = \text{MRX} - \text{MF'X},$$

on a (62)

$$\tang V = \frac{a - a'}{1 \div aa'}, \quad \tang V' = \frac{a - a''}{1 + aa''}.$$

Cela posé, calculons d'abord l'expression de $\tang V$.

Le rayon vecteur FM devant passer par le point F, on a l'équation

$$y = a'(x - c);$$

et comme il doit aussi passer par le point (x', y'), il en résulte la relation

$$y' = a'(x' - c); \quad \text{d'où} \quad a' = \frac{y'}{x' - c}.$$

D'ailleurs on a (186)

$$a = - \frac{B^2 x'}{A^2 y'};$$

il ne s'agit donc plus que de remplacer a et a' par ces valeurs dans $\tang V$.

On trouve ainsi :

$$\tang V = \frac{-\dfrac{B^2 x'}{A^2 y'} - \dfrac{y'}{x' - c}}{1 - \dfrac{B^2 x' y'}{A^2 y'(x' - c)}} = \frac{-B^2 x'^2 + B^2 cx' - A^2 y'^2}{(A^2 - B^2)x'y' - A^2 cy'},$$

expression qui, à cause des deux relations

$$A^2 y'^2 + B^2 x'^2 = A^2 B^2, \quad A^2 - B^2 = c^2 \quad (126)$$

devient

$$\tang V = \frac{B^2 cx' - A^2 B^2}{c^2 x'y' - A^2 cy'} = \frac{B^2(cx' - A^2)}{cy'(cx' - A^2)};$$

d'où

(1)
$$\tang V = \frac{B^2}{cy'}.$$

Quant à l'expression de $\tang V'$, on peut l'obtenir sans recommencer le même calcul.

En effet, comme on a pour le rayon vecteur F'M,

$$y = a''(x + c),$$

et, par suite,

$$y' = a''(x' + c), \quad \text{d'où} \quad a'' = \frac{y'}{x' + c},$$

il est évident que, si l'on substituait cette valeur de a'' dans l'expression posée pour tang V', on obtiendrait un résultat ne différant de celui trouvé pour tang V, que par le *changement de signe* de c.

Par conséquent,

$$(2) \qquad \operatorname{tang} V' = -\frac{B^2}{cy'}\cdot$$

Les deux expressions de tang V, tang V', étant *égales et de signes contraires*, il s'ensuit *que les angles* F'MR, FMR *sont* SUPPLÉMENTAIRES.

Cette propriété remarquable donne lieu à plusieurs propositions.

D'abord, on a, suivant la figure et d'après ce qui vient d'être démontré,

1° $\qquad$ F'MR + F'MR' $= 180°$, F'MR + FMR $= 180°$,

d'où

$$\text{F'MR'} = \text{FMR};$$

2° Le rayon vecteur F'M étant prolongé en K,

$\qquad$ F'MR + RMK $= 180°$, F'MR + FMR $= 180°$,

d'où

$$\text{RMK} = \text{FMR}.$$

Ce qui montre que *la tangente forme avec les deux rayons vecteurs, de part et d'autre du point de contact, des angles égaux*,

Ou bien que *la tangente divise en deux parties égales l'angle formé par l'un des rayons vecteurs et le prolongement de l'autre*.

De plus, si l'on mène la *normale* MS, on a ces autres relations

$$\text{F'MS} + \text{F'MR'} = 90°, \quad \text{FMS} + \text{FMR} = 90°;$$

d'où, à cause de F'MR' = FMR,

$$\text{F'MS} = \text{FMS};$$

ce qui signifie que *la normale divise en deux parties égales l'angle formé par les deux rayons vecteurs*.

198. Ces propriétés sont tellement liées entre elles, que, l'une quelconque étant démontrée, les autres s'en déduisent au moyen des principes les plus élémentaires de la Géométrie.

Ainsi, par exemple, on peut prouver *directement* la *dernière propriété*, puis en conclure successivement toutes les autres.

Reprenons, à cet effet, l'équation de la *normale* (190), savoir :

$$y - y' = \frac{A^2 y'}{B^2 x'}(x - x');$$

et pour obtenir l'abscisse du point S où cette normale coupe l'axe des x posons $y = 0$; il en résulte

$$x = x' - \frac{B^2 x'}{A^2} = \frac{(A^2 - B^2) x'}{A^2} = \frac{c^2 x'}{A^2};$$

d'où

$$SF' = c + \frac{c^2 x'}{A^2} = \frac{c(A^2 + cx')}{A^2}, \quad \text{et} \quad SF = \frac{c(A^2 - cx')}{A^2};$$

et, par suite,

$$SF' : SF :: A^2 + cx' : A^2 - cx'.$$

D'un autre côté, on a (126) pour les expressions des *rayons vecteurs* F'M, FM,

$$F'M = A + \frac{cx'}{A} = \frac{A^2 + cx'}{A}, \quad \text{et} \quad FM = \frac{A^2 + cx'}{A};$$

d'où

$$F'M : FM :: A^2 + cx' : A^2 - cx'.$$

Comparant entre elles les deux proportions, on en déduit la suivante :

$$SF' : SF :: F'M : FM,$$

qui prouve, d'après un théorème connu de Géométrie, que la *normale* MS est BISSECTRICE de l'angle FMF'.

Partant de là et remarquant que l'on a

$$F'MR' + F'MS = 90°, \quad SMF + FMR = 90°,$$

on parvient à l'égalité précédemment établie,

$$F'MR' = FMR;$$

et ainsi des autres relations.

199. La propriété de la *tangente* considérée *par rapport aux rayons vecteurs* fournit un moyen très-simple de *mener une tangente* à l'ellipse : 1° par un point pris *sur* la courbe; 2° par un point pris *hors de* la courbe, *les deux foyers* étant supposés *donnés* ou déjà *déterminés*.

PREMIÈREMENT, soit M un point pris *sur la courbe*.

Tirez les rayons vecteurs FM, F'M, et *prolongez* celui-ci indéfiniment, en K; *prenez* sur ce prolongement, MG = MF, et *joignez* le point F au point G ; puis, *abaissez* du point M la droite MIR *perpendiculaire sur* FG.

Vous obtenez ainsi la TANGENTE DEMANDÉE.

Car le triangle MFG étant *isoscèle* par construction, il s'ensuit que la droite MIR *divise* l'angle au sommet, M, en *deux parties égales;* propriété *caractéristique* de la tangente à l'ellipse (*).

____

(*) On peut démontrer *à priori*, et sans se fonder sur cette propriété, que

SECONDEMENT, soit N un point pris *hors de l'ellipse*.

Pour déterminer le *point de contact* M, il suffirait de fixer la *position de la droite* F'K.

Or, sur cette droite se trouve *un point* G qui jouit de la propriété d'être distant : 1° du point F' d'*une longueur connue*, 2 A ; 2° du point N d'une longueur *également connue*, NF (puisque la tangente NMR est perpendiculaire sur le milieu de FG) ; d'où résulte la construction suivante :

Décrivez des points F', N, comme *centres*, avec des rayons *respectivement égaux à* 2 A *et à* NF, *deux arcs de cercle* qui se coupent au point G ; *tirez* F'G qui rencontre la courbe en M ; puis *joignez* le point N au point M.

La droite NM est la TANGENTE DEMANDÉE.

Comme, d'ailleurs, les deux arcs ont, généralement, un *second point d'intersection*, G', il s'ensuit que, si l'on *tire* F'G' et que l'on *joigne* le point N au point M' où la droite F'G' rencontre la courbe, on obtiendra la SECONDE TANGENTE qui peut être menée par le point N.

On doit remarquer ici que, tant que le point N sera *extérieur* à l'ellipse, la construction donnera toujours lieu à *deux* solutions ; ou, en d'autres termes, que les circonférences décrites des points F' et N, comme centres, *se couperont*.

Or cela peut se prouver de deux manières : soit en faisant voir que

---

la droite MR (*fig.* 104) qui *divise en deux parties égales* l'angle FMK, formé par le *rayon vecteur* FM et le *prolongement* MK de l'autre, est *tangente* à l'ellipse.

Il suffit, pour cela, de faire voir que tout point N de cette droite, autre que M, est situé *hors* de la courbe.

Prenant sur MK une distance MG *égale* à MF, puis, tirant les droites NF', NG, ainsi que FG qui rencontre en I la droite NMR, on a l'inégalité

$$F'N + NG > F'G ;$$

mais comme le triangle MFG est *isoscèle* par construction, la droite NMR est *perpendiculaire* sur FG et passe par son *milieu* I ; donc elle a tous ses points *également distants* de F et de G ; par suite, NG = NF.

D'un autre côté, on a

$$F'G = F'M + MG = F'M + MF = 2 A ;$$

ainsi, l'inégalité précédente devient

$$F'N + NF > 2 A ;$$

ce qui prouve que le point N est un point *extérieur*.

Cette démonstration *synthétique* est, comme l'on voit, *uniquement* fondée sur la *définition géométrique* de l'ellipse, et sur les *caractères* des points pris *sur* la courbe ou *hors* de la courbe.

la distance des centres est *moindre que* la somme des rayons, et *plus grande que* leur différence, soit en établissant que l'une des circonférences décrites a deux points, l'un *intérieur,* l'autre *extérieur* à la seconde.

Démontrons, par exemple, en appliquant ce dernier moyen, que circ. NF a *deux* points, l'un *intérieur,* l'autre *extérieur* à circ. 2 A.

En premier lieu, on a évidemment F'F $<$ 2A; d'où il résulte que le point F de circ. NF est *intérieur* à circ. 2A.

En second lieu, soit prolongé F'N d'une longueur NF" *égale à* NF; comme, par hypothèse, le point N est *extérieur* à l'ellipse, on a NF'+ NF $>$ 2A, et par suite, NF'+ NF" ou F'F" $>$ 2A; d'où il suit que le point F" de circ. NF est *extérieur* à circ. 2A.

Donc, etc.

Il est encore à observer que les constructions précédentes sont, comme la démonstration *synthétique* que nous avons donnée, uniquement fondées sur la *définition* de l'ellipse et sur les *caractères* qui (172) distinguent les points pris *sur* la courbe ou *hors de* la courbe.

200. *Remarque sur les dénominations de* FOYERS *et de* RAYONS VEC-TEURS. — On peut, en se fondant sur *la loi* connue en Physique, de l'*égalité* des angles d'*incidence* et de *réflexion* pour des rayons de *chaleur* ou de *lumière,* émanant d'un point déterminé, rendre raison des dénominations de *foyers* et de *rayons vecteurs,* données aux points F, F', et aux lignes FM, F'M.

Concevons, en effet, qu'à l'un des *foyers* F (*fig.* 1o5) d'une ellipse (considérée comme le double de *la génératrice* d'une *surface de révolution* formée par la rotation de A M'M B autour de AB), soit placé un corps *chaud* ou *lumineux* dont émanent des *rayons* de chaleur ou de lumière, se dirigeant sur les points M, M' de l'ellipse, ou de la *surface* dont la demi-courbe est la *génératrice.* Les rayons FM, FM', formant avec les tangentes à la courbe, menées par ces points, des angles *d'incidence* FMT, FM'T', doivent, en vertu du principe de Physique, se *réfléchir* suivant des droites faisant, avec ces mêmes tangentes, des angles de *réflexion* respectivement *égaux* aux premiers.

Ces droites ne peuvent donc être que MF', M'F', qui font, avec les tangentes, les angles F'M*t*, F'M'*t'*, *égaux* aux angles FMT, FM'T'; d'où il suit que, si l'on place un charbon ardent au point F, et un corps inflammable au point F', les rayons partis du premier point iront tous sensiblement se concentrer sur ce corps, qui s'enflammera comme si un *foyer de chaleur* était placé en ce point F'.

Même phénomène se produirait au point F par rapport au point F' où se trouverait placé le corps chaud.

Conséquences des propriétés de la tangente considérée
par rapport aux rayons vecteurs.

201. Première conséquence. — Si l'on se reporte à la construction du n° 199, qui a pour objet de fixer la position de la *tangente* en un point quelconque, M (*fig.* 104), de l'ellipse, on reconnaît que la droite FG est divisée en *deux parties égales* au point I, et que ce point peut être considérée comme le *pied de la perpendiculaire abaissée de l'un des foyers,* F, *sur la tangente* MR.

Or, en joignant le point I au *centre* O de la courbe, on forme un triangle FOI qui, à cause de FI = IG, et de FO = OF', est *semblable* au triangle FF'G ; et l'on a la proportion

$$F'G : OI :: F'F : OF.$$

Mais

$$F'G = 2A, \quad F'F = 2OF;$$

donc

$$OI = \frac{F'G}{2} = A.$$

On trouverait de même, à l'aide d'une construction analogue, servant à déterminer le point I', *pied de la perpendiculaire abaissée du point* F' *sur la tangente,*

$$OI' = A.$$

D'où l'on peut conclure que le *lieu géométrique des pieds de toutes les perpendiculaires abaissées des foyers sur les tangentes est la circonférence décrite sur le grand axe comme diamètre.*

202. Seconde conséquence. — Soient abaissées des points F et F' les deux *perpendiculaires* FI, F'I' sur la *tangente* RR' ; on vient de démontrer que les distances OI, OI', sont égales à A.

Cela posé, si des points O, F, on mène OL, FL', *parallèles* à la tangente, on a, d'après la figure,

$$I'F' = I'L + LF',$$

$$IF = I'L' = I'L - LF'$$

(LF' étant égal à LL', à cause de OF' = OF ; d'où l'on déduit

$$I'F' \times IF = \overline{I'L}^2 - \overline{LF'}^2.$$

Mais les triangles rectangles I'OL, F'OL, dans lesquels

$$OI' = A \quad \text{et} \quad OF' = c \quad \text{ou} \quad \sqrt{A^2 - B^2},$$

donnent

$$\overline{\text{I'L}}^2 = \text{A}^2 - \overline{\text{OL}}^2, \quad \overline{\text{F'L}}^2 = c^2 - \overline{\text{OL}}^2 ;$$

on obtient donc

$$\text{I'F'} \times \text{IF} = \text{A}^2 - \overline{\text{OL}}^2 - c^2 + \overline{\text{OL}}^2 = \text{A}^2 - c^2 = \text{B}^2.$$

Ainsi, le *produit des perpendiculaires abaissées des deux foyers sur une tangente est égal au* CARRÉ DE LA MOITIÉ DU SECOND AXE.

203. TROISIÈME CONSÉQUENCE. — Soit mené le diamètre *mm'* CONJUGUÉ de celui qui passe par le point de contact de la tangente RR', et tirons les rayons vecteurs FM, F'M, ainsi que la ligne IO qui joint le centre au pied de la perpendiculaire abaissée du foyer F sur la tangente.

On a vu (196) que le diamètre *mm'* est parallèle à la tangente; d'ailleurs OI est parallèle à F'M, à cause de la similitude des triangles FOI, FF'G; donc la figure OIMH est un parallélogramme, et l'on a

$$\text{MH} = \text{OI} = \text{A} ;$$

ce qui montre que *la partie d'un rayon vecteur comprise entre la tangente et le diamètre conjugué de celui qui passe par le point de contact, est égale à la* MOITIÉ DU PREMIER AXE.

Toutes ces propriétés, qui ont été facilement déduites de celles de la *tangente considérée par rapport aux rayons vecteurs,* trouvent leur application dans la résolution des problèmes.

§ III. — PROPRIÉTÉS DE L'ELLIPSE RAPPORTÉE A DES DIAMÈTRES CONJUGUÉS.

204. La propriété caractéristique de tout système de *diamètres conjugués* consistant (178) en ce que chacun d'eux *divise en deux parties égales* toutes les cordes de la courbe menées *parallèlement* à l'autre, il en résulte que, si l'on rapporte la courbe à un semblable système, la nouvelle équation ne doit renfermer que les *carrés* des coordonnées et une quantité toute connue, c'est-à-dire doit être *de même forme* que celle de la courbe rapportée *à ses axes principaux.*

Nous pourrions donc poser immédiatement, pour l'équation de la courbe rapportée à l'un de ces systèmes,

$$\text{M}y^2 + \text{N}x^2 = \text{P}$$

(*voir* le n° 179) ; et par une transformation analogue à celle du n° 133, nous la ramènerions à celle-ci :

$$A'^2 y^2 + B'^2 x^2 = A'^2 B'^2.$$

Mais on conçoit que, pour chaque système dont on donne la direction, les *constantes* A' et B', qui, comme il est aisé de le voir, représentent les *demi-diamètres*, doivent avoir avec les *demi-axes* certaines relations. Or, ce sont ces relations qu'il s'agit maintenant de déterminer.

Pour y parvenir d'une manière générale, nous nous proposerons la question suivante :

L'équation d'une ellipse rapportée à ses axes principaux étant donnée, rapporter la courbe à un nouveau système tel, que la nouvelle équation conserve la même forme.

C'est une simple application de la transformation des coordonnées.
Dans l'équation

$$A^2 y^2 + B^2 x^2 = A^2 B^2,$$

substituons à la place de x, y les valeurs

$$x = x \cos\alpha + y \cos\alpha',$$
$$y = x \sin\alpha + y \sin\alpha',$$

qui (119) servent à passer d'un système rectangulaire à un système oblique de même origine.

Il vient, par cette substitution,

$$(A^2 \sin^2\alpha' + B^2 \cos^2\alpha') y^2 + (A^2 \sin^2\alpha + B^2 \cos^2\alpha) x^2$$
$$+ 2(A^2 \sin\alpha \sin\alpha' + B^2 \cos\alpha \cos\alpha') xy = A^2 B^2.$$

Mais, d'après l'énoncé, l'équation ne doit renfermer que les *carrés* des variables et la quantité toute connue; il faut donc que le coefficient de xy soit égal à zéro ; ce qui donne

$$(1) \qquad A^2 \sin\alpha \sin\alpha' + B^2 \cos\alpha \cos\alpha' = 0 ;$$

et l'équation de la courbe se réduit à

$$(2) \quad (A^2 \sin^2\alpha' + B^2 \cos^2\alpha') y^2 + (A^2 \sin^2\alpha + B^2 \cos^2\alpha) x^2 = A^2 B^2.$$

Si l'on divise l'équation (1) par $\cos\alpha \cos\alpha'$, elle devient

$$A^2 \tang\alpha \tang\alpha' + B^2 = 0 ;$$

d'où

$$\tang\alpha \tang\alpha' = -\frac{B^2}{A^2}.$$

Comme on n'a qu'*une seule* équation pour déterminer les deux angles α, α', il s'ensuit que *le nombre des systèmes de diamètres conjugués est infini*.

Cette relation est d'ailleurs identique avec celle du n° **179**; et les conséquences qui en ont été déduites se reproduisent également ici.

Soit fait successivement, dans l'équation (2),

$$y = 0, \quad x = 0,$$

il en résulte

$$x^2 = \frac{A^2 B^2}{A^2 \sin^2 \alpha + B^2 \cos^2 \alpha}, \quad y^2 = \frac{A^2 B^2}{A^2 \sin^2 \alpha' + B^2 \cos^2 \alpha'}.$$

Ces expressions représentent les carrés des distances OM, Om (*fig.* 103), ou des *demi-diamètres conjugués*. Donc, en désignant par 2 A', 2 B', les longueurs totales MM', mm', on a les relations

$$A'^2 = \frac{A^2 B^2}{A^2 \sin^2 \alpha + B^2 \cos^2 \alpha}, \quad B'^2 = \frac{A^2 B^2}{A^2 \sin^2 \alpha' + B^2 \cos^2 \alpha'};$$

d'où

$$A^2 \sin^2 \alpha + B^2 \cos^2 \alpha = \frac{A^2 B^2}{A'^2}, \quad A^2 \sin^2 \alpha' + B^2 \cos^2 \alpha' = \frac{A^2 B^2}{B'^2}.$$

Substituant ces valeurs dans l'équation (2), on obtient

$$A'^2 y^2 + B'^2 x^2 = A'^2 B'^2,$$

pour l'équation de l'ellipse *rapportée à un système quelconque de diamètres conjugués*.

Comme pour $x = \pm A'$, cette équation donne

$$y^2 = 0,$$

et que de même, pour $y = \pm B'$, on a

$$x^2 = 0.$$

on doit conclure que les droites menées par les points M, M', m, m', *parallèlement aux deux diamètres*, sont *tangentes* à la courbe, propriété qui a déjà été reconnue (196).

203. Les expressions de A'^2 et B'^2 peuvent, à l'aide de formules trigonométriques connues, recevoir une forme qui permet d'établir les relations existantes entre *deux diamètres conjugués quelconques* et les *axes principaux*.

Il suffit, pour cela, d'y remplacer $\sin^2 \alpha$, $\cos^2 \alpha$, $\sin^2 \alpha'$ et $\cos^2 \alpha'$ par leurs valeurs en fonction de $\tan^2 \alpha$ et $\tan^2 \alpha'$.

On trouve, par cette substitution.

$$A'^2 = \frac{A^2 B^2 (1 - \tan^2 \alpha)}{A^2 \tan^2 \alpha - B^2}, \qquad B'^2 = \frac{A^2 B^2 (1 - \tan^2 \alpha')}{A^2 \tan^2 \alpha' - B^2},$$

équations qui, réunies à l'équation de condition

$$\tan\alpha \, \tan\alpha' = - \frac{B^2}{A^2},$$

renferment les *six* quantités A, B, A', B', $\tan\alpha$, $\tan\alpha'$, en sorte que, si l'on élimine entre ces équations les quantités $\tan\alpha$, $\tan\alpha'$, on doit nécessairement parvenir à une certaine relation entre les *quatre* quantités A, B. A', B'.

Or, des deux premières équations, on déduit

$$\tan^2 \alpha = \frac{B^2 (A^2 - A'^2)}{A^2 (A'^2 - B^2)}, \qquad \tan^2 \alpha' = \frac{B^2 (A^2 - B'^2)}{A^2 (B'^2 - B^2)};$$

d'où

$$\tan^2 \alpha \, \tan^2 \alpha' = \frac{B^4}{A^4} \frac{(A^2 - A'^2)(A^2 - B'^2)}{(A'^2 - B^2)(B'^2 - B^2)}.$$

D'un autre côté, la troisième équation donne

$$\tan^2 \alpha \, \tan^2 \alpha' = \frac{B^4}{A^4}.$$

On a donc la relation

$$\frac{(A^2 - A'^2)(A^2 - B'^2)}{(A'^2 - B^2)(B'^2 - B^2)} = 1.$$

ou, chassant le dénominateur et développant les calculs,

$$A^4 - A^2 A'^2 - A^2 B'^2 + A'^2 B'^2 = A'^2 B'^2 - B^2 B'^2 - A'^2 B^2 + B^4.$$

Réduisant et transposant, il vient

$$A^4 - B^4 = A'^2 (A^2 - B^2) + B'^2 (A^2 - B^2);$$

d'où l'on tire, en divisant par $A^2 - B^2$,

$$A'^2 + B'^2 = A^2 + B^2, \quad \text{ou} \quad 4 A'^2 + 4 B'^2 = 4 A^2 + 4 B^2;$$

ce qui prouve que *la somme des carrés de deux diamètres conjugués quelconques est égale à la somme des carrés des axes.*

206. Cette propriété peut aussi se démontrer à l'aide de la question *inverse* de celle du n° 204, et ayant pour objet :

L'équation d'une ellipse rapportée à un système de diamètres conjugués étant donnée, trouver l'équation de la courbe rapportée au système de ses axes principaux.

Pour résoudre cette question, nous ferons usage des formules

$$x = \frac{x \sin(\theta - \alpha) - y \cos(\theta - \alpha)}{\sin\theta}, \quad y = \frac{x \sin\alpha + y \cos\alpha}{\sin\theta},$$

qui servent (117) à passer d'un système *oblique* à un système *rectangulaire* de *même origine*.

Substituant ces valeurs dans l'équation de la courbe

$$A'^2 y^2 + B'^2 x^2 = A'^2 B'^2,$$

et chassant le dénominateur, on obtient la transformée

$$[A'^2 \cos^2\alpha + B'^2 \cos^2(\theta - \alpha)]\, y^2$$
$$+ [2 A'^2 \sin\alpha\cos\alpha - 2 B'^2 \sin(\theta - \alpha)\cos(\theta - \alpha)]\, xy$$
$$+ [A'^2 \sin^2\alpha + B'^2 \sin^2(\theta - \alpha)]\, x^2 = A'^2 B'^2 \sin^2\theta.$$

Comme le nouveau système d'axes doit jouir de la propriété caractéristique (178) des *diamètres conjugués,* il faut que le terme en xy disparaisse; ce qui exige que l'on ait

$$(1) \qquad A'^2 \sin\alpha\cos\alpha - B'^2 \sin(\theta - \alpha)\cos(\theta - \alpha) = 0,$$

et alors l'équation de la courbe se réduit à

$$(2) \qquad \left\{ \begin{array}{l} [A'^2 \cos^2\alpha + B'^2 \cos^2(\theta - \alpha)]\, y^2 \\ + [A'^2 \sin^2\alpha + B'^2 \sin^2(\theta - \alpha)]\, x^2 = A'^2 B'^2 \sin^2\theta. \end{array} \right.$$

Il résulte d'ailleurs, de la nature de la transformation, que le système *actuel* de *diamètres conjugués* est un système RECTANGULAIRE; donc ce système est celui des *axes principaux,* puisque l'on a reconnu (180) que c'est le *seul* système de diamètres conjugués *perpendiculaires entre eux.*

Ainsi, l'on doit regarder l'équation (2) comme celle de l'ellipse *rapportée à son centre et à ses axes.*

Cependant, pour que l'on puisse la comparer à l'équation

$$A^2 y^2 + B^2 x^2 = A^2 B^2,$$

il est nécessaire que le second membre soit le produit des coefficients de y^2 et x^2.

Or, pour la ramener à cet état, on sait (133) qu'il suffit de multiplier les deux membres par un facteur K égal à $\dfrac{P}{MN}$, M, N, désignant les coefficients de y^2, x^2, et P la quantité toute connue qui est dans le second membre.

Calculons donc cette valeur de K relative à l'équation (2) : on a

$$K = \frac{A'^2 B'^2 \sin^2 \theta}{\left[A'^2 \cos^2 \alpha + B'^2 \cos^2 (\theta - \alpha) \right] \left[A'^2 \sin^2 \alpha + B'^2 \sin^2 (\theta - \alpha) \right]}.$$

Effectuant les calculs indiqués au dénominateur, et observant que l'équation de condition (1), étant élevée au carré, donne

$$A'^4 \sin^2 \alpha \cos^2 \alpha + B'^4 \sin^2 (\theta - \alpha) \cos^2 (\theta - \alpha)$$
$$= 2 A'^2 B'^2 \sin \alpha \cos \alpha \sin (\theta - \alpha) \cos (\theta - \alpha),$$

on reconnaît que ce dénominateur prend la forme

$$A'^2 B'^2 \left[\sin^2 \alpha \cos^2 (\theta - \alpha) + \sin^2 (\theta - \alpha) \cos^2 \alpha \right.$$
$$\left. + 2 \sin \alpha \cos (\theta - \alpha) \sin (\theta - \alpha) \cos \alpha \right],$$

ou

$$A'^2 B'^2 \left[\sin \alpha \cos (\theta - \alpha) + \sin (\theta - \alpha) \cos \alpha \right]^2,$$

ou bien enfin

$$A'^2 B'^2 \sin^2 (\alpha + \theta - \alpha) = A'^2 B'^2 \sin^2 \theta.$$

Ainsi la valeur de K devient

$$K = \frac{A'^2 B'^2 \sin^2 \theta}{A'^2 B'^2 \sin^2 \theta} = 1 ;$$

ce qui prouve que l'équation (2) n'a besoin d'aucune préparation pour être comparée à l'équation

$$A^2 y^2 + B^2 x^2 = A^2 B^2.$$

On a donc immédiatement les relations suivantes :

$$A'^2 \cos^2 \alpha + B'^2 \cos^2 (\theta - \alpha) = A^2.$$
$$A'^2 \sin^2 \alpha + B'^2 \sin^2 (\theta - \alpha) = B^2.$$
$$A'^2 B'^2 \sin^2 \theta = A^2 B^2.$$

Les deux premières relations, ajoutées entre elles, donnent

$$A'^2 + B'^2 = A^2 + B^2 ;$$

ce qui démontre *la propriété énoncée*.

Quant à la troisième relation, on en tire

$$A'B' \sin \theta = AB.$$

ou, en remarquant que θ ou l'angle des deux diamètres conjugués est égal à $\alpha' - \alpha$.

$$A'B' \sin (\alpha' - \alpha) = AB ;$$

d'où

$$4\,A'B'\sin(\alpha'-\alpha) = 4\,AB.$$

expression qu'on peut traduire, en Géométrie, de la manière suivante :

Soient $MM' = 2A'$, $mm' = 2B'$ deux *diamètres conjugués* par les extrémités desquels on a mené des *tangentes*, qui, comme on l'a vu au n° 196. déterminent un *parallélogramme* $TT'tt'$.

Si du point m on abaisse une perpendiculaire ml sur MM', on a évidemment

$$t'T' = MM' = 2A',$$

$$ml = mm'\sin mm'l = 2B'\sin(\alpha'-\alpha);$$

d'où

$$\text{surf. } TT'tt' = 4\,A'B'\sin(\alpha'-\alpha) = 4\,AB,$$

ce qui prouve que le *parallélogramme* $TT'tt'$ *est équivalent au rectangle des axes principaux.*

On voit ainsi que l'analyse précédente conduit, non-seulement à la propriété du n° 205, mais encore à cette autre, non moins importante :

Tous les parallélogrammes circonscrits à l'ellipse et dont les côtés sont respectivement parallèles à deux diamètres conjugués, ont une surface constante et égale au rectangle construit sur les axes.

207. Remarque. — Cette *surface constante* jouit de la propriété d'être un *minimum* parmi celles des différents parallélogrammes que l'on peut, en général, *circonscrire* à une ellipse donnée.

En effet, considérons par exemple un parallélogramme $UVV'U'$, dont deux côtés soient les tangentes menées par les extrémités du diamètre mm', et les deux autres côtés soient les tangentes menées par les extrémités d'un diamètre nn' non conjugué de mm'.

On a, pour l'expression de la *surface* de ce parallélogramme,

$$U'V' \times ml = U'V' \times 2B'\sin(\alpha'-\alpha);$$

or $U'V'$, parallèle à MM', est évidemment *plus grand* que ce diamètre MM' ou $2A'$, puisque tous les points des lignes UU'. VV', autres que n, n', sont *extérieurs* à l'ellipse.

Donc on a

$$\text{surf. } UVU'V' > 2A' \times 2B'\sin(\alpha'-\alpha) \quad \text{ou} \quad > \text{surf. } TT'tt'.$$

208. Système de diamètres conjugués égaux. — Parmi les systèmes en nombre infini de *diamètres conjugués* d'une ellipse, il y en a un, *différent du système des axes principaux*, qui mérite une attention par-

ticulière ; c'est celui des deux diamètres *parallèles* aux deux cordes menées d'une des extrémités du *petit axe* aux deux extrémités du *grand axe*.

Les cordes AC, BC (*fig.* 100) étant *également inclinées* sur ce grand axe AB, il en est de même des diamètres II', LL', qui leur sont *parallèles*, en sorte que les angles IOB, LOA sont *égaux*.

Il résulte de cette égalité des angles et de la symétrie de la courbe par rapport à ses *axes principaux* que ces deux diamètres sont *égaux*; c'est-à-dire que l'on a

$$B' = A':$$

et l'équation de l'ellipse rapportée à ce système *particulier* d'axes *obliques* se réduit à

$$y^2 + x^2 = A'^2,$$

équation identique avec celle du *cercle* rapporté à son centre comme origine et à des axes rectangulaires.

Comme d'ailleurs les angles que deux *diamètres conjugués* de tout autre système forment avec le *grand axe* AB, des deux côtés de CD, sont évidemment *inégaux*, et que, par suite, ces diamètres sont aussi *inégaux*, il en résulte que l'équation précédente ne convient absolument qu'à *ce seul système d'axes*.

Donc, en général, toute équation telle que

$$y^2 + x^2 = M^2$$

quand les axes sont *obliques*, est celle d'une *ellipse rapportée à un système de* DIAMÈTRES CONJUGUÉS ÉGAUX.

209. *Autres propriétés de l'ellipse rapportée à un système de diamètres conjugués.* — Toutes les propriétés de l'ellipse qui ont été démontrées, *indépendamment de l'inclinaison des axes,* sont également *vraies,* quand on suppose la courbe rapportée à un système de *diamètres conjugués.*

Ainsi *premièrement,* son équation, dans ce cas, étant

$$A'^2 y^2 + B'^2 x^2 = A'^2 B'^2 \quad \text{ou} \quad A'^2 y^2 + B'^2 x^2 - A'^2 B'^2 = 0,$$

on a

$$A'^2 y^2 + B'^2 x^2 - A'^2 B'^2 > 0.$$

pour *caractériser* les points *extérieurs,* et

$$A'^2 y^2 + B'^2 x^2 - A'^2 B'^2 < 0.$$

pour *caractériser* les points *intérieurs.*

Secondement, l'équation de la courbe pouvant être mise sous la forme

$$\frac{y^2}{(A'+x)(A'-x)} = \frac{B'^2}{A'^2} \quad (\textit{fig.}\ 106),$$

ou, en langage géométrique,

$$\frac{\overline{PM}^2}{AP \times PB} = \frac{B'^2}{A'^2},$$

on en conclut que :

Le carré d'une ordonnée parallèle à l'un des diamètres conjugués est au rectangle des distances des extrémités de l'autre diamètre au pied de l'ordonnée dans un rapport constant.

210. Cette dernière propriété, qui correspond à celle du n° 173, montre que la liaison qui existe entre l'*ordonnée* et l'*abscisse* d'un point quelconque de l'ellipse est *la même,* quel que soit le système de *diamètres conjugués* auquel la courbe est rapportée.

D'où l'on déduit le moyen suivant de *construire une ellipse, connaissant un système de diamètres conjugués en grandeur et en direction.*

Soient OB, OC les *demi-diamètres donnés.*

Par le point O *tracez* OC′ perpendiculaire à OB et égal à OC; puis, sur les deux lignes OB, OC′ considérées comme les demi-axes principaux d'une ellipse, *décrivez,* par l'un des moyens connus, la courbe A C′BD′A ; *élevez* aux points P, P′,... des ordonnées PN, P′N′,... à cette courbe, et *menez* les lignes PM, P′M′,... parallèles à OC, et respectivement égales à PN, P′N′,....

Les points M, M′,... appartiendront *à la courbe cherchée,* qui sera représentée par ACBDA.

Car de la disposition prise pour les axes des coordonnées et de la propriété précédente, il résulte évidemment que, pour *les mêmes abscisses,* les *ordonnées* des deux courbes doivent être *égales.*

De la tangente à l'ellipse rapportée à un système de diamètres conjugués.

211. TANGENTE MENÉE PAR UN POINT PRIS SUR LA COURBE ET SOUS-TANGENTE. — On reconnaît facilement que les méthodes établies précédemment pour obtenir l'équation de la *tangente* à une courbe (*fig.* 107) sont tout à fait *indépendantes de l'inclinaison des axes.*

Ainsi, l'équation de la courbe étant

$$A'^2 y^2 + B'^2 x^2 = A'^2 B'^2,$$

on a, pour l'équation de la tangente au point M, ou (x', y'),

$$y - y' = -\frac{B'^2 x'}{A'^2 y'}(x - x')$$

et, pour *l'expression de la sous-tangente,*

$$y = 0, \quad x - x' = \frac{A'^2 y'^2}{B'^2 x'} = \frac{A'^2 - x'^2}{x'}.$$

Quant à *l'équation de la normale* et à *l'expression de la sous-normale,* comme on aurait à faire entrer en considération la condition de *perpendicularité* dans l'hypothèse d'axes *obliques,* on arriverait à des résultats compliqués, tous différents de ceux qui correspondent aux axes *principaux;* nous ne nous y arrêterons pas.

212. **Tangente menée par un point extérieur.** — Si l'on propose de *mener une tangente* par un point donné *hors* de la courbe, on est conduit à l'une des propriétés les plus remarquables de l'ellipse, dont celle du n° 194 n'est qu'un *cas particulier.*

Soit, en effet, une droite LL' menée *à volonté* dans le plan d'une ellipse ; et concevons que par chacun des points H, H',... de cette droite on ait mené *deux tangentes* à la courbe.

Supposons, d'ailleurs, l'ellipse rapportée à un système de *diamètres conjugués* OX, OY, dont l'un, celui des y, soit *parallèle à la droite* LL', ce qui est toujours possible.

Désignons, en outre, par α, β les coordonnées du point H par exemple, x', y' exprimant les coordonnées inconnues *du point de contact;* et raisonnons comme au n° 194.

Pour déterminer x', y', et obtenir, par suite, la valeur du *coefficient d'inclinaison,* $-\dfrac{B'^2 x'}{A'^2 y'}$ dans l'équation de la *tangente,* on a les deux relations

$$(1) \qquad A'^2 \beta y' + B'^2 \alpha x' = A'^2 B'^2,$$

$$(2) \qquad A'^2 y'^2 + B'^2 x'^2 = A'^2 B'^2.$$

Cela posé, au lieu de chercher x', y' par l'élimination, on peut construire les *lieux géométriques* de ces deux équations.

Or l'équation (2) n'est autre chose que celle de *l'ellipse déjà construite,* en tant que x', y' sont des *variables.*

Quant à l'équation (1) qui représente une *ligne droite,* il faut, pour obtenir les points d'intersection de cette droite avec les axes, poser successivement $y' = 0$, $x' = 0$; et il vient pour

$$y' = 0, \quad x' = \frac{A'^2}{\alpha},$$

$$x' = 0, \quad y' = \frac{B'^2}{\beta},$$

et ces *troisièmes proportionnelles* étant portées, l'une de O en P sur OX, l'autre de O en G sur OY, si l'on tire la droite PG et qu'on la prolonge, de côté et d'autre, jusqu'à sa rencontre avec l'ellipse, aux points M, *m*, on aura *les deux points de contact* des *tangentes* menées du point H.

Remarquons maintenant que l'abscisse $\dfrac{A'^2}{\alpha}$ du point où cette droite rencontre l'axe des x est *indépendante* de l'ordonnée б de ce point; d'où il suit que, si l'on considère un second point H', ayant pour coordonnées α, б', la *droite de jonction* M'*m*' *des deux points de contact* doit passer par *le même point* P de l'axe OX.

Comme un raisonnement analogue pourrait s'appliquer à un tout autre point pris sur LL', on est en droit de conclure que :

Une droite étant tracée arbitrairement dans le plan d'une ellipse, si de chacun de ses points on mène deux tangentes à la courbe, et que l'on joigne les deux points de contact par une droite, ces droites de jonction (qu'on nomme ordinairement LIGNES DE CONTACT) *doivent toutes passer par* UN MÊME POINT; lequel se trouve placé sur le *diamètre conjugué* de celui qui est *parallèle* à la droite donnée.

Le point de concours P est dit le PÔLE de la droite LL', qui reçoit, par contre, la *dénomination* de POLAIRE.

La propriété du n° 194 n'est, comme nous l'avons déjà dit, qu'un cas particulier de celle-ci; car on avait supposé pour la précédente que la droite tracée sur le plan était *perpendiculaire*, soit au *premier*, soit au *second* axe principal de la courbe.

N. B. — Tant que la droite donnée est *extérieure* à la courbe, auquel cas l'abscisse α de la droite LL' est *plus grande* que A', celle du point P, ou $\dfrac{A'^2}{\alpha}$, est *moindre que* A', et le *point de concours* des *lignes de contact* est INTÉRIEUR.

Le *contraire* aurait lieu si la droite donnée *rencontrait* la courbe, et, dans ce cas, il est à remarquer qu'on ne peut mener des *tangentes* que par les points *extérieurs* de la droite.

213. La réciproque de la proposition précédente est également *vraie*, et peut s'énoncer ainsi :

Si d'un point quelconque pris dans le plan d'une ellipse, soit intérieurement, soit extérieurement à la courbe, on mène des cordes ou sécantes en nombre quelconque, et qu'aux deux points où chacune d'elles rencontre la courbe, on mène des tangentes, les points d'intersection de chaque couple de tangentes sont tous placés sur UNE MÊME DROITE, *extérieure à la courbe* si le *point est intérieur,* et *vice versâ.*

Le point et la droite conservent la dénomination de *pôle* et de *polaire.*

Voici comment on peut démontrer cette *réciproque,* sans aucun calcul :

Concevez la courbe rapportée à un système de *diamètres conjugués,* dont l'un, celui sur lequel se comptent les abscisses, soit la droite *joignant le centre au point donné;* puis, menez par les deux points d'intersection avec l'ellipse, de l'une des droites passant par le point donné, *deux tangentes* qui se rencontrent en *un point;* menez également par les points d'intersection d'une seconde corde ou sécante, avec la courbe, *deux autres tangentes* qui se rencontrent en *un point;* et joignez ces *deux points de rencontre.*

Il est clair, d'après la proposition directe, que si, de tous les autres points de cette ligne de *jonction,* on mène des *tangentes* à l'ellipse, toutes les *lignes de contact* correspondantes se réuniront *en* UN MÊME POINT *qui ne pourra être autre que le point donné.*

Donc, etc.

Problème.

214. Comme application de quelques-unes des propriétés que nous venons d'exposer, nous allons résoudre le problème suivant :

Une ellipse étant tracée sur un plan,

1° *Déterminer son centre et ses axes principaux;*

2° *Trouver un système de diamètres conjugués faisant entre eux un angle donné.*

SOLUTION. — On suppose tracée l'ellipse LHL'H' (*fig.* 108).

1° *Tirez* deux cordes parallèles, *mm'*, *nn'*, et *joignez* les *milieux* de ces cordes par une droite HH': cette droite sera (**177**) un *diamètre* de la courbe; et le *milieu* O de ce diamètre sera le CENTRE cherché.

Ce point étant trouvé, *menez* un diamètre quelconque LL' (on pourrait aussi se servir du diamètre HH', déjà déterminé); puis, *décrivez* sur ce diamètre une *demi-circonférence* qui rencontre la courbe en un point K. *Tirez* les *cordes supplémentaires* LK, L'K, et *tracez* les diamètres AOB, COD, respectivement *parallèles* à ces cordes.

Vous obtiendrez ainsi les deux *axes principaux.*

Car ces diamètres sont nécessairement (**183**) *conjugués;* de plus ils sont *perpendiculaires entre eux,* puisqu'ils sont parallèles à des cordes formant entre elles un *angle droit* comme inscrit dans une demi-circonférence.

Les quatre *sommets* A, B, C, D se trouvent, par suite, également dé-terminés; quant aux *foyers* et aux deux *directrices*, on les obtiendrait par les moyens indiqués précédemment (131 et 151).

2° Sur le diamètre LL′ ou sur son *égal* KK′ (208), *décrivez*, au lieu d'une demi-circonférence, *un segment de cercle capable de l'angle donné*, et *opérez*, d'ailleurs, comme pour obtenir les *axes principaux*.

Cette dernière construction exige (185) que l'angle donné, s'il est *ob-tus*, soit *au plus* égal à l'angle ACB, et, s'il est *aigu*, *au moins* égal à CBD.

Nous nous dispensons de développer ici la *discussion* à laquelle donnent lieu les constructions précédentes.

CHAPITRE IV.

DE L'HYPERBOLE.

PROPOSITIONS PRÉLIMINAIRES.

215. On a vu (135) que, pour passer de l'équation de l'ellipse à celle de l'hyperbole, il suffit de changer $+B^2$ en $-B^2$, et *vice versâ*. Aussi, quoique ces deux courbes affectent une forme très-différente, y a-t-il une grande analogie dans les énoncés de leurs propriétés, et dans les modes de démonstration de ces propriétés.

C'est pourquoi, en exposant la théorie de l'hyperbole, nous nous bornerons le plus souvent, afin d'éviter des répétitions inutiles, au simple énoncé des propositions; nous aurons soin, toutefois, d'insister sur celles qui peuvent offrir des différences notables, soit dans leur nature, soit dans la manière de les démontrer. On verra, en outre, que l'hyperbole jouit de certaines propriétés qui ne sauraient appartenir, ni à l'ellipse, ni à la parabole.

Pour mieux fixer les idées, nous suivrons ici le même ordre que pour l'ellipse.

216. *Caractères analytiques des points pris sur la courbe, au dedans ou au dehors.* — L'hyperbole étant rapportée à son *centre* et à ses *axes principaux*, on a

Pour le point M, *sur la courbe*..... $A^2y^2 - B^2x^2 + A^2B^2 = 0$,

Pour le point N, *au dedans*....... $A^2y^2 - B^2x^2 + A^2B^2 < 0$.

Pour le point N', *au dehors*....... $A^2y^2 - B^2x^2 + A^2B^2 > 0$.

Les deux *inégalités* sont évidentes pour des points tels que N, N' (*fig.* 109), pour lesquels on a

$$NP < MP, \quad N'P > MP.$$

Quant au point N'', dont l'ordonnée tombe entre les points A et B, comme on a

$$OP'' < OB \quad \text{ou} \quad x < A,$$

il en résulte

$$A^2B^2 - B^2x^2 > 0,$$

d'où, *à fortiori*,

$$A^2y^2 - B^2x^2 + A^2B^2 > 0.$$

217. La définition de l'hyperbole fournit un autre caractère.

Pour tout point *sur* la courbe, on a (134)

$$F'M - MF = 2A.$$

Soit maintenant un point *intérieur* R, et joignons-le aux points F', F ; on a

$$F'R = F'M + MR \quad \text{et} \quad RF < MF + MR :$$

d'où l'on déduit

$$F'R - RF > F'M - MF,$$

et, par suite,

$$F'R - RF > 2A :$$

mais pour un point *extérieur* R', en le joignant aux points F', F, et tirant F'M, on a

$$F'R' - R'M < F'M :$$

d'où

$$F'R' - R'M - MF \quad \text{ou} \quad F'R' - R'F < F'M - MF :$$

donc

$$F'R' - R'F < 2A.$$

Ce qui démontre que *pour tous les points* INTÉRIEURS, *la différence de leurs distances aux deux foyers est* PLUS GRANDE *que le premier axe*, et que *pour tous les points* EXTÉRIEURS, *cette différence est* MOINDRE QUE *le premier axe*.

218. De l'équation de l'hyperbole mise sous la forme

$$\frac{y^2}{x^2 - A^2} = \frac{B^2}{A^2} \quad \text{ou} \quad \frac{y^2}{(x + A)(x - A)} = \frac{B^2}{A^2},$$

on déduit, comme pour l'ellipse, que

Le carré de l'ordonnée est au produit des distances du pied de l'ordonnée aux sommets de la courbe dans un rapport constant, celui des CARRÉS *du second et du premier axe*.

La différence à noter, c'est que dans l'ellipse *le pied de l'ordonnée est situé entre* les sommets A, B, tandis que dans l'hyperbole il est placé *sur le prolongement* de AB, soit *à droite*, soit *à gauche*.

Lorsque pour l'hyperbole on suppose B = A, ce qui donne (136) l'hyperbole *équilatère*, la relation devient

$$y^2 = (x + A)(x - A) :$$

ce qui signifie que *le carré de l'ordonnée est égal au rectangle des segments du premier axe, compris entre les sommets de la courbe et le pied de l'ordonnée :* propriété analogue à celle du CERCLE.

219. En comparant l'équation de l'hyperbole *équilatère*,

$$y^2 = x^2 - A^2,$$

à celle du *cercle* décrit *sur le premier axe d'une ellipse*, savoir (174)

$$y^2 = A^2 - x^2,$$

on reconnaît que l'hyperbole *équilatère* est à l'hyperbole quelconque ce que le *cercle* est à *l'ellipse*.

Ainsi l'on démontrerait, comme on l'a fait pour *l'ellipse* (*voyez* la fin du n° 176), par rapport au *cercle* décrit sur le *grand axe* comme diamètre, que les *segments, compris entre deux ordonnées parallèles*, d'une hyperbole quelconque et de l'hyperbole *équilatère* dont les axes principaux sont égaux au *premier axe* de la première, sont entre eux dans le rapport *constant* du *second axe* au *premier*.

Mais, afin de tirer parti de cette relation pour l'évaluation des *aires hyperboliques*, il faudrait savoir évaluer la surface d'un segment d'hyperbole *équilatère*.

§ 1. — Diamètres dans l'hyperbole. — Diamètres conjugués. — Cordes supplémentaires ; — leurs relations avec les diamètres conjugués.

220. *Tous les diamètres de l'hyperbole sont des lignes droites passant par le centre.*

Même démonstration et mêmes calculs qu'au n° 177, sauf l'échange de B^2 en $- B^2$; ce qui conduit, si l'on désigne par a le *coefficient d'inclinaison* d'une corde quelconque MM' (*fig.* 110) et de toutes les cordes qui lui sont parallèles, à l'équation

$$y = \frac{B^2}{A^2 a} x,$$

pour représenter le *diamètre* LL' passant par les *milieux de ces cordes*.

221. Diamètres conjugués. — Si l'on considère, avec le diamètre LL', un autre diamètre KK' *parallèle* à la corde MM', et représenté en conséquence par l'équation

$$y = ax,$$

on conclut pareillement : 1° que ce dernier passe par les *points milieux* d'un système de cordes *parallèles* au premier ; 2° que, par suite, ces deux diamètres, étant tels, que *chacun divise en deux parties égales les cordes parallèles à l'autre*, sont des *diamètres conjugués* ; 3° que l'hyperbole a une *infinité* de systèmes de *diamètres conjugués* ; 4° que les *coefficients d'inclinaison* de deux diamètres d'un même système, tels que LL' et KK', sont liés par la relation

$$\tan \alpha \, \tan \alpha' = \frac{B^2}{A^2},$$

α et α' étant les angles que ces diamètres forment respectivement avec l'axe des x.

222. On déduit également, de l'équation de la courbe

$$A^2 y^2 - B^2 x^2 = - A^2 B^2,$$

que les *axes principaux* forment un système de *diamètres conjugués*.

La relation $\tan \alpha \, \tan \alpha' = \dfrac{B^2}{A^2}$ montre, d'ailleurs, que ce système de *diamètres conjugués perpendiculaires* est *le seul rectangulaire* que puisse avoir l'hyperbole, de quelque nature qu'elle soit, puisqu'en aucun cas on ne saurait avoir

$$\frac{B^2}{A^2} = - 1.$$

On remarquera seulement que si l'on a B = A, auquel cas l'hyperbole est *équilatère*, les angles que font entre eux deux *diamètres conjugués quelconques*, satisfaisant à la condition

$$\tan \alpha \, \tan \alpha' = 1,$$

sont *complémentaires* l'un de l'autre.

223. Nous savons déjà que, dans l'hyperbole, les diamètres ne rencontrent pas tous la courbe ; ce qui les a fait distinguer en deux sortes, savoir : *diamètres transverses* et *diamètres non transverses*.

Nous avons vu, d'ailleurs (138, *fig.* 80), que si l'on forme sur les axes 2A, 2B le rectangle RR'SS', et que l'on tire les diagonales RS', SR', ces droites prolongées indéfiniment forment, pour les droites passant par le *centre*, deux *lignes de séparation* placées entre celles qui sont susceptibles de *rencontrer la courbe* et celles qui *ne peuvent la rencontrer*.

Pour construire ces lignes sur la figure actuelle, il suffit d'*élever* au point B une perpendiculaire indéfinie, et de *porter* sur cette perpendiculaire deux distances BR, BS, égales au demi-*second axe* B, puis de *tirer* les droites OR, OS, en les prolongeant indéfiniment ; ce qui donne les droites HH', II'.

Cela posé, remarquons que, d'après la relation

$$\tan \alpha \, \tan \alpha' = \frac{B^2}{A^2},$$

qui existe entre les directions de deux *diamètres conjugués*, si l'on suppose

$$\tan g\, \alpha < \frac{B}{A},$$

ce qui donne un diamètre *transverse*, on a nécessairement

$$\tan g\, \alpha' > \frac{B}{A}.$$

Donc le *conjugué* du premier diamètre est *non transverse*.

On voit, de plus, que l'angle α *augmentant* de manière à rester MOINDRE QUE HOX, l'angle α' *diminue* en restant toujours PLUS GRAND QUE HOX.

Ces deux diamètres *se rapprochent* ainsi de plus en plus de HH', jusqu'à ce qu'enfin on ait

$$\alpha = \text{HOX},$$

d'où il résulte nécessairement

$$\alpha' = \text{HOX} ;$$

auquel cas les deux diamètres viennent à se confondre *en un seul* et avec la droite HH'.

N. B. — Nous ajouterons à ce qui vient d'être dit que le *premier axe* 2 A est *le plus petit* de tous les diamètres *transverses ;* ce qu'on reconnaît en observant que la distance OB est *la plus courte ligne* que l'on puisse mener du *centre* à la *tangente* RBS, et, *à fortiori*, à un point quelconque de la courbe.

224. CORDES SUPPLÉMENTAIRES. — On donne ce nom à *deux droites,* telles que AM et BM ou AM' et BM' (*fig.* 111), *qui, partant des sommets* A *et* B *du premier axe, se rencontrent sur la courbe ;* plus généralement, à *deux droites menées des extrémités d'un diamètre* TRANSVERSE *à un point de la courbe.*

En reprenant, pour l'hyperbole, les mêmes calculs que pour l'ellipse (*voir* les n°s 181, 182), on démontrerait :

1° Que les angles MBX, MAX sont liés entre eux par la relation

$$a a' = \frac{B^2}{A^2},$$

a, a' exprimant les tangentes trigonométriques de ces angles ;

2° Que cette même relation existe entre les angles que forment avec le *premier* axe deux *cordes supplémentaires* partant des extrémités d'un diamètre *transverse quelconque.*

[Pour l'hyperbole *équilatère*, le rapport constant $\frac{B^2}{A^2}$ se réduisant à 1,
il s'ensuit que les *cordes supplémentaires* forment avec le *premier axe*
des angles COMPLÉMENTS l'un de l'autre.]

D'un autre côté, on a, pour tout système de *diamètres conjugués*, la
relation

$$\tang \alpha \, \tang \alpha' = \frac{B^2}{A^2}.$$

Donc, si l'on suppose

$$\tang \alpha = a,$$

c'est-à-dire l'un des diamètres *parallèle* à l'*une* des cordes, il en résulte

$$\tang \alpha' = a',$$

ou l'autre diamètre *parallèle* à la *seconde* corde.

De là se déduit, comme pour l'ellipse, un moyen d'obtenir le diamètre
CONJUGUÉ d'un diamètre donné.

Soit NK le diamètre donné : *tirez* la corde AM *parallèle* à NK, et *joignez* le point M au point B, puis *tracez* K'N' *parallèle* à BM.

Vous obtenez ainsi le DIAMÈTRE CONJUGUÉ de NK.

225. ANGLE DE DEUX CORDES SUPPLÉMENTAIRES. — Le calcul du n° 184,
appliqué à l'hyperbole, donnerait

$$\tang \mathrm{AMB} = \frac{2\,\mathrm{AB}^2}{(\mathrm{A}^2 + \mathrm{B}^2)y'};$$

or ce résultat démontre que l'angle AMB ou AM'B, de deux *cordes supplémentaires*, correspondant à une valeur *positive de y'*, est toujours *aigu*,
et que y' *croissant* depuis *zéro* jusqu'à l'*infini*, cet angle *décroît* depuis
90 degrés jusqu'à 0.

La relation $aa' = \frac{B^2}{A^2}$, qui existe entre les directions de *deux cordes
supplémentaires* par rapport au *premier* axe, conduit au même résultat.

En effet, le produit des deux tangentes a, a' étant *positif*, ces tangentes
sont nécessairement de *même signe*; par suite, les angles correspondants
MAX, MBX, ou M'AX, M'BX sont tous les deux *aigus* ou tous les deux
obtus; donc leur *différence* AMB ou AM'B est un ANGLE AIGU.

Comme, d'ailleurs, pour $a = \frac{B}{A}$, on a aussi $a' = \frac{B}{A}$, il s'ensuit que les
cordes supplémentaires qui correspondent à un point de la courbe situé à
l'*infini* deviennent *parallèles* ou font un angle *nul*.

Elles sont *parallèles*, soit à la droite OH, soit à la droite OI, suivant la
branche de courbe que l'on considère.

L'hyperbole étant *symétrique* par rapport à son *premier axe*, les mêmes conséquences que ci-dessus ont évidemment lieu pour les *parties inférieures* des deux branches, c'est-à-dire pour le cas de y' *négatif*.

Enfin, si l'on se reporte à la relation qui lie deux *diamètres conjugués* et deux *cordes supplémentaires*, on peut conclure de ce qui vient d'être dit, que l'*angle* de deux *diamètres conjugués* d'une hyperbole n'*est pas*, comme dans l'ellipse, *compris entre certaines limites*.

§ II. — De la tangente a l'hyperbole et de ses propriétés par rapport aux diamètres et aux rayons vecteurs.

Tangente menée par un point de la courbe.

226. L'équation de l'hyperbole étant

$$A^2 y^2 - B^2 x^2 = - A^2 B^2,$$

on trouverait pour l'équation de la *tangente* en un point (x', y') de cette courbe (*voyez* le n° 186)

$$(1) \qquad y - y' = \frac{B^2 x'}{A^2 y'} (x - x'),$$

pourvu que l'on y joigne la relation

$$A^2 y'^2 - B^2 x'^2 = - A^2 B^2$$

qui exprime que le point (x', y') se trouve *sur* la courbe.

L'équation (1) peut se simplifier au moyen de la relation précédente, et devient

$$(2) \qquad A^2 y y' - B^2 x x' = - A^2 B^2,$$

résultat qui ne diffère de l'équation de l'hyperbole qu'en ce que les *rectangles yy', xx'* remplacent les *carrés y^2, x^2*.

227. Expression de la sous-tangente. — Si dans l'équation (1) *non simplifiée* (*fig.* 112), on pose $y = 0$, il en résulte

$$x - x \quad \text{ou} \quad PR = - \frac{A^2 y'^2}{B^2 x'} = \frac{A^2 - x'^2}{x'}.$$

Cette valeur est essentiellement *négative* pour toute valeur *positive* de x', puisque l'on a

$$x' > A;$$

et cela doit être, d'après la position qu'occupe nécessairement par rapport au point P, le point R où la *tangente* rencontre l'axe des x.

Elle devient *nulle*, lorsque l'on suppose $x' = A$, ou le *point de contact* en B.

228. ÉQUATION DE LA NORMALE ET EXPRESSION DE LA SOUS-NORMALE. — On a, d'après l'équation (1) de la tangente, pour celle de la *normale*,

$$y - y' = -\frac{A^2 y'}{B^2 x'}(x - x');$$

et en y faisant $y = o$, on trouve

$$x - x' \quad \text{ou} \quad PS = \frac{B^2 x'}{A^2};$$

valeur toujours *positive* tant que l'abscisse x' du *point de contact* est elle-même *positive*.

Si l'on fait

$$x' = A,$$

on obtient pour l'*expression* de la SOUS-NORMALE,

$$\frac{B^2}{A},$$

ou la *moitié du paramètre* (146), c'est-à-dire l'*ordonnée qui passe par le foyer*.

Cette valeur est le *minimum* de celles que puisse avoir la SOUS-NORMALE dans l'*hyperbole*, tandis que pour l'*ellipse* (191), la même expression était un *maximum*.

229. Discutons, comme nous l'avons fait pour l'ellipse, le COEFFICIENT ANGULAIRE de la tangente,

$$a = \frac{B^2 x'}{A^2 y'}.$$

Remarquons d'abord que, dans l'*hyperbole*, x' et y' *augmentant* et *diminuant en même temps*, il est impossible de suivre la marche de la valeur de a, considérée dans son expression *actuelle*, et qu'ainsi il est nécessaire d'éliminer l'une des variables, y' par exemple, à l'aide de la relation

$$A^2 y'^2 - B^2 x'^2 = -A^2 B^2.$$

On trouve

$$y' = \pm \frac{B}{A} x' \sqrt{1 - \frac{A^2}{x'^2}};$$

d'où, substituant dans l'expression de a, et réduisant,

$$a = \pm \frac{B}{A\sqrt{1 - \dfrac{A^2}{x'^2}}}.$$

15.

Cela posé, ne considérons, pour le moment, que le signe *supérieur*, et faisons *croître* x' depuis o jusqu'à $+\infty$.

Pour $x' = A$, il vient

$$a = \infty \; ;$$

ce qui démontre qu'au point B la tangente est PERPENDICULAIRE au *premier axe*.

A partir de ce point, x' *augmentant*, $\dfrac{A^2}{x'^2}$ *diminue*, et le radical *augmente* en se rapprochant de l'*unité*, jusqu'à ce qu'enfin on suppose $x' = \infty$, auquel cas la première valeur de a, actuellement considérée, devient

$$a = +\frac{B}{A}\cdot$$

Si, maintenant, on cherche à quoi se réduit l'abscisse du point où la tangente qui correspond à la valeur *positive* de a rencontre l'axe des x, et qu'à cet effet on fasse $y = o$ dans l'équation (2) du n° 226, on obtient

$$x = \frac{A^2}{x'},$$

valeur qui devient *nulle* pour $x' = \infty$.

D'où l'on voit que la tangente se confond alors avec la droite HOH' qui a pour équation

$$y = \frac{B}{A}\,x.$$

Quant à la valeur *négative* de a, elle devient, pour $x' = \infty$,

$$a = -\frac{B}{A};$$

et l'on reconnaît que la tangente se confond avec la droite IOI' représentée par l'équation

$$y = -\frac{B}{A}\,x.$$

Ainsi, les droites HH', II', qui, comme nous l'avons déjà vu au n° 223, sont les LIMITES DE SÉPARATION des diamètres *transverses* d'avec les diamètres *non transverses*, peuvent encore être considérées comme les LIMITES DES TANGENTES.

230. En continuant la *discussion* de l'expression

$$a = \pm\frac{B}{A\sqrt{1-\dfrac{A^2}{x'^2}}},$$

on voit que le radical étant toujours *moindre que* 1, tant que x' est compris entre A et $+\infty$, la valeur *positive* de a est nécessairement *supérieure* à $\dfrac{B}{A}$, *limite* qu'elle atteint pour $x' = \infty$.

Donc l'angle HOX est le *minimum* des angles *aigus* que la tangente forme avec le *premier axe*.

Quant à l'abscisse, $\dfrac{A^2}{x'}$, du point où la tangente, en général, coupe l'axe des x, elle est toujours *positive* et moindre que A, tant que le *point de contact* est sur la branche *positive* de la courbe; ce qui veut dire que *ce point de rencontre* est constamment resserré entre le *sommet* B et le *centre* O; il finit par se *confondre avec le centre* pour $x' = \infty$.

A l'égard de la valeur *négative* de a, comme dans l'hypothèse $x' = \infty$ elle se réduit à $-\dfrac{B}{A}$, on en conclut que l'angle IOX est le *maximum* des angles *obtus* que la tangente est susceptible de former avec le *premier axe*.

Tangente menée par un point pris hors de la courbe, ou parallèlement à une droite donnée.

231. Nous renvoyons, pour ces questions et celles qui en dépendent, aux n°s 193 et suivants, parce que les raisonnements, les calculs et les résultats ne diffèrent de ceux relatifs à l'*ellipse* que par le changement de $+B^2$ en $-B^2$, et *réciproquement*.

De la tangente considérée par rapport aux diamètres conjugués.

232. Multiplions entre elles les deux expressions

$$a = \frac{B^2 x'}{A^2 y'}, \quad a' = \frac{y'}{x'},$$

dont la première est le *coefficient d'inclinaison de la tangente*, et la seconde celui du *diamètre* MM' (*fig.* 113) passant par le *point de contact* (x', y'); il vient

$$aa' = \frac{B^2}{A^2}.$$

Comparant cette relation avec l'égalité

$$\tang \alpha \, \tang \alpha' = \frac{B^2}{A^2},$$

qui correspond *à deux diamètres conjugués* (221), on a

$$aa' = \tan g\,\alpha\ \tan g\,\alpha';$$

et si l'on suppose

$$a = \tan g\,\alpha,$$

il en résulte nécessairement

$$a' = \tan g\,\alpha'.$$

Ce résultat démontre que le *diamètre conjugué de celui* qui *passe par le point de contact est* PARALLÈLE *à la tangente.*

D'où l'on tire (comme pour l'ellipse) un moyen de mener une *tangente :* 1° *en un point donné* de la courbe; 2° *parallèlement* à une droite *quelconque.*

Voyez, pour la construction, le n° 196, en observant toutefois que, quant au *second problème*, il ne peut y avoir de *solution* qu'autant que la *droite donnée* forme avec le *premier* axe un angle *au moins* égal à l'angle TOX, ou un angle *au plus* égal à l'angle *t*OX. C'est une conséquence de ce qui a été dit au n° 230.

$$\textit{Propriétés de la tangente par rapport aux rayons vecteurs}$$
$$\textit{correspondants.}$$

233. Quoique les calculs soient analogues à ceux qui ont été exécutés pour l'ellipse (197), nous les répéterons parce qu'ils comportent une modification importante.

Soient MR (*fig.* 114) la *tangente*, et FM, F'M les *rayons vecteurs* qui lui correspondent.

Désignons par a, a', a'', les *coefficients d'inclinaison* de la tangente et des rayons vecteurs, par V, V', les angles FMR, F'MR.

On a, d'après la figure,

$$\text{FMR} \quad \text{ou} \quad V = \text{MFX} - \text{MRX},$$
$$\text{F'MR} \quad \text{ou} \quad V' = \text{MRX} - \text{MF'X} :$$

d'où

$$\tan g\,V = \frac{a' - a}{1 + aa'}, \quad \tan g\,V' = \frac{a - a''}{1 + aa''}.$$

Calculons d'abord tang V.

Le rayon vecteur FM devant passer par le point F, dont les coordonnées sont o et $+ c$, a pour équation

$$y = a'(x - c);$$

et comme il doit aussi passer par le point (x', y'), il en résulte la relation

$$y' = a'(x' - c), \quad \text{d'où} \quad a' = \frac{y'}{x' - c}.$$

D'ailleurs on a (**226**)

$$a = \frac{B^2 x'}{A^2 y'};$$

il ne s'agit donc plus que de substituer ces valeurs dans l'expression de $\tan V$.

On trouve ainsi

$$\tan V = \frac{\dfrac{y'}{x'-c} - \dfrac{B^2 x'}{A^2 y'}}{1 + \dfrac{y'}{x'-c}\dfrac{B^2 x'}{A^2 y'}} = \frac{A^2 y'^2 - B^2 x'^2 + B^2 c x'}{(A^2 + B^2) x' y' - A^2 c y'},$$

expression qui, en vertu des relations

$$A^2 y'^2 - B^2 x'^2 = -A^2 B^2, \quad A^2 + B^2 = c^2,$$

devient

$$\tan V = \frac{B^2 (c x' - A^2)}{c y' (c x' - A^2)},$$

ou, réduisant,

$$\tan V = \frac{B^2}{c y'},$$

comme pour l'*ellipse*.

Pour obtenir $\tan V'$, remarquons que l'on a

$$\tan V' = \frac{a - a''}{1 + a a''} = -\left(\frac{a'' - a}{1 + a a''}\right);$$

et comme, pour passer de a' à a'', il suffit de changer $+c$ en $-c$ dans l'expression de a', on a

$$\frac{a'' - a}{1 + a a''} = -\frac{B^2}{c y'};$$

donc, à cause du signe $-$ qui est en avant dans l'expression de $\tan V'$,

$$\tan V' = \frac{B^2}{c y'}.$$

(On voit qu'il y a un *double* changement de *signe*, ce qui n'a pas lieu pour l'*ellipse*.)

Les valeurs obtenues pour $\tan V$, $\tan V'$ étant *identiques*, on en conclut que, *dans l'hyperbole, la tangente divise en* DEUX PARTIES ÉGALES *l'angle des deux rayons vecteurs*.

(Il n'y a rien de particulier à dire sur la *normale*.)

234. De la propriété qui vient d'être démontrée résulte un moyen de *mener une tangente :* 1° par un point pris *sur* la courbe ; 2° par un point pris *hors* de la courbe.

Premièrement. — Soit M le *point donné.*

Tracez les rayons vecteurs F'M et FM ; *prenez* sur MF' une longueur MG *égale* à MF ; puis tirez FG et *abaissez* la droite MIR *perpendiculaire* sur FG.

Vous obtenez ainsi la tangente demandée.

Car de ce que le triangle MGF est *isoscèle* par construction, on déduit que la *perpendiculaire* MIR divise l'angle FMG ou FMF' en *deux parties égales* ; propriété *caractéristique* de la *tangente à l'hyperbole* (*).

Secondement. — Soit N un point donné *hors* de la courbe.

Supposons le problème résolu, c'est-à-dire la tangente NMR trouvée ; et tirons les droites NF, NF', MF et MF'.

Si, sur la ligne MF', on prend MG = MF, on a

$$F'G = F'M - MG = F'M - MF = 2A ;$$

d'autre part, de ce que la *tangente* jouit de la propriété de diviser en *deux parties égales* l'angle F'MF des *deux rayons vecteurs*, il en résulte aussi

$$\text{angle F'MN} = \text{angle FMN} ;$$

par suite, les deux triangles NMG, NMF, dans lesquels on a, d'ailleurs, NM *commun* et MG = MF, sont égaux et donnent

$$NG = NF.$$

(*) Démontrons *à priori* (comme nous l'avons fait pour l'*ellipse*) que la droite MR (*fig.* 114) qui divise en *deux parties égales* l'angle F'MF est *tangente* à la courbe.

Cela se réduit à faire voir que tout point N de cette droite, autre que M, est situé *hors* de la courbe.

Prenant sur MF' une distance MG égale à MF, puis tirant les droites NF', NG, ainsi que FG qui rencontre en I la droite MR, on a, d'après les principes de Géométrie,

$$F'N - NG < F'G ;$$

mais comme le triangle MFG est *isoscèle* par construction, la droite NMR est *perpendiculaire* sur FG et passe par son *milieu* I ; donc elle a tous ses points *également distants* de F et de G ; par suite, NG = NF.

D'un autre côté, on a

$$F'G = F'M - MG = F'M - MF = 2A ;$$

ainsi, l'inégalité précédente devient

$$F'N - NF < 2A ;$$

ce qui prouve que le point N est un point *extérieur*.

Cette démonstration repose *uniquement* sur la définition géométrique de l'hyperbole et sur les *caractères* des points pris *sur* la courbe, ou *hors* de la courbe.

On voit donc que la *position du point* G est fixée par sa distance 2A au point F′, et par sa distance NG ou NF au point donné N.

On est ainsi conduit à cette construction :

1º Du point N comme centre et avec la distance *connue* NF comme rayon, *décrivez un arc de cercle;*

2º Du point F′ comme centre et avec le rayon 2A, *décrivez un second arc de cercle.*

Ces deux arcs se coupent en un point G. *Joignant* ce point au point F′ et *prolongeant* F′G jusqu'à sa rencontre en M avec l'hyperbole, puis *tirant* NM, vous obtenez la TANGENTE DEMANDÉE.

Ce que l'on peut démontrer *à posteriori.*

En effet, on a, d'abord, NG = NF par construction ; de plus, puisque F′M — MF = 2A, et que

$$F′G \quad \text{ou} \quad F′M — MG = 2A,$$

il en résulte aussi

$$MG = MF.$$

La droite NM ayant *deux* de ses points, N et M, également distants des extrémités de la droite qui joint les points F et G, est *perpendiculaire* sur le *milieu* de cette droite FG, et divise l'angle GMF en *deux parties égales;* donc NM est *tangente* à la courbe.

235. Discussion. — Les deux circonférences décrites se coupant *en un second point* G′, le problème admet, en général, *deux* solutions.

Le *second point de contact* se trouve placé tantôt sur *la même* branche UBV de l'hyperbole que le *premier,* tantôt sur la branche *opposée,* U′A V′, suivant la position du point donné N.

Dans la figure actuelle, il devrait être placé sur la partie *inférieure* AV′ de la branche *de gauche;* et on l'obtiendrait en tirant G′F′, puis prolongeant cette droite jusqu'à sa rencontre avec cette partie *inférieure.*

On peut, d'ailleurs, démontrer que, toutes les fois que le point donné est *extérieur* à la courbe, les deux circonférences doivent se rencontrer en *deux* points, et qu'ainsi les *deux tangentes* existent.

En effet, comme on a toujours

$$F′F > 2A,$$

il s'ensuit, d'abord, que le point F de circ. NF est *extérieur* à circ. 2A.

Soit, ensuite, pris sur NF′ une partie NF″ égale à NF; comme, par hypothèse, le point N est *extérieur* à la courbe, on a (217)

$$F′N — NF < 2A,$$

d'où

$$F'N - NF'' \quad \text{ou} \quad F'F'' < 2A,$$

en sorte que le point F'' de circ. NF est *intérieur* à circ. $2A$.

Donc les deux cercles se coupent.

236. REMARQUE. — Les *dénominateurs* de FOYERS et de RAYONS VEC-
TEURS se justifieraient, comme pour l'*ellipse*, au moyen du principe de
Physique sur l'égalité des *angles d'incidence* et de *réflexion*.

Car de l'égalité des angles FMT et TMF' (*fig.* 115), FM'T' et T'M'F',
on conclut celle des angles FMT et fMt, FM'T' et f'M't', d'où il suit
que des *rayons de lumière* ou de *chaleur émanés du point* F, et allant
frapper la courbe en des points M, M',..., se *réfléchiraient* suivant des
droites Mf, M'f',..., qui, prolongées en *sens contraire*, iraient toutes
aboutir au point F.

*Conséquences des propriétés de la tangente considérée
par rapport aux rayons vecteurs.*

237. Si des *foyers* F, F' (*fig.* 114), on abaisse des *perpendiculaires* FI,
F'I', sur la *tangente*, on ferait voir, comme pour l'*ellipse* (n°s 201 et 202) :

1° Que *les distances du centre aux pieds* I, I' *des perpendiculaires
abaissées de chacun des foyers sur la tangente sont égales au demi-pre-
mier axe* A; en d'autres termes, que circ. A *est le lieu géométrique des
pieds de toutes les perpendiculaires abaissées de chacun des foyers sur
les tangentes;*

2° Que *le produit des perpendiculaires* FI, F'I' *abaissées des deux
foyers sur une tangente quelconque* MR *est constant et égal au* CARRÉ B²
DE LA MOITIÉ DU SECOND AXE.

§ III. — PROPRIÉTÉS DE L'HYPERBOLE RAPPORTÉE A DES DIAMÈTRES
CONJUGUÉS.

238. En répétant pour l'*hyperbole* les calculs et les raisonnements qui
ont été faits au n° 204 pour l'*ellipse*, on est conduit aux relations suivantes :

(1) $$A^2 \sin \alpha \sin \alpha' - B^2 \cos \alpha \cos \alpha' = 0,$$

d'où

(2) $$\tan g\, \alpha \, \tan g\, \alpha' = \frac{B^2}{A^2},$$

(3) $$(A^2 \sin^2 \alpha' - B^2 \cos^2 \alpha')y^2 + (A^2 \sin^2 \alpha - B^2 \cos^2 \alpha)x^2 = -A^2 B^2,$$

$$(4) \qquad \text{pour } y = 0, \quad x^2 = \frac{-A^2 B^2}{A^2 \sin^2\alpha - B^2 \cos^2\alpha},$$

$$(5) \qquad \text{pour } x = 0, \quad y^2 = \frac{-A^2 B^2}{A^2 \sin^2\alpha' - B^2 \cos^2\alpha'},$$

relations qui fournissent le moyen de passer de l'équation de l'hyperbole *rapportée à ses axes* à celle de la même courbe *rapportée à un système de diamètres conjugués*.

Mais avant de former cette dernière équation, commençons par prouver que les valeurs de x^2 et de y^2, correspondant respectivement aux hypothèses $y = 0$, $x = 0$, sont de *signes contraires*.

Ces valeurs (4) et (5) peuvent, en effet, être mises sous la forme

$$x^2 = \frac{-A^2 B^2}{\cos^2\alpha (A^2 \tan g^2\alpha - B^2)}, \quad y^2 = \frac{-A^2 B^2}{\cos^2\alpha' (A^2 \tan g^2\alpha' - B^2)}.$$

Or la relation (2) fait voir que, si l'on a par exemple

$$\tan g\, \alpha < \frac{B}{A},$$

ce qui donne évidemment pour l'expression de x^2 une valeur *positive*, il faut, *par compensation*, que l'on ait en même temps

$$\tan g\, \alpha' > \frac{B}{A};$$

en sorte que la valeur de y^2 est *négative*.

D'où l'on conclut que, si la valeur de x correspondant à $y = 0$, est *réelle*, la valeur de y correspondant à $x = 0$, est *imaginaire*, et *réciproquement;* en d'autres termes, que l'*un des deux diamètres* auxquels la courbe est actuellement rapportée, *rencontrant* la courbe, ou étant TRANSVERSE, son *conjugué* est NON TRANSVERSE ; résultat qui s'accorde avec ce que l'on a établi au n° 223.

Si maintenant on prend le diamètre *transverse* pour *nouvel axe des x*, et que, par suite, on pose

$$\frac{-A^2 B^2}{A^2 \sin^2\alpha - B^2 \cos^2\alpha} = A'^2,$$

comme son *conjugué* est *non transverse*, il faudra poser

$$\frac{-A^2 B^2}{A^2 \sin^2\alpha' - B^2 \cos^2\alpha'} = -B'^2;$$

d'où l'on tire

$$A^2 \sin^2\alpha - B^2 \cos^2\alpha = -\frac{A^2 B^2}{A'^2}, \quad A^2 \sin^2\alpha' - B^2 \cos^2\alpha' = \frac{A^2 B^2}{B'^2};$$

et reportant ces valeurs dans la relation (3), on obtient

$$A'^2 y^2 - B'^2 x^2 = - A'^2 B'^2.$$

Telle est l'équation de l'*hyperbole rapportée à l'un de ses systèmes de diamètres conjugués* [en nombre *infini*, d'après la relation *unique* (2) qui doit servir à déterminer α et α'].

239. En remplaçant dans les expressions de A'^2 et de B'^2 les *sinus* et *cosinus* par leurs valeurs en fonction de la tangente, on parvient aux nouvelles relations

$$A'^2 = \frac{A^2 B^2 (1 + \tan^2 \alpha)}{B^2 - A^2 \tan^2 \alpha}, \quad B'^2 = \frac{A^2 B^2 (1 + \tan^2 \alpha')}{A^2 \tan^2 \alpha' - B^2}$$

et

$$\tan^2 \alpha \, \tan^2 \alpha' = \frac{B^4}{A^4},$$

qui, par l'élimination de $\tan \alpha$, $\tan \alpha'$ (*voyez* le n° 205), donnent lieu à celle-ci :

$$A'^2 - B'^2 = A^2 - B^2,$$

d'où l'on conclut que, dans l'hyperbole, *la différence des carrés des demi-diamètres conjugués est égale à la différence des carrés des demi-axes.*

240. De même que pour l'ellipse, la résolution du problème *inverse* de celui du n° 238, et ayant pour objet de *remonter de l'équation de l'hyperbole rapportée à un système de diamètres conjugués à l'équation de la courbe rapportée à ses axes,* conduit à cette même propriété, en même temps qu'à une autre aussi importante.

En suivant, pour le détail des calculs, la même marche qu'au n° 206, on arrive aux résultats suivants :

$$A'^2 \cos^2 \alpha - B'^2 \cos^2 (\theta - \alpha) = A^2,$$
$$A'^2 \sin^2 \alpha - B'^2 \sin^2 (\theta - \alpha) = - B^2,$$
$$- A'^2 B'^2 \sin^2 \theta = - A^2 B^2.$$

L'addition des deux premières relations donne

$$A'^2 - B'^2 = A^2 - B^2,$$

ou la *propriété déjà démontrée;* et la dernière, qui revient à

$$A'B' \sin \theta = AB, \quad \text{ou} \quad 4 A'B' \sin \theta = 4 AB,$$

signifie que, comme pour l'ellipse :

Le parallélogramme construit sur un système de diamètres conjugués est constant, quel que soit le système, et équivalent au RECTANGLE *construit sur les axes.*

Nous reviendrons sur cette propriété, pour expliquer la disposition de la *fig.* 113, qui s'y rapporte.

241. REMARQUE. — La relation

$$A'^2 - B'^2 = A^2 - B^2$$

montre que, si l'on a

$$A = B,$$

on a de même

$$A' = B'.$$

et que si A est *différent* de B, on ne *peut pas avoir* A' *égal* à B'.

D'où l'on conclut que, dans l'hyperbole *équilatère*, tout système de *diamètres conjugués* est un système de *diamètres égaux*, et que, dans une hyperbole qui *n'est pas équilatère*, il ne saurait exister *aucun* système de *diamètres conjugués égaux*.

Une *ellipse*, au contraire, admet toujours (208) un système de *diamètres conjugués égaux*, et n'en admet qu'*un seul*.

242. AUTRES PROPRIÉTÉS DE L'HYPERBOLE RAPPORTÉE A UN SYSTÈME DE DIAMÈTRES CONJUGUÉS, ET TANGENTE A LA COURBE. — Comme pour l'*ellipse* (209), toutes les propriétés de l'hyperbole démontrées *indépendamment de l'inclinaison des axes*, s'étendent au cas où la courbe est rapportée à un système de *diamètres conjugués*.

C'est ce que l'on peut reconnaître en répétant, notamment pour les propriétés énoncées aux n°ˢ 209 et 210, les mêmes raisonnements.

De même, l'équation de l'hyperbole *rapportée à un système de diamètres conjugués* étant

$$A'^2 y^2 - B'^2 x^2 = - A'^2 B'^2,$$

on trouverait, pour l'équation de la *tangente menée par un point* (x', y') *pris sur la courbe*,

$$y - y' = \frac{B'^2 x'}{A'^2 y'} (x - x'),$$

ou, réduisant,

$$A'^2 y y' - B'^2 x x' = - A'^2 B'^2 ;$$

puis, passant à la *tangente menée par un point extérieur*, on serait conduit à des propriétés analogues à celles qui ont été établies pour l'*ellipse* (*voyez* les n°ˢ 212 et 213).

§ IV. — DES ASYMPTOTES DE L'HYPERBOLE.

243. Une ligne droite tracée sur le plan d'une courbe est dite ASYMPTOTE de cette courbe, lorsque *celle-ci ou seulement l'une de ses branches s'approche continûment et indéfiniment de cette droite.*

En termes analytiques, une droite *asymptote* à une courbe est une ligne telle que, si l'on suppose la droite et la courbe rapportées *au même* système d'axes, la *différence* entre leurs ordonnées correspondant à une *même* abscisse *décroît de plus en plus* à mesure que l'abscisse *augmente,* et devient *moindre que toute grandeur donnée* quand cette abscisse est *infinie.*

De cette double définition il résulte évidemment qu'une courbe, ou une branche de courbe, ne peut avoir d'*asymptote* qu'autant qu'elle s'étend à l'*infini.*

244. Afin de reconnaître si l'HYPERBOLE a des *asymptotes,* nous établirons, en *premier lieu,* les conditions auxquelles doit satisfaire une droite située dans le plan de la courbe pour la rencontrer à l'*infini.*

A cet effet, il suffit de combiner l'équation

$$(1) \qquad A^2 y^2 - B^2 x^2 = - A^2 B^2$$

avec l'équation générale d'une droite

$$(2) \qquad y = mx + n,$$

puis de déterminer les *constantes* m et n de manière que les valeurs de x et de y qui leur satisfont simultanément deviennent *infinies.*

On trouve, par l'élimination de y, et en ordonnant par rapport à x,

$$(3) \qquad (A^2 m^2 - B^2) x^2 + 2 A^2 mn x + A^2 (B^2 + n^2) = 0.$$

Or, pour que les *deux* valeurs de x tirées de cette équation soient *infinies,* il faut et il suffit, d'après les principes de l'*analyse algébrique,* que l'on ait les deux relations

$$A^2 m^2 - B^2 = 0, \quad 2 A^2 mn = 0 ;$$

mais la première donnant nécessairement

$$m = \pm \frac{B}{A},$$

la seconde ne peut être satisfaite que par

$$n = 0.$$

L'équation (2) devient alors

$$(4) \qquad y = \pm \frac{B}{A} x.$$

D'où l'on voit que les droites HH', II' (*fig.* 113), qui passent par le *centre,* et dont nous avons (**138**) appris à fixer la position, jouissent toutes deux, et *exclusivement à toute autre droite,* de la propriété d'avoir leurs *deux points d'intersection* avec la courbe situés à *une distance infinie* de l'origine.

La valeur de y que l'on vient d'obtenir, portée dans l'équation (1) de la courbe, donne

$$(B^2 - B^2)x^2 = - A^2 B^2;$$

d'où l'on tire pour x, et par suite aussi pour y, des valeurs de la forme

$$x = \pm \frac{M}{0}, \quad y = \pm \frac{N}{0};$$

ce qui vérifie le résultat indiqué.

N. B. — Des mêmes principes algébriques, il résulte que, si dans l'équation (3) on posait seulement

$$A^2 m^2 - B^2 = 0,$$

n ayant d'ailleurs une valeur quelconque *différente* de *zéro*, les deux valeurs de x seraient, l'une *finie*, l'autre *infinie*.

Même résultat pour les valeurs correspondantes de y.

245. En *second lieu*, comparons l'équation (4), ou

$$y = \pm \frac{B}{A}x,$$

avec l'équation de la courbe

$$A^2 y^2 - B^2 x^2 = - A^2 B^2;$$

et, pour plus de clarté, désignons par Y l'ordonnée qui entre dans l'équation (4) et correspond à une abscisse x *commune aux deux droites et à la courbe;* il vient

$$Y = \pm \frac{B}{A}x;$$

d'où, en élevant les deux membres au carré,

$$Y^2 = \frac{B^2}{A^2}x^2.$$

D'un autre côté, l'équation de la courbe revient à

$$y^2 = \frac{B^2}{A^2}x^2 - B^2;$$

et si l'on retranche cette dernière équation de la précédente, il en résulte

$$Y^2 - y^2 = B^2;$$

d'où

$$Y - y = \frac{B^2}{Y - y}.$$

Or, à mesure que x devient *plus grand* à partir de $x = A$, les deux ordonnées Y et y *augmentent* aussi, et il en est nécessairement de même de leur somme $Y + y$; d'où il suit que leur différence $Y - y$ *décroît de plus en plus*, et devient *moindre que toute grandeur donnée*, lorsque x est *infini*.

Donc *les deux droites* HH', II', *exprimées par l'équation* (4), sont, d'après la définition donnée n° 243, des ASYMPTOTES *à l'hyperbole*.

Remarquons, en outre, que l'équation

$$y = \pm \frac{B}{A} x + n,$$

n étant un nombre quelconque *différent* de o, représente un système de droites respectivement *parallèles* aux *deux asymptotes* qui viennent d'être déterminées.

Or, bien que ces droites aient *un de leurs points* d'intersection avec la courbe, situé à l'*infini*, elles ne sauraient être des *asymptotes*.

Car si l'on considère, par exemple, la branche d'hyperbole BMm (*fig.* 113), l'*asymptote* OH et une *parallèle* quelconque à cette asymptote, il ne peut arriver que deux cas : *ou* la droite OH et sa *parallèle* sont situées d'*un même* côté par rapport à la courbe, *ou bien* celle-ci se trouve placée *entre* les deux droites.

Dans le *premier cas*, il est évident que la *perpendiculaire commune* à ces droites est *la moindre distance* qui puisse séparer la branche de la courbe et la parallèle considérée.

Dans le *second cas*, la courbe, devant se *rapprocher continûment* et *indéfiniment* de son asymptote OH, *s'écarte*, par cela même, nécessairement, *de plus en plus* de la parallèle à cette droite.

Donc, dans aucun cas, les PARALLÈLES aux asymptotes HH', II' ne sauraient être elles-mêmes des *asymptotes* à la courbe.

Comme, d'ailleurs, on a vu que les droites HH', II', et leurs parallèles, sont *les seules* qui rencontrent la courbe *à l'infini*, on peut affirmer que *l'hyperbole* N'A QUE DEUX ASYMPTOTES, *qui sont les droites* HH', II'.

Propriétés de l'hyperbole par rapport à ses asymptotes.

246. L'hyperbole jouit, par rapport à ses *asymptotes*, d'un grand nombre de *propriétés* dont nous allons exposer les plus importantes.

Nous ferons, avant tout, une observation essentielle.

Lorsque les axes 2A, 2B d'*une hyperbole* sont donnés, la première chose à faire *pour sa construction*, c'est de *fixer la position des asymptotes* d'après le moyen indiqué au n° 223, parce que, ces lignes une fois tracées, on a déjà le *sentiment* du *cours* de chacune des *branches* de la courbe à partir des deux *sommets*, en raison de la propriété qu'elles ont de *se rapprocher* d'une manière *continue et indéfinie* de leurs *asymptotes* respectives.

Cette observation s'étend à toute espèce de courbe ayant des *asymptotes rectilignes* ou même *curvilignes*, ainsi que nous en verrons des exemples dans la suite.

247. **Première propriété.** — Les asymptotes d'une hyperbole étant construites, *les deux parties d'une tangente menée en un point quelconque de la courbe et comprises entre les deux asymptotes sont égales.*

Soient HH′, II′ (*fig.* 116) les *asymptotes*, TMT′ une *tangente* en un point M.

Tirons le *diamètre* M′OM, et supposons déterminé, d'après le procédé du n° 224, son *diamètre conjugué* YY′, lequel est, comme on l'a vu (232), *parallèle* |à la *tangente;* concevons, en outre, pour le moment, l'hyperbole rapportée au système de *diamètres conjugués* XOX′, YOY′.

On a, pour l'équation de la courbe,

$$A'^2 y^2 - B'^2 . x^2 = - A'^2 B'^2 ;$$

et les *asymptotes* sont, pour *le même système d'axes*, représentées par la double équation

$$y = \pm \frac{B'}{A'} x ;$$

car, en combinant ces équations entre elles, on trouve

$$x = \pm \frac{A'}{0}, \quad y = \pm \frac{B'}{0},$$

valeurs qui *conviennent exclusivement* (244 et 245) *aux deux asymptotes.*

Or, si dans la double équation de ces droites on fait

$$x = A' = OM,$$

il en résulte

$$y = \pm B'.$$

Donc *les deux portions de tangente* MT, MT′ sont *égales.*

De plus, on voit que ces distances MT, MT′ sont chacune *égales à la moitié du* DIAMÈTRE CONJUGUÉ *de celui qui passe par le point de contact*

248. Conséquence. — Les droites TT', *tt'* étant *parallèles et égales* à 2B', la figure TT'*t't* est un *parallélogramme;* et ce parallélogramme, dont les côtés sont respectivement égaux et parallèles aux diamètres conjugués qui joignent leurs *points milieux,* peut être considéré comme construit sur ces diamètres ; ce qui conduit à la proposition suivante :

Tout parallélogramme construit sur deux diamètres conjugués a ses quatre sommets placés sur les deux asymptotes.

Les parallélogrammes ainsi construits sont dits *inscrits à l'hyperbole,* tandis que dans l'*ellipse* les parallélogrammes analogues sont *circonscrits* à la courbe.

Il résulte d'ailleurs de ce qui a été établi au n° 240, que *tous les parallélogrammes inscrits à l'hyperbole sont équivalents au* RECTANGLE *construit sur les axes.*

On est maintenant en mesure de comprendre pourquoi, dans la *fig.* 113, qui se rapporte à ce n° 240, le *parallélogramme* 4A'B' et le *rectangle* 4AB ont chacun leurs *sommets* situés sur les droites HH', II', qui ne sont autres que les *asymptotes.*

N. B. — Il convient encore de remarquer que le diamètre MM' est *moindre que* toute corde *mm'* de la courbe, menée parallèlement à ce diamètre ; car on a

$$\mathrm{MM'} = \mathrm{T}t \quad \text{et} \quad \mathrm{T}t < mm'.$$

Nous ferons plus tard l'application de cette remarque.

249. Seconde propriété. — *Les deux parties d'une sécante quelconque comprises entre l'hyperbole et ses asymptotes sont égales.*

Soit RR' *une droite quelconque* qui rencontre la *courbe* et les *asymptotes* aux points S, S', R, R' ; il s'agit de prouver que l'on a

$$\mathrm{RS} = \mathrm{R'S'}.$$

A cet effet, concevons le *diamètre* OP passant par le *milieu* P de la corde SS' ; et au point M, où ce diamètre *rencontre la courbe,* menons une tangente TMT'.

Cette *tangente* étant nécessairement (232) *parallèle* à SS', et sa partie TT' se trouvant, *d'après la première propriété,* divisée en *deux parties égales* au point M par la droite OP, il résulte d'un théorème de Géométrie que la droite RR', base du triangle ROR', est elle-même partagée *également* au point P. On a ainsi

$$\mathrm{PR} = \mathrm{PR'};$$

et comme, par construction, on a d'ailleurs

$$\mathrm{PS} = \mathrm{PS'},$$

il vient

$$\mathrm{PR} - \mathrm{PS} \quad \text{ou} \quad \mathrm{RS} = \mathrm{PR'} - \mathrm{PS'} \quad \text{ou} \quad \mathrm{R'S'}.$$

Donc, etc.

Cette *seconde propriété* peut, du reste, se démontrer *indépendamment de la première*, qui n'en est, à proprement parler, qu'*un cas particulier*.

En effet, supposons la courbe rapportée à un système de *diamètres conjugués*, dont l'un, celui des y, soit *parallèle* à la *sécante* menée à volonté RR', et dont l'autre passe nécessairement (221) par le *milieu* de la corde SS'.

L'équation de l'hyperbole étant

$$\mathrm{A'^2} y^2 - \mathrm{B'^2} x^2 = - \mathrm{A'^2 B'^2},$$

celle des *asymptotes* rapportées aux mêmes axes est

$$y = \pm \frac{\mathrm{B'}}{\mathrm{A'}} x.$$

Or, si l'on fait $x = \mathrm{OP}$, il vient

$$y = \pm \frac{\mathrm{B'}}{\mathrm{A'}} \mathrm{OP};$$

d'où il suit que les deux valeurs de y, PR, PR' sont *numériquement* égales.

D'un autre côté, on a par construction

$$\mathrm{PS} = \mathrm{PS'}.$$

Donc

$$\mathrm{RS} = \mathrm{R'S'}.$$

Si, maintenant, au lieu de faire $x = \mathrm{OP}$, on pose

$$x = \mathrm{OM},$$

on trouve

$$y = \pm \mathrm{B'};$$

et l'on arrive ainsi à l'*énoncé de la première propriété*.

250. TROISIÈME PROPRIÉTÉ. — Le *parallélogramme construit sur un système de coordonnées parallèles aux asymptotes a une surface* CONSTANTE *et égale au* HUITIÈME *du rectangle des axes*, quel que soit le point de la courbe que l'on considère.

Soit M (*fig.* 117) un point quelconque de la courbe, et soient menées les droites MP, MQ, respectivement *parallèles* aux *asymptotes* HH', II'; je dis que le *parallélogramme* OPMQ, ainsi formé, a pour expression de *sa surface*

$$\frac{2\,\mathrm{A} \times 2\,\mathrm{B}}{8} \quad \text{ou} \quad \frac{1}{2}\,\mathrm{A} \times \mathrm{B}.$$

En effet, tirons le demi-diamètre OM et la tangente TMT'.

Les deux droites MP, OQ étant *parallèles* par construction, et le point M étant (247) le *milieu* de TMT', les points P et Q sont aussi respectivement les *milieux* de OT' et de OT ; d'où il suit que le triangle TOT' se compose de *quatre* triangles *équivalents* comme ayant *même* base et *même* hauteur.

Mais le parallélogramme OPMQ est lui-même composé de deux de ces triangles ; ainsi déjà il est la *moitié* du triangle TOT'.

Or ce dernier est le *quart* du *parallélogramme* qui serait construit sur le système de *diamètres conjugués* correspondant au point M, et par suite (248) du rectangle des *axes principaux*.

Donc *le parallélogramme* OPMQ *est le* HUITIÈME *de ce rectangle*.

251. CONSÉQUENCE. — Si l'on construit ce *rectangle* Eee'E', et le *losange* ACBD, dont la surface en est évidemment la *moitié*, on remarque que le *petit* losange OLBL', *quart* du grand, est, par rapport au point particulier B de la courbe, ce que le parallélogramme OPMQ est par rapport à un point quelconque M ; en sorte que l'on a, d'après la propriété qui vient d'être démontrée,

$$OPMQ = OLBL' = \frac{1}{4} \, losange\,ACBD.$$

Or, si l'on désigne par x et y les coordonnées du point M *rapportées aux asymptotes* comme nouveaux axes, et par θ l'angle HOl' de ces asymptotes, on a, d'après les principes trigonométriques,

$$OPMQ = xy \sin\theta ; \quad ACBD = c \times c \sin\theta = c^2 \sin\theta,$$

c étant égal à $\sqrt{A^2 + B^2}$.

On est donc conduit à la relation

$$xy \sin\theta = \frac{1}{4} c^2 \sin\theta = \frac{1}{4}(A^2 + B^2)\sin\theta,$$

d'où

$$xy = \frac{A^2 + B^2}{4}.$$

L'hyperbole rapportée à ses asymptotes.

252. Le résultat simple et remarquable que nous venons d'obtenir, comme conséquence de la troisième propriété, s'appliquant *à tout point de la courbe*, n'est autre chose que l'*équation de l'hyperbole rapportée à ses asymptotes*.

On peut y parvenir *directement* par une *transformation de coordonnées*.

Désignons, à cet effet, par α, α' les angles XOI′, HOX que les *asymptotes* font avec le *premier* axe, en prenant OI′ pour *nouvel axe* des x, et OH pour *nouvel axe* des y.

On a (138)

$$\tan\alpha = -\frac{B}{A}, \quad \tan\alpha' = +\frac{B}{A};$$

d'où l'on déduit (l'angle α étant négatif),

$$\cos\alpha = \frac{A}{\sqrt{A^2+B^2}}, \quad \sin\alpha = -\frac{B}{\sqrt{A^2+B^2}};$$

$$\cos\alpha' = \frac{A}{\sqrt{A^2+B^2}}, \quad \sin\alpha' = +\frac{B}{\sqrt{A^2+B^2}}.$$

Substituant ces valeurs dans les formules

$$x = x\cos\alpha + y\cos\alpha', \quad y = x\sin\alpha + y\sin\alpha',$$

qui se rapportent (119) au passage d'un système *rectangulaire* à un système *oblique de même origine*, on trouve

$$x = \frac{A}{\sqrt{A^2+B^2}}(x+y), \quad y = -\frac{B}{\sqrt{A^2+B^2}}(x-y),$$

valeurs qu'il ne s'agit plus que de reporter dans l'équation

$$A^2 y^2 - B^2 x^2 = -A^2 B^2;$$

et l'on obtient, toute déduction faite,

d'où l'on tire

$$-4xy = -(A^2+B^2);$$

$$xy = \frac{A^2+B^2}{4},$$

pour l'équation de l'*hyperbole rapportée à ses asymptotes*.

Le carré égal à $\dfrac{A^2+B^2}{4}$ est appelé *puissance* de l'hyperbole. Si l'on représente ce carré par m^2, l'équation devient

$$xy = m^2.$$

253. La *discussion* de cette équation montre que les droites XX′, YY′ (*fig.* 118) ont bien, suivant la définition donnée au n° 243, le caractère d'*asymptotes* à la courbe.

Car en la résolvant successivement par rapport à y et par rapport à x.

on trouve

$$y = \frac{m^2}{x}, \quad x = \frac{m^2}{y};$$

d'où l'on voit que x AUGMENTANT *numériquement* dans le sens *positif* ou dans le sens *négatif* d'une manière *continue*, depuis *zéro* jusqu'à l'*infini*, y DIMINUE d'une manière *continue* depuis l'*infini* jusqu'à *zéro*, et *réciproquement*.

254. L'équation

$$xy = m^2$$

ayant été obtenue (252), *indépendamment* des propriétés démontrées dans les numéros précédents, on peut s'en servir pour retrouver quelques-unes de ces propriétés, aussi bien que pour en découvrir de nouvelles.

Ainsi, si l'on multiplie les deux membres par $\sin\theta$, θ étant l'angle des asymptotes, il vient

$$xy \sin\theta = m^2 \sin\theta.$$

Or $xy \sin\theta$ est évidemment l'expression du parallélogramme OPMQ (*fig.* 117) construit sur les *coordonnées* d'un point quelconque de la courbe rapportée à ses asymptotes; $m^2 \sin\theta$ est, d'ailleurs, une *constante* qui ne dépend que des *axes principaux* et de l'angle θ des asymptotes.

Donc *tous les parallélogrammes construits* sur *des coordonnées parallèles aux asymptotes sont* ÉQUIVALENTS (*voir* le n° 250).

Pour reproduire la relation

$$OPMQ = \frac{1}{2} AB,$$

il suffirait de *remplacer*, dans $m^2 \sin\theta$, m^2 par sa valeur $\dfrac{A^2 + B^2}{4}$, et de *calculer* $\sin\theta$.

On a, en effet,

$$\sin\theta = \sin 2HOX = \sin 2\alpha';$$

d'où

$$\sin\theta = 2 \sin\alpha' \cos\alpha' = \frac{2AB}{A^2 + B^2},$$

et, effectuant la *substitution*,

$$xy \sin\theta = OPMQ = \frac{A^2 + B^2}{4} \frac{2AB}{A^2 + B^2} = \frac{1}{2} AB.$$

255. ÉQUATION DE LA TANGENTE. — L'hyperbole étant *rapportée à ses asymptotes* (*fig.* 118), ou son équation étant de la forme

$$(1) \qquad\qquad xy = m^2,$$

on propose de trouver l'équation de la *tangente* en un point (x', y') de la courbe.

L'équation d'une *sécante* passant par ce point et par un autre point (x'', y'') de la courbe, serait

$$y - y' = \frac{y'' - y'}{x'' - x'}(x - x'),$$

x' et y', x'' et y'' étant liés par les relations

$$x' y' = m^2,$$
$$x'' y'' = m^2.$$

Retranchant la première de la seconde, on a

$$y'' x'' - y' x' = 0,$$

nouvelle relation qui peut être mise sous la forme

$$y''(x'' - x') + x'(y'' - y') = 0,$$

d'où l'on déduit

$$\frac{y'' - y'}{x'' - x'} = - \frac{y''}{x'}$$

pour l'expression du *coefficient angulaire* de la *sécante,* dont l'équation devient

$$(2) \qquad y - y' = - \frac{y''}{x'}(x - x').$$

Si maintenant on veut exprimer que cette droite devient *tangente,* il faut faire, dans l'équation (2), $y'' = y'$ (par cela même, $x'' = x'$, d'après la relation $y'' x'' - y' x' = 0$), et l'on obtient

$$(3) \qquad y - y' = - \frac{y'}{x'}(x - x')$$

pour l'*équation demandée.*

N. B. — Pour passer de la sécante à la tangente, il suffit de poser

$$y'' = y',$$

puisque x'' n'entre pas dans l'équation de la sécante.

Il résulte, en effet, de l'équation de la courbe,

$$xy = m^2,$$

qui ne donne qu'une seule valeur de x correspondant à une valeur de y, et réciproquement, que la condition

$$y'' = y'$$

entraîne nécessairement

$$x'' = x'.$$

Il n'en est pas de même lorsque la courbe est rapportée à ses axes ou à un système de diamètres conjugués, parce qu'alors à chaque valeur de y correspondent deux valeurs de x; d'où il suit que l'on doit, dans ce cas, introduire les deux conditions à la fois.

256. Conséquences déduites des équations (2) et (3). — 1° Si dans l'équation (3) on pose $y = 0$, et que l'on cherche la valeur de $x - x'$ correspondante, on trouve pour l'*expression de la sous-tangente,*

$$x - x' \quad \text{ou} \quad \mathrm{PR} = \frac{x'y'}{y'} = x' \quad \text{ou} \quad \mathrm{OP}.$$

D'où l'on voit que la distance OR est *double* de l'abscisse du *point de contact,* et que, par suite, en raison du *parallélisme* des droites PM et OY, *la tangente* TR *est divisée en deux parties égales au point de contact* M; propriété déjà établie au n° 247.

2° Considérons une *sécante quelconque* SS', et désignons encore par x', y' et x'', y'' les coordonnées des points d'intersection N, N' avec la courbe; puis, posons également $y = 0$ dans l'équation (2), qui représente ainsi celle de cette sécante; il vient

$$x - x' = \frac{x'y'}{y''} = x'' \ (\text{à cause de } x'y' = x''y''),$$

ou, d'après la figure,

$$\mathrm{QS'} = \mathrm{OQ'};$$

d'où, retranchant des deux membres la partie commune QQ',

$$\mathrm{Q'S'} = \mathrm{OQ} = \mathrm{NQ''}.$$

Les deux triangles NQ''S, N'Q'S' ayant les angles égaux et un côté égal, Q''N = Q'S', sont égaux et donnent

$$\mathrm{NS} = \mathrm{N'S'}.$$

Donc *les deux parties d'une sécante comprises entre la courbe et les asymptotes sont égales;* propriété qui a fait l'objet du n° 249.

257. Cette propriété de la *sécante à l'hyperbole* fournit un moyen extrêmement simple de *construire une hyperbole, connaissant les deux asymptotes et* un seul *point de la courbe.*

Soient HH', II' (*fig.* 119) les deux asymptotes et M un point de la courbe.

Menez par ce point des droites en nombre quelconque, qui rencontrent les asymptotes aux points S et s, S' et s', S'' et s'', S''' et s''',...; puis, à partir des points s, s', s'', s''',..., *portez* des distances sm, $s'm'$, $s''m''$, $s'''m'''$,...

respectivement *égales* à SM, S'M, S"M, S"'M,... ; vous obtiendrez ainsi autant de points que vous voudrez, m, m', m'', m''',..., qui *appartiendront à la courbe ;* et il ne s'agira plus que de lier ces points entre eux par une *ligne continue,* en ayant soin toutefois de ne joindre que les points *situés dans le même angle* HOI' ou IOH'.

Rien n'empêche d'ailleurs, lorsque plusieurs points ont été déjà obtenus, de s'en servir pour en déterminer de nouveaux.

On peut ensuite trouver par le calcul les *axes principaux* de la courbe.

On obtient d'abord *leur direction* en divisant les angles HOI' et HOI *en deux parties égales* par les droites XX' et YY'.

Pour déterminer *leurs grandeurs,* on a les relations

$$x'y' = \frac{A^2 + B^2}{4}, \quad \tang \frac{1}{2}\theta = \frac{B}{A},$$

dans lesquelles x', y' représentent les coordonnées OP, PM qui sont *connues,* et θ l'angle des *asymptotes.*

La seconde relation donne

$$B = A \tang \frac{1}{2}\theta,$$

d'où, substituant dans la première, on tire

$$A^2 \left(1 + \tang^2 \frac{1}{2}\theta \right) = 4x'y',$$

et, par suite,

$$A^2 = 4x'y' \cos^2 \frac{1}{2}\theta, \quad A = 2\cos\frac{1}{2}\theta \sqrt{x'y'},$$

ce qui donne

$$B = 2\tang\frac{1}{2}\theta \cos\frac{1}{2}\theta \sqrt{x'y'} = 2\sin\frac{1}{2}\theta \sqrt{x'y'}.$$

CHAPITRE V.

DE LA PARABOLE.

OBSERVATION PRÉLIMINAIRE.

258. L'analogie qui existe entre les équations de l'*ellipse* et de l'*hyperbole* rapportées à leurs axes principaux devait faire pressentir, ainsi que nous l'avons en effet reconnu, que ces deux courbes jouissent de propriétés presque *identiques*, sauf certaines modifications dans les énoncés, et à l'exception aussi des propriétés qui, se rapportant aux ASYMPTOTES, appartiennent exclusivement à l'*hyperbole*.

Il n'en est pas de même pour la PARABOLE, dont l'équation n'offre qu'une analogie assez éloignée avec celles des deux autres courbes, analogie que l'on reconnaît en transportant l'origine des coordonnées de ces courbes à l'une des extrémités de leur *premier axe*, et qui a été établie aux nᵒˢ 144 et 145.

Ainsi la PARABOLE étant, par sa nature, *privée de centre*, et n'ayant qu'un *seul foyer*, on conçoit que toutes les propriétés relatives à *ces points* doivent donner lieu à des différences notables dans l'étude comparée de cette courbe par rapport aux deux premières. De même, la *directrice* a pour la parabole une importance qu'elle n'a pas pour l'ellipse et l'hyperbole.

§ I. — PROPRIÉTÉS DE LA PARABOLE RAPPORTÉE A SES AXES PRINCIPAUX.

259. Commençons par indiquer les caractères analytiques et géométriques qui distinguent les points pris *sur* la courbe, de ceux qui sont placés au *dehors* ou en *dedans*.

1° Soit $y^2 = 2px$ l'équation de la parabole MA*m*.

Considérons les trois points N, M, N' (*Pl. VII, fig.* 120) situés sur une même perpendiculaire à l'axe des *x*, et dont le premier se trouve hors de la courbe, le second sur la courbe, et le troisième en dedans de la courbe.

On a évidemment

$$NP > MP \quad \text{et} \quad N'P < MP;$$

donc, puisque pour le point M,

$$\overline{MP}^2 = 2p\,AP, \quad \text{ou} \quad y^2 - 2px = 0,$$

il s'ensuit qu'on a, pour le point *extérieur* N,

$$y^2 - 2px > 0,$$

et pour le point *intérieur* N,

$$y^2 - 2px < 0.$$

N. B. — Si le point extérieur avait la position N″, l'abscisse AP″ de ce point serait *négative,* et l'on aurait *à fortiori*

$$y^2 - 2px > 0.$$

2° Suivant la définition de la parabole (141), chacun de ses points M est à *égale distance* du *foyer* F et de la *directrice* DD′.

Mais si l'on considère deux points R et R′, l'un au *dehors* et l'autre en *dedans* de la courbe, en menant par ces points les droites Q′RM′, Q″M″R′, parallèles à AX, puis joignant le point F aux points R et M′, R′ et M″, on a :

Pour le point R,

$$FR + RM' > FM' \quad \text{ou} \quad M'Q',$$

d'où l'on tire

$$FR > RQ',$$

et pour le point R′,

$$FR' < FM'' + M''R' \quad \text{ou} \quad Q''M'' + M''R';$$

d'où

$$FR' < R'Q'';$$

ce qui montre que, *selon qu'un point est* EXTÉRIEUR *ou* INTÉRIEUR *à la courbe, sa distance au foyer est* PLUS GRANDE *ou* MOINDRE *que sa distance à la directrice.*

260. De l'équation

$$y^2 = 2px$$

on déduit

$$\frac{y^2}{x} = 2p\,;$$

d'où il résulte que, dans la parabole,

Le carré d'une ordonnée est à l'abscisse correspondante dans un rapport constant appelé *le paramètre* de la courbe.

En d'autres termes, *les carrés des ordonnées sont entre eux comme les abscisses correspondantes; ou, les ordonnées croissent comme les racines carrées des abscisses.*

Ce dernier caractère établit une différence sensible entre le cours de la *parabole* et celui de chacune des branches de l'*hyperbole.*

En effet. puisque l'on a pour celle-ci (229)

$$y = \pm \frac{B}{A} x \sqrt{1 - \frac{A^2}{x^2}},$$

il en résulte que les valeurs de y croissent *presque proportionnellement aux abscisses* pour des valeurs de x un peu considérables.

L'hyperbole s'éloigne donc beaucoup plus rapidement de l'axe des x que la parabole.

Lorsque x est *très-grand*, le cours de l'hyperbole est presque celui d'une ligne droite ayant pour équation

$$y = \frac{B}{A} x,$$

tandis que le cours de la parabole tend alors à se confondre avec celui d'une ligne droite *parallèle* à l'axe des x.

261. Si l'on combinait, comme on l'a fait au n° 244, l'équation

$$y^2 = 2px$$

avec celle d'une droite

$$y = mx + n,$$

afin de reconnaître si la parabole, qui est une courbe *infinie*, a des *asymptotes*, on parviendrait à l'équation

$$m^2 x^2 + 2 (mn - p) x + n^2 = 0,$$

dont *les deux racines* ne peuvent devenir *infinies ensemble*, que lorsque l'on fait

$$m^2 = 0, \quad mn - p = 0 ; \quad \text{d'où} \quad n = \frac{p}{0};$$

ce qui exprime que les *asymptotes* de la parabole seraient *deux droites parallèles au premier axe principal*, mais *situées à une distance infinie ;*

C'est dire, en d'autres termes, que la parabole *n'a pas d'asymptotes.*

262. L'équation

$$y^2 = 2px$$

donnant

$$2p : y :: y : x,$$

on peut en conclure le moyen suivant de décrire la parabole par points :

Prenez sur le premier axe principal, et à la gauche de l'origine A *(fig.* 121*), une distance* AC *égale à* 2p *; élevez sur* AX*, de différents points* P, P', P"*,..., des perpendiculaires, puis décrivez sur les lignes* CP*, CP', CP"*,..., comme diamètres, des circonférences ; enfin, par les points* Q*, Q', Q"*,..., où ces circonférences rencontrent le second axe, menez des parallèles au premier.*

Les poinis M, M', M'',..., déterminés par la rencontre de ces parallèles avec les perpendiculaires, sont des points de la parabole demandée.

En effet, pour une abscisse *quelconque* AP, vous avez

$$CA : AQ :: AQ : AP, \quad \text{ou} \quad 2p : MP :: MP : AP;$$

d'où

$$\overline{MP}^2 = 2p\, AP.$$

Les points de la partie *inférieure* de la courbe se déterminent en prolongeant les perpendiculaires de longueurs *égales à elles-mêmes*.

363. MESURE D'UN SEGMENT PARABOLIQUE. — Proposons-nous, comme pour l'ellipse (176), de déterminer *l'aire d'un segment* compris entre un arc de parabole MA*m*, et une corde M*m* perpendiculaire au premier axe, ou simplement *l'aire du demi-segment* APM.

Pour y parvenir, considérons sur l'arc AM (*fig.* 122) une suite de points M, M', M'',...; et de tous ces points, menons des perpendiculaires et des parallèles à l'axe AX ; ces droites déterminent des rectangles RPP'M', R''P'P''M'',..., que nous nommerons *rectangles intérieurs*, et d'autres rectangles R'QQ'M', R'''Q'Q''M'',..., qui seront appelés *rectangles extérieurs*.

Cela posé, en désignant par x et y, x' et y', x'' et y'',... les coordonnées des différents points M, M', M'',..., on a, pour la *surface s* du rectangle *intérieur* R P P'M',

$$s = y'(x - x'),$$

et pour celle t du rectangle *extérieur* correspondant

$$t = x'(y - y');$$

d'où l'on déduit

$$\frac{s}{t} = \frac{y'(x - x')}{x'(y - y')}.$$

Mais puisque les points M, M',... se trouvent *sur* la courbe, on a les relations

$$y^2 = 2px, \quad y'^2 = 2px',$$

qui donnent

$$x' = \frac{y'^2}{2p}, \quad x - x' = \frac{y^2 - y'^2}{2p};$$

il vient donc, par la substitution,

$$\frac{s}{t} = \frac{y'(y^2 - y'^2)}{y'^2(y - y')} = \frac{y + y'}{y'} = 1 + \frac{y}{y'}.$$

On obtiendrait, pour les deux *rectangles* suivants,

$$\frac{s'}{t'} = 1 + \frac{y'}{y''};$$

et ainsi des autres.

Observons, d'ailleurs, que les points M, M', M'',... peuvent être pris sur la courbe, de telle manière que l'on ait la suite de rapports égaux

$$\frac{y}{y'} = \frac{y'}{y''} = \frac{y''}{y'''} = \cdots = 1 + m,$$

m étant une *fraction constante* aussi petite que l'on veut.

Il suffit, pour cela, de prendre sur AY des parties

$$AQ' = AQ \times \frac{1}{1 + m}, \quad AQ'' = AQ' \times \frac{1}{1 + m}, \cdots,$$

puis de mener par les points Q', Q'',... des parallèles à AX.

Au moyen de cette condition, les rapports $\frac{s}{t}$, $\frac{s'}{t'}$, $\cdots$ deviennent

$$\frac{s}{t} = 2 + m, \quad \frac{s'}{t'} = 2 + m, \quad \frac{s''}{t''} = 2 + m, \cdots;$$

d'où

$$\frac{s + s' + s'' + \cdots}{t + t' + t'' + \cdots}, \quad \text{ou} \quad \frac{S}{T} = 2 + m;$$

ce qui démontre déjà que *le rapport entre la somme des rectangles inté- rieurs et celle des rectangles extérieurs est égal à la quantité constante* 2 + m.

Maintenant, comme il est évident que, si l'on prend pour m une très-petite fraction, la somme des rectangles *intérieurs* différera fort peu du demi-segment AMP; que la somme des rectangles *extérieurs* différera aussi fort peu de la figure mixtiligne AMQ, et que ces différences seront *d'autant plus petites* que la fraction représentée par m aura une *moindre* valeur, on peut conclure qu'*à la limite,* c'est-à-dire lorsque l'on suppo-sera $m = 0$, les deux sommes de rectangles se confondront avec les sur-faces AMP, AMQ, et que l'on aura

$$\frac{AMP}{AMQ} = 2, \quad \text{d'où} \quad AMP = 2\,AMQ;$$

ainsi

$$APMQ = 3\,AMQ,$$

et, par conséquent,

$$AMQ = \tfrac{1}{3}\,APMQ, \quad \text{ou} \quad AMP = \tfrac{2}{3}\,APMQ = \tfrac{2}{3}xy.$$

Donc, enfin, *la surface du demi-segment parabolique* AMP *est égale aux deux tiers du rectangle construit sur les coordonnées extrêmes.*

Il résulte de là qu'un segment parabolique est une surface *carrable;* ce qui n'a lieu ni pour le cercle ni pour l'ellipse, dont les *aires* sont ex-primées en fonction du rapport *approché* de la circonférence au diamètre.

§ II. — De la tangente a la parabole et de ses propriétés
par rapport au rayon vecteur.

264. Équation de la tangente et expression de la sous-tangente.
— Afin d'obtenir l'équation de la *tangente* en un point (x', y') *donné sur
la courbe*, appliquons, soit la méthode du n° 101 comme pour l'ellipse (186),
soit la règle des *dérivées* (102).

Il vient, pour le *coefficient d'inclinaison*,

$$a = \frac{p}{y'},$$

et, par suite, pour l'équation cherchée,

$$(1) \qquad y - y' = \frac{p}{y'}(x - x')$$

ou, *simplifiant* à l'aide de la relation $y'^2 = 2px'$,

$$(2) \qquad yy' = p(x + x'),$$

équation que l'on peut déduire de celle de la courbe en y changeant y^2
en yy', et $2px$ ou $p(x + x)$ en $p(x + x')$; ce qui rend cette équation
facile à retenir.

Soit fait $y = 0$ dans l'équation *simplifiée* (2) (*fig.* 123); il en résulte

$$x + x' = 0;$$

d'où

$$x = -x', \quad \text{ou} \quad \text{AR} = -\text{AP}.$$

Ainsi, pour mener une tangente à la parabole en un point donné M *sur
la courbe*, il suffit de *prendre une distance* AR *égale à l'abscisse* AP *de
ce point, et de joindre le point* M *au point* R.

Si l'on fait de même $y = 0$ dans l'équation *non simplifiée* (1), on trouve

$$x - x' = -\frac{y'^2}{p} = -2x',$$

pour l'*expression de la sous-tangente* PR.

Ce qui démontre qu'*abstraction faite du signe, la sous-tangente est
double de l'abscisse du point de contact*.

Le signe dont cette ligne est affectée convient d'ailleurs à sa position
actuelle, puisqu'elle se compte *à la gauche* du point P.

265. Équation de la normale et expression de la sous-normale. — L'équation de la tangente étant

$$y - y' = \frac{p}{y'}(x - x'),$$

on a, pour celle de la *normale* au même point,

$$y - y' = -\frac{y'}{p}(x - x');$$

et si l'on fait encore dans cette équation $y = o$, il vient

$$x - x' \quad \text{ou} \quad \text{PS} = \frac{py'}{y'} = p.$$

Donc la *sous-normale est constante, quelle que soit la position du point de contact, et égale à la* MOITIÉ *du paramètre*.

266. *Discussion du* COEFFICIENT ANGULAIRE *de la tangente*. — Comme dans le coefficient d'inclinaison

$$a = \frac{p}{y'},$$

l'ordonnée y' peut passer par tous les états de grandeur, il s'ensuit que la tangente est susceptible de prendre toutes les situations possibles par rapport au premier axe.

Soit

$$y' = o,$$

on trouve

$$a = \infty;$$

c'est-à-dire que la tangente menée par le point A est *perpendiculaire* à AX.

Elle est parallèle à cet axe aux points pour lesquels on a

$$y' = \infty.$$

Si l'on veut connaître en quel point la tangente fait avec le premier axe principal un angle de 45 degrés, ou égal à la *moitié* d'un angle *droit*, il suffit de poser

$$\frac{p}{y'} = 1; \quad \text{d'où} \quad y' = p,$$

et, par suite,

$$x' = \frac{p^2}{2p} = \frac{p}{2},$$

ce qui est (142) la valeur de l'*abscisse du foyer*.

D'où il suit que, dans la PARABOLE, la tangente menée par le point de la courbe dont l'ordonnée passe par le *foyer* fait avec l'axe des x un angle de 45 degrés.

Ce serait ici, d'après l'ordre que nous avons adopté pour les deux premières courbes, le lieu de considérer *la tangente menée par un point extérieur à la courbe;* mais nous déduirons la solution de cette question de la propriété suivante.

Propriété de la tangente par rapport au rayon vecteur.

267. Menons le *rayon vecteur* FM et calculons l'angle FMR, comme nous l'avons fait pour l'*ellipse.*

En désignant par a, a' les tangentes trigonométriques des angles MRX, MFX, on a évidemment

$$\text{tang FMR} \quad \text{ou} \quad \text{tang V} = \frac{a' - a}{1 + aa'}.$$

Or l'équation du rayon vecteur passant par le point F, pour lequel on a

$$y = 0 \quad \text{et} \quad x = \frac{p}{2},$$

est de la forme

$$y = a' \left(x - \frac{p}{2} \right);$$

et comme il passe en outre par le point de contact (x', y'), il en résulte

$$y' = a' \left(x' - \frac{p}{2} \right); \quad \text{d'où} \quad a' = \frac{2y'}{2x' - p}.$$

Comme on a d'ailleurs

$$a = \frac{p}{y'},$$

l'expression de tang V devient

$$\text{tang V} = \frac{\dfrac{2y'}{2x' - p} - \dfrac{p}{y'}}{1 + \dfrac{2py'}{y'(2x' - p)}} = \frac{2y'^2 - 2px' + p^2}{2x'y' - py' + 2py'}.$$

ou bien, à cause de $y'^2 = 2px'$,

$$\text{tang V} = \frac{2px' + p^2}{2x'y' + py'} = \frac{p(2x' + p)}{y'(2x' + p)} = \frac{p}{y'};$$

d'où l'on voit que l'angle FMR est égal à l'angle MRF.

Ainsi *la tangente divise en deux parties égales l'angle* FMH *formé par le rayon vecteur* FM *et une parallèle à l'axe des x, menée par le point* M.

C'est ce que l'on peut encore reconnaître ainsi qu'il suit :

Ap. de l'Al. à la G.

On a vu (264) que les *distances* AR et AP sont *égales;* d'où résulte

$$FR = \frac{p}{2} + AP ;$$

d'un autre côté, DD' étant la *directrice*, il vient

$$FM = MG = \frac{p}{2} + AP ;$$

donc

$$\text{angle FMR} = \text{angle MRF} = \text{angle RMH}.$$

268. Cette propriété fournit le moyen de *mener une tangente par un point de la courbe,* ou *par un point pris hors de la courbe.*

1° Pour mener une tangente par le point M,

Tirez la ligne MH *parallèle à* AX; *joignez le point* F *au point* G, *où cette parallèle rencontre la directrice; puis abaissez* MR *perpendiculaire* sur FG.

Vous aurez la TANGENTE DEMANDÉE; car, le triangle FMG étant *isoscèle,* la ligne MR divise en deux parties égales l'angle au sommet FMG.

On peut reconnaître, *à posteriori,* que la *bissectrice* de l'angle FMG n'a que le point M de commun avec la courbe.

En effet, soit N un autre point quelconque de cette ligne, et tirons les droites FN et GN, puis abaissons la perpendiculaire NK sur DD'.

On a, d'après la construction,

$$NF = NG ;$$

mais l'oblique NG est plus grande que la perpendiculaire NK; donc NF est plus grand que NK, et, par conséquent (259), le point N est situé *hors* de la courbe.

Il est à remarquer que cette construction dépend uniquement de la *dé-finition* de la parabole.

2° Pour mener la tangente par un point N situé *hors* de la courbe,

Décrivez de ce point comme centre, avec un rayon égal à la distance NF, *une circonférence de cercle qui coupe la directrice au point* G; *menez* G*f parallèle à* AX.

Le point d'intersection M de cette parallèle avec la courbe est le POINT DE CONTACT.

Car on a, par construction, et d'après la définition de la parabole (141),

$$NG = NF \quad \text{et} \quad MG = MF ;$$

donc la ligne NM est perpendiculaire sur le milieu de la corde FG, et divise l'angle FMG en deux parties égales.

La même circonférence rencontre la directrice *en un second point* G', tel que, si par ce point on mène une ligne *parallèle* à AX, le point où cette parallèle rencontre la courbe est le *point de contact* de la *seconde tangente* qu'on peut mener par le point N.

Conséquences de la propriété précédente.

269. Première conséquence. — Si l'on suppose un foyer de chaleur placé au point F, tous les rayons qui viennent tomber sur les différents points de la courbe, devant se réfléchir de manière à former un *angle de réflexion* égal à *celui d'incidence*, prendront nécessairement une direction telle que Mf, *parallèle à l'axe principal*.

Cela explique pourquoi l'on donne à certaines *surfaces réfléchissantes* la FORME PARABOLIQUE.

270. Seconde conséquence. — On vient de voir que, si l'on joint le point F au point G, la ligne de jonction FG est perpendiculaire sur la tangente, et se trouve divisée en *deux parties égales* par cette tangente.

D'un autre côté, l'axe des y, parallèle à DD', étant mené par le point A *milieu* de BF, passe nécessairement par le *milieu* de FG.

Donc le pied I de la perpendiculaire abaissée du point F sur la tangente est situé sur l'axe des y.

Ce qui démontre que

Si du foyer on abaisse des perpendiculaires sur les tangentes, le LIEU GÉOMÉTRIQUE *des pieds de toutes ces perpendiculaires n'est autre chose que le second axe de la parabole.*

Cette propriété correspond à celle du n° 201 relative à l'ellipse.

§ III. — Diamètres de la parabole. — Axes conjugués.

271. En partant de la définition générale du *diamètre* d'une courbe (177), il est facile de reconnaître que, dans la PARABOLE (*fig.* 124), *tous les diamètres sont des droites parallèles à l'axe principal.*

En effet, si l'on combine l'équation

$$y^2 = 2px$$

avec l'équation générale

$$y = ax + b$$

d'une corde, telle que MM', et que l'on élimine d'abord l'abscisse x, il vient

$$(1) \qquad y^2 - \frac{2p}{a} y + \frac{2pb}{a} = 0.$$

Or, en désignant par x' et y', x'' et y'' les coordonnées des points M, M' *communs* à la courbe et à la corde, puis par X et Y celles du *point milieu* N, on a (96)

$$X = \frac{x' + x''}{2}, \quad Y = \frac{y' + y''}{2};$$

d'un autre côté, l'équation (1) étant du *second degré* en y, la moitié du coefficient de y, pris en signe contraire, est égale à $\frac{y' + y''}{2}$.

D'où résulte la relation

$$(2) \qquad Y = \frac{p}{a}.$$

Comme la quantité a est une *constante* pour toutes les cordes *parallèles* à MM', il s'ensuit que la valeur de Y est elle-même une *constante*, quel que soit X.

L'équation (2) est donc celle du *lieu géométrique* des *points milieux* de toutes les cordes; et l'on voit que ce *lieu* n'est autre chose qu'*une droite parallèle à l'axe principal*.

272. **AXES CONJUGUÉS.** — De l'équation (2) on déduit pour le *coefficient d'inclinaison* de la corde MM' par rapport au diamètre LL' ou à l'axe AX, qui lui est parallèle,

$$a = \frac{p}{Y},$$

Y représentant l'ordonnée du point L.

Or ce coefficient est aussi (264) celui de la tangente ll' au même point L.

Donc *la tangente en un point de la parabole est parallèle à toutes les cordes par le milieu desquelles passe le diamètre correspondant à cette tangente.*

On donne le nom d'**AXES CONJUGUÉS** au système des deux droites LL', ll', dont le système des *axes principaux* n'est, en quelque sorte, qu'un *cas particulier*.

De la parabole rapportée à un système d'axes conjugués.

273. Il résulte évidemment de ce qui vient d'être dit, que l'équation de la parabole *rapportée à un système d'axes conjugués* A'X', A'Y' (*fig.* 125)

doit être de la forme

$$y^2 = k.x,$$

k étant une *constante*, qui dépend de la position du point A' sur la courbe.

Afin de déterminer par l'analyse la valeur de *cette constante*, nous procéderons comme pour l'*ellipse* et l'*hyperbole* (204 et 238) ; et nous nous proposerons cette question :

*Étant donnée l'équation de la parabole rapportée à ses axes principaux, trouver l'équation de la même courbe rapportée à un système quelconque d'*AXES CONJUGUÉS, *c'est-à-dire à un système tel, que l'équation conserve la forme qu'elle affecte quand la courbe est rapportée à ses axes principaux.*

L'équation de la parabole rapportée à ses axes principaux étant

$$(1) \qquad y^2 = 2px,$$

substituons pour x, y leurs valeurs

$$x = x \cos\alpha + y \cos\alpha' + a,$$
$$y = x \sin\alpha + y \sin\alpha' + b,$$

au moyen desquelles (115) on passe d'un système *rectangulaire* à un système *oblique d'origine différente ;* il vient

$$(2) \quad \begin{cases} \sin^2\alpha' y^2 + 2\sin\alpha'\sin\alpha\, xy + \sin^2\alpha\, x^2 + (2b\sin\alpha' - 2p\cos\alpha')y \\ \qquad + (2b\sin\alpha - 2p\cos\alpha)x + b^2 - 2pa = 0. \end{cases}$$

Cette équation devant se réduire à la forme

$$y^2 = k.x,$$

il faut poser les relations de *condition*

$$\sin\alpha'\sin\alpha = 0, \quad \sin^2\alpha = 0,$$
$$b\sin\alpha' - p\cos\alpha' = 0, \quad b^2 - 2pa = 0 ;$$

et l'équation (2) devient alors

$$(3) \qquad y^2 = \frac{2p}{\sin^2\alpha'}\, x.$$

Avant d'évaluer géométriquement le coefficient de x, remarquons d'abord que la seconde relation de condition entraînant nécessairement la première, on n'a réellement que *trois* équations distinctes pour déterminer les *quatre* quantités α, α', a, b.

Ainsi *le nombre des systèmes d'axes* par rapport auxquels l'équation *conserve la forme ci-dessus* est INFINI.

La relation

$$\sin \alpha = 0$$

nous apprend d'ailleurs que le nouvel axe des x, qui, d'après la forme de l'équation (3), est un *diamètre* de la courbe, est *parallèle* à l'axe principal ; ce qui confirme le résultat énoncé n° 271, savoir que, dans la PARABOLE, *tous les diamètres sont des parallèles à l'axe principal*.

En second lieu, la relation

$$b^2 - 2pa = 0$$

étant ce que devient l'équation

$$y^2 = 2px, \quad \text{ou} \quad y^2 - 2px = 0,$$

lorsque l'on y remplace x et y par les coordonnées a et b de la *nouvelle origine*, on doit conclure que *cette origine est placée sur la courbe*.

Donnant à a une valeur *arbitraire* (*fig.* 125), on tirera de l'équation

$$b^2 - 2pa = 0$$

la valeur *correspondante* de b, et le point A' déterminé par ces valeurs représentera la nouvelle origine.

Enfin, la relation

$$b \sin \alpha' - p \cos \alpha' = 0$$

donne

$$\tan \alpha' = \frac{p'}{b},$$

expression qui, comparée à la valeur

$$\frac{p}{y},$$

trouvée pour le coefficient d'inclinaison de la *tangente* à la parabole, prouve que *le nouvel axe des y est tangent à la courbe*.

(Ces résultats s'accordent avec ce qui a été dit au n° 272 sur les *axes conjugués*.)

Reprenant le coefficient de x dans l'équation (3), on voit que la relation

$$\tan \alpha' = \frac{p}{b}$$

donne

$$\cos^2 \alpha' = \frac{b^2}{b^2 + p^2};$$

et, par conséquent,

$$\sin^2 \alpha' \text{ ou } \tan^2 \alpha' \cos^2 \alpha' = \frac{p^2}{b^2 + p^2} = \frac{p'}{2a + p};$$

d'où

$$\frac{2p}{\sin^2 \alpha'} = 4a + 2p = 4\left(a + \frac{p}{2}\right).$$

Or, si l'on suppose que AQ soit l'abscisse de la nouvelle origine A' rapportée aux anciens axes, et que l'on tire le rayon vecteur FA', on sait (267) que ce rayon vecteur a pour expression

$$a + \frac{p}{2}.$$

Donc

$$\frac{2p}{\sin^2 \alpha'} = 4\,\mathrm{FA}',$$

c'est-à-dire que *le coefficient de x dans l'équation* (3), ou *le paramètre de la parabole rapportée à un système d'axes conjugués, est égal au quadruple de la distance du foyer à la nouvelle origine*.

Désignant par $2p'$ *ce nouveau paramètre*, on obtient

$$y^2 = 2p'x$$

pour l'équation de la *parabole rapportée à l'un de ses diamètres*.

Nous pourrions encore ici, comme nous l'avons fait pour l'*ellipse* et l'*hyperbole*, nous proposer, réciproquement, de *passer de l'équation de la parabole rapportée à un système d'axes conjugués, à celle de la courbe rapportée à ses axes principaux*; mais ce calcul ne conduirait à aucun résultat important.

274. L'équation

$$y^2 = 2p'x,$$

d'où l'on tire

$$\frac{y^2}{x} = 2p',$$

prouve que, *pour un système quelconque d'*AXES CONJUGUÉS, *les carrés des ordonnées sont proportionnels aux abscisses correspondantes ;* c'est la propriété du n° 260 *généralisée*, puisque les *axes principaux* forment un système particulier d'*axes conjugués*.

Cette propriété étant vraie *quelle que soit l'inclinaison des axes*, on peut, par un procédé analogue à celui qui a été employé (210) pour l'ellipse, construire la PARABOLE, connaissant l'*angle de deux axes conjugués* et *le paramètre correspondant*.

Soient AX, AY les deux axes conjugués donnés.

Élevez au point A une perpendiculaire AY' à AX (fig. 126), et construisez sur AX, AY', considérés comme axes principaux, une parabole ANN' ayant 2p' pour paramètre ; menez ensuite de différents points

P, P',... *des parallèles à* AY' *et à* AY, *et prenez des parties* PM, P'M',... *égales à* PN, P'N',....

Les points M, M',... appartiendront à la courbe demandée.

De la tangente à la parabole rapportée à un système d'axes conjugués.

275. Tangente menée par un point pris sur la courbe, et sous-tangente. — La solution du problème des tangentes étant *indépendante de l'inclinaison des axes,* on a pour l'équation de la tangente en un point M (x, y) de la courbe (*fig.* 125),

$$y - y' = \frac{p'}{y'}(x - x'),$$

ou, *simplifiant* à l'aide de la relation $y'^2 = 2p'x'$,

$$yy' = p'(x + x').$$

Si l'on fait $y = 0$ dans cette *dernière* équation, on trouve

$$x = -x' \quad \text{ou} \quad \text{A'R} = -\text{A'P}.$$

La même hypothèse introduite dans l'équation *non simplifiée* de la tangente donne

$$x - x' = -\frac{y'^2}{p'} = -2x',$$

pour l'expression de la *sous-tangente* PR ; d'où l'on voit que la *sous-tangente est négative et numériquement* DOUBLE *de l'abscisse du point de contact.*

Ces résultats sont conformes à ceux du n° 264.

Quant à la propriété démontrée n° 265 pour la SOUS-NORMALE, elle ne saurait exister par rapport à des *axes conjugués obliques,* puisque le coefficient de x dans l'équation de la NORMALE dépend essentiellement (64) de leur *inclinaison.*

276. Tangente menée par un point extérieur. — Si l'on propose de mener une tangente par un point N (*fig.* 127) ou (α, ℓ) donné *hors* de la courbe, on a, pour déterminer les coordonnées x', y' du *point de contact,* les équations

$$y'^2 = 2p'x' \quad \text{et} \quad \ell y' = p'(\alpha + x').$$

Mais au lieu d'effectuer l'élimination, on peut, comme au n° 212, en regardant x', y' comme des *variables*, construire les *lieux géométriques* de ces équations.

La *première* représente évidemment la *parabole déjà construite*.

Quant à la *seconde*, qui représente *une ligne droite*, en y faisant successivement

$$y' = 0, \quad x' = 0,$$

on trouve

$$x' = -\alpha, \quad y' = \frac{p'\alpha}{6}.$$

Si l'on porte sur les axes AX, AY des parties AP, AH respectivement égales à $-\alpha$, $\frac{p'\alpha}{6}$, et qu'on tire la droite PH, on a le *second lieu géométrique demandé;* ainsi les points M, m, où cette *droite de jonction* coupe la courbe, sont les *points de contact* des deux tangentes qui doivent passer par le point N.

Comme le résultat $x' = -\alpha$ correspondant à $y' = 0$ *ne dépend pas* de l'ordonnée 6 du point N, il s'ensuit que, si l'on prend un *autre point quelconque* N' sur une droite LL' *parallèle* à l'axe des y, menée par le point N, et que l'on tire les deux tangentes N'M', N'm', la *ligne de jonction* des *nouveaux points de contact* M', m' doit passer par le *même point* P de l'axe AX.

Cette droite LL' pouvant être considérée comme située à *volonté* sur le plan de la courbe, on en conclut, comme pour l'*ellipse* et l'*hyperbole* (212 et 224), la proposition suivante, dont la réciproque (*voyez* le n° 213) est également vraie :

Une droite étant tracée arbitrairement dans le plan d'une parabole, si, de chacun de ses points, on mène deux tangentes à la courbe, et que l'on joigne les deux points de contact par une droite, ces droites de jonction, appelées LIGNES DE CONTACT, *doivent toutes passer par un* MÊME POINT, *lequel se trouve placé sur l'axe conjugué de celui qui est parallèle à la droite donnée.*

Le point de concours P est le *pôle* de la droite LL', qui est dite *polaire*.

Il faut observer toutefois que, si la droite donnée était une parallèle LL' (*fig.* 128) à l'axe principal, c'est-à-dire un *diamètre*, les *lignes de jonction* des *points de contact* M et m, M' et m',... *ne concourraient plus en un même point,* mais elles seraient toutes *parallèles* entre elles; c'est-à-dire qu'alors elles se rencontreraient toutes à l'*infini* sur l'*axe conjugué* de ce diamètre.

En effet, supposons pour un instant la courbe rapportée à ce diamètre et à son axe conjugué AY; comme, pour un point N de la ligne LL', on a α quelconque, mais 6 égal à o, il s'ensuit que les résultats

$$x' = -\alpha, \quad y' = \frac{p'\alpha}{6},$$

obtenus ci-dessus et correspondant respectivement à

$$y' = 0, \quad x' = 0,$$

se réduisent à

$$x' = -\alpha \quad \text{et} \quad y' = \frac{p'\alpha}{0};$$

d'où l'on voit que la *ligne de jonction* des *deux points de contact* M et *m* va rencontrer l'axe *des y* à l'*infini*.

On arriverait à la *même conclusion* en remarquant que la *ligne de jonction* dont l'équation est, généralement, de la forme

$$6y' = p'(\alpha + x')$$

se réduit, dans l'hypothèse de $6 = 0$, à

$$p'(\alpha + x') = 0;$$

d'où l'on tire

$$x' = -\alpha,$$

ce qui est l'équation d'une droite *parallèle à l'axe* des *y*.

CHAPITRE VI.

DES COORDONNÉES POLAIRES.

Définitions.

277. Jusqu'ici, nous avons supposé une ligne *déterminée de position* sur un plan, au moyen d'une équation entre deux variables exprimant les *distances* de chacun de ses points à *deux droites fixes*, *comptées parallèlement* à ces droites.

Mais il existe un autre moyen de représenter *analytiquement* les lignes, et ce moyen offre, dans certains cas, des avantages sur le précédent.

Pour fixer les idées sur ce nouveau mode, considérons une courbe $m\,\mathrm{M}\,m'$ (*fig.* 129), une droite quelconque OB, et un *point fixe* O sur cette droite.

Menons de ce point, nommé pôle, à un point M pris *arbitrairement* sur la courbe, une droite OM appelée *rayon vecteur*; et désignons par ρ ce rayon vecteur, par φ l'angle qu'il forme avec la droite fixe OB.

La courbe sera *déterminée* si l'on parvient à établir une relation entre ρ et φ, qui soit *vraie* pour *tous les points* de la courbe et n'ait lieu *que pour ces points*; car, en donnant à φ une série de valeurs φ', φ'', φ''',..., on tirera de la relation $f(\rho, \varphi) = 0$ des valeurs correspondantes ρ', ρ'', ρ''',... pour ρ.

Formant alors au point O des angles LOB, L'OB,... égaux à φ', φ'',..., et portant sur OL, OL',... des parties égales à ρ', ρ'',..., on obtiendra des points M, M',..., qui appartiendront *exclusivement* à la courbe.

Les variables ρ et φ sont ce que l'on appelle des *coordonnées polaires*, et l'équation

$$f(\rho, \varphi) = 0$$

est dite l'*équation polaire* de la courbe.

Formules pour la transformation des coordonnées.

278. Une courbe étant définie, on peut se proposer de trouver une équation polaire de cette courbe, en choisissant d'une manière convenable le *pôle* et la *droite fixe* menée par ce point.

Mais souvent on suppose que la courbe est déjà représentée sur son plan par une équation entre coordonnées *rectilignes ;* et il s'agit alors d'en déduire une *relation constante* entre des coordonnées *polaires.*

(Lorsque les axes primitifs sont *rectangulaires ,* on donne quelquefois aux coordonnées la dénomination de coordonnées *orthogonales.*)

On est ainsi conduit à la question suivante :

Passer d'un système de coordonnées rectilignes (orthogonales ou obliques) à un système de coordonnées polaires.

Soient, pour cela, AX, AY deux axes par rapport auxquels on ait déjà l'équation

$$f(x, y) = 0,$$

OB une droite quelconque, et O un point *fixe* pris sur cette droite.

Menons par le point O les lignes OX', OY' *parallèles* à ces axes ; et désignons par a, b les coordonnées AH, OH du *pôle* O, par α l'angle BOX', par θ l'angle des deux axes ; le rayon vecteur OM et l'angle MOB sont d'ailleurs, comme nous l'avons dit ci-dessus, représentés par ρ et φ.

Cela posé, la figure donne évidemment

$$\text{AP} \quad \text{ou} \quad x = a + \text{OK},$$
$$\text{MP} \quad \text{ou} \quad y = b + \text{MK};$$

mais on a, dans le triangle MOK,

$$\frac{\text{OK}}{\text{OM}} = \frac{\sin \text{OMK}}{\sin \text{OKM}}, \quad \frac{\text{MK}}{\text{OM}} = \frac{\sin \text{MOK}}{\sin \text{OKM}};$$

d'où l'on déduit

$$\text{OK} = \frac{\rho \sin(\theta - \varphi - \alpha)}{\sin \theta}; \quad \text{MK} = \frac{\rho \sin(\varphi + \alpha)}{\sin \theta}.$$

Substituant ces valeurs dans les expressions de x et de y, on obtient les formules

$$(1) \qquad x = a + \frac{\rho \sin(\theta - \varphi - \alpha)}{\sin \theta}, \quad y = b + \frac{\rho \sin(\varphi + \alpha)}{\sin \theta},$$

valeurs qui, reportées dans l'équation

$$f(x, y) = 0,$$

donneront l'*équation polaire demandée.*

Dans le cas d'*axes rectangulaires,* ce qui a lieu communément, comme on a

$$\theta = 90°,$$

d'où

$$\sin \theta = 1, \quad \sin(\theta - \varphi - \alpha) = \cos(\varphi + \alpha).$$

les formules deviennent

$$(2) \qquad x = a + \rho \cos(\varphi + \alpha), \quad y = b + \rho \sin(\varphi + \alpha).$$

Outre cette hypothèse, on peut supposer que la droite fixe soit *parallèle* à l'axe des x, c'est-à-dire que l'on ait

$$\alpha = 0 :$$

il vient alors

$$(3) \qquad x = a + \rho \cos\varphi, \quad y = b + \rho \sin\varphi.$$

Enfin, il peut se faire que *l'origine primitive* soit prise pour *pôle;* et l'on obtient, dans le cas de coordonnées *orthogonales,*

$$(4) \qquad x = \rho \cos\varphi, \quad y = \rho \sin\varphi.$$

Les deux derniers systèmes sont ceux dont l'emploi est le plus fréquent.

N. B. — Dans le dernier cas, si l'on *carre* les deux membres de chaque expression, et que l'on ajoute membre à membre, il vient

$$x^2 + y^2 = \rho^2(\cos^2\varphi + \sin^2\varphi),$$

ou simplement

$$x^2 + y^2 = \rho^2,$$

relation qui se trouve toujours intimement liée avec les relations (4).

279. Réciproquement, *une équation polaire étant donnée,* pour *passer à une équation* entre coordonnées *rectilignes,* de *même* origine ou d'origine *différente,* il convient de faire d'abord usage des formules

$$x = \rho \cos\varphi, \quad y = \rho \sin\varphi, \quad \rho^2 = x^2 + y^2.$$

qui donnent

$$\rho = \sqrt{x^2 + y^2}, \quad \cos\varphi = \frac{x}{\sqrt{x^2 + y^2}}, \quad \sin\varphi = \frac{y}{\sqrt{x^2 + y^2}},$$

valeurs au moyen desquelles on passe de l'équation proposée à l'équation entre coordonnées *orthogonales* de *même origine.*

Après quoi, l'on a recours aux formules, déjà connues, de la transformation des coordonnées *rectilignes* pour obtenir l'équation de la courbe rapportée à des axes *obliques* et d'origine *différente.*

Exemples d'équations polaires et conséquences qui s'en déduisent.

280. *Équation polaire du cercle.* — Pour montrer le parti que l'on peut tirer de *l'équation polaire* d'une courbe, proposons-nous de déterminer celle du CERCLE, au moyen de la transformation des coordonnées (278), en prenant pour *pôle* un point quelconque O (*fig.* 130) pris *dans son plan.*

L'équation du cercle rapportée à son centre et à des axes rectangulaires étant

$$y^2 + x^2 = R^2,$$

il suffit de remplacer x et y par leurs valeurs (3); et l'on obtient, toute simplification faite,

$$\rho^2 + 2(a\cos\varphi + b\sin\varphi)\rho + a^2 + b^2 - R^2 = 0.$$

(La droite *fixe*, à partir de laquelle se compte l'angle φ, est une ligne OB *parallèle* à l'axe des x.)

Désignons par ρ', ρ'' les deux racines de cette équation; on a, d'après un principe connu,

$$\rho'\rho'' = a^2 + b^2 - R^2.$$

Or, cette relation étant *indépendante* de l'angle φ que forme la direction du rayon vecteur OM avec la *droite fixe* OB, il s'ensuit que, pour deux lignes quelconques Mm, M$'m'$ menées par le point O, on a

$$OM \times Om = OM' \times Om', \quad \text{ou} \quad OM : OM' :: Om' : Om;$$

ce qui conduit à cette proposition connue, que *deux cordes d'un cercle se coupent en parties inversement proportionnelles.*

On suppose ici le point O *intérieur* au cercle; d'où résulte

$$a^2 + b^2 \quad \text{ou} \quad \overline{AO}^2 < R^2,$$

et, par suite,

$$a^2 + b^2 - R^2 < 0.$$

Donc, dans ce cas, les deux facteurs OM, Om, correspondant à *une même corde,* sont de *signes contraires;* et cela doit être, puisque ces *distances* sont comptées en *sens contraire* l'une de l'autre.

Lorsque le point est *extérieur* comme en O', on arrive à un résultat analogue, mais se rapportant aux *sécantes entières* et à leurs *parties extérieures,* telles que O'Nn et O'N.

Comme on a alors

$$a^2 + b^2 > R^2,$$

d'où

$$a^2 + b^2 - R^2 > 0,$$

les deux facteurs O'N, O'n sont *de même* signe; et, en effet, les distances se comptent dans *le même sens.*

Enfin, si l'on mène la tangente O'D, et que l'on tire le rayon AD au point de contact, on a la relation

$$\overline{O'D}^2 = \overline{AO'}^2 - \overline{AD}^2 = a^2 + b^2 - R^2:$$

et comme déjà, d'après ce qui vient d'être dit, l'expression $a^2 - b^2 - R^2$ représente le *produit* $O'N \times O'n$, il en résulte

$$\overline{O'D}^2 = O'N \times O'n \quad \text{ou} \quad O'N : O'D :: O'D : O'N.$$

Ainsi, la propriété de la *sécante* au cercle par rapport à une *tangente* issue du *même point* O' se trouve également démontrée.

281. *Équation polaire de l'hyperbole.* — Soit encore proposé de trouver l'équation polaire de l'*hyperbole*, en prenant pour *pôle* le centre de la courbe, et pour *droite fixe* le *premier axe*.

Il ne s'agit, pour cela, que de substituer les valeurs

$$(4) \qquad x = \rho \cos\varphi, \quad y = \rho \sin\varphi,$$

dans l'équation

$$A^2 y^2 - B^2 x^2 = -A^2 B^2 ;$$

ce qui donne la transformée

$$\rho^2 (A^2 \sin^2\varphi - B^2 \cos^2\varphi) = -A^2 B^2 ;$$

d'où l'on tire

$$\rho = \frac{\pm AB}{\cos\varphi \sqrt{B^2 - A^2 \tang^2\varphi}} \cdot$$

Or l'inspection seule de ce résultat montre :

1° Que, si par le point O (*fig.* 113), centre de l'hyperbole, on trace une droite quelconque rencontrant la courbe en deux points M, M', les parties OM, OM' sont *égales et de signes contraires;*

2° Que la valeur de ρ exige, pour être *réelle*, que l'on ait

$$\tang^2\varphi < \quad \text{ou} \quad \textit{tout au plus} = \frac{B^2}{A^2} \cdot$$

Si l'on fait

$$\tang^2\varphi = \frac{B^2}{A^2}, \quad \text{d'où} \quad \tang\varphi = \pm \frac{B}{A},$$

on voit que les droites menées du point O, de manière à former les angles dont les tangentes trigonométriques sont $+\dfrac{B}{A}$ et $-\dfrac{B}{A}$, sont les LIGNES DE SÉPARATION des droites passant par le centre qui *rencontrent* la courbe, de celles qui *ne la rencontrent pas* (*voyez* le n° **223**).

Ces exemples suffisent pour montrer avec quelle facilité les propriétés des courbes se déduisent d'une de leurs équations polaires.

Équations polaires des trois courbes du second degré.

282. Pour établir les équations polaires des trois courbes du second degré, il est d'usage de prendre un *foyer* pour *pôle* et le *premier axe* pour *droite fixe.*

Considérons successivement chacune des trois courbes, et, au lieu d'appliquer les formules (278) de la transformation des coordonnées, servons nous des expressions trouvées pour les *rayons vecteurs*, d'après la *définition* des courbes.

Ellipse. — Soit pris pour *pôle* le *foyer* F (*fig.* 131); on a obtenu (126) pour l'expression du rayon vecteur FM,

$$FM \quad \text{ou} \quad \rho = A - \frac{c.x}{A};$$

mais la figure donne

$$x \quad \text{ou} \quad OP = c + FP = c + \rho \cos\varphi,$$

donc

$$\rho = A - \frac{c(c + \rho \cos\varphi)}{A},$$

et, par suite,

$$\rho = \frac{A^2 - c^2}{A + c \cos\varphi}.$$

Discussion. — Soit d'abord $\varphi = 0$, auquel cas le rayon vecteur se confond avec le *premier axe;* il en résulte

$$\cos\varphi = 1, \quad \text{d'où} \quad \rho = \frac{A^2 - c^2}{A + c} = A - c = FB;$$

on obtient ainsi B pour l'un des points de la courbe.

A mesure que φ *augmente,* $\cos\varphi$ et, par suite, $A + c \cos\varphi$ *diminuent,* en sorte que le rayon vecteur devient de *plus en plus grand.*

Soit

$$\varphi = 90°; \quad \text{d'où} \quad \cos\varphi = 0;$$

le rayon vecteur se réduit à

$$\rho = \frac{A^2 - c^2}{A} = \frac{B^2}{A};$$

on retrouve ainsi l'*ordonnée* FN passant par le *foyer* (*voyez* le n° 146).

L'angle φ continuant d'augmenter et devenant *obtus,* $\cos\varphi$ *change de signe* et *augmente* NUMÉRIQUEMENT; donc le dénominateur *diminue* encore, et la valeur de ρ continue elle-même d'*augmenter.*

Supposons φ égal à l'angle CFX dont la tangente trigonométrique a pour expression

$$-\frac{CO}{OF} = -\frac{B}{c},$$

il en résulte

$$\cos\varphi = -\frac{c}{\sqrt{B^2+c^2}} = -\frac{c}{A};$$

d'où, en substituant dans la valeur de ρ,

$$\rho = \frac{A^2 - c^2}{A - \dfrac{c^2}{A}} = A ;$$

c'est, en effet, la valeur du rayon vecteur FC (131).

Soit

$$\varphi = 180°; \quad \text{d'où} \quad \cos\varphi = -1,$$

on a

$$\rho = \frac{A^2 - c^2}{A - c} = A + c = FA ;$$

c'est le rayon vecteur correspondant au *sommet* A.

Remarquons maintenant que, si l'on change φ en $-\varphi$, $\cos\varphi$ *ne change pas*, et qu'ainsi l'on retrouve pour les angles cFX, nFX, mFX, DFX,..., situés *au-dessous* du *premier axe*, les *mêmes rayons vecteurs*.

D'où l'on voit que *tous les points de la courbe* sont représentés par *l'équation polaire* qui a été établie.

283. HYPERBOLE. — En fixant le *pôle* au *foyer* F (*fig.* 132), on a, d'après la valeur trouvée (135) pour FM,

$$FM \quad \text{ou} \quad \rho = \frac{cx}{A} - A.$$

D'un autre côté,

$$x \quad \text{ou} \quad OP = OF - FP = c - \rho\cos MFP ;$$

et si l'on convient, comme *en Trigonométrie*, de compter les angles à partir du sens *positif* de la *droite fixe* OX, ce qui donne

$$\cos MFP = -\cos\varphi,$$

il vient

$$x = c + \rho\cos\varphi.$$

Substituant cette valeur dans celle de ρ, on obtient

$$\rho = \frac{c(c + \rho\cos\varphi)}{A} - A ;$$

d'où l'on tire

$$\rho = \frac{c^2 - A^2}{A - c\cos\varphi}.$$

Discussion. — Pour mieux faire comprendre les détails de cette discussion, nous partirons de l'hypothèse $\varphi = 90$ degrés; puis nous ferons *décroître* et *augmenter* successivement l'angle φ.

Pour $\varphi = 90$ degrés, on a

$$\cos\varphi = 0;$$

d'où

$$A - c\cos\varphi = A;$$

donc

$$\rho = \frac{c^2 - A^2}{A} = \frac{B^2}{A} = FN;$$

c'est (146) l'*ordonnée* qui passe par le *foyer* F.

L'angle φ *diminuant* à partir de 90 degrés, $\cos\varphi$ est *positif* et *augmente* sans cesse; et, par suite, la quantité $A - c\cos\varphi$ *diminue* jusqu'à ce qu'elle devienne *nulle*, auquel cas on a

$$\rho = \frac{c^2 - A^2}{0} = \infty,$$

résultat qui a besoin d'être interprété.

Or de la relation

$$A - c\cos\varphi = 0,$$

on déduit

$$\cos\varphi = \frac{A}{c} = \frac{A}{\sqrt{A^2 + B^2}};$$

d'où

$$\tang\varphi = \frac{B}{A}.$$

Ce qui prouve que, si l'on mène par le *pôle* une parallèle GFG' à l'asymptote LL', cette droite représente la *direction* que doit prendre, dans l'hypothèse actuelle, le rayon vecteur qui, d'ailleurs, est *infini*, comme on vient de le voir.

Laissant, pour le moment, de côté les valeurs de φ, *inférieures* à l'angle GFX, faisons *croître* φ à partir de 90 degrés.

Alors $\cos\varphi$ devenant *négatif* et *augmentant* de plus en plus NUMÉRIQUEMENT, $A - c\cos\varphi$ *augmente* également, et, par suite, ρ *diminue*, jusqu'à ce que l'on suppose

$$\varphi = 180°, \quad \text{d'où} \quad \cos\varphi = -1;$$

ce qui donne

$$\rho = \frac{c^2 - A^2}{A + c} = c - A = FB.$$

D'où nous pouvons conclure que tous les points de la branche *supérieure* BMM''M'''... sont représentés par l'équation polaire qui a été établie ci-dessus, savoir : la *portion* BMN, au moyen des valeurs de φ, depuis 180 degrés jusqu'à 90 degrés, et la *portion* NM'''..., au moyen des valeurs de φ,

depuis 90 degrés jusqu'à l'angle GFX, correspondant à $\tang\varphi = \dfrac{B}{A}$.

Comme, d'ailleurs, en changeant φ en — φ, on retrouverait, ainsi que cela a eu lieu pour l'*ellipse*, *les mêmes valeurs* de ρ, la branche *inférieure* BM'm'''m''... est également représentée par l'équation dont il s'agit.

Il suffirait, pour une valeur *positive* donnée à φ, M''FX, par exemple, de décrire du point F comme centre, et d'un rayon égal à la valeur correspondante de ρ, un arc de cercle M''Dm''', puis de prendre Dm''' = DM''.

Considérons maintenant les valeurs de φ *inférieures* à l'angle aigu GFX.

L'angle φ continuant de *diminuer*, cos φ reste encore *positif* et *augmente* sans cesse; par suite, A — c cos φ, qui était *nul* pour φ = GFX, devient *négatif* et va en *augmentant* NUMÉRIQUEMENT; donc ρ, qui est lui-même *négatif*, va sans cesse en *diminuant*, jusqu'à ce que l'on suppose

$$\varphi = 0, \quad \text{d'où} \quad \cos\varphi = 1,$$

ce qui donne

$$\rho = \frac{c^2 - A^2}{A - c} = -(c + A),$$

expression qui, en *valeur absolue*, représente FA, et correspond au sommet A.

Ainsi, la partie *supérieure* de la branche de *gauche* de l'hyperbole est déterminée par des rayons vecteurs, tels que Fm', mais en *rayons négatifs*.

La partie *supérieure* de cette même branche se déduit de la partie *inférieure*, d'après l'observation déjà faite, que le changement de φ en (— φ) n'altère pas l'expression de cos φ.

284. *Première remarque.* — L'ELLIPSE est représentée complétement en rayons positifs par son équation polaire, tandis que, pour l'HYPERBOLE, la branche de *droite* correspond à des rayons *positifs*, et la branche de *gauche* à des rayons *négatifs*.

Cela peut s'expliquer *analytiquement* de la manière suivante.

Dans l'ELLIPSE, le rayon vecteur partant du point F (*fig.* 131) a pour expression générale

$$A - \frac{c x}{A},$$

valeur qui reste toujours *positive*, quel que soit le signe de x.

Dans l'hyperbole (*fig.* 132), au contraire, l'expression

$$\frac{c x}{A} - A.$$

qui est *positive* pour tous les points de la branche de *droite*, devient *négative* pour la branche de *gauche*, puisqu'alors x est *négatif*. Si l'on voulait obtenir cette *seconde branche* en *rayons positifs*, il faudrait d'abord changer x en $-x$, ce qui donnerait

$$\rho = - \left(\frac{cx}{A} + A \right);$$

puis, comme on a, d'après la figure, pour le point m', sur la partie *inférieure* de cette branche,

$$x \quad \text{ou} \quad Op' = Fp' - c = \rho \cos RFX - c = \rho \cos \varphi - c,$$

il viendrait

$$\rho = - \frac{c(\rho \cos \varphi - c)}{A} - A,$$

d'où l'on tirerait

$$\rho = \frac{c^2 - A^2}{A + c \cos \varphi}.$$

Pour la partie *supérieure*, l'expression du rayon vecteur resterait la même, puisque

$$\cos(-\varphi) = \cos \varphi.$$

285. *Deuxième remarque.* — Le changement de signe pour les rayons vecteurs de l'hyperbole est analogue à celui qui a lieu pour les sécantes trigonométriques.

On sait, en effet, que pour une sécante *positive*, l'extrémité de l'arc se trouve placée entre le centre et l'extrémité de la ligne, c'est-à-dire *sur la sécante elle-même*, tandis que, pour une sécante *négative*, l'extrémité de l'arc tombe sur le *prolongement* de la ligne et en *sens contraire* de celui où l'on compte cette sécante.

De même, pour les rayons vecteurs *positifs*, le point correspondant de la courbe se trouve placé *sur la direction même* du rayon; tandis que, pour les rayons *négatifs*, le point de la courbe est situé sur le *prolongement* de ce rayon et en *sens contraire* de sa direction.

286. PARABOLE. — Le *pôle* étant en F (*fig.* 133), le rayon vecteur FM a (142) pour expression

$$\rho = x + \frac{p}{2};$$

mais on a

$$x \quad \text{ou} \quad AP = AF - PF = \frac{p}{2} - \rho \cos MFP,$$

ou bien, à cause de $\cos MFP = -\cos\varphi$,

$$x = \frac{p}{2} + \rho\cos\varphi\,;$$

ce qui donne

$$\rho = \frac{p}{1-\cos\varphi}\cdot$$

Discussion. — Pour $\varphi = 180$ degrés, on a

$$\cos\varphi = -1\,;$$

par suite

$$\rho = \frac{p}{2} = FA.$$

Le *sommet* A se trouve ainsi *déterminé.*

A mesure que l'angle φ *diminue,* depuis 180 jusqu'à 90 degrés, $\cos\varphi$ ne cesse pas d'être *négatif,* et va toujours en *diminuant* NUMÉRIQUEMENT; $1 - \cos\varphi$ va donc sans cesse en *diminuant* et ρ *augmente* continuellement.

Quand on suppose $\varphi = 90$ degrés, d'où $\cos\varphi = 0$, la valeur de ρ devient

$$\rho = p = FN\,;$$

c'est (143) l'ordonnée qui passe par le foyer.

L'angle φ continuant de *diminuer* à partir de 90 degrés, $\cos\varphi$ est *positif* et *augmente* sans cesse; donc $1 - \cos\varphi$ *diminue,* et, par conséquent, ρ augmente de plus en plus, jusqu'à ce qu'enfin on arrive à $\varphi = 0$, auquel cas il vient

$$\rho = \frac{p}{0} = \infty\,.$$

D'où l'on voit que pour toutes les valeurs de φ, depuis 180 degrés jusqu'à 0, le rayon vecteur *augmente* continuellement de $\frac{p}{2}$ à l'*infini.*

Même conséquence d'ailleurs que pour l'ELLIPSE et l'HYPERBOLE, en ce qui concerne les valeurs *négatives* attribuées à l'angle φ.

Ainsi, la *parabole* est, comme l'*ellipse,* représentée complétement en *rayons positifs* par son équation polaire.

287. ÉQUATION POLAIRE COMMUNE AUX TROIS COURBES DU SECOND DEGRÉ. — On peut comprendre dans une seule *formule polaire* les trois courbes du second degré. Mais, pour cela, il est nécessaire de modifier l'équation polaire de l'ELLIPSE, en prenant pour *pôle* le point F′ au lieu du point F, afin de donner à ce pôle une position analogue à celle qu'il occupe dans les deux autres courbes.

On a (126), pour le rayon vecteur F'M (*fig.* 131),

$$\rho = A + \frac{cx}{A};$$

mais

$$x \quad \text{ou} \quad OP = F'P - OF' = \rho \cos\varphi - c;$$

donc

$$\rho = A + \frac{c(\rho \cos\varphi - c)}{A};$$

d'où

$$\rho = \frac{A^2 - c^2}{A - c\cos\varphi}.$$

Cela posé, si, dans cette équation et dans celle de l'HYPERBOLE (283),

$$\rho = \frac{c^2 - A^2}{A - c\cos\varphi},$$

on remplace $A^2 - c^2$ et $c^2 - A^2$ par B^2, il vient, pour l'une et l'autre,

$$\rho = \frac{B^2}{A - c\cos\varphi} = \frac{\dfrac{B^2}{A}}{1 - \dfrac{c}{A}\cos\varphi},$$

d'où, posant $\dfrac{B^2}{A} = p$, $\dfrac{c}{A} = e$,

$$\rho = \frac{p}{1 - e\cos\varphi}.$$

La quantité e ou $\dfrac{c}{A}$ (qui exprime, comme on l'a vu au n° 151, le *rapport des distances* d'un point quelconque de la courbe à *l'un des foyers* et à la *directrice* placée du même côté que ce foyer à l'égard du centre) a reçu dans l'*ellipse* et l'*hyperbole* le nom d'EXCENTRICITÉ.

Dans la première, on a

$$e = \frac{\sqrt{A^2 - B^2}}{A}; \quad \text{d'où} \quad e < 1;$$

dans la seconde,

$$e = \frac{\sqrt{A^2 + B^2}}{A}; \quad \text{d'où} \quad e > 1.$$

Quant à la *parabole*, comme son équation polaire

$$\rho = \frac{p}{1 - \cos\varphi}$$

peut être déduite de la précédente, en faisant $e = 1$, il en résulte que

l'équation

$$\rho = \frac{p}{1 - e \cos \varphi}$$

représente à la fois les trois courbes, savoir :

$$\text{l'}\textit{ellipse,} \qquad \text{pour} \quad e < 1,$$
$$\text{l'}\textit{hyperbole,} \qquad \text{pour} \quad e > 1,$$
$$\text{et la } \textit{parabole,} \quad \text{pour} \quad e = 1.$$

N. B. — Pour que L'EXCENTRICITÉ e ait une signification dans le cas de la *parabole*, il faut admettre que c et A deviennent *infinis* à la fois ; ce qui est vrai (144) ; et alors on a

$$e = \frac{\infty}{\infty} = 1.$$

Nous renvoyons au *huitième* Chapitre la discussion de quelques équations particulières de cette espèce.

CHAPITRE VII.

QUESTIONS SE RAPPORTANT AUX COURBES DU SECOND DEGRÉ.

Après avoir exposé séparément, dans les précédents Chapitres, les propriétés de chacune des trois courbes du second degré, nous nous proposons, particulièrement, dans ce Chapitre, de traiter des questions qui se rapportent aux trois courbes considérées ensemble.

288. Première question. — Étant donnée, pour un système d'axes rectangulaires, l'équation

$$(1) \qquad y^2 = 2px + qx^2,$$

qui comprend (146) les trois courbes du second degré,

Rechercher, dans le plan de chaque courbe, les points tels, que leur distance à un point quelconque de la courbe soit une fonction RATIONNELLE *de l'abscisse de ce dernier point.*

On sait déjà que les *foyers* jouissent de cette propriété, puisque l'expression de leur distance à tout point de la courbe est

$$A + \frac{cx}{A} \quad \text{et} \quad A - \frac{cx}{A} \quad \text{pour l'}ellipse,$$

$$\frac{cx}{A} + A \quad \text{et} \quad \frac{cx}{A} - A \quad \text{pour l'}hyperbole,$$

$$x + \frac{p}{2} \quad \text{pour la }parabole.$$

Il s'agit donc de savoir s'il existe *d'autres* points qui satisfassent à la même condition.

Désignons par x', y' les coordonnées du point cherché, x et y représentant d'ailleurs celles d'un point quelconque de la courbe.

On a, pour l'expression générale de la distance entre ces deux points,

$$D = \sqrt{x^2 - 2xx' + x'^2 + y^2 - 2yy' + y'^2},$$

ou, remplaçant y par sa valeur tirée de l'équation (1),

$$D = \sqrt{x^2 - 2x'x + x'^2 + 2px + qx^2 - 2y'\sqrt{2px + qx^2} + y'^2}.$$

Cette expression, présentant deux radicaux qui se recouvrent, restera nécessairement, d'après les principes de l'Algèbre, *irrationnelle* tant que le petit radical subsistera sous le grand; il faut, par conséquent, que l'on ait

$$2y'\sqrt{2px + qx^2} = 0.$$

Mais cette condition doit, suivant l'énoncé, être satisfaite pour *toute valeur* de la variable x; elle se réduit donc, pour la question qui nous occupe, à la relation

$$y' = 0;$$

d'où l'on voit déjà que, s'il existe sur le plan de la courbe des points dont la distance à un quelconque de ses points soit *rationnelle* en x, ils *doivent être placés sur l'axe des x*.

Dès lors l'expression ci-dessus se réduit à

$$D = \sqrt{x^2 - 2x'x + x'^2 + 2px + qx^2},$$

ou

$$(2) \qquad D = \sqrt{(1 + q)x^2 - 2(x' - p)x + x'^2}.$$

Or, il résulte encore des principes de l'analyse algébrique, que la quantité soumise à ce nouveau radical ne peut être un *carré* qu'autant que l'on a

$$4(x' - p)^2 = 4(1 + q)x'^2 \quad \text{ou} \quad (x' - p)^2 = (1 + q)x'^2,$$

ou bien, en effectuant les calculs et réduisant,

$$(3) \qquad qx'^2 + 2px' - p^2 = 0.$$

Discutons maintenant cette équation de condition en considérant successivement chacune des trois courbes, et en commençant par le cas le plus simple, celui de la PARABOLE.

On a, dans ce cas (146),

$$q = 0;$$

et l'équation (3) se réduit à

$$2px' - p^2 = 0; \quad \text{d'où} \quad x' = \frac{p}{2}.$$

La valeur de D devient d'ailleurs

$$D = \sqrt{x^2 + px + \frac{p^2}{4}} = x + \frac{p}{2}.$$

D'où il suit que, pour la parabole, il n'existe qu'*un seul* point susceptible de satisfaire à l'énoncé de la question ; et ce point n'est autre que le *foyer*, tel qu'il a été défini au n° 141.

ELLIPSE. -- On a (146)

$$p = \frac{B^2}{A}, \quad q = -\frac{B^2}{A^2};$$

ce qui donne, pour l'équation (3),

$$-\frac{B^2}{A^2}x'^2 + \frac{2B^2}{A}x' - \frac{B^4}{A^2} = 0,$$

ou, simplifiant,

$$x'^2 - 2Ax' + B^2 = 0;$$

donc

$$x' = A \pm \sqrt{A^2 - B^2} = A \pm c.$$

Ainsi, pour l'ellipse, il existe *deux* points satisfaisant à l'énoncé ; et ces points ne sont autres que les *foyers*, tels qu'ils ont été définis au n° 124.

Si l'on porte la première valeur de x' dans l'expression (2) en même temps que celles de p et de q, on trouve, en désignant par D' la distance qui se rapporte au foyer de droite,

$$D' = \sqrt{\frac{A^2 - B^2}{A^2}x^2 - 2\left(A + c - \frac{B^2}{A}\right)x + (A + c)^2},$$

ou, remplaçant B^2 par $A^2 - c^2$,

$$D' = \sqrt{\frac{c^2 x^2}{A^2} - \frac{2c}{A}(A + c)x + (A + c)^2}.$$

La quantité soumise au radical est évidemment le *carré* de $\frac{cx}{A} - (A + c)$, ou de $A + c - \frac{cx}{A}$; et afin de savoir laquelle des deux racines il convient de prendre, pour obtenir, comme cela doit être, une valeur positive de D', il suffit de remarquer que, pour une valeur de x moindre que A, $\frac{cx}{A} - (A + c)$ serait négatif.

C'est donc $A + c - \frac{cx}{A}$ qu'il faut prendre ; et l'on a

$$D' = A + c - \frac{cx}{A}.$$

Quant à la seconde valeur $x' = A - c$, reportée dans l'expression (2), elle donne

$$D'' = \sqrt{\frac{c^2 x^2}{A^2} - \frac{2c}{A}(A - c)x + (A - c)^2};$$

d'où l'on tire la racine unique en valeur positive,

$$D'' = \frac{cx}{A} + A - c.$$

En faisant la somme des deux distances D' et D'', on obtient

$$D' + D'' = 2\,A.$$

Cette propriété constitue, comme on l'a vu au n° 124, la définition géométrique de l'ellipse.

Opérant d'une manière analogue pour l'HYPERBOLE, on parviendrait aux résultats suivants :

$$x'^2 + 2\,A\,x' - B^2 = 0,$$

d'où

$$x' = -A \pm \sqrt{A^2 + B^2} = -A \pm c,$$

$$D' = \frac{cx}{A} + c - A, \quad D'' = \frac{cx}{A} + c + A,$$

$$D'' - D' = 2\,A\,;$$

ce dernier résultat n'est autre chose que l'expression de la propriété qui (134) a servi de définition à l'HYPERBOLE.

N. B. — On a supposé, dans l'énoncé de la question qui vient d'être traitée, les axes rectangulaires.

Il en devait être ainsi ; car, si les axes étaient obliques, l'équation de la courbe conservant la même forme

$$y^2 = 2p\,x + q\,x^2,$$

on aurait (49), *pour l'expression de la distance* D,

$$D = \sqrt{(x - x')^2 + (y - y')^2 + 2(x - x')(y - y')\cos\theta}\,;$$

et le terme

$$2\,xy\cos\theta, \quad \text{ou} \quad 2\,x\sqrt{2px + qx^2}\cos\theta$$

qui entrerait alors sous le grand radical, restant *irrationnel* pour une valeur de x *quelconque,* la valeur de D ne pourrait généralement se réduire à une *fonction rationnelle* de x.

289. SECONDE QUESTION — *Déterminer la nature et la position des diamètres dans les trois courbes du second degré.*

(Nous avons déjà résolu cette question *séparément* pour chaque courbe, en les traitant toutes les trois par une méthode analogue ; nous nous proposons maintenant d'arriver au même résultat, en considérant les trois courbes *simultanément.*)

Rappelons, d'abord, qu'on nomme DIAMÈTRE d'une courbe, le *lieu géométrique des points milieux* d'une série de *cordes parallèles* menées dans une direction quelconque (*voyez* le n° 177).

Cela posé, prenons l'équation générale des courbes du second degré,

$$(1) \qquad A y^2 + B xy + C x^2 + D y + E x + F = 0,$$

les axes étant (154) rectangulaires ou obliques.

Appelons a, b, les coordonnées du *point milieu* d'une corde quelconque de la courbe, et convenons qu'on transporte l'*origine* des coordonnées en ce point, sans changer la direction des axes; il suffit, pour cela (114), de changer dans l'équation (1)

$$x \text{ en } x + a, \quad y \text{ en } y + b;$$

ce qui donne la *transformée*

$$A y^2 + B xy + C x^2 + (2 A b + B a + D) y + (2 C a + B b + E) x + F' = 0$$
$$(F' = A b^2 + B ab + C a^2 + D b + E a + F).$$

D'un autre côté, l'équation de la corde rapportée à ce même point comme origine, est nécessairement de la forme

$$(2) \qquad y = m x;$$

et, si l'on substitue cette valeur de y dans la *transformée,* on arrivera à une équation en x qui, étant résolue, donnera les abscisses des *deux points d'intersection* de la corde avec la courbe.

Opérant cette substitution, l'on obtient

$$(A m^2 + B m + C) x^2 + [(2 A b + B a + D) m + 2 C a + B b + E] x + F' = 0,$$

équation dont les deux racines doivent être *égales* et de *signes contraires,* puisque le point (a, b), *milieu* de la corde, est supposé, pour le moment, l'*origine* des coordonnées.

Pour exprimer cette condition *analytiquement,* il faut et il suffit, d'après les principes de l'Algèbre, que le coefficient de x, dans l'équation ci-dessus, soit égal à o, ce qui donne la relation

$$(3) \qquad (2 A b + B a + D) m + 2 C a + B b + E = 0.$$

Les deux valeurs de x étant, sous cette condition, égales et de signes contraires, il en est de même de celle de y, en vertu de l'équation (2).

Remarquons maintenant que, pour toute valeur de m déterminée, la relation (3) convient aux coordonnées des *points milieux* de toutes les cordes *parallèles* à celle que nous avons considérée en premier lieu, et ne peut convenir qu'à ces points; d'où il suit qu'elle représente leur *lieu géométrique.*

Comme cette équation (3) est du *premier degré* en a, b, on peut déjà conclure que

Tous les diamètres des courbes du second degré sont des lignes droites.

De plus, cette équation est évidemment satisfaite lorsque l'on y fait en même temps

$$2Ab + Ba + D = 0, \quad 2Ca + Bb + E = 0.$$

Or ces deux nouvelles relations sont précisément (163) celles qui servent à déterminer le *centre* de la courbe.

Donc *tous les diamètres passent par le centre.*

Tant que l'on a

$$B^2 - 4AC < \quad \text{ou} \quad > 0,$$

les deux valeurs de a, b sont *réelles* et *finies;* elles deviennent *infinies* pour

$$B^2 - 4AC = 0;$$

ce qui revient à dire que dans la PARABOLE *tous les diamètres sont parallèles.*

290. TROISIÈME QUESTION. — *Une droite étant menée à volonté dans le plan d'une courbe du second degré, si, de chacun de ses points, on mène deux tangentes à la courbe, et que l'on joigne les deux points de contact correspondants, toutes ces lignes de jonction jouissent de la propriété de* CONCOURIR EN UN MÊME POINT. — *Fixer la position de ce point de concours.*

[Cette propriété n'est autre que celle qui a été déjà établie pour chacune des trois courbes (212, 242 et 276).]

Concevons que l'on ait mené d'abord *parallèlement* à la droite donnée une tangente à la courbe, puis le diamètre passant par le point de contact; et prenons pour *système d'axes* ce diamètre et cette tangente, en choisissant le diamètre comme axe des x.

L'équation de la courbe rapportée à ce système est nécessairement de la forme

$$(1) \qquad y^2 = 2nx + mx^2,$$

m et n ayant des acceptions *déterminées* pour chacune des trois courbes.

Cela posé, le *coefficient d'inclinaison* dans l'équation d'une tangente menée par un point quelconque (x', y') de la courbe, ayant (120) pour expression

$$\frac{n + m\,x'}{y'},$$

on a, pour l'équation de cette tangente,

$$y - y' = \frac{n + m\,x'}{y'}\,(x - x'),$$

ou, simplifiant,

$$(2) \qquad\qquad yy' = n\,(x + x') + m\,xx'.$$

Maintenant, supposons qu'on veuille mener une tangente par un point (α, β) pris *hors* de la courbe et *sur* la droite donnée.

On est conduit, en raisonnant comme au n° 193, aux deux relations

$$\beta y' = n\,(\alpha + x') + m\,\alpha x', \quad y'^2 = 2\,n\,x' + m\,x'^2,$$

qui peuvent servir à déterminer x' et y'.

Mais il est plus simple (194) de substituer à l'élimination la construction de ces deux équations, dont la dernière représente la courbe donnée.

Pour construire la première, qui est celle de la droite passant par *les deux points de contact*, il faut faire, dans cette équation, successivement

$$y' = 0 \quad \text{et} \quad x' = 0;$$

ce qui donne

$$x' = -\frac{n\alpha}{m\alpha + n} \quad \text{et} \quad y' = \frac{n\alpha}{\beta}.$$

Le premier de ces deux résultats, $x' = -\dfrac{n\alpha}{m\alpha + n}$, étant indépendant de l'ordonnée β du point pris à volonté sur la droite donnée, on est en droit de conclure que, quel que soit le point de cette droite par lequel on mène les deux tangentes à la courbe, l'abscisse du point où la ligne de contact rencontre l'axe des x est *constante* et a pour expression

$$-\frac{n\alpha}{m\alpha + n}.$$

Donc, *toutes les lignes de contact se rencontrent en un même point, qui est situé sur le diamètre pris pour axe des x.*

291. REMARQUE. — Tant qu'il s'agit d'une ELLIPSE, le *système d'axes* qui a servi pour la démonstration de la proposition peut toujours être employé. Il n'en n'est pas de même pour les deux autres courbes.

Ainsi, pour la PARABOLE, si la droite donnée est un *diamètre*, on ne peut prendre pour *système d'axes* un diamètre et une tangente parallèle à cette droite, puisque dans cette courbe tous les diamètres sont parallèles.

Mais rien n'empêche alors de choisir *la droite donnée* pour axe des x, en prenant comme axe des y la tangente au point où elle rencontre la courbe; on a ainsi un système d'axes tout à fait analogue au précédent.

Seulement le *point de concours* est, dans ce cas particulier (276), situé à l'*infini*, c'est-à-dire que *toutes les lignes de jonction des points de contact sont parallèles à la tangente*.

A l'égard de l'HYPERBOLE, il y a lieu de distinguer deux cas :

Ou la droite donnée forme avec le premier axe, du côté des x positifs, soit un angle *aigu plus grand* que celui dont la tangente trigonométrique a pour expression $+\dfrac{B}{A}$, soit un angle *obtus moindre* que celui dont cette tangente est $-\dfrac{B}{A}$; et alors, comme il est possible (230) de mener une tangente parallèle à la droite donnée, on peut avoir recours au système d'axes indiqué.

Ou BIEN l'angle que la droite donnée forme avec le premier axe est, suivant qu'il est *aigu* ou *obtus*, MOINDRE OU PLUS GRAND que ceux qui ont respectivement pour tangentes trigonométriques

$$+\frac{B}{A} \quad \text{et} \quad \frac{B}{A};$$

et alors la construction précédente est impossible.

Dans ce cas, c'est le *diamètre parallèle à la droite donnée* que l'on choisit pour axe des x, en prenant comme axe des y la tangente passant par le point de rencontre du diamètre avec la branche de *droite* de la courbe.

L'équation n'en est pas moins de la forme

$$y^2 = 2nx + mx^2,$$

et l'on reconnaît que le *point de concours est placé sur le diamètre parallèle à la droite donnée*.

292. QUATRIÈME QUESTION. — *Une portion de courbe du second degré étant tracée sur un plan* : — 1° *déterminer sa nature*; — 2° *achever cette courbe et en déterminer les axes ainsi que les éléments principaux, tels que les sommets, les foyers, etc.*

PREMIÈREMENT. — *Tracez* successivement *deux* systèmes de deux cordes parallèles, et *joignez* les *points milieux* de chaque système par une droite; vous obtenez ainsi (177) deux *diamètres* de la courbe.

Il peut alors se présenter TROIS cas :

Ou les deux droites de jonction sont parallèles; auquel cas la courbe est nécessairement une *parabole*.

Ou les deux droites se rencontrent *en dedans* de la courbe, qui est alors une *ellipse*.

Ou bien enfin, ces droites se rencontrent du côté de la *convexité* de la courbe qui, dans ce cas, ne saurait être qu'une *hyperbole*.

Secondement. — Traitons séparément chacun de trois cas :

Supposons, *en premier lieu*, que la courbe tracée MAB*m* (*fig.* 134), soit une portion de *parabole*.

Soient AX un des diamètres *construits* et M*m* une des cordes que ce diamètre divise en deux parties égales au point P.

Appelons $2p'$ le *paramètre* à ce diamètre pris pour axe des x, la tangente au point A étant l'axe des y.

On a l'équation

$$y^2 = 2p'x; \quad \text{d'où} \quad \frac{y^2}{x} = 2p',$$

ou, remplaçant y et x par les valeurs *particulières* MP et AP que donne la *figure*,

$$2p' = \frac{\mathrm{MP}^2}{\mathrm{AP}}.$$

D'où l'on voit que le paramètre $2p'$ au système actuel d'axes conjugués est une *troisième proportionnelle* aux lignes connues AP et PM, et doit être lui-même regardé comme déterminé.

Cela posé, élevons au point A, sur la droite AX, une perpendiculaire AY'; puis concevons que l'on ait construit sur le système d'axes AX, AY' une parabole ayant pour son paramètre principal $2p'$ et que l'on ait ainsi obtenu la courbe NAN'.

Maintenant, d'un point quelconque N de cette courbe, abaissons la double ordonnée NP'N', perpendiculaire sur AX; puis, conformément à ce qui a été fait au n° 274, inclinons cette double ordonnée de manière qu'elle soit *parallèle* à AY, et prenons sur cette nouvelle ligne deux parties P'M', P'*m'*, égales à P'N, P'N'; les points M' et *m'* appartiendront à la courbe dont *une partie* seulement était déjà construite.

On voit ainsi qu'au moyen de la courbe *auxiliaire*, il est possible d'obtenir autant de points que l'on voudra de la courbe principale.

Il reste encore à déterminer l'*axe principal* et le *paramètre* à cet axe.

Or, si du point M' on abaisse une perpendiculaire sur AX, et que, par le *milieu* de la corde M'D, on mène la droite BIL *parallèlement* au diamètre AX, on obtiendra ainsi l'*axe principal*.

Quant au *paramètre,* il aura pour expression $\dfrac{M'I^2}{BI}$, ou une *troisième proportionnelle* à l'abscisse BI et à l'ordonnée M'I.

En second lieu, considérons la *portion d'ellipse* MA'AN; et soit O (*fig.* 135) le *centre* déja déterminé par la rencontre de deux diamètres, A'X représentant la direction de l'un d'eux.

Prenons sur A'X une distance OB' égale à OA'; nous obtenons ainsi la longueur 2A' d'un diamètre; et si nous menons au point A' la tangente A'Y', qui est *parallèle* à la corde MN divisée en deux parties égales par ce diamètre, nous aurons pour l'équation de la courbe rapportée au système d'axes A'X, A'Y' (*voyez* le n° 144),

$$y^2 = \frac{B'^2}{A'^2}(2A'x - x^2);$$

d'où l'on déduit

$$B' = \frac{A'y}{\sqrt{x(2A' - x)}},$$

ou, remplaçant y et x par les coordonnées particulières MP et A'P, et A' par la longueur OA',

$$B' = \frac{OA'.MP}{\sqrt{A'P(2OA' - A'P)}},$$

expression homogène qu'il est facile de construire d'après les moyens connus.

$\Big($On construit le radical en décrivant sur A'B', comme diamètre, une demi-circonférence, et élevant au point P la perpendiculaire PK; ce qui réduit la valeur de B' à la *quatrième proportionnelle* $\dfrac{OA'.MP}{PK}.\Big)$

Connaissant les deux diamètres, 2A', 2B', on peut avoir recours à la construction indiquée au n° 210 pour obtenir l'*ellipse entière* dont MA'AN n'est qu'une partie.

Cette ellipse une fois tracée, on peut en déterminer tous les éléments d'après les moyens exposés au n° 214.

En troisième lieu, si la courbe tracée est une portion d'*hyperbole,* on peut opérer comme pour l'*ellipse,* en rapportant, de même, la courbe à un système d'axes tel, que son équation soit (143) de la forme

$$y^2 = \frac{B'^2}{A'^2}(2A'x + x^2),$$

d'où l'on déduit des constructions analogues aux précédentes.

Les deux questions suivantes se rapportent spécialement à l'*ellipse* et à l'*hyperbole.*

293. Cinquième question. — *Connaissant les longueurs* $2A'$, $2B'$ *de deux diamètres conjugués d'une* ELLIPSE *ou d'une* HYPERBOLE, *et l'angle* θ *qu'ils font entre eux, trouver les longueurs des axes* $2A$, $2B$.

Traitons la question pour l'ELLIPSE.

On a obtenu (206) les relations

$$(1) \qquad\qquad A^2 + B^2 = A'^2 + B'^2,$$

$$(2) \qquad\qquad AB = A'B' \sin\theta.$$

Si, d'abord, on ajoute, membre à membre, l'équation (1) et l'équation (2) préalablement doublée, et si, ensuite, on retranche de la première la seconde ainsi préparée, il vient

$$(A + B)^2 = A'^2 + B'^2 + 2A'B' \sin\theta,$$
$$(A - B)^2 = A'^2 + B'^2 - 2A'B' \sin\theta;$$

d'où l'on déduit

$$A + B = \sqrt{A'^2 + B'^2 + 2A'B' \sin\theta},$$
$$A - B = \sqrt{A'^2 + B'^2 - 2A'B' \sin\theta};$$

et, par suite,

$$A = \frac{1}{2}\sqrt{A'^2 + B'^2 + 2A'B' \sin\theta} + \frac{1}{2}\sqrt{A'^2 + B'^2 - 2A'B' \sin\theta},$$

$$B = \frac{1}{2}\sqrt{A'^2 + B'^2 + 2A'B' \sin\theta} - \frac{1}{2}\sqrt{A'^2 + B'^2 - 2A'B' \sin\theta}.$$

Ces valeurs sont toujours réelles; car de la relation évidente $(A' - B')^2 > 0$, on tire

$$A'^2 + B'^2 > 2A'B',$$

et, à plus forte raison,

$$A'^2 + B'^2 > 2A'B' \sin\theta.$$

Les quantités $A + B$, $A - B$, sont susceptibles d'une construction assez simple, d'où l'on peut ensuite déduire celle des axes $2A$, $2B$.

À cet effet, remarquons d'abord que $\sin\theta$ peut être remplacé soit par $\cos(90° - \theta)$, soit par $-\cos(90° + \theta)$, ce qui donne

$$A + B = \sqrt{A'^2 + B'^2 - 2A'B' \cos(90° + \theta)},$$
$$A - B = \sqrt{A'^2 + B'^2 - 2A'B' \cos(90° - \theta)}.$$

Cela posé, soient tracées deux droites XX', YY' (*fig.* 136), formant entre elles un angle $X'OY'$ égal à l'angle donné θ, supposé aigu, et soient prises sur ces droites, à partir du point O, les parties

$$OC = OD = A', \quad OE = OF = B';$$

abaissons du point F sur XX', la perpendiculaire FP, et sur cette perpendiculaire prolongée de part et d'autre, portons de F en L et de F en G une longueur égale à OC ou A′; tirons la droite indéfinie LOK, et la droite OG ; puis, du point O comme centre, et avec le rayon OG, décrivons une circonférence qui rencontre LK aux points I et H.

Je dis que OL et OI représenteront les valeurs de A + B et de A — B.

En effet, l'angle OFP, dans le triangle rectangle OPF, étant égal à $90° — \theta$, son supplément OFL vaut

$$180° — (90° — \theta) \quad \text{ou} \quad 90° + \theta ;$$

d'où il suit que les deux triangles LOF, FOG donnent

$$OL = \sqrt{A'^2 + B'^2 — 2A'B'\cos(90° + \theta)} = A + B,$$

$$OG = \sqrt{A'^2 + B'^2 — 2A'B'\cos(90° — \theta)} = A — B.$$

Par suite, on a

$$LI = OL + OI = OL + OG = 2A,$$

$$LH = OL — OH = OL — OG = 2B.$$

On résoudrait la même question pour l'HYPERBOLE au moyen des relations (240)

$$A^2 — B^2 = A'^2 — B'^2; \quad AB = A'B'\sin\theta.$$

294. SIXIÈME QUESTION. — Réciproquement, *étant donnés les axes* 2A, 2B *d'une* ELLIPSE *ou d'une* HYPERBOLE, *trouver deux diamètres conjugués* 2A′, 2B′ *faisant entre eux un angle donné* θ.

Nous nous occuperons encore ici spécialement de l'ELLIPSE.

En combinant, comme au numéro précédent, les deux relations

$$A'^2 + B'^2 = A^2 + B^2,$$

$$A'B' = \frac{AB}{\sin\theta},$$

on arrive aux résultats

$$A' = \frac{1}{2}\sqrt{A^2 + B^2 + 2\frac{AB}{\sin\theta}} + \frac{1}{2}\sqrt{A^2 + B^2 — 2\frac{AB}{\sin\theta}},$$

$$B' = \frac{1}{2}\sqrt{A^2 + B^2 + 2\frac{AB}{\sin\theta}} — \frac{1}{2}\sqrt{A^2 + B^2 — 2\frac{AB}{\sin\theta}}.$$

Pour que ces valeurs soient *réelles*, il faut que l'on ait

$$A^2 + B^2 \geq \frac{2AB}{\sin\theta}; \quad \text{d'où} \quad \sin\theta \geq \frac{2AB}{A^2 + B^2}.$$

Afin d'interpréter géométriquement ce résultat, remarquons que de la condition d'*égalité*

$$\sin\theta = \frac{2\,AB}{A^2 + B^2}$$

on déduirait

$$\cos\theta = \sqrt{1 - \frac{4\,A^2 B^2}{(A^2 + B^2)^2}} = \pm\frac{A^2 - B^2}{A^2 + B^2},$$

et, par suite.

$$\tan g\,\theta = \pm\frac{2\,AB}{A^2 - B^2}.$$

Or, on a vu (184, 185) que ces valeurs sont précisément celles qui correspondent au *minimum* et au *maximum* des angles que peuvent faire deux diamètres conjugués d'une ellipse, selon que l'angle de ces diamètres est *aigu* ou *obtus*.

De plus, il résulte de ce qui a été dit mêmes numéros, que les deux *angles limites* sont représentés (*fig.* 100) par l'angle CBD et son *supplément* ACB.

C'est donc ainsi qu'il faut entendre la condition trouvée pour que les deux valeurs de A′ et de B′ soient *réelles*.

Quant à ces valeurs, si l'angle donné θ est tel, que l'on ait

$$\sin\theta = \frac{2\,AB}{A^2 + B^2},$$

elles se réduisent à la valeur

$$A' = B' = \frac{1}{2}\sqrt{2\,(A^2 + B^2)},$$

qui, d'après la relation

$$A'^2 + B'^2 = A^2 + B^2,$$

est bien celle des *deux demi-diamètres conjugués égaux* (*voyez* le n° 208).

Les deux diamètres étant déterminés en *grandeur*, pour en obtenir la *direction*, c'est-à-dire pour trouver l'angle α, que l'un d'eux forme avec le premier axe, il faut recourir à la relation (179)

$$\tan g\,\alpha\,\tan g\,\alpha' = -\frac{B^2}{A^2},$$

qui, à cause de

$$\theta = \alpha' - \alpha, \quad \text{d'où} \quad \alpha' = \theta + \alpha,$$

devient

$$A^2\,\tan g\,\alpha\,\tan g\,(\theta + \alpha) + B^2 = 0.$$

ou, développant $\tan g\,(\theta + \alpha)$.

$$A^2\,\tan g^2\,\alpha - (A^2 - B^2)\,\tan g\,\theta\,\tan g\,\alpha + B^2 = 0.$$

Cette équation résolue donne

$$\operatorname{tang}\alpha = -\frac{(A^2 - B^2)\operatorname{tang}\theta}{2A^2} \pm \frac{1}{2A^2}\sqrt{(A^2 - B^2)^2\operatorname{tang}^2\theta - 4A^2B^2}.$$

Pour que les racines soient *réelles*, il faut que $\operatorname{tang}^2\theta$ soit *supérieur* ou *au moins égal* à

$$\frac{4A^2B^2}{(A^2 - B^2)^2},$$

c'est-à-dire que l'angle θ, s'il est *aigu*, ne soit pas *moindre* que celui dont la tangente est $\dfrac{2AB}{A^2 - B^2}$, et s'il est *obtus*, ne soit pas *plus grand* que celui dont la tangente est $\dfrac{-2AB}{A^2 - B^2}$: résultat conforme à ce qui vient d'être dit.

Si la valeur donnée de l'angle θ est telle, que l'on ait

$$\operatorname{tang}^2\theta = \frac{4A^2B^2}{(A^2 - B^2)^2}, \quad \text{d'où} \quad \operatorname{tang}\theta = \frac{\pm 2AB}{A^2 - B^2},$$

les deux valeurs de $\operatorname{tang}\alpha$ deviennent

$$\operatorname{tang}\alpha = -\frac{A^2 - B^2}{2A^2}\left(\frac{\pm 2AB}{A^2 - B^2}\right) = \mp\frac{B}{A};$$

ce qui donne, à cause de la relation $\operatorname{tang}\alpha\,\operatorname{tang}\alpha' = -\dfrac{B^2}{A^2}$,

$$\operatorname{tang}\alpha = -\frac{B}{A}, \quad \operatorname{tang}\alpha' = +\frac{B}{A},$$

ou bien les tangentes des angles que forment avec le *premier axe* les diamètres *parallèles* aux cordes supplémentaires BC, AC (*fig.* 100).

Si l'on voulait traiter la question pour l'HYPERBOLE, on se servirait des trois relations

$$A'^2 - B'^2 = A^2 - B^2; \quad A'B' = \frac{AB}{\sin\theta}; \quad \operatorname{tang}\alpha\,\operatorname{tang}\alpha' = +\frac{B^2}{A^2}.$$

295. REMARQUE. — Les deux dernières questions sont comprises dans la question générale que l'on peut se proposer de résoudre, pour l'ELLIPSE et l'HYPERBOLE, au moyen des relations obtenues entre les grandeurs et les directions des *axes principaux* et celles des *diamètres conjugués,* savoir :

1° Pour l'ELLIPSE,

$$A'^2 + B'^2 = A^2 + B^2, \quad A'B'\sin\theta = AB,$$

$$\operatorname{tang}\alpha\,\operatorname{tang}\alpha' = -\frac{B^2}{A^2}; \quad \theta = \alpha' - \alpha;$$

2° Pour l'HYPERBOLE,

$$A'^2 - B'^2 = A^2 - B^2, \quad A'B'\sin\theta = AB,$$

$$\operatorname{tang}\alpha \operatorname{tang}\alpha' = +\frac{B^2}{A^2}, \quad \theta = \alpha' - \alpha.$$

Ces relations renfermant *sept* quantités, A, B, A′, B′, α, α', θ, on peut, étant données *trois* de ces sept quantités, demander de déterminer les *quatre* autres.

CHAPITRE VIII.

§ I. Discussion de l'équation générale du second degré par la séparation des variables. — § II. Application de cette méthode de discussion à des équations de degré supérieur, et discussion de quelques équations polaires.

Nous nous proposons principalement, dans ce Chapitre, de montrer comment, par la résolution des équations du *second degré à deux variables*, c'est-à-dire par la séparation des variables, on peut déterminer la nature, la forme, et même la position, par rapport à des axes quelconques, de la courbe représentée par ces équations.

Nous appliquerons, ensuite, la même méthode à des équations de *degré supérieur*, susceptibles d'être résolues immédiatement par rapport à l'une des variables; et nous terminerons par la discussion de quelques équations *polaires*.

§ I. — DISCUSSION DE L'ÉQUATION GÉNÉRALE DU SECOND DEGRÉ PAR LA SÉPARATION DES VARIABLES.

Division des courbes du second degré en trois genres.

296. L'équation générale

$$(1) \qquad A y^2 + B x y + C x^2 + D y + E x + F = 0$$

(dans laquelle on suppose A différent de *zéro*), étant résolue par rapport à y, donne

$$y = - \frac{(B x + D)}{2 A} \pm \frac{1}{2 A} \sqrt{(B^2 - 4 AC) x^2 + 2 (BD - 2 AE) x + D^2 - 4 AF}$$

ou, en posant pour plus de simplicité

$$a = - \frac{B}{2 A}, \quad b = - \frac{D}{2 A}, \quad m = \frac{B^2 - 4 AC}{4 A^2},$$

$$n = \frac{BD - 2 AE}{4 A^2}, \quad p = \frac{D^2 - 4 AF}{4 A^2},$$

$$(2) \qquad y = a x + b \pm \sqrt{m x^2 + 2 n x + p}.$$

et l'on voit que chaque valeur de y peut être considérée comme se composant de deux parties, l'une *rationnelle* en x, l'*autre* généralement *irrationnelle,* précédée du signe $+$ ou du signe $-$.

La partie *rationnelle*, $ax + b$, est évidemment l'ordonnée y' d'une droite

$$y' = ax + b;$$

qu'on peut d'abord *construire* et représenter par une ligne telle que CBL (*), rapportée, ainsi que la courbe, à un système d'axes quelconques, AX, AY (*fig.* 137).

Cette droite étant construite, il est également clair que, pour obtenir les deux points de la courbe qui correspondent à une abscisse quelconque, $x = $ AP, il suffit de porter sur l'ordonnée PN de la droite, et à partir du point N, deux distances NM, NM', en sens contraire, et égales à la valeur numérique du radical. Les points M et M' ainsi obtenus sont deux points de la courbe.

Comme la même construction peut se répéter pour toute valeur donnée à x, on peut déjà conclure que la droite CBL jouit de la propriété de passer par les *milieux* d'une série de cordes de la courbe, *parallèles* à l'axe des y; donc cette droite est un des *diamètres* de la courbe (177).

Maintenant, il faut examiner sous quelle condition la quantité

$$m x^2 + 2 n x + p,$$

soumise au radical, est *positive* ou *négative,* ce qui doit déterminer la *réalité* ou l'*imaginarité* des valeurs de y correspondant à une certaine valeur de x.

Or l'Algèbre nous apprend que, dans tout trinôme du second degré en x, le *signe* que reçoit ce trinôme pour des valeurs particulières de x dépend essentiellement de celui du terme en x^2.

Nous sommes ainsi conduits à examiner les différentes circonstances qui peuvent se présenter suivant que m ou $\dfrac{B^2 - 4\,AC}{4\,A^2}$, coefficient de x^2, ou seulement $B^2 - 4\,AC$, est *négatif* ou *positif*.

Mais il est nécessaire aussi de traiter le cas où cette quantité est *nulle;* et c'est par cette hypothèse que nous commencerons, comme donnant lieu à la discussion la plus simple.

(*) *Voir* la note du n° 154 au bas de la page 156.

Première hypothèse : $B^2 - 4AC = 0$.

297. L'équation (2) se réduit, dans cette hypothèse, à

$$(3) \qquad y = ax + b \pm \sqrt{2nx + p},$$

ou

$$(4) \qquad y = ax + b \pm \sqrt{2n\left(x + \frac{p}{2n}\right)}.$$

Soit, d'abord, fait

$$x + \frac{p}{2n} = 0, \quad \text{d'où} \quad x = -\frac{p}{2n};$$

on exprime par là que le radical est *nul*, et, par suite, que, pour l'abscisse particulière

$$AD = -\frac{p}{2n},$$

l'ordonnée de la courbe devient égale à l'ordonnée DE du diamètre; donc E est un point où la courbe rencontre son diamètre.

Maintenant, il peut se présenter *trois* cas : la quantité n est *positive*, *négative* ou *nulle*.

1° Si n est *positif*, l'inspection de l'équation (4) prouve que toute valeur de x, telle que AP, *plus grande* que $-\frac{p}{2n}$, rend *positif* le second facteur de la quantité soumise au radical, et donne par conséquent pour y des valeurs *réelles*.

D'ailleurs, à l'hypothèse

$$x = -\frac{p}{2n}$$

correspond

$$y = ax + b \pm 0;$$

d'où l'on peut conclure qu'à partir du point E, où la courbe est (98) *tangente* à la droite DEH, cette courbe s'étend indéfiniment tant au-dessus qu'au-dessous de son diamètre, et dans le sens des x *positifs*.

Si l'on donnait à x des valeurs *plus petites* que $-\frac{p}{2n}$, la quantité soumise au radical deviendrait *négative*, et le radical serait *imaginaire*; ce qui montre que la courbe *ne peut avoir aucun point situé à la gauche* de DEH.

Cette droite DEH peut donc être considérée comme *une limite* de la courbe, dans le sens des x négatifs.

2° Si n était *négatif*, on serait évidemment conduit à des conséquences tout à faire contraires ; c'est-à-dire que, dans ce cas, la courbe *ne pourrait avoir aucun point situé à droite de* DEH ; mais elle s'étendrait indéfiniment *à la gauche* de cette même droite.

On voit ainsi que, dans l'un comme dans l'autre cas, la courbe est *illimitée* dans *un seul* sens.

3° Soit $n = 0$; ce qui réduit l'équation (3) à

$$y = ax + b \pm \sqrt{p}.$$

Il y a lieu, dans ce cas, de faire des hypothèses sur la quantité p elle-même, qui peut être *positive, nulle* ou *négative*.

Si p est *positif*, les deux valeurs de y sont constamment *réelles* pour toute valeur donnée à x ; mais comme l'équation est alors du premier degré, elle représente un *système de deux droites ;* et ces droites sont PARALLÈLES, puisque le coefficient de x est le même dans les deux valeurs de y.

Si p est *nul*, le radical disparaît, et l'équation représente *une seule droite*.

Enfin, si p est *négatif*, le radical est *imaginaire*, et l'équation ne représente plus *rien*.

D'où l'on voit que le cas de $n = 0$ donne, comme *variétés* de la courbe que nous discutons, un système de *deux droites parallèles*, ou *une seule droite*, ou bien *deux droites imaginaires*.

Deuxième hypothèse : $B^2 - 4AC < 0$.

298. L'équation (2) peut être mise sous la forme

$$(5) \qquad y = ax + b \pm \sqrt{m\left(x^2 + \frac{2n}{m}x + \frac{p}{m}\right)} ;$$

et si, pour obtenir le point où l'ordonnée de la courbe se réduit à celle de son diamètre, c'est-à-dire le *point de rencontre* de ces deux lignes, on pose

$$(6) \qquad x^2 + \frac{2n}{m}x + \frac{p}{m} = 0,$$

il vient

$$x = -\frac{n}{m} \pm \frac{1}{m}\sqrt{n^2 - pm}.$$

Il peut alors se présenter trois cas : les racines de l'équation (6) sont *réelles et inégales, réelles et égales,* ou bien *imaginaires*.

Premier cas. — Désignons par x', x'' les racines qui sont, en général, de signes quelconques, mais que, pour leur construction, nous supposerons, par exemple, toutes deux *positives*.

Soient $AD = x'$, $AD' = x''$, et menons les droites DG, D'G', parallèles à AY (*fig.* 138); les points E, E' seront les points d'intersection de la courbe avec son diamètre BL.

D'un autre côté, le trinôme $x^2 + \dfrac{2n}{m} x + \dfrac{p}{m}$ pouvant, d'après les principes algébriques, être mis sous la forme $(x - x')(x - x'')$, l'équation (5) devient

$$(7) \qquad y = ax + b \pm \sqrt{m(x - x')(x - x'')}.$$

On sait, d'ailleurs, qu'en donnant à x des valeurs comprises entre x' et x'', on obtient pour la quantité sous le radical des résultats de *signes contraires* à celui de m qui est ici supposé *négatif;* donc ces résultats sont *positifs,* et les valeurs correspondantes de y sont *réelles.*

Au contraire, toute valeur de x, *non comprise* entre x' et x'', donnant des résultats de *même signe* que m, il ne peut correspondre à ces valeurs de x que des valeurs *imaginaires* pour y.

D'où l'on est droit de conclure que la courbe *est entièrement renfermée* entre les parallèles DG, D'G', qui lui sont *tangentes,* et qui la *limitent* tant dans le sens *positif* que dans le sens *négatif* de l'axe des x.

La variable x ne pouvant recevoir que des valeurs *finies,* dont la plus grande est AD' et la plus petite AD, il résulte, de l'expression de y en x, que les valeurs de y correspondant à chaque valeur de x doivent être elles-mêmes des quantités *finies.*

Pour obtenir la *plus petite* et la *plus grande* valeur de cette seconde variable, il suffirait de résoudre l'équation par rapport à x; ce qui donnerait un autre diamètre. En cherchant les points d'intersection de la courbe avec ce diamètre, et menant par ces points des parallèles à l'axe des x, on aurait les *limites* dans les deux sens des y *positifs* et *négatifs.* (Nous verrons plus loin qu'il existe deux limites plus avantageuses que celles-ci.)

La courbe est donc *limitée dans tous les sens.*

Deuxième cas. — Si les racines de l'équation (6) sont *réelles* et *égales,* on a, entre les coefficients du trinôme du second degré, la relation

$$n^2 - pm = 0 \ (^*): \quad \text{d'où} \quad p = \frac{n^2}{m},$$

(*) La relation $n^2 - pm = 0$ exprimée au moyen des coefficients A, B, C,

et l'on obtient alors la racine unique

$$x = -\frac{n}{m}.$$

Appelons x' cette racine ; l'*équation* (7) devient

$$y = ax + b \pm \sqrt{m(x - x')^2},$$

ou

$$y = ax + b \pm (x - x')\sqrt{m}.$$

Or, m étant, par hypothèse, *négatif*, les valeurs de y seront *imaginaires* tant que l'on donnera à x des valeurs autres que x'.

Mais pour $x = x'$ on trouve

$$y = ax' + b ;$$

d'où l'on peut conclure que, dans le cas qui nous occupe, la courbe se réduit à *un point* représenté par le système des deux équations

$$x = x', \quad y = ax' + b.$$

Troisième cas. — Les racines étant supposées *imaginaires*, on doit avoir la relation

$$n^2 - pm < 0,$$

d'où

$$n^2 < pm$$

(p est nécessairement *négatif* comme m) ; et, par suite, on a

$$\frac{p}{m} > \frac{n^2}{m^2} \quad \text{ou} \quad \frac{p}{m} = \frac{n^2}{m^2} + k^2,$$

k^2 désignant un nombre essentiellement *positif*.

Dès lors, l'équation (5) devient

$$y = ax + b \pm \sqrt{m\left(x^2 + \frac{2n}{m}x + \frac{n^2}{m^2} + k^2\right)},$$

ou

$$y = ax + b \pm \sqrt{m\left(x + \frac{n}{m}\right)^2 + mk^2} ;$$

D,... devient

$$(BD - 2AE)^2 - (D^2 - 4AF)(B^2 - 4AC) = 0,$$

ou, effectuant les calculs et simplifiant,

$$AE^2 + CD^2 + FB^2 - BDE - 4ACF = 0.$$

On écrit quelquefois cette expression sous la forme suivante, plus facile à retenir :

$$AE^2 - BDE + CD^2 + F(B^2 - 4AC) = 0.$$

et cette expression de y est toujours *imaginaire*, quelque valeur qu'on donne à x.

Ainsi, dans ce cas, il n'y a pas de courbe ; en d'autres termes, la courbe est *imaginaire*.

Donc, à l'hypothèse générale $B^2 - 4AC < 0$ correspond une courbe *limitée dans tous les sens*, ayant pour variétés un *point* et une courbe *imaginaire*.

N. B. — Le *cercle* ne peut se reconnaitre comme *variété* de cette courbe par la simple séparation des variables ; il faut avoir recours aux caractères qui ont été établis au n° 161.

$$\textit{Troisième hypothèse : } B^2 - 4AC > 0.$$

299. Dans cette hypothèse, comme dans la précédente, il y a lieu de distinguer *les trois cas* qui se présentent, suivant que les racines du trinôme $x^2 + \dfrac{2n}{m} x + \dfrac{p}{m}$ sont *réelles et inégales, nulles* ou bien *imaginaires*.

Dans le PREMIER CAS, en construisant les deux racines $AD = x'$, $AD' = x''$, puis menant les droites indéfinies DG, D'G' parallèles à AY (*fig.* 139), on obtient E, E' pour les points où la courbe rencontre son diamètre.

L'équation (2) devient alors, comme précédemment,

$$y = ax + b \pm \sqrt{m(x - x')(x - x'')} ;$$

et il est facile de reconnaître :

1° Que toute valeur de x, comprise entre x' et x'', rendant la quantité soumise au radical, de *signe contraire* à celui de m, qui est ici supposé *positif*, donne lieu à des valeurs *imaginaires* pour y, et qu'ainsi la courbe ne peut avoir aucun point situé entre les deux droites DG et D'G' ;

2° Qu'au contraire, pour une valeur quelconque de x, *inférieure* ou *supérieure* aux deux racines, les valeurs de y correspondantes sont réelles, et, par suite, qu'à partir des points E, E' où la courbe est (98) *tangente* aux droites DG, D'G' (puisqu'en faisant $x = x'$ ou $x = x''$, on trouve $y = ax + b \pm 0$), la courbe *s'étend indéfiniment tant au-dessus qu'au-dessous de son diamètre, dans le sens positif, comme dans le sens négatif de l'axe des x*.

Elle se compose donc de *deux branches opposées*, ayant pour *limites de séparation* les droites DG, D'G'.

Dans le SECOND CAS, celui où l'on a

$$x'' = x',$$

ce qui entraîne la condition

$$n^2 - pm = 0 \; (^*),$$

l'équation ci-dessus se réduit à

$$y = ax + b \pm (x - x')\sqrt{m},$$

équation du premier degré représentant un *système de deux droites qui se coupent* sur le diamètre, au point dont les coordonnées sont

$$x = x', \quad y = ax' + b,$$

puisque pour $x = x'$ le radical disparaît et que l'ordonnée correspondante de chacune de ces deux droites se réduit à celle du diamètre.

Le TROISIÈME CAS donne lieu à une circonstance remarquable.

Les racines du trinôme $x^2 + \dfrac{2n}{m} x + \dfrac{p}{m}$ étant *imaginaires* (*fig.* 140), on doit avoir la relation

$$n^2 - pm < 0,$$

d'où

$$n^2 < pm$$

(p étant nécessairement *positif* comme m); et, par suite, on a

$$\frac{p}{m} > \frac{n^2}{m^2} \quad \text{ou} \quad \frac{p}{m} = \frac{n^2}{m^2} + k^2.$$

L'équation (2) du n° 296 devient alors, comme dans la *deuxième hypothèse* (298),

$$y = ax + b \pm \sqrt{m\left(x + \frac{n}{m}\right)^2 + mk^2}.$$

Mise sous cette forme, elle démontre :

1° Que le radical ne peut jamais être *nul*, quelque valeur que l'on donne à x ; ce qui revient à dire que la courbe *ne rencontre pas* son diamètre BL ;

2° Que pour toute valeur de x le radical est *réel*, et qu'il augmente indéfiniment jusqu'à l'*infini*, tant dans le sens *positif* que dans le sens *négatif* de l'axe des x ;

3° Que, pour obtenir le *minimum* du radical, il faut poser

$$x + \frac{n}{m} = 0 ;$$

(*) La relation $n^2 - pm = 0$ devient, comme dans l'hypothèse $B^2 - 4AC < 0$ (*voir* la note, p. 299),

$$AF^2 + CD^2 + EB^2 - BDE - 4ACF = 0.$$

d'où l'on déduit

$$x = -\frac{n}{m},$$

et, par suite,

$$y = ax + b \pm \sqrt{mk^2}.$$

Les deux quantités

$$-\frac{n}{m} \quad \text{et} \quad \sqrt{mk^2} \quad \text{ou} \quad \sqrt{\frac{mp - n^2}{m}},$$

peuvent être facilement déterminées dans chaque exemple particulier.

Soit $AC = -\frac{n}{m}$; et *menons* du point C une parallèle CF à l'axe AY, puis prenons sur cette parallèle, à partir du diamètre, deux distances OH, OH' égales à $\sqrt{\frac{mp - n^2}{m}}$; les points H, H' seront les points de la courbe *les plus rapprochés* du diamètre BL; en sorte que, si l'on trace par ces points les droites DG, D'G' parallèles à ce diamètre, on aura *deux limites* entre lesquelles il ne saurait exister aucun point de la courbe, qui alors *s'étend indéfiniment au-dessus et au-dessous de ces parallèles, tant à droite qu'à gauche de* CF, et de plus *est tangente à ces mêmes parallèles*, aux points H et H'.

Ainsi, pour l'hypothèse de $B^2 - 4AC > 0$, ce qui distingue le cas des *racines imaginaires* de celui des racines *réelles et inégales*, c'est que dans ce dernier cas la courbe rencontre son diamètre BL, qui est un *diamètre transverse*, et que dans le premier, le diamètre est *non transverse*.

300. Remarque. — Dans la discussion précédente, il n'est pas fait mention du cas où l'équation générale *serait privée, soit de l'un des carrés des variables, soit de tous deux*.

Il est aisé de voir que ce cas se rapporte à la *troisième hypothèse*, $B^2 - 4AC > 0$, puisque cette quantité se réduit alors à B^2.

Examinons les différentes circonstances qui peuvent se présenter :

1° $A = 0$, C étant différent de zéro.

Les quantités a, b, m, n, p (296), se présentant sous *forme infinie*, le mode de discussion employé n° 299 semble se trouver en défaut.

Mais rien n'empêcherait de résoudre l'équation par rapport à x, et l'on serait conduit à des résultats analogues.

Observons, du reste, que dans ce cas, la variable y n'entrant dans l'équation qu'au *premier degré*, toute valeur *réelle* de x, *positive* ou *négative*, donnerait toujours une valeur *réelle* pour y.

Ainsi, la courbe existe et *s'étend indéfiniment dans le sens des x positifs et dans celui des x négatifs*.

2° $C = 0$, A étant différent de zéro.

La discussion du n° 299 est directement applicable dans ce cas.

3° $A = 0$, $C = 0$.

Cette circonstance échappe véritablement à la discussion telle que nous l'avons établie.

Mais il faut remarquer qu'alors les deux variables x et y n'entrant qu'au *premier degré* dans l'équation, quelque valeur que l'on donne à l'une, on aura toujours une valeur *réelle* pour l'autre.

Donc encore, dans ce cas, *la courbe s'étend indéfiniment dans tous les sens*.

301. CONCLUSION GÉNÉRALE. — Il résulte de toute cette discussion de l'équation générale du second degré qu'aux *trois hypothèses* faites sur les coefficients, savoir :

$$B^2 - 4\,AC < 0, \quad B^2 - 4\,AC = 0, \quad B^2 - 4\,AC > 0,$$

correspondent *trois genres* de courbes :

1° Des courbes *limitées dans tous les sens*, ayant pour variétés *un point* ou bien une *courbe imaginaire* ;

2° Des courbes *limitées* dans un sens et *illimitées* dans l'autre, ayant pour variétés *deux droites parallèles, une seule droite*, ou bien *deux droites imaginaires* ;

3° Des courbes *illimitées* dans tous les sens, ayant pour variété *un système de deux droites qui se coupent*.

Ces résultats sont d'accord avec ceux que nous avons obtenus en soumettant (153 et suivants) l'équation générale à *une double transformation de coordonnées*, opération qui nous a conduits aux équations

$$M y^2 + N x^2 = + P, \quad M y^2 - N x^2 = \mp P, \quad M y^2 = Q x,$$

dont chacune, considérée séparément, représente, ainsi que nous l'avons démontré, des courbes jouissant des mêmes propriétés, *quelles que soient les valeurs numériques* des coefficients M, N, P, Q.

Nous sommes donc en droit de conclure : 1° que les *trois genres* de courbes auxquelles nous sommes arrivés *par la séparation des variables*, sont des ELLIPSES, des PARABOLES ou des HYPERBOLES, telles qu'elles ont été définies géométriquement aux n°ˢ 124, 134, 141 ; et 2° que l'on peut, dans les *applications numériques*, afin de faciliter les constructions, faire usage de toutes les propriétés que nous avons successivement établies pour chacune de ces courbes.

La *division* des courbes du second degré *en trois genres* étant ainsi opérée, nous allons voir comment on peut, *dans chaque genre*, déduire de la SÉPARATION DES VARIABLES quelques lignes remarquables qui servent à déterminer la forme et le cours de la courbe.

1° *Construction d'un système d'axes ou de diamètres conjugués.*

302. PARABOLES. — Reprenons l'équation relative à *la première hypothèse* (297), savoir

$$y = ax + b \pm \sqrt{2nx + p};$$

le radical peut être regardé comme l'ordonnée de la courbe, comptée à partir du *diamètre* BL (*fig.* 137); et si l'on prend ce diamètre comme nouvel axe des x, le *conjugué* de cet axe est (272) la tangente DEH.

Transportant l'origine au point E, dont les coordonnées par rapport aux axes primitifs sont

$$y = 0, \quad x = -\frac{p}{2n},$$

et désignant par u l'ordonnée rapportée aux nouveaux axes, on trouve pour l'équation de la courbe

$$u^2 = 2nx.$$

On connaît ainsi le *paramètre* à ce système d'axes conjugués,

$$2n \quad \text{ou} \quad \frac{2(\mathrm{BD} - 2\mathrm{AE})}{4\,\mathrm{A}^2},$$

qui peut être représenté sur la *figure* par

$$\frac{\mathrm{MN}^2}{\mathrm{EN}},$$

EN, MN étant les coordonnées d'un point quelconque de la courbe rapportée au système d'axes EL, EH; et, par suite, on est en mesure de construire complétement la courbe d'après le procédé du n° 292.

303. ELLIPSES. — Comme la courbe est (298) tangente en E, E′ aux deux droites DG, D′G′ (*fig.* 138), il s'ensuit que EE′ représente *en grandeur* et *en direction* un diamètre dont le *point milieu* O est le *centre* de la courbe.

Son *conjugué* a donc pour *direction* la droite indéfinie CR menée par ce point *parallèlement* à AY; et il ne reste plus qu'à en trouver la *longueur*.

Or l'abscisse AC du point O, centre de la courbe, a pour expression

$$\frac{\mathrm{AD} + \mathrm{AD}'}{2} \quad \text{ou} \quad -\frac{n}{m},$$

demi-somme des racines de l'équation

$$x^2 + \frac{2\,n}{m}\,x + \frac{p}{m} = 0.$$

Par conséquent, si l'on remplace x par cette valeur particulière dans l'expression de y correspondante, on trouvera, pour la valeur de

la quantité
$$\sqrt{m\,x^2 + 2\,n\,x + p},$$

$$\sqrt{\frac{pm - n^2}{m}},$$

dont *le double* représente la distance HH′ entre les points H et H′, où le *second diamètre* doit rencontrer la courbe, ou, en d'autres termes, la *longueur de ce diamètre.*

Connaissant ainsi deux *diamètres conjugués* en grandeur et en direction, on pourra construire la courbe comme il a été dit au n° 292.

N. B. — Si l'on mène par les points H, H′, déterminés comme on vient de le dire, deux parallèles au diamètre EE′, la courbe sera inscrite au parallélogramme IKK′I′.

Les droites IK, I′K′ sont *les deux limites* dont il est fait mention au n° 298.

304. Hyperboles. — Il faut traiter séparément le cas où les racines du trinôme $m\,x^2 + 2\,n\,x + p$ sont *réelles et inégales,* et celui où ces racines sont *imaginaires.*

Premier cas. — On a vu déjà (299) que EE′ (*fig.* 139) représente un diamètre en *grandeur* et en *direction;* d'où il résulte que le point O, *milieu* de ce diamètre, est le *centre* de la courbe.

En raisonnant comme au numéro précédent, on est conduit à faire

$$x = -\frac{n}{m},$$

abscisse du point O, dans l'expression

$$2\sqrt{m\,x^2 + 2\,n\,x + p};$$

ce qui donne

$$2\sqrt{\frac{pm - n^2}{m}}.$$

Mais, comme la droite indéfinie CF est un des diamètres *non transverses* de la courbe, cette valeur est nécessairement *imaginaire* et (139) de la forme

$$2\,N\sqrt{-1}.$$

expression qui, divisée par $\sqrt{-1}$, donne $2N$ pour la *longueur* du *diamètre conjugué*, dont la *direction* est déjà connue.

Si maintenant on porte sur la droite CF, et à partir du point O, deux distances OH, OH', égales à N, et que l'on mène par les points H, H' deux parallèles au diamètre EE', on obtiendra un parallélogramme IKK'I', *inscrit à l'hyperbole* (248).

Puis, si l'on joint le point O aux *quatre* sommets de ce parallélogramme, on aura les *asymptotes* de la courbe, qui peut d'ailleurs être facilement construite, puisque l'on en connaît deux points E, E' (*voir* le n° 257).

Second cas. — La courbe étant (299) tangente à DG, D'G' (*fig.* 140), la droite HH' peut être considérée comme *une corde* de la courbe; et comme elle est la *plus petite* de toutes celles que l'on peut mener parallèlement à AY, il s'ensuit que cette corde est un *diamètre*, dont le *point milieu* O est le *centre* de la courbe.

On a donc déjà un *premier* diamètre en *grandeur* et en *direction*.

Pour avoir son *conjugué*, remarquons que l'abscisse du point O est

$$AC \quad \text{ou} \quad -\frac{n}{m},$$

quantité déjà construite (299) et égale à la *demi-somme* des racines de l'équation

$$x^2 + \frac{2n}{m} x + \frac{p}{m} = 0,$$

lesquelles sont, par hypothèse, *imaginaires*; mais si l'on divise, comme dans le *premier cas*, par $\sqrt{-1}$ la quantité radicale de la forme

$$2N\sqrt{-1},$$

qu'ensuite on porte, de part et d'autre du point C, deux distances CK, CK', égales à N, et qu'enfin on mène par les points K, K' des parallèles à AY, on déterminera sur la droite BL, parallèle aux tangentes DG, D'G', deux points I, I'; et la portion de droite II' sera le diamètre *non transverse*, conjugué de HH'.

Les quatre sommets du parallélogramme DGG'D', *inscrit* à l'hyperbole, étant ainsi obtenus, on passe, comme il vient d'être dit, à la construction des *asymptotes*, et, par suite, à celle de la courbe.

305. *Remarque générale.* — On pourrait également, pour chacun des trois genres de courbes du second degré, appliquer à la détermination des *axes principaux* le mode de *séparation des variables* dans l'équation générale en ayant soin, alors, de considérer les courbes comme rappor-

tées, non plus, comme dans la discussion précédente, à des axes quelconques, mais bien à des axes *rectangulaires,* ce que l'on peut toujours faire (154). Toutefois cette opération présenterait d'assez grandes difficultés, et il est préférable d'avoir recours à la méthode de réduction pour la transformation des coordonnées (n°ˢ 153 et suivants).

2° *Construction des asymptotes dans l'hyperbole.*

306. On a vu (287) que lorsque l'on connaît les asymptotes de l'hyperbole et *un seul* de ses points, la construction de la courbe s'exécute avec la plus grande promptitude. Il est donc important d'obtenir *directement* ces droites.

Reprenons, à cet effet, l'équation générale

$$A y^2 + B xy + C x^2 + D y + E x + F = 0,$$

que nous supposons satisfaire à la condition $B^2 - 4 AC > 0$.

En conservant les mêmes notations qu'au n° 296, on peut la mettre sous la forme

$$y = ax + b \pm \sqrt{m x^2 + 2 n x + p},$$

ou bien (299)

$$(1) \qquad y = ax + b \pm \sqrt{m \left(x + \frac{n}{m} \right)^2 \mp mk^2};$$

le signe *supérieur* de $\mp mk^2$, correspondant au cas où les deux racines sont *réelles* et *inégales,* et le signe *inférieur,* à celui où elles sont *imaginaires.*

Cela posé, si, dans l'expression (1) de y on fait abstraction du terme $\mp mk^2$, elle se réduit à

$$y = ax + b \pm \sqrt{m \left(x + \frac{n}{m} \right)^2},$$

ou

$$y = ax + b \pm \left(x + \frac{n}{m} \right) \sqrt{m},$$

équation du *premier degré* en x et en y, représentant *un système de deux lignes droites* qui se coupent.

Je dis que ce système est précisément celui des *asymptotes* de la courbe.

En effet, remarquons d'abord que l'ordonnée de chacune des deux droites se réduit à l'ordonnée du diamètre $y' = ax + b$, quand on fait

$$x + \frac{n}{m} = 0, \quad \text{d'où} \quad x = -\frac{n}{m};$$

ce qui prouve que les droites appartenant à l'équation (2) se coupent sur le diamètre, au point qui a pour coordonnées

$$x' = -\frac{n}{m}, \quad y' = ax' + b.$$

De plus, comme les expressions (1) et (2) ont une partie commune, $ax + b$, et ne diffèrent que par les quantités radicales dont le signe est le même pour toutes deux, si l'on pose

$$(3) \qquad u = \sqrt{m\left(x + \frac{n}{m}\right)^2 \mp mk^2},$$

$$(4) \qquad u' = \left(x + \frac{n}{m}\right)\sqrt{m},$$

la *différence* entre les ordonnées de la courbe et les ordonnées de chaque droite sera exprimée par

$$u' - u,$$

les deux quantités u et u' étant telles, qu'elles augmentent en même temps à mesure que x augmente.

Ainsi, il s'agit (243) d'établir que *cette différence* peut devenir *moindre que toute grandeur donnée*, et se réduit à o, quand on fait $x = \infty$.

Opérons comme au n° 245, et élevons au carré les deux membres des équations (3) et (4); il vient

$$u^2 = m\left(x + \frac{n}{m}\right)^2 \mp mk^2,$$

$$u'^2 = m\left(x + \frac{n}{m}\right)^2;$$

d'où l'on déduit

$$u' - u = \frac{\pm mk^2}{u' + u}.$$

Or l'inspection seule de ce résultat fait voir que la différence $u' - u$ *diminue* sans cesse NUMÉRIQUEMENT, à mesure que x *augmente*, et devient *nul* lorsque l'on suppose x *infini*.

Donc l'équation (2) est bien celle des deux asymptotes.

Remarque. — Ce mode de détermination des asymptotes, que nous appliquerons bientôt à des équations de *degré supérieur*, se traduit en une règle pratique fort simple :

Extrayez algébriquement la racine carrée de la quantité soumise au signe radical, dans l'expression générale de l'ordonnée y, de la courbe, et négligez le reste de l'opération.

La double ordonnée des deux asymptotes est égale à la *partie ration-*

nelle de l'y de la courbe, *augmentée* ou *diminuée* de la *partie entière* de la racine carrée.

Ainsi, dans l'équation

$$y = ax + b \pm \sqrt{mx^2 + 2nx + p},$$

comme on trouve pour cette *partie entière*

$$\sqrt{m} + \frac{n}{\sqrt{m}},$$

le *reste* étant $p - \dfrac{n^2}{m}$, il en résulte pour l'ordonnée des asymptotes

$$y = ax + b \pm \left(x\sqrt{m} + \frac{n}{\sqrt{m}} \right),$$

ou

$$y = ax + b \pm \left(x + \frac{n}{m} \right)\sqrt{m},$$

résultat obtenu ci-dessus.

307. Cas où l'équation générale est privée soit de l'un des carrés des variables, soit de tous deux. — Ces cas méritent une attention particulière.

$1°$ Soit $C = 0$. — L'équation générale devient

$$Ay^2 + Bxy + Dy + Ex + F = 0,$$

d'où

$$y = -\frac{Bx + D}{2A} \pm \frac{1}{2A}\sqrt{B^2x^2 + 2(BD - 2AE)x + D^2 - 4AF}.$$

Extrayant la racine carrée et ne tenant compte que des deux premières parties, on obtient successivement, après toute réduction,

$$y = -\frac{E}{B}, \quad y = -\frac{B}{A}x - \frac{D}{A} + \frac{E}{B};$$

ce qui prouve que, dans ce cas, *l'une des asymptotes est parallèle à l'axe des x.*

On peut encore parvenir aux mêmes résultats de la manière suivante :
L'équation, résolue par rapport à x, donne

$$x = -\frac{Ay^2 + Dy + F}{By + E},$$

ou, effectuant la division.

$$x = -\frac{A}{B}y + \frac{AE - BD}{B^2} + \frac{BDE - AE^2 - B^2F}{B^2(By + E)}.$$

Premièrement, si l'on fait, dans cette expression,

$$y = \pm \infty .$$

la *troisième partie* dont elle est composée s'évanouit, et l'abscisse générale de la courbe se réduit à celle de *la droite*

$$x = - \frac{A}{B} y + \frac{AE - BD}{B^2},$$

qui, jouissant de la propriété d'avoir ses deux points d'intersection avec la courbe situés à *l'infini,* ne saurait être qu'*une asymptote* (244 et 245).

On déduit, en effet, de cette dernière équation,

$$y = - \frac{B}{A} x + \frac{E}{B} - \frac{D}{A} :$$

c'est la *seconde* des asymptotes trouvées par le premier moyen.

Secondement, si l'on pose

$$B y + E = o, \quad \text{d'où} \quad y = - \frac{E}{B},$$

les deux premières parties de la valeur de x se réduisent à

$$\frac{2\,AE - BD}{B^2},$$

et la troisième partie devient *infinie,* puisque, son numérateur étant une quantité *finie,* généralement différente de *zéro,* son dénominateur est *nul.*

Donc

$$y = - \frac{E}{B}$$

est l'équation d'une droite qui ne peut rencontrer la courbe qu'à une distance *infinie;* cette droite est, par conséquent, une *asymptote :* c'est la *première* obtenue par l'autre méthode.

N. B. — Si, avec l'équation

$$y = - \frac{E}{B},$$

on avait, en même temps, la condition

$$BDE - AE^2 - FB^2 = o, \quad \text{ou} \quad AE^2 + FB^2 - BDE = o,$$

la valeur de x se présenterait sous la forme $\frac{o}{o}$, qu'on peut interpréter en remarquant que cette condition s'obtient comme *cas particulier,* par l'hypothèse $C = o$ introduite dans la relation

$$AE^2 + CD^2 + FB^2 - BDE - 4\,ACF = o,$$

qui correspond (*voir* la note au bas de la page 3o2) au cas où la courbe se réduit à *un système de deux droites*.

2° Soit $A = o$. — Il suffit, pour passer du cas précédent à celui-ci, de changer y, A, D en x, C, E, et réciproquement.

On obtient ainsi

$$x = -\frac{D}{B}, \quad x = -\frac{B}{C}y - \frac{E}{C} + \frac{D}{B};$$

et l'on voit qu'alors *l'une des asymptotes est parallèle à l'axe des y*.

3° Soient à la fois $A = o$, $C = o$. — L'équation générale se réduit à

$$Bxy + Dy + Ex + F = o,$$

d'où, résolvant par rapport à y, et effectuant la division pour rendre le numérateur indépendant de x,

$$y = -\frac{E}{B} + \frac{DE - BF}{B(Bx + D)},$$

résultat d'où l'on déduit, comme dans le *premier cas* (deuxième moyen), les conséquences suivantes :

Premièrement, si l'on fait

$$x = \pm \infty,$$

la valeur de l'ordonnée y de la courbe se réduit à $-\dfrac{E}{B}$, puisque la seconde des deux parties dont elle se compose devient *nulle*.

Ainsi

$$y = -\frac{E}{B}$$

est l'équation d'une droite qui rencontre la courbe en deux points situés à l'*infini*; c'est donc une *première asymptote*.

Secondement, soit posé

$$Bx + D = o, \quad \text{d'où} \quad x = -\frac{D}{B};$$

la valeur de y devient *infinie*, tant que l'on n'a pas

$$DE - BF = o.$$

L'équation

$$x = -\frac{D}{B}$$

est celle d'une droite qui généralement ne peut rencontrer la courbe qu'à l'*infini*, et est, par conséquent, une *autre asymptote*.

La condition particulière

$$DE - BF = o,$$

que l'on peut déduire de la relation

$$AE^2 + FB^2 - BDE = o,$$

en y posant $A = o$, signifie encore ici, comme dans le *premier cas*, que la courbe se réduit à un *système de deux droites*; ce qui n'infirme pas la conclusion précédente.

Donc enfin les équations

$$y = -\frac{E}{B}, \quad x = -\frac{D}{B}$$

sont celles des *asymptotes* de l'hyperbole représentée par l'équation

$$Bxy + Dy + Ex + F = o.$$

Ces asymptotes sont respectivement parallèles aux axes.

On parviendrait au même résultat en faisant disparaître les termes *linéaires en x et y*, par une simple translation d'origine, ce qui ramènerait l'équation à la forme

$$xy = k^2,$$

que l'on sait être (252) l'équation de l'hyperbole *rapportée à ses asymptotes*.

308. *Remarque.* — Ce n'est que sur des exemples numériques, où les véritables signes des coefficients sont connus, qu'il est possible d'entrer dans des détails de discussion propres à donner une idée nette du cours de la courbe, tant par rapport aux axes que par rapport à certaines droites dont on fixe la position, en vue de faciliter la construction de la courbe elle-même et d'en faire connaître toutes les *affections*.

309. Récapitulation générale. — Avant de passer aux applications numériques, nous croyons utile de faire une récapitulation des principaux caractères servant à distinguer les différents *genres* et *variétés* que peut représenter une équation du second degré à *deux variables*.

1° Paraboles. $B^2 - 4AC = o,$

relation qui (160) entraîne la condition que les trois premiers termes $Ay^2 + Bxy + Cx^2$, forment un *carré parfait*.

VARIÉTÉS. $BD - 2AE = 0$, $D^2 - 4AF >$, $=$. ou < 0, savoir :

$$BD - 2AE = 0 \begin{cases} D^2 - 4AF > 0, & \text{\textit{un système de deux droites parallèles;}} \\ D^2 - 4AF = 0, & \text{\textit{une seule droite;}} \\ D^2 - 4AF < 0, & \text{\textit{deux droites imaginaires.}} \end{cases}$$

Le cas d'*un système de deux droites parallèles* est encore caractérisé par une équation de la forme

$$(qy + rx + s)(q'y + r'x + s') = 0,$$

dans laquelle les coefficients q, r, q', r' sont *directement proportionnels;* caractère qui résulte de la forme que prennent les deux valeurs de y (297), lorsque l'on suppose

$$n \text{ ou } BD - 2AE = 0.$$

Et en effet, si l'on égale à 0 chacun des facteurs de l'équation précédente, il vient

$$qy + rx + s = 0, \quad q'y + r'x + s' = 0,$$

d'où

$$y = -\frac{r}{q}x - \frac{s}{q}, \quad y = -\frac{r'}{q'}x - \frac{s'}{q'};$$

et comme, par hypothèse, on a $\dfrac{r}{q} = \dfrac{r'}{q'}$, il s'ensuit que les droites correspondantes satisfont à la condition de *parallélisme*.

2° ELLIPSES. $B^2 - 4AC < 0$ ou *négatif;*

condition qui exige que A et C soient de *même signe*.

VARIÉTÉS. $A = C$, $B = 0$. Le *cercle* (*voir* le n° 161),

$$\begin{matrix} n^2 - pm = 0 \\ \text{ou} \\ n^2 - pm < 0 \end{matrix} \Bigg\} \quad (298) \quad \begin{matrix} \textit{un point} \\ \text{ou} \\ \textit{une courbe imaginaire.} \end{matrix}$$

Ces deux dernières relations étant développées (*voir* la *note* au bas de la page 299) donnent

$$AE^2 + CD^2 + FB^2 - BDE - 4ACF \begin{cases} = 0, & \textit{un point;} \\ < 0, & \textit{une courbe imaginaire.} \end{cases}$$

Le *point* et une *courbe imaginaire* sont aussi, respectivement, caractérisés par des équations de la forme

$$(qy + rx + s)^2 - (q'y + r'x + s')^2 = 0,$$
$$(qy + rx + s)^2 + (q'y + r'x + s')^2 + k^2 = 0$$

k étant une quantité numérique quelconque).

Ces caractères résultent (298) de la double valeur de y correspondant aux cas de deux racines *réelles et égales*, ou de deux racines *imaginaires*.

La première équation ne peut subsister qu'autant que l'on a, à la fois,

$$qy + rx + s = 0, \quad q'y + r'x + s' = 0 :$$

système de deux équations à deux inconnues, qui représente généralement *un point*.

Quant à la seconde équation, elle ne peut être satisfaite en valeurs *réelles* de x et de y, puisque k est supposé *différent* de 0.

3° HYPERBOLES. $B^2 - 4AC > 0$, ou *positif*;

A et C sont indifféremment de *même signe* ou de *signes contraires*.

VARIÉTÉ. *Un système de deux droites qui se coupent;* et ce système est caractérisé, soit par la condition

$$n^2 - pm = 0 \ (299).$$

ou, développant,

$$AE^2 + CD^2 + FB^2 - BDE - 4ACF = 0,$$

(*voir* la *note* au bas de la page 302), soit par une équation de la forme

$$(qy + rx + s)(q'y + r'x + s') = 0,$$

les coefficients q, r, q', r' n'étant pas *directement proportionnels*.

Ce dernier caractère se déduit de la valeur générale de y (299), dans le cas où les racines sont *réelles et égales*.

Construction de courbes du second degré données par des équations numériques.

OBSERVATION PRÉLIMINAIRE. — Pour éviter des répétitions inutiles, il nous arrivera, le plus souvent, d'appliquer les principes résultant de la discussion générale, sans entrer dans aucun détail sur les raisonnements; nous laissons aux lecteurs le soin de les reprendre eux-mêmes sur chaque exemple particulier, jusqu'à ce qu'ils se soient bien familiarisés avec tous les principes qui ont été développés dans cette discussion.

En outre, nous supposerons, pour plus de commodité, les axes *rectangulaires,* quoique tous les principes de la discussion précédente soient, ainsi que nous l'avons déjà dit, indépendants de l'inclinaison des axes.

PARABOLES.

310. *Premier exemple :*

$$y^2 - 4xy + 4x^2 + 2y - 7x - 1 = 0 \ (\textit{fig.}\ 141).$$

On déduit de cette équation,

$$y = 2x - 1 \pm \sqrt{3x + 2}.$$

Construction du diamètre $y' = 2x - 1$. — On obtient successivement, pour $x = 0$,

$$y' = -1,$$

et pour $y' = 0$,

$$x = \frac{1}{2}.$$

Prenant sur les deux axes AY, AX, les distances

$$AB = -1, \quad AC = \frac{1}{2},$$

et *tirant* la droite *indéfinie* BCE, on a le diamètre cherché.

Point d'intersection de la courbe et du diamètre. — Il faut poser

$$3x + 2 = 0; \quad \text{d'où} \quad x = -\frac{2}{3}.$$

Soit $AG = -\frac{2}{3}$; si l'on *mène* GG′ parallèlement à AY, le point H sera ce point de rencontre.

D'un autre côté, le coefficient de x sous le signe radical de la valeur de y étant *positif*, il s'ensuit (297) que la courbe s'étend indéfiniment à la droite de GG′, tant au-dessus qu'au-dessous de son diamètre, et est *tangente* en H à GG′; donc elle affecte la forme et la position indiquées par la figure.

On peut, du reste, trouver autant de points de la courbe que l'on voudra, en attribuant à x une série de valeurs, et en construisant les deux valeurs de y correspondantes.

Il est d'usage de rechercher, par exemple, les points où la courbe rencontre les axes.

Or, pour $x = 0$, l'équation proposée devient

$$y^2 + 2y - 1 = 0; \quad \text{d'où} \quad y = -1 \pm \sqrt{2},$$

et pour $y = 0$,

$$4x^2 - 7x - 1 = 0; \quad \text{d'où} \quad x = \frac{7 \pm \sqrt{65}}{8},$$

ou

$$x = 1\frac{7}{8} \quad \text{et} \quad x = -\frac{1}{8}, \quad \text{à moins de } \frac{1}{8} \text{ près.}$$

La double valeur de y est facile à construire.

Si l'on prend, à cet effet, d'abord AD $= 1$, comme on a déjà AB $= 1$, il s'ensuit que BD $= \sqrt{2}$; portant alors BD sur AY, de B en K, et de B en K', on obtient deux points K, K' appartenant à la courbe.

Quant aux deux valeurs de x, on prend

$$\mathrm{AI} = 1\,\frac{7}{8}, \quad \text{et} \quad \mathrm{AI}' = -\frac{1}{8};$$

les points I, I' appartiennent encore à la courbe, qui peut ensuite être tracée assez rigoureusement, comme étant assujettie à passer par les *cinq* points K, I', H, K', I.

Deuxième exemple :

$$y^2 - 2xy + x^2 - 4y + x + 4 = 0 \; (fig.\ 142);$$

d'où

$$y = x + 2 \pm \sqrt{3}.x.$$

Construction du diamètre $y' = x + 2$. — On a pour $x = 0$

$$y' = 2,$$

et pour $y' = 0$

$$x = -2.$$

Prenant AB $=$ AC $= 2$ et *tirant* CBE, on obtient le diamètre cherché.

Point d'intersection de la courbe et du diamètre. — Ce point, étant donné par la relation

$$x = 0,$$

est situé sur AY ; et comme on a

$$y = 2 \pm 0,$$

il en résulte que la courbe est *tangente* en B à cet axe.

De plus, comme le coefficient de x est *positif* sous le radical de la valeur de y, il s'ensuit que la courbe s'étend indéfiniment à partir du point B et à la droite de AY.

En faisant $y = 0$ dans l'équation donnée, on trouve

$$x^2 + x + 4 = 0 ;$$

équation du second degré en x dont les racines sont *imaginaires ;* ce qui prouve que la courbe ne peut rencontrer l'axe des x.

Pour obtenir d'autres points, faisons, par exemple,

$$x = 1 = \mathrm{AP} ;$$

il vient

$$y = 3 \pm \sqrt{3} \quad \text{ou} \quad y = 3 \pm 1,7 \text{ à moins de } 0,1 \text{ près.}$$

Comme, d'après les constructions déjà exécutées, on a

$$CP = PQ = 3.$$

il s'ensuit que, si l'on porte $1,7$ sur PQ de Q en M et de Q en m, les points M, m appartiendront à la courbe.

Soit encore

$$x = AP' = 3 ;$$

il en résulte

$$y = 5 \pm \sqrt{9} = 5 \pm 3 = P'Q' \pm 3.$$

Portant la distance 3 de Q' en M' et de Q' en m', les points M', m' appartiennent à la courbe qui peut maintenant être tracée d'une manière suffisamment rigoureuse.

Troisième exemple :

$$y^2 + 6xy + 9x^2 - 2y - 6x - 15 = 0 :$$

d'où

$$y = -3x + 1 \pm \sqrt{16} = -3x + 1 \pm 4,$$

et, par suite,

$$y = -3x + 5, \quad y = -3x - 3 :$$

équations dont l'ensemble représente *un système de deux droites parallèles* ayant respectivement $+ 5$ et $- 3$ pour *ordonnées à l'origine*, et $- 3$ pour *coefficient d'inclinaison.*

On reconnaît ainsi que la proposée peut être mise sous la forme

$$(y + 3x - 5)(y + 3x + 3) = 0 \ (voir \ \text{le n}° 309).$$

311. *Remarque I.* — Dans les deux premiers exemples, les droites HG, HE (*fig.* 141) et BY, BE (*fig.* 142) forment nécessairement un *système d'axes conjugués ;* et comme, pour la première courbe, le *paramètre* à ce système est égal à $\dfrac{BK^2}{HB}$, que, pour la seconde, il a pour expression $\dfrac{MQ^2}{BQ}$ ou $\dfrac{M'Q'^2}{B}$, rien n'empêcherait d'appliquer le mode de construction développé au n° 292, ainsi que nous l'avons déjà indiqué (302) dans la discussion générale.

312. *Remarque II.* — Dans chacun de ces exemples, l'équation, résolue par rapport à x, conduirait à un second diamètre que l'on pourrait construire.

Égalant à o la quantité soumise au nouveau radical, on en déduirait pour y une valeur qui exprimerait l'ordonnée du point de rencontre de la courbe avec ce diamètre ; et, en menant par l'extrémité de cette ordonnée supposée construite, une parallèle à l'axe des x, on obtiendrait une *tan-*

gente à la courbe, qui la *limiterait* dans le sens des y. Le *point de contact*, qui n'est autre que le point de rencontre de la courbe et du diamètre, est dit un POINT LIMITE de la courbe.

Dans la *fig.* 141 ce POINT LIMITE est très-voisin du point K', et dans la *fig.* 142 il est très-rapproché du point m.

Ce mode de détermination des POINTS LIMITES dans le sens des axes, susceptible d'être employé toutes les fois qu'il s'agit d'une courbe du second degré, n'est pas toujours possible pour des courbes de degré supérieur. Mais voici un autre moyen applicable dans tous les cas.

Soit $f(x, y) = 0$ l'équation proposée.

Déterminez le *coefficient d'inclinaison* de la tangente en un point quelconque (x', y') de la courbe, d'après la règle du n° 102.

Égalez à 0 le *numérateur* de ce coefficient, ce qui donne une équation en x', y' qui, combinée par élimination avec l'équation $f(x', y') = 0$, fera connaître tous les points de la courbe où la tangente est *parallèle à l'axe des x*.

En égalant à 0 le *dénominateur*, on obtiendrait d'une manière analogue les points où la tangente est *parallèle à l'axe des y*.

Nous aurons plus tard l'occasion d'appliquer cette règle.

Voici de nouveaux exemples pour la classe des paraboles, sur lesquels on peut s'exercer :

$$y^2 + 2xy + x^2 - 6y + 9 = 0,$$
$$y^2 - 3y + 5x - 2 = 0,$$
$$y^2 - 4xy + 4x^2 + 2y - 4x + 4 = 0.$$
$$y^2 - 2xy + x^2 + 6y - 6x + 9 = 0.$$

ELLIPSES.

313. *Premier exemple :*

$$y^2 - 2xy + 2x^2 - 3x + 2 = 0 \ (\textit{fig.} 143).$$

Cette équation donne

$$y = x \pm \sqrt{-x^2 + 3x - 2};$$

d'où l'on voit d'abord que le diamètre $y' = x$ est une droite AB passant par l'origine et faisant avec AX un angle de 45 degrés (*moitié* de l'angle des axes).

Si l'on égale à 0 la quantité soumise au radical, il vient

$$x^2 - 3x + 2 = 0;$$

d'où

$$x = 1 \quad \text{et} \quad x = 2;$$

et la valeur de y prend la forme

$$y = x \pm \sqrt{-(x-1)(x-2)}.$$

Prenant sur AX les distances AG $= 1$, AH $= 2$, et menant par les points G, H les *parallèles* GG′, HH′ à l'axe des y, on obtient D, E pour les points où la courbe rencontre son diamètre.

Maintenant, il résulte de la forme même sous laquelle est mise la quantité soumise au radical, que toute valeur de x *inférieure* à 1 ou *supérieure* à 2 rendrait cette quantité *négative*, et que, par suite, les valeurs correspondantes de y seraient *imaginaires*.

Il ne peut donc y avoir aucun point de la courbe situé *en deçà* et *au delà* des parallèles GG′, HH′.

Mais toute valeur de x *supérieure* à 1 et *inférieure* à 2 rendant, au contraire, le produit des deux facteurs $x-1$, $x-2$ *négatif*, et, par conséquent, la quantité sous le radical *positive*, donnera pour y des valeurs *réelles*.

D'où il suit que la courbe est entièrement comprise entre les droites GG′, HH′ auxquelles elle est d'ailleurs tangente en D, E, et se trouve *limitée* dans les deux sens des x positifs et des x négatifs.

Comme, d'après l'expression générale de y en x, à des valeurs *finies* de x il ne peut correspondre que des valeurs *finies* de y, la courbe est aussi *limitée* dans les deux sens des y positifs et des y négatifs.

Ces dernières limites peuvent s'obtenir (298) en résolvant l'équation proposée par rapport à x.

Mais il existe (303) d'autres limites plus avantageuses.

Puisque DE représente en grandeur et en direction l'un des diamètres de la courbe, le *point milieu* O de DE en est le *centre*, et ce *centre* a pour abscisse

$$AI = \frac{AG + AH}{2} = \frac{3}{2}.$$

Posant $x = \frac{3}{2}$ dans l'expression de y, ce qui donne

$$y = \frac{3}{2} \pm \frac{1}{2}; \quad \text{d'où} \quad y = 2, \quad y = 1,$$

et portant sur la parallèle à AY menée par le point O les deux distances IN $= 2$, IN′ $= 1$, on obtient NN′ pour le *diamètre conjugué* du diamètre DE. et les droites LNM, L′N′M′, parallèles à DE, pour les limites de la courbe dans le sens des y; en sorte que la courbe est entièrement comprise en dedans du parallélogramme LL′M′M, et peut, d'ailleurs, être construite d'après le moyen indiqué au n° 303.

Deuxième exemple :

$$y^2 - 2xy + 3x^2 + 2y - 4x - 3 = 0 \ (fig.\ 144).$$

On déduit de cette équation

$$y = x - 1 \pm \sqrt{-2x^2 + 2x + 4}.$$

Le *diamètre* $y' = x - 1$ peut être facilement construit et se trouve représenté sur la figure par la droite indéfinie BCK.

Points de rencontre de ce diamètre avec la courbe :

$$x^2 - x - 2 = 0 \ ;$$

d'où

$$x = 2 \quad \text{et} \quad x = -1 \ ;$$

et, par suite,

$$y = x - 1 \pm \sqrt{-2(x+1)(x-2)}.$$

Prenant sur AX,

$$AG = -1, \quad AH = 2 \ ;$$

puis, élevant aux points G, H des parallèles à AY ; et portant sur ces droites des distances

$$GI = -2, \quad HI' = +1,$$

on obtient I, I' pour les points d'intersection cherchés.

Ces parallèles sont les *limites* de la courbe dans les deux sens de l'axe des x.

Comme II' représente un diamètre en grandeur et en direction, le *point milieu* O est le centre de la courbe ; et AR, ou l'abscisse de ce centre, a pour valeur

$$x = \frac{x' + x''}{2} = \frac{-1 + 2}{2} = \frac{1}{2}.$$

Faisant donc $x = \frac{1}{2}$ dans l'expression de y, on trouve

$$y = -\frac{1}{2} \pm \frac{3}{2}\sqrt{2} = -\frac{1}{2} \pm 2,1, \quad \text{à moins de } 0,1 \text{ près} ;$$

et si l'on porte $2,1$ de O en N et de O en N', on obtient NN' pour le *conjugué* du diamètre II', et, par suite, LL'M'M pour le parallélogramme circonscrit à la courbe.

Les hypothèses $y = 0$, $x = 0$, faites successivement dans l'équation proposée, donnent :

Pour $y = 0$,

$$3x^2 - 4x - 3 = 0 \ ;$$

d'où

$$x = \frac{2}{3} \pm \frac{1}{3}\sqrt{13}.$$

ou
$$x = 1,8 \quad \text{et} \quad x = -0,5. \quad \text{à moins de } 0.1 \text{ près};$$

et pour $x = 0$,
$$y^2 + 2y - 3 = 0 :$$

d'où
$$y = 1, \quad y = -3.$$

Ces dernières valeurs se construisent facilement et donnent D, D′ pour les points où la courbe rencontre l'axe des y.

De même, si l'on prend AE $= 1,8$, AE′ $= -0,5$, on obtient E, E′ pour les points d'intersection de l'axe des x avec la courbe qui se trouve ainsi suffisamment déterminée.

Troisième exemple :

$$y^2 + 2xy + 3x^2 - 4x = 0,$$

$$y = -x \pm \sqrt{-2x(x-2)} \quad (Pl.\ VIII,\ fig.\ 145).$$

Le diamètre $y' = -x$ est une droite AB qui divise l'angle XAY′ en *deux parties égales.*

On voit, en outre, d'après la quantité soumise au radical, que la courbe passe par l'origine et a pour *première limite* l'axe des y, auquel elle est tangente en A.

De plus, si l'on prend
$$AG = 2,$$

que l'on mène par le point G la droite GH parallèle à AY, et que l'on porte sur cette droite une distance
$$GI = -2,$$

on obtient ainsi le point I pour l'autre extrémité du diamètre, et GH pour la *seconde limite* dans le sens des x.

Le point O, *milieu* de AI, étant le *centre* de la courbe et ayant pour abscisse
$$AR \text{ ou } \frac{AG}{2} = 1;$$

si l'on fait $x = 1$ dans l'expression de y, il vient
$$y = -1 \pm \sqrt{2} = -1 \pm AO.$$

Ainsi il suffit de porter OA de O en N, et de O en N′, pour obtenir le *conjugué* NN′ du diamètre AI, et, par suite, le parallélogramme LL′M′M circonscrit à la courbe.

N. B. — Il est à remarquer ici que les deux *diamètres conjugués* AI et NN′ sont *égaux* et ont pour valeur $2\sqrt{2}$.

En posant $y = 0$ dans l'équation proposée ($fig.$ 145), on trouve

$$3x^2 - 4x = 0;$$

d'où

$$x = 0, \quad x = \frac{4}{3}.$$

Prenant $\mathrm{AE} = \frac{4}{3}$, on obtient le second point de rencontre, E, de la courbe avec l'axe des x.

Quatrième exemple :

$$y^2 - 4xy + 5x^2 - 2y + 5 = 0,$$
$$y = 2x + 1 \pm \sqrt{-x^2 + 4x - 4} = 2x + 1 \pm (x - 2)\sqrt{-1}.$$

Cette expression de y prouve que $x = 2$ est la seule valeur de x à laquelle puisse correspondre une valeur *réelle* pour y.

Donc la courbe se réduit à *un point*; lequel a pour coordonnées

$$x = 2, \quad y = 5.$$

Et, en effet, l'équation peut, dans ce cas, se mettre sous la forme

$$(y - 2x - 1)^2 + (x - 2)^2 = 0,$$

équation qui ne peut être satisfaite que si l'on pose séparément

$$y - 2x - 1 = 0 \quad \text{et} \quad x - 2 = 0.$$

Autres exemples relatifs à des ellipses.

$$y^2 + 2xy + 2x^2 - 2y - 5x + 1 = 0,$$
$$4y^2 - 2xy + x^2 - 8y + 4x + 4 = 0.$$
$$4y^2 + 2x^2 + 4y - 4x - 5 = 0,$$
$$y^2 + x^2 - 3y + 2x + 1 = 0,$$
$$y^2 - 2xy + 2x^2 - 2x + 4 = 0,$$

HYPERBOLES.

314. *Premier exemple :*

$$y^2 - 2xy - 3x^2 - 2y + 7x - 1 = 0 \ (fig.\ 146).$$

On tire de cette équation

$$y = x + 1 \pm \sqrt{4x^2 - 5x + 2}.$$

D'abord, la droite CBI, pour laquelle on a

$$AC = -1, \quad AB = 1,$$

représente le diamètre

$$y' = x + 1.$$

Ensuite, le trinôme $x^2 - \dfrac{5}{4}x + \dfrac{1}{2}$ égalé à o donne

$$x = \frac{5}{8} \pm \frac{1}{8}\sqrt{-7},$$

racines *imaginaires*; ce qui prouve que CBI est un diamètre *non transverse*; et, comme alors on peut mettre la valeur de y sous la forme

$$y = x + 1 \pm \sqrt{4\left(x - \frac{5}{8}\right)^2 + \frac{7}{16}},$$

il s'ensuit que toute valeur de x, *positive* ou *négative*, donnera constamment pour y des valeurs *réelles*. Ainsi la courbe s'étend indéfiniment au-dessus et au-dessous du diamètre CBI, et dans les deux sens de l'axe des x.

Pour obtenir la plus petite valeur que puisse recevoir le radical, et, par suite, les points de la courbe les plus rapprochés du diamètre, il faut évidemment poser

$$x - \frac{5}{8} = 0. \quad \text{d'où} \quad x = \frac{5}{8};$$

ce qui réduit le radical à

$$\sqrt{\frac{7}{16}} \quad \text{ou} \quad \frac{1}{4}\sqrt{7}.$$

Soit donc prise sur AX une distance $AN = \dfrac{5}{8}$, et soit élevée du point N, NO parallèle à AY; si, sur cette ligne et à partir du point O, on prend

$$OM = OM' = \frac{1}{4}\sqrt{7} = 0{,}6, \quad \text{à moins de } 0{,}1 \text{ près,}$$

les points M, M' seront les points les plus rapprochés du diamètre, de sorte qu'en menant par ces points les parallèles GG', HH' à CBI, on aura deux droites *au-dessus et au-dessous* desquelles seront situés *tous* les points de la courbe.

Observons maintenant (*voyez* le n° 304) que MM', étant *la plus petite* de toutes les cordes de la courbe menées parallèlement à AY, est un autre diamètre; son *point milieu* O est, par conséquent, le *centre* de la courbe.

On connaît ainsi l'un des diamètres *transverses*, MM', en *grandeur* et en *direction*; et pour avoir en *grandeur* son CONJUGUÉ, qui a pour *direction* CBI, on pourrait avoir recours au procédé du *numéro précité*.

Mais il est préférable, pour le tracé exact de la courbe, de fixer la position des *asymptotes*.

Appliquons à l'expression de y la règle du n° 306; il vient

$$y = x + 1 \pm \left(2x - \frac{5}{4} \right) :$$

ce qui prouve que les asymptotes se rencontrent sur le diamètre, au point O dont l'abscisse est $x = \frac{5}{8}$.

Il suffit donc d'obtenir un autre point de chacune d'elles. Or, en faisant

$$x = 0,$$

on trouve, pour la première,

$$y = - \frac{1}{4},$$

et, pour la seconde,

$$y = \frac{9}{4},$$

quantités faciles à construire sur l'axe des y.

Ces asymptotes sont représentées par les droites LL', KK', passant respectivement par les points O et R, O et R'.

La courbe peut ensuite, au moyen des points M, M', être construite d'après le procédé du n° 257.

Deuxième exemple :

$$y^2 - 4xy - 4x + 3 = 0 \ (\textit{fig. } 147).$$

Cette équation donne

$$y = 2x \pm \sqrt{4x^2 + 4x - 3};$$

le diamètre est une droite LAL' passant par l'origine et par un point ayant pour coordonnées

$$x = 1 = AB, \quad y = 2 = BC.$$

Posant

$$x^2 + x - \frac{3}{4} = 0,$$

on obtient

$$x = \frac{1}{2}, \quad x = - \frac{3}{2}.$$

Donc, si l'on prend

$$AD = \frac{1}{2}, \quad AD' = - \frac{3}{2},$$

et que, par les points D, D', on élève des parallèles DG, D'G' à AY, les points M, M', où elles rencontrent le diamètre LL', appartiennent à la courbe qui, d'ailleurs, est tangente aux droites DG, D'G', et s'étend indéfiniment à droite et à gauche de ces deux parallèles, au-dessus et au-dessous de son diamètre.

Si l'on extrait (306) la racine carrée de la quantité soumise au radical, il vient

$$y = 2x \pm (2x + 1),$$

pour l'équation des deux asymptotes, qui se coupent sur le diamètre au point O dont l'abscisse est

$$x = -\frac{1}{2} = AE.$$

En séparant ces deux valeurs de y, on trouve

$$y = 4x + 1, \quad y = 1,$$

dont la *seconde* représente une droite IOI' *parallèle à l'axe* des x (résultat conforme à ce qui a été établi au n° 307).

Quant à la *première* valeur, elle donne

$$y = 1 \quad \text{pour} \quad x = 0;$$

ce qui prouve que l'asymptote correspondante est une droite KK', passant par le point O et par le point F, pour lequel on a

$$AF = 1.$$

La courbe peut maintenant, ainsi que nous l'avons dit pour le premier exemple, être facilement construite.

On pourrait ici, pour la *détermination des asymptotes*, appliquer le procédé du n° 307.

Résolvant, à cet effet, l'équation proposée par rapport à x, on trouve

$$x = \frac{y^2 + 3}{4y + 4},$$

ou, effectuant la division,

$$x = \frac{y}{4} - \frac{1}{4} + \frac{1}{y + 1}.$$

De cette expression on déduit :

1° Que pour

$$y = \pm \infty,$$

l'abscisse de la courbe se confond avec celle de la droite représentée par

l'équation

$$x = \frac{y}{4} - \frac{1}{4} \quad \text{ou} \quad y = 4x + 1,$$

en sorte que cette équation est (244 et 245) celle d'une *asymptote* à la courbe;

2° Que pour la valeur particulière

$$y = -1,$$

qui donne

$$\frac{1}{y+1} = \infty,$$

l'abscisse de la courbe devient *infinie*, c'est-à-dire que la droite $y = -1$, parallèle à l'axe des x, est la *seconde asymptote* de la courbe donnée.

313. Remarque importante. — Le mode particulier de *détermination des asymptotes,* exposé au n° 307, et dont nous avons fait l'application au second exemple, est fondé sur la propriété démontrée aux n°s 244 et 245, savoir : que, dans l'HYPERBOLE, *toute droite qui rencontre la courbe à l'infini est nécessairement une asymptote.*

Mais cette propriété n'existant pas pour les courbes de *degré supérieur,* il est indispensable, alors, de rechercher si une droite reconnue pour rencontrer la courbe *à l'infini,* satisfait, en outre, à la condition essentielle et caractéristique de *s'en rapprocher indéfiniment et autant que l'on veut* (243).

Avant de passer à ces sortes de courbes, appliquons cette recherche à l'exemple même que nous venons de traiter, en faisant, pour le moment, abstraction de la propriété sus-mentionnée.

Reprenons à cet effet l'équation

$$y^2 - 4xy - 4x + 3 = 0,$$

qui, résolue par rapport à x, a donné

$$x = \frac{y}{4} - \frac{1}{4} + \frac{1}{y+1};$$

les asymptotes déterminées par le mode précédent sont représentées par les équations

$$x = \frac{y}{4} - \frac{1}{4}, \quad y = -1.$$

Supposons, en premier lieu, y *positif,* et prenons la *différence* entre l'abscisse x de la courbe et l'abscisse x' de la droite

$$x' = \frac{y}{4} - \frac{1}{4};$$

il vient

$$x - x' = \frac{1}{y+1}.$$

Faisons d'abord $y = 0$ dans cette expression, on trouve

$$x - x' = 1 ;$$

c'est la distance RS qui sépare les points R, S, où la branche de courbe RMm et la droite KK' rencontrent l'axe des x.

On voit ensuite que plus y *augmente*, plus la différence $\frac{1}{y+1}$ *diminue*; et les points de la courbe *se rapprochent sans cesse* des points de la droite qui correspondent aux mêmes abscisses; lorsqu'enfin y devient *infini*, la *différence* des deux abscisses devient *nulle*.

Ainsi la branche RMm de la courbe a pour *asymptote* la portion SK de la droite KK'.

Donnons maintenant à y des valeurs *négatives*, mais comprises entre 0 et -1.

La première partie, $\frac{y}{4} - \frac{1}{4}$, de l'abscisse x de la courbe devient *négative*, en restant toujours, *numériquement*, plus petite que $\frac{1}{2}$.

Quant à la seconde partie, elle est constamment *positive* et plus grande que 1.

Donc la valeur de x est toujours *positive* et *augmente* sans cesse à mesure que y *augmente* dans le sens négatif AY', jusqu'à ce qu'enfin on suppose $y = -1$; auquel cas x devient égal *à l'infini positif*.

D'où l'on déduit que

$$y = -1$$

est l'équation d'une *asymptote* à la branche Rm' de la courbe.

Continuons de faire croître y dans le sens *négatif* à partir de -1.

Soit fait $y = -(1 + \delta)$ dans l'expression de x, ce qui donne

$$x = -\frac{1}{2} - \frac{\delta}{4} - \frac{1}{\delta};$$

on voit que x est constamment *négatif* pour toute valeur de y comprise entre -1 et *l'infini négatif*.

En posant, par exemple,

$$\delta = 1 = NN'.$$

on a

$$x = -\frac{3}{4} - 1 = \mathrm{N}'n'.$$

Si, pour le moment, on fait décroître δ depuis 1 jusqu'à 0, il est visible que la valeur générale de x va en *croissant numériquement* sans cesser d'être *négative*, et qu'elle croît *indéfiniment*, devenant égale à *l'infini négatif* pour $\delta = 0$.

Donc la courbe, remontant vers la droite

$$y = -1,$$

s'en rapproche continuellement et autant que l'on veut; ce qui prouve que cette droite est *asymptote* à la branche $\mathrm{M}'n'm''$.

Revenant ensuite au point n', et prenant la *différence* entre l'abscisse générale de la courbe et l'abscisse de la droite

$$x = -\frac{1}{2} - \frac{\delta}{4},$$

différence qui est égale à $-\dfrac{1}{\delta}$, on reconnaît qu'elle *diminue* sans cesse et indéfiniment à mesure que δ *augmente*, et qu'elle devient 0 pour δ égal à *l'infini*.

Donc $x = \dfrac{y}{4} - \dfrac{1}{4}$ est l'équation d'une droite *asymptote* à la branche $n'\mathrm{M}'m'''$.

Il est ainsi complétement établi que la droite

$$y = -1$$

est *asymptote* aux deux branches $\mathrm{R}m'$, $n'm''$, et que la droite

$$x = \frac{y}{4} - \frac{1}{4}$$

est *asymptote* aux deux branches $\mathrm{M}m$, $n'\mathrm{M}'m'''$.

Autres exemples relatifs à l'hyperbole.

$$y^2 - 4xy + 2x^2 + 6y - 9x + 2 = 0,$$
$$y^2 - 2xy - 2 = 0,$$
$$y^2 - x^2 + x = 0,$$
$$2xy - x + 1 = 0,$$
$$y^2 - 2xy + 2y + 4x - 8 = 0.$$

Ce dernier exemple présente une circonstance remarquable lorsque l'on résout l'équation par rapport à la variable x.

On trouve

$$x = \frac{y^2 + 2y - 8}{2y - 4},$$

ou, effectuant la division,

$$x = \frac{y}{2} + 2;$$

d'où il semblerait résulter que la courbe se réduit à *une seule ligne droite*.

Mais observons que, si la division s'est faite exactement, c'est que le numérateur peut se mettre sous la forme

$$\left(\frac{y}{2} + 2\right)(2y - 4).$$

Ainsi la valeur de x devient

$$x = \frac{\left(\frac{y}{2} + 2\right)(2y - 4)}{2y - 4};$$

d'où, chassant le dénominateur et transposant,

$$(2y - 4)\left(x - \frac{y}{2} - 2\right) = 0,$$

équation qui peut être satisfaite par l'une des deux conditions :

$$2y - 4 = 0, \quad \text{d'où} \quad y = 2;$$
$$x - \frac{y}{2} - 2 = 0, \quad \text{d'où} \quad y = 2x - 4.$$

Donc, la courbe se réduit véritablement au *système de deux droites* dont l'une avait disparu par l'effet de la division.

§ II. — Application de la méthode de discussion par la séparation des variables a des équations de degré supérieur ; et discussion de quelques équations polaires.

316. *Observations préliminaires.* — 1° Toutes les fois que l'on se propose de déterminer le *lieu géométrique* d'une équation à deux variables, la détermination des *coefficients d'inclinaison des tangentes* et celle des *asymp-*

totes, si le *lieu cherché* est susceptible d'en avoir, sont deux questions d'un usage fréquent, parce que ces droites, une fois construites, donnent presque toujours le *sentiment* de la forme et des diverses circonstances du cours de la courbe qu'on a en vue de déterminer.

2° S'il arrive que l'expression de y en x, ou de x en y, renferme un radical du second degré, on est conduit à la construction d'*un diamètre*, parce qu'il facilite la détermination des différents points de la courbe; il suffit, en effet, pour chaque valeur donnée à l'abscisse, par exemple, de *porter* sur une *parallèle* à l'axe des y, de part et d'autre de ce diamètre, une distance égale à la valeur numérique du radical.

Les diamètres, comme les asymptotes, peuvent être, d'ailleurs, *recti-lignes* ou *curvilignes*; mais dans ce dernier cas, ce sont ordinairement des lignes plus faciles à construire que la courbe elle-même.

3° Les courbes peuvent jouir de la propriété d'avoir *un* ou *plusieurs* CENTRES.

En donnant (130) la définition du *centre*, nous avons fait voir que son caractère analytique consiste en ce que la courbe étant rapportée à ce point, comme *origine* des coordonnées, son équation est telle que, si les quantités $+x'$, $+y'$, la vérifient, les *mêmes* quantités prises en *signe contraire*, $-x'$, $-y'$, la vérifient également; ce qui revient à dire que l'équation reste la même lorsque l'on change $+x$ et $+y$ en $-x$ et en $-y$.

D'après cela, quand il s'agit d'une courbe de degré *pair*, la somme des exposants des variables dans chaque terme de son équation doit être un *nombre pair*; et le contraire doit avoir lieu si la courbe est de degré *impair*.

Toutes les fois que cette condition n'est pas remplie, on peut affirmer que le point pris pour *origine* n'est pas un *centre* de la courbe.

Mais il reste à savoir si la courbe est douée d'un *centre* ou même de plusieurs.

Voici, à cet effet, le moyen à employer.

Remplacez, dans l'équation, x et y par $x + a$ et $y + b$; puis, *déterminez* les quantités a, b, de manière à faire disparaître les termes dont le degré n'est pas de *même parité* que celui de l'équation (c'est-à-dire de degré *pair* si l'équation est de degré pair ou *vice versâ*).

Comme il n'y a que *deux indéterminées* a et b, on ne peut poser que *deux équations* de condition; mais si la courbe a réellement un *centre*, il arrive nécessairement que les valeurs de a, b, ainsi obtenues, font disparaître à la fois tous les termes qui empêcheraient la condition *caractéristique* d'être satisfaite.

Les deux équations de condition pouvant être de degré *supérieur au premier*, il s'ensuit que certaines courbes sont susceptibles d'avoir *plu-*

sieurs centres. Quelquefois même elles en ont une *infinité* (*), ce que l'on reconnaît au caractère $\frac{0}{0}$, obtenu pour les valeurs de a et de b.

Enfin, la courbe *n'a pas de centre* si l'on obtient des valeurs *imaginaires* ou *infinies.*

Ces notions générales étant établies, nous passons à la discussion d'équations particulières.

317. *Premier exemple :*

$$(1) \qquad y^2 - x^2 y + 2xy - x^3 + 2y + 2x = 0 \; (\textit{fig. } 148).$$

Remarquons d'abord que cette équation étant privée du terme indépendant de x et de y, est satisfaite par

$$x = 0, \quad y = 0;$$

ainsi l'*origine* des coordonnées que nous supposerons, pour plus de simplicité, *rectangulaires,* est un point de la courbe.

On déduit de cette équation

$$(2) \qquad y = \frac{x^2 - 2x - 2}{2} \pm \frac{1}{2} \sqrt{x^3 + 4},$$

expression qui se compose de deux parties principales, l'une *rationnelle,* l'autre *irrationnelle* et précédée du double signe $\pm$; d'où il résulte que l'équation

$$y' = \frac{x^2 - 2x - 2}{2}$$

est celle d'un *diamètre* de la courbe.

Ramenons cette équation à la forme ordinaire, et supprimons l'*accent*; il vient

$$(3) \qquad x^2 - 2y - 2x - 2 = 0;$$

d'où

$$x = 1 \pm \sqrt{2y + 3},$$

équation d'une PARABOLE ayant elle-même pour *diamètre* la droite

$$x = 1,$$

---

c'est-à-dire une *parallèle* FPF′ à AY, menée à la distance AP $= 1$ de l'origine, et rencontrée par la parabole au point pour lequel on a

$$2y + 3 = 0, \quad \text{d'où} \quad y = -\frac{3}{2} = \text{AD};$$

en sorte que si par le point D on tire la droite DD′ qui rencontre FF′ en E, la parabole sera *tangente* en ce point à cette droite.

Il est à remarquer ici que les axes étant supposés *rectangulaires*, les droites FF′ et DD′ sont les *axes principaux* de la parabole; le point E en est le *sommet*.

En posant successivement dans l'équation (3)

$$y = 0, \quad x = 0,$$

on trouve

$$x = 1 \pm \sqrt{3} \quad \text{et} \quad y = -1;$$

ce qui donne *trois* autres points Q, Q′ et B′ par lesquels cette courbe *auxiliaire* doit passer.

Elle affecte ainsi la forme

$$\text{R Q E B′ Q′ R′.}$$

Cherchons maintenant quelques points de la courbe qu'il s'agit de construire.

D'abord, l'origine A étant un de ces points, si l'on prend, à partir du *diamètre,*

$$\text{B′H} = \text{B′A},$$

le point H lui appartient également; et c'est ce que donne, en effet, l'hypothèse $x = 0$, introduite dans l'équation (1); il vient

$$y^2 + 2y = 0;$$

d'où

$$y = 0 \quad \text{et} \quad y = -2.$$

Faisons ensuite

$$y = 0;$$

on obtient

$$-x^3 + 2x = 0;$$

d'où

$$x = 0 \quad \text{et} \quad x = \pm\sqrt{2} = \pm 1,4;$$

ce qui donne, outre l'origine, les points G′, G.

Soit encore

$$x = 1 = \text{AP};$$

le radical de l'expression (2) devient

$$\pm \frac{1}{2}\sqrt{5} = \pm 1,1. \quad \text{à moins de 0.1 près.}$$

Portant sur la droite FF', à partir du point E, les deux distances EE', EE'', on a deux nouveaux points, E', E'', appartenant à la courbe.

Soit enfin

$$x - 2 = AP';$$

la valeur du radical devient

$$\pm \frac{1}{2} \sqrt{20} = \pm \sqrt{5} = \pm 2.2, \quad \text{à moins de } 0.1 \text{ près :}$$

ce qui donne les points K et K'.

Ces constructions donnent déjà une première idée de la courbe qui se trouve composée de *quatre* branches s'étendant au-dessus et au-dessous de la *parabole-diamètre*, et toutes les quatre indéfiniment dans tous les sens, puisque l'expression (2) de y est toujours *réelle*, quel que soit x.

Voyons actuellement si cette courbe a des *asymptotes*.

Le radical $\sqrt{x^4 + 4}$ revenant à $x^2 \sqrt{1 + \dfrac{4}{x^4}}$, si l'on néglige la fraction $\dfrac{4}{x^4}$, la valeur de y se réduit à

$$(4) \qquad y'' = \frac{x^2 - 2x - 2}{2} \pm \frac{x^2}{2};$$

et l'on prouverait, comme on l'a fait au n° 306, que les *lieux géométriques* exprimés par cette double équation sont des *asymptotes* à la courbe cherchée.

Occupons-nous de leur construction.

Supprimant l'*accent* et séparant les deux équations, on trouve, d'abord pour le signe *inférieur*,

$$y = -x - 1,$$

puis pour le signe *supérieur*,

$$y = x^2 - x - 1.$$

La première équation représente la droite L'B'BL, pour laquelle on a

$$AB' = -1, \quad AB = -1;$$

et ce qu'il y a de particulier, c'est que cette droite est *tangente* en B' à la *parabole-diamètre*.

En effet, si l'on applique la méthode des dérivées (102) à l'équation (3), on trouve pour le *coefficient d'inclinaison* de la tangente en un point quelconque (x', y'),

$$a = -\frac{2x' - 2}{-2} = x' - 1.$$

Or, si l'on pose

$$x' = 0,$$

valeur qui correspond au point B' de la parabole. on trouve

$$a = -1.$$

qui exprime en même temps le *coefficient d'inclinaison* de la droite

$$y = -x - 1.$$

La seconde équation résolue par rapport à x donne

$$x = -\frac{1}{2} \pm \frac{1}{2}\sqrt{4y + 5},$$

qui représente une AUTRE PARABOLE ayant pour *premier axe* une parallèle NN' à AY, menée à la distance $AC = \frac{1}{2}$, et pour ordonnée de son point d'intersection avec cet axe,

$$y = -\frac{5}{4} = AC';$$

en sorte que le *second axe* est C'IC".

D'ailleurs, comme $x = 0$ donne $y = -1$ dans l'équation de la première parabole et dans l'équation de la seconde, il s'ensuit qu'elles passent toutes deux par le même point B'.

Il est alors facile de reconnaître la position de cette seconde parabole, qui est représentée par la courbe S'B'IVS.

Celle-ci est *asymptote* à la portion U'AE'GKU de la courbe cherchée, et la droite LL' est *asymptote* à l'autre portion H'G'HE"K'H".

N. B. — Il existe, pour cette seconde partie de la courbe, une espèce d'*inflexion* au point H qui a pour coordonnées

$$x = 0 \quad \text{et} \quad y = -2.$$

inflexion qu'il est important de caractériser.

Formons, à cet effet, le *coefficient général d'inclinaison* d'après l'équation (1); on obtient (192)

$$a = \frac{2x'y' - 2y' + 3x'^2 - 2}{2y' - x'^2 + 2x' + 2};$$

et si l'on pose

$$x' = 0,$$

il en résulte

$$a = \frac{-(2y' + 2)}{2y' + 2} = -1:$$

ce qui prouve que la tangente THT' au point H est *parallèle à l'asymptote* dont l'équation est

$$y = -x - 1.$$

On justifie ainsi la forme donnée en ce point à la branche H'HH".

Quant à la première branche U'AE'GKU, on voit qu'elle doit avoir un point où la tangente est *parallèle à l'axe des x*; et, pour l'obtenir, il faut égaler à zéro le numérateur de a; ce qui donne, après la suppression des *accents*,

$$2xy - 2y + 3x^2 - 2 = 0,$$

équation qu'il suffirait de combiner avec l'équation de la courbe

$$y^2 - x^2 y + 2xy - x^3 + 2y + 2x = 0.$$

Comme y n'entre qu'au premier degré dans la première, l'élimination de cette inconnue est facile, et l'on parvient ainsi à une équation du *cinquième degré* en x dont le dernier terme est *négatif*, et qui, a, par conséquent, au moins une racine *positive*. Nous laissons ce calcul à exécuter.

Deuxième exemple :

$$(1) \qquad x^2 y + 2xy - x^2 + y = 0 \ (\textit{fig. }149).$$

En résolvant cette équation par rapport à x, on a

$$x = -\frac{y}{y-1} \pm \frac{y}{y-1}\sqrt{y}:$$

expression qui montre que la courbe est située tout entière *au-dessus* de l'axe des x, puisque y *négatif* donne pour x des valeurs *imaginaires*.

Posant

$$x' = -\frac{y}{y-1};$$

pour avoir un des diamètres, et chassant le dénominateur, puis, supprimant l'*accent*, on arrive à l'équation

$$xy - x + y = 0,$$

qui est celle d'une hyperbole *équilatère* (les axes étant supposés *rectangulaires*), rapportée à un système de coordonnées *parallèles* à ses asymptotes (307, 3°), et que l'on pourrait construire facilement.

Mais on peut se dispenser d'exécuter cette construction sur la figure, parce que la forme et la position de la courbe se détermineront plus simplement par les considérations suivantes :

L'équation résolue par rapport à y donne

$$y = \frac{x^2}{(x+1)^2} = \left(\frac{x}{x+1}\right)^2,$$

ou, si l'on effectue la division,

$$(2) \qquad y = \left(1 - \frac{1}{x+1}\right)^2.$$

Cette dernière forme met immédiatement en évidence deux asymptotes, savoir

$$y = 1 \quad \text{et} \quad x = -1.$$

Car x étant supposé égal à l'*infini positif* ou à l'*infini négatif*, $\frac{1}{x+1}$ devient nul, et la valeur de y se réduit à

$$y = 1.$$

D'un autre côté, si l'on pose

$$x + 1 = 0, \quad \text{d'où} \quad x = -1,$$

la valeur de y devient *infinie*; d'où l'on voit que les droites

$$y = 1, \quad x = -1,$$

qui peuvent être représentées par les droites B'BB'', CC', respectivement *parallèles* aux axes AX, AY, et pour lesquelles on a

$$AB = 1, \quad AC = -1,$$

jouissent toutes deux de la propriété de ne pouvoir rencontrer la courbe qu'à l'*infini*.

Il reste à prouver, conformément à la remarque du n° 315, qu'elles satisfont à la condition essentielle de *se rapprocher indéfiniment de la courbe*.

Reprenons, à cet effet, l'équation (2), et faisons d'abord croître x depuis o jusqu'à $+\infty$.

Pour $x = 0$, on trouve

$$y = 0,$$

ce qu'indique, d'ailleurs, l'équation (1), qui fait voir, en outre, que la courbe est *tangente* en A à l'axe des x, puisque de cette équation l'on tire, pour $y = 0$,

$$x^2 = 0.$$

Si l'on donne à x des valeurs de *plus* en *plus grandes*, $\frac{1}{x+1}$ *diminue de plus en plus,* et, par suite, $1 - \dfrac{1}{x+1}$, ou y, *augmente continuellement* sans toutefois pouvoir dépasser 1 ; et, quand on suppose enfin

$$x = \infty,$$

$\dfrac{1}{x+1}$ devient nul, et y se réduit à l'*unité.*

Donc *une des branches* de la courbe, en partant de l'origine A, *se rapproche sans cesse et autant que l'on veut* de la partie BB' de la droite $y = 1$.

Maintenant, faisons croître x dans le sens *négatif.*

Si l'on donne d'abord à x des valeurs comprises depuis o jusqu'à -1 et croissant *numériquement, $x + 1$ se rapprochera* de plus en plus de o ; donc $\dfrac{1}{x+1}$, en restant *positif,* deviendra de *plus en plus grand* et se *rapprochera continuellement de l'infini* (*fig.* 149) ; il en sera de même de y, et lorsqu'on supposera

$$x = -1,$$

la valeur de y deviendra *infinie ;* ce qui prouve qu'*une seconde branche* de la courbe, partant du point A, va en se rapprochant sans cesse de la droite CC' qu'elle ne peut rencontrer qu'à l'*infini.*

Ces deux branches se réunissant au point A, et devant être tangentes à l'axe des x, constituent ainsi une première partie de la courbe cherchée, partie qui est représentée par la ligne continue D'AD.

On démontrerait par des raisonnements tout à fait analogues qu'il existe, à la gauche de CC', *une seconde partie de la courbe* dont les deux branches réunies en une seule ont pour asymptotes la même droite CC', ou $x = -1$, et la portion BB'' de la droite $y = 1$.

EGE' figure cette seconde partie de la courbe.

Troisième exemple :

$$(1) \qquad y^3 - 3axy + x^3 = 0 \quad [\textit{Folium de } \text{DESCARTES}] \ (\textit{fig. } 150).$$

Cette équation ne peut être résolue directement ni par rapport à y, ni par rapport à x ; mais la transformation des coordonnées fournit toujours, pour une équation du troisième degré, un moyen de faire disparaître la troisième puissance de l'une des variables, et permet ainsi d'exprimer celle-ci en une fonction *explicite* de l'autre.

En effet, si en supposant les axes *rectangulaires* on a recours aux formules

$$y = x \sin \alpha + y \cos \alpha,$$
$$x = x \cos \alpha - y \sin \alpha,$$

et qu'on remplace dans l'équation (1) les anciennes coordonnées par leurs valeurs en fonction des nouvelles, le coefficient de y, par exemple, a pour expression

$$\cos^3\alpha - \sin^3\alpha.$$

Égalant à *zéro* ce coefficient, et divisant par $\cos^3\alpha$, on obtient

$$\tan^3\alpha = 1, \quad \text{d'où} \quad \tan\alpha = 1, \quad \sin\alpha = \cos\alpha = \frac{1}{2}\sqrt{2}.$$

Ces valeurs de $\sin\alpha$, $\cos\alpha$, reportées dans les formules ci-dessus, donnent

$$y = \frac{1}{2}\sqrt{2}(x + y),$$

$$x = \frac{1}{2}\sqrt{2}(x - y).$$

Par suite, l'équation (1) devient

$$\frac{1}{4}\sqrt{2}(x + y)^3 - \frac{3}{2}a(x^2 - y^2) + \frac{1}{4}\sqrt{2}(x - y)^3 = 0,$$

ou bien, toute réduction faite,

$$(2) \qquad 3\left(2x + a\sqrt{2}\right)y^2 + 2x^3 - 3a\sqrt{2}\,x^2 = 0.$$

Telle est l'équation de la courbe rapportée au nouveau système d'axes AX', AY', formant avec les premiers des angles de 45 degrés.

Cela posé, on déduit de l'équation (2)

$$(3) \qquad y = \pm\sqrt{\dfrac{3a\sqrt{2}\,x^2 - 2x^3}{3\left(a\sqrt{2} + 2x\right)}};$$

et l'on voit déjà que la courbe est *symétrique* par rapport à l'axe AX', qui peut être considéré comme *un diamètre principal*.

Égalant à *zéro* le numérateur sous le radical, on tire de l'équation résultante

$$x^2 = 0 \quad \text{et} \quad x = \frac{3a}{2}\sqrt{2} = a\sqrt{2} + \frac{1}{2}a\sqrt{2}.$$

Si donc, après avoir construit, sur $AD = a$, un carré ADEF, ce qui donne

$$AE = a\sqrt{2},$$

on porte sur AX' une distance AB égale à $AE + \frac{1}{2}AE$, la courbe sera limitée dans le sens positif par la droite IBI' menée parallèlement à AY'.

puisque toute valeur de x supérieure à $\dfrac{3a}{2}\sqrt{2}$ donnerait des valeurs *imaginaires* pour y.

Mais en attribuant à x des valeurs comprises entre $\dfrac{3a}{2}\sqrt{2}$ et o, on aurait une double valeur *réelle* pour y; en sorte que la courbe affecte la forme d'une *boucle* passant par le point A, origine des coordonnées.

D'un autre côté, si l'on pose

$$a\sqrt{2} + 2x = o, \quad \text{d'où} \quad x = -\frac{1}{2}a\sqrt{2}.$$

et qu'en prenant

$$AG = -\frac{1}{2}a\sqrt{2} = -\frac{1}{2}AE,$$

on mène la droite LGL′ *parallèle* à AY′, cette droite est une *asymptote*.

Car, d'abord, elle rencontre la courbe à l'*infini*; et, de plus, comme on peut mettre l'expression (3) sous la forme

$$y = \pm\, x \sqrt{-\frac{1}{3} + \frac{2a\sqrt{2}}{3\left(x + \frac{a}{2}\sqrt{2}\right)}},$$

on reconnaît que, si x croît *négativement* depuis o jusqu'à $-\dfrac{a}{2}\sqrt{2}$, la quantité soumise au radical croît *indéfiniment*; il en est, par suite, de même pour y.

Ainsi la portion BMA de la courbe se prolonge au delà du point A, en se rapprochant de plus en plus et indéfiniment de la partie GL de la droite LL′, tandis que la portion BM′A se prolonge du côté de GL′.

La courbe affecte donc enfin la forme CAMBM′AC′.

Nous ne pousserons pas plus loin la discussion des équations de *degré supérieur*; elle exigerait, pour être établie complétement, la connaissance de principes qui sont plus particulièrement du ressort de l'*analyse infinitésimale*.

On peut, du reste, consulter à ce sujet l'ouvrage de CRAMER ayant pour titre : *Introduction à l'Analyse des lignes courbes*.

DISCUSSION DE QUELQUES ÉQUATIONS POLAIRES.

318. *Premier exemple :*

$$\rho = a\cos\varphi \quad (a \text{ étant une ligne } \textit{donnée}) \quad (\textit{fig.} \ 151).$$

Afin de faciliter la construction des résultats, nous supposerons, dans tout ce qul va suivre, qu'on ait décrit du point O pris pour *pôle,* comme centre, et avec un rayon égal à 1, une circonférence sur laquelle on devra porter les arcs qui mesurent l'angle φ.

Cela posé, soit $OA = a$ et donnons à l'angle φ une série de valeurs :

Pour $\varphi = o$, ce qui suppose le rayon vecteur couché d'abord sur OX, on a

$$\cos\varphi = 1, \quad \text{d'où} \quad \rho = a;$$

ainsi le point A appartient à la courbe.

Pour $\varphi = 3o° = LOX$, on a

$$\sin\varphi = \frac{1}{2}, \quad \cos\varphi = \frac{1}{2}\sqrt{3};$$

donc

$$\rho = \frac{1}{2}a\sqrt{3} = 0,8.a = OB < OA.$$

Pour $\varphi = 45° = L'OX$, on a

$$\sin\varphi = \cos\varphi = \frac{1}{2}\sqrt{2};$$

donc

$$\rho = \frac{1}{2}a\sqrt{2} = 0,7.a = OC < OB.$$

Pour $\varphi = 6o° = L''OX$, on a

$$\cos\varphi = \frac{1}{2}; \quad \text{d'où} \quad \rho = \frac{1}{2}a = OD < OC.$$

Soit enfin $\varphi = 9o°$; il en résulte

$$\cos\varphi = o \quad \text{et} \quad \rho = o:$$

ce qui prouve que la courbe doit passer par le point O.

Comme on a d'ailleurs

$$\cos(-\varphi) = \cos\varphi,$$

il s'ensuit que la courbe est *symétrique* par rapport à l'*axe polaire* OX, et peut être représentée par la ligne continue ABCDOC'A.

Si l'on transporte le *pôle* O au point O', milieu de OA, et que l'on désigne par ρ' et φ' les nouvelles coordonnées polaires, telles que O'B, BO'X, on a, pour exécuter cette transformation de coordonnées, la relation

$$\rho'^2 = \rho^2 + \frac{1}{4}a^2 - \rho a\cos\varphi,$$

ou, remplaçant ρ par sa valeur $a\cos\varphi$.

$$\rho'^2 = a^2\cos^2\varphi + \frac{1}{4}a^2 - a^2\cos^2\varphi,$$

ou, réduisant,

$$\rho'^2 = \frac{a^2}{4}; \quad \text{d'où} \quad \rho' = \frac{a}{2},$$

résultat indépendant de l'angle φ.

Ce qui démontre que la courbe cherchée est une *circonférence de cercle* décrite sur OA comme diamètre.

Et, en effet, si dans l'équation

$$\rho = a \cos\varphi,$$

on remplace ρ et $\cos\varphi$ par les expressions

$$\sqrt{x^2 + y^2}, \quad \text{et} \quad \frac{x}{\rho} \quad \text{ou} \quad \frac{x}{\sqrt{x^2 + y^2}},$$

qui (279) servent à transformer une équation *polaire* en une équation entre coordonnées *orthogonales*, il vient

$$\sqrt{x^2 + y^2} = a \frac{x}{\sqrt{x^2 + y^2}},$$

ou, simplifiant,

$$x^2 + y^2 - ax = 0,$$

équation d'un cercle rapportée à l'une des extrémités d'un diamètre, comme origine (*voyez* le n° 73).

Deuxième exemple :

$$\rho = \frac{bc}{b \sin\varphi + c \cos\varphi} \quad (\textit{fig. } 152),$$

b et c désignant deux droites données de longueur.

En posant d'abord

$$\varphi = 0, \quad \text{d'où} \quad \sin\varphi = 0, \quad \cos\varphi = 1,$$

on trouve

$$\rho = \frac{bc}{c} = b = \text{OB}.$$

Soit encore

$$\varphi = 90°, \quad \text{d'où} \quad \sin\varphi = 1, \quad \cos\varphi = 0,$$

il en résulte

$$\rho = c = \text{OC}.$$

Tant que l'angle φ est compris entre 0 et 90 degrés, $\sin\varphi$ augmente et $\cos\varphi$ diminue; en sorte qu'il n'est pas possible de savoir, à l'inspection de la valeur de ρ, quand son dénominateur augmente ou diminue.

Mais si l'on met $b \sin\varphi - c \cos\varphi$ sous la forme

$$b \cos\varphi \left(\text{tang}\,\varphi + \frac{c}{b} \right),$$

on voit qu'en donnant à φ une valeur particulière, φ' ou LOX, telle que l'on ait

$$\operatorname{tang}\varphi' = -\frac{c}{b}, \quad \text{d'où} \quad \sin\varphi' = \frac{c}{\sqrt{b^2+c^2}}, \quad \cos\varphi' = -\frac{b}{\sqrt{b^2+c^2}},$$

on obtiendra pour ρ une longueur *infinie*; d'où il suit que la ligne cherchée est rencontrée par la droite LOL' en deux points situés à l'*infini*.

Prenons maintenant un point quelconque M du *lieu géométrique demandé*, et proposons-nous d'évaluer la distance MP de ce point à la droite LL'.

On a

$$MP = OM\,\sin MOP = \frac{bc}{b\sin\varphi + c\cos\varphi}\,\sin MOP,$$

$$\sin MOP = \sin LOM = \sin(\varphi'-\varphi) = \sin\varphi'\cos\varphi - \sin\varphi\cos\varphi';$$

d'où, remplaçant $\sin\varphi'$, $\cos\varphi'$ par leurs valeurs,

$$MP = \frac{bc}{b\sin\varphi + c\cos\varphi}\left(\frac{c\cos\varphi + b\sin\varphi}{\sqrt{b^2+c^2}}\right),$$

ou, supprimant le facteur commun,

$$MP = \frac{bc}{\sqrt{b^2+c^2}},$$

expression indépendante de la variable φ : ce qui démontre que le *lieu géométrique cherché* a tous ses points à une *distance constante* de la droite LL', ou, en d'autres termes, est *une parallèle à cette droite*.

Et, en effet, l'équation de la droite BC, en coordonnées *orthogonales*, est (55)

$$c\,x + b\,y = bc;$$

et si l'on y remplace x et y par leurs valeurs $\rho\cos\varphi$, $\rho\sin\varphi$, exprimées (278) en coordonnées polaires, il vient

$$\rho = \frac{bc}{b\sin\varphi + c\cos\varphi},$$

c'est-à-dire l'équation que l'on avait à discuter.

Troisième exemple :

$$\rho = \frac{1}{1 + 2\sin\varphi} \quad (\textit{fig. } 153).$$

Décrivons du *pôle* O comme centre, avec le rayon OA $= 1$, une circonférence de cercle, et menons par ce point les axes rectangulaires XX', YY', ainsi que les bissectrices LL', L″L‴ des angles YOX, YOX'.

Cela fait, calculons et construisons les valeurs de ρ qui correspondent aux angles $0°$, $45°$, $90°$, $135°$, $180°$, $225°$, etc. :

$$\varphi = 0, \qquad \sin\varphi = 0 : \qquad \rho = 1 = OA ;$$

$$\varphi = 45°, \qquad \sin\varphi = \frac{1}{2}\sqrt{2} : \qquad \rho = \frac{1}{1 + \sqrt{2}} = \sqrt{2} - 1 = 0.4 = OM .$$

$$\varphi = 90°, \qquad \sin\varphi = 1 : \qquad \rho = \frac{1}{3} = OC, \quad \textit{tiers de } OA ;$$

$$\varphi = 135°, \qquad \sin\varphi = \frac{1}{2}\sqrt{2} : \qquad \rho = \sqrt{2} - 1 = 0,4 = OM' = OM ;$$

$$\varphi = 180°, \qquad \sin\varphi = 0 : \qquad \rho = 1 = OB ;$$

$$\varphi = 225°, \qquad \sin\varphi = -\frac{1}{2}\sqrt{2} : \qquad \rho = \frac{1}{1 - \sqrt{2}} = -(\sqrt{2} + 1) = -2,4,$$

valeur *négative* qui (285) doit être portée sur le *prolongement de* OL', en M''; de sorte que l'on ait OM'' $= 2,4$;

$$\varphi = 270°, \qquad \sin\varphi = -1 ; \qquad \rho = \frac{1}{1 - 2} = -1 ,$$

valeur qu'il faut également porter en *sens contraire de* OY', ce qui donne OC' ;

$$\varphi = 315°, \qquad \sin\varphi = -\frac{1}{2}\sqrt{2}, \qquad \rho = -2,4 = OM''' ;$$

enfin,

$$\varphi = 360°, \qquad \sin\varphi = 0, \qquad \rho = 1 = OA.$$

Ces différents résultats démontrent que la courbe cherchée doit passer : 1° par les points A, M, C, M', B; 2° par les points M'', C', M''', et qu'ainsi elle se compose de *deux branches opposées.*

De plus, ces branches *s'étendent indéfiniment à droite et à gauche* de AY.

Car la valeur de ρ devenant *infinie* quand on fait

$$\sin\varphi = -\frac{1}{2} = \sin 210° = \sin 330° = -\sin 30°,$$

il en résulte que, si par le point O on mène deux droites KK', II', formant avec l'*axe polaire* OX, l'une *au-dessus* et l'autre *au-dessous* de ces axes, des angles de 30 degrés, ces droites rencontreront la courbe à l'*infini.*

Si maintenant on fait, dans l'équation donnée,

$$\varphi = 270° - \varphi', \quad \text{d'où} \quad \sin\varphi = -\cos\varphi',$$

elle se change en celle-ci,

$$\rho = \frac{1}{1 - 2\cos\varphi'},$$

qui (287) n'est autre que l'équation d'une hyperbole dont l'un des foyers est pris pour *pôle*; le *demi-paramètre est* $p = 1 = OA$, et l'*excentricité est* $c = 2$.

Pour retrouver l'équation de la courbe en *coordonnées orthogonales*, il suffit (279) de poser

$$\rho = \sqrt{x^2 + y^2}, \quad \sin \varphi = \frac{y}{\sqrt{x^2 + y^2}};$$

et l'équation polaire primitive devient

$$\sqrt{x^2 + y^2} = \cfrac{1}{1 + \cfrac{2y}{\sqrt{x^2 + y^2}}} = \frac{\sqrt{x^2 + y^2}}{\sqrt{x^2 + y^2} + 2y},$$

ou, après qu'on a supprimé le facteur commun $\sqrt{x^2 + y^2}$, chassé le dénominateur, fait évanouir les radicaux et ordonné,

$$3y^2 - x^2 - 4y + 1 = 0.$$

équation que l'on peut ramener à la forme ordinaire en changeant d'abord y en $y + \frac{2}{3}$, ce qui donne

$$3y^2 - x^2 = \frac{1}{3},$$

puis (140) en multipliant par $\frac{1}{3 \times 3}$; et l'on trouve enfin

$$\frac{1}{3}y^2 - \frac{1}{9}x^2 = \frac{1}{27}.$$

Sous cette forme, on reconnaît :

1° Que l'hyperbole est rapportée à son axe *transverse* comme axe des y :

2° Qu'elle a son centre au point O' dont l'ordonnée est $\frac{2}{3}$ ou OO';

3° Que le *demi-axe transverse*, ou A, $= \frac{1}{3}$ et que le *demi-axe non transverse*, ou B, $= \frac{1}{3}\sqrt{3}$.

On déduit de là :
Pour le *demi-paramètre*,

$$\frac{B^2}{A} = 1 = OA.$$

et pour le *coefficient d'inclinaison* des asymptotes par rapport à l'axe AY,

$$\frac{B}{A} = \sqrt{3}.$$

Désignant cette inclinaison par α, et l'angle *complémentaire* par α', on a

$$\tan\alpha = \pm\sqrt{3}, \quad \cos\alpha = \frac{\pm 1}{\sqrt{3+1}} = \pm\frac{1}{2},$$

et, par suite,

$$\sin\alpha' = \pm\frac{1}{2}.$$

En conséquence, si l'on mène par le point O' deux droites qui fassent, avec l'*axe polaire primitif* OA, les angles dont le sinus soit égal à $\pm\frac{1}{2}$, on obtiendra les deux asymptotes auxquelles les droites II', KK', qu'on avait trouvées dans la discussion de l'équation polaire, sont *parallèles*.

Tous ces résultats sont en parfaite concordance.

Les exemples de discussion que nous venons de traiter ne peuvent donner qu'une idée très-imparfaite de la méthode de discussion des *équations polaires* en général, parce que la détermination de certains *points* et de certaines *droites* remarquables exige souvent la recherche des *dérivées* de différents ordres des *fonctions circulaires*, question qui dépend plus particulièrement de ce que l'on nomme l'analyse *infinitésimale* ou *transcendante*; mais ces exemples suffisent pour mettre au fait de la marche à suivre, tant qu'il ne s'agit que de *courbes du second degré*.

CHAPITRE IX.

COMPLÉMENT ET APPLICATIONS DE LA THÉORIE GÉNÉRALE DES COURBES DU SECOND DEGRÉ.

§ I. — NOMBRE ET NATURE DES CONDITIONS SERVANT A LA DÉTERMINATION DES COURBES DU SECOND DEGRÉ. — SOLUTIONS GÉOMÉTRIQUES POUR LA CONSTRUCTION DE CES COURBES D'APRÈS DES CONDITIONS DONNÉES. — PROPRIÉTÉ COMMUNE AUX TROIS COURBES.

319. On a vu (56 et 96) que l'on peut se proposer de déterminer une *ligne droite* ou un *cercle* d'après certaines conditions dont le nombre est fixé.

La même nature de question s'applique aux *trois courbes du second degré*; les coefficients de leurs équations doivent alors être regardés comme des *constantes indéterminées* dont les valeurs dépendent des conditions imposées à la courbe.

Or, en divisant l'équation générale de ces courbes par le terme indépendant des variables, on la ramène à la forme

$$(1) \qquad ay^2 + bxy + cx^2 + dy + ex + 1 = 0.$$

Cette équation renfermant *cinq coefficients*, il s'ensuit qu'on peut, généralement, assujettir la courbe à *cinq conditions* différentes; et ces conditions exprimées algébriquement servent à déterminer les coefficients a, b, c, d, e.

Soit, par exemple, proposé de *faire passer une courbe du second degré par cinq points*.

Appelons (x', y'), (x'', y''), (x''', y'''), (x^{IV}, y^{IV}), (x^{V}, y^{V}) les coordonnées de ces points.

En substituant successivement dans l'équation (1) chacun de ces *cinq* systèmes, on obtiendra *cinq* équations du premier degré en a, b, c, d, e, lesquelles, étant résolues, donneront les valeurs de ces coefficients; et, en rapportant ces valeurs dans l'équation (1), on aura celle de la courbe assujettie à passer par les cinq points donnés.

Cette courbe sera d'ailleurs une *ellipse*, une *hyperbole* ou une *parabole*, suivant que l'on aura (159 et 301) entre les coefficients a, b, c, des trois premiers termes,

$$b^2 - 4ac < 0, \quad b^2 - 4ac > 0, \quad b^2 - 4ac = 0.$$

Il pourra même se faire que la courbe se réduise à l'une des *variétés ;* c'est ce qui arriverait, par exemple, dans le cas où, sur les CINQ points, on en donnerait TROIS *en ligne droite.*

L'équation du *lieu géométrique* passant par les *cinq* points, ne saurait appartenir, alors, qu'à une droite, ou à un système de deux droites.

Car la combinaison des équations d'une courbe du second degré et d'une ligne droite, donnant lieu à une équation du second degré, il s'ensuit que ces deux lignes ne peuvent avoir, *au plus*, que *deux* points communs.

On observera encore que, si la courbe cherchée doit être une PARABOLE, *quatre* points suffisent pour la déterminer ; puisqu'on a déjà entre les coefficients de l'équation la relation particulière

$$b^2 - 4ac = 0.$$

Toutefois, comme cette équation est du *second degré*, tandis que les autres sont du premier degré, on devra généralement obtenir *deux paraboles* pour réponse à la question.

320. Au lieu de donner des points de la courbe, on peut *supposer connues de position des droites auxquelles la courbe soit assujettie à être tangente.*

Si, par exemple, on veut que la courbe soit tangente à une droite

$$y = mx + n,$$

m et *n* étant des quantités connues, il suffit de combiner cette équation avec l'équation (1), et, après avoir formé une équation du second degré en x, d'écrire (98 et 101) que les deux racines de cette équation sont *égales.*

On obtient ainsi *une relation* entre les indéterminées a, b, c, d, e, et les quantités connues m, n.

Même raisonnement pour une seconde, une troisième, etc., droite à laquelle la courbe devrait être tangente.

La connaissance d'une *asymptote* équivaut à celle d'*une tangente* et de *son point de contact*, puisque (244) les asymptotes sont des tangentes à l'infini. Ainsi, il suffit de *trois* autres conditions pour déterminer la courbe.

321. Si la courbe doit avoir un *centre*, et que l'on donne la position de

ce point, *trois* autres conditions sont encore suffisantes pour la détermination de la courbe.

En effet, comme rien n'empêche de prendre ce point pour origine, l'équation est alors (162) de la forme

$$a y^2 + b xy + c x^2 + 1 = 0,$$

et ne renferme que *trois* coefficients à déterminer; ainsi la connaissance du *centre* équivaut à *deux* conditions différentes.

Il est vrai que, dans ce cas, la courbe ne peut être qu'une ELLIPSE ou une HYPERBOLE, ou (158) un système de *deux droites parallèles*.

322. Lorsque, pour une ELLIPSE ou une HYPERBOLE, on donne de *position* soit le système des *axes principaux*, soit un système de *diamètres conjugués*, il suffit de *deux* autres conditions pour déterminer la courbe.

Car ces courbes, rapportées à l'un ou à l'autre de ces systèmes, sont représentées par les équations

$$A^2 y^2 \pm B^2 x^2 = \pm A^2 B^2, \quad \text{ou} \quad A'^2 y^2 \pm B'^2 x^2 = \pm A'^2 B'^2,$$

dans lesquelles A et B *ou* A' et B' sont *les deux seules* constantes à déterminer.

Quant à la PARABOLE, si l'on donne les *axes principaux* ou un système d'*axes conjugués*, il ne faut plus qu'*une seule* condition pour la déterminer, puisqu'il entre *une seule* constante, p ou p', dans les équations

$$y^2 = 2 p x, \quad \text{ou} \quad y^2 = 2 p' x,$$

qui représentent la courbe rapportée à l'un de ces systèmes.

323. Ces principes étant bien établis, nous allons faire connaître un moyen plus simple que celui qui a été exposé (274, 210 et 242) pour construire :

1° Une PARABOLE, connaissant un système d'*axes conjugués* et le *paramètre* à ce système ;

2° Une ELLIPSE ou une HYPERBOLE, étant donné de position et de grandeur un système de *diamètres conjugués*.

PREMIÈREMENT. — Soient AX, AY (*fig.* 154) un système d'axes conjugués, $2p'$ le paramètre à ce système.

Prenons sur AY et au-dessous du point A une distance AD égale à $2p'$, et menons par le point D une droite DL parallèle à AX ; puis tirons par le point A une droite quelconque AH.

Les équations de la parabole, de la droite AH, et de la parallèle DL, sont

$$y^2 = 2 p' x, \quad y = a x, \quad y = -2 p'.$$

Or la combinaison des deux dernières équations donne, pour les coordonnées du point E où la droite AH rencontre la ligne DL,

$$y = -\,2p', \quad x = -\,\frac{2p'}{a} = \mathrm{DE}.$$

D'un autre côté, en combinant la première et la seconde équation, on trouve pour les coordonnées des deux points d'intersection A et M, de AH avec la courbe,

$$1^{\circ} \qquad\qquad x = 0, \quad y = 0\,;$$

$$2^{\circ} \qquad\qquad x = \frac{2p'}{a^2} \quad y = \frac{2p'}{a} = \mathrm{MP}\,;$$

d'où l'on voit que les *distances* DE, *et* MP *ou* AG, *sont égales.*

Cette propriété étant vraie pour toutes les droites menées par le point A, on en déduit le moyen suivant de construire la courbe :

Prenez sur AY, *et au-dessous du point* A, AD $= 2p'$, *et menez* DL *parallèle à* AX ; *tirez ensuite des droites indéfinies* AH, AH',...; *portez les distances* DE, DE',..., *de* A *en* G',..., *et par ces derniers points tracez* GK, G'K', *parallèles à* AX.

Les points M, M',..., où les droites AH et GK, AH' et G'K',..., se rencontrent, appartiennent nécessairement à la courbe.

SECONDEMENT — Considérons l'ELLIPSE.

Soient OB $=$ A', OC $=$ B' (*fig.* 155) deux *demi-diamètres conjugués*, AY la tangente au point A, DL une parallèle à AX, menée à une distance

$$\mathrm{AD} = -\,\frac{2\mathrm{B}'^2}{\mathrm{A}'},$$

qui représente le *paramètre* au système donné.

Tirons d'ailleurs deux cordes supplémentaires quelconques AM, BM.

Les équations de ces deux droites et de la parallèle DL sont

$$y = ax, \quad y = a'(x - 2\mathrm{A}'), \quad y = -\,\frac{2\mathrm{B}'^2}{\mathrm{A}'}\,;$$

les quantités a, a' étant (182 et 209) liées entre elles par la relation

$$aa' = -\,\frac{\mathrm{B}'^2}{\mathrm{A}'^2},$$

Or la combinaison de la première et de la troisième équation donne, pour les coordonnées du point E,

$$y = -\frac{2\,B'^2}{A'}, \quad x = -\frac{2\,B'^2}{A'a} = DE.$$

D'un autre côté, si l'on fait $x = o$ dans la seconde équation, il vient pour l'ordonnée du point G où la droite BM rencontre AY,

$$y = -2\,A'a',$$

ou, à cause de la relation $aa' = -\dfrac{B'^2}{A'^2}$,

$$y = \frac{2\,B'^2}{A'a} = AG;$$

d'où résulte

$$AG = DE.$$

(Il est à remarquer que cette propriété renferme implicitement celle de la *parabole*, puisque, si l'on suppose le grand axe *infini*, la droite BM devient une parallèle à AX.)

De là on déduit la construction suivante :

Après avoir tracé par l'une des extrémités du diamètre AB une parallèle à l'autre diamètre OC, prenez sur cette parallèle AY, et au-dessous du point A, une distance AD égale à $\dfrac{-\,2\,B'^2}{A'}$ *, puis menez* DL *parallèle à* AB ; *tirez ensuite des droites indéfinies* AH, AH',...; *portez les distances* DE, DE',..., *de* A *en* G, G',..., *et joignez ces derniers points avec le point* B.

Les points M, M',..., où les droites AH et BG, AH' et BG',..., se rencontrent, appartiennent nécessairement à la courbe.

On procéderait d'une manière tout à fait analogue pour l'HYPERBOLE.

324. La question résolue et discutée n°s 147 et suivants pour établir la liaison qui existe entre les trois courbes du second degré, et qui nous a conduits (151) à la détermination de la droite appelée *directrice*, fournit encore d'autres conditions d'après lesquelles on peut déterminer, et, par suite, construire ces courbes.

C'est ce que montre la propriété suivante :

Soient MNAM'... (*fig.* 156) une courbe du second degré, DD' la *directrice* qu'on suppose donnée de position, et F un *foyer*.

Considérons deux points, M, N, de la courbe, tirons les droites MN, FM, FN, en prolongeant MN jusqu'à sa rencontre en R avec la directrice, et joignons FR.

Je dis que *la droite* FR *divise en deux parties égales l'angle* MF*n* *formé par le rayon vecteur FN et le prolongement Fm de l'autre rayon vecteur FM.*

En effet, menons du point N la droite NI parallèle à FM, et abaissons les perpendiculaires MP, NQ sur la directrice.

On a, d'après la propriété caractéristique de la *directrice* (151),

$$MF : MP :: NF : NQ,$$

ou

(1) $$MF : NF :: MP : NQ :$$

mais les triangles semblables RPM, RQN, et RFM. RIN donnent

$$MP : NQ :: RM : RN.$$
$$RM : RN :: MF : NI;$$

d'où

(2) $$MP : NQ :: MF : NI :$$

donc, a cause du rapport commun aux proportions (1) et (2).

$$MF : NF :: MF : NI;$$

et par conséquent

$$NF = NI.$$

Le triangle NIF étant isoscèle, il s'ensuit que les angles NFI et NIF ou IFm sont égaux.

Donc, etc.

325. De cette propriété il résulte qu'une courbe du second degré est *déterminée*, lorsqu'on donne *un foyer et trois points de la courbe;* ce qui revient à dire que la connaissance de *l'un des foyers* équivaut à *deux* conditions différentes.

En effet, soient M, N, P (*fig.* 157) trois points donnés par lesquels on veut faire passer une courbe du second degré, et F un foyer de cette courbe :

1° Si l'on tire les lignes MN, MFm, FN, et qu'on mène la *bissectrice* FR de l'angle NFm, le point R où les deux droites MN, FR se rencontrent, est nécessairement un *premier point* de la directrice :

2° En exécutant une construction analogue par rapport à l'un des deux mêmes points N ou M et au troisième point P, on détermine un *second point* S de cette directrice, qui est alors la droite DSRD'.

Maintenant, si du point F on abaisse FB perpendiculaire sur RS, on a *la direction* du premier axe. Menant ensuite de l'un des points donnés, N par exemple, NQ perpendiculaire à RS, on obtient NF : NQ pour le *rapport constant* qui doit exister entre la distance d'un point quelconque de la courbe au *foyer*, et sa distance à la *directrice*.

Dès lors on peut facilement (147 et suiv.) déterminer les grandeurs des axes.

Suivant que le rapport NF : NQ est reconnu *inférieur, supérieur,* ou *égal* à l'unité, la courbe est, comme on l'a vu, une *ellipse,* une *hyperbole* ou une *parabole.*

Dans la *fig.* 157, la courbe est une *parabole,* puisque l'on a

$$NF = NQ.$$

326. *N. B.* — Lorsqu'on exige d'avance que la courbe soit une *parabole* (*fig.* 158), il suffit de donner *deux* points de la courbe avec le *foyer;* et, dans ce cas, voici comment on détermine la *directrice.*

Soient M et N les deux points donnés, F le foyer.

Après avoir déterminé le point R, comme précédemment, on décrit de l'un des points donnés, M par exemple, comme centre, et avec le rayon MF une circonférence; puis, du point R, on mène une tangente RT à cette circonférence.

La tangente ainsi tracée n'est autre chose que la *directrice;* car, de la définition de la parabole (141), il résulte que sa directrice est tangente à toutes les circonférences décrites des différents points de la courbe, comme centres, et avec des rayons égaux aux rayons vecteurs correspondants.

Puisque par le point R on peut, en général, mener deux tangentes à la circonférence, il s'ensuit qu'on obtient par ce moyen *deux directrices,* et par conséquent *deux paraboles;* l'une est M'ANM, qui a pour directrice RT, et pour premier axe BX; l'autre est *n*N*a*M*m'*, dont la directrice est RT', et le premier axe B'X',

La question n'aurait qu'*une seule* solution si la circonférence passait par le point R; et il n'y aurait *aucune* solution si le point R se trouvait *en dedans* de la circonférence.

327. Enfin, la connaissance *d'un sommet* de la courbe équivaut, en général, à *deux conditions.*

Car supposons, pour un instant, que l'on donne *les deux sommets* du premier axe, par exemple d'une ellipse ou d'une hyperbole, et *un point* de la courbe.

En joignant ces sommets par une droite, on aura le premier axe en grandeur et en direction, ainsi que le centre de la courbe.

Dès lors, si dans l'équation

$$A^2 y^2 \pm B^2 x^2 = \pm A^2 B^2$$

on substitue les coordonnées x', y' du point donné, rapportées au premier axe et au second qui est lui-même connu de direction, il viendra

$$A^2 y'^2 \pm B^2 . x'^2 = \pm A^2 B^2,$$

équation dans laquelle la quantité B, étant seule inconnue, peut être facilement construite.

La connaissance des *deux sommets* et d'un *seul point* de la courbe suffit donc pour la déterminer ; et comme, d'ailleurs, ces sommets sont symétriquement placés sur la courbe, *un seul* doit être compté pour *deux conditions*.

Solutions géométriques pour la détermination d'une courbe du second degré, d'après des conditions données.

328. La détermination d'une courbe du second degré, d'après certaines conditions, est, en général, un problème assez difficile à résoudre par l'analyse, à cause de l'embarras que l'on éprouve souvent dans le choix des axes. Aussi s'est-on attaché principalement à en rechercher des solutions purement *géométriques,* en se fondant toutefois sur les propriétés connues des trois courbes.

Les questions suivantes ont pour objet de mettre au courant de ces sortes de constructions.

PREMIÈRE QUESTION. — *Trois droites et un point étant donnés sur un plan, trouver une courbe du second degré* TANGENTE *à ces trois droites, et qui ait pour* FOYER *le point donné.*

Soient M*m*, N*n*, P*p* (*fig.* 159) les droites données, et F le foyer de la courbe cherchée.

On a vu (201 et 237) que, dans l'*ellipse* et dans l'*hyperbole,* les pieds des perpendiculaires abaissées d'un foyer sur les tangentes *ont pour lieu géométrique la circonférence de cercle décrite sur le premier axe comme diamètre,* et (270) que, dans la parabole, ces mêmes pieds *se trouvent sur le second axe.*

Cela posé, *abaissez* du point F les trois *perpendiculaires* FG, FH, FK. Il peut arriver *deux* cas : ou les trois points G, H et K forment un triangle, ou bien ils sont en ligne droite.

Dans le PREMIER CAS, *joignez* ces points deux à deux, puis *élevez,* par les milieux des lignes de jonction, des *perpendiculaires* LO, IO ; elles se rencontrent en un point O, qui est le CENTRE de la courbe.

Tirez ensuite OF, *et prenez* sur cette droite deux parties OB, OA, *égales à* OG (distance du centre au *pied* de la perpendiculaire abaissée du point F sur M*m*) ; vous obtenez AB pour le premier axe ; et la courbe est une ellipse ou une hyperbole, suivant que le point B se trouve placé sur le prolongement de OF, ou entre les points O et F.

Dans la *fig.* 159 la courbe est une *ellipse,* et le second axe CD s'obtient (131) en décrivant du point F comme centre, et avec le rayon OB, un arc de cercle.

Si la courbe était une *hyperbole,* le centre de l'arc de cercle serait en B (135), et OF serait le rayon de cet arc.

Dans le second cas, c'est-à-dire *lorsque les trois points* G, H, K (*fig.* 160) *sont en ligne droite,* cette ligne KHGY représente le second axe de la courbe, qui est alors une parabole; et pour avoir le premier axe, il suffit d'*abaisser* AFX *perpendiculaire sur* KY. Le quadruple de AF représente d'ailleurs (273) le paramètre; ainsi la courbe peut être construite facilement.

N. B. — Lorsqu'on sait d'avance que la courbe cherchée doit être une parabole, il suffit de connaître *deux tangentes et le foyer,* puisque le second axe est (270) déterminé par les pieds des perpendiculaires abaissées du foyer sur ces tangentes; et, en effet, nous savons déjà que *quatre* conditions suffisent pour la parabole, et que la connaissance du foyer compte (325) pour *deux* conditions.

Deuxième question. — *On demande de construire une ellipse, connaissant le centre, la longueur de son grand axe, une tangente et son point de contact.*

Soient O (*fig.* 161) le centre donné, A le demi-axe de la courbe, T*t* la tangente et M son point de contact.

Du point O comme centre, avec le rayon A, *décrivez* une circonférence qui coupe généralement T*t* en *deux* points R, R'; puis élevez en ces points les *perpendiculaires* RS, R'S' à cette tangente; elles passent nécessairement (201) par les *foyers* de la courbe.

Tirez ensuite la ligne OR, et par le point de contact M *tracez* MN *parallèle* à OR; il résulte de ce qui a été dit n° 203, que MN passe par le *second* foyer. Donc le point F', où R'S' et MN se rencontrent, n'est autre que le *second* foyer.

Menez enfin la ligne F'O qui rencontre RS en un point F; et vous obtenez ainsi le *premier* foyer.

Les points A et B, où F'F rencontre la circonférence décrite, sont d'ailleurs les sommets de la courbe qui est alors complétement déterminée.

N. B. — Si le point de contact était placé sur la tangente T*t,* en un point M' tel, que la droite M'N', parallèle à OR, rencontrât R'S' au point *f*' situé hors de la circonférence décrite avec le rayon A, la courbe, au lieu d'être une *ellipse,* serait une *hyperbole* dont le premier axe aurait pour direction *f*'O, et pour sommets *a, b*. Les foyers seraient les points *f*', *f,* où la ligne *f*'O rencontre R'S' et RS prolongés.

On voit donc que, bien qu'on ait demandé une *ellipse*, il peut arriver que la construction conduise à une *hyperbole*.

TROISIÈME QUESTION. — *Construire une hyperbole, connaissant l'un des foyers, une asymptote, et la longueur du premier axe ou le rapport des axes.*

Soient F (*fig.* 162) le foyer donné, LL' l'une des asymptotes, et A la longueur du premier axe, ou *m* le rapport B : A.

Abaissez du point F une *perpendiculaire sur* LL'; le pied R de cette perpendiculaire est à une distance du centre de la courbe, égale à A (237), puisque l'asymptote LL' peut être considérée comme une tangente.

Ainsi, en supposant que A soit connu, *prenez* à partir du point R sur LL', une distance RO *égale à* A; et le point O est le *centre* de la courbe.

Menant ensuite OF, vous obtenez la direction du *premier* axe; *portant* OR de O en A et B, puis OF de O en F', vous avez les deux *sommets* de la courbe, ainsi que les deux *foyers*. *Tracez enfin* KK', de manière que l'angle FOK soit égal à l'angle LOF; vous obtenez la *seconde asymptote*.

N. B. — Lorsque, au lieu de A, on donne le rapport *m* ou $\dfrac{B}{A}$, la tangente trigonométrique de l'angle FOR est connue; ainsi la direction de la ligne FO peut être facilement déterminée. Quant aux grandeurs des *demi-axes*, elles sont évidemment représentées par OR et RF.

On a d'abord OR = A, comme on l'a vu tout à l'heure; et RF = B, d'après la relation

$$OF = c = \sqrt{A^2 + B^2},$$

qui donne nécessairement

$$B^2 = c^2 - A^2 = \overline{RF}^2.$$

QUATRIÈME QUESTION. — *Étant donnés une asymptote, deux points, et le rapport des axes d'une hyperbole, construire la courbe.*

Soient LL', M, M' (*fig.* 163), l'asymptote et les deux points donnés, *m* le rapport $\dfrac{B}{A}$ que l'on suppose connu.

Menez la droite MM' qui va rencontrer LL' en R, puis, à partir du point M', *prenez* une distance M'R' *égale à* MR; le point R' appartient à la seconde asymptote (249).

Comme le rapport $\dfrac{B}{A}$, ou *m*, est donné, *faites*, en un point quelconque I de LL', un angle LIG dont la tangente *trigonométrique soit égale à m*, *puis* un angle HIL, *double de* LIG.

Tracez enfin par le point R' la droite KK' *parallèle à* IH, et vous avez ainsi la seconde asymptote.

La courbe peut donc être tracée facilement d'après la méthode du n° 257.

N. B. — Si, au lieu du rapport des axes, on donnait la position d'un troisième point, en joignant ce point avec l'un des deux points déjà donnés, on obtiendrait un nouveau point de la seconde asymptote, dont la direction serait alors déterminée.

Voici les énoncés de nouvelles questions sur lesquelles on peut s'exercer :

1° *Construire une parabole, connaissant le foyer, un point et une tangente;*

2° *Construire une ellipse, connaissant deux tangentes, le centre et la longueur du premier axe* (la courbe peut être une hyperbole);

3° *Construire une hyperbole, connaissant une asymptote, un foyer et une tangente.*

Propriété commune aux trois courbes.

329. Nous complétons ces considérations par la démonstration d'une propriété qui appartient aux trois courbes du second degré, et dont les géomètres ont tiré parti pour construire ces courbes d'après certaines données.

Reprenons l'équation

$$(1) \qquad Ay^2 + Bxy + Cx^2 + Dy + Ex + F = 0,$$

que nous supposons représenter une des trois courbes, rapportée à un système *rectangulaire* ou *oblique*, AX, AY (*fig.* 164).

Cette équation peut être mise sous la forme

$$(2) \qquad y^2 + \frac{Bx + D}{A} y + \frac{C}{A}\left(x^2 + \frac{E}{C} x + \frac{F}{C}\right) = 0.$$

Soit fait d'abord $y = 0$, pour obtenir les points où la courbe rencontre l'axe des x; il en résulte

$$(3) \qquad x^2 + \frac{E}{C} x + \frac{F}{C} = 0,$$

équation dont les racines ne sont autre chose que les *abscisses* des points demandés.

Si ces racines sont *imaginaires*, c'est un indice que la courbe n'a aucun point commun avec l'axe des x; et si elles sont *égales*, la courbe est (98) tangente à cet axe.

Mais admettons qu'elles soient *réelles* et *inégales*; et désignons par x', x'', ces deux racines, représentées sur la *figure* par AB, AC.

Le trinôme $x^2 + \frac{E}{C} x + \frac{F}{C}$ revient à $(x - x')(x - x'')$.

Pour exprimer ce produit *géométriquement*, observons que AP représentant une abscisse quelconque, et AB, AC les abscisses x', x'', on a nécessairement

$$(x - x')(x - x'') = \mathrm{PB} \times \mathrm{PC}.$$

D'un autre côté, le dernier terme de l'équation (2), ou

$$\frac{\mathrm{C}}{\mathrm{A}}(x - x')(x - x''),$$

est égal au produit des deux racines de cette équation résolue par rapport à y; et ces racines sont représentées par PM et Pm.

On a donc la relation

$$\mathrm{PM} \times \mathrm{P}m = \frac{\mathrm{C}}{\mathrm{A}}(x - x')(x - x'') = \frac{\mathrm{C}}{\mathrm{A}} \times \mathrm{PB} \times \mathrm{PC};$$

d'où l'on déduit

$$\frac{\mathrm{PM} \times \mathrm{P}m}{\mathrm{PB} \times \mathrm{PC}} = \frac{\mathrm{C}}{\mathrm{A}}.$$

Pour d'autres abscisses AP$'$, AP$''$,..., on aurait également

$$\frac{\mathrm{P}'\mathrm{M}' \times \mathrm{P}'m'}{\mathrm{P}'\mathrm{B} \times \mathrm{P}'\mathrm{C}} = \frac{\mathrm{C}}{\mathrm{A}}, \qquad \frac{\mathrm{P}''\mathrm{M}'' \times \mathrm{P}''m''}{\mathrm{P}''\mathrm{B} \times \mathrm{P}''\mathrm{C}} = \frac{\mathrm{C}}{\mathrm{A}}, \ldots,$$

et, par conséquent,

$$\frac{\mathrm{PM} \times \mathrm{P}m}{\mathrm{PB} \times \mathrm{PC}} = \frac{\mathrm{P}'\mathrm{M}' \times \mathrm{P}'m'}{\mathrm{P}'\mathrm{B} \times \mathrm{P}'\mathrm{C}} = \frac{\mathrm{P}''\mathrm{M}'' \times \mathrm{P}''m''}{\mathrm{P}''\mathrm{B} \times \mathrm{P}''\mathrm{C}} = \ldots.$$

Ce qui démontre que, dans toute courbe du second degré, si l'on considère une sécante quelconque AX, puis une série d'autres sécantes parallèles entre elles et menées sous une direction tout à fait arbitraire, *les rectangles des parties de ces parallèles, comprises entre leurs points de rencontre avec la première sécante et leurs points d'intersection avec la courbe, sont aux rectangles des parties de la première sécante, comprises entre les pieds des parallèles et les points où cette sécante rencontre la courbe, dans un* RAPPORT CONSTANT.

Il est aisé de reconnaître que cette propriété, dite *propriété de transversales*, comprend implicitement celles qui ont été démontrées dans les précédents Chapitres (209, 242 et 274).

En effet, si, la première sécante étant un diamètre quelconque, les autres sécantes sont parallèles au conjugué de ce diamètre, il en résulte PM $=$ Pm, P$'$M$'$ $=$ P$'m'$...., et la relation ci-dessus devient

$$\frac{\overline{\mathrm{PM}}^2}{\mathrm{PB} \times \mathrm{PC}} = \frac{\overline{\mathrm{P}'\mathrm{M}'}^2}{\mathrm{P}'\mathrm{B} \times \mathrm{P}'\mathrm{C}} = \frac{\overline{\mathrm{P}''\mathrm{M}''}^2}{\mathrm{P}''\mathrm{B} \times \mathrm{P}''\mathrm{C}} \ldots.$$

On fait usage de cette propriété, pour faire passer une courbe du second degré par *cinq points donnés;* mais les détails qu'exige cette construction nous entraîneraient beaucoup trop loin.

Nous renvoyons, pour ces sortes de constructions, au *Traité des sections coniques,* par le Marquis DE LHÔPITAL.

§ 11. — CONSTRUCTION DES RACINES DES ÉQUATIONS DU SECOND, TROISIÈME ET QUATRIÈME DEGRÉ A UNE SEULE INCONNUE ; PROBLÈMES DE LA TRISECTION DE L'ANGLE ET DE LA DUPLICATION DU CUBE. — DÉTERMINATION, PAR DES INTERSECTIONS DE COURBES, DU NOMBRE DES RACINES RÉELLES DANS LES ÉQUATIONS NUMÉRIQUES A UNE SEULE INCONNUE. — PROBLÈMES SUR LES LIEUX GÉOMÉTRIQUES, SE RAPPORTANT AUX COURBES DU SECOND DEGRÉ. — DE QUELQUES COURBES REMARQUABLES, SAVOIR : CISSOÏDE DE DIOCLÈS, CONCHOÏDE DE NICOMÈDE.

Équation du second degré.

330. En résolvant l'équation

$$(1) \qquad x^2 + px = q.$$

on parvient, en général, à une expression composée de deux parties, l'une rationnelle et l'autre irrationnelle du second degré. Or, on a vu dans l'INTRODUCTION les moyens de construire ces sortes d'expressions.

Mais la Géométrie élémentaire fournit des méthodes pour construire les racines de l'équation proposée, sans qu'il soit nécessaire de la résoudre.

D'abord si p et q sont deux *droites* données *à priori,* x désignant aussi une *ligne,* l'équation (1) n'est pas *homogène;* pour la rendre telle, il faut (15), en supposant que r représente la ligne prise pour *unité,* la rétablir dans cette équation, ce qui donne

$$x^2 + px = qr;$$

et si l'on met les signes en évidence, l'équation prend définitivement la forme

$$(2) \qquad x^2 \pm px = \pm k^2$$

(k désignant ici une *moyenne proportionnelle* entre r et la valeur absolue de q).

Cela posé, 1° soit à construire les racines de l'équation

$$(3) \qquad x^2 + px = + k^2.$$

Sur une droite indéfinie, *prenons* une distance AB (*Pl. IX, fig.* 165) égale à p; et sur cette ligne comme diamètre, *décrivons* une circonférence de cercle; *élevons* au point A une perpendiculaire AC égale à k, et tirons la droite CD passant par le centre O du cercle.

Les deux racines demandées seront représentées par CE et par — CD (la racine *négative* étant la plus grande en *valeur absolue*).

En effet, par construction, AC est une tangente, et CD une sécante au cercle; donc, en vertu d'un théorème connu de Géométrie,

$$CE \times CD = \overline{AC}^2 = k^2.$$

Mais CD étant égal à CE $+ p$, l'égalité devient

$$CE(CE + p) = k^2 ;$$

d'où l'on voit déjà que l'équation (3), qui revient à

$$x(x + p) = k^2,$$

est satisfaite par $x = $ CE.

Comme on a pareillement

$$CE = CD - p, \quad \text{ou} \quad - CE = - CD + p,$$

l'égalité prend la forme

$$(- CD + p).(- CD) = k^2 ;$$

ce qui prouve que l'équation (3), ou

$$(x + p)x = k^2,$$

est encore satisfaite par $x = - $ CD.

Donc CE et — CD sont les deux racines de l'équation (3).

2° L'équation

$$x^2 - px = k^2,$$

ne différant de celle-ci que par le signe de x, on en déduit que ses racines sont CD et — CE (la plus grande racine est ici la racine *positive*).

3° Passons à l'équation $x^2 - px = - k^2$, que l'on peut mettre sous la forme

$$(4) \qquad\qquad x(p - x) = k^2.$$

Pour obtenir ses racines, *décrivons* sur la droite AB $= p$, considérée comme diamètre, une demi-circonférence; *élevons* en A (*fig.* 166) la droite AC perpendiculaire à AB et égale à k; puis menons CL parallèle à AB; et de chacun des deux points D, où CL rencontre la demi-circonférence, *abaissons* DG *perpendiculaire* sur AB.

Les deux racines demandées seront AG et GB.

Car on a, d'après un théorème de Géométrie,

$$AG \times GB = \overline{DG}^2 = \overline{AC}^2 = k^2.$$

Mais

$$GB = AB - AG = p - AG, \quad AG = p - GB;$$

d'où, substituant dans l'égalité précédente,

$$AG(p - AG) = k^2, \quad GB(p - GB) = k^2;$$

et si l'on compare chacune de ces nouvelles égalités à l'équation (4), on peut conclure que celle-ci est satisfaite, soit par $x = AG$, soit par $x = GB$.

Ainsi AG et GB sont les racines demandées.

N. B. — Pour que ces deux racines soient susceptibles de détermination, il faut que la *parallèle* CL puisse rencontrer la demi-circonférence ; ce qui exige que k soit *tout au plus* égal à Ol ou $\dfrac{p}{2}$.

On sait, en effet, que c'est la condition de réalité des racines dans l'expression

$$x = \frac{p}{2} \pm \sqrt{\frac{p^2}{4} - k^2}.$$

4° Quant à l'équation $x^2 + px = -k^2$, ses deux racines sont essentiellement *négatives*, et sont représentées par $-AG$, et $-GB$, puisque cette équation ne diffère de l'équation (4) que par le signe de x.

Tous les cas relatifs à l'équation

$$x^2 \pm px = \pm k^2$$

se trouvent ainsi traités.

Lorsque les coefficients de l'équation du second degré sont des nombres particuliers, il n'y a rien à changer au mode de construction des racines ; seulement, il faut se reporter à ce qui a été dit au n° 11 concernant les *radicaux numériques*.

Équations du troisième et du quatrième degré.

331. On vient de voir que la *ligne droite* et le *cercle* suffisent à la construction des racines d'une équation du *second degré* à une seule inconnue ; mais il n'en est pas de même pour les équations du troisième ou du quatrième degré : il faut avoir recours à la construction de deux courbes du second degré dont l'une au moins soit différente du *cercle*.

Le principe fondamental de ces sortes de constructions consiste à regarder l'équation proposée comme *le résultat de l'élimination entre deux équations à deux inconnues, dont l'une, supposée l'inconnue primitive, est prise pour* ABSCISSE, *et l'autre pour* ORDONNÉE.

En construisant successivement et sur *les mêmes axes* les *lieux géométriques* de ces équations, on reconnaît que les courbes se rencontrent en *un* ou *plusieurs* points dont les *abscisses* représentent les racines réelles de l'équation proposée.

332. Développons ce principe sur l'équation du quatrième degré

$$(1) \qquad x^4 + ax^3 + bx^2 + cx + d = 0,$$

à la construction de laquelle on peut ensuite ramener facilement celle d'une équation du troisième degré.

Nous supposerons d'ailleurs que les coefficients a, b, c, d sont indifféremment des *lignes* données *à priori*, ou des *nombres*. — [Dans le premier cas, il faudrait (15) commencer par rétablir l'homogénéité.]

Cela posé, faisons dans l'équation (1)

$$(2) \qquad x^2 = y :$$

elle devient

$$(3) \qquad y^2 + axy + by + cx + d = 0 :$$

et comme l'équation (1) résulte évidemment de l'élimination de y entre les équations (2) et (3), il s'ensuit qu'elle renferme toutes les valeurs de x propres à vérifier les équations (2) et (3), en même temps que certaines valeurs de y; donc, si par un moyen quelconque on peut obtenir les systèmes de valeurs de x et de y *communs* aux équations (2) et (3), en ne tenant compte que de celles de x, on aura les racines de l'équation (1).

Or, l'équation (2) étant *construite* par rapport à des axes que l'on peut supposer, pour plus de simplicité, *rectangulaires*, représente une PARABOLE dont le *premier axe* est dirigé suivant l'axe des y (*fig.* 167), l'origine étant le *sommet* de la courbe, et qui a 1 pour *paramètre*.

Cette courbe est facile à construire.

L'équation (3), étant construite sur *les mêmes* axes, a pour lieu géométrique une HYPERBOLE dont l'une des asymptotes est *parallèle* à l'axe des x (307, 1°).

Ces deux courbes se coupent généralement en *quatre* points [puisque *l'équation finale* (1) est du quatrième degré], dont les coordonnées jouissent exclusivement de la propriété de satisfaire en même temps à leurs équations.

Ainsi les *abscisses* de ces points sont les *racines* demandées.

N. B. — Le *nombre* des racines *réelles* de l'équation (1) est égal au *nombre* des points d'intersection.

333. On peut, au moyen de quelques *artifices* de calcul, remplacer l'équation (3) par une autre plus facile à construire, même par celle d'une circonférence de cercle.

Pour cela, il faut supposer que l'équation (1) ait été *préalablement* débarrassée de son *second terme;* ce qui est *toujours possible* d'après la théorie des équations.

Supposons donc l'équation ramenée à la forme

$$(1) \qquad x^4 + px^2 + qx + r = 0,$$

et faisons, comme précédemment,

$$(2) \qquad x^2 = y,$$

l'équation (1) devient

$$(3) \qquad y^2 + py + qx + r = 0.$$

On remarque d'abord que, par ces premières opérations, les lieux géométriques sont deux PARABOLES dont la seconde a pour *axes principaux* deux *parallèles* aux axes coordonnés. Une simple translation d'origine suffirait pour la ramener à la forme

$$y^2 = kx.$$

Mais si l'on *ajoute* les deux équations (2) et (3), on obtient la nouvelle équation

$$(4) \qquad x^2 + y^2 + (p-1)y + qx + r = 0,$$

qui (85) représente une circonférence de cercle ayant pour coordonnées du centre

$$-\frac{q}{2} \quad \text{et} \quad \frac{1-p}{2},$$

et pour rayon

$$R = \sqrt{\frac{q^2}{4} + \left(\frac{p-1}{2}\right)^2 - r}.$$

D'où l'on voit que *la construction des racines de toute équation du quatrième degré peut toujours être ramenée à celle d'une* PARABOLE *et d'un* CERCLE.

334. Considérons maintenant l'équation du troisième degré

$$(1) \qquad x^3 + ax^2 + bx + c = 0.$$

Si l'on pose

$$(2) \qquad x^2 = y,$$

il en résulte

$$(3) \qquad xy + ay + bx + c = 0.$$

équation d'une HYPERBOLE dont les *asymptotes* sont (307, 3°) *parallèles* aux axes coordonnés, et qui par une simple translation d'origine peut être ramenée à la forme

$$xy = m^2.$$

Mais si l'on veut la remplacer par une *circonférence de cercle*, on doit *commencer* par faire évanouir le *second terme* de l'équation (1), ce qui donne

$$x^3 + px + q = 0,$$

puis *introduire* le facteur x dans cette nouvelle équation ; on obtient ainsi

$$x^4 + px^2 + qx = 0,$$

équation qui n'est plus qu'un *cas particulier* de l'équation du *quatrième* degré, et sur laquelle, par conséquent, on peut opérer de la même manière.

N. B. — Il est important de remarquer que l'introduction du facteur x dans l'équation donne lieu à une racine $x = 0$, qui est *étrangère* à la question primitive, et que l'on doit supprimer au résultat.

Nous aurons bientôt occasion de faire plusieurs applications *numériques* des principes précédents ; nous nous bornerons, pour le moment, à résoudre deux questions connues des ANCIENS et ayant pour objet : 1° de *diviser un angle, ou l'arc qui lui sert de mesure, en* TROIS *parties égales ;* 2° *de construire un cube* DOUBLE *d'un cube donné.*

Problème de la trisection de l'angle.

335. *Un arc quelconque* AB, *de circonférence de cercle, étant donné, on propose de le diviser en* TROIS *parties égales.*

Nous pouvons supposer, pour ne pas trop compliquer la figure de construction, que l'arc à diviser ait été décrit avec un rayon r, égal à celui des Tables ; car, s'il appartenait à une circonférence quelconque ayant pour rayon R, il suffirait de rendre les deux circonférences *concentriques ;* et alors les droites qui, partant du centre, diviseraient l'arc décrit avec le rayon r en *trois* parties égales, diviseraient aussi, prolongées si cela était nécessaire, en *trois* parties égales l'arc décrit avec le rayon R.

Cela posé, on a, en Trigonométrie, pour déterminer le sinus du *tiers* d'un arc en fonction du sinus de cet arc, la formule

$$4\sin^3\frac{1}{3}a - 3\sin\frac{1}{3}a + \sin a = 0,$$

ou, si l'on pose

$$\sin\frac{1}{3}a = x, \quad \sin a = \mathrm{BP} = s,$$

et que l'on rétablisse l'homogénéité,

$$(1) \qquad 4x^3 - 3r^2x + r^2s = 0.$$

Soit fait alors

$$(2) \qquad x^2 = ry;$$

il en résulte

$$(3) \qquad 4xy - 3rx + rs = 0.$$

Menons, par le centre O du cercle donné, deux droites *rectangulaires* dont l'une, OX, passe par l'extrémité A de l'arc AB.

L'équation (2) représente une PARABOLE dont l'*axe principal* est dirigé suivant OY, et dont le *paramètre* est égal à r; cette courbe est donc facile à tracer, et elle est figurée par la ligne LOL' *tangente* en O à l'axe des x.

(Pour en déterminer plusieurs points, il suffirait de poser successivement

$$y = 0, \quad y = r, \quad y = 2r, \ldots,$$

ce qui donnerait

$$x = \pm 0, \quad x = \pm r, \quad x = \pm r\sqrt{2}, \ldots,$$

r désignant le rayon des Tables OA, puis de *construire* ces systèmes de valeurs.)

Quant à l'équation (3), en la résolvant par rapport à y, on trouve

$$y = \frac{3rx - rs}{4x} = \frac{3r}{4} - \frac{rs}{4x};$$

et d'après ce qui a été dit au n° 307, la courbe, qui est une HYPERBOLE, a pour asymptotes les droites

$$x = 0 \quad \text{et} \quad y = \frac{3r}{4},$$

c'est-à-dire l'axe des y et une parallèle FEF' à l'axe des x, menée à la distance

$$\mathrm{OE} = \frac{3r}{4} = \frac{3}{4}\mathrm{OD}.$$

Comme d'ailleurs la courbe passe par le point C pour lequel on a, d'après l'équation (3),

$$y = 0, \quad x = \frac{s}{3} = \frac{BP}{3} = OC,$$

on peut la construire au moyen du procédé établi n° 257 ; ce qui donne les deux branches $n\,m'm\,n'$, $n''m''n'''$.

La première de ces branches rencontre la parabole LOL', en *deux* points m, m' ; la seconde en *un seul* point m'' ; et ces points sont tels, qu'en abaissant mp, $m'p'$, $m''p''$ perpendiculaires à OX, on a Op, Op', Op'', pour les *trois* racines de l'équation (1).

Cela posé, ces valeurs, dont l'une Op'' est *négative*, exprimant des *sinus*, il faut les *porter* sur OY, de O en R, R', R'', *mener* ensuite RM, R'M', R''M'' parallèles à OX ; et l'on obtient enfin

$$AM, \quad AM', \quad - AM''$$

pour représenter les valeurs des arcs

$$\frac{a}{3}, \quad \frac{\pi - a}{3}, \quad - \frac{\pi + a}{3},$$

que l'on sait être les *trois* valeurs du *tiers* d'un arc dont on donne le sinus.

Nous pourrions, comme au n° 334, substituer à l'hyperbole une *circonférence de cercle* qui serait différente de celle déjà tracée ; mais nous préférons faire connaître *un autre moyen* de résoudre le problème, qui a l'avantage de faire servir le cercle donné, comme un des lieux géométriques.

336. **Autre mode de solution.** — Soient toujours AB (*fig.* 168) ou a l'arc qu'il s'agit de diviser en *trois* parties égales et qu'on suppose décrit avec le rayon r égal à celui des Tables, AM *le tiers* de cet arc, supposé connu pour le moment. Faisons d'ailleurs

$$OP \text{ ou } \cos a = c, \quad BP \text{ ou } \sin a = s, \quad OQ = x, \quad MQ = y.$$

On a, pour *première* relation,

$$(1) \qquad\qquad y^2 + x^2 = r^2.$$

Maintenant, si l'on prolonge MQ jusqu'à sa rencontre en N avec la circonférence, que par le point N on mène NR *parallèle* à OX, jusqu'à sa rencontre en R avec BP prolongé, on obtient ainsi un triangle BNR *semblable* au triangle OMQ (car ils ont leurs côtés *perpendiculaires*) ; et il en résulte la proportion

$$OQ : QM :: BR : RN.$$

Mais, par construction,

$$\mathrm{BR} = s + y, \quad \mathrm{RN} = \mathrm{PQ} = x - c;$$

donc cette proportion devient

$$x : y :: s + y : x - c;$$

d'où l'on déduit la *seconde* relation

$$(2) \qquad\qquad y^2 - x^2 + sy + cx = 0,$$

équation qui, combinée avec (1), donnerait par l'élimination de x la valeur de y ou de $\sin\dfrac{a}{3}$.

Mais au lieu d'effectuer cette élimination, on peut construire les *lieux géométriques* qu'elles représentent.

Or le *lieu* de l'équation (1) est le cercle donné lui-même.

Quant à l'équation (2), elle représente évidemment une HYPERBOLE ÉQUILATÈRE dont les deux axes sont *parallèles* aux axes coordonnés.

Pour en obtenir la position, résolvons cette équation par rapport à y (*fig.* 168); il vient

$$y = -\frac{s}{2} \pm \sqrt{x^2 - cx + \frac{s^2}{4}}.$$

Soit pris sur OY une distance

$$\mathrm{OE} = -\frac{s}{2} = -\frac{\mathrm{BP}}{2},$$

la ligne GG' *parallèle* à OX est un diamètre de la courbe, et par conséquent un des axes cherchés.

On sait d'ailleurs (304) que la moitié du coefficient de x sous le radical, pris en signe contraire, ou $\dfrac{c}{2}$, n'est autre chose que l'abscisse du *centre ;* donc la ligne HH' menée par le point V, *milieu* de OP, et *parallèlement* à OY, représente l'autre axe.

Maintenant, puisque l'hyperbole est *équilatère,* il s'ensuit que les asymptotes divisent en *deux parties égales* les angles *droits* HIG', HIG.

Ainsi ces droites sont KK', LL'.

Enfin, il résulte de l'inspection de l'équation (2) que la courbe passe par l'origine, et peut facilement être construite. On obtient ainsi les deux branches MHM', B'H'M".

Ces branches rencontrent la circonférence de cercle en *trois* points, M, M', M", puis, en un *quatrième,* B', point où le *sinus* BP, prolongé, coupe lui-même la circonférence.

Discussion. — La position des trois premiers points s'explique facilement. On a

1°
$$MQ = \sin \frac{AB}{3} = \sin \frac{a}{3}.$$

2° Si l'on prend

$$ABC = \frac{2\pi}{3},$$

d'où

$$CM' = \frac{AB}{3} = \frac{a}{3},$$

il en résulte

$$M'Q' = \sin\left(\frac{2\pi}{3} + \frac{a}{3}\right) = \sin\left(\pi - \frac{2\pi}{3} - \frac{a}{3}\right) = \sin\frac{\pi - a}{3}.$$

3° En prenant

$$ABCD' = \frac{4\pi}{3},$$

d'où

$$C'M'' = \frac{a}{3},$$

on en déduit

$$M''Q'' = \sin\left(\frac{4\pi}{3} + \frac{a}{3}\right) = \sin\left(\pi + \frac{\pi + a}{3}\right) = -\sin\left(\frac{\pi + a}{3}\right).$$

Quant au quatrième point B' dont les coordonnées sont

$$x = c, \quad y = -s,$$

si l'on substitue ces valeurs dans les équations (1) et (2), on obtient

$$c^2 + s^2 = r^2, \quad s^2 - c^2 - s^2 + c^2 = 0;$$

ce qui prouve que ce point doit, en effet, appartenir aux deux courbes.

Les équations (1) et (2) ajoutées entre elles, donnent

$$2y^2 + sy + cx = r^2,$$

et, par suite,

$$x = \frac{r^2 - 2y^2 - sy}{c};$$

d'où, substituant cette valeur dans l'équation (1),

$$4y^4 + 4sy^3 - 3r^2y^2 - 2r^2sy + r^2s^2 = 0,$$

équation dont le premier membre est divisible par $y + s$, et donne pour quotient

$$4y^3 - 3r^2y + r^2s = 0.$$

Or cette dernière relation est *identique* (au caractère de l'inconnue près) avec l'équation (1) du numéro précédent; mais on voit en même temps que, d'après la *seconde* méthode, on a établi deux équations en x et y, *plus générales* que ne le comporte la question proposée, puisqu'en éliminant x on parvient à l'équation relative à cette question, mais embarrassée d'un *facteur étranger*.

337. *Remarque.* — C'est ainsi que l'on doit interpréter cette circonstance, que *la détermination des racines* d'une équation à une seule inconnue, *par des intersections de courbes, donne lieu quelquefois à un plus grand nombre de* POINTS COMMUNS *aux deux courbes, que la question n'admet de solutions réelles.* Les coordonnées de ces points vérifient les deux équations à deux inconnues; mais leurs *abscisses* peuvent ne pas vérifier la proposée.

Problème de la duplication du cube.

338. *Le côté d'un cube étant donné, trouver le côté d'un autre cube* DOUBLE *du premier.*

Soient a le côté du premier cube, x le côté du second, on a l'équation

$$x^3 - 2a^3 = 0,$$

qui, multipliée par x, donne

$$(1) \qquad x^4 - 2a^3x = 0.$$

Posons

$$(2) \qquad x^2 = ay;$$

il en résulte

$$(3) \qquad y^2 = 2ax;$$

et la question se trouve ainsi ramenée à la construction de deux paraboles.

Mais si l'on ajoute les équations (2) et (3) membre à membre, il vient pour nouvelle équation

$$(4) \qquad y^2 + x^2 - ay - 2ax = 0,$$

qui peut remplacer indifféremment l'une d'elles, la première par exemple.

Or l'équation (3) représente une *parabole* ayant son *premier axe* dirigé suivant AX, et pour *paramètre* $2a$. Le foyer est en F, milieu de AB = a.

Soit LAL' (*fig.* 169) cette courbe construite d'après les procédés connus.

L'équation (4) est celle d'un cercle passant par l'origine, et dont le centre a pour coordonnées (85)

$$x = a = \mathrm{AB}, \quad \text{et} \quad y = \frac{a}{2} = \frac{\mathrm{AB}}{2} = \mathrm{BO}.$$

En décrivant, du point O comme *centre* et avec la distance OA pour *rayon*, une circonférence, on obtient le second lieu géométrique.

Il est visible que les deux courbes ne peuvent se rencontrer qu'en un seul point M (l'origine doit être rejetée comme provenant de l'introduction du facteur x dans l'équation primitive); et si du point M on abaisse MP perpendiculaire sur AX, l'abscisse AP sera le *côté cherché*.

339. *Remarque.* — Le problème de la *duplication du cube* n'est qu'un cas particulier de celui-ci :

Trouver deux droites MOYENNES PROPORTIONNELLES *entre deux droites données a, b.*

Appelons x et y les deux lignes demandées, on doit avoir, d'après l'énoncé, la progression par quotient

$$\div a : x : y : b, \quad \text{ou plutôt,} \quad a : x :: x : y, \quad x : y :: y : b;$$

ce qui donne les deux équations

$$(1) \qquad\qquad x^2 = ay,$$
$$(2) \qquad\qquad y^2 = bx;$$

d'où, en éliminant l'une des inconnues, y,

$$x^4 - a^2 bx = 0,$$

et supposant $b = 2a$,

$$x^4 - 2a^3 x = 0, \quad \text{ou} \quad x^3 = 2a^3.$$

La résolution du problème général se réduit d'ailleurs à la construction des deux *paraboles*,

$$x^2 = ay, \quad y^2 = bx,$$

ou bien de l'une d'elles et du cercle

$$y^2 + x^2 - ay - bx = 0,$$

ce qui rentre dans les constructions précédentes.

Détermination, par des intersections de courbes, du NOMBRE *des racines réelles dans les équations numériques à une seule inconnue.*

340. La construction de deux *lieux géométriques* sur les mêmes axes, ayant fait connaître les *longueurs* des *abscisses* de leurs points d'inter-

section, si, pour chaque abscisse, on cherche ensuite, d'après la règle que donne la Géométrie, le *rapport numérique* de cette longueur à la ligne prise pour unité, on obtient ainsi des valeurs plus ou *moins approchées* des racines *réelles* que renferme l'équation résultant de l'élimination de y entre les équations des deux lieux géométriques.

Mais ce mode d'approximation est loin de valoir, sous le rapport de la rigueur, les méthodes connues de l'*analyse algébrique*.

Il n'en est pas de même quand il ne s'agit que de fixer *le nombre* des racines réelles. On sait que cette recherche exige, soit la formation de l'*équation aux carrés des différences,* soit l'application du *théorème de Sturm ;* or les calculs dans lesquels on se trouve alors entraîné sont souvent *fort laborieux* et même *impraticables* par leur longueur ; tandis que, *le plus communément,* on arrive très-vite au but par la considération des *lieux géométriques.*

Donnons quelques exemples.

341. *Premier exemple.* — Soit l'équation

$$(1) \qquad x^3 - 6x - 7 = 0 \ (fig. 170).$$

La substitution des nombres $0, 1, 2, 3, \ldots, -1, -2, \ldots$, dans cette équation ne donnant lieu qu'à *un seul* changement de signe, il faudrait avoir recours soit à l'*équation aux différences,* soit à l'application du *théorème de Sturm.*

Faisons usage des lieux géométriques.

Soit posé dans l'équation (1)

$$(2) \qquad x^2 = 2y;$$

il en résulte

$$(3) \qquad 2xy - 6x - 7 = 0;$$

et si l'on construit les équations (2) et (3) sur les mêmes axes, les *abscisses* des points d'intersection de leurs *lieux géométriques* seront les *racines* de l'équation (1).

Or le *premier lieu* est une *parabole* LAL' ayant son *axe principal* dirigé suivant AY, son *sommet* en A, et 2 pour *paramètre.*

Le *second* est une *hyperbole* dont les asymptotes ont pour équations,

$$y = 3 \quad \text{et} \quad x = 0$$

$\left[\begin{array}{l} \text{car l'équation (3) revient à} \end{array}\right.$

$$y = 3 + \frac{7}{2x} \bigg].$$

D'ailleurs, la courbe doit passer par le point C pour lequel on a

$$y = 0, \quad x = -\frac{7}{6};$$

elle est donc facile à construire (257).

Les deux courbes étant tracées, on reconnaît qu'elles ne se rencontrent qu'en un seul point M dont *l'abscisse* est comprise entre 2 et 3 [et, en effet, ces deux nombres substitués dans l'équation (1) donnent des résultats *de signes contraires*].

Ainsi l'équation (1) ne peut avoir qu'*une racine réelle*.

N. B. — Comme les branches *négatives* des deux courbes sont assez rapprochées l'une de l'autre dans le voisinage des points correspondants à $y = 1$, on pourrait penser qu'il y a de ce côté *quelque point d'intersection*.

Pour s'en assurer, soit posé

$$y = 1 = AS$$

dans les équations (2) et (3); il vient, pour la première,

$$x = \pm \sqrt{2} = \pm 1,4\ldots,$$

et, pour la seconde,

$$x = -\frac{7}{4} = -1,75;$$

ce qui fait voir que le point N de l'hyperbole est *extérieur* à la parabole.

Deuxième exemple. — Soit l'équation

$$(1) \qquad x^4 - 2x^2 + 8x - 3 = 0 \ (\textit{fig. } 171),$$

pour laquelle la substitution des nombres 0, 1, 2,..., — 1, — 2,..., ne donne que deux changements de signe.

Posons

$$(2) \qquad x^2 = y,$$

il en résulte

$$y^2 - 2y + 8x - 3 = 0;$$

d'où, en ajoutant ces deux équations,

$$(3) \qquad x^2 + y^2 - 3y + 8x - 3 = 0.$$

Les équations (2) et (3) correspondent :

1° A la parabole LAL′ dont 1 est le *paramètre;*

2° A une circonférence de cercle GMM′G′, dont le centre O a pour coordonnées

$$x = AB = -4, \quad y = OB = \frac{3}{2},$$

et qui a pour rayon

$$R = \sqrt{16 + \frac{9}{4} + 3} = \frac{1}{2}\sqrt{85} = 4,6\ldots$$

Or ces deux courbes n'ont évidemment que les deux points communs M, M', dont les abscisses AP, AP' sont respectivement comprises entre 0 et 1, — 2 et — 3.

[Et, en effet, l'équation (1) avait été formée par la multiplication des deux facteurs

$$x^2 - 2x + 3, \quad x^2 + 2x - 1,$$

dont le premier, égalé à zéro, donne lieu à des racines imaginaires, et le second aux deux valeurs

$$x = -1 \pm \sqrt{2}.\,]$$

Nous pourrions multiplier les exemples; mais ceux qui précèdent suffisent pour montrer la marche qu'il faut suivre tant que l'équation proposée ne surpasse par le quatrième degré.

Un procédé analogue peut être employé lorsque l'équation est d'un degré supérieur; mais alors on est conduit à des constructions un peu plus compliquées. Nous prendrons, pour exemple, une équation du sixième degré.

Troisième exemple. — Soit l'équation

(1) $$x^6 - 2x^4 + 2x^3 + 3x^2 - x - 2 = 0 \;(\textit{fig}.\,172).$$

Au lieu de poser $x^2 = y$, ce qui donnerait lieu à une autre équation en x, y du troisième degré, dont la construction présenterait quelques difficultés, on peut faire

(2) $$x^3 = y;$$

et il vient

(3) $$y^2 - 2xy + 2y + 3x^2 - x - 2 = 0.$$

Le lieu géométrique de l'équation (2) est une courbe du troisième degré; mais la construction en est très-simple.

Observons d'abord que les valeurs de x et de y étant nécessairement de *même signe*, d'après l'inspection de l'équation, la courbe doit s'étendre indéfiniment à la droite de AY, et au-dessus de l'axe des x, puis à la gauche de AY, mais au-dessous de AX.

De plus, comme, en remplaçant $+x$, $+y$ par $-x$, $-y$, on retrouve la même équation, il s'ensuit (130) que l'origine des coordonnées est le *centre* de la courbe qui passe d'ailleurs par ce point; car $x = o$, $y = o$ vérifient l'équation.

Enfin, si l'on forme le *coefficient d'inclinaison* de la tangente en un point (x, y), on trouve pour ce coefficient

$$+ 3 x^2,$$

qui devient $\pm o$, quand on pose

$$x = o;$$

ce qui démontre (98) que la courbe est tangente à l'axe des x, en A, origine des coordonnées.

Cela suffit à la rigueur pour donner le sentiment de la courbe qui affecte la forme

$$\mathrm{KAK'};$$

mais rien n'empêche de donner à x quelques valeurs, et de construire les valeurs de y correspondantes. On trouve ainsi :

$$
\begin{aligned}
\text{Pour} \quad & x = \tfrac{1}{2} = \mathrm{AB}, \quad y = \tfrac{1}{8} = \mathrm{BN}, \\
\text{»} \quad & x = 1 = \mathrm{AD}, \quad y = 1 = \mathrm{DN'}, \\
\text{»} \quad & x = \tfrac{3}{2} = \mathrm{AC}, \quad y = \tfrac{27}{8} = 3\tfrac{3}{8}, \\
\text{»} \quad & x = 2, \quad\quad\quad y = 8.
\end{aligned}
$$

On voit, d'après les valeurs de y correspondantes aux valeurs de x, qu'à partir de $x = 1$, la courbe s'élève très-rapidement au-dessus de l'axe des x; quant à la *partie inférieure*, elle est, comme on l'a vu, *symétrique* par rapport à la partie supérieure.

Occupons-nous maintenant de l'équation (3) pour laquelle on a entre les coefficients (296) la relation

$$\mathrm{B}^2 - 4\,\mathrm{AC} = 4 - 12 = -8,$$

et qui, par conséquent, est celle d'une *ellipse*.

Cette équation, résolue par rapport à y, donne

$$y = x - 1 \pm \sqrt{-2x^2 - x - 3};$$

d'où l'on voit :

1° Que $y = x - 1$, ou DD', est un *diamètre*;

2° Que les *limites* de la courbe dans le sens des x sont

$$x = 1, \quad x = -\frac{3}{2},$$

valeurs tirées de l'équation

$$x^2 + \frac{1}{2}x - \frac{3}{2} = 0\,;$$

elles sont représentées sur la figure par DL, D'L'.

Après avoir déterminé ses points d'intersection avec les axes,

$$\left(y = 0, \quad x = 1, \quad x = -\frac{2}{3}, \quad \text{puis}, \quad x = 0, \quad y = 1 \pm \sqrt{3} \right),$$

et le diamètre II' conjugué du diamètre DD', comme on l'a fait au n° 303, on obtient l'ellipse DID'I'D, qui n'a évidemment que *deux* points communs avec KAK'.

Ainsi, l'équation n'a que *deux racines réelles,* l'une *positive* et comprise entre 0 et 1, l'autre *négative* et comprise entre -1 et -2.

On peut s'exercer sur les équations

$$x^5 - 3x^2 + 2x - 4 = 0, \quad x^5 - 4x^3 + 5x - 6 = 0\,;$$

et l'on reconnaîtra que chacune d'elles n'a qu'*une seule* racine réelle.

342. *Première remarque.* — Lorsque l'équation proposée renferme des *racines égales,* on en est averti par le *contact des courbes* en *un* ou *plusieurs* points. Or on sait que les méthodes d'approximation de l'*analyse algébrique* ne peuvent, en général, s'appliquer à ces sortes d'équations qu'après que l'on a d'abord ramené leur résolution à celle d'autres équations dont les racines sont inégales : opérations souvent laborieuses.

343. *Seconde remarque.* — L'équation

$$y = x^3,$$

dont on a fait usage dans le troisième exemple, est un cas particulier de l'équation

$$y = a + bx + cx^2 + dx^3 + \ldots,$$

qui étant construite pour toutes les valeurs attribuées aux coefficients a, b, c, d,..., et suivant le terme auquel on arrête la série, conduit à des lieux géométriques désignés génériquement sous la dénomination de *courbes paraboliques.*

Ainsi

$$y = a + bx + cx^2$$

est l'équation de la *parabole ordinaire*; et

$$y = x^3$$

est un cas particulier de l'équation des paraboles *cubiques* ou du *troisième degré*.

Les géomètres ont encore tiré parti de la construction de ces courbes, pour expliquer les principes fondamentaux de la résolution des *équations numériques*. (*Consulter*, à ce sujet, l'*Algèbre* de M. Garnier.)

Problèmes sur les lieux géométriques, se rapportant aux courbes du second degré.

Les questions suivantes ont surtout pour objet de faire connaître certaines propriétés des courbes du second degré, qui n'ont pu trouver place dans le développement de leur théorie.

344. Premier problème. — Une *ellipse* ou une *hyperbole* étant donnée, *on demande le lieu où se rencontrent deux tangentes perpendiculaires entre elles, quelle que soit la position de la première tangente.*

Considérons d'abord une ELLIPSE, rapportée à son centre et à ses axes,

$$A^2 y^2 + B^2 x^2 = A^2 B^2 ;$$

et désignons par x', y' les coordonnées du point de contact de la première tangente, par x'', y'' celles qui se rapportent à la seconde. On a, pour fixer la position de ces deux tangentes, les systèmes d'équations

$$(1) \qquad A^2 y y' + B^2 x x' = A^2 B^2, \quad A^2 y'^2 + B^2 x'^2 = A^2 B^2,$$

$$(2) \qquad A^2 y y'' + B^2 x x'' = A^2 B^2, \quad A^2 y''^2 + B^2 x''^2 = A^2 B^2.$$

De plus, comme ces droites sont supposées perpendiculaires l'une à l'autre, il faut (64) y joindre la relation

$$- \frac{B^2 x'}{A^2 y'} \times - \frac{B^2 x''}{A^2 y''} + 1 = 0,$$

ou simplifiant,

$$(3) \qquad A^4 y' y'' + B^4 x' x'' = 0.$$

Ces *cinq* équations devant exister simultanément pour le point commun aux deux droites, il s'ensuit (110) que, si l'on élimine les quantités x', y', x'', y'' qui varient d'une position de chaque couple de tangentes à l'autre, l'équation résultante, en x et en y, devra être également satisfaite par les coordonnées de ce point commun, et sera, par conséquent, l'équation du lieu géométrique demandé.

La première des équations (1) donne

$$y' = \frac{B^2(A^2 - xx')}{A^2 y},$$

d'où, substituant dans la seconde et réduisant,

$$(4) \qquad (A^2 y^2 + B^2 x^2) x'^2 - 2 A^2 B^2 xx' + A^4(B^2 - y^2) = 0.$$

Par un simple échange de A, x, x' en B, y, y', on trouverait, à cause de la symétrie des équations (1),

$$(5) \qquad (A^2 y^2 + B^2 x^2) y'^2 - 2 A^2 B^2 yy' + B^4(A^2 - x^2) = 0 ;$$

et la résolution des équations (4) et (5) ferait connaître séparément x' et y' : mais il est facile de voir que ces deux opérations sont inutiles.

En effet, remarquons que les équations (2) ne diffèrent des équations (1) qu'en ce que x'' et y'' remplacent x' et y'; donc, si l'on voulait déterminer x'', y'', au lieu de x', y', on retomberait sur les équations (4) et (5); seulement les caractères des inconnues seraient changés.

Il résulte de là nécessairement que l'équation (4) a pour ses deux racines la valeur de x' et celle de x''.

Même raisonnement pour les valeurs de y', y''.

Or on sait que le *dernier terme* de toute équation du second degré à une seule inconnue, divisé par le coefficient du premier terme, est égal au produit des deux racines.

On a donc les nouvelles relations

$$(6) \qquad x'x'' = \frac{A^4(B^2 - y^2)}{A^2 y^2 + B^2 x^2},$$

$$(7) \qquad y'y'' = \frac{B^4(A^2 - x^2)}{A^2 y^2 + B^2 x^2},$$

et si l'on substitue ces valeurs de $x'x''$, $y'y''$, dans l'équation de condition (3), on obtient, toute réduction faite,

$$x^2 + y^2 = A^2 + B^2,$$

équation qui, ne renfermant plus que x, y, n'est autre, d'après ce qui a été dit ci-dessus, que l'équation du lieu géométrique cherché.

N. B. — On arrive au même résultat, d'une manière plus simple, en substituant aux coordonnées x', y' et x'', y'' des points de contact, les coefficients d'inclinaison m et m' des deux tangentes.

Il résulte, en effet, de ce qui a été dit au n° 195, que les équations des deux tangentes peuvent être mises sous la forme

$$(1) \qquad y = mx \pm \sqrt{A^2 m^2 + B^2},$$

$$(2) \qquad y = m'x \pm \sqrt{A^2 m'^2 + B^2};$$

et comme ces droites doivent être perpendiculaires entre elles, on a entre m et m' la relation

$$(3) \qquad mm' + 1 = 0.$$

Ces trois équations doivent exister simultanément pour le point de rencontre des deux tangentes; donc l'équation résultant de l'élimination des quantités m et m' conviendra également à ce point, et sera celle du lieu géométrique cherché.

Or, si, en ne considérant que l'équation (1), on chasse le radical, et qu'après avoir effectué les calculs, on ordonne par rapport à m, on trouve

$$(4) \qquad (A^2 - x^2) m^2 + 2xy\, m + B^2 - y^2 = 0.$$

Comme l'équation (2) ne diffère de (1) que par le caractère de l'inconnue m' au lieu de m, on doit conclure que l'équation (4) a pour racines les deux valeurs de m et de m', et, par suite, que $\dfrac{B^2 - y^2}{A^2 - x^2}$ est égal au produit de ces deux valeurs.

On a donc la nouvelle relation

$$\frac{B^2 - y^2}{A^2 - x^2} = mm';$$

d'où, substituant dans la relation (3), et chassant le dénominateur,

$$x^2 + y^2 = A^2 + B^2,$$

comme ci-dessus.

Pour résoudre la même question à l'égard de l'HYPERBOLE, il suffit de changer B^2 en $- B^2$; ce qui donne, pour l'équation finale,

$$x^2 + y^2 = A^2 - B^2.$$

345. *Discussion.* — L'équation à laquelle on est parvenu pour l'ELLIPSE montre que, dans cette courbe, le lieu géométrique des points de rencontre de chaque couple de tangentes perpendiculaires l'une à l'autre est *une circonférence de cercle* CONCENTRIQUE *avec la courbe, et ayant pour rayon la diagonale du rectangle construit sur les demi-axes.*

Si l'on suppose $A = B$, auquel cas la courbe donnée est un cercle, le lieu géométrique est un autre cercle dont le rayon $A\sqrt{2}$ est la *demi-diagonale du* CARRÉ CIRCONSCRIT au cercle donné.

Pour l'HYPERBOLE, le lieu géométrique est *une circonférence de cercle, concentrique avec la courbe, et ayant pour rayon un côté de l'angle droit d'un triangle rectangle construit sur la moitié du premier axe pour hypoténuse et l'autre demi-axe pour autre côté de l'angle droit.*

Dans le cas de A = B, c'est-à-dire d'une hyperbole *équilatère*, le rayon devient *nul*, et l'équation

$$x^2 + y^2 = 0$$

qu'on obtient, ne pouvant être satisfaite que par

$$x = 0, \quad y = 0,$$

il s'ensuit que le lieu géométrique se réduit à *un point* qui est le *centre* même de la courbe.

Donc, dans l'hyperbole équilatère, *il ne peut y avoir qu'*UN SEUL *couple de tangentes* perpendiculaires; et ce sont *les asymptotes.*

Enfin, si l'on a A < B, ou le premier axe *moindre* que le second, l'expression du rayon du cercle trouvé pour lieu géométrique est une quantité *imaginaire;* ce qui veut dire que, dans ce cas, il *ne saurait exister aucun couple de tangentes perpendiculaires.*

Il suffit d'avoir le sentiment de la courbe appelée *hyperbole* pour se rendre compte de ces circonstances qu'offre le calcul.

Nous pourrions nous proposer la même question par rapport à la *parabole;* mais elle n'est qu'un cas particulier de la question suivante.

346. SECOND PROBLÈME. — Une *parabole* étant donnée, *on demande le lieu où se rencontrent deux tangentes quelconques assujetties à faire entre elles un angle donné.*

Remarquons d'abord que, si m désigne le coefficient angulaire d'une tangente, x', y' étant les coordonnées du point de contact, on a (264) les relations

$$m = \frac{p}{y'}, \quad yy' = p(x + x'), \quad y'^2 = 2px'.$$

On tire de la première,

$$y' = \frac{p}{m};$$

d'où, substituant dans la troisième,

$$x' = \frac{p}{2\,m^2};$$

et reportant ces valeurs de x', y' dans la seconde,

$$\frac{py}{m} = p\left(x + \frac{p}{2\,m^2}\right), \quad \text{ou} \quad 2\,my = 2\,m^2 x + p;$$

ou bien encore

$$y = mx + \frac{p}{2m}.$$

C'est la forme que l'on peut donner à l'équation d'une tangente à la parabole, quand on donne son *coefficient d'inclinaison*, ou qu'elle doit être *parallèle à une ligne donnée*. (*Voir*, à ce sujet, ce qui a été dit pour l'ellipse, au n° 195.)

Cela posé, revenons à la question, et appelons m, m' les coefficients des deux tangentes ; les équations de ces droites sont

$$(1) \qquad y = mx + \frac{p}{2m},$$

$$(2) \qquad y = m'x + \frac{p}{2m'}.$$

Soit d'ailleurs V l'angle donné qu'elles doivent former entre elles ; on a (62) pour relation entre les quantités tang V, m, m',

$$(3) \qquad \operatorname{tang} V = \frac{m - m'}{1 + mm'},$$

et l'élimination de m, m' entre ces trois équations conduira à une équation en x, y, qui sera l'équation du *lieu géométrique* cherché.

L'équation (1), ordonnée par rapport à m^2, devient

$$m^2 - \frac{y}{x} m + \frac{p}{2x} = 0$$

et a pour *racines* les deux valeurs de m, m', à cause de la symétrie des équations (1) et (2).

On en déduit

$$m = \frac{y}{2x} \pm \frac{1}{2x} \sqrt{y^2 - 2px} ;$$

par suite

$$m = \frac{y}{2x} + \frac{1}{2x} \sqrt{y^2 - 2px},$$

$$m' = \frac{y}{2x} - \frac{1}{2x} \sqrt{y^2 - 2px} ;$$

d'où

$$m - m' = \frac{1}{x} \sqrt{y^2 - 2px}, \qquad mm' = \frac{p}{2x}.$$

Portant ces valeurs dans la relation (3), on obtient

$$\operatorname{tang} V \left(1 + \frac{p}{2x} \right) = \frac{1}{x} \sqrt{y^2 - 2px}.$$

ou, chassant le radical et ordonnant,

$$y^2 - x^2 \tan^2 V - p\left(2 + \tan^2 V\right)x - \frac{p^2}{4}\tan^2 V = 0.$$

Telle est l'équation du lieu géométrique demandé.

Ce lieu est une *hyperbole* dont les *axes principaux* sont *parallèles* aux axes primitifs, puisque l'équation est privée du terme en xy ; le *centre* de la courbe est d'ailleurs placé sur l'axe des x, le terme en y manquant.

Nous n'insisterons pas sur la construction de cette courbe, ce qui n'offrirait aucun intérêt.

Mais nous chercherons ce que devient l'équation lorsque l'on suppose les deux tangentes à *angle droit*.

Pour cela, il faut diviser tous les termes de cette équation par $\tan^2 V$, ce qui donne

$$\frac{y^2}{\tan^2 V} - x^2 - \frac{2p}{\tan^2 V}x - px - \frac{p^2}{4} = 0,$$

équation qui, pour $\tan V$ *infini*, se réduit à

$$-x^2 - px - \frac{p^2}{4} = 0 ; \quad \text{d'où} \quad \left(x + \frac{p}{2}\right)^2 = 0,$$

par suite

$$x = -\frac{p}{2} ;$$

ce qui fait voir (151) que le lieu géométrique est, dans ce cas, la *directrice* de la parabole.

La directrice de la parabole jouit donc de cette propriété remarquable, que, *si, de chacun de ses points, on mène deux tangentes à la courbe, ces droites sont perpendiculaires entre elles;* ce qu'il serait d'ailleurs facile de démontrer géométriquement.

N. B. — Si l'on voulait résoudre la question qui a fait l'objet de ce *numéro,* pour les deux autres courbes du second degré, on arriverait à une équation du quatrième degré, en x et y ; c'est-à-dire que le lieu géométrique serait *une courbe du quatrième degré.*

On peut se proposer cette question comme exercice de calcul.

347. TROISIÈME PROBLÈME. — *Par un point quelconque pris sur le plan d'une* PARABOLE, *on propose de mener une normale à la courbe.*

Ce problème offre un véritable intérêt sous le rapport de la discussion des résultats.

Soient α, β les coordonnées d'un point quelconque situé sur le plan de la parabole

$$y^2 = 2px ;$$

l'équation d'une droite assujettie à passer par le point (α, β) est de la forme

$$y - b = m(x - \alpha);$$

et si l'on veut que cette droite soit perpendiculaire à la tangente ayant x', y' pour coordonnées du point de contact, il faut (64 et 264) que l'on ait la relation

$$m = -\frac{y'}{p};$$

ce qui donne, pour l'équation de la normale correspondant à ce point,

$$(1) \qquad y - b = -\frac{y'}{p}(x - \alpha),$$

y' étant une inconnue qu'il s'agit de trouver.

On a, pour cela, les deux relations

$$(2) \qquad y'^2 = 2px',$$

$$(3) \qquad y' - b = -\frac{y'}{p}(x' - \alpha),$$

dont la première exprime que le point (x', y') se trouve sur la courbe, et la seconde, que la normale doit passer par ce même point.

On déduit de l'équation (2)

$$x' = \frac{y'^2}{2p},$$

d'où, substituant dans l'équation (3) et ordonnant par rapport à y,

$$(4) \qquad y'^3 + 2p(p - \alpha)y' - 2bp^2 = 0,$$

équation qui, résolue, ferait connaître y', dont il suffirait de porter ensuite les valeurs dans l'équation (1) pour obtenir la normale demandée.

Comme l'équation (4) est du troisième degré, on est en droit de conclure qu'en général, *par un point donné de position dans le plan d'une parabole, on peut mener* TROIS *normales à cette courbe.*

Cette équation ne pouvant être résolue immédiatement et sans que l'on donne à p, α, b des valeurs *numériques* particulières, rien n'empêche, pour fixer la position de chaque point de contact, de substituer à sa résolution la construction des équations (2) et (3) dont elle est *l'équation finale.*

Or la courbe qui correspond à (2) est la *parabole* déjà tracée.

L'équation (3), ramenée à la forme

$$y'x' + (p - \alpha)y' - bp = 0, \quad \text{d'où} \quad y' = 0 + \frac{bp}{x' + p - \alpha},$$

représente (307) une *hyperbole* ayant pour asymptotes $y' = 0$, ou l'axe des x, et

$$x' + p - \alpha = 0 \quad \text{ou} \quad x' = \alpha - p.$$

c'est-à-dire *une parallèle* à l'axe des y, menée à la distance $\alpha - p$ de l'origine.

Cette courbe, passant d'ailleurs par le point

$$x' = 0, \quad y' = \frac{6p}{p - \alpha},$$

pourrait (257) être facilement construite.

348. *Discussion de l'équation* (4). — L'Algèbre nous apprend que, dans toute équation du troisième degré ramenée à la forme

$$x^3 + px + q = 0,$$

c'est-à-dire privée du second terme, suivant que l'on a

$$\frac{q^2}{4} + \frac{p^3}{27} < 0, \ = 0, \ > 0,$$

les *trois* racines sont *réelles et inégales*, ou *deux* des racines sont *réelles et égales à la moitié* de la troisième prise en signe contraire, ou bien *une seule* des racines est *réelle*.

Cela posé, considérons une parabole quelconque LAL' (*fig.* 173) représentée par l'équation

$$y^2 = 2px.$$

Soit F le foyer ; et prenons une distance

$$AO = 2\,AF = p.$$

Pour que le problème proposé admette *trois* solutions, c'est-à-dire pour que l'équation (4)

$$y'^3 + 2p(p - \alpha)y' - 26p^2 = 0,$$

ait ses trois racines réelles, il faut, d'après ce qui vient d'être dit, que l'on ait

$$6^2 p^4 + \frac{8p^3}{27}(p - \alpha)^3 \leqq 0,$$

ou, supprimant le facteur p^3,

$$(5) \qquad p\,6^2 + \frac{8}{27}(p - \alpha)^3 < 0,$$

ou bien,

$$(6) \qquad p\,6^2 + \frac{8}{27}(p - \alpha)^3 = 0.$$

Or ces deux conditions exigent, en *premier lieu*, p étant par sa nature un nombre absolu, que l'abscisse α soit *plus grande* que p, ou *au moins* égale à p.

Si l'on fait $\alpha = p = \mathrm{AO}$ dans l'équation (4), elle se réduit à

$$y'^3 - 2\theta p^2 = 0,$$

équation du troisième degré à *deux* termes, qui, comme l'on sait, ne peut avoir qu'*une seule* racine *réelle*.

Donc, en *second lieu,* on ne saurait mener du point O qu'*une seule* normale, laquelle passe d'ailleurs par l'origine; car, en posant $\alpha = p$ dans la relation (6), on trouve

$$\theta = 0.$$

Je dis actuellement que les coordonnées θ et α pouvant être considérées comme deux variables dont les valeurs changent avec la position donnée au point par lequel ou veut mener une normale, si l'on construit le *lieu* exprimé par l'équation (6), ou

$$\theta^2 = \frac{8}{27p}\,(\alpha - p)^3,$$

ce lieu sera une *limite de séparation* entre les points par chacun desquels on peut mener *trois* normales, et les points par lesquels on ne peut en mener qu'*une seule*.

En effet, il est évident que si, pour une ordonnée de ce lieu géométrique supposé construit, on a

$$p\theta^2 - \frac{8}{27}\,(\alpha - p)^3 = 0,$$

pour une ordonnée θ' *plus grande* que θ, et correspondant à la même valeur de α, on doit avoir

$$p\theta'^2 - \frac{8}{27}\,(\alpha - p)^3 > 0,$$

ce qui est la condition d'*une seule* normale; qu'au contraire, pour une ordonnée θ'' moindre que θ et correspondant à la même abscisse, on doit avoir

$$p\theta''^2 - \frac{8}{27}\,(\alpha - p)^3 < 0,$$

condition relative à l'existence de *trois* normales passant par le point donné.

Il résulte d'ailleurs des principes rappelés au commencement de cette discussion, que, pour chacun des points de la ligne à construire, *deux* des trois normales doivent *se confondre ;* en sorte qu'à proprement parler, il ne peut exister que DEUX normales passant par ce point.

Construisons donc ce lieu géométrique.

Pour simplifier, remplaçons les variables θ, α par y, x, ce qui donne

$$y^2 = \frac{8}{27p}(x-p)^3:$$

puis transportons l'origine au point O, en posant

$$x = x + p;$$

il vient la nouvelle équation

$$y^2 = \frac{8\,x^3}{27p};$$

et l'on voit immédiatement que le *lieu géométrique* est une courbe qui s'étend *indéfiniment* dans le sens des x positifs, à partir de la nouvelle origine O, et *symétriquement* au-dessus et au-dessous de l'axe des x.

Les points les plus remarquables de cette courbe sont ceux où elle rencontre la *parabole ;* et pour les trouver, il suffit, après avoir posé

$$x = x + p$$

dans l'équation de la parabole, pour que les deux courbes aient la même origine, de combiner entre elles les deux équations

$$y^2 = 2p(x+p), \quad \text{et} \quad y^2 = \frac{8}{27p}x^3.$$

En égalant les deux valeurs de y^2, et ordonnant, on arrive à l'équation

$$8x^3 - 54p^2x - 54p^3 = 0,$$

qui est *homogène*, et qu'on peut rendre *numérique* en y substituant px au lieu de x; ce qui donne

$$8x^3 - 54x - 54 = 0.$$

L'application de la méthode des *racines commensurables* fait reconnaître facilement que l'équation est satisfaite par

$$x = 3.$$

Donc

$$x = 3p,$$

et, par suite,

$$y = \pm\, 2p\sqrt{2},$$

sont les coordonnées des points où les deux courbes se rencontrent.

Prenons, à partir du point O, OC $= 3p = 3$AO, et élevons CD perpendiculaire à AX ; la courbe cherchée doit passer par les points D, D'.

Pour nous en former une idée plus nette, déterminons le *coefficient d'inclinaison* de la tangente. La règle du n° 102 donne

$$a = \frac{4 x'^2}{9 p y'},$$

qu'il faut tâcher d'exprimer en x' seulement.

Or, de la relation

$$y'^2 = \frac{8 x'^3}{27 p},$$

on déduit

$$y' = \frac{2}{3} \sqrt{\frac{2}{3 p}} \, x' \sqrt{x'},$$

ce qui donne, après la suppression du facteur $x' \sqrt{x'}$, commun aux deux termes,

$$a = k \sqrt{x'},$$

k étant une constante qu'il est inutile de calculer, pour le but que nous nous proposons.

Soit fait maintenant

$$x' = 0,$$

valeur correspondante à l'origine O : il en résulte

$$a = 0 ;$$

ce qui prouve que la tangente à l'origine se confond avec l'axe des abscisses.

De là on peut conclure que la courbe a la forme IOI', présentant sa convexité vers le côté *positif* de l'axe des x.

349. *Remarque.* — La courbe qui vient d'être construite est du genre de celles qu'on désigne ordinairement sous le nom de CISSOÏDES.

Leur caractère principal est d'être *symétriques* par rapport à une certaine droite, tangente au point qui leur sert, en quelque sorte, de point de départ, et de s'étendre *indéfiniment* au-dessus ou au-dessous de la droite dans *un même sens*.

Quelquefois les *cissoïdes* ont une *asymptote*; telle est la *cissoïde de* DIOCLÈS, courbe susceptible d'une définition rigoureuse et très-simple.

De quelques courbes remarquables.

350. *Cissoïde de* DIOCLÈS. — Un cercle étant décrit sur une droite AB (*fig.* 174) comme diamètre, et une droite indéfinie BI étant menée perpendiculairement à AB, par l'une des extrémités de ce diamètre, *si de l'autre extrémité A on mène une sécante quelconque AL rencontrant la*

*circonférence et la perpendiculaire en deux points C, D, que sur cette
sécante on prenne* AM = CD, *on demande la ligne engendrée par le
point M dans toutes les situations que peut prendre la sécante.*

Prenons pour axes le diamètre AB et la perpendiculaire élevée au point A.
Soient d'ailleurs
$$AB = 2r, \quad AP = \alpha, \quad MP = 6.$$

La condition à exprimer *analytiquement* est, d'après l'énoncé,
$$AM = CD = AD - AC.$$

On a d'abord

(1)
$$AM = \sqrt{6^2 + \alpha^2};$$

d'un autre côté, l'équation du cercle, rapportée au sommet A comme
origine, est (73)

(2)
$$y^2 = 2rx - x^2,$$

celle de la sécante AL,

(3)
$$y = mx,$$

et celle de la perpendiculaire BI,

(4)
$$x = 2r.$$

Si l'on combine successivement l'équation (3) avec cette dernière et avec
l'équation (2), on obtiendra les valeurs des coordonnées des points D, C;
d'où il sera facile de conclure les valeurs de AD, AC, et par suite celle de
AD — AC.

Or les équations (4) et (3) donnent
$$x = 2r, \quad y = 2mr,$$

d'où
$$AD = 2r\sqrt{m^2 + 1};$$

et les équations (2) et (3),
$$x = \frac{2r}{m^2 + 1}, \quad y = \frac{2mr}{m^2 + 1},$$

d'où
$$AC = \frac{2r}{\sqrt{m^2 + 1}}.$$

Par conséquent,
$$AD - AC = 2r\sqrt{m^2 + 1} - \frac{2r}{\sqrt{m^2 + 1}} = \frac{2m^2 r}{\sqrt{m^2 + 1}}.$$

Observons maintenant que, d'après le triangle rectangle AMP, on a

$$\tan \text{MAP} \quad \text{ou} \quad m = \frac{\epsilon}{\jmath},$$

ce qui donne, toute réduction faite, pour la valeur de $AD - AC$.

$$AD - AC = \frac{2\,\epsilon^2 r}{\alpha \sqrt{\epsilon^2 + \alpha^2}}.$$

Il ne reste plus qu'à remplacer AM et $AD - AC$ par leurs valeurs dans l'équation de condition, et l'on trouve

$$\sqrt{\epsilon^2 + \alpha^2} = \frac{2\,\epsilon^2 r}{\alpha \sqrt{\epsilon^2 + \alpha^2}},$$

ou, chassant le dénominateur, et résolvant par rapport à ϵ,

$$\epsilon^2 = \frac{\alpha^3}{2\,r - \alpha},$$

ou bien, en remplaçant ϵ et α par y et x,

$$y^2 = \frac{x^3}{2\,r - x}.$$

Telle est l'équation de la *cissoïde de Dioclès*.

Discussion. — On prouverait facilement, comme on l'a fait au n° 348, que cette courbe, qui passe par l'origine, est tangente à l'axe des abscisses.

De plus, si l'on pose
$$x = r = AO,$$
il en résulte
$$y^2 = \frac{r^3}{r} = r^2, \quad \text{ou} \quad y = \pm\, r;$$

ce qui fait voir que la courbe doit rencontrer le cercle aux extrémités du diamètre NN′ perpendiculaire à l'axe des x.

On reconnaît enfin que plus x augmente en se rapprochant de $2r$, plus le dénominateur de la valeur de y^2 diminue, tandis que le numérateur augmente de plus en plus ; donc la courbe *se rapproche sans cesse et indéfiniment* de IBI′, qui est, par conséquent, une *asymptote*.

Au delà de $x = 2r = AB$, la valeur de y devient *imaginaire*.

Conchoïde de Nicomède.

351. Au nombre des courbes algébriques, on distingue encore la *con-

choïde de Nicomède dont il existe également une définition géométrique que nous allons énoncer.

On donne une droite *indéfinie* LL′ (*fig.* 175), et un point A dont la distance AB à LL′ est égale à une LIGNE CONNUE *a*. *Si du point* A, *on mène une droite quelconque* AH, *que sur cette nouvelle droite et à partir du point* D, *où elle rencontre la première* LL′, *on prenne une distance* DM *égale à une* SECONDE LIGNE CONNUE *b*, *on demande le lieu du point* M *pour toutes les positions que l'on peut donner à la droite* AH.

Comme rien n'empêche de porter la distance *b* de D en M′, au lieu de la porter de D en M, il résulte évidemment de la définition précédente, que la courbe cherchée se compose de deux *branches distinctes* qui s'étendent indéfiniment à droite et à gauche de la perpendiculaire AK abaissée du point A sur LL′, et ont pour *asymptote commune* la droite LL′.

La construction de cette courbe, qui n'offre aucune difficulté, a quelque analogie avec celle de l'hyperbole, quand on donne *les asymptotes et un point*.

Pour former son équation algébrique, prenons pour axe des x la droite LL′, et pour axe des y la perpendiculaire AK ; l'origine des coordonnées est alors en B.

Posons

$$AB = a, \quad BC = b, \quad BP = x, \quad MP = y;$$

prolongeons d'ailleurs l'ordonnée MP jusqu'à sa rencontre en R avec une parallèle H′ à LL′, menée par le point A.

Les deux triangles semblables AMR, DMP, donnent

$$AM : MD :: MR : MP \quad \text{ou} \quad AM : b :: a + y : y;$$

d'où l'on déduit

$$AM = \frac{b(a + y)}{y},$$

D'un autre côté, on a, d'après le triangle AMR,

$$\overline{AM}^2 = \overline{AR}^2 + \overline{MR}^2 = x^2 + (a + y)^2;$$

par suite,

$$\frac{b^2(a + y)^2}{y^2} = x^2 + (a + y)^2,$$

ou

$$(1) \qquad x^2 = \frac{(b^2 - y^2)(a + y)^2}{y^2},$$

équation du quatrième degré en y, mais du deuxième degré en x, et à *deux* termes ; ce qui prouve que la courbe est *symétrique* par rapport à l'axe des y.

Discussion. — Soit fait

$$y = 0;$$

il en résulte

$$x = \infty :$$

résultat conforme à ce qui a été dit plus haut, que LL' est une *asymptote*.

Pour $x = 0$, l'équation devient

$$(b^2 - y^2)(a + y)^2 = 0; \quad \text{d'où} \quad y = \pm b, \quad y = -a.$$

Les deux premières valeurs $+ b$ et $- b$ donnent les points C et C' : ce qui doit être ; mais la troisième, qui semble donner le point A pour un point de la courbe, a besoin d'être interprétée.

Or il résulte de la définition que la branche *inférieure* peut avoir son point de départ *entre* les points B et A, en C', ou *sur le prolongement* de BA, ou bien *se confondre* avec le point A, suivant que l'on a

$$b < a, \quad b > a, \quad b = a.$$

Dans le second cas, il est visible que la courbe doit avoir une espèce de *boucle* (*fig.* 176), analogue à celle du *folium* de DESCARTES (317, 3ᵉ *exemple*).

Quant au troisième cas, puisque pour $x = 0$ on a

$$y = -b, \quad y = -a \ (\textit{fig.} \ 177),$$

ces deux valeurs deviennent *identiques* quand on suppose les deux distances a et b *égales entre elles*, et l'on a alors le point A pour point de départ de la seconde branche.

Voilà pourquoi $y = -a$ peut être admis comme solution : elle n'est véritablement *étrangère* que dans les deux autres hypothèses :

$$b < a, \quad b > a.$$

L'équation *polaire* de la courbe est assez remarquable par sa simplicité.

Prenons le point A (*fig.* 175) pour *pôle* et la droite AK pour *axe polaire*.

Le triangle rectangle ABD donne

$$AB = AD.\cos BAD, \quad \text{ou} \quad a = AD.\cos\varphi;$$

d'où

$$AD = \frac{a}{\cos\varphi}, \quad \text{et} \quad AM = AD + b = \frac{a}{\cos\varphi} + b.$$

Il vient donc pour l'équation polaire

$$\rho = \frac{a}{\cos\varphi} + b :$$

la longueur b pouvant être considérée avec le double *signe* $\pm$.

Si l'on fait dans cette équation

$$\varphi = 0,$$

il en résulte

$$\cos\varphi = 1, \quad \text{d'où} \quad \rho = a + b;$$

ce qui donne C et C' comme points de la courbe.

Pour $\varphi = 90°$, on a

$$\cos\varphi = 0, \quad \text{d'où} \quad \rho = \infty;$$

et le rayon vecteur devient *parallèle* à LL'.

De cette équation polaire, il est facile de déduire l'équation purement algébrique obtenue précédemment.

Le triangle rectangle ARM donne d'abord

$$AM = \sqrt{\overline{AR}^2 + \overline{MR}^2} = \sqrt{\overline{BP}^2 + \left(\overline{PM + PR}\right)^2};$$

par suite,

$$\rho = \sqrt{x^2 + (a + y)^2}.$$

Puis on a, d'après le triangle DPM,

$$PM = DM.\cos DMP = b\cos\varphi; \quad \text{d'où} \quad \cos\varphi = \frac{y}{b}.$$

Ainsi l'équation polaire devient par la substitution des *valeurs* de ρ et de $\cos\varphi$,

$$\sqrt{x^2 + (a + y)^2} = \frac{ab}{y} + b = \frac{b(a + y)}{y},$$

d'où, élevant au carré et transposant,

$$x^2 = \frac{(b^2 - y^2)(a + y)^2}{y^2};$$

c'est l'équation algébrique qu'on avait obtenue directement (*).

_____

(*) Montucla, dans son *Histoire des Mathématiques*, t. I, p. 254 et suivantes, expose un moyen de construire cette courbe d'un mouvement *continu*, et en fait connaître l'application à la construction des deux problèmes de la *trisection de l'angle*, et de la *duplication du cube*. (*Voir* les nᵒˢ 335 et suivants.)

§ III. — Des courbes du second degré semblables. — Identité des courbes du second degré avec les sections planes d'un cône droit ou d'un cône oblique a base circulaire. — Des sections coniques semblables. — De la section plane dans un cylindre droit ou oblique a base circulaire.

Des courbes du second degré semblables.

352. Deux *ellipses* ou deux *hyperboles* sont dites SEMBLABLES, lorsqu'elles ont *leurs axes proportionnels*.

Ainsi, soient A et B les *demi-axes* d'une première ellipse, a et b ceux d'une seconde ellipse ; elles sont *semblables* si l'on a la proportion

$$A : B :: a : b, \quad \text{ou} \quad A : a :: B : b.$$

Cette dénomination vient de ce que les deux courbes jouissent alors des mêmes propriétés que les *figures semblables* considérées en Géométrie, ainsi que nous allons le démontrer.

ELLIPSES. — Pour faciliter le développement des diverses propositions, nous supposerons les courbes placées l'une sur l'autre de manière qu'elles soient concentriques, et que leurs axes aient la même direction.

Soient donc deux ellipses pour lesquelles O A, O a (*fig*, 178) désignent les *moitiés* des grands axes, et OC, O c les *moitiés* des seconds.

1° Si l'on tire les cordes AC, ac, elles seront nécessairement *parallèles*, et l'on aura la suite de rapports égaux

$$(1) \qquad AC : ac :: A : a :: B : b.$$

2° Considérons une ligne quelconque OL menée par le centre, et appelons D, d, les *demi-diamètres* OM, Om ; Y, X, les coordonnées du point M ; y, x, celles du point m.

Puisque les trois points O, m, M sont en ligne droite, on a la nouvelle suite de rapports égaux

$$(1) \qquad Y : y :: X : x :: D : d;$$

et comme les points M, m appartiennent aux deux courbes, on a aussi les deux relations

$$Y^2 = \frac{B^2}{A^2}(A^2 - X^2), \quad y^2 = \frac{b^2}{a^2}(a^2 - x^2),$$

d'où, à cause de $\dfrac{B}{A} = \dfrac{b}{a}$,

$$Y^2 : y^2 :: A^2 - X^2 : a^2 - x^2.$$

Mais on a déjà

$$Y^2 : y^2 :: X^2 : x^2;$$

donc
$$X^2 : x^2 :: A^2 - X^2 : a^2 - x^2 ;$$

ce qui donne
$$a^2 X^2 = A^2 x^2,$$

par suite,
$$X : x :: A : a.$$

Par conséquent

(2) $$A : a :: X : x :: Y : y :: D : d.$$

3° Soient F et f les *foyers* de droite dans les deux courbes, et désignons par C, c les distances OF, Of; puis menons les rayons vecteurs FM $= R$, $fm = r$.

Les relations
$$C^2 = A^2 - B^2, \quad c^2 = a^2 - b^2,$$

reviennent à
$$C^2 = A^2 \left(1 - \frac{B^2}{A^2} \right), \quad c^2 = a^2 \left(1 - \frac{b^2}{a^2} \right);$$

d'où l'on déduit, à cause de $\dfrac{B}{A} = \dfrac{b}{a}$,

$$C : c :: A : a ;$$

et les triangles OMF, Omf, qui sont alors nécessairement semblables, donnent aussi

(3) $$FM : fm \quad \text{ou} \quad R : r :: C : c :: A : a.$$

4° Aux points M, m, menons les tangentes MR, mr; ces tangentes sont *parallèles*, car leurs *coefficients d'inclinaison*,

$$- \frac{B^2}{A^2} \frac{X}{Y}, \quad - \frac{b^2}{a^2} \frac{x}{y},$$

sont égaux en vertu des relations précédemment établies,

$$\frac{B}{A} = \frac{b}{a}, \quad \frac{X}{Y} = \frac{x}{y};$$

d'où l'on voit que les distances OR, Or, et, par suite, les *sous-tangentes* et les *sous-normales* qui correspondent aux points M, m sont aussi dans le rapport

(4) $$D : d \quad \text{ou} \quad A : a.$$

5° Puisque les tangentes MR, mr sont parallèles, il s'ensuit que les deux diamètres *conjugués* des diamètres OM, Om, doivent avoir *une même* direction.

Soient donc ON, On ces deux diamètres; comme, en vertu de ce qui a été dit plus haut, on a

$$ON : On :: A : a.$$

et que, d'ailleurs,

$$OM : Om :: A : a,$$

il en résulte

$$(5) \qquad OM : Om :: ON : On, \quad ou \quad A' : B' :: a' : b'.$$

A' et B', a' et b' désignant respectivement deux *demi-diamètres conjugués* pour chaque ellipse.

6° Enfin tirons une autre droite quelconque OL' qui rencontre les deux courbes aux points M', m', et menons les cordes MM', mm'.

Les triangles OMM', Omm' sont semblables comme ayant un angle égal, O, compris entre côtés proportionnels, et donnent, par conséquent,

$$MM' : mm' :: A : a.$$

Concevons maintenant qu'on ait *inscrit* aux ellipses deux polygones dont les *sommets* soient *deux à deux* en ligne droite avec le centre; il suit de ce qu'on vient de dire, que ces polygones ont leurs côtés parallèles et respectivement *proportionnels*; donc ils sont *semblables*.

Ainsi les contours de ces polygones sont *proportionnels aux demi-axes* des deux ellipses, et leurs surfaces *sont entre elles comme les carrés de ces demi-axes*.

Ces deux résultats étant vrais quel que soit le nombre des côtés des polygones, le sont encore à la *limite*.

Donc les contours E, e des deux ellipses sont entre eux dans le rapport des deux axes, et leurs surfaces S et s dans le rapport des carrés de ces mêmes lignes; c'est-à-dire que l'on a

$$(6) \qquad E : e :: A : a, \quad S : s :: A^2 : a^2.$$

On pourrait multiplier indéfiniment les conséquences qui résultent de la proportionnalité des axes; mais celles qui viennent d'être développées suffisent pour établir que ces ellipses ont *tous leurs éléments homologues proportionnels* à ces *axes* s'ils sont *linéaires*, ou dans le même rapport que les carrés des axes s'ils sont *superficiels*.

Les mêmes propriétés s'appliquent à l'HYPERBOLE et se démontreraient de la même manière.

Mais on voit, en outre, immédiatement : 1° que deux hyperboles SEM-BLABLES dont les axes ont *la même* direction, ont aussi *les mêmes asymp-totes*; 2° que *deux hyperboles équilatères sont toujours semblables*, puis-que les rapports $\dfrac{B}{A}$, $\dfrac{b}{a}$ sont *identiques* et égaux à 1.

353. Deux PARABOLES quelconques sont toujours des *figures semblables*, parce qu'ainsi que nous allons le faire voir, *leurs éléments homologues*

sont proportionnels, et *dans le rapport des paramètres* si ces éléments sont *linéaires,* ou dans le *rapport des carrés de ces paramètres* s'il s'agit de *surfaces.*

La proposition est déjà évidente pour les distances des *foyers* et des *directrices* aux *sommets* respectifs des deux paraboles, puisque $2P$, $2p$ désignant les paramètres, les expressions de ces distances sont $\frac{1}{2}P$, $\frac{1}{2}p$.

Pour mieux la faire ressortir à l'égard des autres éléments, concevons que les deux courbes soient placées l'une sur l'autre, de manière à avoir *même sommet* A et même *axe principal* AX.

Soient F, f (*fig.* 179) les deux foyers pour lesquels on a

$$(1) \qquad AF : Af :: P : p.$$

Cela posé, tirons une droite quelconque AL, qui rencontre les courbes en M, m; abaissons les ordonnées $MP = Y$, $mp = y$, qui correspondent aux abscisses $AP = X$, $Ap = x$; et menons les rayons vecteurs $MF = R$, $mf = r$.

Les triangles AMP, Amp sont semblables et donnent

$$(2) \qquad AM : Am :: Y : y :: X : x;$$

mais les équations des deux courbes

reviennent à

$$Y^2 = 2PX, \quad y^2 = 2px$$

$$\frac{Y}{X} = \frac{2P}{Y}, \quad \frac{y}{x} = \frac{2p}{y};$$

d'où l'on conclut, à cause de la relation (2),

$$\frac{2P}{Y} = \frac{2p}{y}, \quad \text{par suite,} \quad \frac{P}{p} = \frac{Y}{y} = \frac{X}{x}.$$

On a donc aussi

$$(3) \qquad AM : Am :: Y : y :: X : x :: P : p.$$

De cette dernière suite et de la proportion (1) on déduit

$$AM : Am :: AF : Af;$$

ainsi les deux triangles AMF, Amf sont eux-mêmes semblables et donnent

$$(4) \qquad AM : Am :: MF : mf :: AF : Af :: P : p.$$

Les *sous-tangentes* étant (264) *doubles* des abscisses des points de contact M, m, sont aussi dans le *rapport des paramètres.*

Ce même *rapport* existe évidemment pour les *sous-normales* dont les expressions sont (265) respectivement P et p.

Enfin si, comme on l'a fait pour l'ellipse (352, 6°), on mène une seconde sécante quelconque AL', et que l'on tire les cordes MM', mm', elles sont nécessairement parallèles, et l'on arrivera à la conséquence que *les aires des surfaces comprises entre les droites* AM, Am *et les portions de courbes correspondantes, sont proportionnelles aux carrés des paramètres.*

La proposition est donc complétement démontrée.

354. REMARQUE SUR LES PARAMÈTRES DANS LES COURBES EN GÉNÉRAL. — On se rend compte de la propriété dont jouissent les *paraboles* d'être toutes *semblables,* par cette considération qu'il n'entre dans leur équation simplifiée qu'une *seule constante* nommée PARAMÈTRE.

Dans l'ellipse et l'hyperbole dont les équations simplifiées renferment *deux constantes* A, B, il est nécessaire, pour que les courbes de même genre soient *semblables,* que ces constantes soient *proportionnelles.*

Ce n'est que par analogie avec la parabole qu'on a désigné sous le nom de *paramètre* dans l'ellipse et l'hyperbole la quantité $\dfrac{2\,B^2}{A}$; mais dans les questions de *haute analyse,* on est généralement convenu d'appeler *paramètre* les constantes dont nous venons de parler, en tant que leur connaissance est *nécessaire et suffisante* pour que la courbe soit complétement déterminée.

Il ne suffit pas que les longueurs des deux *diamètres conjugués* d'une ellipse, par exemple, soient connues pour que la courbe puisse être tracée ; il faut encore donner l'angle qu'ils font entre eux. Ainsi ces longueurs ne peuvent être considérées comme des *paramètres* qu'autant que l'on y joint une troisième donnée.

Il en serait de même si l'on donnait le *paramètre* $2p'$ pour un système d'*axes conjugués* dans une parabole sans donner en même temps l'angle de ces deux axes.

Identité des courbes du second degré avec les sections planes d'un CÔNE DROIT *ou d'un* CÔNE OBLIQUE *à base circulaire.*

355. L'intersection d'un cône *droit* ou *oblique,* à base *circulaire,* par un plan, donne lieu aux trois courbes du second degré, ou à une de leurs variétés, suivant la position du plan, et ce sont *les seules lignes* que l'on puisse obtenir ; ce qui a fait donner à ces courbes le nom de *sections coniques.*

Soient d'abord SADBE (*fig.* 180) un cône *droit,* SC son axe, CD le rayon de la base, LL′ la trace du plan d'intersection (appelé *plan sécant*) sur celui de la base, et O M O′M′ la courbe d'intersection dont il s'agit de trouver la nature.

Cherchons l'équation de cette ligne.

A cet effet, abaissons, du centre C de la base, CG perpendiculaire sur LL′; puis, par CG et SC, conduisons un nouveau plan, dit *plan principal* (on donne ce nom à tout plan passant par l'axe du cône); son intersection avec le plan *sécant* est une droite GOX perpendiculaire à LL′, en vertu d'un théorème connu de Géométrie.

C'est cette droite OX que nous prendrons pour axe des x; et celui des y sera OY, ou la perpendiculaire élevée par le point O à GX dans le plan de la courbe (la ligne OY est alors parallèle à LL′).

Si, par un point quelconque P de OX, on conçoit un plan *parallèle* à la base, la Géométrie nous apprend que son intersection avec le cône est un *cercle*. Ce même plan coupe le plan *principal* suivant IH parallèle à AB, le plan *sécant* suivant une droite MPM′ parallèle à LL′, et par conséquent à OY; en sorte que MPM′ est à la fois perpendiculaire sur GX et sur IH.

Cela posé, faisons

$$OP = x, \quad MP = y, \quad SO = a,$$

$$\text{ang}\,SOX = \alpha, \quad \text{ang}\,ASB \quad \text{ou} \quad OSO' = \delta, \quad \text{d'où} \quad ASC = \frac{1}{2}\delta.$$

Comme MP, ordonnée de la courbe, est en même temps une ordonnée du cercle, on a, d'après un théorème de Géométrie,

$$(1) \qquad\qquad y^2 = IP \times PH;$$

et la question est ramenée à exprimer IP, PH en fonction de x et des données δ, α et a.

Or le triangle OPI donne

$$IP : OP :: \sin IOP : \sin OIP,$$

ou, à cause de

$$\sin IOP = \sin SOX = \sin \alpha,$$

et de

$$\sin OIP = \sin SIH = \cos ASC = \cos \tfrac{1}{2}\delta,$$

$$IP : x :: \sin \alpha : \cos \tfrac{1}{2}\delta;$$

d'où

$$IP = \frac{x \sin \alpha}{\cos \tfrac{1}{2}\delta}.$$

Afin d'obtenir PH, cherchons d'abord la valeur de OO' et de PO'. On a, d'après le triangle SOO',

$$\mathrm{OO'} : \mathrm{SO} :: \sin \mathrm{OSO'} : \sin \mathrm{OO'S}, \quad \text{ou} \quad \mathrm{OO'} : a :: \sin \delta : \sin(\alpha + \delta);$$

d'où

$$\mathrm{OO'} = \frac{a \sin \delta}{\sin(\alpha + \delta)}, \quad \text{par suite,} \quad \mathrm{PO'} = \frac{a \sin \delta}{\sin(\alpha + \delta)} - x.$$

Mais le triangle PO'H donne

$$\mathrm{PH} : \mathrm{PO'} :: \sin \mathrm{PO'H} : \sin \mathrm{PHO'},$$

c'est-à-dire

$$\mathrm{PH} : \frac{\alpha \sin \delta}{\sin(\alpha + \delta)} - x :: \sin(\alpha + \delta) : \cos \tfrac{1}{2} \delta;$$

donc

$$\mathrm{PH} = \frac{a \sin \delta - x \sin(\alpha + \delta)}{\cos \tfrac{1}{2} \delta}.$$

Substituant les valeurs de IP et de PH dans l'équation (1), on obtient enfin

$$y^2 = \frac{x \sin \alpha}{\cos \tfrac{1}{2} \delta} \cdot \frac{a \sin \delta - x \sin(\alpha + \delta)}{\cos \tfrac{1}{2} \delta},$$

ou

$$(2) \qquad y^2 = \frac{1}{\cos^2 \tfrac{1}{2} \delta} \left[a \sin \alpha \sin \delta \cdot x - \sin \alpha \sin(\alpha + \delta) x^2 \right]$$

pour l'équation générale des *sections coniques*.

Cette équation étant du second degré, il s'ensuit que *toutes les sections coniques sont des courbes du second degré*.

Discussion. — Si l'on compare l'équation (2) à l'équation commune aux trois courbes du second degré (146),

$$y^2 = 2px + qx^2,$$

après y avoir remplacé $\sin \delta$ par sa valeur $2 \sin \tfrac{1}{2} \delta \cos \tfrac{1}{2} \delta$, on arrive aux deux relations

$$a \sin \alpha \, \mathrm{tang} \, \tfrac{1}{2} \delta = p, \qquad \frac{\sin \alpha \sin(\alpha + \delta)}{\cos^2 \tfrac{1}{2} \delta} = - q.$$

Or $\cos^2 \tfrac{1}{2} \delta$ est essentiellement *positif*, et $\sin \alpha$ peut, comme nous allons le voir, être lui-même supposé *positif*; en sorte que le signe du coefficient de x^2, et par suite *le genre* de la courbe, ne dépend que du signe de $\sin(\alpha + \delta)$; d'où il résulte que cette courbe est une *ellipse*, une *parabole* ou une *hyperbole*, suivant que l'on a

$$\sin(\alpha + \varepsilon) \text{ positif, nul ou négatif,}$$

ou bien

$$\alpha + \varepsilon < 180°, \quad \alpha + \varepsilon = 180°, \quad \alpha + \varepsilon > 180°.$$

Traduisons ces résultats *géométriquement* :

1° La condition

$$\alpha + \varepsilon < 180°$$

signifie que la droite OX, intersection du plan *sécant* et du plan *principal*, rencontre les deux génératrices opposées SA, SB d'un même côté du *sommet* S; et l'on obtient alors une courbe *rentrante* et *fermée* OMO'M'O : c'est une ELLIPSE qui devient *un cercle*, lorsque le plan *sécant* a une position *parallèle* au plan de la base.

2° Poser

$$\alpha + \varepsilon = 180°.$$

c'est dire que la droite OX (*fig.* 181) est *parallèle* à la génératrice SB : donc le plan *sécant* est lui-même parallèle à cette génératrice, ou ne la rencontre qu'à l'*infini*, auquel cas on a une courbe *indéfinie* dans le sens OX : c'est une PARABOLE FOE, la trace du plan *sécant* étant LEGFL'.

3° Enfin l'hypothèse

$$\alpha + \varepsilon > 180°$$

correspond au cas où la droite OX (*fig.* 182) va rencontrer la génératrice SB sur son prolongement en O'; c'est-à-dire qu'alors le plan *sécant* coupe les deux *nappes* de la surface conique, et détermine une courbe composée de deux branches *indéfinies* et opposés l'une à l'autre : c'est une HYPERBOLE ayant OO' pour *premier axe*.

Quant aux *variétés* des trois genres de courbes du second degré, on les obtient successivement en supposant que le plan *sécant* passant par la génératrice SA (*fig.* 180, 181, 182), et ayant d'abord pour trace sur le plan de la base la tangente au point A menée à cette base, *tourne* autour du point O, de manière que l'angle SOX prenne toutes les valeurs *possibles* depuis *zéro* jusqu'à 180 degrés.

Si ce plan venait à continuer son mouvement autour du point O, et dans le même sens, il reprendrait évidemment les mêmes positions qu'auparavant, et, par suite, *reproduirait* les différentes courbes déjà obtenues. Ce nouveau mouvement devient donc inutile, et, par conséquent, $\sin\alpha$ peut toujours être considéré comme *positif*, ainsi que nous l'avons énoncé en commençant la *discussion*.

Jusqu'à présent nous avons supposé que le plan sécant était assujetti, dans son mouvement, à passer par un point déterminé O de la génératrice SA; mais rien n'empêche qu'il l'exécute autour du sommet S.

Dans ce cas, on voit encore facilement que la courbe d'intersection se réduira à *un point,* tant que le plan restera dans *l'intérieur* de l'angle BSA'; qu'elle se réduira à *une seule droite,* lorsque le plan conduit suivant SB sera *extérieur,* à la fois, aux deux angles BSA' et BSA, et qu'elle se transformera en un système de *deux droites qui se coupent (deux génératrices du cône),* quand le plan se trouvera dans *l'intérieur* de l'angle BSA.

On voit ainsi que le *point, une seule droite,* ou *deux droites qui se coupent,* font partie des *sections* du cône par un plan.

C'est ce qu'on peut reconnaître également au moyen de l'équation (2) en y faisant

$$a \quad \text{ou} \quad SO = 0.$$

Elle se réduit, dans cette hypothèse, à

$$y^2 = -\frac{\sin\alpha \sin(\alpha + \delta)}{\cos^2 \frac{1}{2}\delta} x^2,$$

équation qui, pour $\alpha + \delta < 180°$, est de la forme

$$y^2 + kx^2 = 0 \quad (k \text{ étant positif}),$$

et qui ne peut être satisfaite que par $y = 0$, $x = 0$; pour $\alpha + \delta = 180°$, elle devient

$$y^2 = 0, \quad \text{d'où} \quad y = 0;$$

enfin, pour $\alpha + \delta > 180°$, elle prend la forme

$$y^2 = kx^2 \quad \text{ou} \quad y = \pm x\sqrt{k} \quad (k \text{ étant encore positif}),$$

et représente *un système de deux droites qui se coupent.*

N. B. — Le système de *deux droites parallèles,* qui, comme on l'a vu aux n°s **161** et **297**, est un cas particulier de *la parabole,* semble faire *exception* tant qu'il s'agit d'un cône proprement dit; mais nous reviendrons bientôt sur ce cas particulier.

356. Pour compléter la démonstration de l'*identité* des courbes du second degré et des *sections coniques,* il nous reste encore à faire voir qu'une *courbe du second degré* étant donnée *à priori,* il est toujours possible de la *reproduire* au moyen de l'*intersection d'un plan et d'un cône droit.*

A cet effet, reprenons les deux relations établies dans la discussion précédente.

$$a \sin\alpha \tang \frac{1}{2}\delta = p, \qquad \frac{\sin\alpha \sin(\alpha + \delta)}{\cos^2 \frac{1}{2}\delta} = -q,$$

et tâchons de déterminer a et α, connaissant p, q et δ.

Comme la seconde de ces relations ne renferme que l'inconnue z, elle peut servir à la déterminer ; après quoi, la première fera connaître l'inconnue a en valeur *réelle*, si la quantité α est susceptible elle-même d'une valeur réelle.

Nous n'avons donc à nous occuper que de la résolution, par rapport à α, de la seconde relation, qui revient d'ailleurs à celle-ci :

$$(1) \qquad \sin\alpha \sin(\alpha + 6) = -q \cos^2 \tfrac{1}{2} 6.$$

Pour déterminer l'angle α d'après cette équation, il faut faire subir à celle-ci une transformation.

La Trigonométrie donne la formule

$$\sin \tfrac{1}{2}(a - b) \sin \tfrac{1}{2}(a + b) = \frac{\cos b - \cos a}{2},$$

et si l'on pose

$$a - b = 2\alpha, \quad a + b = 2\alpha + 26,$$

d'où l'on déduit en ajoutant, puis en soustrayant,

$$a = 2\alpha + 6, \quad b = 6,$$

la formule ci-dessus devient

$$\sin\alpha \sin(\alpha + 6) = \frac{\cos 6 - \cos(2\alpha + 6)}{2};$$

par suite, on a la nouvelle équation

$$\frac{\cos 6 - \cos(2\alpha + 6)}{2} = -q \cos^2 \tfrac{1}{2} 6;$$

ce qui donne enfin

$$(2) \qquad \cos(2\alpha + 6) = \cos 6 + 2q \cos^2 \tfrac{1}{2} 6 :$$

c'est cette dernière équation qui doit servir à faire connaître α.

Elle donne d'abord immédiatement l'angle $2\alpha + 6$, puisque 6 et q sont connus ; retranchant 6, puis divisant par 2, on obtiendra finalement la valeur de α.

Mais pour que l'angle $2\alpha + 6$ (et par conséquent α) soit susceptible d'une détermination *réelle*, il faut que le cosinus de cet angle, ou sa valeur

$$\cos 6 + 2q \cos^2 \tfrac{1}{2} 6,$$

ne soit ni supérieur ni inférieur à ses deux *limites* $+1$ et -1 ; c'est-à-dire que l'on doit avoir

$$\cos\theta + 2q\cos^2\tfrac{1}{2}\theta \leqq 1 \quad \text{et} \quad \geqq -1.$$

Analysons chacune des deux *inégalités*, en leur faisant subir une nouvelle transformation.

On connaît la formule

$$\cos\theta = \cos^2\tfrac{1}{2}\theta - \sin^2\tfrac{1}{2}\theta = 2\cos^2\tfrac{1}{2}\theta - 1 ;$$

de là on déduit, pour la première inégalité,

$$2\cos^2\tfrac{1}{2}\theta - 1 + 2q\cos^2\tfrac{1}{2}\theta < 1 ,$$

ou

$$(1+q)\cos^2\tfrac{1}{2}\theta < 1, \quad 1+q < \frac{1}{\cos^2\tfrac{1}{2}\theta} ,$$

ou bien, remplaçant $\dfrac{1}{\cos^2\tfrac{1}{2}\theta}$ par sa valeur $1 + \tan^2\tfrac{1}{2}\theta$,

$$(3) \qquad\qquad q < \tan^2\tfrac{1}{2}\theta.$$

La seconde inégalité devient, par la même substitution,

$$2\cos^2\tfrac{1}{2}\theta - 1 + 2q\cos^2\tfrac{1}{2}\theta > -1,$$

ou

$$(1+q)\cos^2\tfrac{1}{2}\theta > 0 ;$$

ou bien, divisant par $\cos^2\tfrac{1}{2}\theta$,

$$(4) \qquad\qquad 1+q > 0.$$

Cela posé, considérons successivement chacune des trois courbes.

Pour la PARABOLE, on a $q = 0$; les inégalités (3) et (4) se réduisant alors à

$$0 < \tan^2\tfrac{1}{2}\theta, \quad 1 > 0,$$

sont évidemment satisfaites d'elles-mêmes.

Ainsi une *parabole* et un *cône droit* étant donnés, *il est toujours possible de trouver un plan dont l'intersection avec le cône produise la courbe donnée.*

S'il s'agit d'une ELLIPSE, comme q est *négatif*, l'inégalité (3) est satisfaite.

On a d'ailleurs (146)

$$q = -\frac{B^2}{A^2},$$

d'où

$$1 + q = 1 - \frac{B^2}{A^2} = \frac{A^2 - B^2}{A^2}, \quad (\text{A étant} > \text{B}).$$

Il en est donc de même de l'inégalité (4).

Ainsi, une *ellipse* et un *cône* étant donnés, *il est toujours possible de trouver un plan qui coupe le cône suivant la courbe donnée.*

Quant à l'HYPERBOLE, comme q est *positif*, l'inégalité (4) est satisfaite d'elle-même.

Mais l'autre devenant, par la substitution de $+\frac{B^2}{A^2}$ à la place de q,

$$\frac{B^2}{A^2} < \tan g^2 \frac{1}{2} \epsilon,$$

exige que l'angle $\frac{1}{2}\epsilon$ soit *au moins égal* à l'angle dont la tangente a pour *valeur numérique* $\frac{B}{A}$; ce qui veut dire, en langage géométrique, qu'une *hyperbole* étant donnée *à priori*, on ne peut la *placer sur un cône* qu'autant que l'angle ϵ de deux *génératrices opposées* est *au moins égal* à l'angle que forment entre elles *les deux asymptotes* de la courbe donnée : condition qui peut toujours être remplie.

On doit donc regarder comme complétement démontré que *toute courbe du second degré peut être considérée comme une section conique.*

357. *Remarque.* — La condition particulière à l'hyperbole peut s'expliquer par la Géométrie.

Concevons, en effet, qu'on ait mené dans un cône droit UN PREMIER système de plans parallèles entre eux et, de plus, *parallèles à l'axe* du cône; ces plans donnent lieu à une suite d'*hyperboles* dont les asymptotes forment entre elles *le même* angle; car, dans l'équation (2) du n° 355, le coefficient de x^2, qui pour le cas de l'hyperbole a pour expression $\frac{B^2}{A^2}$, est *indépendant* de la distance a du plan sécant au sommet du cône, ce qui prouve que $\frac{B}{A}$ est *constant* pour toutes les hyperboles dont il est ici question.

L'un de ces plans passant par l'axe lui-même détermine sur la surface conique *deux génératrices* dont l'angle est égal à celui des asymptotes.

Maintenant, considérons UN SECOND système de plans parallèles entre eux, mais *non parallèles à l'axe*, et tel qu'il donne encore lieu à des hyperboles. L'angle des asymptotes de ces hyperboles est aussi constant et

26.

égal à l'angle des *deux génératrices* déterminées par celui des plans de ce système qui passe par le sommet du cône. Or ce nouvel angle est *nécessairement moindre* que celui dont le plan contient l'axe; car dans l'*angle trièdre* formé par l'axe et les deux génératrices dont nous venons de parler, l'angle de celles-ci est moindre que la somme des angles qu'elles forment avec l'axe, somme qui est égale à ε ou à l'*angle au sommet* du cône.

D'où l'on voit que le *maximum* des angles que forment entre elles les asymptotes de toutes les hyperboles qu'on peut obtenir sur la surface d'un cône droit est l'*angle de deux génératrices opposées,* ou l'*angle au sommet* du cône, et qu'ainsi il n'est pas possible *de placer sur un cône droit une hyperbole dont les asymptotes font un angle plus grand que l'angle au sommet de ce cône.*

358. DE LA SECTION ANTIPARALLÈLE OU SOUS-CONTRAIRE DANS LE CÔNE OBLIQUE A BASE CIRCULAIRE. — L'intersection d'un cône *oblique* à base circulaire par un plan donne également lieu aux trois courbes du second degré; mais elle offre une particularité, c'est que l'on peut obtenir un cercle au moyen de *deux* systèmes différents de plans parallèles : ce qui n'est pas possible dans le cône *droit.*

Pour faire ressortir immédiatement cette propriété, il est d'abord indispensable de prendre le *plan sécant* dans une position spéciale que nous allons déterminer.

Du sommet S (*fig.* 183) abaissons SK perpendiculaire sur la base; et par SC, SK conduisons un plan (appelé *plan principal*) qui coupe celui de la base suivant la droite indéfinie GCB représentant la projection de l'axe sur la base. Élevons ensuite en un point quelconque G de GCB, et dans le plan de la base, la droite LL' perpendiculaire à GC; c'est cette droite LL' qu'il faut prendre pour la trace du *plan sécant.* L'intersection de ce plan avec le *plan principal* est une droite quelconque GOX; et la courbe OMO'M' produite par ce même plan sur la surface conique est celle dont il s'agit de former l'équation.

Prenons OX pour l'axe des abscisses, et pour axe des y la droite OY parallèle à LL'; puis, par un point quelconque P de OX, conduisons un plan parallèle à la base, ce qui détermine une circonférence de cercle dont le diamètre est IH, et l'intersection avec le plan sécant une droite MPM', parallèle à OY et à LL', et par conséquent perpendiculaire à la fois à IH et à OX (puisque LL' est en même temps perpendiculaire à GC et à GX, d'après les principes de Géométrie).

Puis, posons

$$OP = x, \quad MP = y, \quad SO = a,$$

$$\text{angle } SOO' = a, \quad \text{angle } OSO' \text{ ou } ASB = \varepsilon, \quad \text{angle } SAB = \gamma.$$

MP étant une ordonnée du cercle, on a d'abord

$$y^2 = \text{IP} \times \text{PH},$$

et il faut calculer IP et PH.

En opérant comme au n° 355, on obtient successivement

$$\text{IP} = \frac{x \sin \alpha}{\sin \gamma},$$

$$\text{OO}' = \frac{a \sin 6}{\sin(\alpha + 6)}, \quad \text{PO}' = \frac{a \sin 6}{\sin(\alpha + 6)} - x,$$

et, par suite,

$$\text{PH} = \frac{a \sin 6 - x \sin(\alpha + 6)}{\sin(6 + \gamma)};$$

d'où, substituant dans l'expression de y^2,

$$y^2 = \frac{a \sin \alpha \sin 6}{\sin \gamma \sin(6 + \gamma)} x - \frac{\sin \alpha \sin(\alpha + 6)}{\sin \gamma \sin(6 + \gamma)} x^2.$$

Comme il résulte des conditions indiquées ci-dessus, que les axes auxquels la courbe est actuellement rapportée sont *rectangulaires*, il s'ensuit (85) qu'elle deviendra une *circonférence de cercle* si l'on fait en sorte que le coefficient de x^2, qui est ici précédé du signe —, soit égal à l'unité.

Or on arrive à ce résultat, soit en posant

$$\alpha = \gamma,$$

soit en posant

$$\alpha = 180° - (6 + \gamma).$$

Car la première hypothèse donne

$$\sin(\alpha + 6) = \sin(6 + \gamma),$$

d'où

$$\frac{\sin \alpha}{\sin \gamma} \frac{\sin(\alpha + 6)}{\sin(6 + \gamma)} = 1;$$

la seconde donne

$$\sin \alpha = \sin(6 + \gamma),$$

puis

$$\gamma = 180° - (\alpha + 6), \quad \text{d'où} \quad \sin \gamma = \sin(\alpha + 6),$$

et, par suite,

$$\frac{\sin \alpha}{\sin(6 + \gamma)} \frac{\sin(\alpha + 6)}{\sin \gamma} = 1;$$

en sorte qu'il ne reste plus qu'à traduire sur la figure ces deux conditions

$$\alpha = \gamma, \quad \alpha = 180° - (6 + \gamma).$$

La première, qui revient à $\text{SOO}' = \text{SAB}$, indique que le *plan sécant* doit être *parallèle* au plan de la base.

La seconde exprime que l'angle SOO' doit être *égal à l'angle* SBA, puisque SBA $= 180° - (\varepsilon + \gamma)$.

Cette autre *section circulaire* porte le nom de section *antiparallèle* ou *sous-contraire*.

On fait usage de cette propriété dans la construction des *mappemondes*.

359. Pour obtenir l'équation la plus générale d'une section faite par un plan dans le cône oblique à *base circulaire,* on opère de la manière suivante :

Soit LL' (*fig.* 184) la trace du plan sécant sur celui de la base. *Abaissez* du centre C de la base une perpendiculaire CG sur LL'; puis *conduisez* suivant l'axe SC et la perpendiculaire CG un plan qui coupe la surface conique suivant deux droites SA', SB'; concevez ensuite par LL' un plan quelconque dont l'intersection avec le plan A'SB' est une droite GOX, et qui détermine, comme précédemment, une courbe telle que OMO'M'.

En prenant pour axes les droites OX et OY *parallèle* à LL', et conservant les mêmes notations que précédemment, on parvient à une équation tout à fait *identique;* mais il y a cette différence, c'est que l'ordonnée MP du cercle IMH est bien perpendiculaire au diamètre IH, mais ne l'est pas à l'axe OO'; en sorte que la courbe OMO'M' se trouve rapportée à un système d'*axes conjugués* dont l'origine est placée à l'une des extrémités d'un diamètre.

Quoi qu'il en soit, il n'en est pas moins démontré que l'intersection du cône oblique à *base circulaire* par un plan donne également lieu aux *trois courbes du second degré.*

Des sections coniques semblables.

360. On appelle *sections coniques semblables* toutes les courbes que l'on obtient *en coupant un cône par une série de plans parallèles entre eux.*

La considération de ces sortes de sections est une suite naturelle de la remarque du n° 357.

En effet, s'il s'agit d'ELLIPSES ou d'HYPERBOLES, comme dans l'équation générale des sections coniques (355), le coefficient de x^2 a (146) pour expression

$$\pm \frac{B^2}{A^2};$$

on voit que, pour un même système de plans parallèles, le rapport

$$\frac{B}{A}$$

est *constant,* et que, par suite, les courbes correspondantes ont *leurs axes proportionnels;* ce qui (352) constitue la définition des ellipses ou des hyperboles *semblables.*

Quant à la PARABOLE, comme on ne peut l'obtenir qu'en coupant le cône par des plans *parallèles à l'une des génératrices,* il s'ensuit que toutes les sections *paraboliques,* dans un cône donné, sont *semblables;* ce qui confirme la proposition précédemment établie (353), que *toutes les paraboles sont semblables.*

Mais ce qu'il importe de remarquer, c'est qu'en général on ne saurait obtenir des *ellipses* ou des *hyperboles semblables* que par les sections planes faites dans des *cônes semblables,* c'est-à-dire dans des cônes engendrés par des triangles rectangles semblables ou ayant *même angle au sommet;* tandis que *toutes les paraboles* auxquelles donnent lieu les intersections planes des cônes ayant des *angles au sommet différents,* sont nécessairement des *courbes semblables.*

De la section plane dans un cylindre droit ou oblique à base circulaire.

361. Recherchons maintenant ce que donne l'intersection d'un cylindre par un plan.

Nous considérerons d'abord un cylindre *oblique* et un plan tout à fait arbitraire.

Soit un cylindre ayant pour *plan principal* le parallélogramme A BB'A' (*fig.* 185); ce plan est déterminé par l'axe CC' et la projection de l'axe sur le plan de la base; d'où il résulte qu'il est perpendiculaire à cette base.

Désignons par LL' la trace d'un plan quelconque sur la base, et abaissons du point C une perpendiculaire CG sur LL'; puis conduisons un plan selon CG et CC' : ce nouveau plan détermine sur le cylindre une section *a b b' a',* et sur le plan sécant une certaine droite G OO'X que nous prendrons pour axe des x; l'axe des y sera une droite OY parallèle à LL'.

Par un point quelconque P de OX, concevons une section parallèle à la base, et par conséquent *circulaire;* le plan de cette section coupera *a b b' a'* suivant une droite IPH parallèle à GC.

Posons enfin

$$\text{OP} = x, \quad \text{MP} = y, \quad \text{angle } a'\text{OX} = \alpha, \quad \text{angle O}a\text{C} = \gamma,$$

et appelons $2r$ le diamètre de la base.

Puisque MP, ligne commune au plan de la section circulaire et de la section dont nous cherchons l'équation, est parallèle à OY et à LL', et que, par construction, LL′ est perpendiculaire à CG, il s'ensuit que MP est aussi perpendiculaire au diamètre IH de la section circulaire, et peut être considérée comme *une ordonnée* à ce diamètre ; et l'on a

$$\mathrm{MP}^2 = y^2 = \mathrm{IP} \times \mathrm{PH}.$$

Mais le triangle OIP donne

$$\mathrm{IP} : \mathrm{OP} :: \sin \mathrm{IOP} : \sin \mathrm{OIP}, \quad \text{ou} \quad \mathrm{IP} : x :: \sin\alpha : \sin\gamma ;$$

donc

$$\mathrm{IP} = \frac{x \sin\alpha}{\sin\gamma},$$

et, par suite,

$$\mathrm{PH} = \mathrm{IH} - \mathrm{IP} = 2r - \frac{x \sin\alpha}{\sin\gamma} ;$$

d'où, en substituant dans la relation ci-dessus,

$$y^2 = \frac{x \sin\alpha}{\sin\gamma}\left(2r - x\,\frac{\sin\alpha}{\sin\gamma}\right),$$

ou bien,

$$(1) \qquad y^2 = \frac{2r\sin\alpha}{\sin\gamma}\,x - \frac{\sin^2\alpha}{\sin^2\gamma}\,x^2,$$

équation dans laquelle le coefficient de x^2 est essentiellement *négatif*.

Donc *la courbe d'intersection est toujours une ellipse.*

Si maintenant on considère un cylindre *droit* (*fig.* 186), on a

$$\sin\gamma = 1 ;$$

et l'équation (1) devient

$$(2) \qquad y^2 = 2r\sin\alpha . x - x^2 \sin^2\alpha ;$$

résultat que l'on peut obtenir directement.

Comparons l'équation (2) à celle de l'ellipse rapportée à l'un de ses sommets et à son grand axe comme axe des x, savoir (144) :

$$y^2 = \frac{2\mathrm{B}^2}{\mathrm{A}}\,x - \frac{\mathrm{B}^2}{\mathrm{A}^2}\,x^2 ;$$

il vient les deux relations

$$\frac{\mathrm{B}^2}{\mathrm{A}} = r\sin\alpha, \quad \frac{\mathrm{B}^2}{\mathrm{A}^2} = \sin^2\alpha,$$

d'où l'on déduit, en divisant la première par la deuxième,

$$\mathrm{A} = \frac{r}{\sin\alpha}, \quad \text{et, par suite,} \quad \mathrm{B} = r ;$$

ce qu'il est facile de vérifier au moyen de la figure.

En effet, soient OO′ le grand axe, et oo' le petit axe ; si, par le point O,

on mène OK parallèle à AB, et que des points o, o', on abaisse les perpendiculaires ok, $o'k'$ sur le plan de la base, on a *premièrement*

$$OK = OO'\cos O'OK = OO'\sin\alpha; \quad \text{d'où} \quad OO' = 2A = \frac{2r}{\sin\alpha}.$$

En second lieu, la droite oo' étant parallèle à OY et à LL', est parallèle
au plan de la base, et se projette dans sa véritable grandeur suivant le
diamètre kk'; d'où résulte

$$oo' = 2B = 2r, \quad \text{ou} \quad B = r.$$

362. *Première remarque.* — Si, comme pour le *cône droit*, on conçoit
que le plan sécant tourne autour du point O, supposé fixe, de manière à
former tous les angles possibles depuis o jusqu'à 180 degrés, il est visible que, tant que le plan rencontrera la génératrice opposée à AA', on
obtiendra une courbe *rentrante* et fermée qui, ainsi que l'on vient de le
prouver, est *une ellipse*. Mais, dans les deux cas particuliers de $\alpha = 0$,
$\alpha = 180°$, ce qui donne $\sin\alpha = 0$, l'équation se réduisant à

$$y^2 = 0$$

représente *une seule ligne droite* ou *une variété* de la parabole, qui n'est
elle-même autre chose (144) qu'une ellipse *infiniment allongée* ou dont
le *grand axe* est *infini*.

Il y a plus : si l'on imagine que le plan sécant, mené suivant la génératrice AA', se meuve *parallèlement* à lui-même et à AA', et de manière
que sa distance à cette droite soit inférieure au diamètre AB de la base,
il est évident que l'intersection de ce plan avec la surface cylindrique
sera un système de *deux droites parallèles;* résultat que ne semble pas
comporter l'équation (2). Mais on va voir que, par une simple transformation de coordonnées, on peut faire en sorte que l'équation de la section
cylindrique comprenne ce *système* comme cas particulier.

Pour cela, il suffit de transporter l'origine des coordonnées au point G,
en posant $x = x - OG$ dans l'équation (2) : ce qui exige que l'on évalue
d'abord la distance OG.

Or, si l'on désigne par a la longueur CG qui exprime la distance du
centre de la base à la trace du plan sécant sur cette base, on a

$$AG = a - r, \quad \text{d'où} \quad OG = \frac{AG}{\sin GOA} = \frac{a - r}{\sin\alpha}.$$

Par suite, l'équation (2) devient

$$y^2 = 2r\sin\alpha\left(x - \frac{a-r}{\sin\alpha}\right) - \sin^2\alpha\left(x - \frac{a-r}{\sin\alpha}\right)^2,$$

ou développant,

$$y^2 = 2r\sin\alpha.x - 2r(a - r) - \sin^2\alpha.x^2 + 2(a - r)\sin\alpha.x - (a - r)^2.$$

Soit fait maintenant $x = 0$; on trouve

$$y^2 = - 2r(a - r) - (a - r)^2,$$

ou réduisant,

$$y^2 = - (a^2 - r^2);$$

d'où

$$y = \pm\sqrt{r^2 - a^2}.$$

Ce résultat prouve évidemment que, tant que l'on aura $a < r$, la section cylindrique sera un système de deux *droites parallèles*; pour $a = r$, on a $y = 0$, ou *une seule droite*; et pour $a > r$, un système de *deux droites imaginaires*.

Le cylindre pouvant être considéré comme *un cône* dont l'angle au sommet θ devient nul, il en résulte que ces trois variétés sont *implicitement* comprises dans les *sections coniques* : ce que l'on aurait pu reconnaître directement par une transformation de coordonnées exécutée sur l'équation (2) du n° 355.

363. *Seconde remarque.* — Le cylindre *oblique*, comme le cône oblique, donne lieu à deux systèmes de *sections circulaires*; il suffirait, pour le démontrer, d'opérer comme on l'a fait au n° 358 : mais nous ne croyons pas devoir insister sur ce point.

SECONDE SECTION.

GÉOMÉTRIE ANALYTIQUE A TROIS DIMENSIONS.

CHAPITRE X.

DU POINT, DE LA LIGNE DROITE ET DU PLAN DANS L'ESPACE.

§ Ier. — DU POINT ET DE LA LIGNE DROITE.

Équations du point.

364. De même qu'un point est déterminé de position sur un plan par le moyen de ses distances à deux droites menées à volonté dans ce plan, de même sa position est fixée dans l'espace, dès que l'on connaît ses distances à trois plans.

Soient trois plans YAZ, XAZ, XAY (*Pl. X, fig.* 187), que nous supposerons d'abord *perpendiculaires entre eux*, et qui se coupent suivant trois droites AZ, AY, AX, dont chacune est nécessairement *perpendiculaire* aux deux autres.

Appelons *a*, *b*, *c* les distances d'un point de l'espace à ces trois plans, distances qui sont censées connues; je dis que le point est complétement déterminé de position, en admettant toutefois qu'on sache aussi d'avance que ce point se trouve situé, par exemple, dans l'intérieur de l'angle trièdre AXYZ.

En effet, prenons sur les trois droites AX, AY, AZ des distances AB, AC, AD, respectivement égales à *a*, *b*, *c*; et menons par les points B, C, D des plans parallèles aux plans donnés. D'abord, puisque les deux premiers plans parallèles ont leurs points respectivement placés aux distances *a*, *b*, des plans YAZ, XAZ, il s'ensuit que tous les points de M*m*, intersection commune de ces plans parallèles, jouissent, exclusivement à tout autre point, de la propriété d'être à ces mêmes distances de YAZ et de XAZ. Donc déjà le point cherché se trouve sur cette ligne. D'un autre côté, le point doit aussi être situé quelque part sur le troisième plan parallèle, puisque les points de ce plan sont, à l'exclusion de tout autre point, à la distance $AD = c$, du plan XAY.

Donc enfin le point cherché n'est autre chose que le point M où le troisième plan parallèle coupe l'intersection commune des deux premiers, et sa position est tout à fait déterminée.

Nous conviendrons de désigner par x les distances au plan YAZ comptées sur AX, par y les distances au plan XAZ comptées sur AY, et par z les distances au plan XAY comptées sur AZ, en sorte que les droites AX, AY, AZ, intersections des trois plans deux à deux, seront les *axes* des x, des y et des z. On les appelle conjointement *axes coordonnés*, et les distances dont nous venons de parler sont dites les *coordonnées du point*.

Toutes ces dénominations sont analogues à celles que nous avons employées dans la GÉOMÉTRIE A DEUX DIMENSIONS.

Nous nommerons aussi plan des yz, le plan YAZ perpendiculaire à l'axe des x; plan des xz, le plan XAZ perpendiculaire à l'axe des y; et plan des xy, le plan XAY perpendiculaire à l'axe des z. Ce dernier plan est ordinairement représenté dans une position *horizontale*, et les deux autres dans une position *verticale*.

Il résulte de ce qui vient d'être établi, que les équations

$$x = a, \quad y = b, \quad z = c$$

(a, b, c étant des quantités connues) suffisent pour fixer la position du point dans l'espace; elles sont, pour cette raison, nommées *les équations du point*.

On doit remarquer toutefois que, comme les trois plans *coordonnés*, étant prolongés indéfiniment, déterminent *huit* angles trièdres, savoir, *quatre* formés au-dessus du plan des xy et *quatre* au-dessous de ce même plan, il faut encore exprimer par l'analyse dans lequel de ces huit angles le point se trouve situé. Il suffit, pour cela, d'étendre aux distances à des plans les principes qui ont été établis (27) pour les distances à des points ou à des droites; c'est-à-dire que, si l'*on regarde comme* POSITIVES *les distances comptées sur* AX, *dans un certain sens* AX *par rapport au point* A, *on doit regarder comme* NÉGATIVES *les distances comptées en sens contraire*, c'est-à-dire *dans le sens* AX'.

Même raisonnement pour les deux autres coordonnées.

On doit donc distinguer (46) dans les quantités a, b, c non-seulement les valeurs numériques de ces quantités, mais encore les signes dont elles sont affectées, eu égard aux diverses situations que le point peut avoir dans les angles trièdres formés par les trois plans coordonnés.

D'après ce principe, on a, pour exprimer complétement la position d'un point dans l'espace, les *huit* combinaisons suivantes :

$$x = +a, \quad y = +b, \quad z = +c, \qquad \text{point situé dans l'angle} \quad \text{AXYZ,}$$
$$x = -a, \quad y = +b, \quad z = +c, \qquad \text{«} \qquad \text{AX'YZ,}$$
$$x = +a, \quad y = -b, \quad z = +c, \qquad \text{«} \qquad \text{AXY'Z,}$$
$$x = +a, \quad y = +b, \quad z = -c, \qquad \text{«} \qquad \text{AXYZ',}$$
$$x = -a, \quad y = -b, \quad z = +c, \qquad \text{«} \qquad \text{AX'Y'Z,}$$
$$x = -a, \quad y = +b, \quad z = -c, \qquad \text{«} \qquad \text{AX'YZ',}$$
$$x = +a, \quad y = -b, \quad z = -c, \qquad \text{«} \qquad \text{AXY'Z',}$$
$$x = -a, \quad y = -b, \quad z = -c, \qquad \text{«} \qquad \text{AX'Y'Z';}$$

ce qui donne *deux* systèmes dans lesquels les signes des trois coordonnées sont les mêmes, *trois* qui ont un signe négatif et les deux autres positifs, et *trois* pour lesquels un signe est positif et les deux autres négatifs.

365. Le point peut, d'ailleurs, se trouver dans des positions *particulières*. Par exemple, pour exprimer qu'un point est situé dans le plan des xy, il faut écrire que sa distance z à ce plan est *nulle ;* et l'on aura, pour les équations de ce point,

$$x = a, \quad y = b, \quad z = 0.$$

De même, un point placé sur l'axe des x, pour lequel les distances aux plans des xz et des xy sont *nulles* à la fois, aura pour équations

$$x = a, \quad y = 0, \quad z = 0 ;$$

et ainsi des autres points placés, soit sur les plans, soit sur les axes coordonnés.

366. *Première remarque.* — Les plans parallèles aux trois plans coordonnés, et qui ont servi à fixer la position du point M, déterminent avec ceux-ci un parallélépipède rectangle, dont les *douze* arêtes, égales quatre à quatre, ne sont autre chose que les trois coordonnées x, y, z du point M.

D'un autre côté, on sait que les pieds m, m', m'' des perpendiculaires abaissées sur les plans coordonnés sont, en terme de Géométrie descriptive, les *projections* du point M sur ces trois plans.

D'après cela, si l'on suppose que

$$x = a, \quad y = b, \quad z = c$$

soient les équations du point M, on a pour les coordonnées du point m, les équations

$$x = a, \quad y = b ;$$

pour celles du point m',

$$x = a, \quad z = c;$$

ce qui donne pour celles du point m'',

$$y = b, \quad z = c.$$

D'où l'on voit que les projections du point M sur *deux* des plans coordonnés étant connues, la *troisième* projection en est une conséquence.

367. *Seconde remarque.* — On peut expliquer pourquoi, dans la Géométrie descriptive, *il suffit de deux plans de projection* pour fixer la position d'un point, tandis que dans la Géométrie analytique *il faut trois plans coordonnés.*

La connaissance des projections d'un point sur un plan horizontal et sur un plan vertical est en effet suffisante pour les constructions graphiques ; mais si l'on veut fixer analytiquement la position de chacune de ces projections, par exemple des points m, m', il faut, *premièrement*, tracer dans le plan horizontal (xy) deux axes rectangulaires AX, AY ; *secondement*, tracer dans le plan vertical (xz) deux axes AX, AZ, en prenant, pour plus de simplicité, pour *axe commun* l'intersection des deux plans de projection. Or il est évident que les deux axes AY, AZ déterminent un *troisième* plan rectangulaire avec les deux autres. Ainsi, *géométriquement* deux plans suffisent, mais *analytiquement* il en faut trois.

368. Lorsque les plans coordonnés ne sont pas rectangulaires, auquel cas les axes AX, AY, AZ (*fig.* 188) font entre eux des angles quelconques et sont dits des *axes obliques,* les équations d'un point M sont encore

$$x = a, \quad y = b, \quad z = c.$$

Mais alors a, b, c expriment des distances comptées *parallèlement* à ces axes ; et les projections du point M s'obtiennent par les lignes Mm, Mm', Mm'', respectivement parallèles à AZ, AY, AX.

Du reste, tout ce qui a été dit dans les précédents numéros est applicable au cas où les axes sont OBLIQUES.

Expression de la distance entre deux points.

369. La *recherche* de cette expression est, comme celle relative à deux points donnés sur un plan (48), une question essentielle.

Soient x', y', z' les coordonnées du premier point M (*fig.* 189), x'', y'', z'' celles d'un second point N, rapportées d'abord à trois axes *rectangulaires* AX, AY, AZ.

Si l'on abaisse des points M et N les perpendiculaires Mm, Nn sur le plan des xy, puis des points m, n les perpendiculaires mP, nQ sur l'axe des x, il résulte de la *remarque* (366) que l'on a

$$AP = x', \quad mP = y', \quad Mm = z', \quad \text{et} \quad AQ = x'', \quad nQ = y'', \quad Nn = z''.$$

Tirons ensuite mn, ce qui détermine un trapèze MNnm; et menons dans le plan de ce trapèze NH parallèle à nm; puis, sur le plan des xy, nL parallèle à AX.

Cela fait, les triangles rectangles MNH et mnL donnent

$$\overline{MN}^2 = \overline{NH}^2 + \overline{MH}^2 = \overline{mn}^2 + \overline{MH}^2,$$

et

$$\overline{mn}^2 = \overline{nL}^2 + \overline{mL}^2 = \overline{PQ}^2 + \overline{mL}^2;$$

d'où l'on déduit

$$\overline{MN}^2 = \overline{PQ}^2 + \overline{mL}^2 + \overline{MH}^2.$$

Mais on a évidemment

$$PQ = x' - x'', \quad mL = y' - y'', \quad MH = z' - z'';$$

d'où

$$\overline{PQ}^2 = (x' - x'')^2, \quad \overline{mL}^2 = (y' - y'')^2, \quad \overline{MH}^2 = (z' - z'')^2;$$

donc enfin

$$\overline{MM}^2 \quad \text{ou} \quad D^2 = (x' - x'')^2 + (y' - y'')^2 + (z' - z'')^2,$$

et, par conséquent,

$$D = \sqrt{(x' - x'')^2 + (y' - y'')^2 + (z' - z'')^2}.$$

Telle est l'expression générale de la *distance de deux points* en fonction des coordonnées de ces points rapportés à des axes rectangulaires.

Nous verrons plus loin quelle est l'expression de cette distance lorsque les axes sont *obliques*.

N. B. — *Cas particulier.* — Si l'on suppose l'un des deux points à l'*origine*, la valeur de D devient

$$D = \sqrt{x'^2 + y'^2 + z'^2}.$$

Équations de la ligne droite.

370. Lorsque des points sont en ligne droite dans l'espace, on sait que leurs *projections* sur un même plan sont aussi *en ligne droite;* et cette seconde droite est dite la *projection* de la première sur ce plan. On sait encore que les projections d'une droite sur deux plans suffisent pour déterminer sa position; d'où il suit qu'une droite serait fixée analytiquement si l'on connaissait les équations de ses projections sur *deux* des trois plans coordonnés.

Ordinairement, on considère les projections de la droite sur les plans des xz et des yz; et comme ces deux plans ont pour axe commun AZ, c'est cette ligne qui, dans chacun des plans, est regardée comme l'axe des abscisses; AX est alors l'axe des ordonnées sur le plan des xz, et AY l'axe des ordonnées sur le plan des yz.

Ainsi, soient MN (*fig.* 190) une droite quelconque dans l'espace, mn, $m'n'$ ses projections sur les plans des xz et des yz, nous présenterons les équations de ces deux projections sous la forme

$$(1) \qquad x = az + \alpha,$$
$$(2) \qquad y = bz + 6;$$

a, b sont des constantes qui (51) désignent les tangentes des angles que forment mn, $m'n'$ avec l'axe des z; et α, 6 expriment les distances de l'origine aux points où ces droites rencontrent l'axe des x et l'axe des y.

371. Il est à remarquer que l'équation

$$x = az + \alpha$$

exprime non-seulement une relation entre les x et les z de tous les points de la droite mn, mais encore une relation entre les x et les z de tous les points du plan mnNM imaginé par mn, perpendiculairement au plan des xz; car, pour tout point M de la perpendiculaire nM à ce plan, les coordonnées x et z sont (366) représentées par mP, AP, qui appartiennent aussi à la droite mn.

Pareillement, l'équation

$$y = bz + 6$$

convient non-seulement à tous les points de la projection $m'n'$, mais encore à tous ceux du plan $m'n'$NM mené perpendiculairement au plan des yz par la droite $m'n'$.

Donc le système de ces deux équations existe pour tous les points de la droite MN, intersection des plans perpendiculaires, et n'existe que pour ces points. Ces équations sont, en ce sens, *les équations de la droite elle-même*, quoique, d'abord, nous ne les ayons établies que comme celles des deux projections.

Il résulte de là évidemment que l'élimination de la variable z entre les deux équations donne lieu à une troisième équation en x et y, qui représente la projection $m''n''$ de la droite sur le plan des xy; ou plus généralement, cette équation appartient à tous les points du plan $\mathrm{MN}\,n''m''$ mené par la droite MN perpendiculairement au plan des xy.

372. *Cas particuliers.* — Lorsque la droite passe par l'origine, il en est de même de ses projections; ainsi (370) les distances α, β sont nulles et les équations de la droite se réduisent à

$$x = az, \quad y = bz.$$

Il peut arriver que la droite soit située dans l'un des plans coordonnés, par exemple dans le plan des xz. On a alors, pour tous les points de cette droite, $y = 0$, et les équations deviennent

$$x = az + \alpha, \quad y = 0 :$$

c'est-à-dire que, dans ce cas, on doit avoir

$$b = 0 \quad \text{et} \quad \beta = 0 :$$

ce qui est évident d'ailleurs, d'après la figure, puisque la projection de la droite sur le plan des yz se confond avec l'axe des z.

Même raisonnement par rapport aux deux autres plans coordonnés.

373. Tant que les constantes a, b, α, β sont données *à priori*, la droite est complétement déterminée de position. Pour en obtenir les différents points, il suffit de donner, dans les deux équations

$$x = az + \alpha, \quad y = bz + \beta.$$

à la variable z par exemple, une valeur particulière z' : ce qui entraîne pour chacune des deux autres, x et y, une valeur correspondante, savoir

$$x' = az' + \alpha, \quad y' = bz' + \beta.$$

Prenant alors sur AX une distance $\mathrm{AP} = x'$, on mène $\mathrm{P}\,m''$ parallèle à AY et égale à y'; puis au point m'' on conçoit une perpendiculaire au plan des xy qui soit égale à z', et le point M ainsi déterminé appartient à la droite. On obtiendrait de la même manière tous les autres points.

Mais on peut se proposer de déterminer les constantes a, b, α, β, d'après certaines conditions; ce qui donne lieu à une série de problèmes en trois dimensions, analogues à ceux que nous a présentés la ligne droite considérée sur un plan.

Questions préliminaires relatives à la ligne droite.

374. Première question. — *Trouver les équations d'une droite assujettie à passer par deux points donnés.*

Ap. de l'Al. à la G.   27

Appelons x', y', z' les coordonnées du premier point, x'', y'', z'' celles du second point. Les équations de la droite cherchée seront d'abord de la forme

$$(1) \qquad x = az + \alpha,$$

$$(2) \qquad y = bz + \beta,$$

a, b, α, β étant des quantités *inconnues* pour le moment.

Or les points (x', y', z'), (x'', y'', z'') appartenant à la droite, leurs coordonnées doivent vérifier les équations (1) et (2), et l'on a les quatre relations

$$(3) \qquad x' = az' + \alpha,$$

$$(4) \qquad y' = bz' + \beta,$$

$$(5) \qquad x'' = az'' + \alpha,$$

$$(6) \qquad y'' = bz'' + \beta.$$

En appliquant à ces six équations la méthode du n° 57, on trouve successivement

$$x - x' = a(z - z'), \quad x' - x'' = a(z' - z''),$$
$$y - y' = b(z - z'), \quad y' - y'' = b(z' - z'');$$

d'où

$$a = \frac{x' - x''}{z' - z''}, \quad b = \frac{y' - y''}{z' - z''},$$

et, par conséquent,

$$x - x' = \frac{x' - x''}{z' - z''}(z - z'), \quad y - y' = \frac{y' - y''}{z' - z''}(z - z').$$

Ces deux dernières équations, qui ne renferment plus que les variables x, y, z, et les quantités connues x', y', z', x'', y'', z'', sont les équations cherchées.

N. B. — Quant aux équations

$$x - x' = a(z - z'), \quad y - y' = b(z - z'),$$

obtenues dans le cours du calcul, elles caractérisent une ligne droite passant par le point (x', y', z'), puisqu'elles sont satisfaites par les hypothèses

$$x = x', \quad y = y', \quad z = z'.$$

Les quantités a, b se déterminent ensuite au moyen d'une seconde condition que l'on peut imposer à la droite ; dans le problème précédent, cette condition consiste à faire passer la droite par un *second* point.

375. DEUXIÈME QUESTION. — *Par un point donné hors d'une droite, mener une parallèle à cette droite.*

Désignons par x', y', z' les coordonnées du point donné, et soient

$$x = az + \alpha,$$
$$y = bz + \beta$$

les équations de la droite aussi donnée.

Celles de la droite cherchée sont (374) de la forme

$$x - x' = a'(z - z'),$$
$$y - y' = b'(z - z'),$$

a', b', étant des quantités qu'il s'agit de déterminer.

Or, puisque les droites sont parallèles, les plans qui les projettent respectivement sur les deux plans des xz et des yz doivent être parallèles; donc les intersections de ces plans parallèles avec les plans coordonnés, c'est-à-dire les *projections* des deux droites, sont elles-mêmes *parallèles*. Ainsi l'on a nécessairement (59) les relations

$$a' = a, \quad b' = b;$$

ce qui donne finalement pour les équations de la droite cherchée,

$$x - x' = a(z - z'), \quad y - y' = b(z - z').$$

376. Troisième question. — *Deux droites étant données par leurs équations, exprimer par l'analyse que ces droites se rencontrent, et trouver, dans ce cas, les coordonnées de leur point d'intersection.*

Soient

$$(1) \qquad x = az + \alpha,$$
$$(2) \qquad y = bz + \beta$$

et

$$(3) \qquad x = a'z + \alpha',$$
$$(4) \qquad y = b'z + \beta'$$

les équations des deux droites.

Si elles se coupent, les coordonnées de leur point d'intersection doivent vérifier à la fois les quatre équations ci-dessus : ainsi ces coordonnées ne sont autre chose que les valeurs de x, y, z propres à satisfaire en même temps à ces équations; et comme on a trois inconnues à éliminer entre quatre équations, on doit nécessairement parvenir à une relation entre les constantes a, b, α, β, a', b', α', β'.

Les équations (1) et (3), (2) et (4), retranchées successivement l'une de l'autre, donnent

$$0 = (a - a')z + \alpha - \alpha', \quad \text{d'où} \quad z = \frac{\alpha' - \alpha}{a - a'},$$

$$0 = (b - b')z + \beta - \beta', \quad \text{d'où} \quad z = \frac{\beta' - \beta}{b - b'}.$$

Or ces deux valeurs de z doivent être égales ; on a donc

$$\frac{\alpha' - \alpha}{a - a'} = \frac{\beta' - \beta}{b - b'},$$

ou bien

$$(5) \qquad (\alpha' - \alpha)(b - b') - (\beta' - \beta)(a - a') = 0.$$

Telle est la relation qui doit exister entre les constantes, pour que les deux droites se coupent.

En supposant que cette relation soit satisfaite, on obtient, pour les coordonnées du point d'intersection,

$$z = \frac{\alpha' - \alpha}{a - a'} \quad \text{ou} \quad \frac{\beta' - \beta}{b - b'}, \quad x = \frac{a\alpha' - \alpha a'}{a - a'} \quad \text{et} \quad y = \frac{b\beta' - \beta b'}{b - b'}.$$

Soit, comme *cas particulier*, $a = a'$, $b = b'$, ce qui signifie (375) que les deux droites sont parallèles ; l'équation (5) est satisfaite, et les valeurs de x, y, z se réduisent à la forme $\dfrac{M}{0}$, résultat analogue à celui du n° 61.

377. QUATRIÈME QUESTION. — *Deux droites étant données par leurs équations, déterminer l'angle qu'elles forment entre elles.*

Soient

$$x = az + \alpha, \quad y = bz + \beta,$$

et

$$x = a'z + \alpha', \quad y = b'z + \beta'$$

les équations des deux droites.

Il peut se présenter deux circonstances : ou les droites se coupent, auquel cas l'équation de condition du numéro précédent est satisfaite ; ou bien, *elles ne se rencontrent pas*.

Dans l'un et l'autre cas, si d'un point quelconque de l'espace on conçoit deux autres droites respectivement parallèles aux droites données, c'est l'angle formé par ces parallèles qu'il s'agit de déterminer.

Pour plus de simplicité, nous prendrons le point dont nous venons de parler, à l'origine même des coordonnées.

Soient donc AL, AL' (*fig.* 191) des parallèles aux deux droites, on a (372, 375), pour leurs équations,

$$(1) \qquad x = az, \quad y = bz,$$

et

$$(2) \qquad x = a'z, \quad y = b'z.$$

Pour obtenir l'angle LAL′, prenons sur les côtés de cet angle deux parties AM, AM′, égales à 1; puis joignons les points M et M′, dont nous désignerons d'ailleurs les coordonnées par x', y', z', et x'', y'', z''.

Cela posé, en appelant D la distance MM′, on a (369), pour l'expression de cette distance,

$$\mathrm{D}^2 = (x' - x'')^2 + (y' - y'')^2 + (z' - z'')^2,$$

ou développant, et observant que les coordonnées du point M et celles du point M′ sont liées (369, *N. B.*) par les relations

$$(3) \qquad x'^2 + y'^2 + z'^2 = 1,$$
$$(4) \qquad x''^2 + y''^2 + z''^2 = 1,$$

$$\mathrm{D}^2 = 2 - 2(x'x'' + y'y'' + z'z'').$$

D'un autre côté, le triangle AMM′ donne, d'après un principe de Trigonométrie,

$$\cos\mathrm{MAM}' \quad \text{ou} \quad \cos\mathrm{V} = \frac{\overline{\mathrm{AM}}^2 + \overline{\mathrm{AM}'}^2 - \overline{\mathrm{MM}'}^2}{2\,\mathrm{AM} \times \mathrm{AM}'} = \frac{2 - \mathrm{D}^2}{2};$$

ou, mettant pour D^2 sa valeur dans cette expression,

$$(5) \qquad \cos\mathrm{V} = x'x'' + y'y'' + z'z''.$$

Donc tout se réduit à obtenir les coordonnées x', y', z' et x'', y'', z'' en fonction des constantes a, b, a', b'.

Or le point (x', y', z') se trouvant sur la droite AL, ses coordonnées doivent vérifier les équations (1); ainsi l'on a les deux relations

$$x' = az', \quad y' = bz',$$

qui, jointes à la relation (3)

$$x'^2 + y'^2 + z'^2 = 1,$$

suffisent pour déterminer les trois quantités x', y', z'.

Portons dans cette dernière relation les valeurs de x' et de y' tirées des deux premières; il vient

$$(a^2 + b^2 + 1)z'^2 = 1, \quad \text{d'où} \quad z' = \frac{1}{\sqrt{a^2 + b^2 + 1}}:$$

ce qui donne ensuite, pour y' et x',

$$y' = \frac{b}{\sqrt{a^2 + b^2 + 1}}, \quad x' = \frac{a}{\sqrt{a^2 + b^2 + 1}}.$$

On obtiendrait de la même manière, pour les coordonnées x'', y'', z'' du point M,

$$z'' = \frac{1}{\sqrt{a'^2 + b'^2 + 1}}, \quad y'' = \frac{b'}{\sqrt{a'^2 + b'^2 + 1}},$$

$$x'' = \frac{a'}{\sqrt{a'^2 + b'^2 + 1}}.$$

Substituant ces valeurs dans l'équation (5), on obtient enfin, pour le *cosinus* de l'angle demandé,

$$(6) \qquad \cos V = \frac{aa' + bb' + 1}{\sqrt{(a^2 + b^2 + 1)(a'^2 + b'^2 + 1)}}.$$

Cette expression, renfermant un radical, est susceptible de deux valeurs : et cela doit être, puisque les deux droites forment entre elles deux angles *suppléments* l'un de l'autre.

378. On peut trouver une autre expression de $\cos V$, au moyen de certaines considérations dont nous ferons souvent usage.

Abaissons du point M la perpendiculaire Mm au plan des xy, et menons mP parallèle à l'axe des y; on a, d'après cette construction, AP $= x'$, P$m = y'$, M$m = z'$. De plus, le plan MmP étant parallèle au plan des yz, la ligne qui joint le point M au point P est perpendiculaire à AP; et comme on a pris AM $= 1$, il s'ensuit que AP ou x' est égal au cosinus de l'angle que forme la droite AM avec l'axe des x.

On démontrerait, d'une manière analogue, que y' et z' sont respectivement égaux aux *cosinus* des angles que forme la droite avec les axes des y et des z.

Donc, en appelant α, β, γ ces trois angles, on a les relations

$$x' = \cos\alpha, \quad y' = \cos\beta, \quad z' = \cos\gamma.$$

On obtiendrait de même, par rapport aux angles α', β', γ', que forme la droite AM' avec les trois axes,

$$x'' = \cos\alpha', \quad y'' = \cos\beta', \quad z'' = \cos\gamma'.$$

Ces valeurs, étant portées dans l'équation (5) du numéro précédent, donnent

$$(7) \qquad \cos V = \cos\alpha \cos\alpha' + \cos\beta \cos\beta' + \cos\gamma \cos\gamma'.$$

379. Les calculs précédents conduisent à des conséquences fort importantes.

1° La relation 5 du n° 377 donne, lorsqu'on y remplace x', y', z'

par $\cos\alpha$, $\cos\beta$, $\cos\gamma$,

$$\cos^2\alpha + \cos^2\beta + \cos^2\gamma = 1 :$$

ce qui démontre que *la somme des carrés des cosinus des angles que forme une droite quelconque avec les trois axes est égale à l'unité;* proposition qui résulte encore de la relation existant entre la diagonale d'un parallélépipède rectangle et les trois arêtes contiguës (*voir* la *fig.* 187).

2° Des relations $x' = az'$, $y' = bz'$ on tire

$$a = \frac{x'}{z'}, \quad b = \frac{y'}{z'},$$

et, par conséquent,

(8)
$$a = \frac{\cos\alpha}{\cos\gamma}, \quad b = \frac{\cos\beta}{\cos\gamma}.$$

Donc les constantes a, b des équations d'une droite ont respectivement pour valeurs *les rapports des cosinus des angles que forme la droite avec l'axe des x et avec l'axe des y, au cosinus de l'angle qu'elle forme avec l'axe des z.*

3° Enfin les équations (8), ou

$$\cos\alpha = a\cos\gamma, \quad \cos\beta = b\cos\gamma,$$

étant élevées au carré et ajoutées avec l'identité

$$\cos^2\gamma = \cos^2\gamma,$$

donnent

$$\cos^2\alpha + \cos^2\beta + \cos^2\gamma \quad \text{ou} \quad 1 = (a^2 + b^2 + 1)\cos^2\gamma ;$$

donc

(9)
$$\begin{cases} \cos\gamma = \dfrac{1}{\sqrt{a^2 + b^2 + 1}}, \quad \cos\beta = \dfrac{b}{\sqrt{a^2 + b^2 + 1}}, \\[2mm] \cos\alpha = \dfrac{a}{\sqrt{a^2 + b^2 + 1}}. \end{cases}$$

Ces dernières formules servent à déterminer les angles que forme une droite avec les trois axes, connaissant les tangentes a, b des angles que les projections sur les plans des xz et des yz font avec l'axe des z.

Réciproquement, lorsque l'on donne les angles que la droite forme avec les trois axes, les formules (8) font connaître les constantes a, b des équations de la droite.

Nous observerons à ce sujet que, d'après la relation

$$\cos^2\alpha + \cos^2\beta + \cos^2\gamma = 1,$$

qui lie les angles α, β, γ, on ne peut donner arbitrairement que deux de ces angles, et la relation donne la valeur correspondante du troisième angle.

380. Reprenons la formule (6), et voyons ce qu'elle devient dans les

deux hypothèses où les droites données sont *parallèles* ou *perpendiculaires* entre elles.

Dans le premier cas, on doit avoir $\cos V = 1$, et l'on obtient entre a, b, a', b' la relation

$$aa' + bb' + 1 = \sqrt{(a^2 + b^2 + 1)(a'^2 + b'^2 + 1)}.$$

Faisant disparaître le radical, développant et réduisant, on peut la transformer ainsi

$$(a - a')^2 + (b - b')^2 + (ab' - ba')^2 = 0;$$

équation qui ne peut évidemment exister, à moins que l'on n'ait séparément

$$a = a', \quad b = b', \quad ab' = ba'.$$

La dernière de ces trois relations est implicitement comprise dans les deux autres; et l'on sait déjà (375) que celles-ci expriment que deux droites dans l'espace sont *parallèles*.

Dans le second cas, $\cos V$ doit être *nul* : ce qui donne nécessairement

$$aa' + bb' + 1 = 0.$$

Telle est la condition qui exprime que deux droites sont *perpendiculaires;* ce qui peut avoir lieu d'ailleurs sans que ces droites se coupent.

En y réunissant l'équation

$$(a - a')(\beta' - \beta) - (b - b')(\alpha' - \alpha) = 0,$$

trouvée n° 376, on aurait les deux relations qui doivent exister entre les constantes, pour que les droites *se coupent à angle droit*.

La formule (7) devient, dans la même circonstance,

$$\cos\alpha \cos\alpha' + \cos\beta \cos\beta' + \cos\gamma \cos\gamma' = 0,$$

résultat dont nous ferons souvent usage.

Nous pourrions, à l'aide des principes qui viennent d'être établis, résoudre *en trois dimensions* le problème que nous avons résolu (65) en deux dimensions : *abaisser d'un point donné hors d'une droite une perpendiculaire sur cette droite, et trouver la longueur de cette perpendiculaire.*

Mais les calculs relatifs à cette question ne laisseraient pas que d'être assez compliqués, et nous verrons bientôt un moyen beaucoup plus simple de la résoudre.

381. *Scolie général.* — Les principes établis sur la ligne droite, depuis le n° 370 jusqu'au n° 376 inclusivement, sont vrais, *quelle que soit l'inclinaison des axes coordonnés.* Ainsi, dans le cas d'axes obliques, les équations d'une droite sont toujours de la forme

$$x = az + \alpha, \quad y = bz + \beta.$$

seulement les droites, au lieu d'être projetées sur les plans coordonnés par des perpendiculaires à ces plans, le sont (368) *parallèlement aux axes,* et les quantités a, b n'expriment plus des tangentes trigonométriques, mais des *rapports de sinus;* les constantes α, 6 conservent la même acception.

Les équations d'une droite passant par deux points donnés, les conditions de parallélisme de deux droites, etc., sont aussi indépendantes de l'*inclinaison* des axes; mais il n'en est pas de même de la question qui a pour objet la détermination de l'angle de deux droites, et de toutes les conséquences qui en ont été déduites, puisque l'on fait entrer en considération l'expression de la distance entre deux points donnés.

Cette remarque est importante pour ceux qui voudraient faire quelques applications de ces principes

§ II. — DE L'ÉQUATION DU PLAN ET DE SES COMBINAISONS AVEC LES ÉQUATIONS DU POINT ET DE LA LIGNE DROITE.

382. De même qu'une ligne droite est fixée de position sur un plan par une équation du premier degré entre les coordonnées x, y de chacun de ses points rapportés à deux axes, nous allons reconnaître qu'un plan se détermine aussi de position par rapport à trois autres plans, au moyen d'une équation du premier degré en x, y, z; ces variables désignant les distances de chacun des points du plan aux trois plans coordonnés.

Soient DB, DC (*fig.* 192) *les traces* d'un plan quelconque, c'est-à-dire les intersections de ce plan avec deux des plans coordonnés (qui peuvent être indifféremment rectangulaires ou obliques).

Parmi les différentes manières de concevoir une *surface plane,* il en est une qui consiste à regarder cette surface comme *engendrée par le mouvement d'une droite indéfinie glissant le long d'une autre droite, aussi indéfinie, sans cesser d'être parallèle à elle-même.*

Ainsi, par exemple, si, par les différents points de la droite BD, on imagine une suite d'autres droites D'C', D"C",..., parallèles à DC, il est évident que cette suite de droites appartient au plan que nous considérons; par conséquent, ce plan peut être regardé comme engendré par le mouvement de la trace DC le long de la trace DB, de manière à rester constamment parallèle à sa direction primitive.

C'est cette propriété caractéristique que nous allons essayer de traduire en analyse.

Comme la droite DB se trouve tout entière dans le plan de xz, ses équations sont (372) de la forme

$$(1) \qquad y = 0, \quad z = mx + p.$$

Par une raison analogue, les équations de la trace DC sont

$$(2) \qquad x = 0, \quad z = ny + p.$$

[Nous supposons ici les équations résolues par rapport à z, parce que les deux traces doivent passer par un point D, dont le z (ou p) est commun aux seconds membres de ces équations.]

Cela posé, considérons la trace DC dans une situation quelconque, D'C' par exemple; on a nécessairement (375), pour les équations de cette droite parallèle à DC,

$$(3) \qquad x = \alpha, \quad z = ny + \epsilon;$$

α, ϵ sont des quantités *constantes* pour tous les points d'une même position D'C' de la génératrice, mais *variables* d'une position à une autre D"C".

Il nous reste encore à exprimer que la génératrice rencontre dans toutes ses positions la trace DB; et, pour cela, il faut (376) écrire en analyse que les équations (1) et (3) ont lieu en même temps : ce qui donnera une relation entre les indéterminées α, ϵ et les quantités connues m, n, p.

Combinons donc ensemble ces quatre équations.

La seconde des équations (3) devient, à cause de la première des équations (1),

$$z = \epsilon.$$

Portant les deux valeurs

$$x = \alpha, \quad z = \epsilon$$

dans la seconde des équations (1), on obtient, pour la relation demandée,

$$(4) \qquad \epsilon = m\alpha + p.$$

Observons acuellement que, pour chaque position de la génératrice, les équations (3) et l'équation (4) doivent être satisfaites simultanément; donc, si l'on élimine entre ces équations les indéterminées α, ϵ, l'équation résultante en x, y, z et les quantités connues appartiendra aussi à tous les points du plan.

Or les équations (3) donnant

$$\alpha = x, \quad \epsilon = z - ny,$$

l'équation (4) devient

$$z - ny = mx + p.$$

ou bien,

$$(5) \qquad z = mx + ny + p.$$

Telle est, en général, l'équation qui exprime la position d'un plan dans l'espace, et qui en est, pour ainsi dire, *la représentation analytique*.

Pour faire concevoir comment cette équation représente chacun des points de la surface plane, supposons qu'on ait pris, pour les variables x, y, un système de valeurs

$$x = A d', \quad y = d' c';$$

si du point c' on élève $c' E'$ perpendiculaire au plan des xy, et égale à la valeur correspondante de z, tirée de l'équation (5), le point E', ainsi déterminé, appartiendra au plan, et ne peut appartenir qu'à lui.

Même raisonnement pour d'autres valeurs attribuées à x et à y.

N. B. — De tous les moyens qu'on emploie ordinairement pour trouver l'équation du plan, nous avons préféré le précédent, d'abord parce qu'il a l'avantage d'être indépendant de l'inclinaison des axes coordonnés, et ensuite parce qu'il s'applique à la recherche des équations d'autres surfaces dont la génération offre de l'analogie avec celle du plan. Nous en verrons des exemples par la suite.

383. Les constantes m, n, p, qui entrent dans l'équation du plan, sont faciles à définir. Ainsi les quantités m et n ne sont autre chose que *les tangentes des angles* que forment les traces DB, DC avec les axes des x et des y. Quant à la quantité p, on l'appelle le z à l'origine : *c'est la distance de l'origine au point où le plan rencontre l'axe des z.*

Lorsque le plan passe par l'origine, on a

$$p = o,$$

et l'équation se réduit à

$$z = m x + n y,$$

équation qui est, en effet, vérifiée par $x = o, y = o, z = o$.

384. Je dis que, *réciproquement,* toute équation du premier degré à trois variables,

$$A x + B y + C z + D = o,$$

appartient à un plan.

En effet, on en déduit

$$z = -\frac{A}{C} x - \frac{B}{C} y - \frac{D}{C}.$$

Or, si l'on considère deux droites dont les équations soient, pour la première,

$$y = o, \quad z = -\frac{A}{C} x - \frac{D}{C},$$

et, pour la seconde,

$$x = o, \quad z = -\frac{B}{C} y - \frac{D}{C},$$

on peut regarder ces droites comme les *traces* d'un plan sur ceux des xz, et des yz; et si l'on cherche l'équation de ce plan d'après la méthode du n° 382, on trouvera nécessairement

$$z = -\frac{A}{C}x - \frac{B}{C}y - \frac{D}{C},$$

ou bien,

(1) $$Ax + By + Cz + D = 0.$$

Donc, réciproquement, etc.

N. B. — Quoique l'équation

$$z = mx + ny + p$$

ne renferme que *trois* constantes, tandis que l'équation (1) en renferme *quatre*, elle n'en est pas moins aussi générale que celle-ci, dont le premier membre peut toujours être divisé par l'un de ses coefficients. Mais nous considérerons presque toujours l'équation du plan sous la forme (1), parce qu'elle est plus symétrique, et qu'en outre, lorsque l'on aura à déterminer un plan d'après certaines conditions, comme l'équation (1) renfermera une *constante arbitraire* de plus que l'équation

$$z = mx + ny + p,$$

on en profitera pour introduire certaines simplifications dans les calculs.

Cette remarque est très-utile.

Faisons successivement $x = 0$, $y = 0$, $z = 0$ dans l'équation

$$Ax + By + Cz + D = 0;$$

il en résulte, pour $x = 0$,

$$By + Cz + D = 0,$$

pour $y = 0$,

$$Ax + Cz + D = 0,$$

et pour $z = 0$,

$$Ax + By + D = 0:$$

ce sont les équations des *traces* du plan sur les trois plans des yz, des xz et des xy.

En posant à la fois $x = 0$, $y = 0$, on obtient

$$z = -\frac{D}{C};$$

ce qui donne les coordonnées du point où le plan rencontre l'axe des z.

On aurait de même

$$x = 0, \quad z = 0, \quad \text{d'où} \quad y = -\frac{D}{B},$$

$$y = 0, \quad z = 0, \quad \text{d'où} \quad x = -\frac{D}{A},$$

pour les coordonnées des points où le plan rencontre l'axe des y et l'axe des x.

385. On peut faire entrer dans l'équation du plan les distances de l'origine à ces trois points d'intersection, et l'équation prend alors une forme très-élégante.

Posons, en effet,

$$AB = -\frac{D}{A} = q, \quad AC = -\frac{D}{B} = r, \quad AD = -\frac{D}{C} = s;$$

il en résulte

$$A = -\frac{D}{q}, \quad B = -\frac{D}{r}, \quad C = -\frac{D}{s};$$

d'où, substituant dans l'équation du plan et réduisant,

$$rsx + qsy + qrz = qrs,$$

équation analogue à celle qui a été obtenue pour la ligne droite (55), ainsi que pour les équations de l'ellipse et de l'hyperbole, rapportées à leurs axes.

Elle ne renferme, comme l'équation

$$z = mx + ny + p,$$

que trois constantes, mais elle est plus symétrique.

Questions préliminaires relatives à la ligne droite et au plan.

386. Nous allons maintenant nous occuper de la résolution d'une série de questions relatives au point, à la ligne droite et au plan, qui, avec celles que nous avons déjà traitées (374 et suivants), constituent ce que l'on appelle les *préliminaires* de la Géométrie analytique à trois dimensions.

PREMIÈRE QUESTION. — *Faire passer un plan par trois points donnés.*

Désignons par (x', y', z'), (x'', y'', z''), (x''', y''', z''') les coordonnées des trois points, et par

$$(1) \qquad Ax + By + Cz + D = 0$$

l'équation du plan cherché; A, B, C, D sont des constantes qu'il s'agit de déterminer.

Puisque le plan est assujetti à passer par les trois points, son équation doit être vérifiée lorsque l'on y remplace successivement x, y, z par les coordonnées de chacun de ces points ; ainsi l'on a les trois relations

$$A x' + B y' + C z' + D = 0.$$
$$A x'' + B y'' + C z'' + D = 0,$$
$$A x''' + B y''' + C z''' + D = 0,$$

qui peuvent être transformées de la manière suivante :

$$\frac{A}{D} x' + \frac{B}{D} y' + \frac{C}{D} z' = -1,$$

$$\frac{A}{D} x'' + \frac{B}{D} y'' + \frac{C}{D} z'' = -1,$$

$$\frac{A}{D} x''' + \frac{B}{D} y''' + \frac{C}{D} z''' = -1.$$

En appliquant à ces relations les formules pour la résolution des équations du premier degré à trois inconnues, et observant que le coefficient D étant tout à fait arbitraire, on peut l'égaler à la quantité qui sert de dénominateur commun aux trois expressions de $\frac{A}{D}$, $\frac{B}{D}$, $\frac{C}{D}$, on trouve, tout calcul fait,

$$D = x'y''z''' - x'z''y''' + z'x''y''' - y'x''z''' + y'z''x''' - z'y''x''',$$
$$A = -y''z''' + z''y''' - z'y''' + y'z''' - y'z'' + z'y'',$$
$$B = -x'z''' + x'z'' - z'x'' + x''z''' - z''x''' + z'x''',$$
$$C = -x'y'' + x'y''' - x''y''' + y'x'' - y'x''' + y''x'''.$$

Il ne s'agirait plus maintenant que de substituer ces valeurs dans l'équation (1), et l'on aurait l'équation demandée.

Soit, comme cas particulier, à faire passer un plan par les trois points B, C, D, pour lesquels on a les relations

$$x' = p, \quad y' = 0, \quad z' = 0,$$
$$x'' = 0, \quad y'' = q, \quad z'' = 0,$$
$$x''' = 0, \quad y''' = 0, \quad z''' = r.$$

Les valeurs précédentes des coefficients D, A, B, C se réduisent à

$$D = pqr, \quad A = -qr, \quad B = -pr, \quad C = -pq;$$

et l'équation devient

$$qrx + pry + pqz = pqr,$$

comme au numéro précédent.

387. Seconde question. — *Faire passer un plan par un point et une droite donnés.*

Soient x', y', z' les coordonnées du point,

$$(1) \qquad x = az + \alpha, \quad y = bz + \varepsilon$$

les équations de la droite : celle du plan cherché sera de la forme

$$(2) \qquad A x + B y + C z + D = 0.$$

Comme ce plan doit passer par le point (x', y', z'), on a pour première relation

$$(3) \qquad A x' + B y' + C z' + D = 0 ;$$

d'où, retranchant les équations (2) et (3) l'une de l'autre,

$$(4) \qquad A(x - x') + B(y - y') + C(z - z') = 0.$$

C'est la forme *caractéristique* de l'équation d'un plan passant par un *point donné;* nous aurons souvent occasion d'en faire usage.

Maintenant, il faut exprimer par l'analyse que la droite donnée se trouve tout entière dans le plan cherché ; et, pour cela, il suffit d'écrire que les coordonnées x, y, z de tous les points de la droite vérifient l'équation du plan. Or, en substituant pour x et y leurs valeurs tirées des équations (1), dans l'équation (2), il vient

$$A(az + \alpha) + B(bz + \varepsilon) + C z + D = 0 ;$$

ou bien, effectuant les calculs et ordonnant par rapport à z,

$$(Aa + Bb + C)z + A\alpha + B\varepsilon + D = 0.$$

Or cette équation doit se vérifier indépendamment de toute valeur particulière attribuée à z; ainsi chacune des quantités

$$Aa + Bb + C, \quad A\alpha + B\varepsilon + D$$

doit être *nulle* séparément; et l'on a les deux nouvelles relations

$$(5) \qquad Aa + Bb + C = 0,$$

$$(6) \qquad A\alpha + B\varepsilon + D = 0,$$

pour exprimer que la droite est comprise tout entière dans le plan.

En soustrayant la dernière de ces relations de l'équation (3), on obtient

$$(7) \qquad A(x' - \alpha) + B(y' - \varepsilon) + C z' = 0,$$

équation qui ne renferme plus D, et qu'on peut substituer à l'équation (6).

La question se réduit donc à trouver les valeurs de A. B. C. ou plutôt des rapports $\dfrac{A}{C}$, $\dfrac{B}{C}$, à l'aide des deux relations

$$\frac{A}{C}\,a + \frac{B}{C}\,b + 1 = 0,$$

$$\frac{A}{C}(x' - \alpha) + \frac{B}{C}(y' - \beta) + z' = 0.$$

Or on trouve, par l'élimination,

$$1° \qquad \frac{A}{C} = \frac{y' - \beta - b z'}{b(x' - \alpha) - a(y' - \beta)},$$

$$2° \qquad \frac{B}{C} = - \frac{(x' - \alpha - a z')}{b(x' - \alpha) - a(y' - \beta)};$$

et comme on peut disposer arbitrairement de l'un des trois coefficients A, B, C, il n'y a qu'à poser

$$C = b(x' - \alpha) - a(y' - \beta),$$

ce qui donne

$$A = y' - \beta - b z' \quad \text{et} \quad B = -(x' - \alpha - a z');$$

d'où, substituant dans l'équation (4),

$$(y' - \beta - b z')(x - x') - (x' - \alpha - a z')(y - y')$$
$$+ \left[b(x' - \alpha) - a(y' - \beta) \right](z - z') = 0.$$

Telle est l'équation du plan demandé.

388. *Remarque*. — Dans la question précédente, nous avons établi deux relations

$$A a + B b + C = 0, \quad A \alpha + B \beta + D = 0,$$

qui méritent quelque attention, parce qu'elles sont fréquemment employées dans la Géométrie analytique à trois dimensions.

Reprenons les équations de la droite et du plan,

$$x = a z + \alpha, \quad y = b z + \beta, \quad A x + B y + C z + D = 0,$$

et proposons-nous de déterminer le point où la droite rencontre le plan.

Comme on a trois équations entre x, y, z, il suffit de remplacer, dans la troisième, x et y par leurs valeurs tirées des deux premières. Il vient, par cette substitution,

$$(A a + B b + C) z + A \alpha + B \beta + D = 0.$$

d'où

$$z = - \frac{(A\alpha + B\beta + D)}{Aa + Bb + C},$$

et, par suite,

$$x = \alpha - \frac{a(A\alpha + B\beta + D)}{Aa + Bb + C},$$

ou bien

$$x = \frac{\alpha(Aa + Bb + C) - a(A\alpha + B\beta + D)}{Aa + Bb + C},$$

puis

$$y = \beta - \frac{b(A\alpha + B\beta + D)}{Aa + Bb + C},$$

ou bien

$$y = \frac{\beta(Aa + Bb + C) - b(A\alpha + B\beta + D)}{Aa + Bb + C}.$$

Cela posé, si l'on veut exprimer que *la droite et le plan sont parallèles,* il faut écrire que les valeurs de x, y, z correspondant au point d'intersection sont *infinies;* ce qui se fait en posant

$$Aa + Bb + C = 0,$$

car ces valeurs deviennent alors

$$z = - \frac{(A\alpha + B\beta + D)}{0}, \quad x = - \frac{a(A\alpha + B\beta + D)}{0},$$

$$y = - \frac{b(A\alpha + B\beta + D)}{0}.$$

Si, au lieu de la condition

$$Aa + Bb + C = 0,$$

on établit la suivante,

$$A\alpha + B\beta + D = 0,$$

les valeurs de x, y, z se réduisent à

$$z = 0, \quad x = \alpha, \quad y = \beta.$$

Or il est aisé de reconnaître que le point correspondant à ce système de coordonnées est celui où la droite rencontre le plan des xy; car si l'on pose, dans les équations de la droite,

$$z = 0,$$

il en résulte,

$$x = \alpha, \quad y = \beta.$$

Supposons maintenant qu'on ait à la fois

$$Aa + Bb + C = 0, \quad A\alpha + B\beta + D = 0;$$

les valeurs de x, y, z se réduisent à la forme $\frac{0}{0}$, signe de *l'indétermina-tion*; ce qui prouve qu'alors la droite se trouve *tout entière* dans le plan.

On peut conclure de là que, des deux relations ci-dessus, la première exprime seulement que *la droite et le plan sont parallèles*; la seconde, que le plan *passe par un point déterminé de la droite* (celui où la droite perce le plan des xy); et que toutes les deux, conjointement, expriment que *la droite et le plan se confondent*.

389. TROISIÈME QUESTION. — *Un plan et un point hors de ce plan étant donnés*, on demande : 1° *d'abaisser du point une perpendiculaire sur le plan*; 2° *de trouver la longueur de cette perpendiculaire*, c'est-à-dire *la distance du point au plan donné*.

Soient x', y', z' les coordonnées de ce point, et

$$(1) \qquad Ax + By + Cz + D = 0$$

l'équation d'un plan supposé connu de position.

Les équations de la droite cherchée seront (374) de la forme

$$(2) \qquad x - x' = a(z - z'), \quad y - y' = b(z - z');$$

a, b étant deux constantes qu'il s'agit de déterminer.

Pour cela, nous rappellerons un des principes de la Géométrie descriptive, lequel consiste en ce que, si une droite est *perpendiculaire* à un plan dans l'espace, *la projection de la droite sur un des plans coordonnés est perpendiculaire à la trace du plan donné sur le même plan coordonné*.

Cela posé, si, pour obtenir *les traces* du plan donné, on fait successivement $y = 0$ et $x = 0$ dans l'équation (1), il vient

$$Ax + Cz + D = 0, \quad By + Cz + D = 0,$$

que l'on peut mettre sous la forme

$$(3) \qquad x = -\frac{C}{A}z - \frac{D}{A}, \quad y = -\frac{C}{B}z - \frac{D}{B}.$$

Or, puisque les droites exprimées par les équations (2) doivent être respectivement perpendiculaires aux droites exprimées par les équations (3), il faut (64) que l'on ait entre les coefficients de z les relations

$$a \times -\frac{C}{A} + 1 = 0;$$

d'où

$$a = -\frac{A}{C}, \quad \text{ou bien} \quad A = aC,$$

et

$$b \times -\frac{C}{B} + 1 = 0;$$

d'où

$$b = \frac{B}{C}, \quad \text{ou bien} \quad B = bC.$$

Substituant ces valeurs de a, b dans les équations (2), on obtient pour les équations de la perpendiculaire

$$(4) \qquad x - x' = \frac{A}{C}(z - z'), \quad y - y' = \frac{B}{C}(z - z').$$

Actuellement, pour résoudre la seconde partie du problème proposé, observons que, d'après l'expression (369), qui donne la distance entre deux points, il suffit de déterminer les valeurs de

$$x - x', \quad y - y', \quad z - z',$$

propres à satisfaire en même temps aux équations (1) et (4), et de substituer ensuite ces valeurs dans l'expression de la distance (puisque, par cette élimination, on obtiendra nécessairement les différences entre les coordonnées du point où la perpendiculaire rencontre le plan et celles du point donné).

A cet effet, nous ferons subir à l'équation (1) la transformation suivante : ajoutons au premier membre la quantité

$$-Ax' - By' - Cz' + Ax' + By' + Cz',$$

qui est identiquement nulle, et posons

$$(5) \qquad Ax' + By' + Cz' + D = D';$$

il vient

$$A(x - x') + B(y - y') + C(z - z') + D' = 0.$$

Or, si l'on met dans cette équation, à la place de $x - x'$, $y - y'$, leurs valeurs (4), on trouve

$$(A^2 + B^2 + C^2)(z - z') + D'C = 0;$$

d'où

$$z - z' = -\frac{D'C}{A^2 + B^2 + C^2},$$

et, par conséquent,

$$x - x' = -\frac{D'A}{A^2 + B^2 + C^2},$$

$$y - y' = -\frac{D'B}{A^2 + B^2 + C^2}.$$

Mais en appelant P la perpendiculaire demandée, on a (369)

$$P = \sqrt{(x - x')^2 + (y - y')^2 + (z - z')^2};$$

donc

$$P = \frac{D'}{\sqrt{A^2 + B^2 + C^2}} = \frac{Ax' + By' + Cz' + D}{\sqrt{A^2 + B^2 + C^2}}.$$

(*Voyez* ce qui a été dit n° 65 sur le double signe dont le radical est affecté.)

390. *Cas particuliers.* — 1° Le point donné peut être l'origine même des coordonnées. Dans ce cas, on a

$$x' = 0, \quad y' = 0, \quad z' = 0,$$

et l'expression de la perpendiculaire se réduit à

$$P = \frac{D}{\sqrt{A^2 + B^2 + C^2}}.$$

Le pied de la perpendiculaire a d'ailleurs pour coordonnées

$$x = -\frac{AD}{A^2 + B^2 + C^2}, \quad y = -\frac{BD}{A^2 + B^2 + C^2},$$

$$z = -\frac{CD}{A^2 + B^2 + C^2}.$$

2° Si le point donné se trouve sur le plan, ses coordonnées doivent vérifier l'équation du plan ; c'est-à-dire que l'on a

$$Ax' + By' + Cz' + D = 0,$$

d'où

$$P = 0.$$

391. QUATRIÈME QUESTION. — Réciproquement, *un point et une droite étant donnés dans l'espace, mener par le point un plan perpendiculaire à la droite, et trouver la longueur de la distance du point à la droite.*

Soient

$$(1) \qquad x = az + \alpha, \quad y = bz + \beta$$

les équations de la droite donnée, et x', y', z' les coordonnées du point.

L'équation du plan cherché sera (387) de la forme

$$(2) \qquad A(x - x') + B(y - y') + C(z - z') = 0.$$

Or, par hypothèse, la droite et le plan sont perpendiculaires entre eux ; on a donc (389) entre les coefficients A, B, C et a, b les relations

$$A = aC, \quad B = bC;$$

d'où, substituant dans l'équation (2) et divisant par C,

$$(3) \qquad a(x - x') + b(y - y') + z - z' = 0.$$

C'est l'équation du plan cherché.

Maintenant, pour obtenir la distance du point (x', y', z') au point où le plan rencontre la droite, il suffit de chercher les valeurs de $x - x'$, $y - y'$, $z - z'$ propres à satisfaire en même temps aux équations (1) et (3), puis de porter ces valeurs dans l'expression générale de la distance entre deux points donnés.

Afin d'effectuer cette élimination, nous mettrons les équations (1) sous la forme

$$(4) \qquad \begin{cases} x - x' = a(z - z') + \alpha - x' + az', \\ y - y' = b(z - z') + 6 - y' + bz'. \end{cases}$$

(Cette transformation est analogue à celle du n° 65.)

Cela posé, si l'on substitue pour $x - x'$, $y - y'$, leurs valeurs dans l'équation (3), il vient

$$(a^2 + b^2 + 1)(z - z') + a(x - x' + az') + b(6 - y' + bz') = 0;$$

d'où

$$z - z' = \frac{a(x' - \alpha) + b(y' - 6) + z'}{a^2 + b^2 + 1} - z' = \frac{N}{a^2 + b^2 + 1} - z',$$

en posant, pour simplifier,

$$(5) \qquad N = a(x' - \alpha) + b(y' - 6) + z'.$$

Portons cette valeur de $z - z'$ dans les équations (4); il vient pour valeurs correspondantes de $x - x'$, $y - y'$,

$$x - x' = \frac{Na}{a^2 + b^2 + 1} - az' + \alpha - x' + az'$$

$$= \frac{Na}{a^2 + b^2 + 1} - (x' - \alpha),$$

$$y - y' = \frac{Nb}{a^2 + b^2 + 1} - bz' + 6 - y' + bz'$$

$$= \frac{Nb}{a^2 + b^2 + 1} - (y' - 6).$$

Faisant la *somme des carrés* des valeurs de $x - x'$, $y - y'$, $z - z'$, et observant : 1° que les premières parties élevées au carré donnent pour somme, $\frac{N^2}{a^2 + b^2 + 1}$; 2° que la somme des doubles produits se réduit, d'après l'équation (5), à $\dfrac{-2\,N^2}{a^2+b^2+1}$, on trouve enfin, pour l'expression la plus simple de la distance du point à la droite donnée,

$$P = \sqrt{(x'-\alpha)^2+(y'-6)^2+z'^2-\dfrac{N^2}{a^2+b^2+1}}\,.$$

392. *Conséquence.* — Si l'on joint le point $(x',\ y',\ z')$ au point où la droite est rencontrée par le plan qui lui est perpendiculaire, point dont nous désignerons, pour le moment, les coordonnées par x'', y'', z'', il est évident que cette droite de jonction est perpendiculaire sur la droite demandée.

Or les équations de cette droite sont (374) de la forme

$$x-x'=\dfrac{x''-x'}{z''-z'}(z-z'),\quad y-y'=\dfrac{y''-y'}{z''-z'}(z-z');$$

et les rapports $\dfrac{x''-x'}{z''-z'}$, $\dfrac{y''-y'}{z''-z'}$ ne sont autre chose que les rapports des valeurs de $x-x'$, $y-y'$, $z-z'$ trouvées dans le numéro précédent. Donc, en effectuant cette substitution, l'on obtiendrait *les équations de la perpendiculaire abaissée d'un point sur une droite dans l'espace :* question dont nous avons annoncé une solution à la fin du n° 380.

Nous n'achèverons pas ce calcul, qui n'offre aucune difficulté et qui conduit d'ailleurs à des résultats peu élégants.

393. Cinquième question. — *Par un point donné dans l'espace, mener un plan parallèle à un autre.*

Avant de résoudre ce problème, nous commencerons par établir les conditions analytiques qui expriment que deux plans sont parallèles.

Soient

$$A\,x+B\,y+C\,z+D=0,\quad A'x+B'y+C'z+D'=0$$

les équations de deux plans donnés dans l'espace.

Si ces plans sont parallèles, leurs traces sur le plan des xz et sur celui des yz doivent être aussi parallèles.

Or (384, *N. B.*) les équations de ces traces sont, pour le premier plan,

$$A\,x+C\,z+D=0,\quad B\,y+C\,z+D=0,$$

pour le second,

$$A'x+C'z+D'=0,\quad B'y+C'z+D'=0,$$

et pour qu'elles soient respectivement *parallèles,* il faut (375) que l'on ait

$$\frac{A}{C} = \frac{A'}{C'} \quad \text{et} \quad \frac{B}{C} = \frac{B'}{C'};$$

d'où l'on déduit encore

$$\frac{A}{B} = \frac{A'}{B'}.$$

Désignons actuellement par x', y', z' les coordonnées du point donné. L'équation du premier plan étant

$$A x + B y + C z + D = 0,$$

celle du second, qui est assujetti à passer par le point (x', y', z'), sera de la forme

$$A'(x - x') + B'(y - y') + C'(z - z') = 0 ;$$

mais, par hypothèse, les deux plans doivent être *parallèles ;* on a donc

$$\frac{A'}{C'} = \frac{A}{C}, \quad \frac{B'}{C'} = \frac{B}{C};$$

d'où

$$A' = \frac{A}{C} C', \quad B' = \frac{B}{C} C'.$$

Portant ces valenrs de A', B' dans l'équation précédente, et divisant par C', on obtient, pour l'équation demandée,

$$A (x - x') + B (y - y') + C (z - z') = 0,$$

équation dont les trois premiers coefficients sont les mêmes que ceux de l'équation du plan donné ; il n'y a que le z de l'origine, c'est-à-dire le premier terme indépendant des variables, qui soit *différent.*

Si le point par lequel on veut faire passer le plan parallèle est l'origine même des coordonnées, on a

$$x' = 0, \quad y' = 0, \quad z' = 0 ;$$

et l'équation ci-dessus se réduit à

$$A x + B y + C z = 0. \; (\textit{Voyez} \text{ le n° 383.})$$

394. *Distance de deux plans parallèles.* — Lorsque les équations de deux plans parallèles sont données, savoir

$$A x + B y + C z + D = 0,$$
$$A x + B y + C z + D' = 0,$$

on peut demander l'*expression analytique* de leur distance.

Pour l'obtenir, abaissons de l'origine des coordonnées une droite *per-*

pendiculaire à l'un : elle est nécessairement *perpendiculaire* à l'autre, et l'on a (390), pour la distance de l'origine à chacun de ces plans,

$$P = \frac{D}{\sqrt{A^2 + B^2 + C^2}}, \quad P' = \frac{D'}{\sqrt{A^2 + B^2 + C^2}};$$

ce qui donne (P_{ι} désignant la distance demandée)

$$P_{\iota} = \frac{D' - D}{\sqrt{A^2 + B^2 + C^2}}.$$

La quantité $D' - D$ exprime une *différence* ou une *somme*, suivant que les deux plans sont situés d'*un même* côté, ou de côtés *différents* par rapport à l'origine.

Comme d'ailleurs le radical est toujours affecté du *double signe,* on doit le prendre, avec le signe $+$ ou le signe $-$, selon que $D' - D$ est une quantité *positive* ou *négative*.

395. SIXIÈME QUESTION. — *Trouver les équations de l'intersection commune de deux plans.*

Soient

(1) $$A\,x + B\,y + C\,z + D = 0,$$

(2) $$A'\,x + B'\,y + C'\,z + D' = 0$$

les équations des deux plans donnés.

Nous observerons d'abord que cette intersection est tout aussi bien déterminée par les équations des deux plans donnés que par celles de ses projections, qui ne sont d'ailleurs elles-mêmes (371) que les équations de deux plans perpendiculaires, l'un au plan des xz, et l'autre au plan des yz.

Mais on peut avoir besoin, pour certains problèmes, de connaître les *équations des projections*.

Or, si l'on élimine y entre les équations (1) et (2), l'équation résultante en x et z appartiendra à un plan perpendiculaire au plan des xz, et passant par la droite; donc elle sera l'équation de la projection de la droite sur le plan des xz.

Même raisonnement pour la projection sur le plan des yz.

En effectuant ces calculs, on trouve,

1° Pour la projection, sur le plan des xz,

$$(AB' - BA')\,x + (CB' - BC')\,z + DB' - BD' = 0;$$

2° Pour la projection sur le plan des yz,

$$(AB' - BA')\,y + (AC' - CA')\,z + AD' - DA' = 0.$$

L'élimination de z donnerait également l'équation de la projection sur le plan des xy.

396. SEPTIÈME QUESTION. — *Deux plans étant donnés dans l'espace, trouver l'angle qu'ils forment entre eux.*

Le moyen qui se présente au premier abord, pour résoudre cette question, consisterait à rechercher : 1° les équations des projections de l'intersection commune des deux plans; 2° l'équation d'un plan perpendiculaire à cette intersection; 3° celles des *traces* de ce plan sur les deux plans donnés; 4° enfin, l'angle formé par ces traces. Mais on juge aisément que ces calculs, tous exécutables d'après les principes établis précédemment, seraient assez laborieux.

Voici un autre moyen plus simple et plus élégant.

Supposons que les droites OB, OC (*fig.* 193) représentent dans l'espace les intersections des deux plans donnés avec un troisième qui leur soit perpendiculaire. Si du point O l'on élève OB′, OC′, respectivement perpendiculaires aux deux plans, il est clair que ces droites seront situées dans le troisième plan BOC dont nous venons de parler.

Or, puisque les angles BOB′, COC′ sont égaux comme droits, il en résulte nécessairement B′OC′ = BOC; c'est-à-dire que *l'angle formé par deux droites menées en un point de l'intersection commune de deux plans, perpendiculairement à ces deux plans, est égal à l'angle que ces plans font entre eux.*

Cela posé, soient

$$A x + B y + C z + D = 0,$$
$$A' x + B' y + C' z + D' = 0$$

les équations des deux plans.

Celles des deux droites qui leur sont respectivement perpendiculaires, de quelque manière que ces droites soient d'ailleurs situées dans l'espace, seront de la forme

$$x = a z + \alpha, \quad y = b z + \varepsilon,$$

et

$$x = a' z + \alpha', \quad y = b' z + \varepsilon',$$

a, b, a', b' ayant (389) pour valeurs

$$a = \frac{A}{C}, \quad b = \frac{B}{C} \quad \text{et} \quad a' = \frac{A'}{C'}, \quad b' = \frac{B'}{C'}.$$

Or on a trouvé (377) pour l'angle de deux droites,

$$\cos V = \frac{a a' + b b' + 1}{\sqrt{(a^2 + b^2 + 1)(a'^2 + b'^2 + 1)}}.$$

Donc, en remplaçant a, a', b, b' par leurs valeurs, on obtient, toute réduction faite,

$$\cos V = \frac{AA' + BB' + CC'}{\sqrt{(A^2 + B^2 + C^2)(A'^2 + B'^2 + C'^2)}},$$

expression indépendante de D, D'; ce qui doit être, car tous les plans parallèles aux deux plans donnés forment entre eux le même angle que ceux-ci.

Le radical que renferme cette expression rend *indéterminé* le signe de $\cos V$, parce qu'en effet les deux plans font entre eux deux angles, l'un aigu et l'autre obtus; cette indétermination cesse dès que l'on sait d'avance de quelle espèce est l'angle cherché.

Examinons quelques cas particuliers.

397. Si les deux plans sont perpendiculaires entre eux, on doit avoir $\cos V = 0$; ce qui donne

$$AA' + BB' + CC' = 0,$$

pour la condition de *perpendicularité* de deux plans.

Supposons les deux plans *parallèles entre eux,* auquel cas on a $\cos V = 1$; si l'on égale à l'unité le second membre de la formule ci-dessus, et qu'on développe les calculs, on trouve, toute réduction faite,

$$(AB' - BA')^2 + (AC' - CA')^2 + (BC' - CB')^2 = 0,$$

égalité qui ne peut être vérifiée qu'autant que l'on a séparément

$$AB' - BA' = 0, \quad AC' - CA' = 0, \quad BC' - CB' = 0;$$

d'où

$$\frac{A}{B} = \frac{A'}{B'}, \quad \frac{A}{C} = \frac{A'}{C'}, \quad \frac{B}{C} = \frac{B'}{C'}.$$

Ce sont les conditions déjà obtenues n° 393.

398. *Angles d'un plan avec les plans coordonnés.* — Faisons maintenant coïncider l'un des deux plans avec chacun des trois plans coordonnés. On obtiendra ainsi les cosinus des angles qu'il forme avec chacun d'eux.

Supposons, par exemple, que le second plan soit le plan des xy.

Comme l'équation

$$A'x + B'y + C'z + D' = 0$$

se réduit alors à

$$z = 0,$$

il faut que l'on ait

$$A' = 0, \quad B' = 0, \quad D' = 0;$$

et la valeur de $\cos V$ devient

$$(1) \qquad \cos(xy) = \frac{C}{\sqrt{A^2 + B^2 + C^2}}$$

$[\cos(xy)$, $\cos(xz)$, $\cos(yz)$ sont des notations que nous adopterons pour désigner les cosinus des angles qu'un plan forme avec les plans coordonnés].

Par un raisonnement analogue, on obtiendrait pour les angles que le premier plan forme avec les deux autres plans coordonnés

$$(2) \qquad \cos(xz) = \frac{B}{\sqrt{A^2 + B^2 + C^2}},$$

$$(3) \qquad \cos(yz) = \frac{A}{\sqrt{A^2 + B^2 + C^2}}.$$

Si l'on ajoute entre elles les équations (1), (2), (3), après les avoir élevées au carré, on trouve

$$\cos^2(xy) + \cos^2(xz) + \cos^2(yz) = 1 ;$$

relation analogue à celle qui a été trouvée (379) entre les cosinus des angles qu'une droite forme avec les trois axes.

Désignons par $\cos(xy)'$, $\cos(xz)'$, $\cos(yz)'$ les cosinus des angles qu'un second plan dans l'espace forme avec les trois plans coordonnés; on aurait également

$$\cos(xy)' = \frac{C'}{\sqrt{A'^2 + B'^2 + C'^2}}, \quad \cos(xz)' = \frac{B'}{\sqrt{A'^2 + B'^2 + C'^2}},$$

$$\cos(yz)' = \frac{A'}{\sqrt{A'^2 + B'^2 + C'^2}}.$$

En multipliant ces trois expressions respectivement par celles de $\cos(xy)$, $\cos(xz)$, $\cos(yz)$, et ayant égard à la valeur de $\cos V$, on a cette nouvelle relation,

$$\cos(xy)\cos(xy)' + \cos(xz)\cos(xz)' + \cos(yz)\cos(yz)' = \cos V.$$

Enfin, si les deux plans sont perpendiculaires entre eux, on doit avoir

$$\cos(xy)\cos(xy)' + \cos(xz)\cos(xz)' + \cos(yz)\cos(yz)' = 0.$$

Tous ces résultats nous serviront dans le problème général de la transformation des coordonnées en trois dimensions.

399. Huitième question. — *Trouver l'angle d'une droite et d'un plan dans l'espace.*

Si d'un point quelconque de la droite on abaisse une perpendiculaire sur le plan donné, et qu'on joigne le pied de cette perpendiculaire avec le point où la droite rencontre le plan, la ligne de jonction est, comme on sait, *la projection de la droite sur le plan.*

Cela posé, on appelle *angle d'une droite et d'un plan* celui que forme la droite avec sa projection sur le plan. Or il est évident que cet angle est le *complément* de celui que fait la même droite avec la perpendiculaire abaissée sur le plan.

Soient donc

$$x = az + \alpha, \quad y = bz + \beta$$

les équations de la droite donnée,

$$\mathrm{A}x + \mathrm{B}y + \mathrm{C}z + \mathrm{D} = 0$$

celle du plan.

Les équations d'une droite perpendiculaire à ce plan seront de la forme

$$x = a'z + \alpha', \quad y = b'z + \beta',$$

a', b' ayant (389) pour valeurs

$$a' = \frac{\mathrm{A}}{\mathrm{C}}, \quad b' = \frac{\mathrm{B}}{\mathrm{C}}.$$

Mais on a (377), pour le cosinus de l'angle de ces deux droites,

$$\frac{aa' + bb' + 1}{\sqrt{(a^2 + b^2 + 1)(a'^2 + b'^2 + 1)}};$$

donc, en remplaçant a', b' par leurs valeurs, on obtient, pour le sinus de l'angle cherché,

$$\sin \mathrm{V} = \frac{\mathrm{A}a + \mathrm{B}b + \mathrm{C}}{\sqrt{(a^2 + b^2 + 1)(\mathrm{A}^2 + \mathrm{B}^2 + \mathrm{C}^2)}}.$$

Si la droite est *parallèle* au plan, on doit avoir $\sin \mathrm{V} = 0$; ce qui donne la relation

$$\mathrm{A}a + \mathrm{B}b + \mathrm{C} = 0,$$

déjà établie au n° 388.

400. NEUVIÈME QUESTION. — *Plus courte distance de deux droites données par leurs équations.*

Cette question, qui forme, avec celles que nous venons de traiter sur la *ligne droite* et le *plan*, ce que l'on appelle les *préliminaires* dans la GÉOMÉTRIE DESCRIPTIVE, est une conséquence facile à déduire des principes précédents; nous nous bornerons à indiquer la marche à suivre pour arriver : 1° à l'expression de la *longueur* de cette plus courte distance ; 2° aux *équations* de la droite sur laquelle elle est située.

PREMIÈREMENT, former les équations de deux *plans parallèles* passant par les deux droites données (388, 393); puis déterminer (394) la distance de ces deux plans, qui n'est autre que la longueur cherchée.

SECONDEMENT, *former* les équations de deux autres plans assujettis, l'un à passer par la première droite et à être perpendiculaire au second des deux plans parallèles (388, 397), l'autre, *vice versâ*. Ces équations fixent ainsi la *position* de la plus courte distance (395); à moins qu'on ne veuille obtenir les équations de ses projections, ce qui se fait (même numéro) en *éliminant* successivement deux des trois variables x, y, z.

401. Scolie général. — Tels sont les principes à l'aide desquels on peut résoudre toute espèce de questions relatives à la ligne droite et au plan dans l'espace. On ne doit pas toutefois perdre de vue que quelques-uns des résultats obtenus précédemment sont indépendants de l'*inclinaison* des axes, mais que toutes les questions dans lesquelles on a dû faire entrer en considération, soit la distance entre deux points, soit l'angle de deux droites ou de deux plans, et, par conséquent, la condition de *perpendicularité* de deux droites ou de deux plans, toutes ces questions, dis-je, conduiraient à des résultats beaucoup plus compliqués, dans l'hypothèse d'*axes obliques*.

CHAPITRE XI.

DES SURFACES COURBES, ET EN PARTICULIER DES SURFACES DU SECOND DEGRÉ.

Notions préliminaires.

402. Une surface courbe étant donnée de forme et de position dans l'espace, si, après avoir traduit algébriquement une de ses propriétés caractéristiques, on parvient à une relation $F(x, y, z) = 0$ entre les coordonnées de chacun de ses points, cette équation est dite l'*équation de la surface*, et la détermine complétement; car, en donnant à deux des variables des valeurs arbitraires, on tire de l'équation une ou plusieurs valeurs pour la troisième variable; et le point correspondant à chaque système de coordonnées se trouve nécessairement sur la surface, puisque, par hypothèse, l'équation convient à tous les points, et ne convient qu'aux points de cette surface.

Réciproquement, toute équation

$$(1) \qquad F(x, y, z) = 0,$$

dont les variables x, y, z expriment les distances à trois plans *rectangulaires* ou *obliques*, comptées *parallèlement* aux intersections de ces plans, *a pour lieu géométrique une certaine surface*, dont la nature et la forme dépendent de la manière dont les variables sont combinées entre elles et avec d'autres quantités constantes, données *à priori*.

Pour démontrer cette seconde proposition rigoureusement, considérons une seconde équation

$$(2) \qquad F'(x, y, z) = 0,$$

et recherchons le lieu de tous les points dont les coordonnées sont susceptibles de vérifier à la fois les équations (1) et (2).

Supposons d'ailleurs, pour plus de simplicité, les axes *rectangulaires*.

D'abord, si l'on élimine entre ces équations une des trois variables, y par exemple, l'équation résultante

$$(3) \qquad f(x, z) = 0$$

exprime une certaine relation entre des coordonnées de points situés dans

le plan des xz, et appartient, par conséquent (371), à une ligne courbe
située dans ce plan. Mais en imaginant, par les différents points de cette
courbe, des perpendiculaires au plan des xz, on forme, dans l'espace, une
surface (dite *surface cylindrique*) pour chacun des points de laquelle les
x et z sont les mêmes que ceux de la courbe; ainsi l'équation (3) convient
également à tous les points de cette surface, et ne peut convenir qu'à ces
points.

De même, l'équation

$$(4) \qquad\qquad f'(y, z) = 0,$$

qui résulte de l'élimination de x entre les équations (1) et (2), caractérise
tous les points d'une surface cylindrique dont les arêtes sont perpendiculaires au plan des yz, et qui a pour base la courbe représentée par l'équation (4).

Il suit de là que le système des équations (2) et (4), lequel peut remplacer celui des équations (1) et (2), appartient à tous les points qui se
trouvent à la fois sur les deux *surfaces cylindriques*, et, par conséquent,
à leur intersection commune qui, en général, est une ligne courbe. Donc
aussi le lieu des points dont les coordonnées satisfont en même temps aux
équations (1) et (2), est une ligne : ce qui exige que les lieux géométriques de ces équations soient *des surfaces*, et non *des solides*, comme on
pourrait d'abord se l'imaginer.

On doit remarquer cependant que, si l'équation (1), outre les variables
x, y, z, renfermait une ou plusieurs indéterminées, cette équation four-
nirait autant de surfaces différentes que l'on pourrait donner de valeurs
aux indéterminées, en sorte que, dans ce cas, le lieu géométrique serait
l'assemblage d'une infinité de surfaces ou de *couches* infiniment minces,
qui formeraient alors, à proprement parler, un solide.

403. Supposons actuellement que l'on ait trois équations,

$$\mathrm{F}(x, y, z) = 0, \quad \mathrm{F}'(x, y, z) = 0, \quad \mathrm{F}''(x, y, z) = 0,$$

existant en même temps pour différents points.

Comme les deux premières équations caractérisent tous les points de la
ligne d'intersection des surfaces exprimées par ces équations, que la première et la troisième caractérisent la ligne d'intersection des surfaces qui
leur appartiennent, il s'ensuit que les trois équations conviennent aux
points où ces lignes se rencontrent, c'est-à-dire à ceux qui se trouvent à
la fois sur les trois surfaces, et l'on obtiendra les coordonnées de ces
points en éliminant x, y, z entre les équations proposées.

Le *nombre* des points communs est égal au *nombre* des systèmes de valeurs réelles de x, y, z, propres à vérifier ces équations simultanément.

404. On peut conclure des considérations précédentes :

1° Qu'une seule équation entre trois variables x, y, z détermine analytiquement une surface ;

2° Que le système de deux équations en x, y, z caractérise une ligne courbe désignée ordinairement sous le nom de *courbe à double courbure* (comme tenant de la nature de l'une et l'autre surface représentées par les deux équations) ; cette même courbe est encore déterminée par les équations de deux de ses projections : ce sont (402) les équations que l'on obtient en éliminant successivement x et y entre les équations proposées ;

3° Que le système de trois équations en x, y, z fixe la position d'un certain nombre de points dans l'espace ; en sorte qu'il n'est pas toujours nécessaire de se donner explicitement les coordonnées de ces points, mais bien les équations de trois surfaces sur lesquelles ils se trouvent placés.

Ces premières notions étant établies, nous allons nous occuper de la résolution d'un problème analogue à celui par lequel nous avons fait précéder la théorie des courbes du second degré : c'est celui de la transformation des coordonnées en trois dimensions.

§ Ier. — TRANSFORMATION DES COORDONNÉES DANS L'ESPACE.

405. *Étant donnée l'équation d'une surface rapportée à des axes quelconques, trouver l'équation de la même surface rapportée à de nouveaux axes.*

La méthode consiste, comme on l'a vu au n° 111, à exprimer les anciennes coordonnées en fonction des nouvelles, puis à substituer les valeurs ainsi obtenues dans l'équation donnée.

Nous ne traiterons point ici la question la plus générale, parce que les formules en sont peu usitées, et nous nous bornerons à considérer les cas suivants :

406. PREMIER CAS. — *Passer d'un système de coordonnées rectangulaires ou obliques à un système de coordonnées parallèles d'origine différente.*

Soient AX, AY, AZ (*fig.* 194) les axes primitifs ; A'X', A'Y', A'Z' les nouveaux que nous supposons *parallèles* aux premiers, et prolongés jusqu'à leur rencontre avec les plans des yz, xz, xy en B, C, D ; les parties A'B, A'C, A'D représentent les coordonnées de la nouvelle origine A' rapportée aux anciens axes.

Si d'un point quelconque M de la surface, nous menons les coordonnées MP, MQ, MR, ces droites perceront les plans $y'z'$, $x'z'$, $x'y'$ aux points P', Q', R', et l'on aura

$$MP = x, \quad MQ = y, \quad MR = z,$$

puis

$$MP' = x', \quad MQ' = y', \quad MR' = z',$$

et

$$P'P = A'B = a, \quad Q'Q = A'C = b, \quad R'R = A'D = c;$$

ce qui donne, par conséquent, les relations

$$x = x' + a, \quad y = y' + b, \quad z = z' + c.$$

Telles sont les formules au moyen desquelles on passe d'un système quelconque de coordonnées à un système parallèle.

Les signes des quantités a, b, c font connaître (364) dans lequel des *huit* angles trièdres formés par les trois axes primitifs se trouve la nouvelle origine.

N. B. — Dans tout ce qui va suivre, nous supposerons que l'origine reste la même, parce que, si elle était différente, on commencerait par transporter les axes parallèlement à eux-mêmes d'après les formules ci-dessus, et l'on changerait ensuite la direction des axes autour de la nouvelle origine.

407. SECOND CAS. — *Passer d'un système rectangulaire à un système oblique de même origine.*

La méthode que nous emploierons pour obtenir les formules relatives à ce nouveau cas, est fondée sur la proposition suivante :

Soient LL', KK' (*fig.* 195) deux droites indéfinies situées ou non situées dans un même plan. Abaissons de deux points A, B de la première droite des lignes Aa, Bb, perpendiculaires sur la seconde : la partie ab de cette seconde droite est dite *la projection de* AB sur KK'. Cela posé, je dis que l'on a

$$ab = AB \cos v,$$

v désignant l'angle que les deux droites LL', KK' font entre elles.

En effet, soient menés par les points A, B deux plans MN, PQ, perpendiculaires à KK'; ces plans contiennent les deux perpendiculaires Aa, Bb déjà abaissées.

Du point A tirons ensuite AI, perpendiculaire sur le plan PQ, et joignons le point B avec le point I où cette perpendiculaire rencontre PQ ; le triangle AIB est rectangle en I, et donne

$$AI = AB \cos BAI.$$

Mais AI $= ab$, comme parties de parallèles comprises entre plans parallèles ; d'ailleurs l'angle BAI n'est autre chose que l'angle des deux droites LL', KK'. Donc enfin

$$ab = \mathrm{AB}\cos v\,;$$

c'est-à-dire que *la projection d'une droite sur une autre est égale au produit de la droite multipliée par le cosinus de l'angle qu'elle forme avec sa projection.*

Appliquons ce résultat à la question proposée.

Soient AX, AY, AZ (*fig.* 196) trois axes rectangulaires ; AX', AY', AZ' trois axes obliques.

Menons d'un point quelconque M de la surface les anciennes coordonnées MP, PQ, AQ, et les nouvelles MP', P'Q', AQ', puis par les points M, P', Q', concevons trois plans perpendiculaires à AX.

Il est évident que le plan mené par le point M coupe AX au point Q, puisqu'il se confond avec le plan MPQ. Quant aux deux autres, soient p', q' leurs points de rencontre avec AX.

Il résulte de cette construction que la distance AQ ou x se compose de trois parties $\mathrm{A}q'$, $q'p'$, $p'\mathrm{Q}$, que l'on peut regarder comme les projections respectives des coordonnées AQ', P'Q', MP' ou x', y', z' sur l'axe des x. Donc, en convenant (*voyez* le n° 398) de désigner par (x', x), (y', x), (z', x) les angles que les nouveaux axes forment avec l'ancien axe des x, on aura, d'après le théorème précédent,

$$(1) \qquad x = x'\cos(x', x) + y'\cos(y', x) + z'\cos(z', x).$$

Concevons actuellement qu'on ait projeté de la même manière les coordonnées x', y', z' sur chacun des deux axes des y et des z, et employons des notations analogues aux précédentes ; on obtiendra également

$$(2) \qquad y = x'\cos(x', y) + y'\cos(y', y) + z'\cos(z', y),$$
$$(3) \qquad z = x'\cos(x', z) + y'\cos(y', z) + z'\cos(z', z).$$

Les *neuf* constantes qui entrent dans ces trois formules sont d'ailleurs liées entre elles (379) par les relations

$$(4) \qquad \begin{cases} \cos^2(x', x) + \cos^2(x', y) + \cos^2(x', z) = 1, \\ \cos^2(y', x) + \cos^2(y', y) + \cos^2(y', z) = 1, \\ \cos^2(z', x) + \cos^2(z', y) + \cos^2(z', z) = 1. \end{cases}$$

408. Comme application immédiate des formules qui viennent d'être obtenues, proposons-nous de trouver *l'expression de la distance entre deux points* M, M' (*fig.* 197), *rapportés à des axes obliques.*

Afin d'éviter toute confusion dans les notations, nous conviendrons, pour la résolution de cette question, d'appeler x, y, z, x', y', z',..., les coordonnées de points rapportés à un système d'axes *rectangulaires*, et X, Y, Z, X', Y', Z',..., les coordonnées des mêmes points rapportés à des axes *obliques*.

Les formules précédentes deviennent alors

$$x = \mathrm{X}\cos(\mathrm{X},\,x) + \mathrm{Y}\cos(\mathrm{Y},\,x) + \mathrm{Z}\cos(\mathrm{Z},\,x),$$
$$y = \mathrm{X}\cos(\mathrm{X},\,y) + \mathrm{Y}\cos(\mathrm{Y},\,y) + \mathrm{Z}\cos(\mathrm{Z},\,y),$$
$$z = \mathrm{X}\cos(\mathrm{X},\,z) + \mathrm{Y}\cos(\mathrm{Y},\,z) + \mathrm{Z}\cos(\mathrm{Z},\,z),$$

$$\cos^2(\mathrm{X},\,x) + \cos^2(\mathrm{X},\,y) + \cos^2(\mathrm{X},\,z) = 1,$$
$$\cos^2(\mathrm{Y},\,x) + \cos^2(\mathrm{Y},\,y) + \cos^2(\mathrm{Y},\,z) = 1,$$
$$\cos^2(\mathrm{Z},\,x) + \cos^2(\mathrm{Z},\,y) + \cos^2(\mathrm{Z},\,z) = 1.$$

Cela posé, on a trouvé (369), pour le carré D^2 de la distance entre deux points rapportés à des axes *rectangulaires*,

$$\mathrm{D}^2 = (x'-x'')^2 + (y'-y'')^2 + (z'-z'')^2;$$

et tout se réduit à y remplacer x', y', z', x'', y'', z'' par leurs valeurs en fonction des nouvelles coordonnées X', Y', Z', X'', Y'', Z''.

Or, d'après les notations convenues, on a nécessairement

$$x' - x'' = (\mathrm{X}' - \mathrm{X}'')\cos(\mathrm{X},\,x) + (\mathrm{Y}' - \mathrm{Y}'')\cos(\mathrm{Y},\,x)$$
$$+ (\mathrm{Z}' - \mathrm{Z}'')\cos(\mathrm{Z},\,x),$$
$$y' - y'' = (\mathrm{X}' - \mathrm{X}'')\cos(\mathrm{X},\,y) + (\mathrm{Y}' - \mathrm{Y}'')\cos(\mathrm{Y},\,y)$$
$$+ (\mathrm{Z}' - \mathrm{Z}'')\cos(\mathrm{Z},\,y),$$
$$z' - z'' = (\mathrm{X}' - \mathrm{X}'')\cos(\mathrm{X},\,z) + (\mathrm{Y}' - \mathrm{Y}'')\cos(\mathrm{Y},\,z)$$
$$+ (\mathrm{Z}' - \mathrm{Z}'')\cos(\mathrm{Z},\,z),$$

expressions qu'il faut élever au carré pour faire ensuite la somme de ces carrés.

En exécutant cette double opération, il est facile de reconnaître que le résultat doit se composer de deux parties principales : 1° de la somme des carrés

$$(\mathrm{X}' - \mathrm{X}'')^2,\quad (\mathrm{Y}' - \mathrm{Y}'')^2,\quad (\mathrm{Z}' - \mathrm{Z}'')^2,$$

ayant respectivement pour multiplicateur *la somme des carrés des cosinus des angles que forme chacun des nouveaux axes avec les trois axes primitifs*, laquelle dernière somme est égale à 1, d'après les trois dernières des relations ci-dessus ; ce qui réduit la première somme à

$$(\mathrm{X}' - \mathrm{X}'')^2 + (\mathrm{Y}' - \mathrm{Y}'')^2 + (\mathrm{Z}' - \mathrm{Z}'')^2;$$

2° de la somme des doubles produits

$$2(X'-X'')(Y'-Y''), \quad 2(X'-X'')(Z'-Z''), \quad 2(Y'-Y'')(Z'-Z''),$$

ayant respectivement pour multiplicateurs *la somme des produits deux à deux des cosinus des angles que forment d'abord les nouveaux axes des x et des y avec les trois axes primitifs, puis les nouveaux axes des x et des z avec les mêmes axes, et enfin les nouveaux axes des y et des z avec les mêmes axes.*

Or, en vertu de ce qui a été dit au n° 396, les trois multiplicateurs dont nous venons de parler ont respectivement pour valeurs

$$\cos(X, Y), \quad \cos(X, Z), \quad \cos(Y, Z);$$

donc enfin

$$\begin{aligned}
D^2 = {}& (X'-X'')^2 + (Y'-Y'')^2 + (Z'-Z'')^2 \\
& + 2(X'-X'')(Y'-Y'')\cos(X, Y) \\
& + 2(X'-X'')(Z'-Z'')\cos(X, Z) \\
& + 2(Y'-Y'')(Z'-Z'')\cos(Y, Z).
\end{aligned}$$

Telle est l'expression la plus générale de la distance entre deux points. C'est en même temps l'expression de *la diagonale d'un parallélépipède oblique.*

409. TROISIÈME CAS. — *Passer d'un système rectangulaire à un autre système rectangulaire de même origine.*

Les formules sont les mêmes que dans le cas du n° 407; mais il faut joindre aux relations déjà établies entre les cosinus, celles qui expriment (378 et 380) que les nouveaux axes sont perpendiculaires *deux à deux;* ce qui donne

$$\cos(x', x)\cos(y', x) + \cos(x', y)\cos(y', y) + \cos(x', z)\cos(y', z) = 0,$$
$$\cos(x', x)\cos(z', x) + \cos(x', y)\cos(z', y) + \cos(x', z)\cos(z', z) = 0,$$
$$\cos(y', x)\cos(z', x) + \cos(y', y)\cos(z', y) + \cos(y', z)\cos(z', z) = 0.$$

On voit donc que les constantes qui entrent dans les formules relatives au cas actuel sont liées entre elles par six relations différentes, d'où il suit que de ces *neuf* cosinus, il n'y en a que trois dont on puisse disposer arbitrairement.

Il existe, en effet, d'autres formules propres à faire passer d'un système rectangulaire à un autre de même espèce, et dans lesquelles on ne fait entrer en considération que *trois constantes,* savoir :

1° L'angle que *la trace* du plan des $x'y'$ sur le plan des xy forme avec l'ancien axe des x;

2° L'angle que font entre eux le plan des $x'y'$ et celui des xy;

3° Enfin l'angle que fait l'axe des x' avec la trace dont nous venons de parler.

Il est aisé de reconnaître que ces données suffisent pour fixer la position des trois nouveaux axes, par rapport aux anciens; mais ces formules étant très-compliquées et peu symétriques, nous renvoyons, pour leur détermination, au tome II, n° 1er, de la *Correspondance de l'École Polytechnique,* ouvrage dans lequel nous avons puisé également la méthode suivie dans les deux derniers cas de la transformation des coordonnées.

Cas particuliers du précédent.

410. PREMIÈREMENT. — On peut, en conservant l'un des anciens axes, celui des z (*fig.* 198), par exemple, changer la direction des deux autres axes dans le plan des xy.

Dans ce cas, on a évidemment

$$\cos(y', x) = \cos[90° + (x', x)] = -\sin(x', x),$$
$$\cos(z', x) = 0,$$
$$\cos(x', y) = \sin(x', x), \quad \cos(y', y) = \cos(x', x),$$
$$\cos(z', y) = 0,$$
$$\cos(x', z) = 0, \quad \cos(y', z) = 0, \quad \cos(z', z) = 1;$$

ce qui donne, pour les formules correspondantes,

$$x = x'\cos(x', x) - y'\sin(x', x),$$
$$y = x'\sin(x', x) + y'\cos(x', x),$$
$$z = z'.$$

N. B. — Les deux premières sont identiques avec celles du n° 119, parce qu'en effet tout se réduit à une simple transformation de coordonnées *en deux dimensions.*

411. SECONDEMENT. — On verra plus loin que la discussion d'une surface est fondée principalement sur la détermination de ses intersections par des plans menés sous différentes inclinaisons. Or l'élimination d'une variable, z par exemple, entre l'équation de la surface et celle du plan donne lieu à une équation qui représente (402) la projection de la courbe d'intersection sur le plan des xy, mais qui, en général, n'apprend rien sur la nature de cette courbe; et il serait important de pouvoir *déduire de l'équation proposée une équation de la courbe elle-même rapportée à des coordonnées prises dans son plan.*

Tel est le cas particulier de la transformation des coordonnées que nous avons à traiter.

Remarquons d'abord que le plan *sécant,* qu'on peut supposer, pour le moment, passant par l'origine A (*fig.* 199), est complétement déterminé par sa trace AX' sur le plan des xy, et par l'angle qu'il forme avec celui-ci.

On obtient cet angle en concevant au point A deux droites AL, AY', perpendiculaires à la trace AX', l'une située dans le plan des xy, l'autre dans le plan sécant.

Soit posé

$$X'AX = \varphi \quad \text{et} \quad LAY' = \theta.$$

M étant un point quelconque de la courbe d'intersection, abaissons MN perpendiculaire sur le plan des xy, et tirons NP parallèlement à l'axe AY ; AP, PN, NM sont les x, y, z du point M. Prenant ensuite les deux droites AX', AY' pour nouveau système d'axes, menons MP' parallèlement à AY', on a

$$AP' = x', \quad MP' = y'.$$

Comme les coordonnées x, y, z du point M sont déjà liées entre elles par l'équation de la surface

$$F(x, y, z) = 0,$$

il s'ensuit que si, par un moyen quelconque, on parvient à exprimer x, y, z en fonction des quantités x', y', φ et θ, et que l'on substitue ces valeurs dans l'équation de la surface. on aura l'équation demandée.

A cet effet, traçons P'N, et menons P'I parallèle à AY, NK parallèle à AX.

Les triangles rectangles P'MN, P'NK, P'AI donnent successivement

$$MN = MP' \sin M P'N,$$

c'est-à-dire

$$z = y' \sin \theta ;$$

$$P'N = MP' \cos M P'N \quad \text{ou} \quad P'N = y' \cos \theta ;$$

$$NK = IP = P'N \sin K P'N = y' \cos \theta \sin \varphi$$

(car les angles K P'N, X'AX sont égaux comme ayant leurs côtés respectivement perpendiculaires) ;

$$P'K = P'N \cos K P'N = y' \cos \theta \cos \varphi ;$$

$$AI = AP' \cos P'AI = x' \cos \varphi ;$$

$$P'I = AP' \sin P'AI = x' \sin \varphi .$$

Par suite (*fig.* 199),

$$NP = IK = P'I - P'K \quad \text{ou} \quad y = x'\sin\varphi - y'\cos\theta\cos\varphi;$$

$$AP = AI + IP = AI + NK \quad \text{ou} \quad x = x'\cos\varphi + y'\cos\theta\sin\varphi.$$

Ainsi les formules cherchées sont

$$(A) \quad \begin{cases} x = x'\cos\varphi + y'\cos\theta\sin\varphi, \\ y = x'\sin\varphi - y'\cos\theta\cos\varphi, \\ z = y'\sin\theta; \end{cases}$$

et il ne s'agit plus que de reporter ces valeurs de x, y, z dans l'équation de la surface.

Ordinairement, les angles φ et θ relatifs au plan *sécant* sont donnés *à priori;* mais on peut aussi les déduire de l'équation même du plan

$$Ax + By + Cz + D = o.$$

On a, en effet (398),

$$\cos\theta = \frac{A}{\sqrt{A^2 + B^2 + C^2}};$$

quant à l'angle φ, comme l'équation de la trace sur le plan des xy est

$$Ax + By + D = o,$$

il en résulte

$$y = -\frac{A}{B}x - \frac{D}{B};$$

d'où

$$\operatorname{tang}\varphi = -\frac{A}{B}.$$

N. B. — Si le plan *sécant* ne passait pas par l'origine, il suffirait d'augmenter les seconds membres des formules ci-dessus, respectivement des coordonnées a, b, c, de la nouvelle origine, en vertu de ce qui a été dit au n° 406.

La même remarque s'applique à toutes les transformations des coordonnées, exécutées dans les numéros précédents.

Passons à l'étude des différents genres de surfaces.

§ II. — DES DIFFÉRENTS GENRES DE SURFACES.

Quoique nous ayons pour principal but, dans ce chapitre, d'exposer la théorie des surfaces du second degré, nous croyons devoir donner quelques notions sur certaines surfaces auxquelles on est souvent conduit par la résolution de problèmes indéterminés en *trois dimensions,* parce que, dans la discussion même de l'équation générale du second degré, nous retrouverons les *caractères* qui appartiennent aux surfaces que nous allons faire connaître.

De la surface sphérique et de son plan tangent.

412. Une surface sphérique étant celle dont *tous les points sont également éloignés d'un même point* nommé CENTRE de la surface, si l'on désigne par x, y, z les coordonnées d'un quelconque de ses points, par α, β, γ, celles de son centre, et par r son rayon, on a nécessairement (369 et 408) pour l'équation de cette surface,

$$(1) \qquad (x - \alpha)^2 + (y - \beta)^2 + (z - \gamma)^2 = r^2,$$

lorsque les axes sont *rectangulaires,* et

$$(2) \quad \begin{cases} (x - \alpha)^2 + (y - \beta)^2 + (z - \gamma)^2 + 2(x - \alpha)(y - \beta)\cos(x, y) \\ \quad + 2(x - \alpha)(z - \gamma)\cos(x, z) + 2(y - \beta)(z - \gamma)\cos(y, z) = r^2, \end{cases}$$

lorsque les axes sont *obliques.*

La forme compliquée de cette dernière équation en permet rarement l'usage.

La sphère étant rapportée à son *centre* comme origine, et les axes étant *rectangulaires,* son équation devient

$$(3) \qquad x^2 + y^2 + z^2 = r^2;$$

et c'est principalement dans ce cas qu'on l'emploie.

413. L'équation (1) étant développée, prend la forme

$$x^2 + y^2 + z^2 + A x + B y + C z + D = 0.$$

Réciproquement, toute équation de cette forme caractérise une surface sphérique, dont le centre a pour coordonnées

$$-\frac{A}{2}, \quad -\frac{B}{2}, \quad -\frac{C}{2},$$

et qui a pour rayon

$$\sqrt{\frac{A^2}{4} + \frac{B^2}{4} + \frac{C^2}{4} - D}.$$

Nous renvoyons pour la démonstration de cette réciproque à celle qui a été donnée au n° 85 pour le cercle. comme étant, en tous points, semblable.

414. Pour déterminer la nature de l'intersection d'une sphère par un plan, il suffit de remplacer dans l'équation de la sphère

$$x^2 + y^2 + z^2 = r^2,$$

x, y, z par leurs valeurs tirées des formules du n° 411,

$$x = x'\cos\varphi + y'\cos\theta \sin\varphi + a,$$
$$y = x'\sin\varphi - y'\cos\theta \cos\varphi + b,$$
$$z = y'\sin\theta + c.$$

Or on obtient ainsi une équation en x', y', dans laquelle le rectangle $x'y'$ disparaît de lui-même, et les coefficients de x'^2 et de y'^2 sont égaux à 1.

Donc (85) cette équation est celle d'un *cercle*.

Les calculs n'offrent aucune difficulté.

415. *Du plan tangent à la sphère.* — On sait, en Géométrie, que ce plan est *perpendiculaire* au rayon qui passe par le point de contact; c'est cette condition qu'il faut traduire en *analyse*.

Soient x', y', z' les coordonnées du point de contact, l'origine étant placée au centre de la sphère, et

$$x = az, \quad y = bz$$

les équations du rayon passant par ce point.

Comme les coordonnées x', y', z' doivent vérifier les deux équations, on a les relations particulières

$$x' = az', \quad y' = bz';$$

d'où l'on déduit

$$a = \frac{x'}{z'}, \quad b = \frac{y'}{z'}.$$

D'un autre côté, le plan tangent devant passer par le même point, son équation est (387)

$$A(x - x') + B(y - y') + C(z - z') = 0;$$

et puisque ce plan est perpendiculaire au rayon considéré, on doit avoir (389)

$$A = aC, \quad B = bC;$$

d'où

$$\frac{A}{C} = \frac{x'}{z'}, \quad \frac{B}{C} = \frac{y'}{z'};$$

d'où, substituant dans l'équation du plan,

$$(1) \qquad x'(x - x') + y'(y - y') + z'(z - z') = 0.$$

Telle est l'équation du plan tangent à la surface sphérique dont l'équation est

$$x^2 + y^2 + z^2 = r^2.$$

Si on la développe et qu'on ait égard à la relation

$$x'^2 + y'^2 + z'^2 = r^2,$$

elle devient

$$(2) \qquad xx' + yy' + zz' = r^2,$$

équation d'une forme plus simple et ne différant de celle de la surface sphérique qu'en ce que les carrés x^2, y^2, z^2 sont remplacés par xx', yy', zz'.

N. B. — Si l'origine était placée ailleurs qu'au centre, il faudrait, en désignant par α, β, γ les coordonnées du centre, remplacer x, y, z, x', y', z' respectivement par

$$x - \alpha, \quad y - \beta, \quad z - \gamma, \quad x' - \alpha, \quad y' - \beta, \quad z' - \gamma,$$

dans l'équation (2); ce qui donnerait

$$(3) \quad (x' - \alpha)(x - \alpha) + (y' - \beta)(y - \beta) + (z' - \gamma)(z - \gamma) = r^2.$$

C'est sous cette dernière forme que l'on considère ordinairement l'équation du plan tangent, les axes étant *rectangulaires,* et l'origine étant placée ailleurs qu'au centre.

Des surfaces cylindriques.

416. On nomme ainsi *toute surface engendrée par le mouvement d'une droite qui glisse parallèlement à une autre droite donnée de position le long d'une certaine courbe* appelée la DIRECTRICE de la surface ; la droite mobile s'appelle GÉNÉRATRICE.

Tàchons d'exprimer ce caractère général par l'analyse.

Soient

$$x = az + \alpha, \quad y = bz + \beta$$

les équations de la génératrice considérée dans une position quelconque, et

$$F(x, y, z) = 0, \quad F'(x, y, z) = 0$$

celles de la courbe qui sert de directrice.

Puisque la génératrice, dans son mouvement, ne doit pas cesser d'être parallèle à elle-même, il s'ensuit (375) que les quantités a, b restent les mêmes pour toutes les positions de la génératrice; mais les quantités α, β, qui (388) expriment les x et les y du point où la génératrice rencontre le plan des xy, sont constantes pour tous les points d'une même position de la génératrice, et varient lorsque le point passe d'une génératrice à une autre. Il doit donc nécessairement exister une *certaine relation* entre ces quantités α, β, ou leurs égales $x - az$, $y - bz$, puisqu'elles sont *constantes ensemble et variables ensemble.*

Afin de parvenir à cette relation, remarquons que la génératrice devant, dans toutes ses positions, rencontrer la courbe qui sert de directrice, les équations de cette courbe et celles de la génératrice doivent exister simultanément pour tous les points d'intersection ; et comme elles sont au nombre de *quatre,* si l'on élimine les coordonnées x, y, z, on parviendra à une équation entre α, β, et des quantités connues, qui ne sera autre chose que la relation cherchée.

Cette relation, que nous pouvons représenter en général par

$$f(\alpha, \beta) = 0 \quad \text{ou} \quad \beta = f(\alpha),$$

devient, lorsque l'on y remplace α, β par leurs valeurs $x - az$, $y - bz$,

$$f(x - az, y - bz) = 0 \quad \text{ou} \quad y - bz = f(x - az).$$

Pour fixer les idées, proposons-nous, par exemple, de trouver l'équation du *cylindre oblique à base circulaire.*

Soient

$$(1) \qquad x^2 + y^2 = r^2 \quad \text{et} \quad z = 0$$

les équations du cercle qui doit servir de directrice, et que nous supposons, pour plus de simplicité, placé dans le plan des xy, le centre étant d'ailleurs situé à l'origine.

Les équations générales de la génératrice sont toujours

$$(2) \qquad \begin{cases} x - az = \alpha, \\ y - bz = \beta. \end{cases}$$

Or, pour exprimer que la génératrice, dans toutes ses positions, rencontre le cercle, il faut combiner entre elles les *quatre* équations (1) et (2).

D'abord, l'hypothèse $z = 0$, introduite dans les équations (2), donne

$$x = \alpha, \quad y = \beta;$$

d'où, substituant ces valeurs dans la première des équations (1),

$$(3) \qquad \alpha^2 + \beta^2 = r^2 ;$$

c'est la relation qui lie entre elles les quantités α, β.

Si maintenant on reporte à la place de α, β, leurs valeurs $x - az$,

$y - bz$, dans (3), il vient

$$(x - az)^2 + (y - bz)^2 = r^2$$

pour l'équation du cylindre oblique à base circulaire.

417. Il est facile de reconnaître, *à posteriori,* que l'équation

$$y - bz = f(x - az)$$

appartient à une surface composée d'une infinité de *lignes droites parallèles entre elles;* ce qui caractérise la surface cylindrique.

Prenons, pour plus de généralité, une équation de la forme

$$(1) \qquad Mx + Ny + Pz = F(Ax + By + Cz),$$

et dont l'équation

$$y - bz = f(x - az)$$

n'est qu'un cas particulier.

Si l'on coupe la surface par une suite de plans parallèles entre eux, et ayant pour équations

$$Ax + By + Cz = D,\ D',\ D'',\ D''', \ldots,$$

l'équation (1) devient, pour chacune des valeurs D, D', D'',..,

$$Mx + Ny + Pz = Q,\ Q',\ Q'',\ Q''', \ldots,$$

les lettres Q, Q',..., désignant des quantités indépendantes de x, y, z. Ainsi les lignes d'intersection se trouvent sur une autre suite de plans *parallèles entre eux,* et sont, par conséquent, des droites *parallèles entre elles.*

Des surfaces coniques.

418. On donne cette dénomination à *toute surface engendrée par le mouvement d'une droite qui passe constamment par un point donné* (qu'on nomme CENTRE de la surface) et *assujettie à glisser le long d'une courbe aussi donnée de position dans l'espace;* cette courbe s'appelle DIRECTRICE, et la droite mobile est dite la GÉNÉRATRICE.

Soient x', y', z' les coordonnées du centre de la surface, et

$$(1) \qquad F(x, y, z) = 0, \quad F'(x, y, z) = 0$$

les équations de la *directrice.*

Celles de la génératrice sont (374) de la forme

$$(2) \qquad x - x' = a(z - z'), \quad y - y' = b(z - z').$$

Observons maintenant que, pour toute surface conique, lorsque le point

x, y, z change de position, sans quitter la même génératrice, les quantités a et b, ou leurs égales

$$\frac{x-x'}{z-z'}, \quad \frac{y-y'}{z-z'},$$

sont constantes; mais elles varient toutes deux si le point passe d'une génératrice à une autre. Donc ces quantités, qui *sont constantes et variables ensemble,* dépendent, d'une certaine manière, l'une de l'autre.

Pour obtenir cette relation, il suffit de combiner entre elles les équations (1) et (2), qui, étant au nombre de *quatre,* donnent lieu, par l'élimination de x, y, z, à une *équation de condition* entre a et b.

Substituant dans cette équation, pour ces dernières quantités, leurs valeurs

$$\frac{x-x'}{z-z'}, \quad \frac{y-y'}{z-z'},$$

on obtient enfin pour l'équation de la surface conique

$$f\left(\frac{x-x'}{z-z'}, \quad \frac{y-y'}{z-z'}\right) = 0 \quad \text{ou} \quad \frac{y-y'}{z-z'} = f\left(\frac{x-x'}{z-z'}\right).$$

N. B. — Si l'origine des coordonnées est au *centre* de la surface, auquel cas on a

$$x' = 0, \quad y' = 0, \quad z' = 0,$$

l'équation se réduit à

$$f\left(\frac{x}{z}, \quad \frac{y}{z}\right) = 0 \quad \text{ou} \quad \frac{y}{z} = f\left(\frac{x}{z}\right).$$

Prenons, par exemple, *le cône oblique à base circulaire,* et supposons que, la base étant située dans le plan des xy, le centre de la base soit à l'origine, auquel cas on a, pour la directrice,

$$x^2 + y^2 = r^2, \quad z = 0.$$

Combinons-les avec les équations de la génératrice

$$x - x' = a(z - z'), \quad y - y' = b(z - z'),$$

L'hypothèse $z = 0$, introduite dans celles-ci, donne

$$x = x' - az', \quad y = y' - bz';$$

d'où, substituant dans la première équation,

$$(x' - az')^2 + (y' - bz')^2 = r^2;$$

c'est l'équation de condition qui doit exister entre les quantités a, b, en même temps que les équations de la génératrice.

Substituant pour a, b, leurs valeurs $\dfrac{x-x'}{z-z'}$, $\dfrac{y-y'}{z-z'}$, on obtient

$$[x'(z-z') - z'(x-x')]^2 + [y'(z-z') - z'(y-y')]^2 = r^2(z-z')^2,$$

ou réduisant

$$(x'z - z'x)^2 + (y'z - z'y)^2 = r^2(z-z')^2$$

pour l'équation demandée.

Dans le cas du *cône droit*, c'est-à-dire lorsque le centre du cône est situé sur l'axe des z, on a à la fois

$$x' = 0, \quad y' = 0 ;$$

et l'équation précédente se réduit à

$$z'^2 x^2 + z'^2 y^2 = r^2(z - z')^2.$$

On pourrait, en faisant usage des formules du n° 411, obtenir les différents genres d'intersection de la surface conique par un plan ; mais nous ne nous arrêterons pas à cette discussion, qui a déjà été traitée dans le dernier Chapitre de la Géométrie analytique à *deux dimensions*.

419. *Réciproquement,* toute équation à trois variables, de la forme

$$F\left(\frac{x-x'}{z-z'}, \ \frac{y-y'}{z-z'}\right) = 0,$$

ou

$$(1) \qquad \frac{y-y'}{z-z'} = F\left(\frac{x-x'}{z-z'}\right)$$

(x', y', z' désignant les coordonnées d'un point fixe dans l'espace), *caractérise une surface conique*.

En effet, coupons la surface par une suite de plans qui aient pour équations

$$\frac{x-x'}{z-z'} = k, \quad \frac{x-x'}{z-z'} = k', \quad \frac{x-x'}{z-z'} = k'', \ldots ;$$

comme l'équation (1) devient alors

$$\frac{y-y'}{z-z'} = l, \quad \frac{y-y'}{z-z'} = l', \quad \frac{y-y'}{z-z'} = l'', \ldots,$$

les lignes d'intersection de la surface par les plans correspondant à la première série d'équations se trouveront également situées dans les plans exprimés par la seconde série ; d'où il suit que *toutes ces intersections sont des lignes droites*.

D'ailleurs, un système quelconque de deux équations de la première et de la seconde série,

$$\frac{x - x'}{z - z'} = k, \quad \frac{y - y'}{z - z'} = l,$$

par exemple, représente une droite passant par le point qui a pour coordonnées x', y', z'.

On peut donc regarder la surface comme composée d'une infinité de lignes droites qui, toutes, passent par ce même point.

Des surfaces conoïdes.

420. On appelle ainsi *toute surface engendrée par le mouvement d'une droite qui, sans cesser d'être parallèle à un plan donné, glisse à la fois le long d'une droite fixe de position dans l'espace et appelée* PREMIÈRE DIRECTRICE, *puis le long d'une courbe aussi donnée, et appelée* SECONDE DIRECTRICE.

Pour faire concevoir une semblable génération, supposons que l'on ait mené dans l'espace une infinité de plans parallèles au plan donné; chacun d'eux coupe la droite fixe en un point, et la courbe en un ou plusieurs points. En joignant ces derniers points avec celui de la droite fixe, et répétant cette même opération pour tous les plans parallèles, on obtient une infinité de droites dont l'ensemble constitue *la surface conoïde*.

La dénomination de ces sortes de surfaces vient de l'analogie qu'elles ont avec les surfaces coniques. Le *centre* ou le *sommet* du cône se trouve ici remplacé par la *première directrice*.

Passons à la recherche de leur équation.

Pour plus de simplicité, nous prendrons pour axe des z la *première directrice*, pour plan des xy celui auquel la génératrice ou la droite mobile doit être constamment parallèle. Les axes des x et des y seront d'ailleurs deux droites menées à volonté dans le plan dont nous venons de parler, et par le point de rencontre de ce plan avec la droite prise pour axe des z. On voit, d'après cette construction, que la surface se trouve, en général, rapportée à des axes *obliques*.

Cela posé, soient

$$(1) \qquad F(x, y, z) = 0, \quad F'(x, y, z) = 0$$

les équations de la courbe prise pour *seconde directrice*.

Celles de la droite *mobile*, considérée dans une position quelconque, seront de la forme

$$(2) \qquad y = mx, \quad z = n,$$

puisque sa distance au plan des xy, comptée suivant l'axe des z, doit être *constante*, et que sa projection sur le plan des xy passe nécessairement par *l'origine*.

Or il est évident que, pour tous les points d'une certaine position de la génératrice, les quantités m et n, ou leurs valeurs $\dfrac{y}{x}$ et z, restent les mêmes; mais elles varient d'une position à une autre. Ces quantités étant *constantes ensemble* et *variables ensemble*, sont fonction l'une de l'autre. Ainsi,

$$\mathrm{F}\left(\frac{y}{x}, \; z\right) = 0, \quad \text{ou} \quad z = \mathrm{F}\left(\frac{y}{x}\right)$$

est la forme générale de l'équation des *surfaces conoïdes*.

Pour déterminer la nature de cette fonction, dans chaque cas particulier, il faut éliminer x, y, z entre les équations (1) et (2) qui doivent exister simultanément pour chaque point de la surface; ce qui donne lieu à *une certaine relation* entre m, n. Si l'on remplace ensuite dans cette relation m et n par leurs valeurs $\dfrac{y}{x}$ et z, on obtient l'équation demandée.

421. Comme *application*, supposons que la *seconde directrice* soit aussi une *ligne droite*, et afin d'arriver à une équation d'une forme très-simple, prenons un système d'axes tout particulier.

Soient CC′, DD′ (*fig.* 200) les deux *directrices*.

Imaginons par la première un plan *parallèle* à la seconde, et prenons ce plan pour celui des yz.

L'un des plans auxquels la génératrice doit être parallèle rencontrant les directrices en A et B, par exemple, rien n'empêche de prendre pour axe des x la ligne AB, représentant une des positions de la *génératrice*.

Ce même plan coupe celui dont nous avons parlé d'abord, suivant une certaine droite qui sera l'axe des y; on conservera d'ailleurs, comme dans la formation de l'équation générale de ces sortes de surfaces, la *première directrice* pour axe des z.

Cela posé, d'après la situation des deux *directrices* par rapport aux plans coordonnés, on a, pour les équations de la *seconde* DD′,

$$(1) \qquad\qquad x = a, \quad y = bz,$$

et pour celles de la génératrice, comme au n° 420,

$$(2) \qquad\qquad y = mx, \quad z = n;$$

et il ne s'agit que d'éliminer x, y, z entre ces quatre équations.

On arrive ainsi à l'équation de condition

$$ma = bn;$$

d'où, en remplaçant m et n par $\dfrac{y}{x}$ et z,

$$bxz - ay = 0.$$

Telle est l'équation de la surface engendrée.

Soit fait, dans cette équation, $y = 0$; il en résulte

$$bxz = 0,$$

d'où

$$x = 0 \quad \text{ou} \quad z = 0.$$

Le premier système $[y = 0,\ x = 0]$ représente l'axe des z, et le second $[y = 0,\ z = 0]$ celui des x; ce qui doit être, puisque chacun de ces axes appartient à la surface, d'après sa génération.

Nous aurons occasion de revenir sur cette sorte de surfaces, qu'on trouve dans la *Géométrie* de Legendre sous la dénomination de QUADRILATÈRE GAUCHE, et qu'on désigne également sous le nom de PLAN GAUCHE.

Des surfaces de révolution.

422. Oe nomme ainsi *toute surface engendrée par la révolution d'une ligne (droite ou courbe), dite la* GÉNÉRATRICE, *autour d'une droite fixe qu'on appelle l'*AXE DE RÉVOLUTION, *de manière que chacun des points de la génératrice décrive une circonférence de cercle dont le plan est perpendiculaire à l'axe, et le centre est situé sur cet axe.*

Pour obtenir l'équation de la surface, remarquons d'abord que l'une quelconque des circonférences dont elle se compose d'après la définition, peut toujours être exprimée analytiquement (414) par le système de deux équations dont l'une est celle d'un plan perpendiculaire à l'axe, l'autre est l'équation d'une surface sphérique ayant son centre placé sur l'axe.

Soient donc

$$x - \alpha = a(z - \gamma), \quad y - \beta = b(z - \gamma)$$

les équations de l'axe (α, β, γ désignant les coordonnées d'un point pris à volonté sur l'axe); celles du plan et de la sphère seront (389)

$$(1) \qquad ax + by + z = k$$

et (412)

$$(2) \qquad (x - \alpha)^2 + (y - \beta)^2 + (z - \gamma)^2 = r^2.$$

Les quantités k et r^2, qui entrent dans ces équations, sont des quantités *constantes ensemble* pour tous les points d'une même circonférence, et *variables ensemble* lorsque le point de la surface de révolution passe d'une circonférence à une autre; ainsi elles sont *fonction* l'une de l'autre, et l'on a

$$(3) \qquad (x - \alpha)^2 + (y - \theta)^2 + (z - \gamma)^2 = F(ax + by + z),$$

pour l'équation générale des *surfaces de révolution.*

La nature de la fonction désignée par le caractère F dépend *essentiellement* de la nature de la génératrice, et se détermine facilement dès que l'on connaît les équations de cette génératrice.

Soient en effet

$$(4) \qquad f(x, y, z) = 0, \quad f'(x, y, z) = 0$$

ces équations. Comme la circonférence représentée par le système des équations (1) et (2) est engendrée par l'un des points de la génératrice, il faut exprimer que celle-ci, dans sa première position, et la circonférence ont un point commun; ce qui se fait par l'élimination de x, y, z entre leurs équations qui sont au nombre de *quatre.*

On est ainsi conduit à une *relation* entre r^2 et k, dans laquelle il suffit de remplacer ces quantités par leurs valeurs

$$(x - \alpha)^2 + (y - \theta)^2 + (z - \gamma)^2 \quad \text{et} \quad ax + by + z.$$

423. On suppose souvent, pour plus de simplicité, que l'*axe de révolution* se confond avec l'un des axes coordonnés, celui des z par exemple.

Dans ce cas, l'une quelconque des circonférences placées sur la surface se trouvant dans un plan parallèle au plan des xy, et ayant son centre sur l'axe des z, peut être représentée par les équations

$$z = k, \quad x^2 + y^2 = r^2,$$

dont la première exprime un plan *horizontal,* et la seconde, la surface d'un *cylindre droit* dont l'axe se confond avec l'axe des z.

On a donc, quelle que soit la génératrice de la surface,

$$(5) \qquad x^2 + y^2 = F(z), \quad \text{ou} \quad z = F(x^2 + y^2),$$

pour l'équation de cette surface.

On trouverait de même

$$x^2 + z^2 = F(y), \quad \text{ou} \quad y = F(x^2 + z^2),$$
$$y^2 + z^2 = F(x), \quad \text{ou} \quad x = F(y^2 + z^2),$$

pour les équations des surfaces de révolution qui auraient pour axe celui des y ou celui des x.

424. Soit proposé, pour *première* application, de trouver *la surface engendrée par la révolution d'une droite quelconque autour de l'axe des z.*

Si, en vue de simplifier les calculs, on prend pour axe des x la droite sur laquelle est située la *plus courte distance* entre la génératrice et l'axe des z, auquel cas la génératrice est nécessairement *parallèle* au plan des yz, les équations de cette génératrice sont alors

$$x = \mathrm{M}, \quad y = \mathrm{N}z.$$

Celles de la circonférence étant d'ailleurs, comme on l'a vu au numéro précédent,

$$z = k, \quad x^2 + y^2 = r^2,$$

l'élimination de x, y, z donne lieu à la *relation*

$$\mathrm{M}^2 + \mathrm{N}^2 k^2 = r^2;$$

d'où, en remplaçant r^2 et k par leurs valeurs $x^2 + y^2$ et z,

$$x^2 + y^2 = \mathrm{M}^2 + \mathrm{N}^2 z^2,$$

ou bien

$$x^2 + y^2 - \mathrm{N}^2 z^2 = \mathrm{M}^2.$$

Telle est l'équation de la surface engendrée.

425. En *second lieu,* soit prise une *ellipse* pour génératrice, et supposons que son *centre* soit à l'origine, et le *grand axe* sur l'axe des z.

Les équations de la génératrice sont alors

$$x = 0, \quad \mathrm{A}^2 y^2 + \mathrm{B}^2 z^2 = \mathrm{A}^2 \mathrm{B}^2;$$

et en les combinant avec celles de la circonférence

$$z = k, \quad x^2 + y^2 = r^2,$$

on arrive à *l'équation de condition*

$$\mathrm{A}^2 r^2 + \mathrm{B}^2 k^2 = \mathrm{A}^2 \mathrm{B}^2.$$

d'où, remplaçant r^2 et k par leurs valeurs,

$$\mathrm{A}^2 (x^2 + y^2) + \mathrm{B}^2 z^2 = \mathrm{A}^2 \mathrm{B}^2.$$

La surface ainsi obtenue est celle de l'ELLIPSOÏDE DE RÉVOLUTION.

Prenons maintenant pour génératrices les *hyperboles* ayant pour équations

$$x = 0, \quad \mathrm{A}^2 y^2 - \mathrm{B}^2 z^2 = -\mathrm{A}^2 \mathrm{B}^2,$$
$$x = 0, \quad \mathrm{A}^2 y^2 - \mathrm{B}^2 z^2 = \mathrm{A}^2 \mathrm{B}^2.$$

(L'axe *transverse* est, dans le premier cas, sur l'axe des z, et dans le second, sur l'axe des y, le centre étant d'ailleurs à l'origine.)

On obtient, pour les équations des deux surfaces,

$$A^2(x^2 + y^2) - B^2 z^2 = -A^2 B^2,$$
$$A^2(x^2 + y^2) - B^2 z^2 = A^2 B^2.$$

La première équation est celle de l'HYPERBOLOÏDE *à deux nappes*; la seconde, celle de l'HYPERBOLOÏDE *à une seule nappe*.

Il est remarquable que la dernière équation est *identique*, sauf les notations relatives aux constantes, avec celle de la surface obtenue par la *révolution d'une ligne droite*.

426. Considérons enfin une *parabole* ayant pour équations

$$x = 0, \quad y^2 = 2pz.$$

Leur combinaison avec les équations

$$z = k, \quad x^2 + y^2 = r^2$$

donne lieu à la *relation*

$$2pk = r^2,$$

par suite, à l'équation

$$x^2 + y^2 = 2pz :$$

c'est celle de la surface d'un PARABOLOÏDE DE RÉVOLUTION autour de l'axe des z.

Cette surface jouit d'une propriété fort curieuse.

Si on la coupe par un plan quelconque

$$z = Ax + By + C,$$

on obtient, pour l'équation de la projection sur le plan des xy,

$$x^2 + y^2 = 2p(Ax + By + C),$$

équation que l'on a vu (85) être celle d'un *cercle*.

Ainsi, quelle que soit la courbe d'*intersection d'un paraboloïde de révolution par un plan, la projection de cette courbe sur un autre plan perpendiculaire à l'axe est constamment une circonférence de cercle*, excepté toutefois le cas où le plan *sécant* est *parallèle* à l'axe; car on obtient alors pour intersection *une ligne droite*.

Nous reviendrons sur les diverses surfaces de révolution dont nous venons de former les équations.

§ III. — DISCUSSION DES SURFACES DU SECOND DEGRÉ.

427. Les bornes que nous sommes obligé de mettre à cet ouvrage ne nous permettant pas de donner ici une théorie complète des surfaces du second degré, nous nous attacherons surtout à faire ressortir les circonstances relatives à leur classification, ainsi que les propriétés qui résultent immédiatement des équations les plus simples auxquelles il est toujours possible de ramener une équation quelconque du second degré à trois variables. Nous suivrons d'ailleurs, pour la discussion de cette équation, une marche analogue à celle que nous avons employée, dans le deuxième Chapitre, pour l'équation à deux variables.

L'équation la plus générale des surfaces du second degré étant

$$(1) \quad A z^2 + A'y^2 + A''x^2 + Byz + B'xz + B''xy + Cz + C'y + C''x + D = 0,$$

on peut d'abord (154), par une *première* transformation de coordonnées, faire évanouir les trois rectangles yz, xz, xy, c'est-à-dire ramener l'équation à la forme

$$(2) \quad M z^2 + M'y^2 + M''x^2 + Nz + N'y + N''x + D = 0.$$

(*Voyez,* pour cet objet, le deuxième volume de la *Correspondance de l'École Polytechnique,* 3ᵉ numéro, ouvrage dans lequel j'ai consigné la démonstration complète de cette proposition, ainsi qu'une Note assez étendue sur les surfaces de révolution du second degré.)

Il résulte de cette proposition que les surfaces représentées par l'équation (2) sont identiques avec celles que comprend l'équation (1).

Voyons actuellement si, au moyen d'une *translation d'origine,* nous ne pourrions pas (156) faire disparaître les termes linéaires en x, y, z.

Or, en substituant les formules

$$x = x + a, \quad y = y + b, \quad z = z + c$$

dans cette équation, et en égalant à 0 les coefficients de x, y, z, on obtient les quations de condition

$$2M''a + N'' = 0, \quad 2M'b + N' = 0, \quad 2Mmc + N = 0;$$

d'où l'on déduit

$$a = -\frac{N''}{2M''}, \quad b = -\frac{N'}{2M'}, \quad c = -\frac{N}{2M}.$$

Tant que la disparition des trois rectangles ne donne lieu à la disparition d'aucun des trois carrés, les quantités M, M', M" sont différentes de o, et la nouvelle transformation est possible : en d'autres termes, l'équation peut être ramenée à la forme

$$(3) \qquad M z^2 + M' y^2 + M'' x^2 + P = o$$

(P ayant pour valeur

$$M c^2 + M' b^2 + M'' a^2 + N c + N' b + N'' a + D).$$

428. Si l'on suppose que l'un des carrés s'évanouisse en même temps que les rectangles, que l'on ait, par exemple,

$$M'' = o,$$

la transformation précédente ne peut être exécutée, puisqu'alors a devient *infini*.

Dans ce cas, l'équation étant de la forme

$$M z^2 + M' y^2 + N z + N' y + N'' x + D = o,$$

on peut tâcher de faire disparaître les termes en z et en y, ainsi que la quantité qui en est indépendante.

On obtient, en effet, par la substitution des formules

$$x = x + a, \quad y = y + b, \quad z = z + c,$$

et en égalant à o le coefficient de z, celui de y, et la quantité indépendante de x, y, z,

$$2 M c + N = o, \quad 2 M' b + N' = o,$$
$$M c^2 + M' b^2 + N c + N' b + N'' a + D = o;$$

ce qui donne

$$c = - \frac{N}{2 M}; \quad b = - \frac{N'}{2 M'};$$

$$a = - \frac{(M c^2 + M' b^2 + N c + N' b + D)}{N''};$$

valeurs *réelles et finies* tant que N" n'est pas *nul* ; et l'équation se réduit à celle-ci :

$$(4) \qquad M z^2 + M' y^2 + N'' x = o.$$

429. Lorsque l'on a en même temps

$$M'' = o, \quad N'' = o,$$

la dernière transformation est impossible, puisque a est encore *infini* ;

mais dans ce cas particulier l'équation (2) devenant

$$M z^2 + M' y^2 + N z + N' y + D = 0,$$

ne renferme plus que deux variables, et représente évidemment (402) UNE SURFACE CYLINDRIQUE dont les génératrices sont perpendiculaires au plan des yz, et qui a pour base, soit une *ellipse*, soit une *hyperbole*, suivant que, dans l'équation ci-dessus, les coefficients M, M' sont de même signe ou de signe contraire.

430. Supposons encore que deux des carrés y^2 et x^2 aient disparu en même temps que les trois rectangles, c'est-à-dire que, par la *première* transformation des coordonnées, l'équation ait été réduite à la forme

$$M z^2 + N z + N' y + N'' x + D = 0;$$

on pourrait, dans ce cas, chercher à opérer l'évanouissement de quelques termes; mais cela est inutile pour la détermination de la surface représentée par cette équation.

En effet, posons successivement

$$z = k, \quad z = k', \quad z = k'', \ldots,$$

ce qui revient à couper la surface par une suite de plans parallèles au plan des xy; l'équation devient, pour ces différentes hypothèses,

$$N' y + N'' x = L, \quad N' y + N'' x = L', \quad N' y + N'' x = L'', \ldots,$$

d'où il suit que les intersections de la surface par des plans horizontaux sont des droites *parallèles entre elles*. Ainsi (417) la surface est encore de la nature des *surfaces cylindriques*; et, si l'on veut connaître une *directrice* de cette surface, il suffit de poser $y = 0$, par exemple, dans son équation.

Il vient, par cette hypothèse,

$$M z^2 + N z + N'' x + D = 0,$$

équation qui exprime une *parabole* située dans le plan des xz.

Donc, enfin, la surface n'est autre chose qu'*une* SURFACE CYLINDRIQUE à *base parabolique*.

431. En réfléchissant sur la discussion précédente, on doit conclure que toutes les surfaces du second degré se trouvent implicitement renfermées dans les deux classes d'équations

$$M z^2 + M' y^2 + M'' x^2 + P = 0, \quad M z^2 + M' y^2 + N'' x = 0.$$

à l'exception de celles qui correspondent aux équations

$$M z^2 + M'y^2 + N z + N'y + D = 0,$$
$$M z^2 + N z + N'y + N''x + D = 0,$$

et que nous avons reconnu appartenir à des SURFACES CYLINDRIQUES à base *elliptique*, *hyperbolique* ou *parabolique*.

432. *N. B.* — Il est bien entendu que nous comprenons dans ces trois variétés générales celles qui (161 et 309) correspondent aux *variétés* de l'ellipse, de l'hyperbole et de la parabole.

Ainsi lorsque l'ellipse se réduit à *un cercle* ou à *un point*, la surface cylindrique devient un cylindre à *base circulaire* ou *une seule droite*.

Si l'hyperbole dégénère en un système de deux droites qui se coupent, la surface cylindrique se réduit à un système de *deux plans qui se coupent*.

Enfin, quand la parabole se réduit à deux droites parallèles ou à une seule droite, la surface cylindrique devient *un système de deux plans parallèles* ou *un plan unique*.

433. Avant de passer à la discussion de chacune des équations

$$(1) \qquad M z^2 + M'y^2 + M''x^2 + P = 0,$$
$$(2) \qquad M z^2 + M'y^2 + N''x = 0,$$

nous ferons quelques observations générales sur la nature des surfaces qu'elles représentent, et sur les systèmes d'axes ou de plans coordonnés auxquels les surfaces sont actuellement rapportées.

PREMIÈREMENT, l'équation (1), ne renfermant plus les termes du premier degré en x, y, z, reste la même lorsqu'on y change $+x$, $+y$, $+z$ en $-x$, $-y$, $-z$; ce qui prouve que toute droite menée par la nouvelle origine et terminée de part et d'autre par la surface, est divisée en deux parties égales en ce point. Donc (130) toutes les surfaces comprises dans l'équation (1) ont un *centre*, qui n'est autre chose que l'origine actuelle des coordonnées.

Remarquons d'ailleurs que l'équation pourrait renfermer les rectangles des variables ainsi que les carrés, sans que la surface cessât d'avoir un *centre*, et d'être rapportée à ce centre comme origine, puisque la condition caractéristique du centre serait encore remplie. On pourrait même supposer la surface rapportée à des axes obliques menés par cette origine.

Ainsi, dans le cas d'axes quelconques, une équation telle que

$$A z^2 + A'y^2 + A''x^2 + Byz + B'xz + B''xy + D = 0,$$

dont plusieurs coefficients peuvent être nuls, représente *une surface qui a un centre*, et ce centre est l'origine.

SECONDEMENT, on appelle PLAN DIAMÉTRAL d'une surface, un plan qui divise en *deux parties égales* toutes les cordes de la surface *parallèles entre elles* et menées sous une direction quelconque.

Or, d'après la forme de l'équation (1) qui, étant résolue successivement par rapport à chacune des variables, donne deux valeurs égales et de signes contraires pour cette variable, il est évident que chacun des trois plans coordonnés divise en deux parties égales toutes les cordes menées parallèlement à l'intersection commune des deux autres. Donc ces trois plans sont des *plans diamétraux ;* de plus, on peut les regarder comme formant *un système de* PLANS DIAMÉTRAUX CONJUGUÉS PERPENDICULAIRES ENTRE EUX, conformément à la définition donnée (178) d'un système de deux *diamètres conjugués.*

TROISIÈMEMENT, considérons l'équation (2) :

Puisque le troisième terme change de signe lorsqu'on remplace $+x$, $+y$, $+z$ par $-x$, $-y$, $-z$, il s'ensuit que l'origine actuelle des coordonnées n'est pas un centre. On a vu d'ailleurs (428) que, dès qu'un des carrés manque en même temps que les rectangles, il est impossible de faire disparaître à la fois les trois termes du premier degré ; donc les surfaces représentées par l'équation (2) sont des *surfaces dépourvues de centre.*

Observons encore que, des trois plans coordonnés, deux seulement, les plans des xy et des xz, peuvent être regardés comme des *plans diamétraux,* puisque le premier divise en deux parties égales toutes les cordes parallèles à l'axe des z, et le second toutes les cordes parallèles à l'axe des y.

Concluons de ce qui vient d'être dit, que les surfaces du second degré se partagent en deux classes distinctes, savoir : *les surfaces qui ont* UN CENTRE, et *les surfaces dépourvues de centre.*

Surfaces douées d'un centre.

434. Discutons l'équation

$$(1) \qquad M z^2 + M' y^2 + M'' x^2 + P = 0.$$

Afin de déterminer les différents genres de surfaces représentées par cette équation, nous ferons successivement (411)

$$x = \text{const.}, \quad y = \text{const.}, \quad z = \text{const.} ;$$

ce qui reviendra à couper la surface par des plans respectivement *parallèles* à chacun des trois plans coordonnés ; mais on sait (164) que la nature de ces intersections dépend surtout des signes dont les coefficients M, M', M'' sont affectés ; ainsi nous sommes conduits à faire les hypothèses suivantes :

1° $\qquad$ M, M', M'' *positifs* à la fois ; ELLIPSOÏDES.

Dans cette hypothèse générale, le dernier terme P peut être lui-même *négatif*, *nul* ou *positif*.

Soit d'abord P *négatif*, et mettons le signe en évidence ; l'équation devient

$$(2) \qquad M z^2 + M' y^2 + M'' x^2 = P.$$

Cela posé, faisons successivement dans cette équation,

il en résulte
$$x = \alpha, \quad y = \beta, \quad z = \gamma;$$
$$M z^2 + M' y^2 = P - M'' \alpha^2,$$
$$M z^2 + M'' x^2 = P - M' \beta^2,$$
$$M' y^2 + M'' x^2 = P - M \gamma^2;$$

d'où l'on voit que les intersections de la surface par des plans parallèles aux trois plans coordonnés sont des ellipses qui deviennent *imaginaires* lorsqu'on suppose

$$\alpha^2 > \frac{P}{M''}, \quad \beta^2 > \frac{P}{M'}, \quad \gamma^2 > \frac{P}{M},$$

c'est-à-dire α, β, γ positifs ou négatifs, mais numériquement plus grands que

$$\sqrt{\frac{P}{M''}}, \quad \sqrt{\frac{P}{M'}}, \quad \sqrt{\frac{P}{M}}.$$

Ces mêmes ellipses se réduisent à *un point,* pour les hypothèses

$$\alpha = \pm \sqrt{\frac{P}{M''}}, \quad \beta = \pm \sqrt{\frac{P}{M'}}, \quad \gamma = \pm \sqrt{\frac{P}{M}},$$

puisque alors les équations des intersections se réduisent à

$$M z^2 + M' y^2 = 0, \quad M z^2 + M'' x^2 = 0, \quad M' y^2 + M'' x^2 = 0.$$

La surface que nous considérons est donc *limitée* DANS TOUS LES SENS. De plus, elle est inscrite au parallélépipède qui a pour faces les plans

$$x = \pm \sqrt{\frac{P}{M''}}, \quad y = \pm \sqrt{\frac{P}{M'}}, \quad z = \pm \sqrt{\frac{P}{M}}.$$

La nature des intersections de cette surface avec les plans *parallèles* aux trois plans coordonnés lui a fait donner le nom d'ELLIPSOÏDE.

Pour déterminer *les trois sections principales* (*fig.* 201), en d'autres termes, les traces de la surface sur les plans coordonnés, il suffit de poser successivement.

$$x = o, \quad y = o, \quad z = o;$$

ce qui donne

$$M z^2 + M' y^2 = P, \quad M z^2 + M'' x^2 = P, \quad M' y^2 + M^n x^2 = P.$$

Quant aux points d'intersection avec les axes, on obtient pour

$$y = o, \quad z = o, \quad M'' x^2 = P; \quad \text{d'où} \quad x = \pm \sqrt{\frac{P}{M''}};$$

$$x = o, \quad z = o, \quad M' y^2 = P; \quad \text{d'où} \quad y = \pm \sqrt{\frac{P}{M'}};$$

$$x = o, \quad y = o, \quad M z^2 = P; \quad \text{d'où} \quad z = \pm \sqrt{\frac{P}{M}}.$$

Les lignes

$$AA' = 2 \sqrt{\frac{P}{M''}}, \quad BB' = 2 \sqrt{\frac{P}{M'}}, \quad CC' = 2 \sqrt{\frac{P}{M}}$$

sont ce qu'on appelle les *axes principaux* de la surface ; et leur introduction dans l'équation lui donne une forme symétrique et analogue à celle de l'équation de l'ellipse rapportée à son centre et à ses axes.

Posons en effet

$$2A = 2 \sqrt{\frac{P}{M''}}, \quad 2B = 2 \sqrt{\frac{P}{M'}}, \quad 2C = 2 \sqrt{\frac{P}{M}};$$

il en résulte

$$M'' = \frac{P}{A^2}, \quad M' = \frac{P}{B^2}, \quad M = \frac{P}{C^2};$$

d'où, substituant dans l'équation (2), et chassant les dénominateurs,

$$(3) \qquad A^2 B^2 z^2 + A^2 C^2 y^2 + B^2 C^2 x^2 = A^2 B^2 C^2.$$

435. CAS PARTICULIERS DE L'ELLIPSOÏDE :

Supposons deux quelconques des trois coefficients M, M', M'' égaux entre eux, M = M' par exemple, ce qui donne C = B ; l'équation devient

$$A^2 B^2 z^2 + A^2 B^2 y^2 + B^4 x^2 = A^2 B^4,$$

ou, divisant par B^2,

$$A^2 z^2 + A^2 y^2 + B^2 x^2 = A^2 B^2.$$

Cette équation, qu'on peut mettre sous la forme

$$z^2 + y^2 = \frac{B^2}{A^2}(A^2 - x^2), \quad \text{ou} \quad y^2 + z^2 = F(x),$$

caractérise (423) une *surface de révolution* autour de l'axe des x; car en faisant $x = $ const., on obtient

$$y^2 + z^2 = \text{const.};$$

ce qui prouve que toute section faite perpendiculairement à l'axe des x est une circonférence de cercle.

Les deux hypothèses successives $y = 0$, $z = 0$, donnent

$$A^2 z^2 + B^2 x^2 = A^2 B^2, \quad A^2 y^2 + B^2 x^2 = A^2 B^2.$$

Ce sont les équations de la génératrice considérée dans deux de ses positions, savoir : dans le plan de xz et dans le plan des xy.

Si l'on avait $M = M''$, ou $M' = M''$, on reconnaîtrait de même que la surface serait *de révolution* autour de l'axe des y, ou bien autour de l'axe des z.

Supposons maintenant

$$M = M' = M'', \quad \text{d'où} \quad C = B = A;$$

l'équation se réduit à

$$z^2 + y^2 + x^2 = A^2,$$

et représente *une surface sphérique* dont le centre est à l'origine des coordonnées.

Les coefficients M, M', M'' étant toujours positifs et quelconques, égaux ou inégaux, on peut avoir $P = 0$, ou P *positif*.

Dans le premier cas, l'équation devient

$$M z^2 + M' y^2 + M'' x^2 = 0,$$

et n'admet qu'un système unique de valeurs réelles, savoir,

$$x = 0, \quad y = 0, \quad z = 0;$$

donc la surface se réduit *à un point*.

Dans le second, l'équation

$$M z^2 + M' y^2 + M'' x^2 + P = 0$$

n'admet aucun système de valeurs réelles. Ainsi la surface est *imaginaire*.

Concluons de là, qu'à l'hypothèse générale M, M', M'' *positifs* à la fois correspond un seul genre de surfaces, l'ELLIPSOÏDE, comprenant comme variétés l'*ellipsoïde de révolution*, la *sphère*, un *point* et une *surface ima-ginaire*.

2°   M, M' *positifs* et M" *négatif*; HYPERBOLOÏDES.

[Il sera tout à fait inutile de considérer le cas où deux des coefficients M, M, M' sont *négatifs*, puisqu'en changeant les signes de tous les termes de l'équation, on retombe sur le cas où *deux* de ces coefficients sont *positifs*.]

436. Supposons d'abord M, M', P *positifs* et M" *négatif*.

L'équation (1) du n° 434 devient, après qu'on a mis les signes en évidence,

$$(2) \qquad M z^2 + M' y^2 - M'' x^2 = -P.$$

Or, si l'on fait successivement

$$x = \alpha, \quad y = \varepsilon, \quad z = \gamma,$$

il vient pour

$$(3) \qquad x = \alpha \ldots M z^2 + M' y^2 = M'' \alpha^2 - P,$$

$$(4) \qquad y = \varepsilon \ldots M z^2 - M'' x^2 = -(M' \varepsilon^2 + P),$$

$$(5) \qquad z = \gamma \ldots M' y^2 - M'' x^2 = -(M \gamma^2 + P).$$

Les équations (4) et (5) prouvent que toute section faite dans la surface parallèlement au plan des xz, ou au plan des xy, est une *hyperbole* dont l'axe transverse est dirigé suivant une parallèle à l'axe des x.

Quant à l'équation (3), elle représente évidemment une *ellipse réelle*, tant que l'on donne à α une valeur *positive* ou *négative*, numériquement *plus grande que* $\sqrt{\dfrac{P}{M''}}$ (*fig.* 202); ce qui veut dire que, si aux deux distances

$$OA = \sqrt{\frac{P}{M''}}, \quad OA' = -\sqrt{\frac{P}{M''}},$$

on imagine deux plans *parallèles* au plan des yz, la surface n'a aucun point compris entre ces plans; mais elle s'étend indéfiniment à droite et à gauche de ces deux plans, dans le sens des x positifs et dans le sens des x négatifs; d'où l'on peut conclure que cette surface *se compose de deux parties distinctes, égales et opposées*.

On l'appelle pour cette raison, et à cause de la nature de ses intersections par des plans parallèles à deux des plans coordonnés, HYPERBOLOÏDE *à deux nappes*.

Les trois sections principales s'obtiennent en faisant successivement dans l'équation (2),

$$x = 0, \quad y = 0, \quad z = 0;$$

ce qui donne

$$M z^2 + M' y^2 = - P,$$
$$M z^2 - M'' x^2 = - P,$$
$$M' y^2 - M'' x^2 = - P.$$

La première section est *imaginaire;* mais les deux autres sont des *hyperboles* MAM' et mA'm', NAN' et nA'n, rapportées à l'axe des x comme axe transverse.

Soit posé

$$2 A = 2 \sqrt{\frac{P}{M''}}, \quad 2 B = 2 \sqrt{\frac{P}{M'}}, \quad 2 C = 2 \sqrt{\frac{P}{M}};$$

il en résulte

$$M'' = \frac{P}{A^2}, \quad M' = \frac{P}{B^2}, \quad M = \frac{P}{C^2};$$

d'où, substituant dans l'équation (2) et réduisant,

$$A^2 B^2 z^2 + A^2 C^2 y^2 - B^2 C^2 . x^2 = - A^2 B^2 C^2.$$

Des trois lignes $2A$, $2B$, $2C$, appelées les *axes principaux* de la surface, la première seulement a ses deux extrémités A, A' placées sur la surface. Quant aux deux autres, on convient de les représenter sur la figure par deux distances BB', CC', comptées sur les axes des y et des z; mais les points B, B', C, C' n'appartiennent pas à la surface, comme dans l'ellipsoïde. En un mot, l'hyperboloïde à *deux nappes* a un seul axe *transverse* et deux autres *non transverses.*

437. Soient actuellement M et M' *positifs,* M'' et P *négatifs.*
L'équation (1) devient

$$M z^2 + M' y^2 - M'' x^2 = + P :$$

et l'on en déduit successivement pour

$$x = \alpha \ldots M z^2 + M' y^2 = M'' \alpha^2 + P,$$
$$y = \mathrm{6} \ldots M z^2 - M'' x^2 = - M' \mathrm{6}^2 + P,$$
$$z = \gamma \ldots M' y^2 - M'' x^2 = - M \gamma^2 + P.$$

La première équation représente une *ellipse* toujours *réelle,* quel que soit α; et les deux autres, des *hyperboles* rapportées à l'axe des x, comme axe *transverse* ou *non transverse,* suivant que l'on a

$$\mathrm{6}^2 > \frac{P}{M'}, \quad \gamma^2 > \frac{P}{M} \quad \text{ou} \quad \mathrm{6}^2 < \frac{P}{M'}, \quad \gamma^2 < \frac{P}{M}.$$

On voit donc que, dans le cas actuel, il n'existe aucune discontinuité dans la surface qui, pour cette raison, porte le nom d'HYPERBOLOÏDE *à une nappe*.

Les hypothèses successives

$$x = 0, \quad y = 0, \quad z = 0 \ (\textit{fig}. 203),$$

donnent

$$M z^2 + M' y^2 = P, \quad M z^2 - M'' x^2 = P, \quad M' y^2 - M'' x^2 = P.$$

L'*ellipse* représentée par la première équation est la *plus petite* de toutes celles qu'on obtient en coupant la surface par des plans parallèles au plan des yz.

Les deux autres équations expriment des *hyperboles* situées, l'une dans le plan des xz, l'autre dans le plan des xy, et ayant pour axe *non transverse* l'axe des x.

Cela suffit pour donner une idée assez exacte de la surface dont deux axes principaux sont *transverses*, et le troisième est *non transverse*.

En posant

$$2A = 2 \sqrt{\frac{P}{M''}}, \quad 2B = 2 \sqrt{\frac{P}{M'}}, \quad 2C = 2 \sqrt{\frac{P}{M}},$$

on trouve

$$M'' = \frac{P}{A^2}, \quad M' = \frac{P}{B^2}, \quad M = \frac{P}{C^2},$$

d'où, substituant dans l'équation de la surface, on déduit

$$A^2 B^2 z^2 + A^2 C^2 y^2 - B^2 C^2 x^2 = + A^2 B^2 C^2.$$

438. CAS PARTICULIERS DES DEUX HYPERBOLOÏDES :

1° Soit $M = M'$, d'où $C = B$, les équations des deux surfaces se réduisent à

$$A^2 z^2 + A^2 y^2 - B^2 x^2 = - A^2 B^2,$$
$$A^2 z^2 + A^2 y^2 - B^2 x^2 = + A^2 B^2;$$

ce qui donne

$$z^2 + y^2 = F(x).$$

Donc les deux hyperboloïdes deviennent des *surfaces de révolution* autour de l'axe des x (*voyez* le n° 423).

2° Soient M, M' *positifs*, M'' *négatif*, et P *égal à* 0.

L'équation devient

$$M z^2 + M' y^2 - M'' x^2 = 0;$$

d'où l'on déduit

$$\frac{y^2}{z^2} = \frac{M''}{M'} \frac{x^2}{z^2} - \frac{M}{M'},$$

ou bien

$$\frac{y}{z} = \mathrm{F}\left(\frac{x}{z}\right);$$

c'est (419) l'équation d'une *surface conique* dont le centre se trouve placé à l'origine.

439. REMARQUE. — Cette surface, comparée aux deux *hyperboloïdes*, jouit d'une propriété curieuse, qui consiste en ce que *ses génératrices se confondent avec les asymptotes des hyperboles résultant de l'intersection des trois surfaces par un plan mené à volonté suivant l'axe des z*, ce qui lui a fait donner la dénomination de *cône asymptotique* aux deux hyperboloïdes.

Il suffirait, pour démontrer cette propriété, de substituer dans les équations

$$\mathrm{M}z^2 + \mathrm{M}'y^2 - \mathrm{M}''x^2 = \mp \mathrm{P},$$
$$\mathrm{M}z^2 + \mathrm{M}'y^2 - \mathrm{M}''x^2 = 0,$$

les valeurs de x, y, z en x', y', tirées des formules du n° 411, qui, dans le cas actuel, à cause de $\theta = 90°$, d'où

$$\sin\theta = 1, \quad \cos\theta = 0,$$

se réduisent à

$$z = y', \quad y = x'\cos\varphi, \quad x = x'\sin\varphi.$$

Nous nous dispenserons d'exécuter ce calcul, qui n'offre aucune difficulté.

Surfaces dénuées de centre.

440. Discutons maintenant l'équation (2) du n° 433,

$$\mathrm{M}z^2 + \mathrm{M}'y^2 + \mathrm{N}''x = 0; \quad \text{PARABOLOÏDES.}$$

Il peut également se présenter deux cas principaux : M et M' peuvent être de *même signe* ou de *signe contraire*.

1° M, M' *positifs* à la fois.

Dans cette première hypothèse, N'' peut être indifféremment *négatif* ou *positif*.

Supposons-le d'abord *négatif*, et mettons le signe en évidence ; l'équation prend la forme

$$\mathrm{M}z^2 + \mathrm{M}'y^2 = \mathrm{N}''x.$$

En faisant successivement

$$x = z, \quad y = b, \quad \ldots = y.$$

on obtient

$$\mathrm{M}z^2 + \mathrm{M}'y^2 = \mathrm{N}''x, \quad \mathrm{M}z^2 = \mathrm{N}''x - \mathrm{M}'6^2, \quad \mathrm{M}'y^2 = \mathrm{N}''x - \mathrm{M}\gamma^2.$$

La première équation est évidemment celle d'une *ellipse* toujours *réelle* tant que α est positif, et de plus en plus grande à mesure que α augmente.

Si l'on suppose $\alpha = 0$, l'ellipse se réduit à *un point*, et elle devient *imaginaire*, dès qu'on suppose α négatif.

On voit donc que la surface s'étend *indéfiniment* dans le sens des x positifs, et n'a aucun point à la gauche du plan des yz, auquel elle est tangente, à l'origine même des coordonnées.

Les deux autres équations représentent des paraboles dont l'axe principal est dirigé *parallèlement* à l'axe des x, et dans le sens des x positifs.

Les paraboles correspondant à l'hypothèse $y = 6$ ont toutes le même paramètre $\dfrac{\mathrm{N}''}{\mathrm{M}}$; et celles qui répondent à $z = \gamma$ ont pour paramètre constant $\dfrac{\mathrm{N}''}{\mathrm{M}'}$.

En posant $y = 0$ (*fig.* 204), puis $z = 0$, on trouve

$$z^2 = \frac{\mathrm{N}''}{\mathrm{M}}x, \quad y^2 = \frac{\mathrm{N}''}{\mathrm{M}'}x,$$

pour les deux *sections principales*, suivant les plans des xz et des xy.

D'après ces données, il est facile de se former une idée nette du nouveau genre de surfaces auquel on a donné le nom de PARABOLOÏDE ELLIPTIQUE.

Soit actuellement N'' *positif*, auquel cas l'équation revient à

$$\mathrm{M}z^2 + \mathrm{M}'y^2 = -\mathrm{N}''x;$$

comme, en changeant x en $-x$, on la ramène à la forme

$$\mathrm{M}z^2 + \mathrm{M}'y^2 = \mathrm{N}''x,$$

il s'ensuit que la surface est la même que dans le cas où N'' est négatif : seulement elle s'étend dans le sens des x négatifs, comme elle s'étendait d'abord dans celui des x positifs.

441. Le *paraboloïde elliptique* devient une *surface de révolution* autour de l'axe des x, dans le cas particulier de $\mathrm{M} = \mathrm{M}'$; car alors on a pour son équation

$$z^2 + y^2 = \frac{\mathrm{N}''}{\mathrm{M}}x = \mathrm{F}(x);$$

ce qui démontre que *toute section faite perpendiculairement* à l'axe des x

est *une circonférence de cercle* dont le centre est sur cet axe (*voyez* le n° 423).

$$2° \qquad \text{M } \textit{positif} \quad \text{et} \quad \text{M}' \textit{ négatif.}$$

442. Il nous suffira de considérer dans cette nouvelle hypothèse, comme dans la précédente, le cas où N'' est *négatif;* puisque, si N'' était positif, on remplacerait x par $- x$, ce qui changerait simplement la situation de la surface, mais non sa nature.

En mettant les signes en évidence, on a l'équation

$$\text{M} z^2 - \text{M}' y^2 = \text{N}'' x.$$

Soit fait successivement

$$x = \alpha, \quad y = \varepsilon, \quad z = \gamma,$$

il vient

$$\text{M} z^2 - \text{M}' y^2 = \text{N}'' \alpha, \quad \text{M} z^2 = \text{N}'' x + \text{M}' \varepsilon^2, \quad \text{M}' y^2 = - \text{N}'' x + \text{M} \gamma^2.$$

Les deux dernières équations représentent encore des paraboles dont l'axe principal est parallèle à l'axe des x; mais celles qui correspondent à $y = \varepsilon$ sont dirigées dans le sens des x positifs, et ont pour paramètre constant $\dfrac{N''}{M}$, tandis que les paraboles correspondant à $z = \gamma$ sont, au contraire, dirigées dans le sens des x négatifs, et ont pour paramètre constant $-\dfrac{N''}{M'}$.

Quant à la première équation, c'est celle d'une suite d'*hyperboles* ayant pour axe transverse une parallèle à l'axe des z tant que α est positif, et une parallèle à l'axe des y pour toute valeur négative de α. De là vient la dénomination de PARABOLOÏDE HYPERBOLIQUE donnée à ce genre de surfaces.

Les deux sections principales par les plans des xz et des xy sont

$$\text{M} z^2 = \text{N}'' x, \quad \text{M}' y^2 = - \text{N}'' x;$$

c'est-à-dire deux *paraboles* COC', B'OB (*fig.* 205).

La section par le plan des yz ayant pour équations

$$x = 0, \quad \text{M} z^2 - \text{M}' y^2 = 0 \quad \text{ou} \quad z = \pm y \sqrt{\dfrac{\text{M}'}{\text{M}}},$$

se réduit à un système de *deux droites* qui se coupent à l'origine.

Il est remarquable que les *hyperboles* représentées par l'équation

$$\text{M} z^2 - \text{M}' y^2 = \text{N}'' \alpha,$$

ont pour *asymptotes* les deux droites dont l'équation est

$$\text{M} z^2 - \text{M}' y^2 = 0 :$$

d'où il suit que les plans menés par ces droites et par l'axe des x déterminent au-dessus et au-dessous du plan des xy deux angles dièdres, qui comprennent la surface tout entière; et l'on peut considérer ces deux plans comme des *plans asymptotes* par rapport à la surface.

Comme les coefficients de z^2 et de y^2 sont de signes contraires, l'hypothèse $M = M'$ ne peut donner lieu à une surface de révolution. D'ailleurs, nous verrons bientôt que, quelle que soit la position du plan par lequel on coupe cette surface, il *est impossible d'obtenir pour section une courbe limitée*, et par conséquent une circonférence de cercle.

443. Génération des deux paraboloïdes. — Le paraboloïde hyperbolique étant une surface assez difficile à se représenter, nous allons faire connaître un moyen de génération, commun aux deux paraboloïdes, qui sera très-propre à donner une idée exacte de l'un et de l'autre. Ce moyen, qui offre beaucoup d'analogie avec celui que nous avons employé (382) pour le plan, consiste à *faire glisser une parabole* ayant pour équations

$$y = 0, \quad M z^2 + N'' x = 0,$$

parallèlement à elle-même, suivant une autre parabole

$$z = 0, \quad M' y^2 + N'' x = 0,$$

de manière que le sommet de la première, appelée *génératrice*, se trouve constamment placé sur la seconde, qu'on peut appeler *la directrice*.

D'après ce mode de génération, il est évident que les équations de la génératrice, considérée dans l'une quelconque de ses positions, seront de la forme

$$y = \beta, \quad M z^2 + N'' x + \alpha = 0.$$

Le *paramètre* de cette parabole mobile, ou $-\dfrac{N''}{M}$, reste *constant;* mais comme le sommet qui, d'abord, est situé à l'origine, occupe ensuite une position quelconque sur la directrice, il s'ensuit que la seconde équation doit renfermer un terme α indépendant de x et de y.

Cela posé, remarquons que, pour tout point de la surface placé sur la même génératrice, la distance au plan des xz et la position du sommet de cette génératrice restent les mêmes; mais lorsque le point passe d'une génératrice à une autre, les deux éléments dont nous venons de parler changent nécessairement; donc les quantités β et α, qui correspondent à ces éléments, sont des quantités *constantes* ensemble et *variables* ensemble; ainsi elles doivent dépendre d'une certaine manière l'une de l'autre. Or, on obtiendra cette relation en exprimant, par l'analyse, que la *génératrice* et la *directrice* se rencontrent; ce qui revient à dire que les équations

$$(1) \qquad y = 6, \quad M z^2 + N'' x + \alpha = 0,$$

$$(2) \qquad z = 0, \quad M' y^2 + N'' x = 0,$$

ont lieu en même temps.

D'abord, la valeur $z = 0$, portée dans la seconde des équations (1), donne

$$x = -\frac{\alpha}{N''}.$$

Substituant ensuite les valeurs $y = 6$, $x = -\frac{\alpha}{N''}$, dans la seconde des équations (2), on trouve

$$(3) \qquad M' 6^2 - \alpha = 0.$$

Telle est la *relation* qui lie entre elles les quantités α, 6, et qui doit exister en même temps que les équations (1) pour toutes les positions de la génératrice, c'est-à-dire pour tous les points de la surface.

Il ne s'agit plus que d'éliminer α, 6 entre ces trois équations, et pour cela il suffit de remplacer α, 6 par leurs valeurs tirées des équations (1); ce qui donne

$$M' y^2 - (- M z^2 - N'' x) = 0 \quad \text{ou} \quad M z^2 + M' y^2 + N'' x = 0;$$

c'est l'équation commune aux deux paraboloïdes.

Lorsqu'on a M, M' *positifs* et N'' *négatif* (*fig.* 204), les paramètres de la parabole *génératrice* et de la parabole *directrice* sont $\dfrac{N''}{M}$, $\dfrac{N''}{M'}$, quantités *de même signe;* donc les axes sont dirigés dans le même sens.

Mais si l'on a M *positif,* M' *négatif* et N'' *négatif* (*fig.* 205), les paramètres sont $\dfrac{N''}{M}$, $\dfrac{- N''}{M'}$ ou *de signes contraires;* donc les axes de ces paraboles sont dirigés en sens contraire l'un par rapport à l'autre.

444. CONCLUSION GÉNÉRALE. — Il résulte de la discussion précédente que les surfaces du *second degré* se divisent en *cinq* genres : l'ELLIPSOÏDE, ayant pour variétés, l'*ellipsoïde de révolution,* la *sphère,* un *point* ou une *surface imaginaire;*

L'HYPERBOLOÏDE à deux nappes et l'HYPERBOLOÏDE à une nappe, ayant tous deux pour variétés, l'*hyperboloïde de révolution* et la *surface conique de révolution;*

Le PARABOLOÏDE HYPERBOLIQUE, qui n'offre aucune variété, à moins qu'on ne suppose N'' = 0, auquel cas l'équation se réduit à

$$M z^2 - M' y^2 = 0.$$

d'où

$$z = \pm y \sqrt{\frac{\overline{M'}}{M}}$$

représentant un *système de deux plans qui se coupent.*

Toutefois, les *surfaces cylindriques* à base elliptique, hyperbolique ou parabolique (429 et 430) sont les surfaces qui se rattachent aux *paraboloïdes,* puisqu'on les a obtenues en supposant que l'*un* des carrés, ou *deux* des carrés, aient disparu en même temps que les rectangles, dans l'équation générale.

Sections planes des surfaces du second degré.

445. Cherchons actuellement de quelle nature peuvent être les *intersections* des surfaces du second degré par un plan quelconque. Il suffit, pour cela, de substituer dans chacune des deux équations

$$(1) \qquad M z^2 + M'y^2 + M''x^2 + P = o,$$
$$(2) \qquad M z^2 + M'y^2 + N''x = o,$$

à la place de x, y, z, leurs valeurs tirées des formules du n° 411, savoir

$$x = x'\cos\varphi + y'\cos\theta \sin\varphi + a,$$
$$y = x'\sin\varphi - y'\cos\theta\cos\varphi + b,$$
$$z = y'\sin\theta + c,$$

ce qui donne une équation du deuxième degré en x', y',

$$(3) \qquad Ay'^2 + Bx'y' + Cx'^2 + Dy' + Ex' + F = o,$$

qu'il s'agit ensuite de discuter pour chaque genre de surface.

446. Sections circulaires. — Nous nous bornerons à faire usage de ces formules pour démontrer une propriété très-remarquable, consistant en ce que *toute surface du second degré* (le PARABOLOÏDE HYPERBOLIQUE excepté) *donne lieu à deux systèmes de* SECTIONS CIRCULAIRES : propriété dont celles qui ont été établies aux n°ˢ 358 et 363 pour le cône et le cylindre *obliques,* à base circulaire, ne sont que des cas particuliers.

On sait déjà (85) que l'équation (3) ne peut représenter un cercle, les axes étant *rectangulaires,* qu'autant que l'on a entre les trois coefficients A, B, C les deux relations

$$B = o, \quad A = C,$$

qui, exprimées en fonction des quantités M, M', M'', φ et θ, deviennent

$$(4) \qquad (M'' - M')\, 2 \cos\theta \sin\varphi \cos\varphi = 0,$$

$$(5) \quad M \sin^2\theta + M'\cos^2\theta \cos^2\varphi + M''\cos^2\theta \sin^2\varphi = M'\sin^2\varphi + M''\cos^2\varphi.$$

(Il est inutile de tenir compte des coefficients D, E, F.)

Analysons ces équations de condition, en considérant d'abord les *surfaces douées d'un centre*; ce qui suppose qu'aucun des coefficients M, M', M'' n'est *nul*.

Comme, en général, M'' est *différent* de M', il en résulte que la relation (4), pour être satisfaite, exige que l'on ait ou $\cos\theta = 0$, ou $\sin\varphi = 0$, ou bien $\cos\varphi = 0$. Tels sont les cas que nous allons examiner successivement.

$$1° \qquad \cos\theta = 0, \quad \text{d'où} \quad \sin\theta = 1 ;$$

l'équation (5) devient

$$M = M'\sin^2\varphi + M''\cos^2\varphi ;$$

ou remplaçant $\sin^2\varphi$, $\cos^2\varphi$ par $\dfrac{\tan^2\varphi}{1 + \tan^2\varphi}$, $\dfrac{1}{1 + \tan^2\varphi}$, et réduisant,

$$\tan\varphi = \pm \sqrt{\frac{M'' - M}{M - M'}}.$$

$$2° \qquad \sin\varphi = 0, \quad \text{d'où} \quad \cos\varphi = 1 ;$$

on trouve pour l'équation (5),

$$M \sin^2\theta + M'\cos^2\theta = M'',$$

ce qui donne

$$\tan\theta = \pm \sqrt{\frac{M'' - M'}{M - M''}} ;$$

$$3° \text{ Enfin,} \qquad \cos\varphi = 0, \quad \text{d'où} \quad \sin\varphi = 1 ;$$

l'équation (5) se réduit à

$$M \sin^2\theta + M''\cos^2\theta = M',$$

par suite,

$$\tan\theta = \pm \sqrt{\frac{M' - M''}{M - M'}}.$$

Discutons ces valeurs de $\tan\varphi$ et de $\tan\theta$, qui peuvent être *réelles* ou *imaginaires*, suivant les hypothèses faites sur les coefficients M, M', M''.

Or, si l'on multiplie entre elles les quantités sous le radical,

$$\frac{M'' - M}{M - M'} \qquad \frac{M'' - M'}{M - M''} \qquad \frac{M' - M''}{M - M'}$$

il vient pour produit

$$\frac{(M'-M'')^2}{(M-M')^2},$$

résultat essentiellement *positif;* ce qui démontre d'abord que l'*une* de ces trois quantités, au moins, est *positive;* mais je dis que si la première, par exemple, est *positive,* les deux autres sont *négatives.*

En effet, pour que $\frac{M''-M}{M-M'}$ soit *positif,* il faut que $M''-M$ et $M-M'$ soient de *même signe,* c'est-à-dire que l'on ait en même temps

$$M''-M > \quad \text{ou} \quad < 0,$$
$$M-M' > \quad \text{ou} \quad < 0;$$

d'où, ajoutant ces deux inégalités, membre à membre,

$$M''-M' > \quad \text{ou} \quad < 0.$$

On voit donc que $M''-M'$ et $M-M''$ sont de *signes contraires;* ainsi $\frac{M''-M'}{M-M''}$ est *négatif.*

Pareillement, $M'-M''$ et $M-M'$ sont de *signes contraires;* ainsi $\frac{M'-M''}{M-M'}$ est *négatif.*

On démontrerait de la même manière que, si la seconde ou la troisième était *positive,* les deux autres seraient *négatives.*

Concluons de là que, sur les trois systèmes

$$\cos\theta = 0, \quad \tang\varphi = \pm\sqrt{\frac{M''-M}{M-M'}},$$
$$\sin\varphi = 0, \quad \tang\theta = \pm\sqrt{\frac{M''-M'}{M-M''}},$$
$$\cos\varphi = 0, \quad \tang\theta = \pm\sqrt{\frac{M'-M''}{M-M'}},$$

il y en a toujours *un* d'essentiellement *réel,* mais que les deux autres sont *imaginaires.*

D'ailleurs, comme, à cause du radical, chacune des trois hypothèses donne deux valeurs pour la tangente de l'angle réel, il s'ensuit qu'*on peut toujours, par chaque point d'une surface du second degré, douée d'un* CENTRE, *faire passer deux plans sécants qui donnent lieu à une circonférence de cercle.*

Si l'on se rappelle l'acception donnée aux quantités φ et θ (411), on reconnaît sans peine que ces trois hypothèses correspondent à des plans respectivement *perpendiculaires* aux plans des *trois sections* principales.

Ainsi $\cos\theta = 0$ indique que le plan sécant est perpendiculaire au plan des xy; $\cos\varphi = 0$, qu'il est perpendiculaire au plan des xz; et $\sin\varphi = 0$, qu'il est perpendiculaire au plan des yz.

Dans le cas particulier d'une *surface de révolution,* c'est-à-dire lorsque l'on a $M = M'$, par exemple (435, 438), les trois systèmes se réduisent à

$$\cos\theta = 0, \quad \operatorname{tang}\varphi = \infty \quad \text{ou} \quad \cos\varphi = 0,$$
$$\sin\varphi = 0, \quad \operatorname{tang}\theta = \pm\sqrt{-1},$$
$$\cos\varphi = 0, \quad \operatorname{tang}\theta = \infty \quad \text{ou} \quad \cos\theta = 0.$$

Le second est évidemment *imaginaire*. Quant aux deux autres, ils sont identiques, et signifient qu'il n'y a qu'un plan *perpendiculaire à l'axe* des x qui puisse produire une circonférence de cercle.

447. Les conséquences précédentes souffrent quelques modifications pour les *deux paraboloïdes*.

En effet on a, pour ces deux surfaces, $M'' = 0$, par suite, les relations $B = 0$, $A = C$ deviennent

$$\cos\theta \sin\varphi \cos\varphi = 0,$$
$$M\sin^2\theta = M'(\sin^2\varphi - \cos^2\theta\cos^2\varphi);$$

or l'hypothèse $\sin\varphi = 0$ est *inadmissible;* car, à cause de $C = M'\sin^2\varphi$, il s'ensuivrait aussi $C = 0$, ce qui ne peut être pour que la *courbe d'intersection* soit une circonférence de cercle.

On est donc conduit à faire *deux* hypothèses seulement, savoir :

$$\cos\theta = 0;$$

d'où

$$\sin\theta = 1, \quad M = M'\sin^2\varphi,$$

et, par suite,

$$\sin\varphi = \pm\sqrt{\frac{M}{M'}},$$

ou bien

$$\cos\varphi = 0;$$

d'où

$$\sin\varphi = 1, \quad M\sin\theta = M',$$

et, par suite,

$$\sin\theta = \pm\sqrt{\frac{M'}{M}}.$$

Dans le cas du *paraboloïde hyperbolique*, ces deux systèmes sont *imaginaires*, puisque M et M' sont alors de *signes contraires* (442).

Pour le *paraboloïde elliptique*, le premier système seul est admissible si l'on a

$$M < M';$$

le contraire a lieu lorsque l'on a

$$M > M'.$$

Soit

$$M = M',$$

ce qui est (444) le cas du *paraboloïde de révolution* (elliptique), il en résulte

$$\cos\theta = 0 \quad \text{et} \quad \sin\varphi = \pm 1,$$

par suite,

$$\cos\varphi = 0 ;$$

ou bien

$$\cos\varphi = 0 \quad \text{et} \quad \sin\theta = \pm 1,$$

par suite,

$$\cos\theta = 0 :$$

d'où l'on voit que ces deux systèmes rentrent l'un dans l'autre, et cela signifie que le plan sécant est *perpendiculaire* à l'axe des x.

448. REMARQUES. — 1° Les conditions $B = 0$, $A = C$, ne déterminant que les angles θ, φ, et non les coordonnées a, b, c, il s'ensuit que, pour toute surface du second degré, autre que le *paraboloïde hyperbolique*, il doit exister *deux systèmes* de plans *parallèles entre eux* et en nombre *infini*. qui donnent des *sections circulaires*.

Toutefois, si la surface est de *révolution*, les deux systèmes se réduisent à *un seul*.

2° On peut alors demander le *lieu des centres de toutes les sections* pour chaque système.

Pour résoudre cette question, remarquons que rien n'empêche, pour chaque section obtenue, de disposer des indéterminées a, b, c, de manière que l'origine des coordonnées soit placée au centre de la section : ce qui exige (316) que, dans la transformée (3) du n° 445, les coefficients D, E soient *nuls*.

La question se réduit donc à former ces coefficients et à les égaler à *zéro*. On trouve ainsi, pour les surfaces correspondant à

$$M z^2 + M' y^2 + M'' x^2 + P = 0,$$
$$2M c \sin\theta - 2M' b \cos\theta \cos\varphi + 2M'' a \cos\theta \sin\varphi = 0,$$
$$2M' b \sin\theta + 2M'' a \cos\varphi = 0,$$

et pour les surfaces correspondant à $M z^2 + M' y^2 + N'' x = 0$,

$$2M c \sin\theta - 2M' b \cos\theta \cos\varphi + N'' \cos\theta \sin\varphi = 0,$$
$$2M' b \sin\theta + N'' \cos\varphi = 0.$$

Dans les deux cas, on a, pour déterminer a, b, c, deux équations *li-*

néaires qui représentent deux *surfaces planes* dont l'intersection est une *ligne droite.*

D'où l'on voit que pour chaque système de plans sécants, *le lieu géométrique des centres de toutes les sections est* UNE DROITE.

Des plans tangents aux surfaces du second degré.

449. De même que nous avons défini (99) la tangente en un point quelconque d'une courbe, l'*élément* de cette courbe, *prolongé indéfiniment*, nous considérerons aussi *le plan tangent en un point déterminé d'une surface. comme l'élément de cette surface prolongé indéfiniment.*

Il résulte de cette définition que, l'élément de la surface en un point quelconque se composant de tous les éléments des courbes que donne l'intersection de la surface par une suite de plans qui passent par ce point, et ces éléments n'étant autre chose que les tangentes aux courbes en ce point, il en résulte, dis-je, que le plan tangent est encore le *lieu de toutes les tangentes aux différentes courbes qu'on peut imaginer sur la surface par le point donné,* et que sa position est déterminée, dès que l'on connaît celle de deux des tangentes.

C'est cette dernière considération qui va nous servir à trouver l'équation du plan tangent.

Soit d'abord

$$(1) \qquad M z^2 + M' y^2 + M'' x^2 + P = o$$

l'équation générale des surfaces qui ont *un centre*, et appelons x', y', z', les coordonnées du point par lequel on veut mener un plan tangent à la surface; on a déjà la relation

$$(2) \qquad M z'^2 + M' y'^2 + M'' x'^2 + P = o.$$

Maintenant, si par ce point on imagine successivement deux plans parallèles au plan des xz et au plan des yz, on aura pour les équations des intersections de la surface par ces deux plans,

$$y = y', \quad M z^2 + M'' x^2 + M' y'^2 + P = o,$$
$$x = x', \quad M z^2 + M' y^2 + M'' x'^2 + P = o ;$$

et pour les équations des tangentes à ces sections, au point x', y', z' (*voyez* le n° 187),

$$(3) \qquad y = y', \quad M z z' + M'' x x' + M' y'^2 + P = o,$$
$$(4) \qquad x = x', \quad M z z' + M' y y' + M'' x'^2 + P = o.$$

Or le plan tangent doit, en vertu de ce qui a été dit ci-dessus, passer par ces deux tangentes : ainsi la question est ramenée à trouver l'équation d'un plan passant par deux droites dont les équations sont données.

D'abord, comme le plan doit passer par le point x', y', z', son équation est de la forme

$$(5) \qquad A(x - x') + B(y - y') + C(z - z') = 0.$$

Il suffit maintenant d'exprimer que ce plan, qui renferme déjà un point commun aux deux droites, est parallèle à chacune d'elles. On a pour cela (388) les deux conditions

$$Aa + Bb + C = 0,$$
$$Aa' + Bb' + C = 0;$$

mais les équations (3) et (4) peuvent se mettre sous la forme

$$y = 0.z + y', \quad x = -\frac{Mz'}{M''x'}z - \frac{(M'y'^2 + P)}{M''x'};$$
$$x = 0.z + x', \quad y = -\frac{Mz'}{M'y'}z - \frac{(M''x'^2 + P)}{M'y'};$$

ce qui donne

$$a = -\frac{Mz'}{M''x'}, \quad b = 0; \quad a' = 0, \quad b' = -\frac{Mz'}{M'y'};$$

par suite les deux relations de condition deviennent

$$A \times -\frac{Mz'}{M''x'} + C = 0, \quad \text{d'où} \quad A = \frac{M''x'}{Mz'}C;$$
$$B \times -\frac{Mz'}{M'y'} + C = 0, \quad \text{d'où} \quad B = \frac{M'y'}{Mz'}C.$$

Substituant ces valeurs dans l'équation (5), on obtient

$$(6) \qquad Mz'(z - z') + M'y'(y - y') + M''x'(x - x') = 0,$$

ou, développant et ayant égard à la relation (2),

$$(7) \qquad Mzz' + M'yy' + M''xx' + P = 0,$$

équation qui ne diffère de l'équation de la surface, qu'en ce que les carrés z^2, y^2, x^2 sont remplacés par les rectangles zz', yy', xx'.

450. Passons aux surfaces *dépourvues de centre*.

L'équation générale des paraboloïdes étant

$$(1) \qquad Mz^2 + M'y^2 + 2N''x = 0$$

(on verra bientôt pourquoi l'on pose ici le coefficient de x égal à $2N''$), on a pour le point de la surface dont les coordonnées sont x', y', z',

$$(2) \qquad M z'^2 + M' y'^2 + 2 N'' x' = 0.$$

Les équations des intersections de la surface par deux plans parallèles aux plans des xz et yz, passant par le point (x', y', z'), sont

$$y = y', \quad M z^2 + 2 N'' x + M' y'^2 = 0,$$
$$x = x', \quad M z^2 + M' y^2 + 2 N'' x' = 0,$$

et celles des tangentes à ces courbes, menées par le même point, sont (264 et 187)

$$y = y', \quad M z z' + N'' (x + x') + M' y'^2 = 0,$$
$$x = x', \quad M z z' + M' y y' + 2 N'' x' = 0.$$

Maintenant, le plan tangent devant passer par le point x', y', z', son équation est de la forme

$$(3) \qquad A(x - x') + B(y - y') + C(z - z') = 0;$$

les relations qui expriment que ce plan est parallèle aux deux droites, étant toujours

$$A a + B b + C = 0, \quad A a' + B b' + C = 0,$$

on a évidemment ici

$$a = -\frac{M z'}{N''}; \quad b = 0; \quad a' = 0, \quad b' = -\frac{M z'}{M' y'},$$

ce qui donne pour les deux relations de condition,

$$A \times -\frac{M z'}{N''} + C = 0, \quad \text{d'où} \quad A = \frac{N''}{M z'} C,$$
$$B \times -\frac{M z'}{M' y'} + C = 0, \quad \text{d'où} \quad B = \frac{M' y'}{M z'} C.$$

Il vient ainsi, par la substitution de ces valeurs dans l'équation (3),

$$(4) \qquad M z'(z - z') + M' y'(y - y') + N''(x - x') = 0;$$

ce qui donne une première forme de l'équation du plan tangent.

Mais en la simplifiant par le moyen de la relation (2), on obtient finalement

$$(5) \qquad M z z' + M' y y' + N''(x + x') = 0.$$

N. B. — Les équations de la *normale*, c'est-à-dire de la droite élevée par le point de contact *perpendiculairement* au plan tangent, sont faciles à déterminer d'après les principes établis au n° 389; il est donc inutile de s'y arrêter.

451. Soit maintenant proposé de *mener un plan tangent par un point extérieur*, en se bornant à développer la méthode pour les surfaces qui ont *un centre*.

Désignons par x'', y'', z'' les coordonnées du point donné, et conservons x', y', z' pour représenter celles du point de contact *inconnu*.

Le plan tangent devant passer par le point x'', y'', z'', ces coordonnées doivent vérifier l'équation (7) du n° 449; et l'on a la première relation

$$(1) \qquad M z' z'' + M' y' y'' + M'' x' x'' + P = 0.$$

D'un autre côté, le point x', y', z' se trouvant sur la surface, on a pour seconde relation

$$(2) \qquad M z'^2 + M' y'^2 + M'' x'^2 + P = 0.$$

Comme ces équations sont les seules qui puissent servir à déterminer les *trois* inconnues x', y', z', on est conduit à cette conséquence, que

Par un point pris hors d'une surface du second degré douée d'un centre, on peut mener une infinité de plans tangents.

[On parviendrait au même résultat pour les surfaces *dépourvues de centre*.]

Si l'on éliminait alternativement y' et x' entre les équations (1) et (2), on obtiendrait deux équations en x', z' et en y', z', qui ne seraient autres que celles des *projections* sur les deux plans des xz et des yz, de la ligne passant par les points de contact de tous les plans tangents; ligne qui, pour cette raison, est appelée la COURBE DE CONTACT.

Cette courbe est nécessairement *plane* et du *second degré*, au plus; car elle provient de l'élimination des inconnues entre l'équation (1) qui est celle d'un plan, et l'équation (2), c'est-à-dire celle de la surface du second degré proposée.

Elle peut être regardée comme la *base* d'une surface conique ayant pour *centre* le point donné, et *enveloppant* la surface proposée.

Enfin, il est facile de reconnaître qu'elle a *les mêmes plans tangents* que la surface, et que ses génératrices sont *les intersections* de tous ces plans considérés deux à deux.

Ces propositions découlent évidemment de la nature de la question qu'on s'était proposé de résoudre.

Génération de l'hyperboloïde à une nappe et du paraboloïde hyperbolique.

452. Nous terminerons la théorie des surfaces du second degré par la démonstration d'une propriété commune à l'hyperboloïde à *une nappe* et au paraboloïde *hyperbolique,* c'est de *pouvoir être engendrés par le mouvement d'une ligne droite de deux manières différentes.*

Déjà nous avons vu (424 et 425) que l'équation de la *surface de révolution* engendrée par le mouvement d'une droite située d'une manière quelconque dans l'espace, autour d'un axe fixe, est *identique* avec celle de l'*hyperboloïde de révolution* à *une seule nappe;* et (421) que la surface *conoïde* dont les deux *directrices* sont des *droites,* est une surface du *second degré,* surface qui, d'après la nature de ses intersections par des plans, ne saurait être autre qu'un *paraboloïde hyperbolique.*

Nous allons maintenant généraliser ces propositions au moyen de la considération des *plans tangents.*

Reprenons d'abord l'équation générale des surfaces *douées d'un centre,*

$$(1) \qquad M z^2 + M' y^2 + M'' x^2 + P = 0.$$

Celle du plan tangent en un point x', y', z' est

$$(2) \qquad M z' z + M' y' y + M'' x' x + P = 0;$$

et l'on a, en outre, la relation

$$(3) \qquad M z'^2 + M' y'^2 + M'' x'^2 + P = 0.$$

Cela posé, si l'on double l'équation (2) et qu'on la retranche de la somme des deux autres, il vient

$$(4) \qquad M (z - z')^2 + M'(y - y')^2 + M''(x - x')^2 = 0,$$

équation qui peut être substituée à l'équation (1), en ce sens que *les points communs* au plan tangent (2) et à la surface (1) sont aussi *communs* au plan tangent et à la surface représentée par l'équation (4), et *réciproquement.*

La question est ainsi ramenée à chercher quels peuvent être les points qui appartiennent à la fois aux deux surfaces exprimées par les équations (2) et (4).

Remarquons d'abord que si M, M', M'' sont *tous trois positifs,* l'équation (4) ne peut être vérifiée que par

$$x = x', \quad y = y', \quad z = z';$$

ce qui prouve que, pour un *ellipsoïde,* le plan tangent ne peut jamais avoir qu'*un point commun* avec la surface.

Si l'on suppose M, M' *positifs* et M" *négatif,* et qu'on mette les signes en évidence, les équations (2), (3) et (4) deviennent

$$(5) \qquad M z'z + M'y'y - M''x'x + P = 0,$$

$$(6) \qquad M z'^2 + M'y'^2 - M''x'^2 + P = 0,$$

$$(7) \qquad M(z - z')^2 + M'(y - y')^2 - M''(x - x')^2 = 0.$$

Cette dernière équation représente (419) une *surface conique* dont le *centre* est le point x', y', z'.

Comme, d'ailleurs, ce même point appartient au plan tangent, il s'ensuit que, si les deux surfaces ont d'autres points communs, ils sont nécessairement en *ligne droite* et constituent *une* ou *deux* des génératrices de la surface conique.

Pour reconnaître si les surfaces exprimées par les équations (5) et (7) ont en effet d'autres points communs que le centre $[x', y', z']$ de la surface conique, on est conduit à combiner les équations

$$(8) \qquad x - x' = a(z - z'), \quad y - y' = b(z - z')$$

d'une droite passant par ce même point, avec celles des deux surfaces, et à s'assurer si les constantes a, b peuvent être déterminées de manière que les *quatre* équations s'accordent entre elles.

Or, en substituant les valeurs de $x - x'$, $y - y'$, que donnent immédiatement les équations (8), dans chacune des équations (7) et (5), on trouve

$$(z - z')^2(M + M'b^2 - M''a^2) = 0,$$
$$(z - z')^2(M z' + M'by' - M''ax') = 0,$$

ou, si l'on supprime le facteur $(z - z')^2$ correspondant au point x', y', z' qu'on sait déjà être *commun* aux deux surfaces,

$$(9) \qquad \begin{cases} M + M'b^2 - M''a^2 = 0, \\ M z' + M'y'b - M''x'a = 0. \end{cases}$$

Telles sont les relations qui expriment que la droite se trouve *tout entière* sur les deux surfaces.

Si l'on élimine a, b, et qu'on ait égard à la relation (6), il vient, toute réduction faite,

$$a = \frac{M'y'b + M z'}{M''x'}, \quad b = \frac{MM'y'z' \pm x'\sqrt{-MM'M''P}}{M'(M''x'^2 - M'y'^2)};$$

ce qui fait voir que b étant susceptible d'une détermination *réelle*, il en sera de même de a.

Il reste à savoir dans quel cas la quantité b aura une valeur *réelle*.

Or cela ne peut avoir lieu (M, M', M'' étant, dans l'expression de cette valeur, essentiellement *positifs*), qu'autant que P est NÉGATIF, condition qui (437) correspond à l'HYPERBOLOÏDE *à une nappe*.

Donc, pour ce genre de surfaces, le plan tangent en un point quelconque jouit de la propriété d'*avoir* deux droites communes avec la surface conique (7), et, par suite, avec la surface

$$M z^2 + M'y^2 - M''x^2 = + P.$$

En d'autres termes, *il n'existe pas un point de l'hyperboloïde à une nappe par lequel on ne puisse imaginer deux droites qui s'y trouvent placées tout entières;*

Ou bien encore, *l'hyperboloïde à une nappe peut être considéré comme engendré par une ligne droite de deux manières différentes.*

N. B. — La propriété du plan tangent à cette surface n'infirme pas la définition que nous avons donnée au n° 449 du plan tangent; au contraire, elle en est une conséquence naturelle, car, puisqu'il doit se composer de toutes les tangentes en un point quelconque, si l'un des éléments de la surface est une ligne droite, le plan tangent doit passer par cette droite qui est sa propre tangente.

453. Passons aux *paraboloïdes* dont l'équation est

$$(1) \qquad M z^2 + M'y^2 + 2N''x = 0.$$

On a obtenu, pour l'équation de leur plan tangent,

$$(2) \qquad Mzz' + M'yy' + N''(x + x') = 0,$$

x', y', z' étant liés par la relation

$$(3) \qquad M z'^2 + M'y'^2 + 2N''x' = 0.$$

En ajoutant les équations (1) et (3), puis retranchant de leur somme le double de la seconde, on trouve

$$(4) \qquad M(z - z')^2 + M'(y - y')^2 = 0,$$

résultat qui peut remplacer l'équation (1) en tant que l'on cherche les points *communs* à la surface proposée et au plan tangent.

Or, comme dans l'hypothèse où M et M' sont tous les deux *positifs*, l'équation (4) ne peut être satisfaite que par

$$z = z', \quad y = y',$$

il s'ensuit que le *paraboloïde elliptique* ne saurait avoir qu'un point commun (x', y', z') avec son plan tangent.

Mais supposons M' *négatif*, et mettons le signe en évidence; l'équation (4) devient

$$(5) \qquad M(z - z')^2 - M'(y - y')^2 = 0,$$

d'où l'on déduit

$$y - y' = \pm (z - z') \sqrt{\frac{M}{M'}}.$$

Ainsi l'équation (5) représente un *système de deux plans perpendiculaires* au plan des yz, et ses intersections avec le plan tangent sont, en général, *deux lignes droites*.

Nous sommes donc en droit de conclure immédiatement que *le paraboloïde hyperbolique et son plan tangent en un point quelconque ont deux droites communes* passant par ce point.

Mais, pour fixer la position de ces droites comme on l'a fait pour l'hyperboloïde, il faut combiner l'équation (5) et celle du plan tangent, mise préalablement (450), M' étant ici *négatif*, sous la forme

$$(6) \qquad M z'(z - z') - M' y'(y - y') + N''(x - x') = 0,$$

avec celles d'une droite passant par le point (x', y', z'),

$$(7) \qquad \begin{cases} x - x' = a(z - z'), \\ y - y' = b(z - z'). \end{cases}$$

On obtient pour résultat les deux équations

$$a = \frac{M' y' b - M z'}{N''}, \quad b = \pm \sqrt{\frac{M}{M'}}.$$

La quantité b étant essentiellement *réelle* dans le cas du paraboloïde hyperbolique, il en est de même de la quantité a.

Donc *il n'y a pas de point sur la surface d'un paraboloïde hyperbolique par lequel on ne puisse imaginer deux droites qui s'y trouvent placées tout entières*.

La substitution de la valeur de b dans la seconde des équations (7) donne

$$y - y' = \pm (z - z') \sqrt{\frac{M}{M'}};$$

résultat *identique* avec celui qu'avait donné l'équation (5).

454. REMARQUE. — La valeur de b étant indépendante de x', y', z', il

Ap. de l'Al. à la G.   32

en résulte que, dans les deux systèmes de génération du paraboloïde hyperbolique par une droite, *les projections de toutes les droites d'un même système sur le plan des xy sont* PARALLÈLES ENTRE ELLES; ce qui prouve qu'elles sont situées dans des plans PARALLÈLES ENTRE EUX.

Cette propriété sert à distinguer, dans certains cas, le paraboloïde *hyperbolique* de l'hyperboloïde *à une nappe,* bien qu'ils aient un mode commun de génération. Dans le premier, toutes les droites génératrices d'un même système sont PARALLÈLES A UN MÊME PLAN, tandis que pour l'autre les génératrices ont une direction quelconque dans l'espace.

Il résulte enfin de là que la *surface conoïde,* telle que nous l'avons définie au n° 421, n'est autre, ainsi que nous l'avons déjà dit, que le paraboloïde hyperbolique considéré dans le cas le plus général.

NOTES DE M. DARBOUX.

NOTE I.

SUR LE THÉORÈME DES PROJECTIONS ET LA TRANSFORMATION DES COORDONNÉES.

(Page 120.)

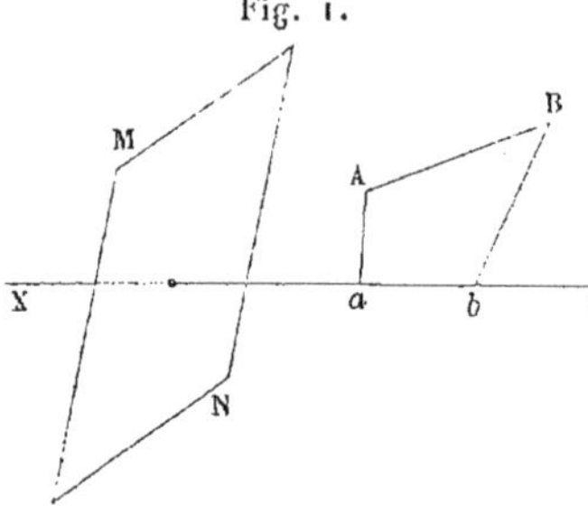

Fig. 1.

Considérons une droite fixe XY et un plan fixe MN non parallèle à la droite (*fig.* 1). Si, par les extrémités d'un segment de droite AB, on mène des plans parallèles au plan MN, ces plans couperont la droite en deux points a, b. On dit que les deux points a, b sont les projections des deux points A, B, faites *parallèlement au plan fixe* MN, sur l'axe de projection XY. Le segment ab est dit la *projection* du segment AB. Les droites Aa, Bb sont évidemment parallèles au plan fixe MN.

Le cas particulier le plus remarquable et le plus fréquemment considéré est celui où le plan MN est perpendiculaire à l'axe XY. Alors les droites Aa, Bb sont les perpendiculaires abaissées des points A et B respectivement sur l'axe XY; a est dit la *projection orthogonale* du point a, ab est la *projection orthogonale* du segment AB.

Ainsi, pour avoir la projection orthogonale du segment AB, on abaisse, des points A et B, des perpendiculaires sur l'axe de projection; le segment ab compris entre les pieds de ces perpendiculaires est la projection orthogonale de AB. Pour les applications, on a jugé utile de donner un signe aux projections, et voici comment on détermine ce signe.

32.

Imaginons que sur le segment AB (*fig.* 2) un mobile se déplace et aille
de A en B, et considérons à chaque instant
la projection de ce mobile sur l'axe XY. Au
commencement du mouvement, la projection du mobile est en a ; à la fin, le mobile
projeté est venu en b. Si, pendant le mouvement, le mobile s'est déplacé dans un sens
déterminé, celui de X vers Y par exemple,
on considérera la projection comme positive ;
si le mobile s'est déplacé en sens contraire,
la projection sera négative. Cela posé, il
peut arriver les trois cas suivants :

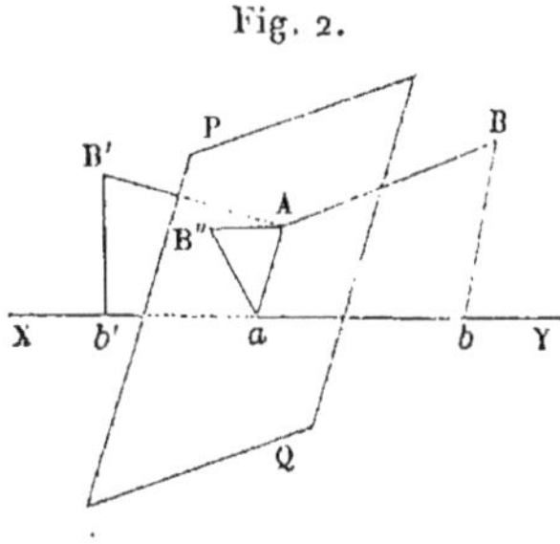

1° Soit PQ le plan projetant A en a ; supposons que le segment considéré soit AB, à la droite du plan PQ. Il est clair que, dans ce cas, lorsqu'un mobile ira de A en B, la projection de ce mobile se déplacera de a
en b, dans le sens XY. On aura donc, d'après notre convention,

$$\text{proj. AB} = + \, ab.$$

2° Considérons, au contraire, le segment AB′ placé à la gauche du
plan PQ. Lorsque le mobile de l'espace se déplacera de A en B′, la pro-
ection de ce mobile ira de a en b', et se déplacera dans un sens contraire
au précédent, celui de Y vers X. On aura donc, d'après la convention,

$$\text{proj. AB′} = - \, ab'.$$

3° Enfin, soit le segment AB″ dirigé à partir du point A dans le plan
PQ, c'est-à-dire, en définitive, parallèle à la direction commune des plans
projetants. Quand un mobile ira de A en B″, sa projection se fera invariablement au point a ; dans ce cas, la projection du segment sera nulle,

$$\text{proj. AB″} = o.$$

On voit donc que la projection d'un segment de droite peut être, suivant les cas, positive, nulle ou négative. Pour déterminer le signe d'une
projection, il faut : 1° indiquer une fois pour toutes sur l'axe de projection le sens des projections positives. Ainsi, revenons à la projection du
segment AB ; cette projection est $+ \, ab$ parce qu'elle est dirigée dans le
sens de X vers Y ; mais si nous avions fait la convention de prendre
comme positives toutes les projections dirigées au contraire de Y vers X,
la projection de AB eût été négative ; 2° il faut aussi indiquer le sens dans
lequel on suppose le segment de droite de l'espace, tel que AB parcouru
par le mobile. Il est clair que, si au lieu de parcourir ce segment de A
en B, on le parcourait de B en A, le mobile projeté se déplacerait en

sens contraire sur la droite XY, et la projection devrait être changée de signe. On indique le sens dans lequel est parcouru un segment par l'ordre des lettres. Ainsi la notation proj. AB indique que le segment a été parcouru par un mobile allant de A à B; la notation proj. BA indiquerait, au contraire, que le mobile est parti de B pour aller en A. On a évidemment

$$\text{proj. AB} = -\text{proj. BA},$$

car le segment ab est parcouru dans les deux cas, dans deux directions opposées, par le mobile projection.

Théorème des projections. — *Si l'on projette une ligne brisée quelconque* ABCDE (*fig.* 3) *sur un axe* XY, *la somme des projections des différents côtés de la ligne brisée* AB, BC, CD, DE *est égale à la projection de la ligne droite* AE *qui réunit les deux extrémités de la ligne brisée.*

Fig. 3.

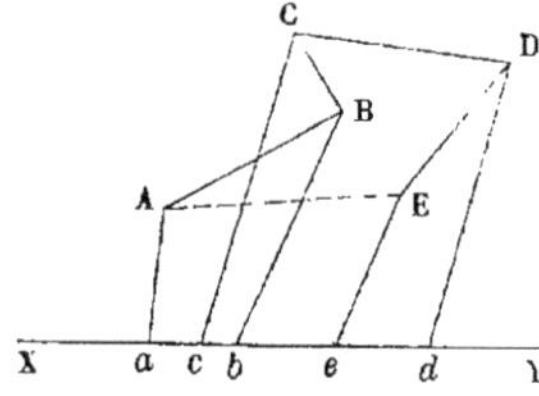

Lemme. — Considérons un segment AB (*fig.* 4), et soit x la distance du point a, projection de A, à un point O suffisamment éloigné sur la gauche.

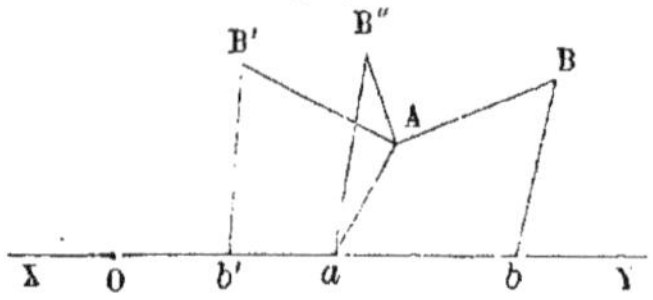

La distance du point b, projection de B, *à l'origine* O *sera dans tous les cas, et grâce aux conventions adoptées,*

$$x + \text{proj. AB};$$

on suppose seulement que le point O soit à gauche des deux points a, b.

Fig. 4.

Démonstration. — Considérons d'abord un segment AB, dont la projection est positive. Alors, quand un mobile ira de A en B, sa projection étant positive, le mobile projection se déplacera dans le sens de X vers Y, et s'éloignera de O. La distance du point b sera donc, dans ce cas,

$$x + ab \quad \text{ou} \quad x + \text{proj. AB}.$$

Soit, au contraire, le segment AB′, dont la projection ab' est négative. Dans ce cas, le mobile projection, qui se déplace dans le sens de Y vers X, se rapproche de O, et la distance du point b' à l'origine O est

$$x - ab';$$

mais ici la projection de AB′ est négative. On a

$$\text{proj. AB}' = -ab';$$

donc la distance de b' à la nouvelle origine est encore

$$x + \text{proj. } AB'.$$

Enfin, si le segment AB'' était parallèle au plan projetant, la projection serait nulle, et la distance à l'origine O demeurerait invariable; elle serait donc encore

$$x + \text{proj. } AB'',$$

puisque proj. AB'' serait nul.

Le lemme précédent étant établi, la démonstration du théorème des projections se fait sans dificulté.

Soient, en effet, a, b, c, d, e les projections des différents sommets de la ligne brisée. Soit O une origine prise à la gauche de tous ces points, et soit x la distance du point a à cette origine. D'après le lemme précédent, la distance du point b sera

$$x + \text{proj. } AB.$$

De même, la distance du point C s'obtiendra, par une nouvelle application du lemme, en ajoutant à la distance du point b la projection de BC; ce qui donne

$$x + \text{proj. } AB + \text{proj. } BC;$$

on aurait de même pour le point d

$$x + \text{proj. } AB + \text{proj. } BC + \text{proj. } CD,$$

et enfin pour le point e

$$(1) \qquad x + \text{proj. } AB + \text{proj. } BC + \text{proj. } CD + \text{proj. } DE.$$

Supposons maintenant, qu'au lieu du polygone, on considère la droite AE. On aurait pour la distance du point e l'expression nouvelle

$$(2) \qquad x + \text{proj. } AE.$$

Égalant les expressions (1) et (2), et supprimant x dans les deux membres, on trouve

$$\text{proj. } AE = \text{proj. } AB + \text{proj. } BC + \text{proj. } CD + \text{proj. } DE. \quad \text{c. q. f. d.}$$

Remarque. — Si un mobile se déplace sur les côtés du polygone de A vers E, le déplacement de ce mobile indique le sens dans lequel sont parcourus les différents côtés du polygone, et, par suite, donne le signe des projections.

L'égalité fondamentale peut s'écrire, en remarquant que

$$\text{proj. AE} = - \text{proj. EA},$$

$$\text{proj. AB} + \text{proj. BC} + \text{proj. CD} + \text{proj. DE} + \text{proj. EA} = 0,$$

et l'on est ainsi conduit à la proposition suivante :

Si un mobile parcourt les différents côtés d'un polygone dans un sens déterminé, la somme des projections des différents côtés sur un axe quelconque est toujours égale à zéro.

COROLLAIRE. — On voit encore que *si deux lignes brisées de forme quelconque sont terminées aux deux MÊMES POINTS, leurs projections sur un axe QUELCONQUE sont égales entre elles.*

Car, pour chaque ligne brisée, cette projection est égale à la projection de la ligne droite qui réunit les deux extrémités de la ligne brisée.

Expression trigonométrique de la projection orthogonale d'un segment de droite. — Le théorème des projections s'applique aux projections quelconques ; mais, comme on en fait surtout l'application aux projections orthogonales, nous donnerons d'abord l'expression de la projection orthogonale d'un segment.

Commençons par définir l'angle de deux directions.

On sait qu'étant données deux droites AB, CD (*fig.* 5), qui sont ou non dans un même plan, il faut, pour avoir l'angle qu'elles font entre elles, déplacer l'une, parallèlement à elle-même, jusqu'à ce qu'elle vienne rencontrer l'autre. Quand la droite CD coupe la droite *ab* parallèle à AB au point O, il y a autour du point O quatre angles deux à deux égaux, deux aigus et deux obtus, qui peuvent être considérés indifféremment comme les angles des deux droites. Il n'en est

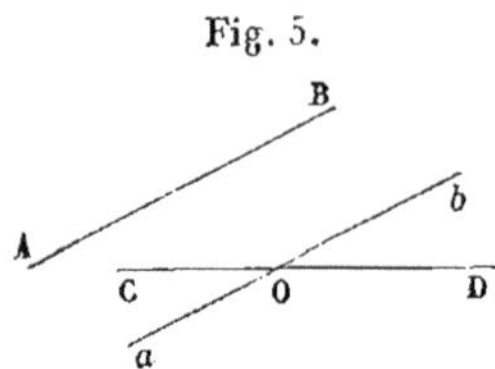

Fig. 5.

plus de même si l'on considère l'angle de deux directions. Supposons, en effet, qu'on donne des directions aux deux droites. Alors, si d'un point O (*fig.* 6) de l'espace on mène des parallèles aux deux droites partant du point O et tracées d'un seul côté, dans la direction des flèches, ces deux parallèles font un angle aigu ou obtus, mais bien déterminé, qui sera dit *l'angle des deux directions.*

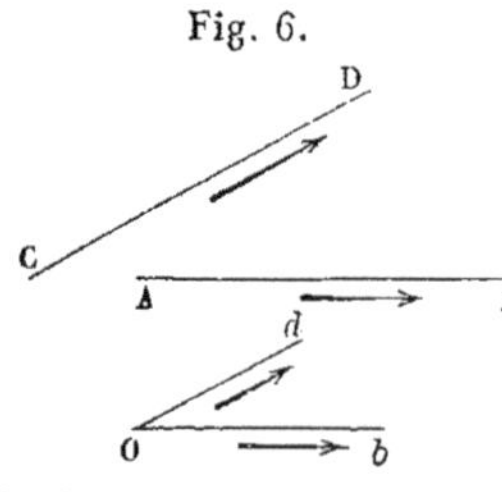

Fig. 6.

Cela posé, considérons un segment AB ($fig.\,7$) parcouru dans le sens de AB, et soit α l'angle qu'il fait avec l'axe de projection XY, ou plutôt avec la direction XY des projections positives. Je dis qu'on aura dans tous les cas

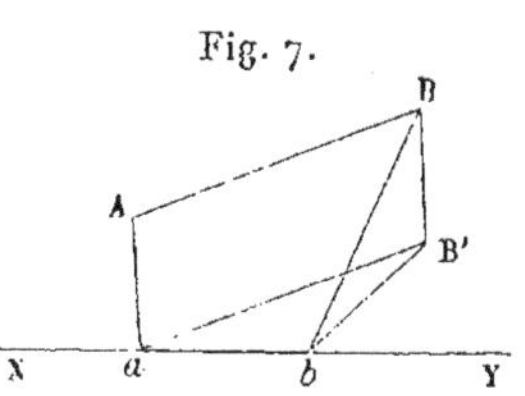
Fig. 7.

$$\text{proj. } AB = AB \cos\alpha.$$

Remarquons d'abord que si l'on déplace le segment AB parallèlement à lui-même, ni sa projection, ni son angle avec XY ne changent. On peut donc supposer que le segment AB est dans le même plan que XY, et même que le point A est sur XY.

Cela posé, considérons les trois cas qui peuvent se présenter.

1° AB fait avec XY ($fig.\,8$) un angle aigu. Alors, d'après les conventions faites plus haut, la projection de AB est $+$ AB :

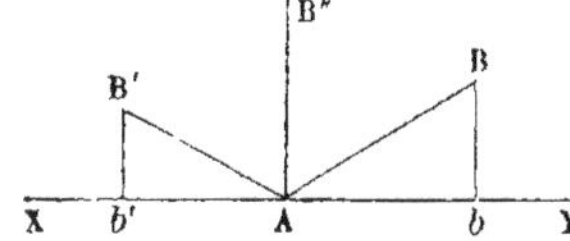
Fig. 8.

$$\text{proj. } AB = + A\,b,$$

si l'on applique au triangle rectangle les formules connues

$$A\,b = AB \cos BA\,b = AB \cos\alpha.$$

On a donc, dans ce cas,

$$\text{proj. } AB = AB' \cos\alpha.$$

La formule précédente subsiste si AB vient se placer en AB′ perpendiculairement à XY; alors $\alpha = \dfrac{\pi}{2}$, et, la projection étant nulle, les deux membres de l'égalité précédente restent égaux en devenant nuls.

Considérons le cas où le segment AB′ fait avec XY un angle obtus. Ici, d'après les conventions relatives aux angles,

$$\alpha = B'AY,$$

et la projection de AB′ est

$$\text{proj. } AB' = -\,A\,b' = -\,AB' \cos B'A\,b'.$$

L'angle B′Ab' est d'ailleurs le supplément de B′AY ou de α; on a donc

$$\text{proj. } AB' = -\,AB' \cos(\pi - \alpha) = AB' \cos\alpha.$$

Donc, *dans tous les cas, on obtient la projection d'un segment de droite en multipliant la longueur de ce segment par le cosinus de l'angle que fait la droite avec l'axe de projection.* Il ne faut pas d'ailleurs oublier les conventions relatives aux angles ou aux signes des projections.

D'après cela, considérons une ligne brisée ABCDE (voir *fig.* 3), et soient a, b, c, d les longueurs des côtés AB, BC, CD, DE; α, β, γ, δ les angles que font ces côtés avec l'axe de projection.

Désignons par l la longueur de AE, et par λ l'angle que fait cette droite avec l'axe de projection. On aura, d'après le théorème des projections,

$$(3) \qquad a\cos\alpha + b\cos\beta + c\cos\gamma + d\cos\delta = l\cos\lambda.$$

Le théorème des projections nous fournit donc une relation entre les différents côtés d'un polygone et les angles que font ces côtés avec une droite quelconque.

Application à la transformation des coordonnées dans le plan. — Soient deux axes fixes OX, OY (*fig.* 9) faisant un angle quelconque, et désignons

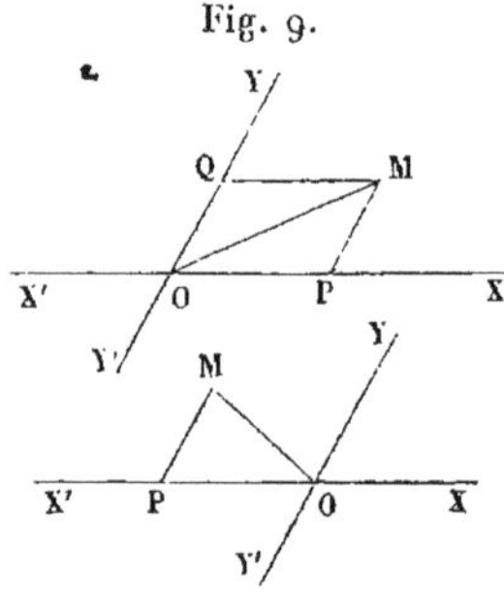
Fig. 9.

par x, y les coordonnées d'un point M. Il est facile de voir que ces coordonnées sont les projections de la ligne OM, faites sur chaque axe parallèlement à l'autre axe. Si le point M est en effet dans l'un des angles YOX, Y'OX, on voit que la projection de OM sur l'axe des x, faite parallèlement à l'axe des y, est $+$ OP ou x. De même, si le point M est dans l'un des angles YOX', Y'OX, la projection de OM sera $-$ OP ou x encore. La démonstration pour l'axe des x s'applique à l'axe des y.

Cela posé, il est facile d'exprimer les projections de la ligne qui joint deux points A et B (*fig.* 10) sur chacun des axes. Soient en effet (x, y), (x', y') les coordonnées des points A et B. Dans le triangle OAB, on a, d'après le théorème des projections,

Fig. 10.

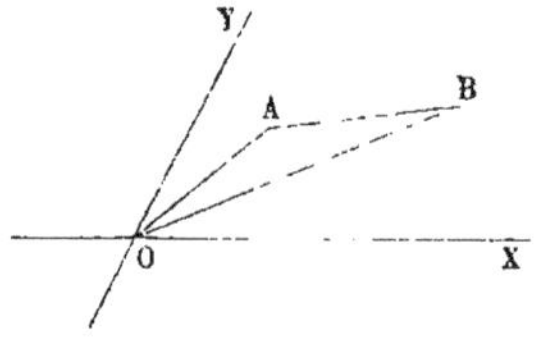

$$\text{proj. OB} = \text{proj. OA} + \text{proj. AB};$$

d'où

$$\text{proj. AB} = \text{proj. OB} - \text{proj. OA}.$$

Si l'on suppose que les projections aient été faites sur l'axe des x parallèlement à l'axe des y, on aura

$$\text{proj. OB} = x', \quad \text{proj. OA} = x;$$

d'où

$$\text{proj. AB} = x' - x.$$

Ainsi l'on voit que la projection d'un segment de droite sur chaque axe est égale à la différence des coordonnées des points extrêmes relatives à cet axe. Cette proposition générale nous sera utile.

Transformation d'axes parallèles à axes parallèles. — Un premier cas simple à examiner est celui où l'on changerait simplement la direction des axes; si l'on change la direction de l'axe des x par exemple, il est clair que l'abscisse devra être changée de signe, et, par suite, si l'équation d'une courbe était

$$f(x, y) = 0,$$

cette équation, quand on aura changé le sens des abscisses positives, deviendra

$$f(-x, y) = 0.$$

D'après cela, dans les formules qui suivent, nous pourrons supposer qu'on ait donné aux axes telle direction qui sera la plus commode, que les abscisses positives soient comptées sur l'axe normal des x dans un sens plutôt que dans tel autre, si cela est plus commode pour le raisonnement. Ainsi, dans le passage d'axes parallèles à axes parallèles, nous supposerons que les nouveaux axes aient même direction que les premiers.

Soient a, b les coordonnées de la nouvelle origine. Le théorème des projections nous donne (*fig.* 11) l'équation

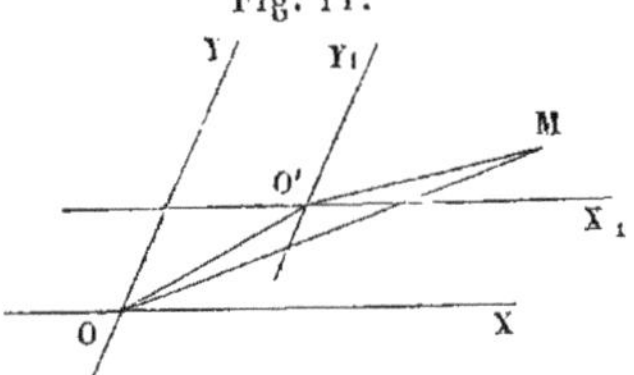

Fig. 11.

$$\text{proj.}\,OM = \text{proj.}\,OO' + \text{proj.}\,O'M.$$

Projetons, par exemple, sur OX parallèlement à OY, et désignons par X, Y les anciennes, et par X_1, Y_1 les nouvelles coordonnées du point M. On aura

$$\text{proj.}\,OM = x, \quad \text{proj.}\,OO' = a.$$

Quant à la projection de O'M, elle est évidemment égale à la projection sur OX, faite parallèlement à OY, c'est-à-dire à x. On a donc, d'après l'équation écrite plus haut,

$$x = a + x_1.$$

De même

$$y = b + y_1.$$

Telles sont les formules cherchées.

Transformation d'axes à axes ayant même origine. — Soient OX, OY (*fig.* 12) les axes primitifs, et supposons qu'on prenne pour nouveaux axes les deux droites OX_1, OY_1. On déterminera ces droites par les angles qu'elles font avec OX, angles comptés de OX vers OY, et compris entre o et 2π. On voit que ces angles détermineront sans ambiguïté les directions positives des nouveaux axes. Soit

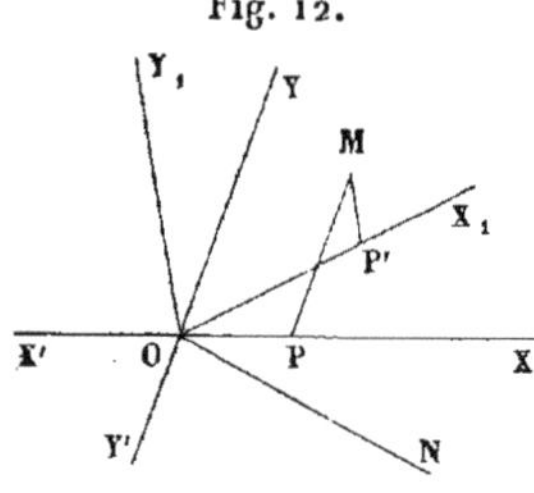

Fig. 12.

$$X_1^?OX = \alpha, \quad Y_1OY = \beta, \quad YOX = \theta,$$

et désignons par (x, y), (x_1, y_1) les anciennes et nouvelles coordonnées du point M. Figurons les deux chemins MPO et MP'O formés des coordonnées du point M dans les deux systèmes, en menant par M une parallèle MP à OM jusqu'à la rencontre avec OX et une parallèle MP_1 à OY_1 jusqu'à la rencontre avec OX_1. Cela posé, les deux chemins OPM, OP'M, étant terminés aux mêmes extrémités, ont des projections égales. Projetons-les orthogonalement sur un axe ON faisant avec OX un angle a compté, cette fois, dans le sens de OX vers OY'.

On aura évidemment

$$\mathrm{proj.}\,OP = OP\cos\omega = x\cos\omega,$$
$$\mathrm{proj.}\,OP' = OP'\cos(\omega + \alpha) = x_1\cos(\omega + \alpha);$$

quant aux droites PM, P'M, elles font avec ON les mêmes angles respectivement que OY, OY_1. On aura donc

$$\mathrm{proj.}\,PM = PM\cos(\omega + \theta) = y\cos(\omega + \theta),$$
$$\mathrm{proj.}\,P'M = P'M\cos(\omega + \beta) = y_1\cos(\omega + \beta);$$

et par suite, en égalant les projections des deux chemins OPM, OP'M, on trouve l'égalité

$$x\cos\omega + y\cos(\omega + \theta) = x_1\cos(\omega + \alpha) + y_1\cos(\omega + \beta);$$

cette égalité contient une arbitraire ω dont on peut disposer de la manière la plus avantageuse.

Faisons d'abord $\omega = -\dfrac{\pi}{2}$, ce qui revient à prendre ON perpendicu-à OX. L'égalité précédente devient

$$y\cos\left(\theta - \frac{\pi}{2}\right) = x_1\cos\left(\alpha - \frac{\pi}{2}\right) + y_1\cos\left(\beta - \frac{\pi}{2}\right),$$

ou

$$y\sin\theta = x_1\sin\alpha + y_1\sin\beta.$$

Donnons ensuite à ω la valeur $\dfrac{\pi}{2} - \theta$, ce qui revient à prendre ON perpendiculaire à OY. Nous trouverons de même

$$x\sin\theta = x_1\sin(\theta - \alpha) + y_1\sin(\theta - \beta).$$

On a donc les deux formules

$$(4) \quad \begin{cases} x = \dfrac{x_{\text{\tiny I}}\sin(\theta - \alpha) + y_{\text{\tiny I}}\sin(\theta - \beta)}{\sin\theta}, \\[2mm] y = \dfrac{x_{\text{\tiny I}}\sin\alpha + y_{\text{\tiny I}}\sin\beta}{\sin\theta}, \end{cases}$$

qui déterminent les anciennes coordonnées en fonction des nouvelles. Ce sont les formules établies dans le texte, p. 123. Nous ne les développerons pas, et nous ferons seulement remarquer que l'on peut égaler les deux valeurs de la distance à l'origine dans les deux systèmes, ce qui donne l'identité

$$x^2 + y^2 + 2xy\cos\theta = x_{\text{\tiny I}}^2 + y_{\text{\tiny I}}^2 + 2x_{\text{\tiny I}}y_{\text{\tiny I}}\cos\theta',$$

θ' désignant l'angle des deux nouveaux axes.

Remarque I. — La démonstration que nous venons de donner ne doit pas être regardée comme générale; elle donne lieu aux objections suivantes.

Considérons, par exemple, la projection de l'un des côtés OP (*fig.* 13).

Fig. 13.

Nous avons supposé que OP était dirigé dans le sens des abscisses positives. Si le point M était placé autrement, dans l'angle YOX′ par exemple, la projection de OP n'aurait plus la même expression; elle serait

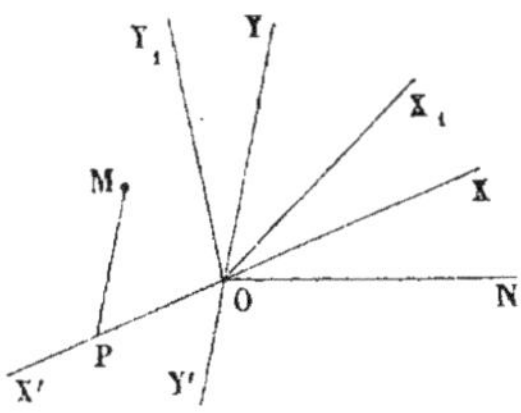

$$OP.\cos(POX)$$

ou

$$OP.\cos(\pi - \omega) = - OP.\cos\omega,$$

Mais ici x n'est plus OP: on a

$$x = - OP;$$

la pression de OP a donc pour expression toujours

$$x\cos\omega.$$

Même remarque pour les autres projections.

Remarque II. — Nous avons fait encore une autre supposition qui n'est pas générale. Prenons, par exemple, la projection de P′M; nous avons supposé que l'angle de P′M avec ON est $\beta + \omega$.

Mais si ON et OY$_{\text{\tiny I}}$ ont les positions indiquées dans la *fig.* 14, il est facile de voir que l'angle des deux directions ON, OY$_{\text{\tiny I}}$ n'est pas $\beta + \omega$, $2\pi - \beta - \omega$. Dans tous les cas, le cosinus de l'angle est le même que le cosinus de $\beta + \omega$.

Ces deux remarques étaient indispensables pour convaincre de la généralité de la démonstration qui précède. Comme elles sont d'une application générale, nous ne les ferons plus quand nous employerons le théorème des projections.

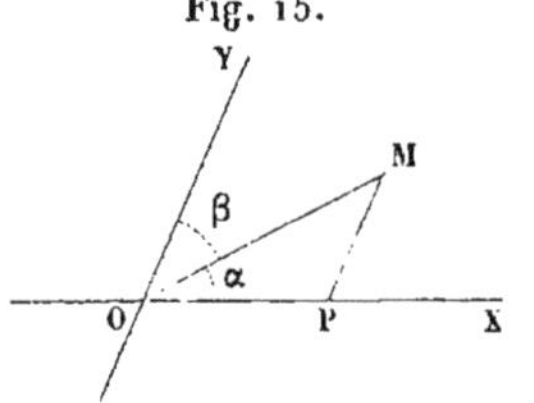

Fig. 14.

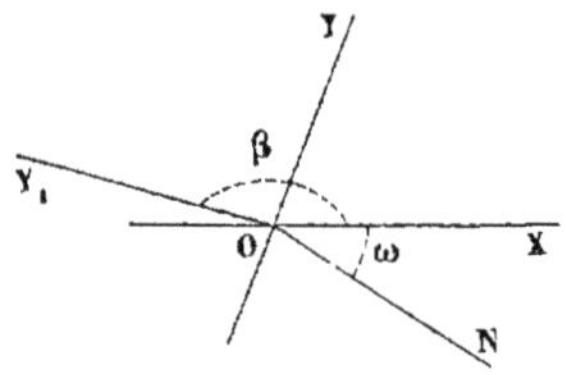

Application du théorème des projections à la détermination des angles que fait une droite avec les axes. — Soit une droite OM (*fig.* 15) déterminée par les coordonnées x, y d'un de ses points, M. Proposons-nous de déterminer, en fonction des coordonnées xy, la distance OM $= l$ et les angles α, β que fait OM avec les axes. Projetons orthogonalement sur les deux axes les deux chemins OM et OPM; en écrivant que les projections sont égales, on aura :

Fig. 15.

1° Pour les projections sur l'axe des x,

$$l \cos\alpha = x + y \cos\theta,$$

θ désignant toujours l'angle XOY;

2° Pour les projections sur l'axe des y,

$$l \cos\beta = x \cos\theta + y;$$

3° Pour les projections sur OM,

$$l = x \cos\alpha + y \cos\beta.$$

On a donc les trois équations fondamentales

$$(5) \quad \begin{cases} l \cos\alpha = x + y \cos\theta, \\ l \cos\beta = x \cos\theta + y, \\ l = x \cos\alpha + y \cos\beta. \end{cases}$$

Si l'on porte les valeurs de $\cos\alpha$, $\cos\beta$, déduites des deux premières équations dans la troisième, on trouve

$$(6) \quad l^2 = x^2 + y^2 + 2xy \cos\theta.$$

Une fois l déterminé, les deux premières équations donnent $\cos\alpha$, $\cos\beta$.

On peut se proposer une autre question. Il est clair qu'il doit y avoir une relation entre les angles α et β; trouver cette relation.

Pour cela, des deux premières relations on tirera les valeurs de x et de y, qui sont

$$(7) \qquad x = l\, \frac{-\cos\beta\cos\theta + \cos\alpha}{\sin^2\theta}, \quad y = l\, \frac{-\cos\alpha\cos\theta + \cos\beta}{\sin\theta};$$

et en portant ces valeurs dans la troisième, l disparaîtra comme facteur commun, et il restera

$$(8) \qquad \cos^2\alpha + \cos^2\beta - 2\cos\alpha\cos\beta\cos\theta = \sin\theta.$$

Cette relation nous sera utile.

NOTE II.

SUR LE CENTRE DES DISTANCES PROPORTIONNELLES.

(Page 120.)

Étant donnés deux points A et B (*fig.* 16), dont on connaît les coordonnées $(x, y), (x', y'_1)$; proposons-nous de trouver les coordonnées X, Y du point M qui divise la droite AB dans un rapport donné. Pour la simplicité du résultat, nous supposerons qu'on ait attribué aux deux points A et B des coefficients m, m', tels que

$$m \times \mathrm{AM} = m' \times \mathrm{BM}, \quad \frac{\mathrm{AM}}{\mathrm{BM}} = \frac{m'}{m}.$$

On voit que si m et m' représentaient des forces parallèles et de même sens appliquées aux points A et B, M serait le point d'application de la résultante de ces forces, égale à $m + m'$.

Pour résoudre le problème, nous remarquerons que les segments AM, MB étant parallèles et de même direction, leurs projections seront de même signe, et leur seront respectivement proportionnelles (*). On aura donc

$$\frac{\mathrm{AM}}{\mathrm{MB}} = \frac{\mathrm{X} - x}{x' - \mathrm{X}} = \frac{m'}{m},$$

d'où

$$\mathrm{X} = \frac{m x + m' x'}{m + m'} ;$$

on aurait de même

$$\mathrm{Y} = \frac{m y + m' y'}{m + m'}.$$

Il faut donc, pour avoir la coordonnée du point M, multiplier les coordonnées de chaque point par le coefficient correspondant, et diviser la somme des deux produits par celle des coefficients. Du reste, X comme cela doit être, ne dépend que du rapport $\dfrac{m'}{m}$, car on peut écrire sa valeur

---

(*) La projection de AM sur l'axe des x est, comme on l'a vu dans la Note précédente (p. 505), X — x; de même, la projection de MB est $x' - $ X.

sous la forme

$$(1) \qquad X = \frac{x + \dfrac{m'}{m}\, x'}{1 + \dfrac{m'}{m}} \cdot$$

De même pour Y.

Nous avons supposé, dans ce qui précède, que le segment était divisé intérieurement. Mais le point M($fig.$ 17)

Fig. 17.

peut être supposé placé sur le prolongement de AB. Alors les formules changent un peu. On a cette fois

$$\frac{AM}{BM} = \frac{X - x}{X - x'} = \frac{m'}{m} \cdot$$

D'où résultent les formules

$$(2) \qquad X = \frac{mx - m'x'}{m - m'}, \quad Y = \frac{my - m'y'}{m - m'} \cdot$$

On voit que ces formules ne diffèrent des précédentes que par le changement de signe de m' ou du rapport $\dfrac{m'}{m}$.

D'après cela, on peut convenir que les coefficients m, m' affectés à chaque point sont susceptibles de signes, et que la division du segment AB se fera intérieurement quand m, m' auront le même signe, c'est-à-dire lorsque $\dfrac{m}{m'}$ sera positif, extérieurement quand $\dfrac{m}{m'}$ aura le signe —, m et m' étant de signe contraire. Avec ces conventions, les formules

$$(3) \qquad X = \frac{mx + m'x'}{m + m'}, \quad Y = \frac{my + m'y'}{m + m'} \cdot$$

peuvent être adoptées dans tous les cas. On voit que ces formules expriment les coordonnées d'un point quelconque M de la droite que font les points (x, y), (x', y') exprimés en fonction de l'arbitraire $\dfrac{m'}{m}$, qui est *le rapport dans lequel la droite est divisée au point M si la division est intérieure, ou ce rapport changé de signe si la division est extérieure.* Ainsi à une valeur de $\dfrac{m'}{m}$ correspond un seul point de la droite AB, compris entre A et B si $\dfrac{m'}{m}$ est positif, en dehors du segment si $\dfrac{m'}{m}$ est négatif.

Les deux points qui divisent dans le même rapport la droite AB intérieurement et extérieurement sont dits *conjugués harmoniques par rapport au segment* AB.

Passons maintenant au cas de plus de deux points A, B, C, D,... affectés des coefficients positifs ou négatifs m, m', m'', m''',..., et ayant pour coordonnées (x, y), (x', y'), (x'', y''),.... Supposons qu'on divise AB dans le rapport indiqué par les coefficients m et m', intérieurement si ces coefficients sont de même signe, extérieurement s'ils sont de signes contraires, et qu'on donne au point de division le coefficient $m + m'$; qu'on opère de même sur P et C, ce qui donnera le point Q avec le coefficient $m + m' + m''$, puis sur Q et D, etc. On arrivera à la fin des opérations à un seul point qu'on appelle *centre des moyennes proportionnelles du système* A, B, C, D,.... Il est facile de trouver les coordonnées de ce point unique.

On a, en effet, d'après les principes précédents, pour les coordonnées du point P,

$$X = \frac{m x + m'x'}{m + m'},$$

$$Y = \frac{m y + m'y'}{m + m'},$$

et, pour les coordonnées du point Q,

$$X_{,} = \frac{(m + m')X + m''x''}{m + m' + m''} = \frac{m x + m'x' + m''x''}{m + m' + m''},$$

$$Y_{,} = \frac{(m + m')Y + m''x''}{m + m' + m''} = \frac{m y + m'y' + m''y''}{m + m' + m''}.$$

En continuant de la sorte on arrivera à l'expression suivante des coordonnées cherchées :

$$(4) \quad \begin{cases} X = \dfrac{m x + m'x' + \dots}{m + m' + \dots}, \\[2mm] Y = \dfrac{m y + m'y' + \dots}{m + m' + \dots}, \end{cases}$$

en sorte que le numérateur des coordonnées se composera de la somme des produits des coordonnées par les coefficients des différents points, et le dénominateur de la somme de ces coefficients. Le mode de formation des coordonnées finales montre que le centre des moyennes proportionnelles est *indépendant de l'ordre dans lequel on a considéré les points*. Cette remarque se justifie par des considérations tirées de la mécanique, car si l'on considère tous ceux des coefficients positifs m, m',... comme représentant des forces parallèles et de même sens, et tous les coefficients négatifs comme représentant des forces parallèles entre elles et aux premières, mais de sens opposé, le centre des moyennes proportionnelles est le point d'application de la résultante de ces forces, point qui est indépendant de l'ordre dans lequel on les compose.

Appliquons ces remarques à un système de trois points formant un triangle ABC (*fig.* 18), affecté des coefficients m, n, p; les coordonnées du centre des moyennes proportionnelles seront données par les formules

Fig. 18.

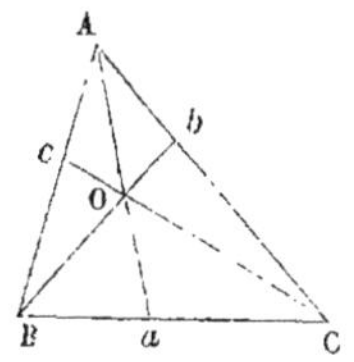

$$(5) \quad \begin{cases} X = \dfrac{mx + nx' + px''}{m + n + p}, \\[2mm] Y = \dfrac{my + ny' + py''}{m + n + p}. \end{cases}$$

D'ailleurs on peut obtenir ce centre de trois manières différentes :

1° En divisant AB, au point C′, de telle manière que

$$AC' \times m = BC' \times n,$$

et ensuite en divisant CC′ dans le rapport inverse de $m + n$ à p, ce qui montre que le point cherché se trouve sur CC′;

2° En divisant AC, au point B′, de telle manière que

$$CB' \times p = AB' \times m,$$

et ensuite BB′ dans le rapport inverse de $m + p$ à n, ce qui montre que le point cherché se trouve sur BB′;

3° En divisant BC, au point A′, de telle manière que

$$BA' \times n = CA' \times p,$$

et le point cherché devra de même se trouver sur AA′.

Il suit de là que les trois droites AA′, BB′, CC′ doivent se couper en un même point. Or, si l'on multiplie membre à membre les trois équations obtenues précédemment, on trouve

$$AC' \times CB' \times BA' = BC' \times AB' \times CA',$$

c'est-à-dire que les trois points A′, B′, C′ divisent les trois côtés du triangle de manière que le produit de trois segments non consécutifs soit égal au produit des trois autres. D'ailleurs, les trois rapports $\dfrac{m}{n}$, $\dfrac{n}{p}$, $\dfrac{p}{m}$ ayant un produit égal à l'unité, un nombre pair de ces rapports est négatif, ce qui indique que les trois points A′, B′, C′ sont sur les côtés du triangle, au lieu que deux sont sur les prolongements. Nous sommes donc conduits au théorème suivant :

Si l'on divise les trois côtés du triangle de telle manière que le produit de trois segments non consécutifs soit égal au produit des trois autres, les droites qui joignent les points de division aux sommets opposés se coupent en un même point, pourvu qu'un nombre impair de ces points de division soit placé sur les côtés du triangle et non sur leurs prolongements.

La réciproque est évidente ; soient, en effet, trois droites se coupant en un même point (Aa, Bb, Cc) (*fig.* 19). Considérons deux d'entre elles,

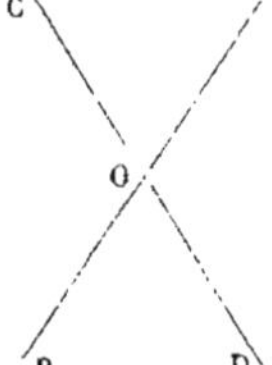

Fig. 19.

Aa, Bb, et déterminons sur Ab un point c' tel, que le produit de trois segments non consécutifs soit égal au produit des trois autres ; alors la ligne Cc' ira passer, d'après la proposition directe, par l'intersection de Aa et de Bb ; elle coïncidera donc avec Cc, et, par suite, le point c' coïncidera avec le point c ; il y aura donc entre les six segments formés par les points a, b, c la relation déjà indiquée.

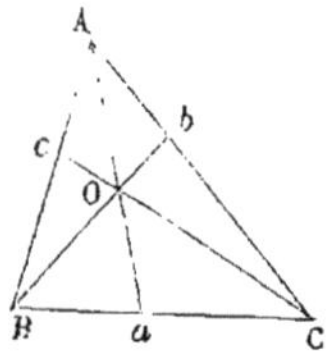

Nous allons maintenant démontrer, au moyen des principes qui précèdent, une proposition qui se lie naturellement à celleque nous venons de démontrer, et nous commencerons par résoudre la question suivante :

Étant donnée (*fig.* 20) *l'équation d'une droite* (CD)

$$A x + B y + C = 0,$$

et les coordonnées de deux points A *et* B (x, y) (x', y'), *indiquer dans quel rapport le segment* AB *est divisé au point* O *par la droite* CD.

Fig. 20.

À cet effet remarquons que les coordonnées de tout point O de la droite AB sont données par les formules

$$X = \frac{m x + m' x'}{m + m'}, \quad Y = \frac{m y + m' y'}{m + m'},$$

formules où le rapport $\dfrac{m'}{m}$ est, en valeur absolue, égal au rapport $\dfrac{AM}{BM}$, et indique par son signe si le point O divise intérieurement ou extérieurement le segment AB. Pour déterminer ce rapport $\dfrac{m'}{m}$, nous n'avons qu'à exprimer que les coordonnées du point O vérifient l'équation de la

33.

droite CD, ce qui donne l'équation

$$m\,(A\,x + B\,y + C) + m'(A\,x' + B\,y' + C) = 0,$$

d'où

$$\frac{m'}{m} = -\frac{A\,x + B\,y + C}{A\,x' + B\,y' + C}.$$

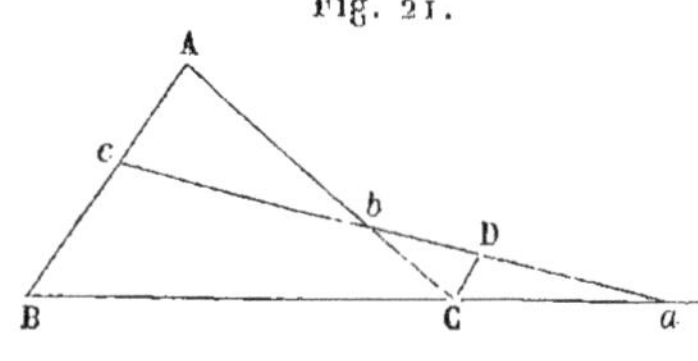

Fig. 21.

Cela posé, considérons trois points A, B, C (*fig.* 21) et une droite *ac*, et cherchons successivement dans quels rapports la droite *ac* divise les trois côtés du triangle. Pour cela, nous n'aurons qu'à appliquer trois fois la formule précédente, ce qui donnera les trois formules

$$(6)\quad
\begin{cases}
\pm\,\dfrac{C\,b}{A\,b} = \dfrac{A\,x'' + B\,y'' + C}{A\,x + B\,y + C}, \\[2ex]
\pm\,\dfrac{B\,a}{C\,a} = \dfrac{A\,x' + B\,y' + C}{A\,x'' + B\,y'' + C}, \\[2ex]
\pm\,\dfrac{A\,c}{B\,c} = \dfrac{A\,x + B\,y + C}{A\,x' + B\,y' + C},
\end{cases}$$

dans les premiers membres desquelles il faudra prendre le signe $+$ si le second membre est positif, c'est-à-dire si le côté correspondant est divisé extérieurement. Faisant le produit membre à membre des trois équations, on trouve 1 dans le second membre ; on a donc

$$C\,b \times B\,a \times A\,c = A\,b \times C\,a \times B\,c.$$

Le produit de trois segments non consécutifs est égal au produit de trois autres, mais ici il y a un nombre pair de côtés divisés intérieurement, car il doit y avoir dans le premier membre des trois équations précédentes un nombre pair de signes négatifs. On obtient donc la nouvelle proposition :

Si les trois côtés d'un triangle sont divisés de manière que le produit de trois segments non consécutifs soit égal au produit des trois autres, les trois points de division sont en ligne droite, pourvu que les points de division soient placés en nombre pair sur les côtés et non sur leurs prolongements.

Les deux théorèmes que nous venons d'indiquer font partie de la *théorie des transversales*.

Au moyen des formules précédentes, on peut, étant données les coordonnées des sommets d'un triangle, trouver les coordonnées de certains points remarquables du triangle. Soient (x, y), (x', y'), (x'', y'') les coordonnées des trois points A, B, C (*fig.* 19), et supposons qu'on donne à ces trois points les coefficients

$$m = 1, \quad n = 1, \quad p = 1.$$

Les trois points a, b, c que nous avons considérés seront alors les milieux des trois côtés, et les trois droites Aa, Bb, Cc seront les *médianes*. Les coordonnées de leur point de rencontre, qu'on appelle *centre de gravité du triangle*, seront données par les formules

$$(7) \qquad X = \frac{x + x' + x''}{3}, \quad Y = \frac{y + y' + y''}{3}.$$

Si l'on donne aux coefficients m, n, p les valeurs

$$m = a, \quad n = b, \quad p = c,$$

a, b, c désignant les trois côtés du triangle, les trois droites Aa, Bb, Cc seront les bissectrices intérieures du triangle, et les coordonnées de leur point de rencontre, qui est le centre du cercle inscrit, auront pour valeur

$$(8) \qquad X = \frac{ax + bx' + cx''}{a + b + c}, \quad Y = \frac{ay + by' + cy''}{a + b + c}.$$

Si dans ces formules on change successivement le signe de a, de b, de c, on aura les centres des trois cercles exinscrits.

Enfin si l'on donne aux coefficients m, n, p les valeurs

$$m = \operatorname{tang} A, \quad n = \operatorname{tang} B, \quad p = \operatorname{tang} C,$$

A, B, C désignant les angles du triangle, les trois droites Aa, Bb, Cc seront les trois hauteurs du triangle, et l'on aura pour les coordonnées de leur point de rencontre

$$(9) \qquad \begin{cases} X = \dfrac{x \operatorname{tang} A + x' \operatorname{tang} B + x'' \operatorname{tang} C}{\operatorname{tang} A + \operatorname{tang} B + \operatorname{tang} C}, \\[2ex] Y = \dfrac{y \operatorname{tang} A + y' \operatorname{tang} B + y'' \operatorname{tang} C}{\operatorname{tang} A + \operatorname{tang} B + \operatorname{tang} C}. \end{cases}$$

La méthode précédente ne paraît pas s'appliquer aux coordonnées du centre du cercle circonscrit, qui est le point de rencontre des perpendiculaires élevées au milieu des trois côtés; mais, si l'on joint (*fig.* 22) les milieux A', B', C' des trois côtés, on forme un triangle A'B'C' semblable au triangle ABC ; on a : pour les coordonnées du point A′,

$$X = \frac{x' + x''}{2},$$

$$Y = \frac{y' + y''}{2};$$

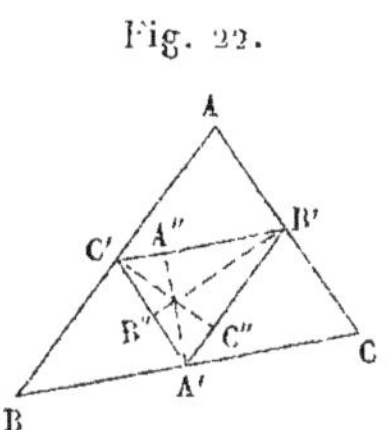
Fig. 22.

pour celles du point B′,

$$X = \frac{x + x''}{2},$$

$$Y = \frac{y + y''}{2};$$

pour celles du point C′,

$$X = \frac{x + x'}{2},$$

$$Y = \frac{y + y'}{2}.$$

D'ailleurs les angles en A′, B′, C′ sont égaux aux angles A, B, C, et les perpendiculaires élevées sur les milieux des côtés du triangle ABC sont les hauteurs du second triangle. Le centre du cercle circonscrit est donc le point de rencontre des hauteurs du nouveau triangle, et, par suite, en appliquant la formule (9) relative au point de rencontre des hauteurs, non au triangle ABC, mais au triangle A′B′C′, on trouve, pour les coordonnées du centre circonscrit, après quelques réductions évidentes,

$$(10)\ \begin{cases} X = \dfrac{x(\tang B + \tang C) + x'(\tang C + \tang A) + x''(\tang A + \tang B)}{2(\tang A + \tang B + \tang C)}, \\[2mm] Y = \dfrac{y(\tang B + \tang C) + y'(\tang C + \tang A) + y''(\tang A + \tang B)}{2(\tang A + \tang B + \tang C)}. \end{cases}$$

Les formules que nous venons de donner permettent d'établir facilement que le centre de gravité, le centre du cercle circonscrit et le centre de gravité sont en ligne droite.

NOTE III.

SUR LA DISTANCE D'UN POINT A UNE DROITE ET SUR LA SURFACE
DU TRIANGLE DÉTERMINÉ PAR TROIS POINTS.

(Page 68.)

Nous commencerons par la démonstration d'une proposition très-simple.

Si deux équations

$$(1) \qquad A x + B y + C = 0,$$

$$(2) \qquad A' x + B' y + C' = 0$$

représentent la même droite, leurs coefficients sont proportionnels, c'est-à-dire qu'on a

$$\frac{A}{A'} = \frac{B}{B'} = \frac{C}{C'}.$$

On sait, en effet, qu'étant donnée l'équation d'une droite

$$A x + B y + C = 0,$$

le coefficient angulaire de cette droite m et l'ordonnée à l'origine n, quantités géométriques parfaitement définies par la position de la droite, sont données par les formules

$$m = -\frac{A}{B}, \quad n = -\frac{C}{B}.$$

Si l'on applique ces formules aux équations (1) et (2), on obtiendra les égalités suivantes :

$$m = -\frac{A}{B} = -\frac{A'}{B'}, \quad n = -\frac{C}{B} = -\frac{C'}{B'},$$

d'où résultent les égalités

$$\frac{A}{A'} = \frac{B}{B'} = \frac{C}{C'}.$$

Proposons-nous le problème suivant :

On détermine une droite par les angles α et β (fig. 23) que fait la perpendiculaire OP, abaissée de l'origine sur la droite avec les axes, et par la longueur p de cette perpendiculaire. Trouver l'équation de la droite.

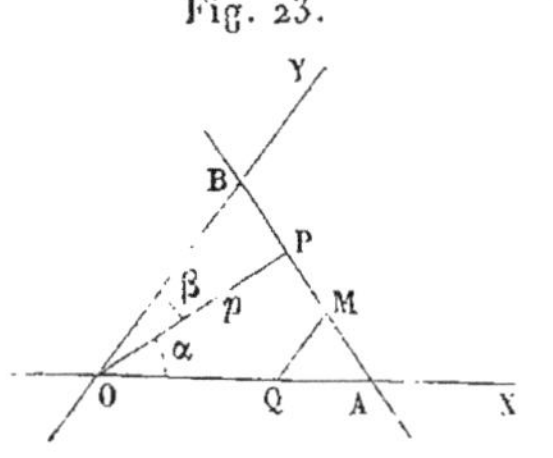

Fig. 23.

Pour trouver cette équation, nous projetterons le chemin OQMP formé des coordonnées MQ, OQ d'un point M de la droite, et de PM sur la ligne OP, et nous écrirons que la projection de ce chemin est égale à OP.

Soient x, y les coordonnées du point M. La projection de OQ sera évidemment x multipliée par le cosinus de l'angle α que fait OX avec OP ; de même la projection de QM sera $y \cos\beta$; enfin la projection de MP perpendiculaire à OP sera nulle ; on aura donc la relation

$$(3) \qquad x\cos\alpha + y\cos\beta = p \quad \text{ou} \quad x\cos\alpha + y\cos\beta - p = 0,$$

qui constitue l'équation cherchée de la droite. N'oublions pas, d'ailleurs, que d'après une formule établie (p. 510), il y a entre les angles α, β la relation

$$(4) \qquad \cos^2\alpha + \cos^2\beta - 2\cos\alpha\cos\beta\cos\theta = \sin^2\theta.$$

Dans le cas où les axes OX, OY sont rectangulaires, on peut facilement faire disparaître l'angle β de l'équation (3) ; les angles α et β pouvant alors être considérés comme complémentaires, on a

$$\cos\beta = \sin\alpha,$$

et l'équation de la ligne droite prend la forme

$$(5) \qquad x\cos\alpha + y\sin\alpha - p = 0,$$

qui ne contient plus que deux arbitraires α et p. Dans le cas des axes obliques, il y a au contraire trois arbitraires α, β, p ; mais deux d'entre elles, α et β, dépendent l'une de l'autre par la relation (4).

Cela posé, supposons que les axes étant quelconques, l'équation d'une droite soit

$$(5) \qquad Ax + By + C = 0,$$

et proposons-nous de déterminer les quantités géométriques α, β, p relatives à cette droite. Si nous connaissions ces arbitraires, l'équation de la ligne droite serait

$$(6) \qquad x\cos\alpha + y\cos\beta - p = 0.$$

Il résulte de là que les équations (5) et (6) doivent représenter la même droite; leurs coefficients seront donc proportionnels, et l'on aura

$$(7) \qquad \frac{\cos\alpha}{A} = \frac{\cos\beta}{B} = \frac{-p}{C}.$$

Ces relations ne suffisent pas à déterminer les trois quantités arbitraires α, β, p; il faut leur adjoindre l'équation (4) qui a lieu nécessairement entre α et β, et alors on aura trois équations pour déterminer les inconnues α, β et p. Pour donner de la symétrie au calcul, nous introduirons une arbitraire λ définie par la formule

$$\frac{\cos\alpha}{A} = \frac{\cos\beta}{B} = \frac{-p}{C} = \lambda,$$

ce qui permet d'exprimer α, β, p en fonction de λ par les relations

$$(8) \qquad \cos\alpha = A\lambda, \quad \cos\beta = B\lambda, \quad p = -C\lambda.$$

Si, maintenant, nous portons les valeurs de $\cos\alpha$ et de $\cos\beta$ dans la relation (4), nous trouvons

$$\lambda^2(A^2 + B^2 - 2AB\cos\theta) = \sin^2\theta;$$

d'où

$$(9) \qquad \lambda = \frac{\pm\sin\theta}{\sqrt{A^2 + B^2 - 2AB\cos\theta}}.$$

Cette formule donne λ, d'où l'on déduira pour les équations (8) les valeurs de α, β, p; la valeur de λ contient un double signe, mais on choisira le signe de manière que la valeur de p donnée par la dernière des équations (8) soit positive. On prendra le signe $+$ si C est négatif, et le signe $-$ si C est positif.

Le calcul précédent conduit d'une manière rapide à l'expression de la distance d'un point (x', y') à une droite dont l'équation est

$$Ax + By + C = 0.$$

Considérons, en effet, un point M ($fig.$ 24) du plan; il est facile de voir que la projection orthogonale de OM sur la perpendiculaire OP à la droite est dans tous les cas

$$p \pm \delta,$$

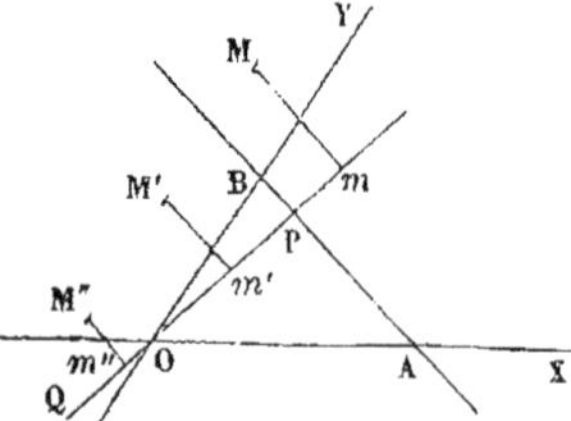

Fig. 24.

δ désignant la distance du point M à la droite AB. Supposons d'abord que le point M soit, par rapport à la droite, dans la région opposée à l'origine. Dans ce cas, soit m la projection de M sur OP, la projection de OM sera $Om = OP + Pm$.

Or la ligne Pm est évidemment égale à la distance δ du point M à la droite. Donc, dans ce cas, la projection de OM est égale à $p + \delta$.

Supposons, au contraire, que le point M' étant, par rapport à la droite, dans la même région que l'origine O, sa projection se fasse en m' entre O et P; la projection Om' de OM' sera, dans ce cas, OP — Pm' ou $p - \delta$.

Enfin, il peut arriver que le point M étant du même côté que l'origine, par rapport à la droite, sa projection se fasse en m'' sur le prolongement de OP; alors, d'après la définition des projections, la projection de OM'' sera

$$- \mathrm{O}m'' \quad \text{ou} \quad -(\mathrm{P}m'' - \mathrm{OP}) = -(\delta - p) = p - \delta.$$

On voit donc, en résumé, que la projection de OM sera $p + \delta$ ou $p - \delta$, suivant que le point M sera du côté opposé à l'origine ou du même côté par rapport à la droite. D'ailleurs, nous avons déjà évalué la projection de OM sur OP : elle a pour valeur

$$x'\cos\alpha + y'\cos\beta :$$

on aura donc

$$p \pm \delta = x'\cos\alpha + y'\cos\beta,$$

d'où

$$(10) \qquad \delta = \pm(x'\cos\alpha + y'\cos\beta - p).$$

Telle est l'expression de la distance du point M à la droite, et si nous remplaçons $\cos\alpha$, $\cos\beta$, p, par leurs valeurs tirées des formules (8), nous trouvons

$$\delta = \pm \lambda(\mathrm{A}x' + \mathrm{B}y' + \mathrm{C});$$

et enfin, en remplaçant λ par sa valeur tirée de l'équation (9),

$$(11) \qquad \delta = \pm \frac{(\mathrm{A}x' + \mathrm{B}y' + \mathrm{C})\sin\theta}{\sqrt{\mathrm{A}^2 + \mathrm{B}^2 - 2\mathrm{A}\mathrm{B}\cos\theta}}.$$

Telle est l'expression définitive de la distance du point à la droite. On voit que cette expression s'obtient en remplaçant, dans le premier membre de l'équation de la droite, x, y par les coordonnées du point dont on cherche la distance à la droite, et en multipliant le résultat de cette substitution par un coefficient constant qui ne dépend pas des coordonnées du point (x', y').

Dans le cas où les axes sont rectangulaires, la formule se simplifie beaucoup et devient

$$(12) \qquad \delta = \pm \frac{\mathrm{A}x' + \mathrm{B}y' + \mathrm{C}}{\sqrt{\mathrm{A}^2 + \mathrm{B}^2}}.$$

On peut faire l'application de la formule (4) à la solution du problème suivant :

Étant données les coordonnées de trois points (x,y), (x',y'), (x'',y''), *trouver la surface du triangle formé par ces trois points.*

Pour cela, nous prendrons, pour base B du triangle, la droite que font les deux points (x',y'), (x'',y''), dont l'expression est

$$B = \sqrt{(x'-x'')^2 + (y'-y'')^2 + 2(x'-x'')(y'-y'')\cos\theta},$$

et pour avoir la hauteur, nous chercherons la distance du point (x,y) à la droite passant par les deux autres points. L'équation de cette droite est, d'après ce qu'on a vu (p. 6),

$$Y - y' = \frac{y''-y'}{x''-x'},$$

ou, en chassant les dénominateurs,

$$- X(y''-y') + Y(x''-x') + x'y'' - y'x'' = 0.$$

Pour obtenir la hauteur h du triangle, c'est-à-dire la distance du point (x,y) à la droite définie par l'équation précédente, nous appliquerons la formule (11), ce qui donne

$$h = \frac{\pm(xy' - yx' + x'y'' - x''y' + x''y - xy'')\sin\theta}{\sqrt{(x'-x'')^2 + (y'-y'')^2 + 2(x'-x'')(y'-y'')\cos\theta}}.$$

Exprimons maintenant que la surface S du triangle est égale à $\dfrac{Bh}{2}$, nous aurons

$$(13) \qquad 2S = \pm(xy' - yx' + x'y'' - y'x'' + x''y - xy'')\sin\theta.$$

La loi de cette formule est facile à saisir ; elle se simplifie beaucoup si l'un des points est l'origine des coordonnées. Faisons, par exemple,

$$x'' = 0, \quad y'' = 0,$$

on aura

$$(14) \qquad S = \pm(xy' - yx')\frac{\sin\theta}{2}.$$

Telle est l'expression de la surface du triangle formé par l'origine et les points (x,y), (x',y'). Cette expression nous sera utile ; on choisira le signe de telle sorte que S soit positif.

Nous terminerons ce que nous avons à dire sur la distance d'un point à une droite par une remarque très-importante. La formule (11) présente un double signe, mais il résulte évidemment de la méthode que nous avons suivie, que ce signe devra être le même pour deux points situés d'un même côté par rapport à la droite. En d'autres termes, *le signe de la fonction* $Ax' + By' + C$ *restera le même pour tous les points situés d'un même côté de la droite ; en sorte que la droite sépare les points du plan pour lesquels cette fonction est positive, des points pour lesquels elle devient négative.*

Cette remarque permet de traiter certaines questions. Par exemple, soit l'équation

$$x + 2y - 5 = 0,$$

représentant une droite dans un système d'axes rectangulaires. Si l'on cherche la parallèle à cette droite à une distance quelconque, il faudra exprimer que la distance à la droite précédente d'un point de la parallèle est égale à 1 ; ce qui donne, d'après l'équation (12),

$$\pm \frac{x + 2y - 5}{\sqrt{1 + 4}} = 1.$$

On trouve donc deux droites, suivant qu'on prend l'un ou l'autre des signes $+$ ou $-$. Et, en effet, il y a deux parallèles situées à la même distance de la droite. Si l'on veut la parallèle située du même côté que l'origine par rapport à la droite, on remarquera que, pour tous les points de cette parallèle, la fonction $x + 2y - 5$ a le même signe que pour l'origine, où elle se réduit à -5, et est négative. Donc la distance δ sera alors exprimée par la formule

$$\delta = - \frac{x + 2y - 5}{\sqrt{5}},$$

puisque $x + 2y - 5$ est négatif ; on aura donc, pour l'équation de la parallèle cherchée,

$$- \frac{x + 2y - 5}{\sqrt{5}} = 1.$$

NOTE IV.

SUR LA DISCUSSION DE L'ÉQUATION GÉNÉRALE DU SECOND DEGRÉ.

(Page 295.)

Considérons l'équation

$$A x^2 + B xy + C y^2 + D x + E y + F = 0.$$

Si l'on suppose x connue, l'ordonnée y sera donnée par une équation du second degré, qui fournit pour y la valeur suivante :

$$y = - \frac{B x + E}{2C} \pm \frac{1}{2C} \sqrt{(B^2 - 4AC) x^2 + 2 (BE - 2CD) x + E^2 - 4CF},$$

valeur qui prend la forme

$$(\alpha) \qquad y = ax + b \pm \frac{1}{2C} \sqrt{m x^2 + 2 n x + p};$$

en posant

$$a = - \frac{B}{2C}, \quad b = \frac{-E}{2C},$$

$$m = B^2 - 4AC, \quad n = BE - 2CD, \quad p = E^2 - 4CF.$$

Cette formule suppose d'ailleurs C essentiellement différent de o.

Cherchons la condition pour que l'équation représente deux droites ; il faudra alors qu'une des deux valeurs de y soit, quelle que soit x, de la forme $a'x + b'$, ce qui donne la relation

$$ax + b \pm \frac{1}{2C} \sqrt{m x^2 + 2 n x + p} = a'x + b',$$

qui doit être vérifiée quelle que soit x. On tire de là

$$\pm \frac{1}{2C} \sqrt{m x^2 + 2 n x + p} = (a' - a) x + b' - b,$$

$$m x^2 + 2 n x + p = 4 C^2 [(a' - a) x + b' - b]^2.$$

On voit donc que le polynôme $m x^2 + 2 n x + p$ doit être un carré parfait, et, par conséquent, qu'on doit avoir la relation

$$n^2 - mp = 0.$$

Cette relation développée dans le texte est

$$4\,C\,[AE^2 - BDE + CD^2 + F\,(B^2 - 4\,AC)] = 0,$$

et comme C est supposé différent de 0, elle se réduit à la forme

$$(1) \qquad AE^2 - BDE + CD^2 + F\,(B^2 - 4\,AC) = 0;$$

les équations des deux droites sont alors données par les formules

$$y = a\,x + b \pm \frac{1}{2\,C}\,\sqrt{m}\left(x + \frac{n}{m}\right).$$

Réciproquement, si cette condition est satisfaite, il résulte de la discussion faite dans le texte, que :

1° Si $B^2 - 4\,AC > 0$, l'équation du second degré représente deux droites concourantes ;

2° Si $B^2 - 4\,AC < 0$, l'équation représente un point unique ;

3° Si $B^2 - 4\,AC = 0$, la formule qui donne y prend la forme

$$y = a\,x + b \pm \frac{1}{2\,C}\,\sqrt{E^2 - 4\,CF}.$$

L'équation représente deux droites parallèles distinctes si $E^2 - 4\,CF > 0$, une seule droite ou deux droites confondues si $E^2 - 4\,CF = 0$; et enfin l'équation ne représente rien si $E^2 - 4\,CF < 0$.

On peut traiter la même question au moyen de la théorie du centre dans les courbes du second degré. Soit, en effet,

$$A\,x^2 + B\,xy + C\,y^2 + D\,x + E\,y + F = 0$$

l'équation d'une courbe du second degré. On sait que le centre sera donné par les deux équations

$$(2) \qquad \begin{cases} 2\,A\,x + B\,y + D = 0, \\ B\,x + 2\,C\,y + E = 0; \end{cases}$$

et si l'on transporte l'origine des coordonnées au centre de la courbe, l'équation prendra la forme

$$A\,x^2 + B\,xy + C\,y^2 + F_1 = 0,$$

F_1 étant donné par la formule

$$F_1 = F + \frac{D\,a + E\,b}{2},$$

où a et b désignent les coordonnées du centre. Cela posé, si l'équation doit représenter deux droites concourantes, le centre se trouvera à l'intersection de ces deux droites et fera partie de la courbe. Le nouveau terme constant F_1 devra donc être nul ; il faudra donc que les coordonnées x, y du centre, qui sont données par les équations (2), vérifient en outre l'équation

$$(3) \qquad F_1 = 0 = \frac{D.x + E.y}{2} + F.$$

Si l'on déduit les valeurs de x, y des équations (2), et qu'on les porte dans l'équation précédente, on retrouve l'équation de condition déjà donnée (1).

La même méthode s'applique à la recherche des équations de condition nécessaires pour que l'équation représente deux droites parallèles. On sait alors qu'il y aura une ligne de centres, et, par suite, que les deux équations (2) représenteront la même droite. Il faudra donc que leurs coefficients soient proportionnels ; ce qui donne les deux équations

$$\frac{2A}{B} = \frac{B}{2C} = \frac{D}{E}.$$

En égalant deux à deux les trois rapports, on trouve

$$4AC - B^2 = 0, \quad 2AE - BD = 0, \quad BE - 2CD = 0,$$

dont l'une est la conséquence des deux autres.

Il ne faut pas croire pourtant que, dans une discussion complète, on puisse omettre aucune de ces trois équations. Il est bien vrai, qu'en général, si aucun des coefficients A, B, C, D, E par exemple n'est nul, l'une des équations est la conséquence des deux autres, car deux d'entre elles établissent l'égalité des trois rapports $\dfrac{2A}{B}$, $\dfrac{B}{2C}$, $\dfrac{D}{E}$; mais il n'en est plus de même si quelques-uns des coefficients deviennent nuls : par exemple, si A et B sont nuls, les deux premières sont satisfaites, mais la troisième ne l'est pas nécessairement. Cela tient à ce que, des trois rapports qui doivent être égaux, le premier disparaît alors, sans que les deux autres soient égaux.

On traite de même la question des conditions nécessaires et suffisantes pour que l'équation représente deux droites confondues, c'est-à-dire que le premier membre de l'équation soit un carré parfait. Il faut alors : 1° qu'il y ait une ligne de centres ; 2° que tous les centres soient sur la courbe, ce qui exige que les deux équations (2) et l'équation (3) représentent la même droite. On a donc d'abord les trois équations

$$4AC - B^2 = 0, \quad 2AE - BD = 0, \quad BE - 2CD = 0,$$

et ensuite

$$\frac{2A}{D} = \frac{B}{E} = \frac{D}{2F}, \quad \frac{B}{D} = \frac{2C}{E} = \frac{E}{2F},$$

ce qui donne en tout les six relations

$$(4) \quad \begin{cases} B^2 - 4AC = 0, & D^2 - 4AF = 0, & E^2 - 4CF = 0, \\ BE - 2CD = 0, & BD - 2AE = 0, & DE - 2BF = 0. \end{cases}$$

Ces six relations se réduisent à trois, en général; mais ici encore, on doit faire la même remarque que dans le cas précédent. Il est impossible, dans ce groupe de six équations, d'en choisir trois qui soient dans tous les cas, nécessaires et suffisantes. Si, par exemple, on prenait les trois équations

$$B^2 - 4AC = 0, \quad BE - 2CD = 0, \quad E^2 - 4CF = 0,$$

qui sont nécessaires et suffisantes lorsque C est différent de zéro, on remarque qu'elles sont satisfaites pour

$$C = 0, \quad B = 0, \quad E = 0,$$

et l'équation se réduit alors à

$$Ax^2 + Dx + F = 0,$$

qui n'est un carré parfait que si $D^2 - 4AF = 0$.

La discussion générale de l'équation du second degré donne lieu encore aux remarques suivantes, qui permettent de reconnaître dans bien des cas le *genre* de la courbe.

Considérons l'équation homogène

$$(5) \quad Ax^2 + Bxy + Cy^2 = 0,$$

qui est vérifiée pour $x = 0, y = 0$. Cette équation représente donc une courbe passant à l'origine, et ayant au moins un point réel. Pour reconnaître la nature de cette courbe, écrivons l'équation sous la forme

$$x^2 \left[A + B\frac{y}{x} + C\left(\frac{y}{x}\right)^2 \right] = 0.$$

L'un des facteurs du premier membre doit être nul; si c'est x, l'équation donne $y = 0$: ainsi l'on n'a que l'origine. Quant au second facteur, il donne, égalé à zéro, une équation du second degré en $\frac{y}{x}$.

Cela reconnu : 1° si l'équation du second degré a deux racines réelles,

α, β, c'est-à-dire si $B^2 - 4AC > 0$, alors on aura les deux solutions

$$\frac{y}{x} = \alpha, \quad \frac{y}{x} = \alpha',$$

qui représentent deux droites distinctes passant à l'origine.

2° Si $B^2 - 4AC < 0$, l'équation n'est satisfaite par aucune valeur de $\frac{y}{x}$, et la courbe ne se compose que d'un point à l'origine des coordonnées.

3° Si $B^2 - 4AC = 0$, $\frac{y}{x}$ ne peut prendre qu'une seule valeur, l'équation ne réprésente qu'une droite ou mieux deux droites confondues,

$$A x^2 + B x y + C^2$$

devenant un carré parfait.

Appliquons ces remarques à l'équation du second degré

$$A x^2 + B x y + C y^2 + D x + E y + F = 0.$$

On voit que :

1.° Dans le cas de l'ellipse, les termes du second degré, égalés à zéro, ne représenteront qu'un point, l'origine ;

2° Dans le cas de la parabole, ces termes formeront un carré parfait ; égalés à zéro, ils donnent une droite parallèle aux diamètres ;

3° Dans le cas de l'hyperbole, les termes du second degré, égalés à zéro, représenteront deux droites réelles, et il est facile de voir que ces droites sont parallèles aux deux asymptotes de la courbe : ainsi, dans le cas de l'hyperbole, les termes du second degré se décomposent en deux facteurs réels du second degré, qui, égalés à zéro, représentent les deux parallèles aux asymptotes menées par l'origine.

Ces remarques permettent, dans bien des cas, de reconnaître immédiatement la nature d'une courbe du second degré. Supposons, par exemple, qu'on demande *le lieu des points tels, que la somme des carrés de leurs distances à deux droites soit constante*. Soient

$$A x + B y + C = 0,$$
$$A' x + B' y + C' = 0$$

les équations des deux droites, et supposons les axes rectangulaires. L'équation du lieu cherché sera

$$\frac{(A x + B y + C)^2}{A^2 + B^2} + \frac{(A' x + B' y + C')^2}{A'^2 + B'^2} = K^2.$$

Dans cette équation, les termes du second degré sont

$$\frac{(A x + B y)^2}{A^2 + B^2} + \frac{(A' x + B' y)^2}{A'^2 + B'^2}.$$

Égalons-les à zéro ; il faudra que chacun des carrés soit nul, ce qui donne

$$A x + B y = 0,$$

$$A' x + B' y = 0.$$

Ces deux équations représentent deux droites qui ne se coupent qu'à l'origine, à moins que $AB' - BA' = 0$ ne soit égal à zéro. On voit donc que les termes du second degré, égalés à zéro, représentent un point. Donc la courbe est une ellipse.

Proposons-nous, au contraire, de chercher *le lieu des points tels, que le produit de leur distance aux deux droites soit constant*. On aura l'équation

$$(6) \quad (A x + B y + C)(A' x + B' y + C') = \pm K \sqrt{A^2 + B^2} \sqrt{A'^2 + B'^2}.$$

On voit que le lieu se compose de deux courbes du second degré correspondant aux deux signes qu'on peut choisir. Dans ces courbes, les termes du second degré sont formés par le produit

$$(A x + B y)(A' x + B' y).$$

Égalés à zéro, ils représentent deux droites réelles et distinctes ; donc les courbes du second degré sont deux hyperboles ; chacun des deux facteurs $A x + B y$, $A' x + B' y$, égalé à zéro, donnant la parallèle aux asymptotes menées par l'origine, on voit que les asymptotes des deux hyperboles seront parallèles aux deux droites. Il est même facile de démontrer que les asymptotes seront les deux droites elles-mêmes.

Reprenons, en effet, la formule (α) donnée au début de cette Note ; on déduit de cette formule, pour l'équation des asymptotes,

$$y = ax + b \pm \frac{1}{2c} \sqrt{m} \left(x + \frac{n}{m} \right).$$

On voit donc que l'équation des asymptotes ne dépend en aucune manière de là valeur de p, et par conséquent de celle de F, qui entre dans p seulement. On a donc le théorème suivant :

Si dans l'équation d'une hyperbole on fait varier le terme constant, on a une série d'hyverboles ayant toutes les mêmes asymptotes.

Appliquons ce théorème à l'équation (6), faisons-y $K = 0$; il est clair que cela revient à changer simplement le terme constant dans cette équation. Alors l'équation se réduit à

$$(A x + B y + C)(A' x + B' y + C') = 0,$$

et représente les deux droites qui sont à elles-mêmes leurs propres asymptotes. Ce sont donc les asymptotes de toute la série des hyperboles obtenues en donnant à K toutes les valeurs possibles.   C. Q. F. D.

Le même thèorème permet de trouver l'équation générale des hyperboles ayant pour asymptotes deux droites données

$$\mathrm{A}x + \mathrm{B}y + \mathrm{C} = 0,$$
$$\mathrm{A'}x + \mathrm{B'}y + \mathrm{C'} = 0.$$

Cette équation est

$$(\mathrm{A}x + \mathrm{B}y + \mathrm{C})(\mathrm{A'}x + \mathrm{B'}y + \mathrm{C'}) = \mathrm{K}.$$

Nous terminerons cette Note par la remarque suivante. On a vu qu'étant donnée l'équation générale du second degré

$$\mathrm{A}x^2 + \mathrm{B}xy + \mathrm{C}y^2 + \mathrm{D}x + \mathrm{E}y + \mathrm{F} = 0,$$

y sera donné par une équation de la forme

$$y = ax + b \pm \sqrt{mx^2 + 2nx + p}.$$

On peut se demander si l'on ne pourrait pas remplacer cette formule qui contient un radical par une expression rationnelle, en sorte qu'on ait pour toutes les valeurs de x

$$(7) \qquad ax + b \pm \sqrt{mx^2 + 2nx + p} = \frac{\mathrm{P}}{\mathrm{Q}},$$

P et Q désignant deux polynômes en x.

Il est facile de voir que cela n'aura lieu que lorsque la quantité soumise au radical sera un carré parfait, c'est-à-dire quand l'équation représentera deux droites.

En effet, on peut supposer que, dans la formule précédente, les polynômes P, Q soient premiers entre eux, c'est-à-dire qu'ils n'aient aucun diviseur commun de la forme $x - a$, qu'ils ne s'annulent pas pour une même valeur de x. Alors l'identité (7) pourra s'écrire

$$\pm \sqrt{mx^2 + 2nx + p} = \frac{\mathrm{P} - (ax + b)\mathrm{Q}}{\mathrm{Q}};$$

et, en élevant au carré, on devra avoir, quelle que soit x,

$$(mx^2 + 2nx + p)\mathrm{Q}^2 = [\mathrm{P} - (ax + b)\mathrm{Q}]^2.$$

Les deux membres devant être égaux, quelle que soit x, c'est-à-dire identiques, donnons à x une valeur α qui annule Q. L'équation précédente se réduira à $\mathrm{P}^2 = 0$, c'est-à-dire que P et Q devraient s'annuler pour une même valeur de x, ce qui est contraire aux hypothèses. L'identité précédente est donc impossible, tant que le polynôme Q ne se réduira pas à une constante. Si ce polynôme est une constante C, alors cette identité devient

$$(mx^2 + 2nx + p) = \left(\frac{P}{C} - ax + b\right)^2.$$

li faut donc que les racines de l'équation $mx^2 + 2nx + p = 0$ soient égales, c'est-à-dire que $mx^2 + 2nx + p$ soit carré parfait, et alors l'équation du second degré représentera deux droites.

Ainsi on ne peut, tant que l'équation du second degré contient le terme en y^2, donner à l'expression de y une forme rationnelle en x, que si, l'équation représentant deux droites, son premier membre est le produit de deux facteurs du premier degré.

NOTE V.

SUR L'INTERPRÉTATION DES INÉGALITÉS EN GÉOMÉTRIE ANALYTIQUE.

(Page 116.)

Dans la discussion des lieux géométriques, on est souvent conduit à l'examen des inégalités, telles que

$$\varphi(x, y) > 0 \quad \text{ou} \quad < 0.$$

Nous allons nous occuper de l'étude de ces inégalités, en supposant que $\varphi(x, y)$ soit un polynôme algébrique en x et y.

Pour cela, construisons la courbe dont l'équation est

$$\varphi(x, y) = 0.$$

En général cette courbe séparera les points du plan en plusieurs régions telles, qu'on pourra aller d'un point à un autre point situé dans la même région par un chemin qui ne rencontrera pas la courbe. Au contraire, on ne pourra passer des points d'une région à ceux d'une autre qu'en traversant une ou plusieurs fois la courbe. Par exemple, supposons que le lieu de l'équation précédente se compose de deux ovales séparés; on formera trois régions A, B, C (*fig.* 25) : les deux premières, formées des points à l'intérieur des deux ovales; la troisième C, des points situés à l'extérieur.

Fig. 25.

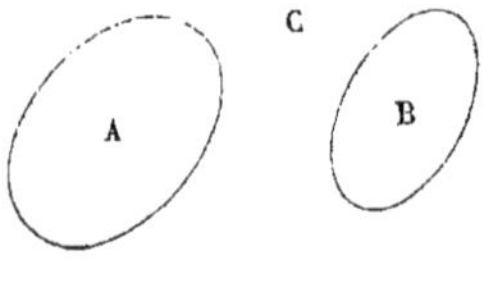

Cela posé, il est facile de voir que, dans chacune des régions ainsi définies, la fonction $\varphi(x, y)$ conservera son signe; c'est-à-dire que si l'on prend deux points (x_1, y_1), (x_2, y_2) situés dans la même région, et qu'on substitue leurs coordonnées dans $\varphi(x, y)$, les deux résultats $\varphi(x_1, y_1)$, $\varphi(x_2, y_2)$ seront de même signe.

En effet, les deux points M, N (*fig.* 26), étant situés dans une même région, on pourra imaginer un chemin curviligne MmpN, allant d'un de ces points à l'autre sans rencontrer la courbe dont l'équation est

$$\varphi(x, y) = 0.$$

Ce chemin curviligne peut lui-même évidemment être remplacé par
un chemin brisé M $m\,pqrs$ N composé de droites parallèles aux deux axes,

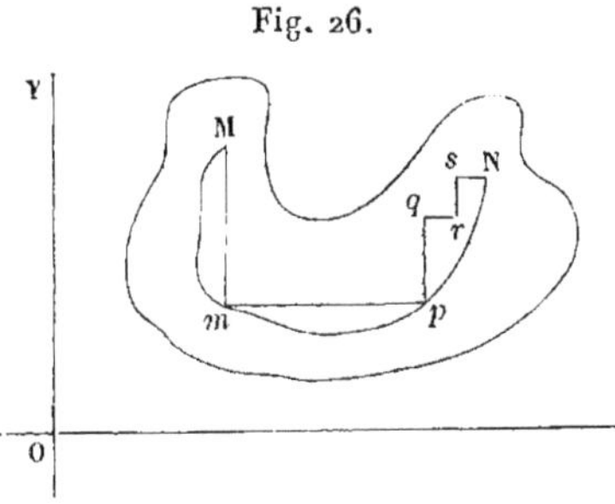

Fig. 26.

et dont aucune ne rencontrera la
courbe. Considérons la variation
de la fonction $\varphi(x,y)$ sur le premier côté Mm de ce chemin brisé.
Quand on se déplace de M en m
sur la ligne Mm parallèle à l'axe
des y, l'abscisse ne varie pas, l'ordonnée y change seule pour tous
les points situés entre M et m. La
fonction $\varphi(x,y)$ doit donc être
considérée sur ce premier côté,
comme dépendant de la seule variable y; x conservera la valeur x_1
qu'elle a au point M; quant à y, elle variera entre la valeur y_1 qu'elle a
au point M et la valeur y_0, par exemple, qu'elle acquiert en m. On sait
qu'un polynôme ne dépendant que d'une seule variable est une fonction
continue de cette variable, et qu'il ne peut changer de signe qu'en s'annulant; or le polynôme $\varphi(x,y)$ ne devient nul pour aucun point de la
droite Mm, car cette droite ne rencontre pas le lieu des points pour lesquels ce polynôme est nul; il a donc le même signe au point M et au
au point m. En appliquant le même raisonnement au côté mp sur lequel
l'abscisse seule est variable, aux côtés pq, qr, rs, sN, on voit que le polynôme, quand on parviendra au point N, aura le même signe qu'au point
de départ M. C'est ce qu'il s'agissait de prouver.

La proposition précédente permet d'interpréter les inégalités, telles
que

$$\varphi(x,y) > 0.$$

Pour cela, on construira la courbe déterminée par l'équation

$$\varphi(x,y) = 0.$$

Cette courbe partagera le plan en plusieurs régions, et il n'y aura plus
qu'à chercher celles pour lesquelles la fonction $\varphi(x,y)$ est positive. C'est
dans ces régions que devra se trouver le point (x,y).

Appliquons ces propositions à quelques exemples simples. L'équation

$$A\,x + B\,y + C = 0$$

représente une droite. Cette droite sépare le plan en deux régions. Dans
l'une de ces régions, la fonction $A\,x + B\,y + C$ sera positive; dans l'autre,
elle sera négative. Si l'on considère, en effet, un point situé sur l'axe des y

dont l'abscisse est nulle, la fonction devient, pour ce point,

$$B y + C.$$

On voit qu'elle prend des signes opposés pour deux valeurs très-grandes de y, l'une positive, l'autre négative.

Considérons de même l'équation

$$x^2 + y^2 + 2xy \cos\theta + A x + B y + C = 0,$$

qui représente un cercle si θ désigne l'angle des axes ; en mettant en évidence les coordonnnées a, b du centre et le rayon R du cercle, le premier membre de cette équation peut s'écrire

$$(x - a)^2 + (y - b)^2 + 2(x - a)(y - b)\cos\theta - R^2;$$

il représente, pour un point quelconque du plan, le carré de la distance au centre, moins le carré du rayon. Ce premier membre sera donc négatif pour tous les points intérieurs au cercle, et positif pour tous les points extérieurs, ce qui est conforme à la proposition générale que nous venons d'établir.

Considérons enfin une courbe du second degré dont l'équation soit

$$f(x,y) = A x^2 + B xy + C y^2 + D x + E y + F = 0,$$

et soit une droite MP (*fig.* 27) parallèle à l'axe des y, coupant la courbe en deux points distincts.

Si nous étudions la valeur de la fonction pour tous les points de cette

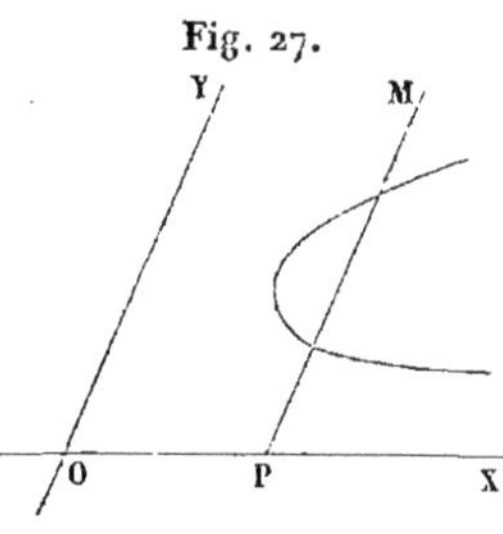

droite, nous voyons que x sera le même pour tous ces points ; $f(x, y)$ devra être considéré comme un trinôme du second degré en y. Il changera donc de signe en s'annulant, ce qui prouve que, dans le cas du second degré, pour deux régions juxtaposées, la fonction aura des signes contraires. Ainsi, dans le cas d'une hyperbole, la fonction aura le même signe à l'intérieur des deux branches, et un signe contraire pour les points situés entre les branches de la courbe.

Les courbes du second degré ayant des branches infinies, il est difficile, dans ce cas, de définir l'intérieur d'une courbe. Nous adopterons la définition suivante : *L'intérieur d'une courbe du second degré se compose des points d'où on ne peut lui mener de tangentes.* On sait que, dans le cas de l'hyperbole, ces points sont placés à l'intérieur des deux branches. Il est facile de donner un caractère analytique qui permet de reconnaître si un point est intérieur ou extérieur à la courbe. Pour cela, nous résoudrons la question suivante :

Étant donnée l'équation

$$A x^2 + B xy + C y^2 + D x + E y + F = o,$$

reconnaître si l'origine des coordonnées est à l'intérieur ou à l'extérieur de la courbe représentée par cette équation.

Menons par l'origine une droite dont l'équation soit

$$y = m x,$$

et cherchons si l'on peut disposer de m de telle manière que cette droite soit tangente à la courbe. Cherchons les abscisses des points d'intersection de la droite et de la courbe. Il faudra remplacer dans l'équation de la courbe y par $m x$, ce qui donne

$$(A + B m + C m^2) x^2 + (D + E m) x + F = o.$$

Pour que la droite soit tangente, il faut que les deux abscisses données par cette équation soient égales, ce qui entraine la relation

$$(D + E m)^2 - 4 F (A + B m + C m^2) = o,$$

qui détermine les coefficients angulaires des tangentes menées de l'origine à la courbe. Ordonnons cette équation, elle devient

$$(E^2 - 4 C F) m^2 + 2 (D E - 2 B F) m + D^2 - 4 A F = o.$$

Si l'origine est extérieure à la courbe, cette équation devra donner pour m deux valeurs réelles; elle aura, au contraire, ses racines imaginaires si l'origine des coordonnées est intérieure à la courbe.

Formons la condition de réalité des racines

$$(D E - 2 B F)^2 - (E^2 - 4 C F)(D^2 - 4 A F) > o,$$

qu'on peut écrire

$$4 F [A E^2 - B D E + C D^2 + F (B^2 - 4 A C)] > o.$$

La quantité entre crochets est bien connue; égalée à o, elle représente la condition pour que l'équation du second degré représente deux droites; désignons-la par Δ. On voit donc que si

$$F \Delta > o$$

l'origine des coordonnées est extérieure à la courbe, et que si

$$F \Delta < o$$

l'origine est intérieure à la courbe.

Soit maintenant un point (α, β) extérieur à la courbe. Si l'origine est extérieure, le point et l'origine étant dans la même région, la fonction $f(x, y)$ prendra le même signe pour le point (α, β) et pour l'origine. Sa valeur à l'origine est F. Donc

$$\text{F et } f(\alpha, \beta) \quad \text{ou} \quad \text{F}\Delta \text{ et } f(\alpha, \beta)\Delta$$

seront de même signe; comme FΔ est positif, on aura aussi

$$f(\alpha, \beta)\Delta > 0.$$

Au contraire, si l'origine est intérieure à la courbe, pour l'origine et pour le point (α, β), la fonction $f(x, y)$ prendra des signes contraires. On aura donc pour

$$\text{F}\Delta \text{ et } f(\alpha, \beta)\Delta$$

des signes contraires. Par suite encore, comme dans ce cas FΔ est négatif,

$$f(\alpha, \beta)\Delta > 0.$$

Ainsi l'on voit que, pour qu'un point (α, β) soit intérieur à la courbe, il faut et il suffit que le produit $f(\alpha, \beta)\Delta$ soit positif, c'est-à-dire que $f(\alpha, \beta)$ et Δ soient de même signe. Au contraire, si le point était extérieur, $f(\alpha, \beta)$ et Δ seraient de signes contraires.

NOTE VI.

(Page 116.)

1. On connaît différentes méthodes qui permettent d'écrire l'équation des lieux géométriques. Nous les rappellerons ici et nous présenterons quelques remarques qui n'ont pas été développées dans le texte.

Il arrive assez souvent qu'on obtient immédiatement l'équation d'un lieu géométrique en traduisant analytiquement la propriété qui sert de définition au lieu. C'est ainsi, pour prendre un exemple simple, que si l'on cherche l'équation du lieu des points tels que le produit de leurs distances à deux points fixes (a, b), (a', b') soit constant, on obtient immédiatement l'équation du lieu. On a

$$[(x-a)^2 + (y-b)^2][(x-a')^2 + (y-b')^2] = K.$$

Cette méthode ayant été employée plusieurs fois dans le texte, nous ne la développerons pas.

2. Dans d'autres cas, on trouve plus commode d'introduire un paramètre arbitraire que nous désignerons par α. Alors les points du lieu, correspondant à une valeur de ce paramètre, ont leurs coordonnées déterminées par deux équations

$$(1) \qquad f(x, y, \alpha) = 0,$$
$$(2) \qquad \varphi(x, y, \alpha) = 0.$$

Ces deux équations s'interprètent de la manière suivante : si dans la première on donne à α différentes valeurs, elle représente une série de courbes, en sorte qu'à chaque nouvelle valeur de α correspond, en général, une nouvelle courbe. La deuxième équation, considérée séparément, donne une deuxième série de courbes. Cela posé, si dans les deux systèmes on choisit les courbes correspondant à une même valeur de α, les points d'intersection de ces courbes appartiennent au lieu.

Ainsi, par les équations précédentes, le lieu peut être défini comme engendré par l'intersection des courbes de deux systèmes différents : à une courbe du premier système correspondant à une valeur du paramètre, il faut adjoindre la courbe du deuxième système correspondant à la même valeur du paramètre.

Ce mode de génération, qu'il était utile de signaler, n'indique en aucune manière comment on trouve l'équation du lieu. Revenons aux équations (1) et (2), et supposons qu'elles soient vérifiées par les valeurs x_1, y_1, α_1, de x, y, α; alors x_1, y_1 seront les coordonnées d'un point du lieu, et l'on aura

$$f(x_1, y_1, \alpha_1) = 0, \quad \varphi(x_1, y_1, \alpha_1) = 0.$$

D'après cela, si l'on considère les deux équations

$$f(x_1, y_1, \alpha) = 0, \quad \varphi(x_1, y_1, \alpha) = 0$$

contenant l'inconnue α, on voit qu'elles seront vérifiées pour la même valeur α_1 de α; elles devront donc avoir une racine commune. Exprimons, par conséquent, que ces équations en α ont une racine commune, c'est-à-dire *éliminons α entre ces équations*. Nous aurons une relation

$$\varpi(x_1, y_1) = 0,$$

qui sera l'équation cherchée.

Il est évident d'abord que tous les points du lieu devront satisfaire à cette équation, et, réciproquement, il est facile de démontrer que tout point (x_1, y_1) dont les coordonnées satisfont à l'équation

$$\varpi(x, y) = 0$$

est un point du lieu. Supposons que l'on ait

$$\varpi(x_1, y_1) = 0.$$

Cette relation est le résultat de l'élimination de α entre les deux équations

$$f(x_1, y_1, \alpha) = 0, \quad \varphi(x_1, y_1, \alpha) = 0,$$

c'est-à-dire qu'elle est la condition nécessaire et suffisante pour que ces équations aient une racine commune. La théorie de l'élimination apprend que cette racine commune sera donnée par une équation du premier degré. Par exemple, si les deux équations sont algébriques et entières par rapport à α, le plus grand commun diviseur des premiers membres sera du premier degré, et, comme on l'obtient par une série de divisions, la racine commune α_1 sera donnée par une équation du premier degré; elle sera donc réelle et de la forme

$$\alpha_1 = \frac{F(x_1, y_1)}{F_1(x_1, y_1)}.$$

Cette racine commune satisfaisant à la fois aux deux équations, on aura

$$f(x_1, y_1, \alpha_1) = 0, \quad \varphi(x_1, y_1, \alpha_1) = 0 ;$$

d'où l'on voit que x_1, y_1 seront bien les coordonnées d'un point du lieu correspondant à la valeur réelle α_1 de α. Ainsi *tous les points de la courbe*

$$\varpi(x, y) = 0$$

seront bien des points du lieu.

3. Le raisonnement précédent serait en défaut : 1° si, contrairement à ce que nous avons supposé, pour tout point de la courbe

$$\varpi(x, y) = 0,$$

les équations en α avaient plusieurs racines communes. Alors ces racines communes, étant données par une équation de degré supérieur, pourraient fort bien être imaginaires; 2° si, pour des points particuliers de la courbe $\varpi(x, y) = 0$, les deux équations en α ont plus d'une racine commune, il y aura lieu, dans ce cas, d'examiner si ces points particuliers font partie du lieu.

4. Nous allons donner des exemples de ces deux cas d'exception. Proposons-nous d'abord le problème suivant : *Une droite de longueur constante se meut de telle manière que ses extrémités glissent sur deux droites rectangulaires* OX, OY (*fig.* 28). *Lieu décrit par un point* M *invariablement lié à la droite.*

Nous supposerons que le point M soit lié à la droite par la perpendiculaire CM $= c$, soit AB $= a$, CB $= b$. La figure ACBM formera un système invariable dont les points A et B se déplaceront sur les deux axes OY, OX. Nous emploierons l'arbitraire φ, qui est l'angle que fait la droite BA avec OX ou plutôt avec OX'. Soient x, y les coordonnées du point M. L'abscisse x sera la projection orthogonale de OM ou du chemin

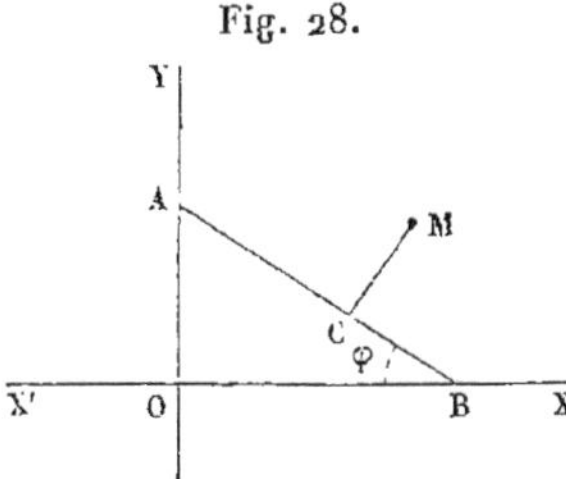

Fig. 28.

OACM. La projection de ce chemin se compose de celle de AC augmentée de celle de CM ; ce qui donne

$$x = a\cos\varphi + c\sin\varphi.$$

On aurait de même

$$y = b\sin\varphi + c\cos\varphi.$$

Telles sont les équations que déterminent x et y en fonction de φ. Pour

avoir l'équation du lieu, il faut éliminer φ entre ces deux équations. Pour cela, nous allons d'abord tirer des deux équations les valeurs de $\sin\varphi$ et de $\cos\varphi$; ce qui donne

$$(3) \qquad \sin\varphi = \frac{ay - cx}{ab - c^2}, \quad \cos\varphi = \frac{bx - cy}{ab - c^2}.$$

Écrivons ensuite que $\sin^2\varphi + \cos^2\varphi = 1$, nous trouvons pour l'équation du lieu cherché

$$(4) \qquad (ay - cx)^2 + (bx - cy)^2 = (ab - c^2)^2,$$

qui représente une ellipse, puisque les termes du second degré sont la somme de deux carrés. Cette ellipse est évidemment rapportée à son centre. Réciproquement, à tout point de cette ellipse correspondent des valeurs de $\sin\varphi$ et de $\cos\varphi$ données par les équations (3). Ces valeurs sont acceptables, puisque la somme de leurs carrés est égale à 1 d'après l'équation (4), et elles déterminent sans ambiguïté la valeur de φ, correspondante à chaque point de l'ellipse. Donc tout point de l'ellipse fait partie du lieu, l'ellipse tout entière est décrite par le point M.

5. Mais considérons le cas particulier où $ab - c^2 = 0$. Dans ce cas le problème se simplifie. Reportons-nous aux équations qui donnent x et y, multiplions la première par b, la seconde par $-c$ et ajoutons-les. Nous aurons l'équation

$$bx - cy = 0,$$

qui tiendra lieu d'une de ces deux équations et qui sera l'équation du lieu. Dans ce cas particulier, le point M décrit une droite passant par l'origine, et les équations qui donnent x, y peuvent être remplacées par le système suivant :

$$(5) \qquad \begin{cases} x = a\cos\varphi + c\sin\varphi, \\ bx - cy = 0. \end{cases}$$

Tout point de la droite $bx - cy = 0$ est-il un point du lieu? Il est évident, géométriquement, que non. Car le point M ne peut s'éloigner indéfiniment de l'origine, d'après la nature de la question. C'est ce que va nous montrer le calcul. Soient en effet x_1, y_1 les coordonnées d'un point de la droite, la valeur de φ correspondante sera alors donnée uniquement par la première équation du système (5) [équivalent au système des deux équations qui donnent x et y],

$$x_1 = a\cos\varphi + c\sin\varphi,$$

qui fournit pour φ deux valeurs; mais ces valeurs ne sont réelles que si

$$a^2 + c^2 - x_1^2 > 0.$$

Ainsi, les seuls points de la droite qui soient points du lieu sont ceux dont l'abscisse satisfait à l'inégalité

$$x_1^2 < a^2 + c^2,$$

et, comme pour tout point de la droite on a

$$\frac{x_1}{c} = \frac{y_1}{b} = \frac{\sqrt{x_1^2 + y_1^2}}{\sqrt{c^2 + b^2}},$$

l'inégalité peut s'écrire

$$x_1^2 + y_1^2 \underset{<}{=} \frac{(a^2 + c^2)(c^2 + b^2)}{c^2}.$$

Remplaçons c^2 par sa valeur ab, on aura

$$x_1^2 + y_1^2 < (a + b)^2.$$

Ainsi les seuls points de la droite qui soient points du lieu sont ceux qui sont à une distance de l'origine moindre que $a + b$ ou AB. C'est, du reste, ce qu'on peut facilement expliquer par la géométrie.

6. Revenons maintenant au problème général, et examinons le deuxième cas d'exception dans lequel le raisonnement ne s'applique plus. Étant données les équations

$$f(x, y, \alpha) = 0, \quad \varphi(x, y, \alpha) = 0,$$

on obtient l'équation du lieu en éliminant α entre ces deux équations, ce qui donne la relation

$$\varpi(x, y) = 0.$$

Réciproquement nous avons vu que tout point de cette courbe (x_1, y_1) est un point du lieu, pourvu que les deux équations en α

$$f(x_1, y_1, \alpha) = 0, \quad \varphi(x_1, y_1, \alpha) = 0$$

aient une seule racine commune, car alors cette racine sera donnée par une équation du premier degré, qu'on obtient après une série de divisions, et elle sera réelle.

Supposons maintenant que pour le point (x_1, y_1) les deux équations en α aient plus d'une racine commune, qu'elles aient deux racines communes par exemple. Alors ces deux racines communes seront données par une équation du second degré

$$P\alpha^2 + Q\alpha + R = 0,$$

où les coefficients P, Q, R sont des fonctions de x_1, y_1 ; cette équation du second degré pourra avoir des racines imaginaires, et l'on ne pourra déterminer alors aucune valeur réelle de α correspondant au point (x_1, y_1). Si donc on a supposé que le paramètre α prend seulement des valeurs réelles, le point (x_1, y_1) ne fera pas partie du lieu. On peut énoncer les propositions suivantes, qui sont *généralement* vraies et que nous nous dispenserons de démontrer :

1° Si l'équation du second degré en α a ses racines imaginaires, le point (x_1, y_1) sera un point isolé sur la courbe ;

2° Si l'équation a ses racines réelles et inégales α_1, α_2, le point (x_1, y_1) correspondra à deux valeurs du paramètre α_1, α_2, et sera, *en général,* un point double du lieu cherché.

7. Pour donner un exemple du cas que nous venons d'examiner, proposons-nous le problème suivant : *D'un point on abaisse des perpendiculaires sur les tangentes à un cercle : on demande le lieu des pieds de ces perpendiculaires ?*

Soient

$$x^2 + y^2 - R^2 = 0$$

l'équation du cercle, et a, b les coordonnées du point. L'équation d'une tangente au cercle, en fonction du coefficient angulaire, sera

$$(5) \qquad y = mx \pm R\sqrt{m^2 + 1}\,.$$

La perpendiculaire abaissée du point sur cette tangente aura pour équation

$$(6) \qquad y - b = -\frac{1}{m}(x - a),$$

et le pied de la perpendiculaire sera donné par les deux équations (5) et (6). Pour avoir l'équation du lieu, il faut éliminer m entre ces deux équations. On tire de l'équation (6)

$$(7) \qquad m = -\frac{x - a}{y - b}.$$

Rendons l'équation (5) rationnelle ; elle devient

$$(8) \qquad (y - mx)^2 = R^2(m^2 + 1),$$

et si nous remplaçons m par sa valeur tirée de l'équation (7), nous trouvons pour l'équation du lieu

$$(9) \qquad (y^2 + x^2 - ax - by)^2 = R^2[(x - a)^2 + (y - b)^2].$$

A tout point de la courbe (9) correspond une seule valeur de m, déterminée par l'équation (7) et réelle. On voit donc que tous les points de la courbe font partie du lieu.

Il faut cependant faire une exception pour le point $(y = b, x = a)$ qui fait partie du lieu. Pour ce point, la valeur de m fournie par l'équation (7) est illusoire, elle se présente sous la forme $\frac{0}{0}$; en d'autres termes, l'équation est satisfaite d'elle-même; il faut avoir recours à l'équation (8), qui devient

$$(b - ma)^2 = R^2(m^2 + 1), \quad m^2(a^2 - R^2) - 2bam + b^2 - R^2 = 0,$$

et donne pour m deux valeurs. Ces valeurs sont réelles si

$$b^2 a^2 - (a^2 - R^2)(b^2 - R^2) > 0,$$

ou

$$a^2 + b^2 - R^2 > 0;$$

il faut que le point soit extérieur au cercle. Si le point est intérieur au cercle, les valeurs de m sont imaginaires, et l'on voit bien alors, conformément à la théorie, que ce point ne peut faire partie du lieu, puisque les points du lieu, étant les pieds des perpendiculaires sur les tangentes, doivent être tous extérieurs au cercle, tous les points d'une tangente étant en dehors du cercle.

La discussion de la courbe (9) montre que si le point (a, b) est extérieur au cercle, c'est un point double, et que s'il est intérieur, c'est un point isolé. La courbe est d'ailleurs un *limaçon de Pascal*. Ces résultats sont conformes aux propositions générales que nous avons énoncées sans démonstration.

8. Il est utile de faire remarquer, en terminant ce sujet, que le cas de deux racines communes aux deux équations en α n'est nullement un cas exceptionnel. Pour que les deux équations

$$f(x_1, y_1, \alpha) = 0, \quad \varphi(x_1, y_1, \alpha) = 0$$

aient deux racines communes, il faut que deux équations de condition soient satisfaites. Or, comme on dispose de deux inconnues x_1, y_1, on pourra, en général, déterminer ces deux inconnues de telle manière que les deux équations de condition soient satisfaites. On aura donc un nombre limité de points du lieu, qui seront, en général, des points multiples, et pour lesquels les équations en α auront deux racines communes. Pour chacun de ces points, il sera indispensable de faire une discussion particulière.

9. Le problème général que nous traitons donne lieu à d'autres remarques importantes. Nous avons vu qu'étant données les deux équations

$$f(x, y, \alpha) = 0, \quad \varphi(x, y, \alpha) = 0,$$

on obtient, en éliminant α, l'équation du lieu

$$\varpi(x, y) = 0.$$

A tout point de la courbe (x_1, y_1) correspond une valeur de α, donnée par une équation de la forme

$$\alpha = \frac{F(x_1, y_1)}{F_1(x_1, y_1)};$$

d'où il résulte qu'à tout point de la courbe correspond une valeur réelle de α (à part les cas d'exception signalés), et par suite que tous les points de la courbe sont des points du lieu. Mais *cette conclusion suppose essentiellement* que le paramètre α peut prendre toutes les valeurs possibles, et c'est ce qui n'a pas lieu nécessairement. De là, dans certains cas, la nécessité de rejeter certaines parties de la courbe, comme on le verra dans l'exemple suivant.

Étant donnés un cercle et un point D (*fig.* 29), *on mène par le point* A *des sécantes, et l'on demande le lieu des milieux de ces sécantes.*

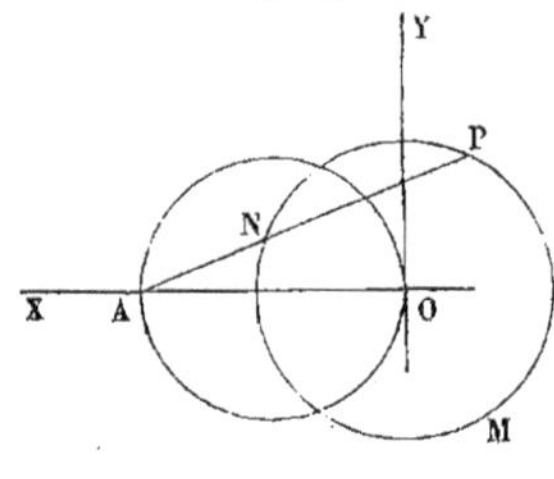

Fig. 29.

Supposons qu'on ait pris des axes rectangulaires, l'axe des x passant par le point A, et soit a l'abscisse de A. Une sécante passant par le point A aura pour équation

$$(10) \qquad y = m(x - a).$$

L'équation du cercle sera

$$(11) \qquad y^2 + x^2 = R^2.$$

Cherchons les abscisses des points d'intersection du cercle et de la sécante. On portera la valeur des y tirée de l'équation (10) dans l'équation (11), ce qui donne

$$(1 + m^2)x^2 - 2m^2ax + m^2a^2 - R^2 = 0.$$

L'abscisse du point milieu X sera égale à la demi-somme des abscisses. On aura donc

$$(12) \qquad X = \frac{am^2}{1 + m^2}.$$

D'ailleurs le point milieu est sur la droite (10). Ses coordonnées vérifient l'équation

$$(13) \qquad Y = m(X - a).$$

Pour avoir l'équation du lieu, il faudra éliminer m entre les équations (12), (13). On trouve ainsi

$$X = \frac{a Y^2}{(X - a)^2 + Y^2}, \quad (X - a)(Y^2 + X^2 - aX) = 0.$$

Laissons de côté le facteur $X - a$, qui ne répond pas à la question. On a

$$Y^2 + X^2 - aX = 0,$$

qui est l'équation du cercle décrit sur AO comme diamètre. A tout point (x_1, y_1) de ce cercle correspond une valeur de m donnée par la formule

$$m = \frac{y_1}{x_1 - a}.$$

En résulte-t-il que tout point du cercle soit un point du lieu? Ce serait exact, si m pouvait prendre toutes les valeurs; mais la sécante ANP devant rencontrer le cercle, on voit que m devra être en valeur absolue inférieure au coefficient angulaire de la tangente même du point A au cercle. Il n'y aura que les points du lieu situés à l'intérieur du cercle primitif qui donneront des valeurs convenables de m. Ainsi les points seuls du cercle décrit sur OA comme diamètre qui sont à l'intérieur du cercle MN devront faire partie du lieu.

10. Enfin une dernière remarque très-importante se rapporte au cas où les courbes de l'un des systèmes.

$$f(x, y, \alpha) = 0,$$
$$\varphi(x, y, \alpha) = 0$$

passent toutes par des points fixes. Supposons, par exemple, que toutes les courbes du premier système passent par un point (a, b). Je dis que ce point fera partie du lieu. En effet, si toutes les courbes du premier système passent par ce point, l'équation

$$f(a, b, \alpha) = 0$$

sera satisfaite, quel que soit α; elle sera donc identique. Alors on pourra toujours satisfaire à la seconde

$$\varphi(a, b, \alpha) = 0$$

par une valeur convenable de α, et, dès lors, les autres équations étant satisfaites, le point (a, b) fera partie du lieu. Il est vrai que les valeurs de α correspondantes à ces points peuvent être imaginaires; mais ce cas a été déjà examiné à part.

11. Après avoir considéré le cas où l'on introduit dans les équations un paramètre arbitraire, nous dirons quelques mots des lieux géométriques que l'on obtient en faisant intervenir un nombre quelconque de paramètres. Pour plus de simplicité, nous examinerons le cas où les coordonnées d'un point du lieu dépendent de deux arbitraires α, β. Alors ces coordonnées sont définies par deux équations de la forme suivante :

$$(10)' \qquad f(x, y, \alpha, \beta) = 0,$$
$$(11)' \qquad \varphi(x, y, \alpha, \beta) = 0.$$

Supposons d'abord que les arbitraires α, β soient indépendantes, il est facile de voir que, dans ce cas, le point (x, y) ne décrira pas une courbe, mais sera un point quelconque du plan. Donnons en effet à x, y des valeurs quelconques x_1, y_1, les deux équations précédentes deviendront

$$f(x_1, y_1, \alpha, \beta) = 0, \quad \varphi(x_1, y_1, \alpha, \beta) = 0.$$

On pourra toujours trouver des valeurs de α et de β vérifiant ces deux équations. Pour que ces valeurs soient réelles, il faudra peut-être que x_1, y_1 vérifient certaines inégalités, c'est-à-dire que le point (x_1, y_1) soit placé (*voir* la Note V) dans certaines régions du plan. Mais on pourra le choisir arbitrairement dans ces régions. Ainsi le point (x, y) ne décrira pas une courbe ; quand α, β prendront toutes les valeurs possibles, il pourra occuper toutes les positions possibles dans certaines parties du plan.

Supposons maintenant que les paramètres α, β ne soient plus indépendants, qu'ils soient liés par une équation

$$(12)' \qquad \psi(\alpha, \beta) = 0.$$

Par cette équation, β pourra être considéré comme une fonction de α, et les équations $(10)'$ et $(11)'$ pourront être considérées comme ne contenant qu'un seul paramètre α ; alors le point (x, y) décrira une courbe, dont on obtiendra l'équation en éliminant α, β entre les trois équations $(10)'$, $(11)'$, $(12)'$.

12. Proposons-nous, par exemple, le problème suivant : *On donne un un cercle (fig. 30), deux points* A, B *sur ce cercle, et un point* C *ayant une position quelconque. Par le point* C, *on mène une sécante* CPN *coupant le cercle en deux points* P, N, *on joint* AP, BN, *et l'on demande le lieu du point de rencontre de ces droites.*

Nous prendrons pour axe des x la ligne AB, et pour axe des y la perpendiculaire élevée sur le milieu de AB. Désignons par a la distance OA.

35.

L'équation du cercle sera

$$x^2 + y^2 + By - a^2 = 0.$$

L'équation de la droite AP sera

$$(14) \qquad y = m(x + a),$$

celle de la droite BN

$$(15) \qquad y = m'(x - a),$$

et les deux droites se coupant en M, les deux équations (14), (15) déter-

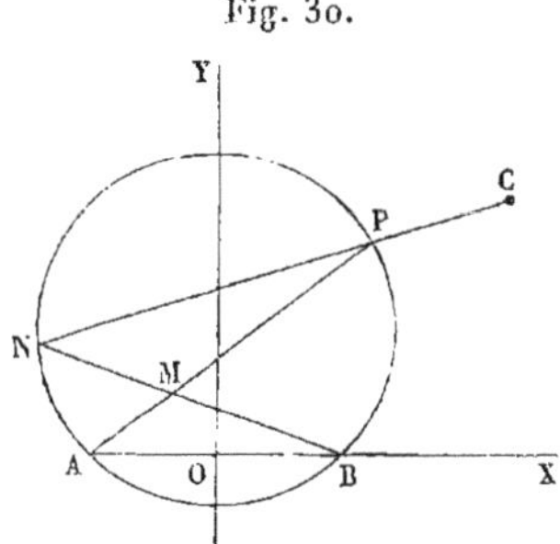

Fig. 3o.

minent par leur intersection le point du lieu. Seulement ces deux équations renferment deux paramètres arbitraires m et m', entre lesquels il faut trouver une relation. Cette relation s'obtiendra en exprimant que le point P où la droite AP va couper le cercle, le point N où la droite BN rencontre le cercle et le point C sont en ligne droite. Déterminons les coordonnées du point N. Ces coordonnées satisfont aux deux équations (15) et (12). Portons la valeur de y tirée de l'équation (15) dans l'équation du cercle, nous trouvons

$$x^2 - a^2 + m'^2(x - a)^2 + Bm'(x - a) = 0,$$

qui donne les abscisses des points B, N d'intersection de la droite et du cercle.

Divisons par $x - a$, qui est le facteur correspondant au point A, nous trouvons, pour l'abscisse x' de N,

$$x' = \frac{am'^2 - Bm' - a}{1 + m'^2},$$

et par suite pour l'ordonnée y', d'après la formule (15),

$$y' = \frac{-Bm'^2 - 2am'}{1 + m'^2}.$$

Désignons par x, y les coordonnées du point P; elles seraient de même données par les formules

$$x = \frac{-am^2 - Bm + a}{1 + m^2}, \quad y = \frac{-Bm^2 + 2am}{1 + m^2}.$$

Enfin soient α, β les coordonnées connues du point C, les trois points

(x, y), (x', y'), (α, β) doivent être en ligne droite, ce qu'on exprime par la relation

$$(16) \qquad \frac{y - \beta}{x - \alpha} = \frac{y' - \beta}{x' - \alpha}.$$

Si l'on remplace dans cette équation les coordonnées par leurs valeurs, on trouve

$$(17) \qquad \frac{-(B + \beta)m^2 + 2am - \beta}{-(a + \alpha)m^2 - Bm + a - \alpha} = \frac{-(B + \beta)m'^2 - 2am' - \beta}{+(a - \alpha)m'^2 - Bm' - a - \alpha}.$$

Telle est la relation qui existe entre les paramètres m, m'. Il faut maintenant éliminer m, m' entre les équations (14), (15), (17). Des deux premières, on tirera les valeurs de m, m', et on les portera dans l'équation (17); on aura ainsi l'équation du lieu.

Mais l'exemple que nous avons choisi montre bien l'attention qu'il faut apporter dans la recherche des lieux géométriques. En effet, d'après la définition du lieu, on voit que si l'on mène la droite AP de coefficient angulaire m, la droite CP coupera le cercle en un seul point nouveau N, et, par suite, la droite BN sera bien déterminée ; ainsi à une valeur du paramètre m correspond une seule valeur de m'. Cependant la relation (17), que nous avons trouvée, fournit, pour une valeur de m, deux valeurs de m'. Il y là un fait qu'il faut expliquer.

Remarquons que l'équation (17), ou, ce qui revient au même, l'équation (16), serait vérifiée si l'on avait

$$y = y', \quad x = x',$$

c'est-à-dire si le point N coïncidait avec le point P ; alors les deux droites AP, BN se couperaient au même point sur le cercle. On voit donc que si nous avions continué le calcul sans attention, nous aurions trouvé nonseulement le lieu cherché, mais encore le cercle primitif. A une droite AP correspondraient deux droites BN, BP.

On supprimera la solution donnant le cercle en écrivant l'équation (16) sous la forme nouvelle

$$(18) \qquad \frac{y - y'}{x - x'} = \frac{y - \beta}{x - \alpha}.$$

On a

$$y - y' = \frac{m' + m}{(1 + m^2)(1 + m'^2)} \left[B(m' - m) + 2a(1 + mm') \right],$$

$$x - x' = \frac{1 - mm'}{(1 + m^2)(1 + m'^2)} \left[B(m' - m) + 2a(1 + mm') \right].$$

Le facteur commun à ces différences, égalé à zéro, donne la condition pour que les deux droites se coupent sur le cercle ; si nous le supprimons dans le quotient, nous aurons fait disparaître la solution étrangère que nous avions aperçue. Alors l'équation (18) deviendra

$$\frac{m + m'}{1 - mm'} = \frac{(B + \beta) m^2 - 2am + \beta}{(a + \alpha) m^2 + Bm - a + \alpha}.$$

ou, en chassant les dénominateurs,

$$(1 + m^2) \left[(B + \beta) mm' - (a - \alpha) m' + (a + \alpha) m - \beta \right] = 0.$$

Leur facteur $1 + m^2$ peut être supprimé, et l'on a enfin, pour la véritable relation correspondant au lieu géométrique,

$$(19) \qquad (B + \beta) mm' - (a - \alpha) m' + (a + \alpha) m - \beta = 0.$$

Portons dans cette équation les valeurs de m et de m', tirées des équations (14) et (15) qui déterminent le point M ; l'équation du lieu deviendra

$$(B + \beta) y^2 - (a - \alpha) y (x + a) + (a + \alpha) y (x - a) - \beta (x^2 - a^2) = 0.$$

ou enfin

$$- \beta x^2 + 2\alpha xy + (B + \beta) y^2 - 2a^2 y + Ba^2 = 0.$$

C'est une courbe du second degré. Cette courbe se décomposera en deux droites quand le point C sera soit sur le cercle, soit sur la droite AB. Comme les droites qui, par leur intersection, donnent le lieu passent par les points fixes A et B, le lieu passe par ces deux points, comme il est facile de s'en assurer.

NOTE VII.

SUR LES DÉTERMINANTS ET LEUR APPLICATION EN GÉOMÉTRIE ANALYTIQUE.

(Page 104.)

Nous commençons par rappeler les propriétés et la définition des déterminants.

Considérons des quantités ou éléments rangés en lignes horizontales et colonnes verticales

$$
\begin{array}{ccccc}
a & b & c & \ldots & l, \\
a' & b' & c' & \ldots & l, \\
\vdots & \vdots & \vdots & \vdots & \vdots \\
a_n & b_n & c_n & \ldots & l_n.
\end{array}
$$

Ces *éléments* sont évidemment au nombre de n^2. Cela posé, on appelle *déterminant* des n^2 éléments le polynôme défini de la manière suivante :

1° Le déterminant de quatre éléments ou du deuxième ordre

$$
\begin{vmatrix} a & b \\ a' & b' \end{vmatrix} = ab' - ba';
$$

2° Le déterminant de neuf éléments ou du troisième ordre

$$
\begin{vmatrix} a & b & c \\ a' & b' & c' \\ a'' & b'' & c'' \end{vmatrix} = ab'c'' - ac'b'' + ca'b'' - ba'c'' + bc'a'' - cb'a'';
$$

3° Le déterminant d'un nombre quelconque n^2 d'éléments ou du $n^{\text{ième}}$ ordre est un polynôme défini comme il suit.

Chaque terme du déterminant contient un élément d'une ligne ou d'une colonne, et un seul. Ainsi, dans le cas d'un déterminant de neuf éléments déjà écrit, il y a des termes qui contiennent a, des termes qui contiennent a', des termes contenant a'', et le déterminant peut s'écrire

$$
Aa + A'a' + A''a''.
$$

Les coeficients A, A', A'' ne contiennent ni a, ni a', ni a''. En d'autres termes, le déterminant est une fonction linéaire et homogène des éléments d'une ligne ou d'une colonne quelconque.

Il suit de là qu'étant donné un déterminant, on pourra le supposer ordonné par rapport aux termes d'une ligne ou d'une colonne quelconque ; et, pour la définition complète, il suffira de connaître quel est le coefficient de chaque élément. Voici la règle pour déterminer ce coefficient.

Pour avoir le coefficient d'un élément quelconque dans le développement du déterminant, on supprime la ligne et la colonne auxquelles appartient l'élément considéré ; le déterminant des éléments qui restent est, au signe près, le coefficient cherché.

Ainsi, supposons qu'on veuille avoir dans le déterminant du troisième ordre le coefficient de b'. On supprime la ligne et la colonne auxquelles appartient b', il reste les quatre éléments

$$
\begin{array}{cc}
a & c, \\
a'' & c'',
\end{array}
$$

dont le déterminant est, au signe près, le coefficient de b'.

Il ne reste donc plus qu'à déterminer le signe avec lequel doit être pris ce déterminant. Voici la règle. Considérons, par exemple, le déterminant

$$
\begin{vmatrix}
\overset{+}{a} & \overset{-}{b} & \overset{+}{c} & d \\
a' & b' & \overset{-}{c'} & d' \\
a'' & b'' & \overset{+}{c''} & d'' \\
a''' & b''' & c''' & d'''
\end{vmatrix},
$$

et supposons qu'on veuille obtenir le signe du coefficient de c''. On partira de l'élément a, et l'on se déplacera sur la première ligne jusqu'à ce qu'on soit arrivé à la colonne qui contient c'', en commençant par le signe $+$, et en changeant de signe chaque fois qu'on passera d'un élément au suivant ; on répétera la même opération en suivant la colonne jusqu'à c'' : on voit qu'ici on arrive à c'' avec le signe $+$. Le coefficient de c'' sera le déterminant obtenu en supprimant la ligne et la colonne de c'', *pris avec le signe obtenu par la règle précédente*.

Les règles que nous venons de donner suffisent à la définition des déterminants. Ainsi supposons qu'on veuille développer le déterminant du troisième ordre. On aura, en l'ordonnant suivant les éléments de la première ligne,

$$
\begin{vmatrix}
a & b & c \\
a' & b' & c' \\
a'' & b'' & c''
\end{vmatrix}
= a \begin{vmatrix} b' & c' \\ b'' & c'' \end{vmatrix}
- b \begin{vmatrix} a' & c' \\ a'' & c'' \end{vmatrix}
+ c \begin{vmatrix} a' & b' \\ a'' & b'' \end{vmatrix}.
$$

On peut développer aussi suivant les éléments d'une colonne, par exemple la seconde. On a ainsi

$$- b \begin{vmatrix} a' & c' \\ a'' & c'' \end{vmatrix} + b' \begin{vmatrix} a & c \\ a'' & c'' \end{vmatrix} - b'' \begin{vmatrix} a & c \\ a' & c' \end{vmatrix}.$$

De même pour le déterminant du quatrième ordre

$$\begin{vmatrix} a & b & c & d \\ a' & b' & c' & d' \\ a'' & b'' & c'' & d'' \\ a''' & b''' & c''' & d''' \end{vmatrix} = a \begin{vmatrix} b' & c' & d' \\ b'' & c'' & d'' \\ b''' & c''' & d''' \end{vmatrix} - a' \begin{vmatrix} b & c & d \\ b'' & c'' & d'' \\ b''' & c''' & d''' \end{vmatrix}$$
$$+ a'' \begin{vmatrix} b & c & d \\ b' & c' & d' \\ b''' & c''' & d''' \end{vmatrix} - a''' \begin{vmatrix} b & c & d \\ b' & c' & d' \\ b'' & c'' & d'' \end{vmatrix}.$$

On obtient ainsi les termes qui contiennent a, ceux qui contiennent a', a'', a''', c'est-à-dire, par la définition, tous les termes du déterminant. On développe de même les déterminants du troisième ordre, puis ceux du second ordre, jusqu'à ce qu'on ait le polynôme entièrement développé.

Exemples :

$$\begin{vmatrix} a & b'' & b' \\ b'' & a' & b \\ b' & b & a'' \end{vmatrix} = a \begin{vmatrix} a' & b \\ b & a'' \end{vmatrix} - b'' \begin{vmatrix} b'' & b' \\ b' & a'' \end{vmatrix} + b' \begin{vmatrix} b'' & b \\ b' & a'' \end{vmatrix}$$
$$= a a' a'' + 2 b b' b'' - a b^2 - a' b'^2 - a'' b''^2.$$

$$\begin{vmatrix} 1 & x & y \\ 1 & x' & y' \\ 1 & x'' & y'' \end{vmatrix} = 1 \begin{vmatrix} x' & y' \\ x'' & y'' \end{vmatrix} - 1 \begin{vmatrix} x & y \\ x'' & y'' \end{vmatrix} + 1 \begin{vmatrix} x & y \\ x' & y' \end{vmatrix}$$
$$= xy' - yx' + x'y'' - y'x'' + x''y - xy''.$$

Cette formule montre que la surface du triangle ayant pour sommets trois points (x, y), (x', y'), (x'', y'') peut s'écrire (*voir* p. 523)

$$S = \pm \frac{\sin \theta}{2} \begin{vmatrix} 1 & x & y \\ 1 & x' & y' \\ 1 & x'' & y'' \end{vmatrix}.$$

La règle que nous avons donnée relative au signe peut encore s'énoncer de la manière suivante. Le coefficient d'un élément sera le déterminant obtenu en supprimant la ligne et la colonne auxquelles appartient l'élément pris avec le signe $+$ ou $-$, suivant que la somme du rang de la ligne et de la colonne sera paire ou impaire.

Propriétés du déterminant. — 1. Un déterminant ne change pas quand on change les lignes en colonnes et les colonnes en lignes. Ainsi

$$\begin{vmatrix} a & b & c \\ a' & b' & c' \\ a'' & b'' & c'' \end{vmatrix} = \begin{vmatrix} a & a' & a'' \\ b & b' & b'' \\ c & c' & c'' \end{vmatrix}.$$

2. Le déterminant change de signe sans changer de valeur si l'on échange entre elles deux lignes ou deux colonnes :

$$\begin{vmatrix} a & b & c \\ a' & b' & c' \\ a'' & b'' & c'' \end{vmatrix} = - \begin{vmatrix} b & a & c \\ b' & a' & c' \\ b'' & a'' & c'' \end{vmatrix}.$$

3. Le déterminant est nul quand deux lignes ou deux colonnes sont identiques :

$$\begin{vmatrix} a & a & c \\ a' & a' & c' \\ a'' & a'' & c'' \end{vmatrix} = 0.$$

4. Si l'on multiplie tous les éléments d'une ligne ou d'une colonne par un nombre, le déterminant est multiplié par ce nombre :

$$\begin{vmatrix} am & b \\ a'm & b' \end{vmatrix} = m \begin{vmatrix} a & b \\ a' & b' \end{vmatrix}.$$

5. Si les éléments d'une ligne sont nuls à l'exception d'un seul, le déterminant se réduit, au signe près, au produit de cet élément, par le déterminant obtenu en supprimant la ligne et la colonne auxquelles il appartient. Ainsi

$$\begin{vmatrix} 0 & a & b \\ c & a' & b' \\ 0 & a'' & b'' \end{vmatrix} = - c \begin{vmatrix} a & b \\ a' & b' \end{vmatrix}.$$

Il suffit, pour se rendre compte de cette propriété, de supposer que le déterminant est développé suivant les éléments de la première colonne.

6. Si les éléments d'une ligne sont chacun la somme de deux quantités, le déterminant peut se remplacer par une somme de deux déterminants. Ainsi

$$\begin{vmatrix} a + l & b \\ a' + l' & b' \end{vmatrix} = \begin{vmatrix} a & b \\ a' & b' \end{vmatrix} + \begin{vmatrix} l & b \\ l' & b' \end{vmatrix}.$$

7. Le produit de deux déterminants du même ordre est un déterminant qu'on obtient de la manière suivante.

Considérons, par exemple, deux déterminants du troisième ordre

$$\begin{vmatrix} a & b & c \\ a' & b' & c' \\ a'' & b'' & c'' \end{vmatrix}, \quad \begin{vmatrix} m & n & p \\ m' & n' & p' \\ m'' & n'' & p'' \end{vmatrix}.$$

Leur produit sera le déterminant

$$\begin{vmatrix} am+bn+cp & a'm+b'n+c'p & a''m+b''n+c''p \\ am'+bn'+cp' & a'm'+b'n'+c'p' & a''m'+b''n'+c''p' \\ am''+bn''+cp'' & a'm''+b'n''+c'p'' & a''m''+b''n''+c''p'' \end{vmatrix},$$

c'est-à-dire qu'on aura le premier élément de la première colonne en multipliant les éléments correspondants des deux premières lignes dans les deux déterminants, et faisant la somme des produits; le deuxième élément, en multipliant les éléments correspondants de la première ligne dans le premier, de la deuxième dans le second déterminant, et faisant la somme des produits, etc., etc.

8. Quand on a à résoudre un système de n équations du premier degré à n inconnues,

$$a\,x + b\,y + c\,z + \ldots + lu = k,$$
$$a'x + b'y + c'z + \ldots + l'u = k',$$
$$\ldots\ldots\ldots\ldots\ldots\ldots\ldots\ldots\ldots\ldots ;$$
$$a_n x + b_n y + c_n z + \ldots + l_n u = k_n,$$

le dénominateur commun des inconnues est le déterminant des coefficients des inconnues :

$$\begin{vmatrix} a & b & c & \ldots & l \\ a' & b' & c' & \ldots & l' \\ \vdots & \vdots & \vdots & \vdots & \vdots \\ a_n & b_n & c_n & \ldots & l_n \end{vmatrix}.$$

Quant au numérateur, on l'obtient pour chaque inconnue en remplaçant, dans le déterminant précédent, *la colonne des coefficients de cette inconnue* par la colonne des termes tout connus des équations k, k', ..., k_n.

9. Si l'on a à éliminer n inconnues entre $n+1$ équations du premier degré, le résultat de l'élimination s'obtient en égalant à zéro le déterminant formé par tous les coefficients. Ainsi le résultat de l'élimination de x, y entre les équations

$$A x + B y + C = 0,$$
$$A'x + B'y + C' = 0,$$
$$A''x + B''y + C'' = 0,$$

est

$$\begin{vmatrix} A & B & C \\ A' & B' & C' \\ A'' & B'' & C'' \end{vmatrix} = o.$$

Il arrive quelquefois que le problème se présente d'une manière un peu différente : on a n équations contenant n inconnues, mais ces équations sont privées du second terme. Par exemple, pour $n = 3$,

$$A\,x + B\,y + C\,z = o,$$
$$A'x + B'y + C'z = o,$$
$$A''x + B''y + C''z = o,$$

et ces équations doivent être vérifiées pour des valeurs de x, y, z qui ne sont pas toutes nulles. En divisant les premiers membres par z, les équations ne contiennent plus que les rapports $\dfrac{x}{z}$, $\dfrac{y}{z}$, et le résultat de l'élimination de ces rapports s'obtient en égalant à zéro le déterminant des coefficients :

$$\begin{vmatrix} A & B & C \\ A' & B' & C' \\ A'' & B'' & C'' \end{vmatrix} = o.$$

Les propositions précédentes reçoivent de nombreuses applications. Nous traiterons, pour le moment, seulement la question suivante, dont la solution par les méthodes ordinaires serait fort longue.

Soient les équations.

$$(1) \qquad A\,x + B\,y + C = o,$$
$$(2) \qquad A\,x' + B\,y' + C' = o,$$
$$(3) \qquad A\,x'' + B\,y'' + C'' = o,$$

représentant trois droites. On demande la surface du triangle formé par ces trois droites. Soient (x, y) les coordonnées du point d'intersection des côtés (2) et (3), x_1, y_1 celles du point de rencontre des côtés (1), (3), enfin (x_2, y_2) celles du sommet opposé au côté (3). On aura, en introduisant trois arbitraires p, p_1, p_2,

$$(4) \qquad \left\{ \begin{aligned} A\,x + B\,y + C &= p, \\ A'x + B'y + C' &= o, \\ A''x + B''y + C'' &= o, \end{aligned} \right.$$

$$(5) \qquad \left\{ \begin{aligned} A\,x_1 + B\,y_1 + C &= o, \\ A'x_1 + B'y_1 + C' &= p_1, \\ A''x_1 + B''y_1 + C'' &= o, \end{aligned} \right.$$

$$(6) \quad \begin{cases} A\,x_2 + B\,y_2 + C = 0, \\ A'x_2 + B'y_2 + C' = 0, \\ A''x_2 + B''y_2 + C'' = p_2. \end{cases}$$

Le premier groupe, par exemple, exprime que le sommet (x, y) se trouve sur les deux côtés (2), (3) du triangle, et non sur le troisième. D'ailleurs la surface du triangle formé par les trois points est, d'après une formule rappelée plus haut,

$$S = \pm \frac{\sin\theta}{2} \begin{vmatrix} 1 & x & y \\ 1 & x_1 & y_1 \\ 1 & x_2 & y_2 \end{vmatrix}.$$

Multiplions le déterminant du second membre par le suivant :

$$\Delta = \begin{vmatrix} C & A & B \\ C' & A' & B' \\ C'' & A'' & B'' \end{vmatrix}.$$

D'après la règle de multiplication (7) nous trouvons

$$S\Delta = \pm \frac{\sin\theta}{2} \begin{vmatrix} C + Ax + By & C' + A'x + B'y & C'' + A''x + B''y \\ C + Ax_1 + By_1 & C' + A'x_1 + B'y_1 & C'' + A''x_1 + B''y_1 \\ C + Ax_2 + By_2 & C' + A'x_2 + B'y_2 & C'' + A''x_2 + B''y_2 \end{vmatrix},$$

ou, d'après les équations (4), (5), (6),

$$(7) \qquad S\Delta = \pm \frac{\sin\theta}{2} \begin{vmatrix} p & 0 & 0 \\ 0 & p' & 0 \\ 0 & 0 & p'' \end{vmatrix} = \pm \frac{\sin\theta}{2} pp'p''.$$

Tout se réduit à la détermination de p, p', p''. Considérons le groupe (4), on peut l'écrire

$$A x + B y + C - p = 0,$$
$$A'x + B'y + C' = 0,$$
$$A''x + B''y + C'' = 0.$$

Pour avoir p éliminons x, y entre ces trois équations, ce qui donne (9)

$$\begin{vmatrix} A & B & C - p \\ A' & B' & C' \\ A'' & B'' & C'' \end{vmatrix} = 0.$$

Ce déterminant peut s'écrire

$$\begin{vmatrix} A & B & C-p \\ A' & B' & C'-o \\ A'' & B'' & C''-o \end{vmatrix}.$$

Alors (d'après la propriété 6) on peut remplacer l'équation par la suivante

$$\begin{vmatrix} A & B & C \\ A' & B' & C' \\ A'' & B'' & C'' \end{vmatrix} - \begin{vmatrix} A & B & p \\ A' & B' & o \\ A'' & B'' & o \end{vmatrix} = o,$$

ou

$$\Delta - p\,(A'B'' - B'A'') = o.$$

On a donc

$$p = \frac{\Delta}{\begin{vmatrix} A' & B' \\ A'' & B'' \end{vmatrix}};$$

de même

$$p' = \frac{\Delta}{\begin{vmatrix} A'' & B'' \\ A & B \end{vmatrix}}, \qquad p'' = \frac{\Delta}{\begin{vmatrix} A & B \\ A' & B' \end{vmatrix}},$$

et, par suite, la formule (7) donne

$$S = \pm \frac{\sin\theta}{2}\, \frac{\Delta^2}{\begin{vmatrix} A & B \\ A' & B' \end{vmatrix}\begin{vmatrix} A' & B' \\ A'' & B'' \end{vmatrix}\begin{vmatrix} A'' & B'' \\ A & B \end{vmatrix}}$$

$$= \pm \frac{\sin\theta}{2}\, \frac{(AB'C'' - AC'B'' + CA'B'' - BA'C'' + BC'A'' - CB'A'')^2}{(AB' - BA')(A'B'' - B'A'')(A''B - B''A)}.$$

La méthode que nous venons de suivre est due à Joachimsthal.

NOTE VIII.

SUR LA RÉDUCTION DE L'ÉQUATION DU SECOND DEGRÉ A SA FORME
LA PLUS SIMPLE PAR LE CHANGEMENT DES COORDONNÉES.

(Page 154.)

Considérons une équation du second degré

$$(1) \qquad f(x, y) = A x^2 + B xy + C y^2 + D x + E y + F = 0$$

rapportée à des axes obliques faisant un angle θ.

On a vu (p. 154) que cette équation peut être ramenée à l'une des
deux formes

$$(2) \qquad \begin{cases} M X^2 + N Y^2 + P = 0, \\ P Y^2 + 2 Q X = 0 \end{cases}$$

par la transformation des coordonnées. Je me propose d'indiquer, dans
cette Note, une méthode différente de celle qui a été exposée (p. 154),
et qui s'applique au cas où les axes primitifs font un angle quelconque et
ne sont plus nécessairement rectangulaires. Cette méthode est fondée sur
la notion des *invariants,* due à un géomètre anglais, M. Boole.

Supposons d'abord que, dans l'équation primitive, on déplace les axes
parallèlement à eux-mêmes, il faudra, en désignant par x_1, y_1 les nouvelles coordonnées et par a, b les coordonnées de la nouvelle origine,
remplacer, dans l'équation (1), x par $x_1 + a$, y par $y_1 + b$; si nous effectuons cette substitution et que nous développions les calculs, la nouvelle
équation sera

$$(3) \quad A x_1^2 + B x_1 y_1 + C y_1^2 + x_1 f'_a (a, b) + y_1 f'_b (a, b) + f(a, b) = 0.$$

On voit que, dans cette nouvelle équation, les termes du premier degré et
le terme constant n'ont plus les mêmes coefficients; au contraire, les
coefficients des termes du second degré sont restés les mêmes. Ainsi :

*Quand on passe d'un système d'axes à un autre système d'axes paral-
lèles et de même direction, les termes du second degré conservent les
mêmes coefficients.*

Supposons maintenant qu'on effectue une transformation des axes en
changeant les directions, et en conservant la même origine. On sait

(*voir* Note I) que, dans ce cas, x_1, y_1 désignant les nouvelles coordonnées, les formules de transformation sont de la forme

$$(4) \qquad \begin{cases} x = mx_1 + ny_1, \\ y = px_1 + qy_1. \end{cases}$$

D'ailleurs l'origine restant la même, les deux expressions

$$x^2 + y^2 + 2xy \cos\theta \quad \text{et} \quad x_1^2 + y_1^2 + 2x_1 y_1 \cos\theta_1,$$

qui représentent toutes deux le carré de la distance d'un point à l'origine commune, doivent être identiques. Ainsi les formules de transformation sont telles que l'on a identiquement

$$(5) \qquad x^2 + y^2 + 2xy \cos\theta = x_1^2 + y_1^2 + 2x_1 y_1 \cos\theta_1.$$

Cela posé, substituons, pour avoir la nouvelle équation de la courbe, les valeurs de x, y en fonction de x_1, y_1 dans le premier membre de l'équation (1). On aura une nouvelle équation

$$\varphi(x_1, y_1) = A'x_1^2 + B'x_1 y_1 + C'y_1^2 + D'x_1 + E'y_1 + F' = 0,$$

et il est évident, puisque les formules sont homogènes, que les termes du second degré de la nouvelle équation proviendront des termes du second degré de la première. Par les formules de substitution,

$$A x^2 + B xy + C y^2$$

se transformera en

$$A'x_1^2 + B'x_1 y_1 + C'y_1^2.$$

On aura l'identité

$$(6) \qquad A x^2 + B xy + C y^2 = A'x_1^2 + B'x_1 y_1 + C'y_1^2.$$

Si nous ajoutons membre à membre les deux identités (5) et (6), après avoir multiplié la première par λ, nous obtenons

$$(7) \qquad \begin{cases} (A + \lambda)x^2 + (B + 2\lambda\cos\theta)xy + (C + \lambda)y^2 \\ \quad = (A' + \lambda)x_1^2 + (B' + 2\lambda\cos\theta_1)x_1 y_1 + (C' + \lambda)y_1^2; \end{cases}$$

c'est-à-dire que le premier membre de cette identité donnerait le second si l'on y mettait à la place de x, y leurs valeurs en x_1, y_1.

Il résulte de là que si, pour une valeur de λ, le premier membre devient un carré parfait, pour la même valeur de λ, le second sera aussi un carré parfait; en effet, si le premier membre devient le carré de $(ax + by)$, le second deviendra le carré de $[a(mx_1 + ny_1) + b(px_1 + qy_1)]$, obtenu en remplaçant x et y par leurs expressions en x_1, y_1. Par suite, les deux membres de l'identité deviennent carrés parfaits pour les mêmes valeurs de λ.

Or le premier membre est un carré parfait si

$$(B + 2\lambda \cos\theta)^2 - 4(A + \lambda)(C + \lambda) = 0;$$

ce qui donne, pour λ, l'équation

$$(8) \qquad 4\lambda^2 \sin^2\theta + 4\lambda(A + C - B\cos\theta) + 4AC - B^2 = 0.$$

Le second membre deviendra de même un carré parfait si λ est racine de l'équation pareille

$$(9) \qquad 4\sin^2\theta_1 \lambda^2 + 4\lambda(A' + C' - B'\cos\theta_1) + 4A'C' - B'^2 = 0.$$

Les deux membres devenant carrés parfaits pour les mêmes valeurs de λ, les équations (8) et (9) doivent avoir les mêmes racines. Il suffit, pour cela, que la somme et le produit des racines soient les mêmes dans les deux équations. On aura donc nécessairement

$$(10) \qquad \frac{A + C - B\cos\theta}{\sin^2\theta} = \frac{A' + C' - B'\cos\theta_1}{\sin^2\theta_1},$$

$$(11) \qquad \frac{B^2 - 4AC}{\sin^2\theta} = \frac{B'^2 - 4A'C'}{\sin^2\theta_1}.$$

C'est ce qu'on exprime en disant que, lorsqu'on passe d'un système d'axes à un autre système ayant même origine, les deux expressions

$$(12) \qquad \frac{A + C - B\cos\theta}{\sin^2\theta}, \quad \frac{B^2 - 4AC}{\sin^2\theta}$$

conservent la même valeur. C'est en raison de cette propriété qu'on les appelle des *invariants*.

Supposons maintenant que l'on passe d'un système d'axes à un autre système *quelconque*. Cette transformation peut s'effectuer : 1° en déplaçant les axes parallèlement à eux-mêmes, ce qui ne change pas les valeurs de A, B, C, et par conséquent celle des expressions (12); 2° en changeant ensuite les directions des axes sans changer l'origine : alors les coefficients A, B, C prennent des valeurs A', B', C', mais les expressions (12) formées avec les nouveaux coefficients conservent la même valeur qu'avec les anciens. On voit donc que, dans un déplacement quelconque d'axes, les deux expressions

$$\frac{A + C - B\cos\theta}{\sin^2\theta}, \quad \frac{B^2 - 4AC}{\sin^2\theta}$$

sont invariables, ce que nous nous proposons d'établir.

Toutefois, le résultat précédent suppose que, dans la transformation, on a simplement remplacé x, y par leurs nouvelles valeurs, exprimées en x', y', sans chasser les dénominateurs des formules générales de transformation

$$x = a + mx' + ny',$$
$$y = b + px' + qy';$$

de telle manière que le premier membre de la nouvelle équation soit

$$\varphi(x', y') = f(a + mx' + ny', \quad b + px' + qy').$$

Il y a une autre fonction des coefficients qui demeure invariable par la transformation des coordonnées, c'est l'expression

$$\frac{AE^2 - BDE + CD^2 + F(B^2 - 4AC)}{\sin^2\theta}.$$

On peut établir ce résultat de la manière suivante. Soit

$$f(x, y) = 0$$

l'équation de la courbe que nous supposons être une ellipse ou une hyperbole; alors, si nous rapportons cette courbe à son centre, son équation deviendra

$$Ax^2 + Bxy + Cy^2 + F_1 = 0,$$

où

$$F_1 = F + \frac{Da + Eb}{2}.$$

a et b désignant les coordonnées du centre. Ces coordonnées ont pour valeur (*voir* p. 165)

$$a = \frac{2CD - BE}{B^2 - 4AC}, \quad b = \frac{2AE - BD}{B^2 - 4AC},$$

et, en les substituant, on trouve

$$F_1 = \frac{AE^2 - BDE + CD^2 + F(B^2 - 4AC)}{B^2 - 4AC}.$$

Or on sait que le nouveau terme constant est la valeur de la fonction $f(x, y)$, dans laquelle on remplace x, y par les coordonnées a, b du centre. On a donc

$$(13) \qquad f(a, b) = \frac{AE^2 - BDE + CD^2 + F(B^2 - 4AC)}{B^2 - 4AC}.$$

Supposons maintenant qu'on rapporte la courbe à un autre système d'axes, et que $f(x, y)$ devienne $\varphi(x', y')$; alors en appelant a', b' les nouvelles coordonnées du centre, $f(a, b)$ deviendra $\varphi(a', b')$, et d'ailleurs on a, pour la nouvelle équation,

$$(14) \qquad \varphi(a', b') = \frac{A'E'^2 - B'D'E' + C'D'^2 + F'(B'^2 - 4A'C')}{B'^2 - 4A'C'};$$

d'où résulte, en posant, pour abréger,

$$(15) \quad \begin{cases} \Delta = AE^2 - BDE + CD^2 + F(B^2 - 4AC), \\ \Delta' = A'E'^2 - B'D'E' + C'D'^2 + F'(B'^2 - 4A'C'), \end{cases}$$

l'identité

$$(16) \quad \frac{\Delta}{B^2 - 4AC} = \frac{\Delta'}{B'^2 - 4A'C'},$$

et comme on a aussi

$$\frac{B^2 - 4AC}{\sin^2\theta} = \frac{B'^2 - 4A'C'}{\sin^2\theta_1},$$

on peut multiplier membre à membre, ce qui donne

$$\frac{\Delta}{\sin^2\theta} = \frac{\Delta'}{\sin^2\theta'}.$$

En résumé, on voit que si l'on considère les trois quantités

$$(17) \quad \begin{cases} H = \dfrac{A + C - B\cos\theta}{\sin^2\theta}, \quad H' = \dfrac{B^2 - 4AC}{\sin^2\theta}, \\ H'' = \dfrac{AE^2 - BDE + CD^2 + F(B^2 - 4AC)}{\sin^2\theta} \quad \text{ou} \quad \dfrac{\Delta}{\sin^2\theta}, \end{cases}$$

ces trois quantités conservent la même valeur lorsqu'on passe d'un système d'axes à un autre, en substituant dans $f(x, y)$, à la place de x, y, leurs valeurs en fonction des nouvelles coordonnées.

Ces résultats conduisent, nous le verrons, à de nombreuses conséquences; mais, auparavant, nous ferons remarquer que nous n'avons démontré le dernier que dans le cas où la courbe a un centre unique. Il n'en est pas moins vrai pour le cas de la parabole, car on conçoit qu'on puisse le vérifier par des calculs assez longs, mais dont le résultat ne dépend en aucune manière de la nature de la courbe.

Quand le troisième invariant est nul, l'équation représente deux droites ; quand le second s'annule, elle représente une parabole ; il est facile de démontrer que, si le premier est nul, la courbe est une hyperbole équilatère. Appelons m' et m'' les coefficients angulaires des deux asymptotes, la condition de perpendicularité sera

$$1 + m'm'' + (m' + m'')\cos\theta = 0.$$

On sait d'ailleurs que m', m'' sont les racines de l'équation

$$Cm^2 + Bm + A = 0;$$

on a donc

$$m' + m'' = -\frac{B}{C}, \quad m'm'' = \frac{A}{C};$$

d'où résulte, pour la condition cherchée,

$$A + C - B \cos\theta = 0.$$

Mais la transformation des coordonnées n'est pas la seule dont une équation du second degré soit susceptible. Quand on a obtenu une équation

$$f(x, y) = 0,$$

on peut la multiplier par une constante m pour chasser, par exemple, certains dénominateurs. Alors, tous les coefficients étant multipliés par m, nos trois invariants sont multipliés, le premier par m, le second par m^2, le troisième par m^3; mais les deux quotients

$$\frac{\dfrac{(B^2 - 4AC)}{\sin^2\theta}}{\left(\dfrac{A + C - B\cos\theta}{\sin^2\theta}\right)^2} \quad \text{et} \quad \frac{\dfrac{\Delta}{\sin^2\theta}}{\left(\dfrac{A + C - B\cos\theta}{\sin^2\theta}\right)^3}$$

conservent encore la même valeur. On les appelle des *invariants absolus*. Il suffit que deux équations représentent la même courbe pour que ces fonctions aient la même valeur, quand on les forme, soit avec les coefficients de la première, soit avec ceux de la seconde.

Les théorèmes précédents permettent de résoudre immédiatement la question proposée.

Étant donnée une équation

$$A x^2 + B xy + C y^2 + D x + E y + F = 0$$

rapportée à des axes faisant un angle θ, trouver les coefficients de l'équation réduite

$$MX^2 + NY^2 - P = 0,$$

qui représente la courbe rapportée à ses axes.

Pour résoudre cette équation, nous égalerons les valeurs des invariants relatives aux deux équations à l'équation primitive et à l'équation réduite. Soient H, H′, H″ les invariants pour l'équation primitive donnés par les formules (17). Pour l'équation réduite, ces invariants prennent les valeurs

$$M + N, \quad -4MN, \quad 4PMN.$$

On a donc les trois équations

$$H = M + N, \quad H' = -4MN, \quad H'' = 4MNP.$$

Les deux premières donnent M et N, qui sont racines de l'équation

$$\lambda^2 - H\lambda - \frac{H'}{4} = 0,$$

qui, en mettant pour H, H' leurs valeurs, peut s'écrire

$$4\sin^2\theta\lambda^2 - 4(A + C - B\cos\theta)\lambda + 4AC - B^2 = 0.$$

Quant à P, il sera donné par la formule

$$P = -\frac{H''}{H'} = +\frac{AE^2 - BDE + CD^2 + F(B^2 - 4AC)}{4AC - B^2}.$$

Si la courbe primitive est une parabole, l'équation réduite est

$$P y^2 + 2Q x;$$

on aura ici

$$H = P, \quad H'' = 4PQ^2,$$

d'où

$$4Q^2 = \frac{H''}{H},$$

formules qui déterminent P et Q.

On peut encore utiliser les notions relatives aux invariants pour la démonstration des théorèmes d'Apollonius. Soit

$$\frac{x^2}{a^2} + \frac{y^2}{b^2} - 1 = 0$$

l'équation d'une ellipse. Si l'on passe des axes à un système de diamètres conjugués, le premier membre de cette équation deviendra le premier membre de l'équation suivante

$$\frac{x'^2}{a'^2} + \frac{y'^2}{b'^2} - 1 = 0,$$

qui représente l'ellipse rapportée à deux diamètres conjugués. Les invariants formés avec les coefficients prendront par conséquent la même valeur dans les deux équations. On a ici

$$H = \frac{1}{a^2} + \frac{1}{b^2} = \frac{\frac{1}{a'^2} + \frac{1}{b'^2}}{\sin^2\theta},$$

$$H' = \frac{-4}{a^2 b^2} = -\frac{4}{a'^2 b'^2 \sin^2\theta},$$

$$H'' = \frac{4}{a^2 b^2} = \frac{4}{a'^2 b'^2 \sin^2\theta};$$

d'où résultent les deux équations

$$ab = a'b'\sin\theta,$$

$$a^2 + b^2 = a'^2 + b'^2.$$

On sait que deux courbes à centre unique sont semblables quand leurs axes sont proportionnels. Il faut donc que, dans les deux équations réduites des deux courbes

$$MX^2 + NY^2 - P = 0,$$

$$M'X_1^2 + N'Y_1^2 - P' = 0,$$

les coefficients M, N, M', N' soient proportionnels, que l'on ait

$$\frac{M}{N} = \frac{M'}{N'} \quad \text{ou} \quad \frac{M}{N} = \frac{N'}{M'}.$$

C'est ce qu'on exprime par la formule unique

$$(18) \qquad \frac{(M+N)^2}{4\,MN} = \frac{(M'+N')^2}{4\,M'N'},$$

qui, résolue par rapport à $\dfrac{M}{N}$, donnerait, soit

$$\frac{M}{N} = \frac{M'}{N'},$$

soit

$$\frac{M}{N} = \frac{N'}{M'}.$$

Or les deux membres de l'égalité (19) sont les invariants absolus $\dfrac{H'}{H^2}$ relatifs aux deux courbes. La condition de similitude est donc que l'invariant absolu

$$\frac{H'}{H^2} = \frac{\sin^2\theta\,(B^2 - 4\,AC)}{(A + C - B\cos\theta)^2}$$

soit le même pour les deux courbes.

Si les deux invariants absolus étaient égaux, les deux courbes seraient égales.

NOTE IX.

(Page 291.)

Considérons deux diamètres conjugués OA, OB (*fig.* 31), et ne traçons que les parties de ces diamètres situées au-dessus du grand axe de l'ellipse. On sait que la tangente en A est parallèle au diamètre OB, et la tangente en B est parallèle à OA. Désignons par x, y les coordonnées du point A, par x', y' celles du point B. On aura évidemment les relations

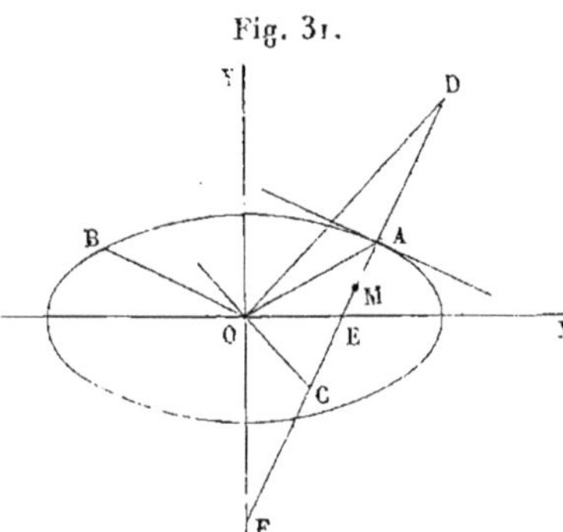

$$(1) \qquad \frac{x^2}{a^2} = \frac{y^2}{b^2} = 1,$$

$$(2) \qquad \frac{x'^2}{a^2} + \frac{y'^2}{b^2} = 1.$$

D'ailleurs le produit des coefficients angulaires de OA et de OB, $\dfrac{yy'}{xx'}$, doit être égal à $-\dfrac{b^2}{a^2}$; ce qui donne la troisième relation

$$(3) \qquad \frac{yy'}{xx'} = -\frac{b^2}{a^2}.$$

Cela posé, supposons que x, y soient connus, et proposons-nous de déterminer x', y'. On déduira de l'équation (3)

$$y' = \frac{-b^2 xx'}{a^2 y},$$

et si l'on porte cette valeur de y' dans l'équation (2), on trouve

$$y'^2 = \frac{a^4 x^2}{a^2 y^2 + b^2 x^2},$$

et, en tenant compte de la relation (1),

$$y'^2 = \frac{b^2 x'^2}{a^2},$$

d'où

$$y' = \pm \frac{ax}{b};$$

x et y' étant les positifs, on doit avoir

$$y' = \frac{bx}{a};$$

et en portant cette valeur dans l'équation (3), on obtient

$$x' = \frac{-ay}{b}.$$

Ainsi les coordonnées x, y, x', y' sont liées par les relations simples

$$(4) \qquad \frac{x}{a} = \frac{y'}{b}, \quad \frac{x'}{a} = -\frac{y}{b}.$$

Ces équations permettent de démontrer un grand nombre de théorèmes relatifs aux diamètres conjugués :

1° *La somme des carrés des projections orthogonales des deux diamètres sur un axe est constante et égale au carré de cet axe.*

En effet, les projections des demi-diamètres OA, OB sur l'axe des x sont x et x'. La somme des carrés des projections est

$$x^2 + x'^2,$$

qui est égale, en remplaçant x' par sa valeur déduite des équations (4), à

$$x^2 + \frac{a^2 y^2}{b^2} = a^2 \left(\frac{x^2}{a^2} + \frac{y^2}{b^2} \right) = a^2.$$

On aurait de même

$$y^2 + y'^2 = b^2.$$

2° *La somme des carrés des diamètres conjugués est constante.*

En effet, on a

$$\overline{OA}^2 + \overline{OB}^2 = x^2 + y^2 + x'^2 + y'^2 = (x^2 + x'^2) + (y^2 + y'^2),$$

ou, d'après la proposition précédente,

$$\overline{OA}^2 + \overline{OB}^2 = a^2 + b^2.$$

3° *Le parallélogramme construit sur deux diamètres conjugués est constant.*

En effet, ce parallélogramme est évidemment égal à huit fois le triangle OAB. La surface S de ce triangle est d'ailleurs égale (*voir* p. 523) à

$$\pm \frac{1}{2} \left(xy' - yx' \right).$$

Remplaçons x', y' par leurs valeurs tirées des formules (4), on trouve

$$S = \pm \frac{1}{2} \left(\frac{x^2 b}{a} + \frac{y^2 a}{b} \right) = \pm \frac{ab}{2} \left(\frac{x^2}{a^2} + \frac{y^2}{b^2} \right) = \frac{ab}{2}.$$

4° *La somme des carrés des projections des diamètres faites sur une droite quelconque parallèlement à une droite quelconque est constante.*

Soit, en effet, MN (*fig.* 32) la droite sur laquelle on projette. On peut supposer évidemment qu'elle passe au centre ; et soit PQ la direction des lignes projetantes. Les projections des demi-diamètres sont OK et OL, et elles sont dans un rapport constant, quel que soit le système de diamètres conjugués, avec OG et OH, projections sur le grand axe OX parallèlement à PQ. Il suffit donc de démontrer le théorème pour les projections sur le grand axe faites parallèlement à une droite quelconque PQ. Soit m le coefficient angulaire de PQ. L'équation de la droite sera

Fig. 32.

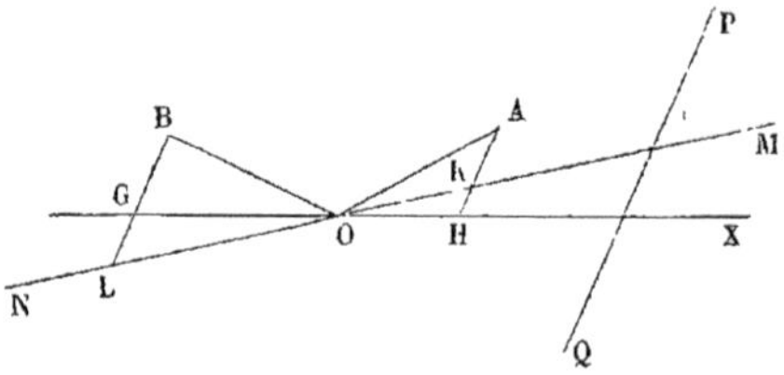

$$Y - y = m (X - x).$$

Cette droite coupe l'axe des x en un point H, dont l'abscisse s'obtient en faisant $Y = 0$; ce qui donne

$$X = x - \frac{y}{m}.$$

Telle est l'abscisse du point H ou la projection de OA ; celle de OB serait de même

$$x' - \frac{y'}{m}.$$

Il faut donc prouver que

$$\overline{OH}^2 + \overline{OG}^2 = \left(x - \frac{y}{m} \right)^2 + \left(x' - \frac{y'}{m} \right)^2$$

$$= x^2 + x'^2 + \frac{y^2 + y'^2}{m^2} - \frac{2}{m} (xy + x'y')$$

est constant. C'est ce qui résulte immédiatement de la première proposition et des formules (4).

Enfin, nous appliquerons les formules (4) à la solution de la question suivante :

On mène en chaque point de l'ellipse A la normale, et l'on porte sur cette normale une longueur $AM = \lambda b'$ *proportionnelle au diamètre b' conjugué du diamètre qui passe en A, lieu du point M.*

Étant donnée l'équation d'une courbe

$$f(x, y) = 0,$$

on sait que l'équation de la normale en un point (x, y) sera

$$\frac{X - x}{f'_x(x, y)} = \frac{Y - y}{f'_y(x, y)}.$$

Appliquons cette formule à l'ellipse, l'équation de la normale en A sera

$$\frac{X - x}{\dfrac{x}{a^2}} = \frac{Y - y}{\dfrac{y}{b^2}}.$$

D'après une formule relative aux rapports, on aura pour un point (x, y) de la normale

$$\frac{X - x}{\dfrac{x}{a^2}} = \frac{Y - y}{\dfrac{y}{b^2}} = \pm \frac{\sqrt{(X - x)^2 + (Y - y)^2}}{\sqrt{\dfrac{x^2}{a^4} + \dfrac{y^2}{b^4}}}.$$

Pour le point M,

$$\overline{AM}^2 = (X - x)^2 + (Y - y)^2,$$

et, d'après les formules (4),

$$\frac{x^2}{a^4} + \frac{y^2}{b^4} = \frac{1}{a^2 b^2}(x'^2 + y'^2) = \frac{b'^2}{a^2 b^2}.$$

D'ailleurs AM doit être égal à $\lambda b'$ pour tous les points du lieu ; on aura donc

$$\frac{X - x}{\dfrac{x}{a^2}} = \frac{Y - y}{\dfrac{y}{b^2}} = \pm \lambda ab.$$

Ces formules donnent les coordonnées X, Y du point M :

$$X = x\left(1 \pm \lambda \frac{b}{a}\right), \quad Y = y\left(1 \pm \lambda \frac{a}{b}\right).$$

Le double signe correspond aux deux points qu'on obtient en portant $AM = \lambda b'$ dans les deux sens sur la normale. Prenons simplement le signe — pour passer de l'un des lieux à l'autre, nous changerons λ en $-\lambda$. Nous avons alors

$$(5) \qquad X = \frac{x}{a}(a - \lambda b), \quad Y = \frac{y}{b}(b - \lambda a).$$

Exprimons que x, y vérifient l'équation de l'ellipse, nous trouvons, pour le lieu des points M, l'équation

$$\frac{X^2}{(a - \lambda b)^2} + \frac{Y^2}{(b - \lambda a)^2} = 1,$$

qui représente une ellipse. Il y a quatre cas particuliers remarquables :

1° Supposons que $\lambda = \dfrac{b}{a}$, les formules (5) nous donnent $Y = 0$; le lieu décrit est l'axe des x. On a donc

$$AE = \frac{b}{a}\, b'.$$

Telle est l'expression de la normale terminée au grand axe.

2° Supposons que $\lambda = \dfrac{a}{b}$, on aura $X = 0$; le lieu se réduit à l'axe des Y ; on a donc

$$AF = \frac{b}{a}\, b'.$$

3° Supposons que $\lambda = 1$, c'est-à-dire qu'on porte dans le sens de AE une longueur $AC = b'$; l'équation du lieu devient

$$X^2 + Y^2 = (a - b)^2.$$

Ainsi, si l'on porte sur la normale, du côté dirigé vers l'intérieur, une longueur AC égale au diamètre OB conjugué de OA, le lieu du point C est un cercle de rayon $a - b$; on a

$$OC = a - b.$$

4° Supposons que $\lambda = -1$, c'est-à-dire qu'on porte en sens contraire du précédent une longueur $AD = AC = b'$; l'équation du lieu sera

$$X^2 + Y^2 = (a + b)^2,$$

on aura

$$OD = a + b.$$

Ces propositions conduisent sans difficulté à une solution, donnée par M. Chasles, du problème suivant : *Étant donnés deux diamètres conjugués OA, OB d'une courbe, construire les axes.*

On mènera la normale en A qui est la perpendiculaire à OB, et on prendra deux points D, C, tels que

$$AC = AD = OB\,;$$

on aura alors

$$OC = a - b, \quad OD = a + b\,;$$

d'où

$$\frac{OC + OD}{2} = a, \quad \frac{OD - OC}{2} = b,$$

ce qui détermine la grandeur des axes. Pour la direction, il est facile de voir que le grand axe sera la bissectrice intérieure de l'angle COD. Reportons-nous en effet à la figure, on aura

$$\frac{CE}{ED} = \frac{CA - AE}{AD + AE},$$

et, en remplaçant AC, AD, AE par les valeurs trouvées plus haut,

$$\frac{CE}{ED} = \frac{a - b}{a + b} = \frac{OC}{OD}.$$

Donc la droite OE, ou le grand axe, est bien la bissectrice de l'angle COD. Le petit axe sera perpendiculaire au grand axe, il sera la bissectrice extérieure du même angle COD.

NOTE X.

SUR LA THÉORIE DES TANGENTES.

(Page 104.)

On a vu (p. 104) la définition générale de la tangente à une courbe en un point M. C'est la limite des positions d'une sécante MM' quand le point M' se rapproche indéfiniment du point M. Si l'on désigne par x, y les coordonnées du point M, par x', y' celles du point M', le coefficient angulaire de la sécante MM' est

$$\frac{y' - y}{x' - x};$$

celui de la tangente sera donc la limite du rapport précédent quand la différence $x' - x$ tend vers zéro.

Si l'on considère l'ordonnée de la courbe comme fonction de l'abscisse, $x' - x$ sera l'accroissement de la variable x quand on passe du point M au point M'; $y' - y$ sera l'accroissement de la fonction y correspondant à l'accroissement de la variable. La limite du rapport de l'accroissement de la fonction à celui de la variable, quand l'accroissement de la variable tend vers zéro, c'est, par définition, la dérivée de la fonction. On voit donc que la théorie des tangentes se ramène à celle des dérivées. Le coefficient angulaire de la tangente au point (x, y) sera la dérivée de y considérée comme fonction de l'abscisse x.

Soit, par exemple, la courbe définie par l'équation

$$y = \sin x.$$

Le coefficient angulaire de la tangente au point (x, y) sera la dérivée $\cos x$ de y par rapport à x, et comme la tangente passe au point (x, y), son équation sera

$$Y - y = \cos x (X - x).$$

En général, une courbe est définie par une équation de la forme

$$(1) \qquad f(x, y) = 0.$$

L'algèbre apprend (p. 109) que, dans ce cas, la dérivée y' de y par rapport à x est donnée par la formule

$$(2) \qquad y' = -\frac{f_x'(x, y)}{f_y'(x, y)};$$

et, par suite, l'équation de la tangente au point (x, y) sera donnée par la formule

$$Y - y = -\frac{f_x'(x, y)}{f_y'(x, y)}.$$

qu'on peut écrire d'une manière plus symétrique

$$(3) \qquad f_x'(x, y)(X - x) + f_y'(x, y)(Y - y) = 0.$$

La normale à une courbe est la perpendiculaire élevée à la tangente au point de contact. Son équation est donc de la forme

$$Y - y = m(X - x),$$

et pour exprimer qu'elle est perpendiculaire à la tangente, il faut écrire qu'il y a entre les coefficients angulaires m et y' des deux droites la relation

$$1 + my' + (m + y')\cos\theta = 0,$$

qui donne

$$m = -\frac{1 + y'\cos\theta}{y'\cos\theta}.$$

Remplaçons y' par sa valeur tirée de l'équation (2), et substituons la valeur de m dans l'équation de la normale. Nous trouvons

$$(4) \qquad \frac{X - x}{f_x' - f_y'\cos\theta} = \frac{Y - y}{f_y' - f_x'\cos\theta};$$

telle est l'équation de la normale : on voit qu'à l'inverse de l'équation de la tangente, elle dépend de l'angle des axes. Si ceux-ci sont rectangulaires, elle prend la forme simple

$$(5) \qquad \frac{X - x}{f_x'} = \frac{Y - y}{f_y'}.$$

Par la méthode précédente, le problème des tangentes est résolu dans toute sa généralité, mais il y a quelques cas simples où il est inutile et où il pourrait être trop long d'avoir recours à la recherche d'une dérivée.

Supposons, par exemple, qu'une courbe passe à l'origine. Alors le coefficient angulaire d'une sécante passant par l'origine et par un point voisin M de la courbe de coordonnées (x, y) est $\frac{y}{x}$. On aura donc à déterminer

$\lim \dfrac{y}{x}$ quand x tend vers zéro. Ainsi, quand une courbe passe à l'origine, le coefficient angulaire de la tangente est la limite de $\dfrac{y}{x}$ quand x et y tendent vers zéro. Dans bien des cas, cette limite s'obtient sans difficulté.

Considérons, par exemple, la courbe dont l'équation est

$$y = \pm x \sqrt{\frac{a + x}{a - x}};$$

y sera réel pour toutes les valeurs de x comprises entre $-a$ et $+a$, et la courbe passe évidemment à l'origine. On trouve ici

$$\frac{y}{x} = \pm \sqrt{\frac{a + x}{a - x}},$$

d'où

$$\lim \frac{y}{x} = \pm 1.$$

Ainsi, il y a deux branches de courbe à l'origine dont les tangentes sont les bissectrices des deux axes.

Supposons encore qu'une courbe passe par un point (a, b). Le coefficient angulaire d'une sécante passant par ce point et le point (x, y), voisin sur la courbe, est évidemment

$$\frac{y - b}{x - a}.$$

Le coefficient angulaire de la tangente est la limite du rapport précédent lorsque x, y se rapprochent de a et de b. Cette limite s'obtient quelquefois directement comme dans l'exemple suivant.

Soit l'équation

$$y^2 = (x - 1)(x - 2)^2(x - 3)^3,$$

représentant une courbe du sixième degré. Cette courbe passe évidemment par les trois points

$$\begin{cases} y = 0, \\ x = 1, \end{cases} \quad \begin{cases} y = 0, \\ x = 2, \end{cases} \quad \begin{cases} y = 0, \\ x = 3. \end{cases}$$

Le coefficient angulaire de la tangente au premier point est $\lim \dfrac{y}{x - 1}$ pour $x = 1$. Or l'équation donne

$$\frac{y^2}{(x - 1)^2} = \frac{(x - 2)^2(x - 3)^3}{x - 1} = \left(\frac{y}{x - 1}\right)^2;$$

donc $\lim \dfrac{y}{x - 1} = \infty$. La tangente ayant un coefficient angulaire infini est parallèle à l'axe des y.

Pour le second point, on a à chercher $\lim \dfrac{y}{x-2}$. Or, on a

$$\frac{y^2}{(x-2)^2} = (x-1)(x-3)^3 = \left(\frac{y}{x-2}\right)^2,$$

d'où résulte

$$\left(\lim \frac{y}{x-2}\right)^2 = 1, \quad \lim \frac{y}{x-2} = \pm 1.$$

Enfin, pour le troisième point, il faut chercher $\lim \dfrac{y}{x-3}$; or, d'après l'équation

$$\left(\frac{y}{x-3}\right)^2 = (x-1)(x-2)^2(x-3),$$

et, par suite,

$$\lim \frac{y}{x-3} = 0:$$

la tangente est l'axe des x.

Il résulte encore de la définition de la tangente une conséquence relative aux courbes algébriques. Étant donnée une courbe algébrique, une sécante quelconque la coupe en m points au plus, et si l'on cherche, par exemple, les abscisses des points d'intersection, l'équation aux abscisses est en général du degré m; quand la sécante devient tangente, deux des points venant coïncider, l'équation aux abscisses ou aux ordonnées a deux racines qui deviennent égales. Ainsi, pour qu'une droite devienne tangente à la courbe, il faut que l'équation aux abscisses ou aux ordonnées des points communs à la courbe et à la droite ait une racine double.

Appliquons cette proposition à une courbe algébrique passant par l'origine. Soit

$$0 = Ax + By + A'x^2 + B'xy + C'y^2 + A''x^2 + \ldots$$

l'équation de cette courbe. Si on la coupe par une droite passant par l'origine

$$Y = mx,$$

l'équation aux abscisses sera

$$0 = (A + Bm)x + (A' + B'm + C'm^2)x^2 + (A'' + \ldots)x^2 + \ldots.$$

On voit que cette équation aura une racine nulle $x = 0$ donnant $y = 0$, qui donne l'origine, point commun à la courbe et à la droite. Si l'on veut que la droite devienne tangente à l'origine, il faut que l'équation aux abscisses ait une deuxième racine nulle, et, par suite, que l'on ait

$$A + Bm = 0, \quad \text{d'où} \quad m = -\frac{A}{B}.$$

L'équation de la tangente à l'origine sera donc

$$y = -\frac{A}{B}x \quad \text{ou} \quad Ax + By = 0.$$

Donc, *quand une courbe passe à l'origine, on obtient la tangente en égalant à zéro les termes du premier degré.*

Cette méthode, que nous venons d'appliquer à un point d'une courbe algébrique située à l'origine, peut être étendue à un point quelconque d'une courbe algébrique. Soit

$$(4)' \qquad\qquad f(X, Y) = 0$$

l'équation de la courbe algébrique, et proposons-nous de mener la tangente en un point quelconque de la courbe (x, y); l'équation d'une sécante passant par ce point sera

$$(5)' \qquad\qquad Y - y = m(X - x),$$

et, si l'on cherche l'équation qui donne les abscisses des points d'intersection de la courbe et de la sécante, il faudra, dans l'équation de la courbe, remplacer Y par sa valeur déduite de l'équation de la sécante, ce qui donne

$$(6)' \qquad\qquad f[X, y + m(X - x)] = 0.$$

Cette équation est toujours vérifiée par l'abscisse x du point de la courbe; car, pour $X = x$, le premier membre se réduit à $f(x, y)$ qui est nul, puisque le point (x, y) fait partie de la courbe. Cela posé, pour que la racine $X = x$ soit racine double, il faut que le premier membre de l'équation algébrique $(6)'$ s'annule en même temps que sa dérivée pour $X = x$: ce premier membre peut être considéré comme une fonction composée de x et de $u = y + m(X - x)$. Appliquant la règle relative aux fonctions composées, nous trouvons

$$f'_X(X, u) + f'_u(X, u)\, m$$

pour la dérivée du premier membre; cette dérivée doit s'annuler pour $X = x$, alors u devient égal à y, ce qui donne l'équation

$$(6)'' \qquad\qquad f'_x(x, y) + mf'_y(x, y) = 0.$$

Ainsi, la valeur du coefficient angulaire de la tangente est la même que celle déjà trouvée plus haut. Mais la méthode que nous avons suivie ici présente un grand avantage sur la première; d'abord elle n'exige pas la connaissance de la définition et de la dérivée des fonctions implicites; en second lieu, elle donne la signification plus précise dans tous les cas de l'équation de la tangente. Par exemple, supposons que f'_x, f'_y soient nuls pour un point de la courbe, l'équation de la tangente

$$f'_x(X - x) + f'_y(Y - y) = 0$$

devient indéterminée; dans ce cas, la première méthode ne nous apprend rien sur la nature du point (x, y); dans la seconde, au contraire, on voit que, l'équation $(6)''$ étant vérifiée pour toutes les valeurs de m, toute sécante passant par le point (x, y) coupera la courbe en deux points confondus en un seul au point (x, y). On dit, dans ce cas, que ce point est un point singulier de la courbe. Si, par exemple, une courbe du second degré se compose de deux droites, pour leur point d'intersection l'équation de la tangente se présentera sous forme indéterminée, car toute droite passant par ce point y coupe la courbe en deux points confondus.

Revenons à l'équation générale de la tangente, à l'équation (3)

$$(X - x)f'_x + (Y - y)f'_y = 0,$$

qu'on peut écrire

$$(6) \qquad Xf'_x + Yf'_y - xf'_x - yf'_y = 0.$$

Si l'on suppose que l'équation

$$f(x, y) = 0$$

soit algébrique, entière et du degré m, la courbe représentée sera du degré m, et l'on voit que, dans l'équation de la tangente, les coefficients de X, Y seront du degré $m - 1$ par rapport aux coordonnées du point de contact, tandis que le terme constant

$$- xf'_x - yf'_y$$

sera du degré m par rapport à ces coordonnées. Mais il est facile de voir qu'en tenant compte de l'équation de la courbe, ce terme constant peut être simplifié et réduit à ne plus contenir que les termes du degré x, y. Mais, pour effectuer cette transformation d'une manière simple, nous devons rappeler un théorème d'algèbre relatif aux fonctions homogènes.

Considérons un polynôme entier, fonction de variables x, y, z, que nous supposerons au nombre de trois pour fixer les idées. Ce polynôme se compose de termes tels que le suivant

$$A x^\alpha y^\beta z^\gamma.$$

On sait qu'on appelle *degré* de ce terme, la somme $\alpha + \beta + \gamma$ des exposants de x, y, z. Cela posé, un polynôme sera dit homogène du degré m

quand tous ses termes seront du même degré. Ainsi

$$A x^2 + B xy + C y^2,$$

$$A x^2 + A' y^2 + A'' z^2 + 2 B yz + 2 B' xz + 2 B'' xy$$

sont des polynômes homogènes du second degré à deux et à trois variables respectivement.

Considérons une fonction homogène $f(x, y, z)$ du degré m. Le théorème des fonctions homogènes consiste dans l'identité suivante :

$$(7) \qquad m f(x, y, z) = x f'_x + y f'_y + z f'_z.$$

Il est facile de vérifier cette identité pour chacun des termes du polynôme ; et, d'après sa nature même, elle s'étend à la somme de ces termes qui constitue le polynôme.

Si le polynôme était homogène, de degré m, et ne dépendait que de deux variables, on aurait de même

$$(8) \qquad m f(x, y) = x f'_x + y f'_y.$$

Nous allons faire une application de ces identités, et simplifier, en les employant, l'équation de la tangente.

Soient X, Y les coordonnées d'un point, et posons

$$(9) \qquad X = \frac{x}{z}, \quad Y = \frac{y}{z}.$$

Si l'on connaissait x, y, z, les formules qui précèdent feraient connaître les coordonnées X, Y ; nous dirons que x, y, z sont les *coordonnées homogènes* du point. On voit que les quantités x, y, z ne sont pas complétement déterminées ; il suffit que leurs rapports soient connus pour que le point soit déterminé, on pourra disposer arbitrairement de l'une d'elles. Si l'on fait, par exemple, $z = 1$, en vertu des formules (9), on aura

$$X = x, \quad Y = y;$$

alors x, y sont, on le voit, les *coordonnées ordinaires* du point.

Soit

$$(10) \qquad f(X, Y) = 0$$

l'équation d'une courbe ; pour avoir l'équation entre les coordonnées homogènes, il suffira de remplacer X par $\frac{x}{z}$, Y par $\frac{y}{z}$. Pour mieux voir le résultat de cette substitution, écrivons l'équation (10) de la manière suivante. Désignons par $\varphi(X, Y)$ l'ensemble des termes de degré m, par

$\varphi_1(X, Y)$ les termes de degré $m-1$, par $\varphi_2(X, Y)$ les termes de degré $m-2$, etc.; on aura alors

$$f(X, Y) = \varphi(X, Y) + \varphi_1(X, Y) + \varphi_2(X, Y) + \ldots = 0.$$

Les polynômes φ, φ_1, φ_2 sont des polynômes homogènes à deux variables de degrés m, $m-1$, $m-2$, respectivement.

Remplaçons dans $\varphi(X, Y)$, X par $\dfrac{x}{z}$, Y par $\dfrac{y}{z}$: l'un quelconque des termes de ce polynôme, $AY^\alpha Y^{m-\alpha}$, deviendra $\dfrac{A\,x^\alpha\,y^{m-\alpha}}{z^m}$; le polynôme tout entier deviendra donc $\dfrac{\varphi(x,y)}{z^m}$. De même, φ_1 sera remplacé par $\dfrac{\varphi_1(x,y)}{z^{m-1}}, \ldots$ L'équation de la courbe prendra la forme

$$\frac{\varphi(x,y)}{z^m} + \frac{\varphi_1(x,y)}{z^{m-1}} + \frac{\varphi_2(x,y)}{z^{m-2}} + \ldots = 0,$$

et, si l'on multiplie tous les termes par z^m, on aura

$$(11) \qquad \varphi(x,y) + z\varphi_1(x,y) + z^2\varphi^2(x,y) + \ldots = 0.$$

Le premier membre de la nouvelle équation que nous considérerons comme dépendant des trois coordonnées homogènes x, y, z, sera donc un polynôme homogène et du degré m ; nous le désignerons par $f(x,y,z) = 0$. Ainsi, toute courbe de degré m est représentée par une équation homogène et de degré m entre les coordonnées x, y, z. Il est d'ailleurs facile de revenir de cette équation à l'équation primitive; il suffit d'y faire $z = 1$, alors x, y sont, on l'a vu, les coordonnées ordinaires du point.

C'est ainsi que l'équation du premier degré

$$AX + BY + C = 0$$

est remplacée par l'équation homogène du premier degré

$$A\,x + B\,y + C\,z = 0.$$

De même, l'équation

$$AX^2 + BXY + CY^2 + DX + EY + F = 0$$

devient, par la substitution des coordonnées homogènes,

$$A\,x^2 + B\,xy + C\,y^2 + D\,xz + E\,yz + F\,z^2 = 0.$$

Du reste, il suffit de faire, dans cette équation, $z = 1$ pour retrouver l'équation primitive.

Soit une courbe représentée par l'équation homogène

$$(12) \qquad f(x, y, z) = 0 \,;$$

il est facile de voir que le coefficient angulaire de la tangente au point (x, y, z) sera encore donnée par la formule

$$m = -\,\frac{f'_x(x, y, z)}{f'_y(x, y, z)}.$$

On sait en effet, que les rapports seuls des coordonnées x, y, z sont déterminés pour un point. On pourra donc supposer que la valeur de z demeure la même pour tous les points de la courbe, qu'elle soit constante. Alors l'équation (12) établira entre x et y une relation qui permettra de considérer y comme fonction de x. D'après les théorèmes d'algèbre relatifs aux dérivées, la dérivée de y par rapport à x sera donnée par l'équation

$$y' = -\,\frac{f'_x(x, y, z)}{f'_y(x, y, z)}.$$

Cela posé, considérons un point M dont les coordonnées soient x, y, z, et désignons par x', y', z' les coordonnés d'un point M'. Le coefficient angulaire de la sécante MM' sera égal au quotient de la différence des ordonnées $\dfrac{y'}{z} - \dfrac{y}{z}$ par la différence des abscisses $\dfrac{x'}{z} - \dfrac{x}{z}$, c'est-à-dire à

$$\frac{y' - y}{x' - x}.$$

On voit bien que la limite de ce quotient, lorsque M' se rapproche de m, c'est la dérivée de y considérée comme fonction de x; on aura donc, pour le coefficient angulaire m de la tangente,

$$m = y' = -\,\frac{f'_x(x, y, z)}{f'_y(x, y, z)}.$$

L'équation de la tangente sera donc

$$\frac{Y}{Z} - \frac{y}{z} = -\,\frac{f'_x(x, y, z)}{f'_y(x, y, z)} \left(\frac{X}{Z} - \frac{x}{z} \right),$$

X, Y, Z désignant les coordonnées homogènes d'un point quelconque de cette droite. Si nous chassons les dénominateurs, nous trouvons

$$X f'_x(x, y, z) + Y f'_y(x, y, z) - \frac{Z}{z} \left[x f'_x(x, y, z) + y f'_y(x, y, z) \right] = 0.$$

Mais d'après le théorème des fonctions homogènes, on a l'identité

$$x f'_x(x, y, z) + y f'_y(x, y, z) + z f'_z(x, y, z) = m f(x, y, z),$$

et comme le point de contact (x, y, z) se trouve sur la courbe $f(x, y, z) = 0$, l'identité précédente donne

$$x f'_x(x, y, z) + y f'_y(x, y, z) = - z f'(x, y, z).$$

Cette équation permet de simplifier le coefficient de Z dans l'équation de la tangente, qui devient

$$(13) \qquad X f'_x(x, y, z) + Y f'_y(x, y, z) + Z f'_z(x, y, z) = 0.$$

Il suffira de faire dans cette équation $Z = z = 1$ pour que les coordonnées homogènes deviennent les coordonnées ordinaires. On voit que la nouvelle équation ne sera plus que du degré $m - 1$ par rapport aux coordonnées du point de contact.

Appliquons cette méthode à l'équation du second degré

$$f(X, Y) = A x^2 + B xy + C y^2 + D x + E y + F = 0.$$

Si l'on rend cette équation homogène, elle prend la forme

$$A x^2 + B xy + C y^2 + D xz + E yz + F z^2 = 0.$$

Appliquant la formule (13), nous aurons, pour l'équation de la tangente,

$$(14)\ X (2 A x + B y + D z) + Y (B x + 2 C y + E z) + Z (D x + E y + 2 F z) = 0,$$

et si l'on veut revenir aux coordonnées ordinaires, il faudra faire $Z = z = 1$, ce qui donne

$$(15)\ X (2 A x + B y + D) + Y (B x + 2 C y + E) + D x + E y + 2 F = 0.$$

Cette dernière équation peut encore s'écrire

$$(16)\ 2 A X x + B (X y + Y x) + 2 C Y y + D (X + x) + E (Y + y) + 2 F = 0;$$

sous cette forme, on voit qu'elle ne change pas si l'on échange X, Y avec x, y.

A ce propos, notons l'identité plus générale relative à la fonction homogène du second degré $f(x, y, z)$

$$(17) \qquad \begin{cases} X f'_x(x, y, z) + Y f'_y(x, y, z) + Z f'_z(x, y, z) \\ = x f'_X(X, Y, Z) + y f'_Y(X, Y, Z) + z f'_Z(X, Y, Z), \end{cases}$$

qu'on vérifie sans difficulté.

Au moyen des équations précédentes, on peut résoudre un problème très-important relatif aux courbes du second degré : *Mener par un point* $(x'\,y',\,z')$ *des tangentes à la courbe.*

Supposons d'abord que le point soit sur la courbe alors l'équation homogène de la tangente sera

$$x f'_{x'}(x',\,y',\,z') + y f'_{y'}(x',\,y',\,z') + z f'_{z'}(x',\,y',\,z') = 0.$$

Si le point $(x',\,y',\,z')$ est en dehors de la courbe, prenons comme inconnues à déterminer les coordonnées $x,\,y,\,z$ du point de contact de la tangente : ces coordonnées doivent satisfaire d'abord à l'équation de la courbe

$$(18) \qquad f(x,\,y,\,z) = 0.$$

Il faut en outre exprimer que la tangente au point $(x,\,y,\,z)$ va passer au point donné $(x',\,y',\,z')$. L'équation de cette tangente est

$$X f'_x(x,\,y,\,z) + Y f'_y(x,\,y,\,z) + Z f'_z(x,\,y,\,z) = 0.$$

Exprimant qu'elle est vérifiée par les coordonnées du point, nous avons la deuxième condition

$$(19) \qquad x' f'_x + y' f'_y + z' f'_z = 0,$$

qu'on peut encore écrire, d'après l'identité (17),

$$(20) \qquad x f'_{x'}(x',\,y',\,z') + y f'_{y'}(x',\,y',\,z') + z f'_{z'}(x',\,y',\,z') = 0.$$

Les points de contact doivent donc se trouver à l'intersection de la courbe et de la droite représentée par l'équation (20). Comme une droite coupe une courbe du second degré en deux points, on voit que d'un point on peut mener deux tangentes à la courbe. L'équation (20) représente la corde qui joint les points de contact des tangentes menées du point $(x',\,y')$; on l'appelle la *corde de contact* ou *polaire* du point $(x',\,y',\,z')$. En résumé, on voit que l'équation (20) représente la tangente au point $(x',\,y',\,z')$ si le point est sur la courbe, la corde de contact des tangentes issues de ce point s'il est en dehors de la courbe.

Nous avons traité le problème précédent avec des coordonnées homogènes, il suffirait de faire partout $z = 1$, $z' = 1$ pour avoir les coordonnées ordinaires d'un point. Ainsi la polaire d'un point $(x',\,y')$ a pour équation

$$(21)\quad x(2A x' + B y' + D) + y(B x' + 2C y' + E) + D x' + E y' + 2F = 0.$$

Nous avons résolu, dans ce qui précède, le problème de mener une tangente à la courbe par un point pris sur cette courbe. Mais on peut encore se proposer le problème suivant que nous n'avons pas traité :

Étant donnée l'équation d'une droite

$$(22) \qquad mx + ny + pz = 0,$$

exprimer que cette droite est tangente à la courbe

$$(23) \qquad f(x, y, z) = 0.$$

Une première méthode s'offre pour la résolution de ce problème. On peut chercher l'équation qui donne les abscisses des points d'intersection de la courbe et de la droite; si la droite est tangente à la courbe, l'abscisse correspondant au point de contact devra être racine double de l'équation. On aura donc à exprimer qu'une équation à une inconnue de même degré que la courbe a une racine double.

Mais on peut encore traiter le problème de la manière suivante. Si la droite est tangente, désignons par x', y', z' les coordonnées du point de contact; l'équation de la tangente en ce point sera

$$(24) \qquad x f'_{x'}(x', y', z') + y f'_{y'}(x', y', z') + z f'_{z'}(x', y', z') = 0.$$

Les deux équations (22) et (24) devant représenter la même droite, leurs coefficients doivent être proportionnels, ce qui donne les équations de condition

$$(25) \qquad \frac{f'_{x'}}{m} = \frac{f'_{y'}}{n} = \frac{f'_{z'}}{p} \, .$$

Joignons à ces équations la relation suivante :

$$(26) \qquad f(x', y', z') = 0,$$

que doivent vérifier les coordonnées du point de contact. Nous aurons ainsi trois équations, l'équation (26) et les deux équations (25), auxquelles doivent satisfaire les coordonnées du point de contact. Si nous éliminons les deux coordonnées entre les trois équations, nous aurons la relation cherchée.

Remarquons que l'équation (26) peut, en vertu du théorème des fonctions homogènes, s'écrire

$$x' f'_{x'} + y' f'_{y'} + z' f'_{z'} = 0,$$

et si l'on remplace $f'_{x'}, f'_{y'}, f'_{z'}$ par les quantités proportionnelle m, n, p, cette équation deviendra

$$(27) \qquad mx' + ny' + pz' = 0;$$

elle exprime que le point de contact se trouve sur la tangente et peut remplacer l'équation (26).

Appliquons cette méthode à l'équation du second degré

$$A x^2 + B xy + C y^2 + D xz + E yz + F z^2 = 0 :$$

les équations (25) et (27) deviennent ici

$$\frac{2Ax + By + Dz}{m} = \frac{Bx + 2Cy + Ez}{n} = \frac{Dx + Ey + 2Fz}{p},$$

$$mx + ny + pz = 0.$$

Représentons, pour plus de symétrie par $- \lambda$ la valeur commune des trois rapports égaux. Nous aurons les équations

$$2Ax + By + Dz + m\lambda = 0,$$
$$Bx + 2Cy + Ez + n\lambda = 0,$$
$$Dx + Ey + 2Fz + p\lambda = 0,$$
$$mx + ny + pz = 0,$$

entre lesquelles il faut éliminer les quatre inconnues x, y, z, λ, ou plutôt les rapports de ces inconnues. Le résultat de ces éliminations sera (*Note sur les déterminants,* prop. IX)

$$\begin{vmatrix} 2A & B & D & m \\ B & 2C & E & n \\ D & E & 2F & p \\ m & n & p & 0 \end{vmatrix} = 0,$$

ou, en développant,

$$m^2 (E^2 - 4CF) + n^2 (D^2 - 4AF) + p^2 (B^2 - 4AC)$$
$$- 2np (BD - 2AE) - 2mp (BE - 2CD) - 2mn (DE - 2BF) = 0.$$

NOTE XI.

SUR L'INTERSECTION DE DEUX COURBES DU SECOND DEGRÉ.

(Page 370.)

Lemme. — Pour que les équations du second degré

$$(1) \qquad a x^2 + b x + c = 0$$

$$(2) \qquad a' x^2 + b' x + c' = 0$$

aient une racine commune, il faut et il suffit que l'on ait

$$(3) \qquad (ac' - ca')^2 - (ab' - ba')(cb' - cb') = 0,$$

et la racine commune aux deux équations sera donnée par la formule

$$(4) \qquad x = -\frac{ac' - ca'}{ab' - ba'} = -\frac{bc' - cb'}{ac' - ca'}.$$

Quand cette valeur de x se présente sous la forme $\frac{0}{0}$, on a

$$\frac{a}{a'} = \frac{b}{b'} = \frac{c}{c'};$$

les équations ont leurs coefficients proportionnels, et leurs racines sont les mêmes.

Nous omettons la démonstration facile de ce lemme, qui est utile dans un grand nombre de questions.

Soient

$$(5) \quad f(x, y, z) = A x^2 + B xy + C y^2 + D xz + E yz + F z^2 = 0,$$

$$(6) \quad \varphi(x, y, z) = A' x^2 + B' xy + C' y^2 + D' xz + E' yz + F' z^2 = 0$$

les équations, en coordonnées homogènes de deux courbes du second degré. Nous supposerons, pour plus de simplicité, que l'on ait choisi l'axe des y de manière que C, C' soient différents de 0. Cela suppose que la direction de l'axe des y n'est direction asymptotique pour aucune des deux courbes. Alors nos deux équations donneront, pour chaque valeur de l'abscisse, deux valeurs de l'ordonnée finies et déterminées.

Désignons par x, y, z les coordonnées d'un point commun aux deux courbes. Ces coordonnées devront vérifier les équations

$$f(x, y, z) = 0, \quad \varphi(x, y, z) = 0,$$

et par suite les deux équations en Y

$$f(x, Y, z) = 0, \quad \varphi(x, Y, z) = 0$$

devront avoir au moins une racine commune $Y = y$. Réciproquement, si ces équations ont une racine commune $Y = y$, les coordonnées x, y, z vérifieront les équations des deux courbes, et le point déterminé par ces coordonnées sera un des points cherchés. Nous sommes donc conduits, pour déterminer les abscisses $\dfrac{x}{z}$ des points d'intersection, à éliminer y entre les équations des deux courbes, c'est-à-dire à chercher la condition pour que les deux équations en Y

$$(7) \quad f(x, y, z) = C y^2 + (B x + E z) y + A x^2 + D xz + F z^2 = 0,$$

$$(8) \quad \varphi(x, y, z) = C' y^2 + (B' x + E' z) y + A' x^2 + D' xz + F' z^2 = 0$$

aient au moins une racine commune.

Pour identifier les équations (7) et (8) aux équations (1) et (2), il faut poser

$$a = C, \quad b = B x + E, \quad c = A x^2 + D xz + F z^2,$$

$$a' = C', \quad b' = B' x + E', \quad c' = A' x^2 + D' xz + F' z^2,$$

et, en remplaçant $a, a', \ldots$ par leurs valeurs dans l'équation (3), on aura la relation cherchée. On voit ici immédiatement que les expressions

$$ab' - ba', \quad ac' - ca', \quad bc' - cb'$$

sont des polynômes du premier, du second et du troisième degré de la forme suivante :

$$ab' - ba' = m x + p z, \qquad \text{où} \quad m = CB' - BC',$$

$$ac' - ca' = m' x^2 + p' xz + q' z^2, \qquad \text{où} \quad m' = CA' - AC',$$

$$bc' - cb' = m'' x^3 + p'' x^2 z + q'' xz^2 + r'' z^3, \qquad \text{où} \quad m'' = BA' - AB'.$$

En substituant ces valeurs dans la relation (3), on trouve la condition cherchée

$$(9) \quad (m' x^2 + p' xz + q' z^2)^2 = (m x + p z)(m'' x^3 + p'' x^2 z + q'' xz^2 + r'' z^3).$$

Faisons passer tous les termes dans le premier membre, et développons, nous trouvons une équation de la forme

$$(10) \quad R x^4 + S x^3 z + T x^2 z^2 + U xz^3 + V z^4 = 0,$$

où

$$(11) \quad R = m'^2 - mm'' = (CA' - AC')^2 - (CB' - BC')(BA' - AB').$$

L'équation (10) détermine les abscisses $\dfrac{x}{z}$ des points communs aux deux courbes. La valeur correspondante de y se trouvera, en appliquant la formule (3) du lemme, ce qui donne

$$(12) \qquad y = - \frac{m'x^2 + p'xz + q'z^2}{mx + pz}.$$

On voit donc qu'en général, l'équation (10) fournira quatre valeurs réelles ou imaginaires de l'abscisse, et à chacune de ces valeurs correspond la valeur de l'ordonnée fournie par la formule (12). Donc, deux courbes du second degré se coupent en général en quatre points réels ou imaginaires. Examinons maintenant les cas particuliers, et les objections qu'on peut faire à la conclusion générale que nous venons d'énoncer.

D'abord, il était nécessaire de calculer le coefficient R pour reconnaître que l'équation (10) est bien, en général, du quatrième degré. Ce coefficient est donné par la formule (11), et, d'après le lemme, il ne serait nul que dans le cas où les deux équations

$$C m^2 + B m + A = 0,$$
$$C' m^2 + B' m + A' = 0$$

auraient une racine commune. Comme ces équations donnent les coefficients angulaires des directions asymptotiques, on voit que le coefficient R ne sera nul que dans le cas où les courbes auront une direction asymptotique commune, ce qui n'a pas lieu en général.

En second lieu, nous avons supposé que, pour chaque valeur de $\dfrac{x}{z}$ racine de l'équation (10), les deux équations en y avaient une seule racine commune : ne pourrait-il pas arriver qu'à une racine de l'équation en $\dfrac{x}{z}$ correspondissent deux valeurs de l'ordonnée, et, par suite, deux points communs aux deux courbes? Il est clair que, si cette hypothèse se réalisait pour les quatre racines de l'équation (10), le nombre des points communs aux deux courbes s'élèverait à huit, en admettant que les quatre racines fussent distinctes. Pour écarter cette objection, remarquons que, si l'on avait deux points communs aux deux courbes, et ayant la même abscisse, l'axe des y serait parallèle à la droite qui joint ces deux points d'intersection ; or on peut supposer, comme il s'agit de la démonstration d'un théorème, que l'axe des y ait été choisi de telle manière, qu'il ne soit parallèle à aucune des droites qui joignent deux points quelconques d'intersection.

Autrement : sans faire aucune hypothèse sur l'axe des y, admettons que, pour une valeur de l'abscisse $\dfrac{x}{z} = \alpha$, les deux équations en y aient leurs deux racines communes, elles devront avoir leurs coefficients proportionnels. Ainsi, les polynômes

$$ab' - ba', \quad ac' - ca', \quad bc' - cb'$$

s'annuleront tous les trois pour $\dfrac{x}{z} = \alpha$; donc, d'après la composition même de l'équation en $\dfrac{x}{z}$,

$$(ac' - ca')^2 - (ab' - ba')(bc' - cb') = 0,$$

on voit que $\dfrac{x}{z} = \alpha$ sera racine double de cette équation; elle tient donc la place de deux racines distinctes, qui, comme elles, donneraient deux points.

Si, dans l'équation (10), les premiers coefficients R, S, T,... deviennent nuls, il y a 1, 2, 3,... points rejetés à l'infini, z est facteur de l'équation. Cela ne fait pas de difficulté, mais il y a à examiner d'une manière particulière le cas où l'équation (10), ayant tous ses coefficients nuls, serait identiquement satisfaite.

Alors, pour toutes les valeurs de x, l'équation (10) étant identique, les deux équations en y auront au moins une racine commune. Si cette racine commune, donnée par la formule (12), ne se présente pas, quel que soit x, sous la forme $\dfrac{0}{0}$, les équations en y n'auront, en général, d'après le lemme, qu'une racine commune. D'ailleurs l'équation (10), ou plutôt l'équation (9) devenant une identité, on voit que le polynôme

$$m x + p z$$

du second membre de cette équation doit diviser le premier membre, c'est-à-dire le polynôme $m' x^2 + p' xz + q' z^2$. On aura identiquement

$$m' x^2 + p' xz + q' z^2 = (\alpha x + \beta z)(m x + p z),$$

et, au moyen de cette identité, la valeur de y commune aux deux équations deviendra

$$(13) \qquad y = \frac{(\alpha x + \beta z)(m x + p z)}{m x + p z} = \alpha x + \beta z.$$

L'équation $y = \alpha x + \beta z$ représente donc une droite dont tous les points sont communs aux deux courbes. Il faut donc que les deux courbes se composent de deux systèmes de deux droites ayant une droite commune. Soient (A, B), (A, B') les deux systèmes de droites. Les points communs sont tous les points de A et le point d'intersection de B et de B'. Il est facile, d'ailleurs, de trouver l'abscisse de ce dernier point. En effet, pour cette abscisse, les équations en y auront deux racines communes, celle qui détermine le point sur la droite A, et celle qui détermine le point commun à (B, B'). Il faudra donc que la formule (13), qui donne y, se présente sous la forme $\dfrac{0}{0}$, c'est-à-dire que l'on ait

$$ mx + pz = 0 ; $$

telle est l'abscisse du point (B, B').

Examinons enfin le cas où, pour toutes les valeurs de x, les équations en Y auraient deux racines communes. Dans ce cas, tous les points sont communs et les équations représentent la même courbe, et l'on doit avoir, quelle que soit l'abscisse $\dfrac{x}{z}$,

$$ \frac{C}{C'} = \frac{Bx + Ez}{B'x + E'z} = \frac{Ax^2 + D.xz + Fz^2}{A'x^2 + D'.xz + F'z^2}. $$

On déduit de là, comme on sait, que l'on doit avoir

$$ \frac{C}{C'} = \frac{B}{B'} = \frac{A}{A'} = \frac{D}{D'} = \frac{E}{E'} = \frac{F}{F'}. $$

En d'autres termes, il faut que les équations aient leurs coefficients proportionnels. Ainsi :

Quand deux équations représentent la même courbe, leurs coefficients sont proportionnels.

En résumé, on voit que : *deux courbes du second degré ne peuvent avoir plus de quatre points communs, à moins qu'elles coïncident ou qu'elles se composent de deux systèmes de deux droites ayant une droite commune.*

Du reste, les quatre points d'intersection ne seront pas nécessairement distincts. Pour nous faire une idée des différents cas qui peuvent se présenter, considérons les points d'intersection d'une courbe indécomposable, une ellipse par exemple, et d'un système de deux droites.

En général, les deux droites AB couperont la courbe en quatre points distincts, a, a', b, b', et l'équation aux abscisses aura ses quatre racines distinctes, pourvu que l'axe des y ne soit parallèle à aucune des droites aa', ab', ab, $a'b'$, $a'b$, bb', qui joignent deux points d'intersection. Mais, si la droite B vient se confondre avec la droite B', le point B viendra se confondre avec le point a; le système (x, y, z) correspondant à ce point a sera un système double; l'équation aux abscisses ou aux ordonnées aura une racine double.

Si la droite A vient se confondre avec la tangente en a, C, le point a' se réunira au point a, et le système (B'C) coupera la courbe en un point simple et en un point a, qui devra être compté pour trois. L'équation aux abscisses aura une racine triple, quelle que soit la direction de l'axe des y.

Si les deux droites A, B' se confondaient, si B' venait coïncider avec A, les deux points a, a' tiendraient lieu, chacun, de deux points d'intersection, et l'équation aux abscisses aurait deux racines doubles.

Enfin, si les deux droites viennent toutes deux se confondre avec la tangente en a, C, les quatre points d'intersection viennent se réunir en a; l'équation aux abscisses a une racine quadruple.

Si les deux courbes sont toutes les deux indécomposables, et que deux de leurs points d'intersection A, B viennent se confondre en A, la sécante commune AB se confond avec la tangente en A, les deux courbes sont dites *simplement* tangentes, et le point de contact compte pour deux. Les courbes sont tangentes en ce point et se coupent en deux autres points C, D.

Si ces deux derniers, C, D, se réunissent en C, les courbes sont tangentes aux deux points A et C, qui doivent chacun être comptés pour deux. On dit qu'elles sont *doublement tangentes*.

Si les deux courbes sont simplement tangentes en A, et qu'un autre C de leurs points d'intersection vienne se confondre avec le point A, ce point A devra compter pour trois. On dit alors que les courbes sont *osculatrices,* et qu'elles ont trois points confondus en A.

Enfin, les quatre points peuvent se réunir en un seul; les courbes sont dites *osculatrices en* A, mais on ajoute qu'elles ont en A quatre points confondus.

La discussion des points à l'infini se fait aussi sans difficulté. Si l'un des points d'intersection s'éloigne à l'infini, les deux courbes ont une direction asymptotique commune, et l'équation aux abscisses se réduit au troisième degré. R est nul dans l'équation (10). C'est ce que nous avons déjà vérifié.

Si deux points s'éloignent à l'infini, les deux courbes ont, ou bien leurs deux directions asymptotiques communes, ou bien une tangente à l'infini, c'est-à-dire une asymptote commune, et l'équation aux abscisses ne sera plus que du second degré.

Si les deux courbes sont doublement tangentes aux deux points à l'infini, elles doivent avoir les mêmes asymptotes; et, dans ce cas, elles ne se coupent en aucun point à distance finie, etc. On peut vérifier toutes ces conclusions par des calculs directs.

Enfin, on peut examiner les points d'intersection de deux courbes au point de vue de leur réalité. Si les coefficients des deux équations

$$f(x, y, z) = 0, \quad \varphi(x, y, z) = 0$$

sont réels, l'équation aux abscisses aura aussi ses coefficients réels, et ses racines, si elles sont imaginaires, devront être conjuguées deux à deux. A deux racines conjuguées, il correspondra, par la formule (12), deux valeurs de y imaginaires conjuguées. Les points d'intersection des deux courbes seront donc, ou tous les quatre réels, ou tous les quatre imaginaires, ou deux seulement réels et deux imaginaires; et les points imaginaires seront toujours conjugués deux à deux.

Si les deux courbes avaient deux, trois, quatre points réunis en un seul, la racine $\dfrac{x}{z}$ correspondant à ce point multiple, et étant seule de son degré de multiplicité, serait réelle, le point correspondant serait réel. Il faut faire une exception pour le cas des courbes doublement tangentes. Dans ce cas, l'équation aux abscisses ayant deux racines doubles, ces racines pourront être imaginaires conjuguées, et les deux points de contact correspondants seront alors imaginaires conjugués.

On sait qu'une droite dont les coefficients sont imaginaires a toujours un point réel. Considérons, de même, une courbe du second degré dont les coefficients soient imaginaires. En séparant les parties réelles et imaginaires, l'équation de cette courbe prendra la forme

$$\varphi(x, y, z) + if(x, y, z) = 0.$$

Les seuls points réels dont les coordonnées doivent satisfaire à ces équations seront déterminés par les équations

$$\varphi(x, y, z) = 0, \quad f(x, y, z) = 0.$$

Il faudra donc chercher les points réels d'intersection de deux courbes du second degré à coefficients réels. Ces points peuvent ne pas exister, ou être au nombre de deux, de quatre. Ainsi, une courbe à coefficients imaginaires du second degré a, au plus, quatre points réels; elle peut n'avoir aucun point réel.

Remarque. — Il est facile de démontrer d'une manière directe que, si deux équations

$$P = 0, \quad Q = 0$$

représentent la même courbe, leurs coefficients sont proportionnels. Considérons, en effet, l'équation

$$(\alpha) \qquad\qquad P - mQ = o,$$

où m désigne un coefficient arbitraire ; cette équation étant vérifiée, en même temps que les deux premières, devra représenter la même courbe qu'elles. D'ailleurs, disposons de m de manière que la courbe (α) passe par un point quelconque du plan ; cela est toujours possible. Alors l'équation (α) représentera une courbe du second degré et un point : toute droite passant par ce point coupera la courbe en trois points et en fera par conséquent partie. C'est-à-dire que l'équation (α) sera vérifiée pour tous les points du plan ; elle sera donc identique, et l'on aura, par suite, pour toutes les valeurs de x et de y,

$$P = mQ.$$

Les deux premières équations ne différeront par conséquent l'une de l'autre que par un multiplicateur constant m ; elles auront leurs coefficients proportionnels.

— ⟨⟨⟨ —

NOTE XII.

SUR L'ÉQUATION QUI DÉTERMINE LES COUPLES DE SÉCANTES COMMUNES A DEUX COURBES DU SECOND DEGRÉ.

(Page 361.)

On sait que, par l'intersection de deux courbes du second degré, on peut en général faire passer trois systèmes de deux droites. Soient A, B, C, D les quatre points d'intersection. Ces trois couples seront formés respectivement des droites (AB, CD), (AC, BD), (AD, BC), et seront évidemment distincts toutes les fois que les quatre points d'intersection ne seront pas confondus. Nous nous proposons de déterminer, dans ce qui va suivre, l'équation de ces différents couples de droites, passant par l'intersection de deux coniques P, Q. Soient

$$(1) \qquad P = ax^2 + bxy + cy^2 + dx + ey + f = 0,$$

$$(2) \qquad Q = a'x^2 + b'xy + c'y^2 + d'x + e'y + f' = 0$$

les équations des deux courbes, l'équation générale des coniques passant par leur intersection sera

$$(3) \quad \begin{cases} \lambda P + \mu Q = (\lambda a + \mu a')x^2 + (\lambda b + \mu b')xy + (\lambda c + \mu c')y^2 \\ \qquad + (\lambda d + \mu d')x + (\lambda e + \mu e')y + (\lambda f + \mu f') = 0, \end{cases}$$

et il faudra déterminer le rapport $\dfrac{\lambda}{\mu}$ de telle manière que l'équation précédente représente deux droites. Or nous savons exprimer la condition pour qu'une équation du second degré se décompose en deux facteurs linéaires. Écrivant que cette condition est satisfaite pour l'équation (3), nous trouvons l'équation

$$(4) \qquad \Delta \lambda^3 + \Theta \lambda^2 \mu + \Theta' \lambda \mu^2 + \Delta' \mu^3 = 0,$$

qui détermine, comme cela doit être, trois valeurs pour le rapport $\dfrac{\lambda}{\mu}$.

On a d'ailleurs

$$(5) \quad \begin{cases} \Delta = ac^2 - bde + cd^2 + f(b^2 - 4ac), \\ \Delta' = a'e'^2 - b'd'e' + b'd'^2 + f'(b'^2 - 4a'c'), \\ \Theta = a'\Delta'_a + b'\Delta'_b + c'\Delta'_c + d'\Delta'_d + e'\Delta'_e + f'\Delta'_f, \\ \Theta' = a\Delta'_{a'} + b\Delta'_{b'} + c\Delta'_{c'} + d\Delta'_{d'} + e\Delta'_{e'} + f\Delta'_{f'}, \end{cases}$$

$\Delta'_a \Delta'_b \ldots$ désignant les dérivées de Δ par rapport à a, $b\ldots$; $\Delta'_{a'}$, $\Delta'_{b'}$ désignant de même les dérivées de Δ' par rapport à a', b', $\ldots$.

Par exemple, si les deux courbes P et Q étaient deux systèmes de deux droites, on voit que Δ, Δ' seraient nuls. L'équation du troisième degré contiendrait en facteur $\lambda\mu$. Pour $\lambda = 0$, on aurait la courbe Q ; pour $\mu = 0$, la courbe P, et il resterait un facteur du premier degré, donnant la valeur de $\dfrac{\lambda}{\mu}$ correspondant au troisième couple de sécantes.

Il faut maintenant discuter l'équation en $\dfrac{\lambda}{\mu}$, et, pour cela, nous allons examiner les différents cas qui peuvent se rencontrer quand on étudie l'intersection des deux courbes, et voir ce que deviennent les différents couples de sécantes communes.

Nous avons déjà vu que, lorsque les quatre points d'intersection sont distincts, on a trois couples de sécantes communes, auxquels doivent nécessairement correspondre trois valeurs différentes de $\dfrac{\lambda}{\mu}$. Donc, dans ce cas, l'équation du troisième degré aura ses trois racines distinctes.

Supposons maintenant que les points ne soient plus distincts, que le point B vienne se confondre avec le point A. Les deux courbes P et Q seront tangentes en A. Un des couples se composera de la tangente en A, qui est la limite de AB et de la droite CD. Quant aux deux autres

$$(AC, BD), \quad (AD, BC),$$

ils viendront se confondre en un seul, le couple AC, AD. Les deux valeurs correspondantes de $\dfrac{\lambda}{\mu}$ deviendront égales, et l'équation en $\dfrac{\lambda}{\mu}$ aura une racine double. C'est à cette racine double que correspondra le couple dont le centre est au point de contact commun des deux courbes P et Q.

Si les deux points C et D se rapprochent, si le point D vient coïncider avec le point C, les courbes P et Q seront doublement tangentes : le couple qui correspondait à la racine simple se composera des tangentes en A et en C ; quant au couple AC, AD, il se composera de deux droites confondues avec AC. L'équation en $\dfrac{\lambda}{\mu}$ aura encore une racine double ; seulement

38.

le couple correspondant à cette racine double se composera de deux droites confondues. Ainsi :

Quand les deux courbes sont simplement ou doublement tangentes, l'équation en $\dfrac{\lambda}{\mu}$ a une racine double qui fournit, dans le cas des courbes simplement tangentes, le couple ayant son centre au point de contact, et, dans le cas du double contact, le couple formé de deux droites confondues avec cette corde de contact.

Supposons maintenant que plus de deux points d'intersection viennent se réunir en un seul. Quand les deux courbes étaient simplement tangentes en A, on avait encore les deux couples de droites

$$(AT, CD) \quad \text{et} \quad (AC, AD).$$

Si un troisième point D, par exemple, vient se réunir aux deux points confondus en A, la sécante AD vient se confondre avec la tangente en A, la droite CD avec CA, les trois couples se réunissent et en forment un seul (AC, AT), qui correspond à une racine triple de l'équation en $\dfrac{\lambda}{\mu}$. Enfin, si le dernier point C vient se confondre avec le point A, le couple correspondant à la racine triple est (AT, AT), et se compose de deux droites confondues avec la tangente. Ainsi :

Dans le cas où trois au moins des points d'intersection sont réunis, l'équation en $\dfrac{\lambda}{\mu}$ a une racine triple à laquelle correspond le couple unique de droites passant par l'intersection des deux courbes P, Q. Si ce couple est composé de deux droites distinctes, les courbes n'ont que trois points confondus au centre même de ce couple. Si le couple se compose de deux droites confondues, les quatre points d'intersection sont réunis en un seul.

Il nous reste enfin à examiner le cas où les deux courbes P, Q coïncident. Dans ce cas, leurs équations ne diffèrent que par un facteur constant, et sont

$$P = o, \quad m P = o.$$

L'équation générale

$$(\lambda + m\mu) P = o$$

représentera la même courbe que les deux premières. La condition pour que cette courbe se décompose en deux droites étant du troisième degré par rapport aux coefficients contiendra

$$(\lambda + m\mu)^3$$

en facteur. L'équation en $\dfrac{\lambda}{\mu}$ aura donc encore une racine triple; mais, en substituant cette racine triple, l'équation se réduira à une identité. On voit donc, en résumé, que :

1° Toutes les fois que l'équation en $\dfrac{\lambda}{\mu}$ aura ses racines distinctes, les deux courbes P, Q se couperont en quatre points distincts;

2° Toutes les fois que l'équation en $\dfrac{\lambda}{\mu}$ aura une racine double, les courbes P et Q seront simplement ou doublement tangentes, suivant que le couple correspondant à la racine double se composera de deux droites distinctes ou de deux droites confondues;

3° Enfin, quand l'équation en $\dfrac{\lambda}{\mu}$ aura ses trois racines égales, les courbes P, Q seront osculatrices; elles auront trois ou quatre points confondus, suivant que le couple unique se composera de deux droites distinctes ou de deux droites confondues; si l'équation de ce couple se réduit à une identité, les deux courbes coïncideront.

Dans la discussion qui précède, nous avons supposé que l'une des deux coniques P était une courbe indécomposable. Il nous reste donc, pour la compléter, à étudier l'intersection de deux systèmes de deux droites.

Soient les deux systèmes de deux droites $\alpha\beta$, $\gamma\delta$. Il ne pourra évidemment se présenter que les cas suivants : 1° les quatre points sont distincts ; dans ce cas trois couples distincts en tout; 2° γ, δ viennent se couper sur une des droites $\alpha\beta$, sur β, par exemple, en A ; alors toutes les coniques passant par l'intersection sont tangentes en A à β, le couple (AC, AD) est double et correspond à une racine double de l'équation en λ; 3° deux droites α, β des deux systèmes se confondent. Alors les équations des deux systèmes sont

$$\alpha\beta = 0, \quad \alpha\gamma = 0,$$

et l'équation

$$\lambda\alpha\beta + \mu\alpha\gamma = (\lambda\beta + \mu\gamma)\alpha = 0$$

représente dans tous les cas des droites : donc l'équation en $\dfrac{\lambda}{\mu}$ est identiquement satisfaite; 4° les quatre droites se coupent en un même point. Dans ce cas, l'équation en λ est encore identique. Si l'on prend, en effet, le point commun pour origine des coordonnées, les deux courbes P, Q ont eu pour équations

$$a\,x^2 + b\,xy + c\,y^2 = 0, \quad a'x^2 + b'xy + c'y^2 = 0,$$

et l'équation

$$(\lambda a + \mu a')x^2 + (\lambda b + \mu b')xy + (\lambda c + \mu c')y^2 = 0$$

représente toujours un système de deux droites distinctes ou confondues.

On voit donc que l'équation en $\dfrac{\lambda}{\mu}$ sera identique dans les deux cas suivants seulement : 1° quand les deux courbes P et Q seront des couples
ayant une droite commune; 2° quand ces mêmes courbes seront des
couples ayant leur *centre* commun.

Telle est la discussion complète des différents cas qui se présentent dans
l'étude des couples de sécantes. Nous savons maintenant dans quel cas
l'équation en $\dfrac{\lambda}{\mu}$ sera identique, dans quel cas elle a une racine double ou
triple. Il ne nous reste plus qu'à dire quelques mots sur la manière de reconnaître combien de points *réels* communs ont deux courbes du second
degré.

Nous supposerons non pas que les courbes P et Q soient réelles, mais
qu'elles soient représentées par des équations à coefficients réels, et nous
rappellerons que, dans cette hypothèse, si les points communs sont imaginaires, ils sont conjugués deux à deux, et qu'il y a toujours un couple
de sécantes réelles communes aux deux courbes P et Q.

Nous n'examinerons ici que le cas où, les quatre points étant distincts,
les trois racines de l'équation en $\dfrac{\lambda}{\mu}$ sont distinctes. Dans ce cas, cette
équation ayant ses coefficients réels, elle aura ses trois racines réelles ou
bien une seule racine réelle et deux imaginaires. Commençons par le cas
des trois racines réelles.

Un couple est toujours formé de sécantes réelles. Soit $\alpha\beta$ ce couple
correspondant à la racine $\dfrac{\lambda}{\mu} = k$. Cherchons un autre couple correspondant à une autre racine réelle $\dfrac{\lambda}{\mu} = k'$; ce couple, ayant une équation réelle,
aura son centre O nécessairement réel. S'il se compose de deux droites
réelles γ, δ, ces droites couperont les deux premières en quatre points
réels; donc si les couples correspondant à deux racines sont formés de
droites réelles, les quatre points d'intersection sont réels, et le couple
correspondant à la troisième racine est évidemment réel aussi.

Si, au contraire, le couple correspondant à la racine réelle $\dfrac{\lambda}{\mu} = k'$ est
formé de deux droites imaginaires, on sait (l'équation du couple ayant ses
coefficients réels) que le point de rencontre de ces droites, centre du
couple, est réel. Les droites du couple n'ont pas d'autre point réel que leur
point de rencontre, et, par conséquent, elles vont couper les droites du
premier couple en quatre points imaginaires. Le couple correspondant à la
dernière racine ne pourra pas non plus être réel; car, s'il l'était, les
quatre points d'intersection seraient réels.

Donc, si le couple correspondant à l'une des trois racines réelles est imaginaire, les quatre points d'intersection sont imaginaires.

En résumé, on voit que :

Lorsque l'équation en $\dfrac{\lambda}{\mu}$ a ses trois racines réelles, les quatre points d'intersection sont tous réels ou tous imaginaires.

Il ne reste plus qu'à considérer le cas où l'équation en $\dfrac{\lambda}{\mu}$ a deux racines imaginaires. Dans ce cas, soit $\alpha + \beta i$ une valeur imaginaire de $\dfrac{\lambda}{\mu}$, l'équation

$$(\alpha + \beta i)\,P + Q = o$$

représentera le couple correspondant à cette racine. Cette équation étant du second degré à coefficients imaginaires, la courbe qu'elle représente ne pourra avoir de points réels que ceux qui satisfont à la fois (*voir* p. 592) aux équations

$$\beta P = o, \quad \alpha P + Q = o \quad \text{ou} \quad P = o, \quad Q = o,$$

obtenues en égalant à zéro les parties réelles et les parties imaginaires de l'équation.

On voit donc que le nombre de points réels du couple est le même que le nombre de points réels communs aux coniques P et Q. D'ailleurs, le couple se composant de deux droites imaginaires, il y aura un point réel sur chaque droite. Donc les deux courbes P et Q auront deux points communs réels seulement.

Ce raisonnement serait en défaut si les deux droites qui composent le couple correspondant à la racine $\alpha + \beta i$ n'étaient pas imaginaires. Mais si l'une au moins était réelle, on voit que les deux courbes P et Q auraient une infinité de points communs réels, tous ceux de la droite réelle, ce qui est contraire à l'hypothèse que les deux courbes se coupent en quatre points seulement. Donc :

Si l'équation en $\dfrac{\lambda}{\mu}$ a deux racines imaginaires, il y a deux points d'intersection réels ; les deux autres sont imaginaires.

1re *Application.* — Supposons qu'on se propose de déterminer les points d'intersection de deux courbes du second degré. La méthode la plus simple sera celle que nous avons exposée dans la Note XI. On cherchera l'équation aux abscisses des points d'intersection. On résoudra cette équation par les méthodes employées en Algèbre, et les ordonnées correspondantes seront déterminées par une équation du premier degré. Mais on peut encore se servir de l'équation aux couples de sécantes. Pour cela, on formera l'équation en $\dfrac{\lambda}{\mu}$, et l'on en déterminera deux racines.

A ces deux racines correspondront deux couples de sécantes, et l'on n'aura plus qu'à chercher l'intersection de deux systèmes de deux droites. Cette méthode exige, comme on voit, la résolution d'une équation du troisième degré, et en outre, quand on aura à décomposer chaque couple en deux droites séparées, l'extraction d'une racine carrée, c'est-à-dire la résolution d'une équation du second degré. Pour les équations numériques, cette méthode n'est nullement préférable à la première ; mais il y a une conséquence importante à tirer de la comparaison des deux méthodes. C'est que la résolution de l'équation du quatrième degré peut se ramener à celle d'une équation du troisième degré, suivie de deux extractions de racines carrées. C'est ce que le calcul suivant explique complétement. Soit

$$(5) \qquad x^4 + px^3 + qx^2 + rx + s = 0$$

une équation du quatrième degré. Posons

$$x^2 = y,$$

l'équation précédente pourra s'écrire

$$y^2 + pxy + qx^2 + rx + s = 0,$$

et l'équation (5) pourra se remplacer par le système des deux équations

$$(6) \qquad \begin{cases} y^2 + pxy + qx^2 + rx + s = 0, \\ x^2 - y = 0, \end{cases}$$

qui représentent deux courbes du second degré. Soit

$$(7) \qquad y^2 + pxy + qx^2 + rx + s + \lambda(x^2 - y) = 0$$

l'équation générale des courbes qui passent par leur intersection. On détermine λ par la condition que l'équation précédente représente deux droites, ce qui donne, pour λ, l'équation

$$(q + \lambda)\lambda^2 + pr\lambda + r^2 + sp^2 - 4s(q + \lambda) = 0,$$

ou, en ordonnant

$$(8) \qquad \lambda^3 + q\lambda^2 + (pr - 4s)\lambda + r^2 + sp^2 - 4sq.$$

Si l'on prend pour λ une racine λ' de cette équation, le premier membre de l'équation (7) se décomposera en deux facteurs linéaires, et l'on aura une identité de la forme

$$y^2 + pxy + qx^2 + rx + s + \lambda'(x^2 - y)$$
$$= (Ay + Bx + C)(A'y + B'x + C');$$

cette équation devant être vérifiée quelle que soit x, y, faisons $y = x^2$, elle devient

$$x^4 + p x^3 + q x^2 + r x + s = (A x^2 + B x + C)(A' x^2 + B' x + C'),$$

et est vérifiée, quelle que soit x. Ainsi, le premier membre de notre équation du quatrième degré est décomposé en deux facteurs du second degré. Aux trois valeurs de λ correspondent les trois décompositions possibles de ce premier membre en deux facteurs du second degré. Si l'on a effectué deux de ces décompositions, les racines de l'équation du 4e degré devant être communes, chacune, à deux équations du second degré, on les obtiendra sans nouvelle extraction de racines. On voit qu'il y a analogie complète entre le problème des sécantes communes et la décomposition de l'équation du quatrième degré en deux équations du second degré.

2e *Application.* — Étant donnée une ellipse, proposons-nous de lui mener des normales d'un point donné. Soit

$$(9) \qquad \frac{x^2}{a^2} + \frac{y^2}{b^2} - 1 = 0$$

l'équation de l'ellipse, et (α, β) les coordonnées du point donné. Nous prendrons pour inconnues les coordonnées (x, y) du pied de la normale. La normale en ce point aura pour équation

$$\frac{X - x}{\dfrac{x}{a^2}} = \frac{Y - y}{\dfrac{y}{b^2}},$$

et si l'on exprime qu'elle passe par le point (α, β), on aura l'équation

$$\frac{\alpha - x}{\dfrac{x}{a^2}} = \frac{\beta - y}{\dfrac{y}{b^2}},$$

ou, en réduisant,

$$a^2 (\alpha - x) y - b^2 (\beta - y) x = 0,$$

$$(10) \qquad c^2 xy - a^2 \alpha y + b^2 \beta x = 0.$$

Les coordonnées cherchées du pied de la normale devront vérifier les équations (9) et (10). Ces équations prises séparément représentent, l'une l'ellipse, l'autre une hyperbole équilatère ayant ses asymptotes parallèles aux axes et passant par le centre de l'ellipse. Puisque l'hyperbole équilatère a une de ses branches passant au centre de l'ellipse, elle coupera cette courbe au moins en deux points : il faut savoir si elle la coupe en quatre points réels ou en deux seulement. Pour cela, formons l'équation en $\dfrac{\lambda}{\mu}$ relative aux deux courbes. L'équation

$$(11) \qquad \lambda\frac{x^2}{a^2} + \mu c^2 xy + \lambda\frac{y^2}{b^2} + b^2\beta\mu x - a^2\alpha\mu y - \lambda = 0$$

représente toutes les courbes passant par l'intersection des deux premières. Exprimons qu'elle représente deux droites. Nous obtenons ainsi

$$\frac{\lambda}{a^2} a^4 x^2 \mu^2 + c^2 \mu.b^2\beta\mu.a^2\alpha\mu + \frac{\lambda}{b^2} b^4\beta^2\mu^2 - \lambda\left(c^4\mu^2 - \frac{4\lambda^2}{a^2 b^2}\right) = 0,$$

ou, en ordonnant,

$$\frac{4\lambda^3}{a^2 b^2} + (b^2\beta^2 + a^2\alpha^2 - c^4)\lambda\mu^2 + c^2 b^2 a^2 \alpha\beta\,\mu^3 = 0,$$

équation qu'on peut encore écrire

$$\left(\frac{\lambda}{\mu}\right)^3 + \frac{a^2 b^2}{4}(a^2\alpha^2 + b^2\beta^2 - c^4)\frac{\lambda}{\mu} + \frac{c^2 a^4 b^4 \alpha\beta}{4} = 0.$$

Si cette équation a ses racines réelles, les quatre points d'intersection doivent être tous réels ou tous imaginaires; comme il y en a deux qui sont réels, ils seront tous réels; au contraire, si l'équation a ses racines imaginaires, il y aura deux points réels seulement. Ainsi, si l'expression

$$4\frac{a^6 b^6}{4^3}(a^2\alpha^2 + b^2\beta^2 - c^4)^3 + 27\frac{a^8 b^8 \alpha^2\beta^2}{4^2} c^4$$

est positive, on ne pourra mener du point α, β que deux normales à la courbe; si elle est négative, on pourra, du point α, β, mener quatre normales. Remplaçons α, β par x, y, et égalons cette expression à zéro. L'équation

$$(12) \qquad (a^2 x^2 + b^2 y^2 - c^4)^3 + 27 a^2 b^2 c^4 x^2 y^2 = 0$$

représentera une courbe qui séparera le plan en plusieurs régions, dans chacune desquelles le premier membre aura un signe déterminé. Tout se ramène donc à la discussion de la courbe représentée par l'équation (12). Écrivons cette équation

$$27 a^2 b^2 c^4 x^2 y^2 = (c^4 - a^2 x^2 - b^2 y^2)^3,$$

et extrayons les racines cubiques des deux membres. Nous trouvons

$$3\sqrt[3]{a^2 b^2 c^4 x^2 y^2} = c^4 - a^2 x^2 - b^2 y^2,$$

et, en posant

$$a^2 x^2 = c^2 u^3, \quad b^2 y^2 = c^2 v^3, \quad u = \sqrt[3]{\frac{a^2 x^2}{c^4}}, \quad v = \sqrt[3]{\frac{b^2 y^2}{c^4}},$$

$$3 uv = 1 - u^3 - v^3.$$

Cette dernière équation se transforme encore, et peut s'écrire

$$(u + v)^3 - 1 - 3 uv (u + v - 1) = 0.$$

d'où

$$(u + v - 1)(u^2 + v^2 - uv - u - v + 1) = 0$$

et, comme le second facteur ne peut être nul, pour des valeurs réelles de u et de v, il reste l'équation simple

$$u + v - 1 = 0,$$

ou

$$\sqrt[3]{\frac{a^2 x^2}{c^4}} + \sqrt[3]{\frac{b^2 y^2}{c^4}} - 1 = 0.$$

Sous cette forme, on discute facilement la forme générale de la courbe. On voit qu'elle partage le plan en deux régions. Dans la région intérieure à la courbe, le premier membre de l'équation (12) est négatif; par exemple, à l'origine, ce premier membre se réduit à $- c^{12}$. Au contraire, en dehors de la courbe, par exemple, au point A, sommet du grand axe, la même fonction est positive. On voit donc que des points situés à l'intérieur de la courbe, on pourra mener quatre normales, et deux normales seulement des points situés à l'extérieur. Si le point placé à l'intérieur vient se placer sur la courbe, deux des quatre normales viennent se confondre, car l'équation en $\dfrac{\lambda}{\mu}$ ayant une racine double, l'ellipse et l'hyperbole deviennent simplement tangentes. Ainsi, des points situés sur la courbe, on peut mener trois normales, l'une d'elles pouvant être considérée comme double. La courbe représentée par l'équation (12) s'appelle *développée de la courbe*.

NOTE XIII.

SUR LA DÉTERMINATION DES COURBES DU DEGRÉ m PASSANT PAR UN NOMBRE DONNÉ DE POINTS.

(Page 347.)

Soit une équation algébrique

$$(1) \qquad f(x, y) = 0,$$

représentant une courbe de degré m, et cherchons combien le premier membre de cette équation contient de termes dans le cas le plus général. L'équation peut s'écrire

$$\varphi(x, y) + \varphi_1(x, y) + \varphi_2(x, y) + \ldots = 0,$$

où φ, φ_1, φ_2 désignent les termes de degré m, $m - 1$, $m - 2$, ... Le polynôme φ sera donc de la forme

$$A x^m + A' x^{m-1} y + A'' x^{m-2} y^2 + \ldots + A^{(m)} y^m,$$

et contiendra, en général, $m + 1$ termes; de même, le polynôme φ_1, de degré moindre, aura m termes; le polynôme φ_2, $m - 1$, ... On voit donc que le nombre total des termes ou des coefficients arbitraires de l'équation sera égal à la somme

$$m + 1 + m + m - 1 + \ldots = \frac{(m + 1)(m + 2)}{2}.$$

C'est ainsi que l'équation du second degré contient 6 termes; celle du troisième degré, 10 termes; du quatrième degré, 15 termes, etc.

Cela posé, supposons que l'on se propose de déterminer une courbe de degré m, satisfaisant à des conditions données. Voici comment on traitera ce problème. On écrira l'équation la plus générale du $m^{ième}$ degré; cette équation contient $\dfrac{(m + 1)(m + 2)}{2}$ coefficients; mais on peut toujours, en divisant le premier membre de l'équation par l'un des coefficients, réduire ce coefficient à l'unité. L'équation ne contiendra donc en réalité que

$$\frac{(m + 1)(m + 2)}{2} - 1 = \frac{m(m + 3)}{2}$$

inconnues. Pour déterminer ces inconnues, il faudra autant d'équations. Donc, en général, une courbe de degré m est déterminée par $\dfrac{m(m+3)}{2}$ conditions indépendantes.

C'est ainsi, on l'a vu, qu'il faut cinq conditions pour déterminer une courbe du second degré, il en faudrait neuf pour une courbe du troisième degré, quatorze pour une courbe du quatrième degré, etc., etc.

Nous allons dire quelques mots du plus simple des problèmes qu'on peut se proposer pour la détermination d'une courbe de degré m. Supposons qu'on donne les coordonnées de $\dfrac{m(m+3)}{2}$ points d'une telle courbe, et proposons-nous de déterminer les coefficients de l'équation.

Pour cela, nous prendrons l'équation générale du degré m, et nous exprimerons qu'elle est vérifiée par les coordonnées de chacun des points. Nous obtiendrons ainsi évidemment $\dfrac{m(m+3)}{2}$ équations de condition qui seront du premier degré par rapport aux coefficients de l'équation A, B,..., F. Ces coefficients seront au nombre de $\dfrac{(m+1)(m+2)}{2}$, mais, en divisant par l'un d'eux, F par exemple, les équations ne contiendront plus que les rapports $\dfrac{A}{F}$, $\dfrac{B}{F}$, ..., et seront du premier degré par rapport à ces nouvelles inconnues. On aura donc à résoudre des équations du premier degré en nombre égal à celui des inconnues, et qui donneront, en général, pour les rapports $\dfrac{A}{F}$, $\dfrac{B}{F}$, des valeurs finies et déterminées. Donc :

En général, *il y a une courbe de degré m, et une seule passant par* $\dfrac{m(m+3)}{2}$ *points.*

Supposons, par exemple, qu'on ait à déterminer une courbe du second degré passant par cinq points. Soit l'équation générale du second degré

$$A x^2 + B xy + C y^2 + D x + F y + F = 0.$$

Si nous exprimons que cette équation est vérifiée par les coordonnées des cinq points, nous aurons cinq relations linéaires et homogènes entre les six coefficients A, B, C,..., F; mais, si nous divisons les premiers membres par F, par exemple, ces six équations ne contenant plus que les cinq rapports $\dfrac{A}{F}$, $\dfrac{B}{F}$, ..., et étant du premier degré par rapport à ces nouvelles inconnues, détermineront, en général, un système unique de valeurs pour les inconnues. Donc :

En général, *il y a une courbe du second degré, et une seule passant par cinq points.*

Examinons maintenant les cas particuliers qui peuvent se présenter. Les inconnues sont fournies par des équations du premier degré ; ces équations peuvent être impossibles ou indéterminées. Nous allons démontrer qu'elles ne sont jamais impossibles dans le cas spécial que nous étudions. Pour cela, nous nous appuierons sur le lemme suivant :

Lemme. — Soient $n - 1$ équations homogènes et du premier degré par rapport à n inconnues x, y, z,..., t, qui doivent être vérifiées par des valeurs des inconnues qui ne soient pas toutes nulles. Ces équations fournissent, en général, des valeurs finies et déterminées pour les rapports des inconnues ; elles peuvent être indéterminées, mais elles ne sont jamais impossibles.

Commençons par le cas le plus simple. Soit l'équation

$$(2) \qquad ax + by = 0.$$

Si a et b sont nuls, cette équation est identique ; si a seul est nul, elle est vérifiée pour le système

$$y = 0, \quad x \text{ quelconque};$$

enfin, si a n'est pas nul, on a

$$\frac{x}{y} = -\frac{b}{a}.$$

Le théorème est donc vrai dans ce premier cas.

Soient maintenant les deux équations

$$(3) \qquad \begin{cases} ax + by + cz = 0, \\ a'x + b'y + c'z = 0. \end{cases}$$

Si les six coefficients a, b, c, a', b', c' sont nuls, elles sont vérifiées pour toutes les valeurs de x, y, z, et sont, par conséquent, indéterminées. Supposons que l'un des coefficients, c', par exemple, ne soit pas nul. Alors, de la seconde équation, on pourra tirer la valeur de z en fonction de x et de y,

$$z = -\frac{a'x + b'y}{c'}.$$

Portant cette valeur de z dans la première équation, on aura une équation de la forme

$$Ax + By = 0,$$

qui est toujours vérifiée par des valeurs de x et de y, dont l'une, au moins, soit différente de zéro. Portant ces valeurs dans la formule qui donne z, on aura pour (x, y, z) un système de valeurs qui ne seront pas toutes nulles. Ainsi, dans ce cas encore, le problème n'est jamais impossible.

Examinons ensuite le cas de trois équations à quatre inconnues

$$(4) \quad \begin{cases} ax + by + cz + dt = 0, \\ a'x + b'y + c'z + d't = 0, \\ a''x + b''y + c''z + d''t = 0. \end{cases}$$

Si tous les coefficients sont nuls, toutes les valeurs de x, y, z vérifieront les équations qui sont identiques, et, dans ce cas, le problème est tout à fait indéterminé. Supposons que l'un, au moins, des coefficients, d'', par exemple, ne soit pas nul. Nous tirerons de la dernière équation la valeur de t :

$$t = -\frac{a''x + b''y + c''z}{d''},$$

et, en portant dans les autres équations cette valeur de t, on aura un système de la forme

$$Ax + By + Cz = 0,$$
$$A'x + B'y + C'z = 0,$$

tout semblable, par conséquent, au système (3). Nous avons déjà vu que, dans ce cas, les équations sont toujours vérifiées par un ou plusieurs systèmes de valeurs des inconnues (x, y, z), l'une au moins de ces valeurs étant différente de zéro. Portant ces valeurs de x, y, z dans l'équation qui donne t, on aura la valeur de t correspondante à chaque système de valeurs de x, y, z, s'il y en a plusieurs. La marche que nous suivons est évidente, et l'on voit que le théorème s'étendrait sans difficulté au cas général de $n-1$ équations à n inconnues.

Le problème de géométrie analytique que nous avons traité au commencement de cette note nous fournit une application immédiate de la proposition d'algèbre qui précède. On voit, en effet, que, si l'on veut faire passer une courbe de degré m par $\dfrac{m(m+3)}{2}$ points, les équations de condition sont du premier degré, et homogènes par rapport aux $\dfrac{m(m+3)}{2}+1$ coefficients de l'équation, coefficients qui sont ici les inconnues à déterminer. En appliquant ici le théorème d'algèbre, on voit que ces équations pourront être indéterminées, mais ne seront jamais impossibles. Donc, par $\dfrac{m(m+3)}{2}$ points, on peut toujours faire passer au moins une courbe de degré m.

En particulier, par cinq points, on peut toujours faire passer au moins une courbe du second degré.

Examinons les cas particuliers qui peuvent se présenter dans le problème relatif aux courbes du second degré. Si le problème est indéterminé, on pourra, par les cinq points, faire passer deux courbes distinctes du second degré. Or, nous avons vu (p. 590) que deux courbes *distinctes* du second degré ne peuvent se couper en cinq points à moins qu'elles ne se composent de deux systèmes de deux droites et qu'elles aient une droite commune. Dans ce cas, elles ne peuvent avoir qu'un point commun en dehors de cette droite. Il faudra donc que quatre, au moins, des cinq points donnés soient placés sur la droite commune. D'ailleurs, si quatre des cinq points donnés sont en ligne droite, on voit bien qu'alors le problème que nous traitons sera indéterminé. Toute courbe composée de la droite sur laquelle se trouvent quatre points, et d'une autre droite quelconque passant par le cinquième point, répondra évidemment aux conditions du problème. Si les cinq points étaient en ligne droite, on pourrait prendre une courbe formée de la droite contenant les cinq points, et d'une autre droite quelconque du plan. Donc :

Par cinq points donnés, on peut toujours faire passer une courbe du second degré, et une seule, pourvu que quatre des cinq points ne soient pas en ligne droite.

La proposition d'algèbre que nous avons démontrée plus haut est aussi utile pour la résolution des questions analogues relatives aux surfaces.

NOTE XIV.

DU PLAN TANGENT DANS LES SURFACES ALGÉBRIQUES.

(Page 469.)

I. Soit $f(x, y, z, t) = $ o l'équation homogène d'une surface, et proposons-nous de trouver le lieu des tangentes menées en un point A (x', y', z', t') à la surface. Pour cela, nous allons chercher la condition pour qu'une droite, passant en A, y coupe la surface en deux points confondus.

Soit M (x, y, z, t) un point quelconque de l'espace; les coordonnées de tout point de la droite seront AM données par les formules

$$(1) \qquad x_1 = x' + \lambda.x, \ldots,$$

et, si nous exprimons que ce point est sur la surface, nous obtenons l'équation

$$(2) \quad f(x, y, z, t) = f(x' + \lambda x, \; y' + \lambda y, \; z' + \lambda z, \; t' + \lambda t) = o,$$

qui détermine les valeurs de λ correspondantes aux points d'intersection de la sécante AM et de la surface. Cette équation est vérifiée pour $\lambda = $ o, car cette valeur de λ correspond au point A qui se trouve sur la surface, et réduit le premier membre à $f(x', y', z', t')$ qui est nul. Si la droite AM doit être tangente en A, il faudra qu'un second point d'intersection vienne se confondre avec le premier, c'est-à-dire que l'équation en λ ait *deux* racines nulles. Il faudra donc, d'après la théorie des racines égales, que la dérivée du premier membre de l'équation (2), par rapport à λ, s'annule pour $\lambda = $ o. Cette dérivée est

$$x f'_{x_1}(x_1, y_1, z_1, t_1) + y f'_{y_1} + z f'_{z_1} + t f'_{t_1}.$$

Faisons-y $\lambda = $ o, d'où $x_1 = x', \ldots$; nous obtenons l'équation de condition

$$(3) \qquad x f'_{x'} + y f'_{y'} + z f'_{z'} + t f'_{t'} = o,$$

qui exprime que la droite AM est tangente, et comme x, y, z, t sont les coordonnées d'un point quelconque de cette droite, l'équation précédente étant satisfaite, pour tous les points de chaque tangente, et pour ces points seulement, représente le lieu de ces tangentes. Ce lieu est un plan qu'on appelle *plan tangent* en A.

Ap. de l'Al. à la G. 39

La méthode que nous avons suivie montre, d'une manière précise, quelle est la nature d'un point pour lequel l'équation du plan tangent devient indéterminée. Si, pour un point de la surface, les quatre dérivées

$$f'_x, \; f'_y, \; f'_z, \; f'_t$$

s'annulent, l'équation de condition (3) est identiquement satisfaite. Toute droite passant au point y coupe la surface en deux points confondus. C'est ce qui arrive, par exemple, au sommet d'un cône du second degré. Alors les tangentes véritables sont celles qui coupent la surface en un point de plus; il faut exprimer que l'équation en λ a trois racines nulles, mais nous ne développerons pas cette discussion.

Nous remarquerons seulement que, les coordonnées d'un point singulier devant satisfaire à quatre équations, une surface ne contient pas nécessairement des points de cette nature.

Les sections des surfaces du second degré par leurs plans tangents méritent d'être remarquées. Soit A le point de contact. Toute droite menée par le point A dans le plan tangent y coupera la surface en deux points confondus. La courbe de section par le plan tangent a donc un point double au point de contact. Elle se compose donc de deux droites réelles ou imaginaires se coupant au point de contact.

II. Proposons-nous maintenant la question suivante. Étant donnée l'équation d'un plan

$$(6) \qquad m\mathrm{X} + n\mathrm{Y} + p\mathrm{Z} + q\mathrm{T} = 0,$$

exprimer que ce plan est tangent à une surface.

Soit

$$f(x, y, z, t) = 0$$

l'équation de la surface. Si le plan précédent est tangent à la surface en un point A (x, y, z, t), son équation pourra s'écrire

$$\mathrm{X}f'_x + \mathrm{Y}f'_y + \mathrm{Z}f'_z + \mathrm{T}f'_t = 0.$$

Cette équation et l'équation (6) représentant le même plan, leurs coefficients sont proportionnels. On aura donc les équations de condition

$$(7) \qquad \frac{f'_x}{m} = \frac{f'_y}{n} = \frac{f'_z}{p} = \frac{f'_t}{q},$$

auxquelles il faut joindre la relation

$$f(x, y, z, t) = 0,$$

qui exprime que le point est sur la surface. Cette dernière équation peut encore être écrite

$$x f_x' + y f_y' + z f_z' + t f_t' = 0,$$

ou, en y remplaçant les dérivées par les quantités proportionnelles m, n, p, q,

$$(8) \qquad mx + ny + pz + qt = 0.$$

Cette dernière équation exprime que le point de contact se trouve dans le plan tangent. Pour avoir la relation cherchée entre m, n, p, q, il faudra éliminer les rapports de x, y, z, t entre les équations (7) et (8).

Appliquons cette méthode aux surfaces du second degré. Ici, nous introduirons une inconnue auxiliaire 2λ égale à la valeur commune des rapports (7) ; et en nous servant des valeurs des dérivées données, page 469, équation (1), nous aurons

$$(9) \qquad \begin{cases} A\,x + B''y + B'z + C\,t - m\lambda = 0, \\ B''x + A'y + B\,z + C't - n\lambda = 0, \\ B'\,x + B\,y + A''z + C''t - p\lambda = 0, \\ C\,x + C'y + C''z + D\,t - q\lambda = 0, \\ m\,x + ny + pz + qt \qquad\quad = 0. \end{cases}$$

Éliminons, entre ces équations, les inconnues x, y, z, t, λ, nous aurons la relation cherchée. Le résultat de cette élimination est

$$H' = \begin{vmatrix} A & B'' & B' & C & m \\ B'' & A' & B & C' & n \\ B' & B & A'' & C'' & p \\ C & C' & C'' & D & q \\ m & n & p & q & 0 \end{vmatrix} = 0.$$

Cherchons, de même, la condition pour qu'une droite définie par les équations

$$P = mX + nY + pZ + qT = 0,$$
$$Q = m'X + n'Y + p'Z + q'T = 0$$

soit tangente à une surface. Soient x, y, z, t les coordonnées du point de contact ; le plan tangent à la surface en ce point aura pour équation

$$X f_x' + Y f_y' + Z f_z' + T f_t' = 0.$$

Comme il doit passer par la droite (P, Q), le premier membre doit être de la forme $\lambda P + \lambda'Q$, ce qui donne les relations

$$(10) \qquad \begin{cases} f'_x = m\lambda + m'\lambda', \\ f'_y = n\lambda + n'\lambda', \\ f'_z = p\lambda + p'\lambda', \\ f'_t = q\lambda + q'\lambda', \end{cases}$$

auxquelles il faut joindre les suivantes :

$$(11) \qquad \begin{cases} mx + ny + pz + qt = 0, \\ m'x + n'y + p'z + q't = 0, \end{cases}$$

qui expriment que le point de contact est sur la droite. Entre les six équations (10) et (11), on éliminera les rapports des six quantités x, y, z, t, λ, λ', et l'on aura la relation cherchée. Dans le cas des surfaces du second degré, cette relation est

$$H'' = \begin{vmatrix} A & B'' & B' & C & m & m' \\ B'' & A' & B & C' & n & n' \\ B' & B & A'' & C'' & p & p' \\ C & C' & C'' & D & q & q' \\ m & n & p & q & 0 & 0 \\ m' & n' & p' & q' & 0 & 0 \end{vmatrix} = 0.$$

On peut se proposer le même problème sous une autre forme, en considérant la droite, non plus comme intersection de deux plans, mais comme déterminée par deux points A, B. Alors, soient (x, y, z, t), (x', y', z', t') les coordonnées des points; on substituera, dans l'équation, les valeurs $x + \lambda.x'$ correspondant à un point quelconque de la droite AB, et l'on exprimera que deux valeurs de λ sont égales. Appliquons cette méthode aux surfaces du second degré; l'équation en λ sera

$$f(x, y, z, t) + \lambda.(x'f'_x + y'f'_y + z'f'_z + t'f'_t) + \lambda^2 f(x', y', z', t') = 0.$$

La condition d'égalité des racines est ici

$$(12) \qquad (x'f'_x + y'f'_y + z'f'_z + t'f'_t)^2 - 4f(x, y, z, t)f(x', y', z', t') = 0.$$

Si cette condition est satisfaite, la droite AB sera tangente à la surface. D'après cela, si l'on suppose x', y', z', t' fixes, x, y, z, t seront les coordonnées d'un point situé sur une tangente quelconque, menée à la surface par le premier point. En d'autres termes, l'équation (12) représentera le cône circonscrit à la surface, lieu des tangentes menées par le point (x', y', z', t'), c'est-à-dire ayant son sommet en ce point. On voit que, si le point est sur la surface, $f(x', y', z', t')$ est nul, et le cône se réduit au plan tangent en ce point.

III. Étant donnée une surface du second degré, proposons-nous de déterminer tous les plans tangents passant par un point $A(x', y', z')$. Nous prendrons pour inconnues les coordonnées x, y, z, t du point de contact. L'équation du plan tangent sera

$$\mathrm{X} f'_{x'} + \mathrm{Y} f'_{y'} + \mathrm{Z} f'_{z'} + \mathrm{T} f'_{t'} = 0.$$

Si l'on exprime que ce plan passe par le point A, on a la relation

$$x' f'_{x'} + y' f'_{y'} + z' f'_{z'} + t' f'_{t'} = 0,$$

qu'on peut encore écrire

$$(14) \qquad x f'_{x'} + y f'_{y'} + z f'_{z'} + t f'_{t'} = 0.$$

Cette équation représente un plan qui coupera la surface aux points cherchés. Ces points se trouvent donc sur une section plane, réelle ou imaginaire. Si l'on joint tous les plans de cette section au point A, on forme un cône du second degré, dont toutes les génératrices sont tangentes à la surface. C'est le cône circonscrit dont nous avons déjà donné l'équation (12).

Le plan représenté par l'équation (14) s'appelle *plan de contact* ou *plan polaire* du point A. Lorsque le point A est sur la surface, son plan polaire est le plan tangent en A. C'est ce qu'on peut expliquer de la manière suivante.

Le plan tangent en A coupe la surface suivant deux droites. Soit B un point de l'une de ces droites, AB sera une droite sur la surface, et le plan tangent en B contiendra la droite AB, qui est à elle-même sa propre tangente en B. On voit donc que ce plan tangent doit passer par le point A.

IV. Supposons qu'on demande de mener à la surface un plan tangent passant par une droite. Soient A, B deux points de cette droite, et x', x'',... leurs coordonnées. Le plan tangent devant passer à la fois par le point A et par le point B, son point de contact devra se trouver à la fois dans les plans de contact de A et de B, ce qui donne les deux équations

$$(15) \qquad \begin{cases} x' f'_x + y' f'_y + z' f'_z + t' f'_t = 0, \\ x'' f'_x + y'' f'_y + z'' f'_z + t'' f'_t = 0. \end{cases}$$

La droite représentée par ces deux équations coupera la surface aux points cherchés. On pourra donc mener deux plans tangents à la surface par la droite AB.

Des deux équations (15), on déduit

$$(x' + \lambda x'') f'_x + (y' + \lambda y'') f'_y + \ldots + (t' + \lambda t'') f'_t = 0.$$

Cette nouvelle équation est celle du plan de contact d'un point quelconque $M(x' + \lambda x'', \ldots)$ située sur la droite AB. On vérifie donc que les plans de contact de tous les points de la droite AB passent par la droite (15). Cela doit être, puisque tous ces plans doivent contenir les points de contact des deux plans tangents qu'on peut mener par la droite AB. La droite déterminée par les équations (15) s'appelle la droite polaire de AB.

On démontre de la manière suivante que la relation entre les deux droites AB, CD est réciproque. Soient A, B les points où la première rencontre la surface, C, D les points où la seconde la coupe.

Les deux droites AC, BC sont tangentes en A, et comme elles contiennent un autre point A ou B de la surface, elles en font partie tout entières. De même pour les droites AD, BD. D'après cela, les deux plans (AC, AD), (BC, BD) sont les plans tangents en A et B menés par la droite CD; les deux plans (AC, BC), (AD, BD) sont les plans tangents en C, D, menés par la droite AB. On voit donc que chacune des droites contient les points de contact des plans tangents menés par l'autre.

Les méthodes précédentes nous fournissent un moyen simple de trouver les équations des deux plans tangents menés par une droite AB à une surface du second degré. On prendra l'équation du cône circonscrit à la surface, ayant son sommet en A, équation que nous avons donnée plus haut; on cherchera ensuite le lieu des tangentes menées du point B à ce cône, en employant de nouveau l'équation (12). Ce lieu se compose des deux plans tangents au cône menés par le point B : ces plans passent par la droite AB, et sont tous les deux tangents à la surface.

V. Enfin, la théorie du plan tangent nous donne un moyen de classer les surfaces du second degré d'après la nature de leurs points singuliers.

Le plan tangent en un point de la surface est toujours bien déterminé tant que les quatre dérivées

$$f'_x, \; f'_y, \; f'_z, \; f'_t$$

ne sont pas nulles en un point de la surface. Cherchons quelles sont les surfaces du second degré ayant des points singuliers.

Écrivons les équations

$$(16)\quad\begin{cases} \tfrac{1}{2}f'_x = \mathrm{A}\,x + \mathrm{B}''y + \mathrm{B}'z + \mathrm{C}\,t = 0,\\[4pt] \tfrac{1}{2}f'_y = \mathrm{B}''x + \mathrm{A}'y + \mathrm{B}\,z + \mathrm{C}'t = 0,\\[4pt] \tfrac{1}{2}f'_z = \mathrm{B}'x + \mathrm{B}\,y + \mathrm{A}''z + \mathrm{C}''t = 0,\\[4pt] \tfrac{1}{2}f'_t = \mathrm{C}\,x + \mathrm{C}'y + \mathrm{C}''z + \mathrm{D}\,t = 0. \end{cases}$$

Ces quatre équations, auxquelles il faut joindre l'équation

$$f(x,\,y,\,z,\,t) = 0,$$

qui exprime que le point est sur la surface, déterminent les points où le plan tangent est indéterminé. L'équation de la surface, qui peut s'écrire

$$xf'_x + yf'_y + zf'_z + tf'_t = 0,$$

est une conséquence des équations (16). La question se réduit donc à l'examen de ces équations. Leur déterminant

$$\mathrm{H} = \begin{vmatrix} \mathrm{A} & \mathrm{B}'' & \mathrm{B}' & \mathrm{C} \\ \mathrm{B}'' & \mathrm{A}' & \mathrm{B} & \mathrm{C}' \\ \mathrm{B}' & \mathrm{B} & \mathrm{A}'' & \mathrm{C}'' \\ \mathrm{C} & \mathrm{C}' & \mathrm{C}'' & \mathrm{D} \end{vmatrix},$$

s'appelle le *hessien* de l'équation ou de la surface du second degré. Tant qu'il ne sera pas nul, les équations (16) ne seront vérifiées que par le système inadmissible de valeurs

$$x = y = z = t = 0.$$

Si le hessien est nul, les quatre plans représentés par les équations (16) se couperont au moins en un point, et la surface aura au moins un point singulier. Nous allons montrer que, dans ce cas, elle se réduit à un cône du second degré.

Soit S le point, à distance finie ou infinie, pour lequel le plan tangent devient indéterminé. Toute droite passant en S y coupera la surface en deux points; si on la fait passer par un autre point de la surface, elle coupera celle-ci en trois points, et, par suite, y sera contenue tout entière. On voit donc que la surface sera engendrée par une série de droites passant par le point S : ce sera donc un cône, et un cône ayant pour base une courbe du second degré. (Nous considérons ici un cylindre comme un cône ayant son sommet à l'infini.)

Si les quatre plans (16) se coupent, non plus en un point unique, mais suivant une droite, nous avons vu que, dans ce cas, tous les mineurs du premier ordre du hessien seront nuls. Alors, il y a une ligne de points doubles ; toute section plane de la surface contiendra un de ces points doubles, et se composera de deux droites distinctes. On aura un cône dont la base sera formée de deux droites. C'est le système de *deux plans distincts*.

Enfin, si les quatre plans (16) se confondent, il y aura un plan de points doubles. Toute section plane aura une ligne de points doubles, elle sera formée de deux droites confondues ; l'équation représentera deux plans confondus, son premier membre sera un carré parfait. Dans ce cas, tous les mineurs du second ordre du hessien seront nuls.

En résumé, nous avons quatre classes de surfaces :

1° Les *surfaces générales,* pour lesquelles le hessien n'est pas nul, et dont le plan tangent n'est jamais indéterminé ;

2° Le *cône général,* ayant pour base une courbe générale du second degré pour lequel le hessien est nul, sans que les mineurs du premier ordre le soient tous ;

3° Le *système de deux plans distincts,* pour lequel tous les mineurs du premier ordre du hessien sont nuls, sans que les mineurs du second ordre le soient ;

4° Le *système de deux plans confondus,* pour lequel tous les mineurs du second ordre du hessien sont nuls.

On distinguerait encore ces deux dernières classes du cône général, en remarquant que la condition de contact doit être identiquement satisfaite pour tout plan dans le cas de deux plans distincts, et pour toute droite dans le cas de deux plans confondus.

L'équation générale de deux plans distincts contient six coefficients, celle d'une surface en contient neuf. On voit qu'il doit y avoir trois relations entre les coefficients quand la surface se compose de deux plans. Par conséquent, les dix équations qu'on obtient en égalant à zéro tous les mineurs du premier ordre ne sont pas distinctes ; mais, comme nous l'avons déjà fait remarquer, on ne peut faire, entre ces équations, le choix de trois, ou même d'un plus grand nombre, qui soient toujours nécessaires et suffisantes. La même remarque s'applique au cas de deux plans confondus. Si l'on demande qu'une surface se compose de deux plans, il faudra exprimer que les quatre équations (16) se réduisent à deux si les plans sont distincts, à une s'ils sont confondus.

NOTE XV.

DU PLAN POLAIRE DANS LES SURFACES DU SECOND DEGRÉ.

(Page 469.)

On dit que deux points A et B sont *conjugués* par rapport à une surface du second ordre, quand la droite AB coupe la surface en deux points N, N', divisant harmoniquement le segment AB. D'après cela, à un point A correspond sur toute sécante un conjugué B, qui est le conjugué harmonique du point A par rapport aux points d'intersection de la sécante et de la surface.

Soient $(x,\ldots, x',\ldots)$ les coordonnées de deux points A et B, et cherchons la relation qui doit être satisfaite pour que ces deux points soient conjugués dans la surface. Substituons dans l'équation de cette surface $x + \lambda x',\ldots$, nous aurons l'équation

$$f(x, y, z, t) + \lambda (x'f_x' + y'f_y' + z'f_z' + t'f_t') + f(x', y', z', t')\lambda^2 = 0,$$

qui donne les valeurs de λ correspondantes aux points N, N' d'intersection de la droite AB et de la surface. Pour que les deux segments AB, NN' se divisent harmoniquement, il faut que les deux valeurs de λ correspondant aux points N, N' soient égales et de signes contraires. L'équation du second degré en λ ne doit donc pas avoir de termes du premier degré, ce qui donne la relation

$$(1) \qquad x'f_x' + y'f_y' + z'f_z' + t'f_t' = 0,$$

qu'on peut encore écrire

$$(2) \qquad xf_{x'}' + yf_{y'}' + zf_{z'}' + tf_{t'}' = 0.$$

Si, dans l'équation précédente, nous regardons x', y', z', t' comme fixes, elle représentera évidemment le lieu des conjugués de ce point sur toutes les sécantes passant par ce point. Ainsi :

Si l'on prend les conjugués d'un point A par rapport à une surface du second degré sur toutes les sécantes passant en A, le lieu de ces conjugués est un plan ; on l'appelle *plan polaire* du point A.

L'équation de ce plan est identique à celle que nous avons déjà trouvée pour le plan de contact. En effet, si, par le point A, on mène une tangente à la surface, le conjugué de A sur cette tangente est évidemment le point de contact. On voit donc que le plan polaire doit contenir tous les points de contact des tangentes menées de A à la surface : il doit donc coïncider avec le plan de contact.

On peut encore employer la méthode suivante pour trouver le lieu des conjugués harmoniques d'un point A. Menons par le point A un plan quelconque qui coupera la surface suivant une conique, et cherchons les points du lieu situés dans ce plan ; pour cela, il faudra, par le point A, mener les sécantes situées dans le plan considéré, et prendre le conjugué du point A par rapport aux points d'intersection de ces sécantes et de la conique de section. Ce lieu est évidemment une droite polaire du point A par rapport à la conique de section. On voit donc que le lieu cherché est coupé, suivant une droite, par un plan quelconque passant par le point A. En d'autres termes, toute droite qui a deux de ses points dans le lieu y est contenue tout entière. Le lieu est donc un plan, et il contient les points de contact de toutes les tangentes menées de A à la surface. C'est le plan de contact.

Discussion du plan polaire. — L'équation du plan polaire de $A(x', y', z', t')$ peut s'écrire sous l'une des deux formes suivantes :

$$(3) \qquad x'f'_x + y'f'_y + z'f'_z + t'f'_t = 0,$$

$$(4) \qquad xf'_{x'} + yf'_{y'} + zf'_{z'} + tf'_{t'} = 0.$$

Ce plan deviendra indéterminé si l'on a en même temps

$$f'_{x'} = f'_{y'} = f'_{z'} = f'_{t'} = 0.$$

Ainsi :

Pour tout point singulier de la surface, le plan polaire est indéterminé ; pour tout autre point, le plan polaire est déterminé. C'est ce qu'il est facile de justifier, car la sécante passant par un point double S coupe la surface en deux points confondus en S, et le conjugué harmonique de S est indéterminé.

Le plan polaire ne passe pas en général par un point fixe, car l'équation (3) ne peut être vérifiée, quels que soient x', y', z', t', que si les quatre dérivées s'annulent pour un système de valeurs de x, y, z, t : ce qui n'arrive que lorsque la surface a des points doubles et pour les coordonnées de ces points. Donc :

Quand la surface a des points doubles, le plan polaire contient tous les points doubles.

Ainsi, les plans polaires dans le cône passeront tous par le sommet du cône ; dans un système de deux plans distincts, ils passeront tous par la ligne d'intersection des deux plans ; enfin, dans un système de deux plans confondus, ils coïncideront avec le plan unique représenté par l'équation.

Deux points A, B$(x', \ldots, x'', \ldots)$ n'ont pas en général le même plan polaire, car, si les deux équations

$$P' = x' f'_x + y' f'_y + \ldots = o,$$
$$P'' = x'' f'_x + y'' f'_y + \ldots = o$$

représentent le même plan, elles auront leurs coefficients proportionnels, et l'équation

$$\lambda P' + \mu P'' = (\lambda x' + \mu x'') f'_x + \ldots = o$$

deviendra une identité pour une valeur convenable de $\dfrac{\lambda}{\mu}$. Or cette équation représente le plan polaire d'un point H$(\lambda x' + \mu x'', \ldots)$ situé sur la droite AB. Le plan polaire étant indéterminé, puisque son équation est identique, le point H sera un point double de la surface. Ainsi :

Deux points ont toujours des plans polaires distincts, à moins qu'ils ne se trouvent sur une droite passant par un point double.

Par suite :

Dans une surface générale, les plans polaires de deux points sont toujours distincts ; dans un cône, tous les points situés sur une même droite passant par le sommet auront même plan polaire ; dans le système de deux plans, tous les points situés dans un même plan passant par la ligne d'intersection des plans auront même plan polaire ; enfin, dans le système de deux plans confondus, tous les points de l'espace ont même plan polaire.

Du pôle d'un plan. — On appelle *pôle d'un plan* tout point dont ce plan peut être regardé comme plan polaire. D'après la discussion précédente, on voit que, dans certains cas, un plan peut avoir plusieurs pôles.

Soit

$$m x + n y + p z + q t = o$$

l'équation d'un plan, et proposons-nous de déterminer les coordonnées du pôle de ce plan. En écrivant que cette équation est identique à celle du plan polaire, on trouve les équations

$$\frac{f'_x}{m} = \frac{f'_y}{n} = \frac{f'_z}{p} = \frac{f'_t}{q},$$

qui déterminent le pôle ; représentons par 2λ la valeur commune des rapports précédents. Les équations qui déterminent le pôle seront

$$(5) \quad \begin{cases} \frac{1}{2}f'_x = A\,x + B''y + B'z + C\,t = m\lambda, \\ \frac{1}{2}f'_y = B''x + A'y + B\,z + C't = n\lambda, \\ \frac{1}{2}f'_z = B'x + B\,y + A''z + C''t = p\lambda, \\ \frac{1}{2}f'_t = C\,x + C'y + C''z + D\,t = q\lambda, \end{cases}$$

et elles détermineront en général un système unique de valeurs pour les rapports $\frac{x}{\lambda}, \frac{y}{\lambda}, \frac{z}{\lambda}, \frac{t}{\lambda}$, et, par conséquent, un pôle unique. Nous allons faire la discussion de ces équations.

Leur déterminant est le hessien H de la surface. Donc, tant que le hessien n'est pas nul, c'est-à-dire pour toute surface *générale*, un plan a toujours un pôle, et un seul.

Si la surface se réduit à un cône, soient α, β, γ, δ les coordonnées du sommet de ce cône. En multipliant les équations (5) par α, β, γ, δ, et les ajoutant, on trouve

$$(6) \quad (m\alpha + n\beta + p\gamma + q\delta)\lambda = \tfrac{1}{2}xf'_\alpha + yf'_\beta + zf'_\gamma + tf'_\delta = 0.$$

Si le plan ne passe pas par le sommet du cône, le facteur

$$m\alpha + n\beta + p\gamma + q\delta$$

n'est pas nul, et l'équation précédente donne

$$\lambda = 0.$$

Les équations (5) se réduisent à celles qui déterminent le sommet du cône. Donc :

Le pôle de tout plan ne passant pas par le sommet d'un cône est unique; c'est le sommet du cône.

On a vu, en effet, que ce sommet a un plan polaire tout à fait indéterminé.

Si, au contraire, le plan passe par le sommet du cône, l'équation (6) est identiquement vérifiée; les quatre équations se réduisent, par exemple, aux trois suivantes :

$$\frac{f'_x}{m} = \frac{f'_y}{n} = \frac{f'_z}{p} = 2\lambda,$$

qui déterminent une droite passant par le sommet du cône, et lieu des pôles du plan. Donc :

Le pôle de tout plan passant par le sommet du cône est indéterminé sur une droite passant par ce sommet.

Supposons maintenant que la surface du second degré se réduise à deux plans distincts, et que le plan dont on cherche le pôle ne contienne pas la droite d'intersection de ces deux plans. Soient α, β, γ, δ les coordonnées d'un point de cette droite en dehors du plan dont on cherche le pôle. L'équation (6) nous donne $\lambda = 0$, et les équations (5) se réduisent alors à celles qui déterminent les points doubles. Donc :

Quand la surface se compose de deux plans, le pôle de tout plan ne passant pas par la ligne double est un quelconque des points de cette ligne double.

Si le plan dont on cherche le pôle contient la ligne double, soient $(\alpha, \beta, \gamma, \delta)$, $(\alpha', \beta', \gamma', \delta')$ les coordonnées de deux points de cette ligne. On aura, en opérant comme pour trouver l'équation (6), les équations

$$\lambda(m\alpha + n\beta + p\gamma + q\delta) = 0,$$
$$\lambda(m\alpha' + n\beta' + p\gamma' + q\delta') = 0,$$

qui tiennent lieu de deux des équations (5), et qui sont identiquement satisfaites. Les équations (5) se réduisent alors à deux distinctes, par exemple aux suivantes :

$$\frac{f'_x}{m} = \frac{f'_y}{n} = 2\lambda,$$

qui déterminent un plan. Ainsi, il y a un plan de pôles. Ces conclusions sont d'accord avec celles que nous avons données en étudiant directement le plan polaire.

Enfin, si la surface se composait de deux plans confondus, le pôle de tout plan serait indéterminé dans le plan double, et le pôle du plan double serait indéterminé *dans l'espace*.

Théorèmes sur le plan polaire. — Quand un point décrit un plan, son plan polaire passe par tout pôle du plan.

Supposons, en effet, qu'un point M soit dans un plan P. Soit A le pôle du plan P, les points A, M, d'après la définition du plan polaire, sont conjugués dans la surface, et, par conséquent, le plan polaire de M passe par le point A.   C. Q. F. D.

Autrement, soit

$$mx + ny + pz + qt = 0$$

l'équation d'un plan, et soient x', y', z', t' les coordonnées d'un point de ce plan, on aura

$$mx' + ny' + pz' + qt' = 0.$$

Le plan polaire du point x' aura pour équation

$$x'f_x' + y'f_y' + z'f_z' + t'f_t' = 0,$$

qu'on peut écrire en tirant t', par exemple, de l'équation de condition

$$x'(qf_x' - mf_t') + y'(qf_y' - nf_t') + z'(qf_z' - pf_t') = 0.$$

On voit que ce plan passe, quels que soient x', y', z', par les points définis par les équations

$$\frac{f_x'}{m} = \frac{f_y'}{n} = \frac{f_z'}{p} = \frac{f_t'}{q},$$

c'est-à-dire par le pôle ou les pôles du plan considéré.

Quand un point décrit une droite fixe, son plan polaire passe par une droite fixe.

Soient, en effet, A, B $(x, \ldots, x', \ldots)$ deux points fixes. Un point M de la droite aura pour coordonnées

$$\lambda x + \mu x', \ldots,$$

et son plan polaire aura pour équation

$$\lambda(Xf_x' + Yf_y' + Zf_z' + Tf_t') + \mu(Xf_{x'}' + Yf_{y'}' + Zf_{z'}' + Tf_{t'}') = 0.$$

On voit que ce plan, quand le rapport $\dfrac{\lambda}{\mu}$ prend toutes les valeurs possibles, passe par l'intersection des deux plans

$$Xf_{y'}' + \ldots = 0,$$
$$Xf_{x'}' + \ldots = 0.$$

Autrement, soient a, b deux points d'une droite Δ, et A, B leurs plans polaires se coupant suivant une droite Δ'. Tout point M de Δ' aura pour conjugués a et b, et, par suite, tout autre point de la droite ab. On voit donc que les deux droites Δ, Δ' sont telles, que le plan polaire d'un point quelconque de l'une passe par l'autre. On les appelle *droites polaires* l'une de l'autre. Quand une droite passe par un point, sa polaire se déplace dans le plan polaire de ce point. Toute droite qui les rencontre les coupe en deux points conjugués dans la surface.

Il résulte des théorèmes précédents que :

Un plan polaire P d'un point a peut être considéré : 1° comme plan de contact du point a; 2° comme lieu du conjugué de a sur toute sécante;

3° comme lieu du pôle de tout plan passant par a ; 4° comme lieu de la droite polaire de toute droite passant par a.

Une droite Δ', polaire de Δ, est : 1° l'intersection de tous les plans polaires des points de Δ ; 2° le lieu des pôles de tous les plans passant par Δ ; 3° le lieu des pôles de la droite Δ par rapport aux coniques déterminées dans la surface par les plans qui contiennent Δ ; 4° le lieu des points conjugués à la fois de tous les points de Δ ; 5° la corde de contact des deux plans tangents menés par Δ à la surface.

NOTE XVI.

DU CENTRE ET DES PLANS DIAMÉTRAUX.

(Page 469.)

Un point C est dit *centre d'une surface* quand toute corde menée par ce point coupe la surface en des points placés deux à deux symétriquement par rapport à ce point.

Il résulte de cette définition que, dans les surfaces du second degré, le plan polaire du centre sera le plan de l'infini ou un plan indéterminé; car, si le centre n'est pas sur la surface, toute droite passant au centre coupera la surface en deux points distincts et, le centre étant le milieu de ces deux points, son conjugué harmonique sera rejeté à l'infini. Si, au contraire, le centre est sur la surface, toute sécante passant au centre devra couper la surface en deux points confondus, ou être tout entière sur la surface : le plan polaire du centre sera indéterminé. Or, tout point dont le plan polaire est indéterminé peut encore être regardé comme pôle d'un plan quelconque, et en particulier du plan de l'infini. Nous appellerons *centre* tout pôle de ce plan, et nous sommes assuré que, toutes les fois que ce pôle sera à distance finie, il satisfera à la définition géométrique du centre.

Les équations de la Note précédente donnent les coordonnées de ce pôle. Il suffit d'y faire $m = n = p = o$, et l'on a les trois équations

$$(1) \quad \begin{cases} \frac{1}{2} f'_x = A x + B'' y + B' z + C t = o, \\ \frac{1}{2} f'_y = B'' x + A' y + B z + C' t = o, \\ \frac{1}{2} f'_z = B' x + B y + A'' z + C'' t = o, \end{cases}$$

qui déterminent le centre. Si l'on résout ces équations, par rapport à x, y, z, leur déterminant Δ sera donné par la formule

$$\Delta = \begin{vmatrix} A & B'' & B' \\ B'' & A' & B \\ B' & B & A'' \end{vmatrix} = AA'A'' + 2BB'B'' - AB^2 - A'B'^2 - A''B''^2.$$

Tant que ce déterminant Δ sera différent de zéro, les équations fourniront pour $\frac{x}{t}$, $\frac{y}{t}$, $\frac{z}{t}$ des valeurs finies et déterminées. La surface aura un centre unique situé à distance finie.

La théorie des pôles nous permet de faire, sans nouveau calcul, la discussion de ces équations.

Prenons d'abord la surface générale, sans point double. Pour cette surface, le pôle d'un plan est toujours unique. Ce pôle ne se trouve d'ailleurs dans le plan que si le plan est tangent à la surface.

Donc, si la surface n'est pas tangente au plan de l'infini, elle a un centre unique, non situé dans le plan de l'infini, c'est-à-dire à distance finie.

Si la surface est tangente au plan de l'infini, le centre sera le point de contact de ce plan et de la surface. On vérifie, en effet, en appliquant la condition du contact (p. 611) au plan de l'infini que l'on a dans ce cas

$$\Delta = 0.$$

Les trois plans, dont l'intersection détermine le centre, allant se couper en un point unique à l'infini, ils sont parallèles à une même droite, sans être deux à deux parallèles.

Ainsi, les surfaces générales se divisent en deux familles : les surfaces ayant un centre unique à distance finie, les surfaces ayant un centre unique à l'infini.

Considérons maintenant la surface à un point double, c'est-à-dire le cône ayant pour section une courbe du second degré. Si le sommet ou point double de ce cône n'est pas à l'infini, le pôle du plan de l'infini est unique : c'est le sommet du cône.

Si le point double est dans le plan de l'infini, la surface est un cylindre. Le plan de l'infini passant par le sommet du cône, son pôle est indéterminé sur une droite : il y a donc une ligne de centres. Mais il y a une distinction importante à faire.

Si le cône, ayant son sommet à l'infini est coupé suivant deux génératrices distinctes, une section plane de la surface aura deux points distincts à l'infini sur les deux génératrices ; ce sera une ellipse ou une hyperbole, on aura un cylindre elliptique ou hyperbolique. Le lieu des pôles du plan de l'infini sera une ligne à distance finie, et qui sera le lieu des centres de toutes les sections planes de la surface.

Si, au contraire, le cône ayant son sommet à l'infini, est coupé par le plan de l'infini, suivant deux génératrices confondues, le plan de l'infini sera tangent au cône, le lieu de ses pôles sera la génératrice de contact ; il y aura une ligne de centres à l'infini. D'ailleurs, toute section plane de la surface, ayant ses deux points à l'infini confondus au point où elle rencontre la génératrice à l'infini, sera une parabole, le cylindre sera parabolique. Ainsi, la deuxième classe de surfaces comprend :

1° Les cônes ayant un centre unique, leur sommet ;

2° Les cylindres elliptiques ou hyperboliques ayant une ligne de centres à distance finie;

3° Les cylindres paraboliques ayant une ligne de centres à l'infini.

Considérons maintenant le système de deux plans distincts. Si la ligne d'intersection de ces deux plans n'est pas à l'infini, les plans sont concourants, les pôles du plan de l'infini sont tous les points de la ligne double, il y a une ligne de centres, à distance finie.

Si, au contraire, le plan de l'infini passe par la ligne double, son pôle est indéterminé dans un plan; il y a un plan de centres, ce qui est évident géométriquement, car, dans ce cas, les deux plans qui composent la surface sont parallèles et la surface a pour centre tous les points du plan mené à égale distance des deux premiers. Si l'un des deux plans s'éloigne indéfiniment, le plan des centres est rejeté à l'infini. Ainsi : Deux plans qui se coupent ont une ligne de centres, leur ligne d'intersection. Deux plans parallèles ont un plan de centres, qui s'éloigne à l'infini quand un des deux plans s'éloigne à l'infini.

Enfin, la quatrième classe de surfaces, formée de deux plans confondus, a, en général, un plan de centres, le plan double qui constitue la surface. Cependant, si ce plan double est le plan de l'infini, le centre est indéterminé dans l'espace.

Des plans diamétraux. — On appelle surface diamétrale le lieu des milieux d'une série de cordes parallèles d'une surface. Nous allons démontrer que, dans les surfaces du second degré, toutes les surfaces diamétrales sont des plans.

En effet, toutes les cordes parallèles à la direction définie par les équations

$$(2) \qquad \frac{x}{m} = \frac{y}{n} = \frac{z}{p}$$

vont concourir en un point situé à l'infini dans la direction de ces cordes, et le milieu de chaque corde est conjugué harmonique de ce point à l'infini. Donc : Toute surface diamétrale est un plan, qui est le plan polaire du point à l'infini dans la direction des cordes.

Les coordonnées de ce point à l'infini sont définies si l'on ajoute aux formules (2) l'équation $t = o$. Son plan polaire a pour équation

$$(3) \qquad m f'_x + n f'_y + p f'_z = o.$$

Telle est l'équation du plan diamétral conjugué à la direction m, n, p. Cette équation montre que tous les plans diamétraux passent par le centre. Cela doit être, car le plan diamétral étant le plan polaire d'un point à l'infini doit contenir tous les pôles du plan de l'infini.

Réciproquement, tout plan passant par le centre est un plan diamétral, car son pôle étant contenu dans le plan polaire du centre est rejeté à l'infini.

Si le point de concours d'une série de cordes parallèles se trouve sur la surface en A, toutes ces cordes ne coupent plus la surface qu'en un point à distance finie, il n'y a plus lieu de chercher le plan diamétral. Alors l'équation (3), qui représente dans tous les cas le plan polaire du point de concours des cordes, devient celle du plan tangent en A. Il doit donc être parallèle aux cordes. D'ailleurs, toutes les cordes qu'il contient allant passer par le point A y sont tangentes à la surface, deux d'entre elles sont même les droites, intersections de la surface et du plan tangent. On voit donc que l'équation (3) représente dans ce cas le lieu des cordes parallèles à la direction donnée rencontrant la surface en deux points à l'infini, ou situées tout entières sur la surface.

Des sections planes des surfaces du second degré. — Toute surface du second degré est coupée par un plan suivant une courbe du second degré. Cette courbe du second degré peut être réelle ou imaginaire, se composer de deux droites ou être indécomposable, etc., etc.

Supposons que la surface soit une surface générale du second degré. Si la section se compose de deux droites distinctes, toute ligne menée dans le plan de la section par le plan de rencontre de ces droites coupe la surface en deux points confondus, et, par suite, est tangente à la surface. Ainsi : Les sections de la surface par ses plans tangents sont les seules qui se composent de deux droites distinctes.

Réciproquement, tout plan passant par une droite de la surface sera un plan tangent, car il coupera la surface suivant une courbe se composant de deux droites, dont le point de rencontre sera le point de contact du plan.

Pour la surface générale, il n'y a pas de plan coupant suivant deux droites confondues, car nous avons vu qu'un plan ne peut avoir qu'un pôle et par conséquent un plan tangent ne peut avoir qu'un point de contact. Si la section de la surface par le plan se composait d'une droite double, tous les points de cette ligne double pourraient être considérés comme points de contact, et le plan aurait une ligne de pôles, ce qui ne peut arriver tant que le Hessien n'est pas nul.

Deux plans quelconques coupent la surface suivant deux coniques ayant deux points communs; les points où la droite d'intersection des deux plans rencontre la surface appartiennent évidemment aux deux coniques de section. On peut donc dire que, si les plans passent par une droite Δ, toutes les sections planes de la surface passent par deux points fixes, les points où la droite Δ rencontre la surface.

Si la droite Δ s'éloigne à l'infini, les plans passant par cette droite deviennent parallèles; on voit donc que les sections planes situées dans deux plans parallèles ont en commun deux points à l'infini sur la surface; en d'autres termes, elles ont les mêmes directions asymptotiques, elles sont homothétiques. C'est ce qu'il est facile de vérifier par un calcul direct.

Soit

$$f(x, y, z, t) = A x^2 + A'y^2 + 2B''xy + A''z^2 + \ldots = 0$$

l'équation d'une surface du second degré, et supposons que l'on coupe la surface par des plans parallèles au plan des xy. Soit $z = \alpha$ l'équation d'un de ces plans. L'équation

$$f(x, y, z) = A x^2 + A'y^2 + 2B''xy + A''z^2 + \ldots = 0$$

représentera la projection de la section sur le plan des xy, projection qui s'effectue ici en vraie grandeur. Comme les termes du second degré ne dépendent pas de α et sont les mêmes pour toutes les sections, il est démontré que les sections planes faites par des plans parallèles au plan des xy sont toutes homothétiques, qu'elles seront du même genre et auront des directions asymptotiques communes. A cause de l'indétermination des axes, la démonstration s'étend à toutes les sections faites par des plans parallèles.

Soit

$$m x + n y + p z = 0$$

l'équation d'un plan, et proposons de trouver le lieu des centres des sections parallèles à ce plan. Nous allons démontrer que le lieu de ces centres est une droite qu'on appelle le diamètre conjugué à la direction du plan des sections.

Considérons, en effet, la droite à l'infini Δ, suivant laquelle se coupent tous les plans parallèles à la direction donnée. Cette droite est définie par les deux équations

$$t = 0, \quad m x + n y + p z = 0.$$

Sa polaire Δ' aura (*voir* Note XV) les propriétés suivantes : 1° Si par la droite Δ on fait passer un plan sécant, la polaire Δ' sera le lieu des pôles de Δ dans la conique de section. Comme Δ est à l'infini, la polaire Δ' sera le lieu des centres des sections passant par la droite Δ, c'est-à-dire parallèles à la direction fixe déterminée par la droite Δ; 2° la polaire Δ' sera le lieu des pôles des plans passant par Δ. Cette seconde propriété nous permet d'écrire l'équation du diamètre. Soit, en effet, x', y', z', t' les coordonnées d'un point du diamètre. Le plan polaire de ce point a pour équation

$$x f_{x'}' + y f_{y'}' + z f_{z'}' + t f_t' = 0.$$

Ce plan polaire devant passer par la droite Δ devra être parallèle à la direction des plans sécants, ce qui donne les équations

$$(4) \qquad \frac{f'_{x'}}{m} = \frac{f'_{y'}}{n} = \frac{f'_{z'}}{m},$$

qui définissent le diamètre Δ'.

La théorie des droites polaires nous donne sans difficulté les propriétés du diamètre.

1° Il est le lieu des centres des sections parallèles; 2° il contient les pôles des plans sécants, c'est-à-dire les sommets des cônes circonscrits à la surface suivant les sections planes correspondantes; 3° il coupe la surface aux points où le plan tangent est parallèle aux plans sécants; 4° tous les plans passant par le diamètre ont leur pôle à l'infini sur la droite Δ, c'est-à-dire, ce sont les plans diamétraux conjugués des cordes parallèles aux plans sécants.

Les équations (4) montrent d'ailleurs que tous les diamètres passent par le centre. Réciproquement, toute droite passant par le centre est un diamètre, car elle a sa polaire dans le plan polaire du centre qui est le plan de l'infini.

Soit

$$f(x, y, z, t) = A x^2 + A' y^2 + A'' z^2 + 2B yz + 2B' xz + 2B'' xz + 2C xt + \ldots = 0$$

l'équation de la surface du second degré, et coupons-la par le plan dont l'équation est

$$m x + n y + p z + q t = 0.$$

Pour reconnaître le genre de la section, cherchons ses points à l'infini. Ces points satisfont aux trois équations

$$t = 0, \quad m x + n y + p z = 0,$$
$$A x^2 + A' y^2 + A'' z^2 + 2B yz + 2B' xz + 2B'' xy = 0.$$

Le genre de la section ne dépend donc que de la direction du plan et des termes du second degré en x, y, z dans l'équation de la surface.

NOTE XVII.

DES PLANS PRINCIPAUX DANS LES SURFACES DU SECOND DEGRÉ.

(Page 469.)

Soit

$$(1) \quad \begin{cases} f(x, y, z) = A x^2 + A'y^2 + A''z^2 + 2B yz + 2B'xz + 2B''xy \\ \qquad\qquad + 2Cx + 2C'y + 2C''z + D = 0 \end{cases}$$

l'équation d'une surface du second ordre. Le plan diamétral conjugué à la corde passant par l'origine et le point (x, y, z), et dont les équations sont

$$(2) \quad \frac{X}{x} = \frac{Y}{y} = \frac{Z}{z},$$

aura pour équation

$$(3) \quad \begin{cases} x(AX + B''Y + B'Z + C) + y(B''X + A'Y + BZ + C') \\ \qquad\qquad + z(B'X + BY + A''Z + C'') = 0, \end{cases}$$

ou, en ordonnant,

$$X(Ax + B''y + B'z) + Y(B''x + A'y + Bz)$$
$$+ Z(B'x + By + A''z) + Cx + C'y + C''z = 0.$$

En désignant, pour abréger, par $\varphi(x, y, z)$ les termes du second degré dans l'équation (1), l'équation du plan diamétral prend la forme

$$(4) \quad \tfrac{1}{2} X \varphi'_x + \tfrac{1}{2} Y \varphi'_y + \tfrac{1}{2} Z \varphi'_z + Cx + C'y + C''z = 0.$$

Si l'on veut que ce plan soit perpendiculaire à sa corde, on aura les équations de condition

$$\frac{\tfrac{1}{2}\varphi'_x}{x} = \frac{\tfrac{1}{2}\varphi'_y}{y} = \frac{\tfrac{1}{2}\varphi'_z}{z},$$

qui, au nombre de deux, déterminent les rapports $\frac{x}{z}$, $\frac{y}{z}$, ou les coefficients angulaires de la corde. Si l'on introduit, pour plus de symétrie, une inconnue auxiliaire S, égale à la valeur commune des rapports précédents, on aura les équations

$$(5) \quad \begin{cases} \frac{1}{2}\varphi'_x - Sx = (A - S)x + B''y + B'z = 0, \\ \frac{1}{2}\varphi'_y - Sy = B''x + (A' - S)y + Bz = 0, \\ \frac{1}{2}\varphi'_z - Sz = B'x + By + (A'' - S)z = 0. \end{cases}$$

Ces trois équations, si l'on y regarde S comme donnée, représentent trois plans passant par l'origine. Ces trois plans, devant contenir tous les points de la corde, devront se couper suivant une ligne droite. Leur déterminant sera nul. On aura

$$\begin{vmatrix} A - S & B'' & B' \\ B'' & A' - S & B \\ B' & B & A'' - S \end{vmatrix} = 0.$$

Ce déterminant est le déterminant des équations du centre (p. 624) dans lequel on a remplacé A, A', A'' par A — S, A'— S, A''— S. En le développant, on trouve

$$(6) \quad \begin{cases} (A - S)(A' - S)(A'' - S) \\ \quad + 2BB'B'' - (A - S)B^2 - (A' - S)B'^2 - (A'' - S)B''^2 = 0. \end{cases}$$

C'est l'équation qui détermine S. Développons cette équation et ordonnons-la ; nous aurons

$$(7) \quad \begin{cases} S^3 - (A + A' + A'')S^2 \\ \quad + (A'A'' - B^2 + AA'' - B'^2 + AA' - B''^2)S - \Delta = 0. \end{cases}$$

Δ désigne ici le déterminant des équations du centre. Cette équation en S donne trois racines. Les équations (5) fourniront la corde correspondante, et enfin l'équation (4) donnera le plan diamétral. L'équation de ce plan peut s'écrire, en tenant compte des équations (5),

$$(8) \quad S(Xx + Yy + Zz) + Cx + C'y + C''z = 0.$$

Nous allons discuter successivement l'équation en S : celles qui fournissent la corde, celle qui donne le plan diamétral.

1° *Discussion de l'équation en* S. — Les équations (5) sont d'une forme remarquable qui nous ramène à un problème déjà traité (*). Considérons les deux coniques représentées par les équations homogènes

$$(9) \quad \varphi(x, y, z) = Ax^2 + A'y^2 + A''z^2 + 2Byz + 2B'xz + 2B''xy = 0,$$

$$(10) \quad x^2 + y^2 + z^2 = 0.$$

(*) Cette méthode élégante est généralement attribuée à M. Hermite.

Les équations (5) expriment que la conique

$$(11) \qquad \varphi(x, y, z) - S(x^2 + y^2 + z^2) = 0,$$

passant par l'intersection des deux premières, se réduit à un système de deux droites, et que x, y, z sont les coordonnées homogènes du point commun aux deux droites. L'équation en S n'est donc que l'équation du troisième degré qui détermine les couples de sécantes passant par l'intersection des deux coniques (9), (10). Cette remarque ramène la discussion de l'équation en S à celle d'un problème déjà traité.

La conique (10) étant entièrement imaginaire, les quatre points d'intersection des deux coniques seront tous imaginaires. Donc l'équation en S, qui détermine les trois couples de sécantes, aura, en général, ses trois racines *réelles* et *distinctes*.

Nous avons vu que l'équation du troisième degré ne peut avoir de racine double que si les coniques sont simplement ou doublement tangentes. La conique (10) étant imaginaire ne peut être tangente en un seul point à la conique (9), sans quoi ce point serait réel ; il faut donc qu'elle soit doublement tangente, et alors le système de sécantes correspondant à la racine double se compose de deux droites confondues. Soit S cette racine double. On a

$$\varphi(x, y, z) - S(x^2 + y^2 + z^2) = P^2.$$

Exprimons que le premier membre forme un carré parfait. Nous aurons les six équations

$$(12) \quad \begin{cases} (A - S)B - B'B'' = 0, & (A - S)(A' - S) - B''^2 = 0, \\ (A' - S)B' - BB'' = 0, & (A - S)(A'' - S) - B'^2 = 0, \\ (A'' - S)B'' - BB' = 0, & (A' - S)(A'' - S) - B^2 = 0. \end{cases}$$

Si les rectangles B, B', B'' ne sont pas nuls, les trois dernières résultent des trois premières, et l'on a

$$(13) \qquad S = A - \frac{B'B''}{B} = A' - \frac{BB''}{B'} = A'' - \frac{BB'}{B''}.$$

Ainsi, pour que l'équation en S ait une racine double, il faut que les trois quantités

$$A - \frac{B'B''}{B}, \quad A' - \frac{BB''}{B'}, \quad A'' - \frac{BB'}{B''}$$

soient égales, et leur valeur commune est celle de la racine double.

Si l'un des rectangles, B, par exemple, est déjà nul, il faut avoir recours aux six formules (12). On a alors

$$B'B'' = 0.$$

Supposons
$$B' = 0,$$
la troisième donne
$$S = A'',$$

et, en portant ces valeurs dans les trois dernières, on a

$$(14) \qquad B' = 0, \quad S = A'', \quad (A'' - A)(A'' - A') - B''^2 = 0.$$

Si l'on avait pris $B'' = 0$, on aurait eu

$$(15) \qquad B'' = 0, \quad S = A', \quad (A' - A)(A' - A'') - B'^2 = 0.$$

Telles sont les conditions pour que l'équation en S ait une seconde racine nulle. On voit qu'il faut qu'un second rectangle soit nul.

Enfin, l'équation en S ne pourra avoir une racine triple (*voir* Note XII) que si les deux coniques (9) et (10) ont trois ou quatre points d'intersection confondus ou coïncident. Elles ne peuvent avoir trois points d'intersection confondus en un seul, ce point serait réel; elles doivent donc coïncider, et par suite pour la valeur de S, racine triple de l'équation, l'équation

$$\varphi(x, y, z) - S(x^2 + y^2 + z^2) = 0$$

doit être une identité. On doit donc avoir les conditions

$$B = B' = B'' = 0, \quad A = A' = A'' = S.$$

En d'autres termes, la surface du second degré doit être une sphère.

En résumé, la fonction

$$\varphi(x, y, z) - S(x^2 + y^2 + z^2)$$

se décompose en deux facteurs distincts pour une racine simple de l'équation en S : elle est un carré parfait pour une racine double; elle est identiquement nulle pour une racine triple.

2° *Discussion de la corde.* — Si dans les équations (5) on substitue la valeur de S, elles déterminent x, y, z, considérés comme coordonnées homogènes du centre du couple correspondant. Donc, à toute racine simple, il correspond un couple de droites distinctes, et, par suite, un seul système de valeurs pour les rapports des quantités x, y, z.

Les équations (5) peuvent s'écrire, quand les rectangles ne sont pas nuls,

$$\left(A - S - \frac{B'B''}{B}\right)Bx = \left(A' - S - \frac{BB''}{B}\right)B'y = \left(A'' - S - \frac{BB'}{B''}\right)B''z$$

$$= -B'B''B\left(\frac{x}{B} + \frac{y}{B'} + \frac{z}{B''}\right).$$

On aura donc

$$(16) \quad \frac{x}{\dfrac{1}{B(A-S)-B'B''}} = \frac{y}{\dfrac{1}{B'(A'-S)-BB''}} = \frac{z}{\dfrac{1}{B''(A''-S)-BB'}}.$$

Telles sont les équations que déterminent les rapports de x, y, z.

Au contraire, à une racine double correspond un couple de droites confondues; les trois équations (5) doivent être identiques. Elles représentent la droite double. C'est ce qu'il est facile de vérifier. Supposons d'abord que les rectangles ne soient pas nuls, elles se réduisent toutes les trois à la suivante :

$$(17) \quad \frac{x}{B} + \frac{y}{B'} + \frac{z}{B''} = 0.$$

Il y a donc une infinité de directions principales, toutes situées dans le plan (17).

Si l'un des rectangles est nul, supposons que le système (14) soit vérifié; les trois équations qui déterminent la corde se réduisent aux deux suivantes :

$$(18) \quad \begin{cases} (A - A'')\,x + B''y = 0 \\ B''x + (A' - A'')y = 0 \end{cases}$$

se réduisant à une seule, en vertu des équations (14). On vérifie donc qu'il y a encore un plan de directions principales.

Enfin, si l'équation en S a une racine triple, les équations (5) sont identiquement vérifiées.

En résumé, à une racine simple de l'équation en S correspond une seule direction principale; à une racine double, toutes les directions d'un plan; à une racine triple, toutes celles de l'espace.

Deux directions principales correspondant à des racines différentes sont toujours perpendiculaires. Soient, en effet, x, y, z, x', y', z' deux systèmes de valeurs correspondant à deux racines S, S' différentes. On aura

$$\tfrac{1}{2}\varphi'_x - Sx = 0, \quad \tfrac{1}{2}\varphi'_{x'} - S'x' = 0,$$
$$\tfrac{1}{2}\varphi'_y - Sy = 0, \quad \tfrac{1}{2}\varphi'_{y'} - S'y' = 0,$$
$$\tfrac{1}{2}\varphi'_z - Sz = 0, \quad \tfrac{1}{2}\varphi'_{z'} - S'z' = 0.$$

Multiplions les équations du premier système par x', y', z', et ajoutons. Nous aurons

$$\tfrac{1}{2}(x'\varphi'_x + y'\varphi'_y + z'\varphi'_z) = S(x\,x' + yy' + zz').$$

Multiplions de même les équations du système par x, y, z, et ajoutons.

Nous aurons

$$\tfrac{1}{2}\left(x\,\varphi'_{x'}+y\,\varphi'_{y'}+z\,\varphi'_{z'}\right)=S'\left(x\,x'+y\,y'+z\,z'\right).$$

Les deux premiers membres de ces dernières équations étant identiques, on a

$$(S-S')\left(x\,x'+y\,y'+z\,z'\right)=0,$$

ou, comme SS' sont supposés différents,

$$x\,x'+y\,y'+z\,z'=0,$$

ce qui montre que les deux directions principales sont perpendiculaires.

Il résulte de la proposition précédente qu'on peut toujours trouver dans toute surface trois directions principales, deux à deux rectangulaires. Car si l'équation en S a ses racines distinctes, les trois directions correspondantes sont deux à deux perpendiculaires. Si l'équation en S a une racine double et une racine simple, toutes les directions principales correspondant à la racine double sont dans un plan et sont perpendiculaires à celle qu'on déduit de la racine simple. Il suffira donc de prendre dans le plan correspondant à la racine double deux directions perpendiculaires entre elles; avec celle qui correspond à la racine simple, elles formeront un trièdre trirectangle. Enfin, si l'équation en S a une racine triple, toutes les directions étant principales, il suffira de prendre dans l'espace les trois arêtes d'un trièdre trirectangle quelconque.

3° *Du plan principal.* — Le plan principal correspondant à une corde et à une racine S sera donné par l'équation (8). On voit que ce plan sera à distance finie tant que S ne sera pas nul. Nous avons donc à examiner si l'équation en S peut avoir des racines nulles.

On voit que ce cas se présentera toutes les fois que le déterminant Δ des équations du centre sera nul, c'est-à-dire pour toute surface ayant un centre à l'infini.

Si la racine nulle est simple, il correspond à cette racine une seule direction principale; l'équation du plan diamétral se réduit à

$$C\,x+C'\,y+C''z=0.$$

Le plan principal est rejeté à l'infini, si cette constante n'est pas nulle; il est indéterminé si, pour la direction principale x, y, z, on a aussi

$$C\,x+C'\,y+C''z=0.$$

Si la racine nulle est double, à cette racine correspond un plan de directions principales. Si toutes ces directions principales sont dans le plan

$$C\,x+C'\,y+C''z=0,$$

tous leurs plans principaux sont indéterminés. Si toutes ces directions ne se trouvent pas dans le plan précédent, l'une au moins s'y trouve. Donc les plans principaux sont rejetés à l'infini, excepté celui qui correspond à celle des cordes située dans le plan précédent.

Enfin, l'équation en S ne peut avoir trois racines nulles, car on aurait alors

$$A = A' = A'' = B = B' = B'' = o,$$

d'après la discussion faite plus haut relativement à la racine triple.

Nous avons vu (p. 633) que la fonction

$$\varphi(x, y, z) - S(x^2 + y^2 + z^2)$$

se décompose en deux facteurs distincts, égaux, ou est nulle suivant que S est racine simple, double ou triple de l'équation en S. Appliquant ce résultat à la racine nulle, on voit que, dans le cas d'une seule racine nulle $\varphi(x, y, z)$ se décompose en deux facteurs distincts; dans le cas de deux racines nulles, c'est un carré parfait. En résumé, l'ensemble des termes du second degré égale à zéro représente un cône, deux plans distincts ou deux plans confondus, suivant que l'équation en S n'a pas de racine nulle, a une seule racine nulle ou deux racines nulles.

Discussion directe de l'équation en S. — Nous avons vu, dans ce qui précède, que l'équation en S s'obtient en exprimant que l'équation

$$\varphi(x, y, z) - S(x^2 + y^2 + z^2) = o$$

représente deux plans, que son premier membre se décompose en deux facteurs du premier degré. Pour cela, on prend les trois dérivées

$$(19) \quad \begin{cases} \varphi'_x - 2Sx = o, \\ \varphi'_y - 2Sy = o, \\ \varphi'_z - 2Sz = o. \end{cases}$$

Ces trois équations doivent déterminer à la corde principale passant par l'origine, et en éliminant x, y, z, entre ces trois équations homogènes du premier degré, on obtient l'équation en S. Cette équation prend une forme remarquable, si les termes du second degré $\varphi(x, y, z)$, sont écrits sous la forme suivante :

$$(20) \quad \varphi(x, y, z) = ax^2 + a'y^2 + a''z^2 - K(bx + b'y + b''z)^2.$$

Cette forme se présente dans beaucoup de questions. D'ailleurs, si les termes du second degré

$$\varphi(x, y, z) = Ax^2 + A'y^2 + A''z^2 + 2Byz + 2B'xz + 2B''xy$$

sont tels, qu'aucun des rectangles B, B', B" ne soit nul, on peut toujours les ramener à la forme (20) en les écrivant

$$\varphi(x, y, z) = \left(A - \frac{B'B''}{B}\right) x^2 + \left(A' - \frac{BB''}{B'}\right) y^2 + \left(A'' - \frac{BB'}{B''}\right) z^2$$
$$+ BB'B'' \left(\frac{x}{B} + \frac{y}{B'} + \frac{z}{B''}\right)^2.$$

On voit donc que notre méthode s'appliquera à l'équation générale du second degré; car on peut toujours supposer que les axes aient été choisis de façon qu'aucun des rectangles ne soit nul.

Si l'on forme les équations (19), on a ici

$$(21) \quad \begin{cases} (a - s)x - kb\,(bx + b'y + b''z) = 0, \\ (a' - s)y - kb'(bx + b'y + b''z) = 0, \\ (a'' - s)z - kb''(bx + b'y + b''z) = 0. \end{cases}$$

On déduit de ces trois équations

$$(21') \qquad \frac{x}{\dfrac{kb}{a - s}} = \frac{y}{\dfrac{kb'}{a' - s}} = \frac{z}{\dfrac{kb''}{a'' - s}},$$

et en remplaçant, dans l'une quelconque des équations (21), x, y, z par les quantités proportionnelles, on trouve l'équation

$$(22) \qquad \frac{kb^2}{s - a} + \frac{kb'^2}{s - a'} + \frac{kb''^2}{s - a''} + 1 = 0,$$

qui détermine les valeurs de s, et qui est du troisième degré en s. La forme même de cette équation indique que ses racines sont réelles. En effet, chassons les dénominateurs, on aura

$$(23) \quad \begin{cases} (s - a)(s - a')(s - a'') + kb^2(s - a')(s - a'') \\ \quad + kb'^2(s - a'')(s - a) + kb''^2(s - a)(s - a') = 0. \end{cases}$$

Supposons que a, a', a'' soient inégaux et rangés par ordre de grandeur croissante, et substituons dans le premier membre les nombres $-\infty$, a, a', a'', $+\infty$. Nous trouvons les résultats suivants :

$$- kb^2(a - a')(a - a''), \quad kb'^2(a' - a'')(a' - a), \quad kb''^2(a'' - a)(a'' - a'), \quad +$$

qui ont les signes des expressions suivantes : $-k$, $-k$, $+k$, $+$. Il y a donc une racine de l'équation entre a et a', une entre a et a''; la dernière sera, suivant le signe de k, supérieure à a'' ou inférieure à a. Les trois racines sont, on le voit, réelles et distinctes.

Si deux des trois quantités a, a', a'', a, a', par exemple, sont égales, le premier membre de l'équation (23) devient divisible par $s - a$,

$$(s - a)\left[(s - a)(s - a'') + k(b^2 + b'^2)(s - a'') + kb''^2(s - a)\right] = 0.$$

L'équation du second degré, qui reste après la suppression du facteur $s - a$, a deux racines distinctes. Si l'on substitue, en effet, $-\infty$, a, a'', $+\infty$, on obtient des résultats des signes suivants : $+ k$, $- k$, $+$. Il y a donc une racine entre a et a'', l'autre en dehors de cet intervalle, et par conséquent différente de la première et de a. Les trois racines sont encore distinctes. Mais si l'on a $a = a' = a''$, le premier membre de l'équation (23) devient divisible par $(s - a)^2$,

$$(s - a)^2\left[s - a + k(b^2 + b'^2 + b''^2)\right] = 0.$$

L'équation en S a une racine double et une racine simple. Il n'y aurait une racine triple que si k était nul.

Quand on aura S, les équations (21) ou (21') détermineront la direction de la corde. On voit que, pour une racine simple, ces équations sont distinctes et déterminent les rapports des coordonnées (x, y, z). Au contraire, pour la racine double, on a $s = a = a' = a''$, les trois équations (21) se réduisent à une seule,

$$bx + b'y + b''z = 0.$$

Il y a un plan de directions principales.

La forme (20) que nous avons adoptée pour les termes du second degré convient, nous l'avons vu, au cas où les trois rectangles sont nuls. Elle pourrait encore être obtenue si deux des rectangles étaient nuls; mais si un seul est nul, la méthode que nous suivons ne peut s'appliquer.

Supposons $B'' = 0$, l'équation en S se réduit alors à

$$(A - S)(A' - S)(A'' - S) - B^2(A - S) - B'^2(A' - S) = 0.$$

Il suffit de substituer dans le premier membre les nombres $-\infty$, A, A', $+\infty$ pour séparer les racines. Le cas des racines égales s'examine aussi sans difficulté.

NOTE XVIII.

DE LA RÉDUCTION DE L'ÉQUATION DU SECOND DEGRÉ A SA FORME LA PLUS SIMPLE PAR LE CHANGEMENT DES COORDONNÉES.

(Page 469.)

Soit

$$(1) \quad \begin{cases} f(x, y, z) = A x^2 + A' y^2 + A'' z^2 + 2 B yz + 2 B' xz + 2 B'' xy \\ \qquad\qquad + 2 C x + 2 C' y + 2 C'' z + D = 0, \end{cases}$$

l'équation générale du second degré. Nous supposerons, comme dans la Note précédente, les axes rectangulaires, et nous désignerons par $\varphi(x, y, z)$ l'ensemble des termes du second degré. On a admis, dans le texte (p. 469), que, par un changement d'axes, on peut faire disparaître les rectangles B, B', B''. C'est la proposition que nous allons démontrer.

Pour cela, nous rappellerons que l'on peut toujours trouver trois directions principales deux à deux rectangulaires. Effectuons un changement d'axes en prenant les trois nouveaux axes parallèles à ces trois directions. Nous allons montrer que les rectangles disparaîtront dans la nouvelle équation. Soit, en effet,

$$A_1 x_1^2 + A_1' y_1^2 + A_1'' z_1^2 + 2 B_1 y_1 z_1 + 2 B_1' x_1 z_1 + 2 B_1'' y_1 x_1 + \ldots = 0$$

la nouvelle équation; le plan diamétral conjugué à l'axe de z a pour équation

$$\tfrac{1}{2} f'_{z_1} = A'' z_1 + B_1 y_1 + B_1' x_1 + C_1'' = 0.$$

Ce plan devant être parallèle au plan des xy, on doit avoir

$$B_1 = 0, \quad B_1' = 0.$$

En exprimant les autres conditions, on trouvera de même

$$B_1'' = 0,$$

et l'équation de la surface est ainsi ramenée à la forme simple

$$(2) \quad A x^2 + A' y^2 + A'' z^2 + 2 C x + 2 C' y + 2 C'' z + D = 0.$$

Pour trouver les coefficients de l'équation réduite, nous nous appuierons sur un théorème général relatif aux invariants de l'équation du second degré.

Théorème. — *Soit*

$$f(x, y, z) = 0$$

l'équation générale du second degré rapportée à des axes rectangulaires. Quand on passe du système d'axes employé à tout autre système d'axes rectangulaires, les fonctions

$$A + A' + A'' = K,$$
$$B^2 - A'A'' + B'^2 - AA'' + B''^2 - AA' = -L,$$
$$A A'A'' + 2 BB'B'' - AB^2 - A'B'^2 - A''B''^2 = \Delta,$$

coefficients de l'équation en S, *et le Hessien* H *conservent leur valeur, c'est-à-dire que les fonctions analogues formées avec les nouveaux coefficients ont la même valeur que celles formées par les coefficients primitifs.*

Démonstration. — Les trois premières fonctions K, L, Δ ne dépendent que des coefficients du second degré A, A', A'', B, B', B''. Si l'on déplace les axes parallèlement à eux-mêmes, il faut remplacer dans l'équation générale du second degré x, y, z par $x + a, y + b, z + c$. Les termes du second degré restent les mêmes, et par conséquent aussi les fonctions K, L, Δ. Examinons maintenant ce qui arrive quand on change la direction des axes, sans déplacer l'origine des coordonnées.

Les formules de transformation sont de la forme

$$(3) \qquad \begin{cases} x = m x' + n y' + p z', \\ y = m' x' + n' y' + p' z', \\ z = m'' x' + n'' y' + p'' z', \end{cases}$$

et elles sont telles d'ailleurs que l'on a

$$(4) \qquad x^2 + y^2 + z^2 = x'^2 + y'^2 + z'^2.$$

Les deux membres de cette équation sont, en effet, des expressions différentes d'une même quantité, le carré de la distance du point à l'origine.

Les formules (2) étant homogènes, tous les termes du second degré $\varphi'(x', y', z')$ de la nouvelle équation proviennent des termes du second degré de la première. On a

$$(5) \qquad \varphi(x, y, z) = \varphi'(x', y', z'),$$

c'est-à-dire que le premier membre de cette égalité devient identique au second, si l'on y remplace x, y, z en fonction de x', y', z' par leurs valeurs tirées des équations (3).

Multiplions l'équation (4) par λ et retranchons-la de l'équation (5). On aura

$$(6) \quad \varphi(x, y, z) - \lambda(x^2 + y^2 + z^2) = \varphi'(x', y', z') - \lambda(x'^2 + y'^2 + z'^2).$$

Cela posé, exprimons que le premier membre se décompose en deux facteurs linéaires. Il en sera évidemment de même du second, car, si pour une valeur de λ le premier nombre prend la forme

$$(A.x + By + Cz)A'x + B'y + C'z),$$

en substituant les valeurs de x, y, z, on aura un produit de même forme en x', y', z'. Ainsi, les deux membres se décomposent en deux facteurs linéaires pour les mêmes valeurs de λ. Or, nous avons vu, dans la Note précédente, que ces valeurs de λ pour lesquelles la fonction

$$\varphi(x, y, z) - \lambda(x^2 + y^2 + z^2)$$

se décompose en deux facteurs linéaires, sont précisément les racines de l'équation en S. Il résulte de là que les racines de l'équation en S conserveront leur valeur quand on fera le changement de coordonnées indiqué; en d'autres termes, ce sont des invariants.

Les fonctions K, L, Δ, qui sont les coefficients de l'équation en S et qui représentent K la somme des racines, L la somme des produits deux à deux, Δ le produit des trois racines, demeurent donc invariables par tout changement de coordonnées, dans lequel l'origine demeure invariable, les axes restant toujours rectangulaires.

Enfin, le déplacement le plus grand résulte évidemment : 1° d'un déplacement d'origine sans changement de direction; 2° d'un simple changement de direction sans déplacement d'origine, et nous avons vu que ces deux opérations successives ne changent pas les fonctions K, L, Δ. La démonstration est donc générale pour les trois premières fonctions. Il reste à examiner le Hessien.

Pour cela, supposons que, par un changement quelconque d'axes, $f(x, y, z)$ devienne $f'(x', y', z')$. On aura

$$f(x, y, z) = f'(x', y', z').$$

En particulier, si l'on considère le centre dont les coordonnées soient a, b, c dans le premier système, a', b', c' dans le second, on aura

$$f(a, b, c) = f'(a', b', c').$$

La valeur de la fonction $f(x, y, z)$ au centre sera la même dans tous les systèmes de coordonnées. Calculons cette valeur.

Rendons l'équation homogène en y supposant implicitement $t = 1$, nous aurons

$$2f = x f'_x + y f'_y + z f'_z + t f'_t,$$

ou

$$2f = x f'_x + y f'_y + z f'_z + 2Cx + 2C'y + 2C''z + 2D.$$

Pour le centre, on a

$$(7)\quad
\begin{cases}
\tfrac{1}{2} f'_x = Ax + B''y + B'z + C = 0,\\
\tfrac{1}{2} f'_y = B''x + A'y + Bz + C' = 0,\\
\tfrac{1}{2} f'_z = B'x + By + A''z + C'' = 0,
\end{cases}$$

et, par suite,

$$f = Cx + C'y + C''z + D,$$

ou

$$(8)\qquad Cx + C'y + C'y + C''z + D - f = 0.$$

Pour avoir la valeur de f, éliminons x, y, z entre les quatre équations (7) et (8), nous trouvons

$$\begin{vmatrix}
A & B'' & B' & C \\
B'' & A' & B & C' \\
B' & B & A'' & C'' \\
C & C' & C'' & D - f
\end{vmatrix} = 0.$$

D'après les propriétés des déterminants, on peut écrire cette équation

$$\begin{vmatrix}
A & B'' & B' & C \\
B'' & A' & B & C' \\
B' & B & A'' & C'' \\
C & C' & C'' & D
\end{vmatrix}
+
\begin{vmatrix}
A & B'' & B' & 0 \\
B'' & A' & B & 0 \\
B' & B & A'' & 0 \\
C & C' & C'' & -f
\end{vmatrix} = 0.$$

(Note pr.), d'où l'on déduit $f = \dfrac{H}{\Delta}$. Le dénominateur Δ étant un invariant, il en est de même du Hessien. Le théorème général est donc démontré.

Applications. — 1° Supposons d'abord que, par un changement dans la direction des axes, on ait ramené l'équation à la forme

$$Ax^2 + A'y^2 + A''z^2 + 2Cx + 2C'y + 2C''z + D = 0.$$

L'équation en S est ici

$$(A - S)(A' - S)(A'' - S).$$

Donc A, A', A'', coefficients de l'équation réduite, sont les trois racines de l'équation en S et l'équation prend la forme

$$S' x^2 + S'' y^2 + S''' z^2 + 2C x + 2C' y + 2C'' z + D = 0.$$

C'est ce qu'on peut vérifier par un calcul direct.

2° *Équations réduites des surfaces générales.* La théorie des invariants permet de trouver les coefficients de l'équation réduite des surfaces du second degré. Soit, en effet,

$$f(x, y, z) = 0$$

l'équation de la surface. Calculons d'abord les invariants K, L, Δ, H. L'équation en S sera

$$(9) \qquad S^3 - KS^2 + LS - \Delta = 0$$

et l'on pourra calculer ses trois racines S, S', S'', qui demeurent invariables par tout changement des axes rectangulaires.

Cela posé, supposons que la surface ait un centre à distance finie. En prenant pour axes coordonnés les axes principaux de la surface, l'équation de cette surface prend la forme

$$A X^2 + A' Y^2 + A'' Z^2 + \alpha = 0$$

et l'on voit, comme précédemment, que A, A', A'' doivent être les trois racines de l'équation en S. L'équation est donc

$$(10) \qquad S X^2 + S' Y^2 + S'' Z^2 + \alpha = 0.$$

Pour déterminer α, calculons le Hessien de cette nouvelle équation, qui doit être égal au Hessien de la première. Le Hessien de l'équation (9) est $S S' S'' \alpha$. On a donc

$$S S' S'' \alpha = H,$$

d'où

$$\alpha = \frac{H}{S S' S''}.$$

On peut remplacer, d'après l'équation (9), le produit $S S' S''$ par Δ. L'équation réduite des surfaces à centre unique est donc

$$(11) \qquad S X^2 + S' Y^2 + S'' Z^2 + \frac{H}{\Delta} = 0.$$

Quand les trois racines $S S' S''$ sont de même degré, la surface est un ellipsoïde. Pour qu'il en soit ainsi, il faut et il suffit, d'après le théorème de Descartes, que l'équation n'ait que des variations (et alors les trois racines sont positives) ou que des permanences (les trois racines étant négatives). Il faut donc et il suffit que les inégalités

$$L > o, \quad K\Delta > o$$

soient toutes deux satisfaites. Autrement on a un hyperboloïde à deux nappes. On est ainsi conduit, sans peine, aux résultats indiqués dans le tableau suivant :

H, Δ différents de zéro, surfaces générales à centre unique :

$$L > o \ K\Delta > o. \quad \text{Ellipsoïde.} \dots \begin{cases} \text{réel } H < o, \\ \text{imaginaire } H > o, \end{cases}$$

$$L < o \quad \text{ou} \quad L > o \ K\Delta < o. \quad \text{Hyperboloïde..} \begin{cases} \text{à une nappe } H > o, \\ \text{à deux nappes } H < o. \end{cases}$$

Prenons maintenant les surfaces générales dépourvues de centre. On a vu que leur équation peut être ramenée à la forme simple

$$A' y^2 + A'' z + 2 C x = o.$$

Ici $\Delta = o$, une des racines de l'équation en S, est nulle, les deux autres sont données par l'équation

$$(12) \qquad S^2 - KS + L = o,$$

A', A'' sont encore évidemment les racines de cette équation en S, et l'on peut écrire l'équation réduite

$$S y^2 + S' z^2 + 2 C x = o.$$

Le Hessien de l'équation réduite a pour valeur $- C^2 SS' = - C^2 L$. On a donc

$$- C^2 L = H, \quad \text{d'où} \quad C = \sqrt{\dfrac{-H}{L}}.$$

Cette formule montre que H et L sont toujours de signes contraires dans les surfaces dépourvues de centre. L'équation réduite est

$$(13) \qquad S y^2 + S' z^2 + 2 \sqrt{\dfrac{-H}{L}} \, x = o.$$

Cela posé, on est conduit au tableau suivant :

H différent de zéro, $\Delta = o$ paraboloïdes :

$$L > o. \quad \text{Paraboloïde elliptique,}$$

$$L < o. \qquad \text{»} \qquad \text{hyperbolique,}$$

et alors, H > o.

Il y a une conclusion intéressante à tirer de ce tableau. C'est que, toutes les fois que la surface est réelle, elle est réglée quand $H > 0$ et dépourvue de génératrices quand $H < 0$. Quand le Hessien est positif, la surface est réglée ou imaginaire.

3° *Réduction dans le cas des cônes et des cylindres.*

Dans ce cas, le Hessien est nul, sans que ses mineurs du premier ordre le soient tous.

Pour un cône ayant son sommet à distance finie Δ est différent de zéro. L'équation réduite s'obtient en faisant $H = 0$ dans l'équation (11). C'est

$$S x^2 + S' y^2 + S'' z^2 = 0.$$

On est conduit au tableau suivant :

$$L > 0 \, K\Delta > 0. \text{ Cône imaginaire,}$$
$$L < 0 \quad \text{ou} \quad L > 0 \, K\Delta < 0. \text{ Cône réel.}$$

Si $\Delta = 0$, on a un cylindre ayant pour base une ellipse, une hyperbole ou une parabole. Les équations réduites pour ces cylindres sont

$$SX^2 + SY^2 + \alpha = 0$$

pour les cylindres à centre,

$$S y^2 + 2 C x = 0$$

pour le cylindre parabolique. Mais, les deux invariants H, Δ étant nuls, on n'a aucun moyen de calculer par la théorie des invariants α ou C. Nous allons lever cette difficulté, en établissant l'existence d'un nouvel invariant spécial pour les cylindres.

Soit

$$f(x, y, z) = 0$$

l'équation du cylindre. On a, identiquement,

$$f(x, y, z) = SX^2 + S'Y^2 + \alpha,$$

et, par suite,

$$f(x, y, z) - \alpha = SX^2 + S'Y^2.$$

Le second membre, égal à zéro, représente deux plans ; il doit en être de même du premier. Donc, pour le premier membre, le Hessien et tous ses mineurs du premier ordre seront nuls. Le Hessien est

$$\begin{vmatrix} A & B'' & B' & C \\ B'' & A' & B & C' \\ B' & B & A'' & C'' \\ C & C' & C'' & D - \alpha \end{vmatrix}$$

Prenons les mineurs obtenus en supprimant la première ligne et la première colonne, la deuxième ligne et la deuxième colonne, etc. Ces mineurs devront être nuls. Prenons le premier

$$\begin{vmatrix} A' & B & C' \\ B & A'' & C'' \\ C' & C'' & D - \alpha \end{vmatrix} = 0.$$

On déduit de là

$$\alpha\,(A'A'' - B^2) = \begin{vmatrix} A' & B & C' \\ B & A'' & C'' \\ C' & C'' & D \end{vmatrix} = H'_A,$$

H'_A désignant le déterminant qui est évidemment la dérivée du Hessien par rapport à A. En prenant les deux équations analogues et les ajoutant à la précédente, on trouve

$$\alpha\,(A'A'' - B^2 + A A'' - B'^2 - A A' - B''^2) = H'_A + H'_{A'} + H'_{A''},$$

ou

$$\alpha = \frac{H'_A + H'_{A'} + H'_{A''}}{L}.$$

Le numérateur de cette expression est donc, comme le dénominateur, un invariant, mais cet invariant, il faut le remarquer, est spécial aux cylindres. Nous le désignerons par M. On a

$$\alpha = \frac{M}{L},$$

et l'équation réduite des cylindres à centre est

$$(14) \qquad S x^2 + S' y^2 + \frac{M}{L} = 0.$$

En considérant le cas du cylindre parabolique comme cas limite, on voit que, dans ce cas, M sera encore un invariant. Calculons-le sur l'équation réduite

$$S y^2 + 2 C x = 0 ;$$

nous trouvons sa valeur égale à $- C^2 L$. On a donc

$$- C^2 S = M, \quad \text{d'où} \quad C = \sqrt{\frac{-M}{S}}$$

et l'équation réduite du cylindre parabolique est

$$S y^2 - 2 \sqrt{\frac{-M}{S}} x. \quad \text{Ici} \quad S = K.$$

En réunissant les résultats qui précèdent, on a donc le tableau suivant :

$$
\left.\begin{array}{l}
\mathrm{H} = \mathrm{o} \\[2mm]
\Delta = \mathrm{o} \\[2mm]
\mathrm{M} \lessgtr \mathrm{o}
\end{array}\right\} \text{Cylindres}
\left\{\begin{array}{l}
\mathrm{L} > \mathrm{o} \ \text{elliptique} \left\{\begin{array}{l} \text{réel, si } \mathrm{M} > \mathrm{o} \\ \text{imaginaire, si } \mathrm{M} < \mathrm{o}, \end{array}\right. \\[3mm]
\mathrm{L} < \mathrm{o} \ \text{hyperbolique}, \\[2mm]
\mathrm{L} = \mathrm{o} \ \text{parabolique}.
\end{array}\right.
$$

$4°$ *Réduction dans le cas de deux plans distincts.* — On a ici toujours $\mathrm{H} = \mathrm{o}$, $\mathrm{M} = \mathrm{o}$, $\Delta = \mathrm{o}$. Si les deux plans se coupent, l'équation en S a une seule racine nulle, l'équation réduite est

$$(16) \qquad \mathrm{S}\mathrm{X}^2 + \mathrm{S}'\mathrm{Y}^2 = \mathrm{o}.$$

Si les deux plans sont parallèles, leur équation réduite est de la forme

$$\mathrm{S}\mathrm{X}^2 + \alpha = \mathrm{o}.$$

Les invariants précédemment établis ne donnent aucun moyen de déterminer α. Mais, en suivant la même marche que pour les cylindres, on est conduit encore à un invariant spécial. On a

$$\alpha = \frac{\mathrm{D}(\mathrm{A} + \mathrm{A}' + \mathrm{A}'') - \mathrm{C}^2 - \mathrm{C}'^2 - \mathrm{C}''^2}{\mathrm{A} + \mathrm{A}' + \mathrm{A}''} = \frac{\mathrm{D}\mathrm{K} - \mathrm{C}^2 - \mathrm{C}'^2 - \mathrm{C}''^2}{\mathrm{A} + \mathrm{A}' + \mathrm{A}''}.$$

Désignons par N le nouvel invariant

$$\mathrm{N} = \mathrm{D}(\mathrm{A} + \mathrm{A}' + \mathrm{A}'') - \mathrm{C}^2 - \mathrm{C}'^2 - \mathrm{C}''^2.$$

L'équation réduite sera

$$(16) \qquad \mathrm{S}\mathrm{X}^2 + \frac{\mathrm{N}}{\mathrm{K}} = \mathrm{o}.$$

Ici $\mathrm{S} = \mathrm{K}$.

Les résultats trouvés sont renfermés dans le tableau qui suit :

$$
\left.\begin{array}{l}
\mathrm{H} = \mathrm{o} \\[2mm]
\Delta = \mathrm{o} \\[2mm]
\mathrm{M} = \mathrm{o}
\end{array}\right\}
\left\{\begin{array}{l}
\mathrm{L} \gtrless \mathrm{o} \ \text{deux plans qui se coupent}. \left\{\begin{array}{l} \text{réels, si } \mathrm{L} < \mathrm{o} \\ \text{imaginaires, si } \mathrm{L} > \mathrm{o}, \end{array}\right. \\[4mm]
\begin{array}{l} \mathrm{L} = \mathrm{o} \\ \mathrm{N} \gtrless \mathrm{o} \end{array} \ \text{deux plans parallèles} \ldots \ldots \left\{\begin{array}{l} \text{réels, si } \mathrm{N} < \mathrm{o} \\ \text{imaginaires, si } \mathrm{N} > \mathrm{o}. \end{array}\right.
\end{array}\right.
$$

Enfin, si H, Δ, L, M, N sont nuls, on a deux plans confondus.

On voit que la forme des surfaces du second degré dépend en tout de six fonctions K, L, Δ, H, M, N, les deux derniers n'étant des invariants que pour des surfaces particulières. On peut, au moyen de ces fonctions, assigner, d'une manière précise, les conditions nécessaires et suffisantes pour que l'équation du second degré représente une surface d'une espèce indiquée *a priori*.

FIN.

Paris. — Imprimerie de GAUTHIER-VILLARS, quai des Augustins, 55.

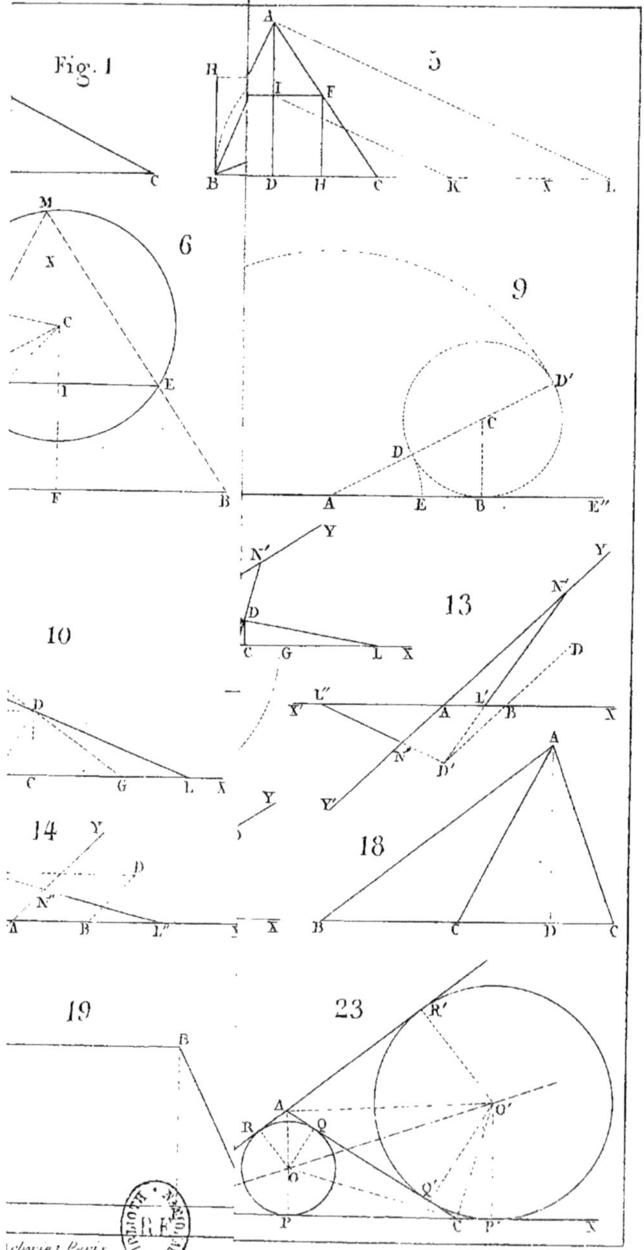

Fig. 1

5

6

9

10

13

14

18

19

23

Veloriez, 1. Paris.

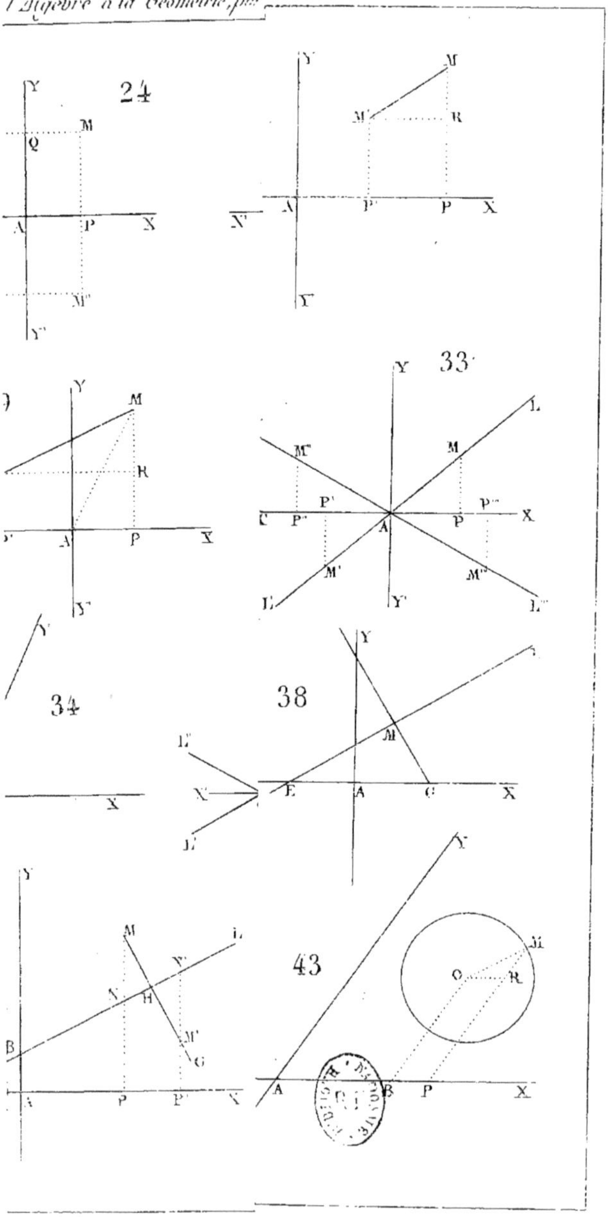

24

33

34

38

43

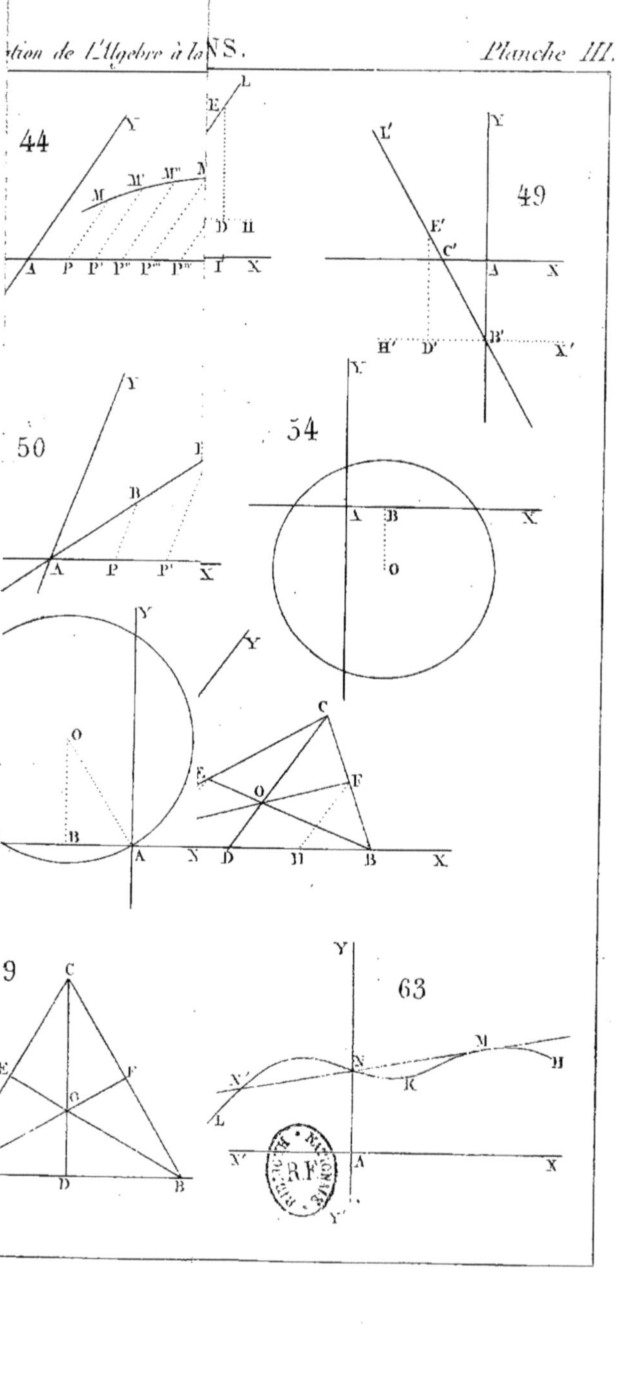

44
49
50
54
9
63

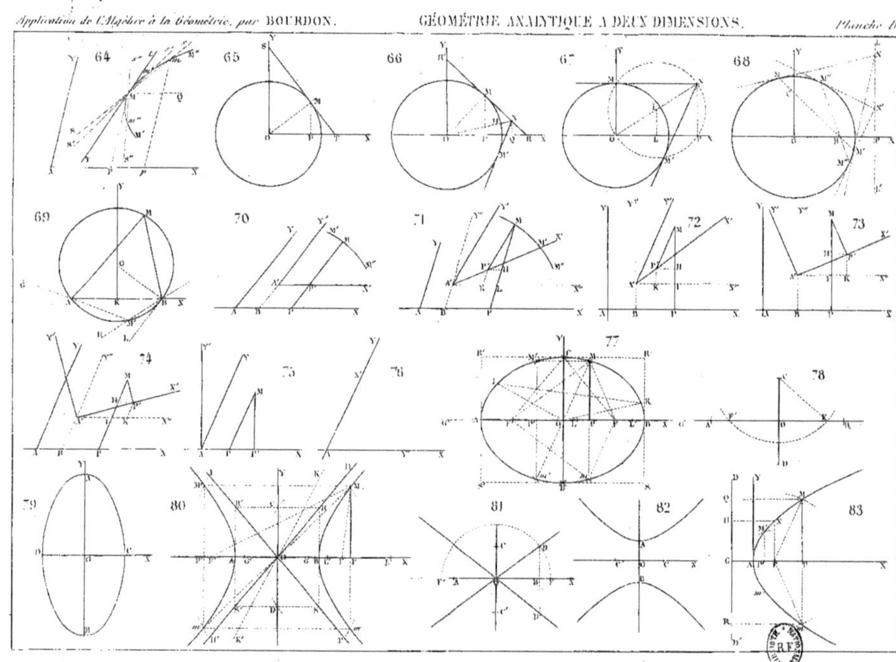

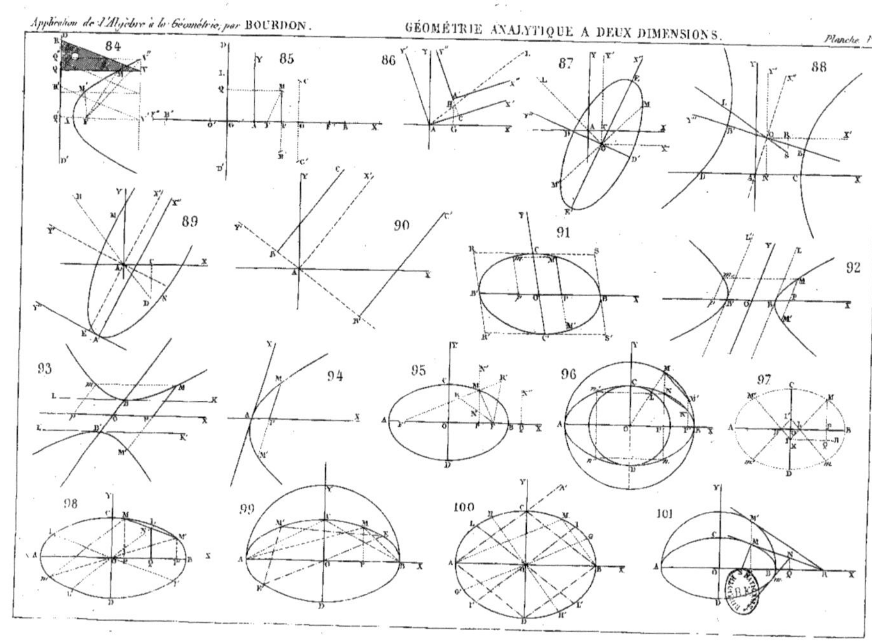

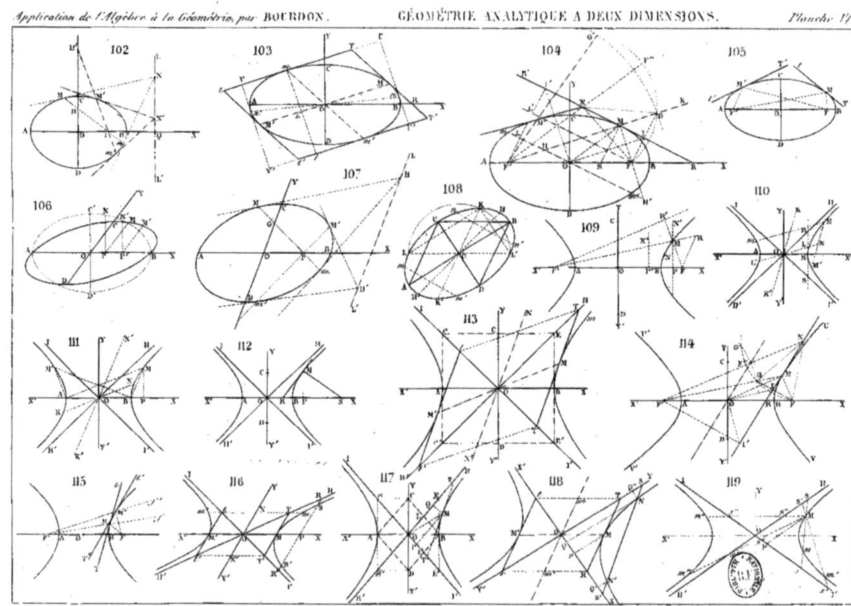
102
103
104
105
106
107
108
109
110
111
112
113
114
115
116
117
118
119

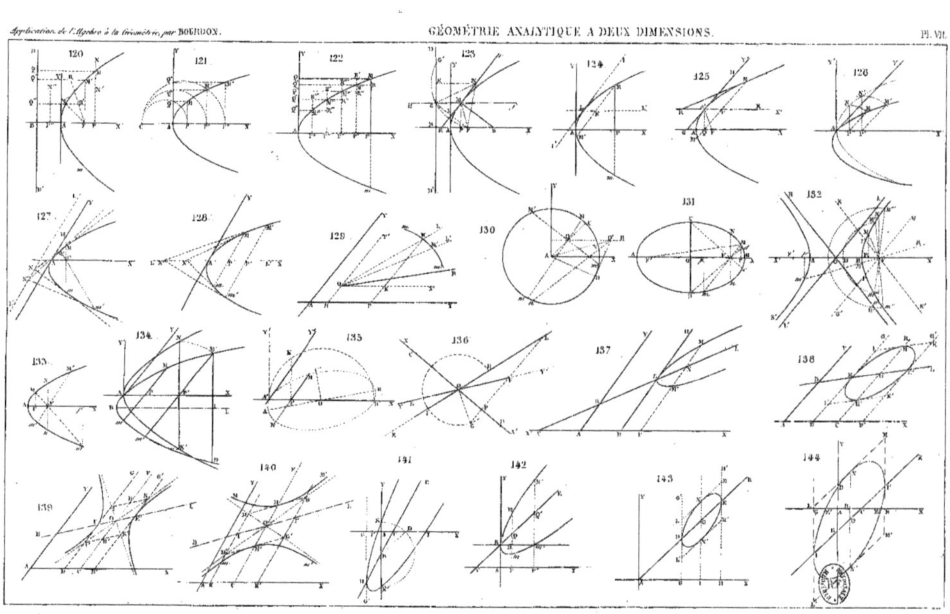

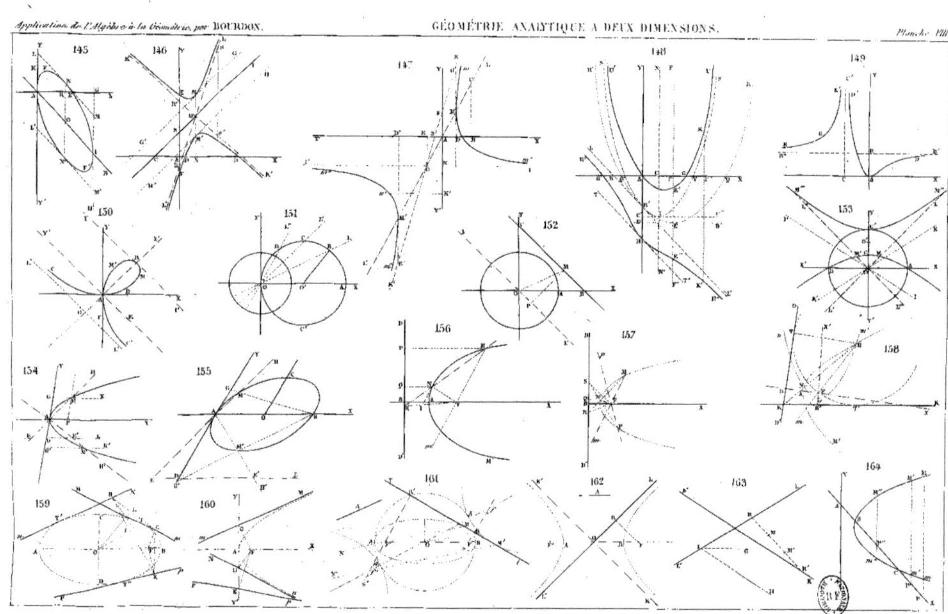

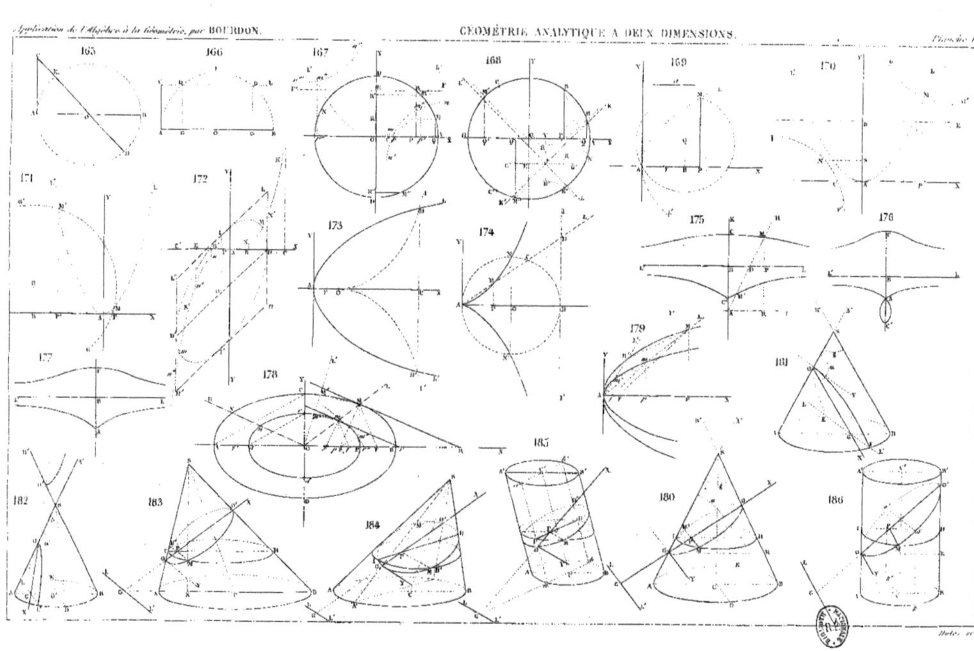

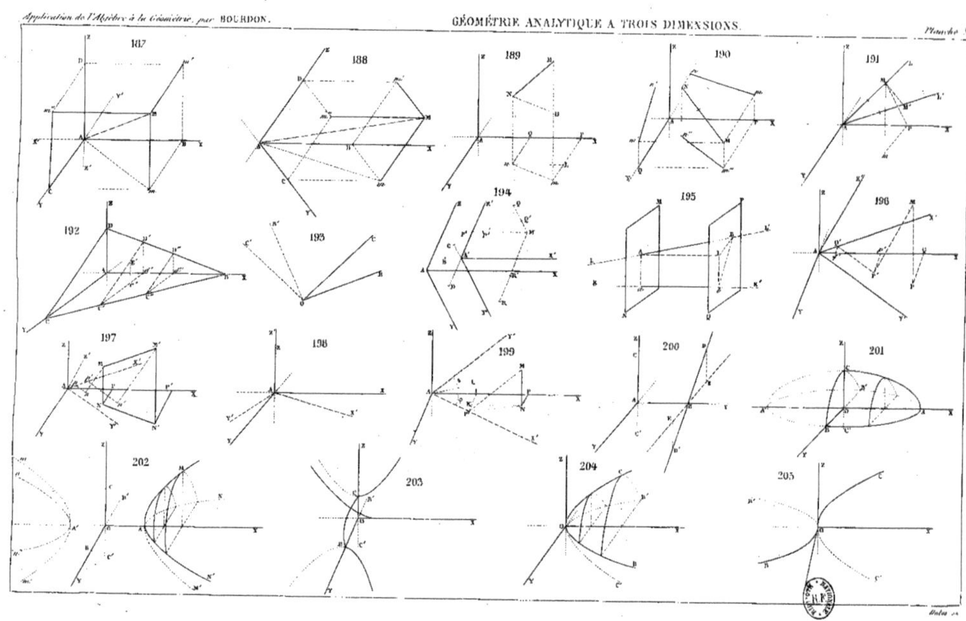
187
188
189
190
191
192
193
194
195
196
197
198
199
200
201
202
203
204
205